中国地质大学
CHINA UNIVERSITY OF GEOSCIENCES
1952

Zhongguo Dizhi Daxue (Wuhan) Nianjian

中国地质大学(武汉)年鉴

2022

中国地质大学(武汉)学校办公室　编

中国地质大学出版社
ZHONGGUO DIZHI DAXUE CHUBANSHE

图书在版编目(CIP)数据

中国地质大学(武汉)年鉴.2022/中国地质大学(武汉)学校办公室编.—武汉:中国地质大学出版社,2023.9

ISBN 978-7-5625-5716-6

Ⅰ.①中… Ⅱ.①中… Ⅲ.①中国地质大学-2022-年鉴 Ⅳ.①P5-40

中国国家版本馆 CIP 数据核字(2023)第 252568 号

中国地质大学(武汉)年鉴2022 中国地质大学(武汉)学校办公室 编

责任编辑:舒立霞 责任校对:徐蕾蕾

出版发行:中国地质大学出版社(武汉市洪山区鲁磨路 388 号) 邮编:430074

电 话:(027)67883511 传 真:(027)67883580 E-mail:cbb@cug.edu.cn

经 销:全国新华书店 http://cugp.cug.edu.cn

开本:787 毫米×960 毫米 1/16 字数:903 千字 印张:38.75 图版:44

版次:2023 年 9 月第 1 版 印次:2023 年 9 月第 1 次印刷

印刷:湖北睿智印务有限公司

ISBN 978-7-5625-5716-6 定价:108.00 元

校党委书记黄晓玫代表学校党委作
党史学习教育总结报告

校党委副书记、校长王焰新主持会议

▲1月7日，学校召开党史学习教育总结大会。

▶ 2月4日，北京冬奥会火炬在北京大运河森林公园传递，李久林担任第104棒火炬手。

◀ 2月4日，北京冬奥会火炬在北京颐和园传递，陈波担任第35棒火炬手。

▲中国科学技术协会发布《关于命名2021—2025年第一批全国科普教育基地的决定》，学校湖北巴东地质灾害国家野外科学观测研究站、逸夫博物馆上榜。

▲ 3 月 15 日，学校基金会理事长郝翔向殷鸿福院士颁发金钉子奖学金捐赠证书。

▲ 4 月 19 日，学校组织参加教育部 2022 年高校实验室安全培训会。

▲►4月7日下午，第九届教职工代表大会第四次会议暨第十八届工会会员代表大会第四次会议开幕。

▲ 4 月 14 日，校长王焰新、副校长刘杰一行前往中国市政工程中南设计研究总院有限公司开展调研。

▲ 4 月 30 日上午 10 时 30 分左右，学校陈刚教授与其儿子陈李昊，成功登上海拔 8 848.86 米的珠穆朗玛峰。

省教育厅党组成员
张幸平发言

省委教育工委组织处处长
乔志强主持会议

▲ 5 月 13 日，湖北省高校党建工作现场推进会在学校未来城校区中心会议室举行。

谢淑云老师在比赛现场

冯迪老师在比赛现场

▲ 5 月 14 日—15 日，学校教师参加第二届湖北省高校教师教学创新大赛并获奖。

▲ 5 月 24 日，校长王焰新院士为武钢三中学子作科普报告。

▲ 5 月 30 日，学校召开党员领导干部下基层察民情解民忧暖民心实践活动动员大会。

▲6月10日，国家社科基金重大项目“战略性矿产资源产业链供应链安全的国家战略研究”开题论证会在学校举行。

▲►6月15日，湖北省副省长肖菊华到学校未来城校区调研。

▲ 6 月 16 日，学校召开 2022 年法治工作推进会。

◀▼ 6 月 23 日，学校举行 2022 年毕业典礼暨学位授予仪式，校长王焰新院士以《荣光与挫折》为题，深情寄语 2022 届毕业生。

◀ 6 月 25 日，校党委书记黄晓玫一行前往武昌实验中学，开展招生宣传工作。

◀ 6 月，校长王焰新赴秭归实习基地调研暑假实习前期准备工作，看望部分在站实习师生。

▶ 6 月 29 日，2022 年学校教学工作指导委员会全体会议在南望山校区八角楼召开。

◀▲6 月 30 日，学校举行庆祝中国共产党成立 101 周年主题党日活动暨“七一”表彰大会，党委副书记、校长王焰新院士领誓入党誓词。

▶7 月 4 日，校长王焰新院士亲笔签发学校 2022 年 70 周年校庆特别版研究生录取通知书。

▲7 月 11 日，2022 年青少年高校科学营中国地质大学（武汉）分营正式开营，副校长刘勇胜致辞。

▲7 月 11 日，中国地质调查局自然资源综合调查指挥中心 2022 年度分析测试培训（基础班）在未来城校区开班。

走访新疆农业大学

走访新疆地矿局物化探大队

新一轮找矿突破战略行动研讨会

▲ 7 月 14 日，校长王焰新院士一行赴新疆开展访企拓岗活动并看望部分校友。

▶ 7 月 17 日，校党委书记黄晓玫一行前往十堰市竹山县调研乡村振兴、绿松石产业建设等工作。

◀ 7 月 20 日，校长王焰新院士签发 2022 年首批高考录取通知书。

▶ 7 月 21 日，校党委书记黄晓玫等校领导看望慰问大学生艺术团暑期集训学生。

▲7月29日，第十三届全国高校地理学联合野外实习在学校开幕。

黄晓玫、赖旭龙与野外实习师生合影

▲► 8 月 8 日—9 日，校党委书记黄晓玫赴秭归慰问实习师生。

秭归实践教学团队队长江海水发言

▲► 8 月 9 日，第十三届全国高校地理学联合野外实习闭幕式在学校秭归产学研基地举行，教育部高等学校地理科学类专业教学指导委员会副主任、全国高校地理学联合野外实习联盟理事长、华东师范大学地理科学学院郑祥民教授在会上发言。

▲8月12日，校长王焰新院士率队赴东湖新技术开发区洽商区校合作。

◀8月，赖旭龙（左）与韩生福（右）共同为中国地质大学（武汉）与青海省国土空间规划研究院研究生联合培养基地揭牌。

▶ 8月，副校长赖旭龙一行赴青海省自然资源厅交流研究生联合培养工作。

▲ 8月，校党委书记黄晓玫、校长王焰新院士走访中国地质调查局。

校党委副书记王林清带队在未来城校区开展校园安全和疫情防控检查

校党委副书记唐忠阳带队在南望山校区开展校园安全和疫情防控检查

▲ 8月26日，校领导王林清、唐忠阳带队分别在未来城校区、南望山校区开展2022年秋季开学校园安全和疫情防控检查。

学校开展迎新工作

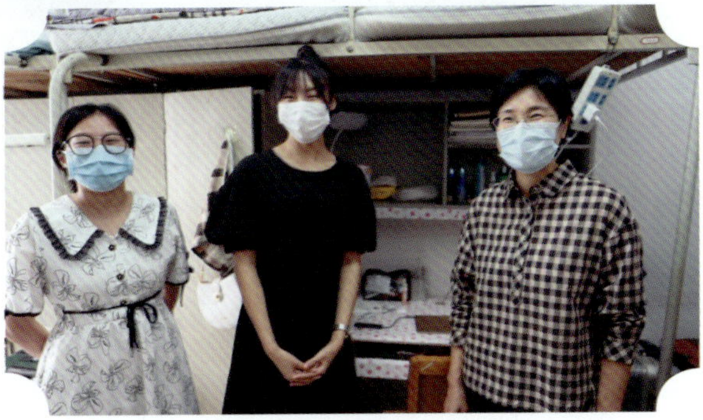

校党委书记黄晓玫看望学生

▲9月2日下午，校党委书记黄晓玫、副校长王华来到迎新现场和新生宿舍。

▲英雄校友张国旗之子、2022级研究生新生张云飞入读环境学院水文地质学专业。

▲身残志坚的好青年，经济管理学院2022级新生周俊章报到入学。

黄晓玫作《立德树人守初心 踔厉奋发向未来》的主题讲话

副校长刘勇胜主持

▲ 9月9日，学校在南望山校区举行2022年新进教师入职仪式。

▲► 9月18日，学校组织正在参加军训的4000多名2022级新生，举行“勿忘国耻，吾辈自强”主题升旗仪式。

◄ 9月18日，校长王焰新院士来到军训现场，看望2022级军训新生及现场工作人员。

▲ 9 月 23 日，中国地质大学（武汉）2022 级大学生军训汇演暨开学典礼在南望山校区西区操场举行。

◀ 9月23日—25日，地质过程与矿产资源国家重点实验室优化重组工作暨大宗矿产国家需求战略研讨会召开，学校副校长刘勇胜、校长助理蒋少涌参加了此次会议。

秭归县县长顾鹏飞致辞

参会代表合影

副校长赖旭龙致欢迎辞

◀▲ 9月24日—25日，高校地学类专业实践教学改革及创新人才培养研讨会在学校秭归产学研基地召开。

▲ 9 月 25 日，学校首批资源与环境专业博士研究生开学典礼在南望山校区教学综合楼举行。

▲ 10 月 14 日，学校在南望山校区教学综合楼 A701 会议室举办“大思政课”建设研讨会。

▶ 10 月 15 日，国家重点研发计划课题“城市地下全要素信息集成与智能建模技术”所属专题验收评审会在学校召开。

▲ 10 月 24 日，学校召开 2022 年度国家自然科学基金工作总结交流会。

▲ 10 月 25 日，学校召开深度参与新一轮找矿突破战略行动推进会。

◀ 10 月 28 日，学校秋季运动会在南望山校区西区田径场隆重举行。

与会代表合影

副校长赖旭龙代表学校对全体与会专家代表表示欢迎

▲10月29日—30日，“面向‘双碳’目标的能源话语与学术英语教学研讨会暨中国能源外语联盟第三届年会”在学校召开。

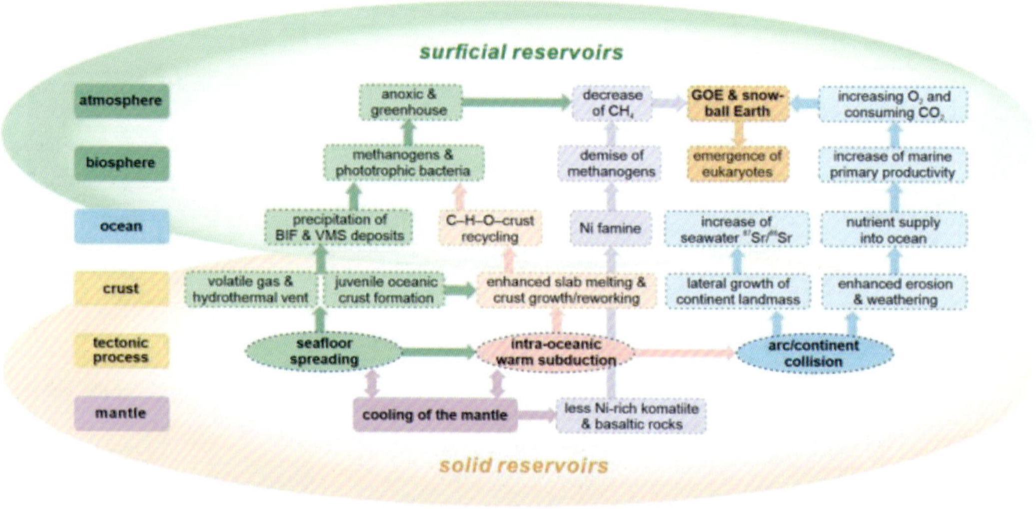

太古宙—元古宙之交板块构造过程对地球固体圈层和表生圈层影响的概念模型

▲学校科研团队在太古宙末期板块构造样式研究方面取得新进展，研究成果发表在国际期刊《自然－通讯》上。

▲►10月30日，学校举办“70周年校庆青年学术论坛”。

▲10 月下旬—11 月中旬，“七秩荣光　逐梦未来”——“中国梦　地大梦　我的梦”优秀摄影作品展和“七秩荣光　逐梦未来”——寇克让等校友及师生书法书画展圆满展出。

◀▼校长王焰新，湖北省文化和旅游厅党组成员、副厅长陈祖刚，湖北省科协党组成员、副主席朱志斌，副主席、校友刘光华共同为“世界矿物精品展”揭幕，黄晓玫主持仪式。

赖旭龙副校长、陈刚教授为“校友捐赠藏品展”揭幕

赖旭龙副校长、地球科学学院院长章军锋为“行星与地球展”揭幕

学校1978级研究生校友刘光华向逸夫博物馆捐赠石陨石标本

▲11月4日，70周年校庆特别展览——世界矿物精品展　行星与地球展　校友捐赠藏品展揭幕仪式在逸夫博物馆举行。

党委书记黄晓玫主持仪式

校长王焰新院士为校史馆落成致辞

黄晓玫、王焰新共同为卢作祥教授、杨士恭教授、杨森楠教授、胡家杰教授、范永香教授、殷鸿福院士、曹伯勋教授7位在校70年老同志颁发荣誉章

▲11月5日上午，地大校史馆开馆仪式举行。

武汉东湖新技术开发区管委会
总经济师陈华奋致辞

校长王焰新院士讲话

校党委书记黄晓玫为未来城校区建设工作突出贡献集体——新校区建设指挥部颁奖

▲11月5日，学校举行未来城校区建设工作总结暨表彰大会。

▲11月6日，学校以“宜居地球：研究型大学的使命与挑战”为主题，举办中外大学校长论坛，探讨宜居地球的重大挑战、研究型大学教育的使命担当、人与自然的和谐共生。

▲11月6日，《武汉共识：新地学教育倡议》发布

▲ ► 11月8日，新时代公共治理创新与发展：70周年校庆MPA论坛举办。

◄ 11月18日，学校获评全省首家“节水标杆高校”，图为评审、验收湖北省节水标杆高校创建实施项目现场。

校友师生，社会各界共襄校庆盛典

中国地质大学（武汉）党委书记
黄晓玫主持大会

湖北省政府党组成员、副省长、
中国工程院院士邵新宇讲话

中国地质大学（武汉）
校长王焰新院士讲话

教育部党组成员、副部长孙尧讲话

▲ 11 月 7 日上午，庆祝中国地质大学建校 70 周年大会在未来城校区体育馆隆重举行。

▶ 12月3日，召开生态文明法治建设暨人才培养研讨会。

▲ ▶ 12月8日—9日，学校召开2022年科技、人才与国际化工作会议。

考生通过指示牌扫码了解考场路线、有序进场

校领导巡视考场

▲ 12月24日—26日，2023年全国硕士研究生招生考试举行。

▲►12月30日，学校在南望山校区教学综合楼召开寒假工作布置会。

《中国地质大学(武汉)年鉴 2022》编委会

主　任:黄晓玫　王焰新

副主任:王林清

委　员(以姓氏笔画为序):

王　华　王　甫　王力哲　成金华　刘　杰

刘勇胜　李建威　陈文武　周爱国　唐忠阳

唐辉明　蒋少涌　储祖旺　赖旭龙

《中国地质大学(武汉)年鉴 2022》编辑部

主　　编:张　玮　陶继东　侯志军　李宇凯

副 主 编(以姓氏笔画为序):

王　芳　邓云涛　李周波　汪再奇　尚东光

单红峰　姜明敏

编辑人员(以姓氏笔画为序):

丁　为　丁继国　王　珩　王艳波　刘庆庆

杨贵仙　余尚蔚　张　冰　张　磊　张　霞

林　莉　宫斯宁　潘　娜

编辑说明

年鉴是记录学校发展历史的重要载体，是汇集学校事业发展情况的资料性文献汇编。《中国地质大学（武汉）年鉴 2022》全面系统地反映 2022 年中国地质大学（武汉）事业发展及重大活动的基本情况，重点反映学校党的建设、教学科研、学科建设、人才培养、师资队伍建设、学校管理、对外合作交流、校园文化建设等方面的重要工作、事件、活动和所取得的经验、成果等，为中国地质大学（武汉）教职员工提供学校的基本文献、基本数据、最新工作进展和经验，是兄弟院校和社会各界了解中国地质大学（武汉）的窗口。中国地质大学（武汉）年鉴自 2012 年起开始编写，每年一期。

一、年鉴客观地记述 2022 年学校各领域、各方面的建设发展情况，分特载、专题、学校概况、党建与思想政治工作、发展规划与学科建设、人才培养、科学研究及学术管理与社会服务、教师队伍建设、校园文化建设、国内外交流与合作、学院基本情况、财务与资产管理、办学支撑体系建设与保障服务、机构与干部、学校发布规范性文件、表彰与奖励、院士及高层次人才计划入选者、学校十大新闻、大事记、媒体地大等栏目。

二、年鉴的内容表述有专文、条目、图片、附录等几种形式，以条目为主。年鉴主体内容按分类排列，分栏目、分目和条目。

三、年鉴选题基本范围为 2022 年 1 月 1 日至 2022 年 12 月 31 日间的重大事件、重要活动及各个领域的新进展、新成果、新信息，依实际情况，部分内容时间上有前后延伸。

四、年鉴编委会确定年鉴编写框架体系，年鉴所刊内容由学校各二级单位负责撰稿，年鉴编辑部负责统稿。

《中国地质大学（武汉）年鉴 2022》编委会

目　录

校园文化建设/291

国内外交流与合作/300

学院基本情况/322

机构与干部/467

2022年学校发布规范性文件/481

表彰与奖励/485

中国地质大学(武汉)2022 年工作总结

2022 年党的二十大胜利召开,是学校建校 70 周年,是学校建设地球科学领域国际知名研究型大学、深入推进新一轮“双一流”,落实“十四五”规划的深化之年,也是学校核心竞争力提升之年。学校以习近平新时代中国特色社会主义思想为指导,深入学习贯彻落实党的二十大精神,深刻认识“两个确立”的决定性意义,增强“四个意识”、坚定“四个自信”、做到“两个维护”,坚持和加强党的全面领导,全面贯彻党的教育方针,落实立德树人根本任务,以高质量党建引领保障高质量发展,加快党建思政与事业发展深度融合,推动“十四五”规划落地落实,全面推进“双一流”建设,坚定不移深化改革,系统总结 70 年办学经验,持续保障和改善民生。在全校干部师生的共同努力下,海内外校友及社会各界的鼎力支持下,我们一手抓改革发展、一手抓安全稳定,各项事业取得新进展,呈现良好的发展态势。

一、坚持和加强党对学校事业的全面领导,持之以恒用党的创新理论武装头脑,政治能力持续提升

1. 深入学习宣传贯彻党的二十大精神,坚持不懈用党的创新理论武装头脑。学校把全面做好迎接党的二十大胜利召开和学习宣传贯彻二十大精神作为年度首要政治任务,提前谋划、及时跟进,开展全校师生迎接、学习、贯彻、宣传专项行动。制定《学习宣传贯彻落实党的二十大精神实施方案》,开展系列主题鲜明、形式多样的学习宣传教育活动。坚持原原本本学、及时跟进学、分层分类学，广泛组织宣讲巡讲，邀请校内外专家举办多场党的二十大精神专题讲座。突出深学实学，抓好深入学习领会，领导干部带头学，书记校长带头宣讲，思政课教师专家深入研讨学，党员师生联系实际学，推进党的创新理论进课堂、进教材、进头脑。强化贯通学，学校将学习宣传与学校70周年校庆活动紧密结合起来，深入挖掘校史中的红色元素，讲好地大红色故事，举办“七秩荣光　谱写华章”办学成就展、书画摄影展等系列主题学习活动，学校师生学习宣传贯彻党的二十大精神系列活动被新华网、人民网、光明网及湖北省媒体多次宣传报道。分层分类学，学校持续完善党委理论学习中心组学习体系，研究制定党委中心组年度学习计划，重点围绕党的二十大精神、伟大建党精神、依法治校、国家“十四五”专项规划、意识形态工作等内容，分党委中心组还结合学校实际、业务领域情况开展特色学习，校党委理论学习中心组全年开展集中学习18场次。深入转化学，学校着力提升理论成果应用转化能力，加强研究阐释，持续加强马克思主义学院和马克思主义学科特区建设，组织引导马克思主义学院教师开展党的二十大精神阐释工作，积极在《光明日报》、学习强国等媒体发表理论文章。丰富资源学，学校加强理论学习资源建设，编发理论学习资料，编研学校历次党代会史料。为畅通党中央决策部署和上级精神直达一线渠道，除正常公文流转外，学校完善优化中层领导干部和承担专项任务的学科带头人、专业教师阅文学习机制，全年阅文学习600余人次。形式多样学，学校依托专业教师、思政课教师、辅导员、党员、青年团员等组建“红色之声”理论宣讲团、“美丽中国”讲师团、“向阳”宣讲团、“指南针”党的二十大精神青年宣讲团等开展全覆盖宣讲，处级党员领导干部讲党课500余场次，党支部书记(委员)讲党课1000余场次，组织“党的二十大精神”宣讲大赛、青春才艺展示活动、网络文化节等，全面掀起迎接学习宣传贯彻党的二十大精神热潮。

2.以政治建设为统领持续加强党的建设。始终把政治建设放在首位，坚持社会主义办学方向，推动学校党建与事业发展深度融合，以高质量党建引领高质量发展。坚持政治领导，充分发挥学校党委把方向、管大局、做决策、抓班子、带队伍、保落实作用，深入贯彻《中国共产党普通高等学校基层组织工作条例》，坚持和完善党委领导下的校长负责制，认真落实党政议事规则，严格执行“三重一大”制度，全年召开党委全委会2次、常委会16次，校务会议11次。完成了校级领导班子补充调整，领导班子成员按照分工认真履行职责，严格落实请示报告制度。切实履行管党治党、办学治校主体责任，构建高质量党建工作体系，健全学校党的领导的组织体系、制度体系和工作体系，强化党委部门工作统筹，召开党委部门工作会议6次。自觉践行“一线规则”，扎实开展下基层察民情解民忧暖民心实践活动，按照《党员干部下基层察民情解民忧暖民心实践活动实施方案》，将实践活动与日常工作紧密结合，持续深入学生社区、宿舍、食堂等日常生活场所，课堂、班级、实验室等教学科研场所，社团、讲座、网络等文化活动场所，用心用情用力解决师生的困难事、群众的烦心事。校领导班子成员累计走访调研281

人次，解决问题254个，为民办实事取得实效。

3.以示范创建带动党建质量全面提升。年初，学校党委入选“全国党建工作示范高校”培育创建单位，高质量制定创建方案，强化党组织政治功能，发挥党支部战斗堡垒作用和党员个人模范带头作用。认真做好出席党的二十大和湖北省第十二次党代会代表候选人推荐提名工作。突出党组织政治功能作用发挥，推进二级党组织建设“五个到位”和党支部建设“七个有力”落地落实。强化党组织书记抓基层党建第一责任，开展2021年度党组织书记抓基层党建述职评议考核，做好述职评议问题反馈、整改落实、结果运用工作。积极推动依托重大项目组、科研团队等设置党支部，推动学生党支部按专业学科纵向设置，在研究生支教团、长江源科考队、实践教学基地、地质调查基础理论培训班成立临时党支部，完成87个党支部换届、调整工作，不断推进党支部规范化建设。大力推进党组织“对标争先”建设，搭建学习交流平台，举办5次党建“双创”专题交流研讨，承办湖北省高校党建工作现场推进会和湖北省全国党建工作样板党支部工作交流会。持续开展党建示范创建与质量创优工作，积极参加教育部第三批和湖北省第一批党建“双创”申报，2个党支部入选“全国党建工作样板支部”，1个学院入选“全省党建工作标杆院系”，2个支部入选“全省党建工作样板支部”。积极推动18项“一院一品”党建品牌建设工作，积极参加校内外结对共建。深入实施“结对领航”工程，继续推进159个教工党支部与学生党支部、班级参与结对立项。严格规范落实主题党日与“三会一课”制度，完善党员“政治生日”仪式。举行庆祝中国共产党成立101周年主题党日活动暨“七一”表彰大会，表彰“先进基层党组织”50个、“优秀共产党员”90名、“优秀党务工作者”19名，为15名老党员颁发“光荣在党50年”纪念章。5个基层党组织入选全国或湖北省高校基层党建示范创建培育名单，4部党员教育电视片获湖北省委组织部通报表彰。圆满完成发展党员1800人的年度工作任务，加大在教师特别是高知群体中发展党员力度，发展教职工党员26人。积极组织开展党员志愿服务活动，组建240名党员应急突击队，引领带动2260名在职党员下沉所在社区，参与核酸检测、火车站迎新、疫苗注射志愿服务工作达7000人次。全力配合教育部属高校党建工作联络员在学校开展各项工作。

4.以能力建设为重点推进干部队伍素质提升。着力加强干部队伍建设战略谋划，实施“干部素质能力提升计划”，着力提升干部政治能力和综合素质。巩固巡视整改成果，进一步规范干部工作程序，严格按照组织程序开展工作，推动干部队伍结构持续优化。持续加强学院行政领导班子建设，强化学院党政议事规则执行，完成4个学院开展行政领导班子换届，提任学术岗位中层干部14人（正职2人，其中校外引进1人，副职12人）。推荐2名中层正职跨单位提任交流，新提任中层干部6人（正职3人，副职3人），完成5名中层副职轮岗交流，4名专职中层副职跨岗或跨单位兼任职务。多措并举持续加强年轻干部培养使用，加强不同领域、不同岗位之间干部双向交流，选派青年干部参与干部考察、校内巡察、民主生活会督导等专项工作，积极推荐青年教师和干部到校外借调、挂职、任职。加强组织人事联动，重视科级干部的选拔、激励和培养。加强专兼职组织员队伍建设，选优配强专兼职组织员。针对干部师生培训需求，结合学校重点任务，细化教育培训方案，实施精准"滴灌"，不断完善学校"3+12"教育培训体系，实施以学校集中培训为主、组织调训及干部自学为辅的干部培训模式。组织40余名中层干部赴浙江大学举办第二期中层干部素质能力提升研讨班，协同后勤保障部联合举办第一期科级干部浙江大学培训班，培训科级干部70余人。选派领导干部参与组织教调训22人次，开展校内集中教育培训13场，举办专题培训班、干部论坛共6期，面向8类群体开展10个专题网络培训，覆盖人群1250余人次，培训学时数4.6万个。

5.全面从严治党持续推进。学校党委始终坚持管党治党务必全面从严的要求，持续优化政治生态，推进清廉地大建设。召开全面从严治党工作会，系统部署全年重点工作，推进"四责协同"机制落地见效，抓住"关键少数"，落实"一岗双责"，制定责任清单，强化责任落实。持续强化对领导班子、党员领导干部践行"两个维护"和贯彻执行民主集中制、落实立德树人根本任务和推动事业高质量发展等重要事项的政治监督。抓实重点关键领域风险防治，多维发力做实日常监督。综合运用集体谈话、调研督导、"四不两直"式检查、受理信访举报、督促巡视巡察整改等形式开展日常监督。坚持一体推进"三不腐"，开展经常性警示教育、扎紧制度笼子、推进廉洁文化建设等协同发力，着力建设"清廉地大"。做深做实巡察"后半篇文章"，完成一届任期内党委对二级党组织常规巡察全覆盖，全面总结回顾党委巡察工作，研判部署后续工作。持续抓好巡视巡察整改落实工作，积极开展对5个学院党委的巡察"回头看"。聚焦巡视整改和巡察发现的14个共性问题，围绕作风建设、教育评价改革、有组织科研等重大决策部署落实情况，进一步促进治理提升。贯彻落实纪检监察体制改革要求，打造专兼结合的纪检监察"铁军"。

6.文明校园、平安校园建设持续巩固。学校坚持马克思主义在意识形态领域的指导地位，不断健全意识形态工作责任体系，压实意识形态责任，严守意识形态阵地。修订制定《网络意识形态工作责任制实施办法》《舆情应对处置工作实施办法》等，推进意识形态工作规范化、信息化。压实政治责任，在人才引进、教师评聘、教材选用、课堂教学、学术活动中强化政治把关，严格课程教学、学术会议、民族宗教、社团活动、网络信息、图书出版、国际合作等领域意识形态阵地管理。高度重视疫情防控常态化阶段师生思想政治工作，突出抓好疫情防控正面宣传引导、构建舆情应对处置联动机制、发布权威防疫知识，宣传先进典型、经验做法，讲好地大师生校友战"疫"故事。强化舆情应对管理，积极推进融媒体软硬件平台建设，开展网络意识形态风险隐患专项排查研判，加强与教育部、省网信办等校情平台联动，组织开展干部媒介素养与舆情应对培训，增强突发舆情应对处置能力和网络舆论引导能力。健全舆论宣传专项工作、宣传思政工作协同联动机制，建立24小时舆情监控队伍、舆情专家库，建立舆情监测、研判、报告、处置一体化工作机制，加强敏感时期、关键对象、重大事件舆情监控，加强自媒体管理，切实做到“早发现，早报告，早处理”，全年及时妥善处置涉校网络舆情10余起，无学生校内聚集事件发生。巩固文明校园创建成果，做好2022年全国文明校园复检迎评工作。加强特色校园文化建设，推进完成学校景观文化规划设计、攀登雕塑景观、未来城校区院士长廊、校歌MV制作、校园导视系统设计等一批重点文化精品。做好各类文化成果报送，1个项目成功获批2022年度湖北省文艺精品创作扶持项目，1件作品成功入选“湖北优秀网络文化成果”。举办“书香七秩南望，阅读通达未来”第六届书香文化节，开展37个主题鲜明、形式多样、线上线下结合的系列读书活动，吸引超过9400余人次参加，作品《与书香为伴》入选首届全民阅读大会“书香满中国”公益海报展。树立“大宣传”理念，大力推动学校地大新闻、校报、广播台、电视台等传统媒介与网络、微信等现代媒介的融合，增强与其他媒体的联动，提升学校形象。开展喜庆二十大、美丽中国、校庆70周年等系列宣传报道，受到社会、校友、师生好评关注，学校受社会媒体报道超500余篇(条)次，地大故事多次登上新华社、中央电视台、《人民日报》、《China Daily》等主流权威媒体。

学校坚决贯彻中央和部省区市安全稳定工作部署，统筹好发展与安全，完善维护稳定工作机制，筑牢平安校园防线，形成全链条防控风险管理闭环。全面落实目标管理责任，强化责任督查督导，重点做好政治安全、经济安全、学业和就业、心理健康、公共安全、网络安全等工作，定期组织召开疫情防控和安全稳定工作会，加强形势研判，一体部署疫情防控和维稳工作，明确工作要求，落实工作任务。完善人防、物防、技防措施，加强重点环节关键领域风险防范，强化国家安全、政治安全、消防安全、交通安全、食品安全、网络安全等宣传教育，前置安全稳定治理各环节，落实24小时专人在岗值班制度，优化师生心理帮扶机制，细致做好信访接待工作，及时化解矛盾纠纷，积极回应解决师生诉求，维护师生合法权益。开展实验室安全管控和实验室安全专项行动，组织开展校园消防安全演练，推进校园环境专项综合治理，妥善处置好突发安全稳定事件，排查化解各类矛盾纠纷。学校连续获评“湖北省平安校园”。

7.扎实开展统战、群团、保密等工作。不断完善“党委统一领导、统战部牵头协调，各相关部门配合、各二级党组织具体落实”的大统战工作格局，加强党外知识分子思想政治工作及无党派人士队伍建设，推进党员领导干部与党外代表人士联谊交友工作。进一步强化对党外知识分子的思想政治引领，宣传党的方针政策和学校发展的重大战略，掌握党外代表人士对国家和学校发展的思想动态。制定《统一战线“喜迎二十大·携手奋进新时代”系列学习教育实践活动方案》《统一战线学习宣传贯彻落实党的二十大精神实施方案》。举办“统一战线献礼党的二十大·同心论坛”活动，开展赴光谷高新技术企业“喜迎二十大·携手奋进新时代”实践调研活动，参加高教学会统战分会“深入学习宣传贯彻党的二十大精神”线上专题学习，开展新形势下高校统战工作专题网络培训，进一步提升统一战线凝聚力和战斗力，增强党外知识分子对党的政治认同、思想认同、理论认同、情感认同。落实党外人士情报通报会机制，支持保障党外代表人士咨政建言、发挥作用。做好全国、省、市、区人大代表、政协委员推荐、增补、提名考察等工作。推进落实党外代表人士举荐工作，在各民主党派省级委员会换届中，学校有 6 名民主党派成员当选为民主党派省委会副主委、常委或委员。民盟地大委员会被民盟湖北省委会授予“2017—2022 年度参政议政杰出贡献单位”和“2017—2022 年度反映社情民意信息工作突出贡献单位”称号。依法依规落实完成洪山区人大代表换届选举工作，区、市代表委员换届工作。持续开展年度师生信教情况调研，持续做好信教人员的教育引导和管理工作，推进落实“一人一档”工作制度，完善工作台账，健全完善谈心谈话工作常态化机制，坚决禁止各类信教人员在校内进行非法宗教活动。铸牢中华民族共同体意识，教育引导广大青年学子树立正确民族观、宗教观，持续做好少数民族学生教育管理工作，不断推动民族团结进步创建工作，助力少数民族学生成长成才，促进各民族学生交流交往交融。推进民主办学，召开教代会、工代会，调动广大教职工参与学校改革发展的积极性。开展“爱校・爱家・爱生”系列活动，组织青年教师讲课比赛，修订大病互助实施办法，举办认家仪式、摇篮之旅、荣休典礼、文体活动等，开展教职工教育、维护教职工权益、解决教职工难题、丰富教职工文化生活。深化团学改革攻坚和全面从严治团，着力提升组织力、引领力、服务力和大局贡献度。开展“喜迎二十大、永远跟党走、奋进新征程”主题教育实践活动，加强青年理论武装。大力推动“网上共青团”建设，形成团网深度融合、团青充分互动、线上线下一体运行的工作格局，推动第二课堂成绩单生成。当好桥梁纽带，引导青年学生助力学校建设发展，夯实校领导接待日和学代表提案等有效途径，全年开展 3 期校领导接待日。持续加强青年骨干培养和榜样选树，1 人入选全国“青马工程”，3 人入选“荆楚英才学校”湖北省大学生骨干培训班，1 人当选湖北校媒主席团成员。3 人荣获“中国大学生自强之星”，1 人荣获“湖北青年五四奖章”，3 人荣获“湖北向上向善好青年”。深化科创育人、实践育人、文化育人，获湖北省“挑战杯”6 项金奖、7 项银奖、3 项铜奖的历史最好成绩，3 支团队入围国赛终审决赛，1 支团队获得“创青春”青年创业计划大赛全国银奖。实施“大学生长江大保护行动计划”，活动辐射 1100 余支团队，7000 余名青年学生，推动校地共建 2 个“大学生乡村振兴学校实践基地”，打造 2 支省“青力缔造”青年实践队，1 支团队获评全国暑期“三下乡”社会实践活动优秀团队，1 人获评全国优秀个人，学校荣获优秀组织单位。荣获全国志愿服务项目大赛银奖 1 项，研究生支教团被楚雄市授予“第三届道德模范——助人为乐模范”“青年五四集体奖章”。组织开展第二次大学生长江源科考活动，行走的思政课受到广泛关注和好评。认真落实保密工作责任制，落实保密归口管理和机要通信管理，开展涉密人员的教育培训，提高保密安全意识，组织保密自查自评，全年无失泄密事件发生。高质量完成上级保密检查迎检各项工作。

二、坚决落实立德树人根本任务，着力培养拔尖创新人才，人才自主培养能力显著提升

8. 三全育人格局不断完善，思想政治教育持续加强和改进。学校落实教育部“时代新人培育工程”，健全“五通”三全育人格局，不断提升思政工作质量和成效。开展《教育部等八部门关于加快构建高校思想政治工作体系的意见》台账完成情况“回头看”，持续完善长效机制，关注学生“全周期”成长，把思想政治教育工作贯穿学生成长发展全过程。出台《“一站式”学生社区建设工作方案》，按照“2＋6＋N”“一站式”学生社区建设思路分步推进，持续前移思政工作战线，努力打造学生思想政治工作前沿阵地。统筹思政工作队伍建设，出台《关于加强辅导员队伍建设的实施意见》，通过培训教育、示范引领、保障支撑等举措加强辅导员队伍建设，成效显著。2 人获批教育部人文社科辅导员专项立项，6 人在全国高校思政工作案例中获三等奖及以上荣誉，2 人在湖北省辅导员技能大赛暨育人故事分享会中获得二等奖。1 人获评湖北省向善向上好青年，1 人获评湖北省第三届“最美下沉党员”，1 人获评“洪山好人”。加强研究生导学团队建设，启动卓越导学团队培育评选，推动思政教育在身边、在耳边、在心间。76 个导学团队积极参与卓越导学团队培育创建，覆盖 359 名导师和 2824 名研究生，评选产生 8 个“卓越导学团队”，提名奖 20 个。出台《加强班主任队伍建设管理办法》，建设“六导型”班主任队伍，推动班主任和辅导员、专业教师相互协同、互相配合，组织开展年度优秀班主任评选，激励教师共同促进学生全面成长成才，10 人获评“十佳班主任”，70 人获评优秀班主任。深入推进思政课程与课程思政建设，推动建立课程思政示范研究中心，加强“美丽中国　宜居地球”课程思政和“美丽中国讲师团”品牌建设。开设“习近平新时代中国特色社会主义思想概论”课程，新开“劳动教育”“新中国史”思政课，建成对标全国重点马院的“8＋5”(8 门思政必修课加 5 门思政选修课)本科思政课课程群。统筹推进“大中小思政一体化”建设的决策部署，申报湖北省大中小学思政课一体化共同体。举办“大思政课”建设研讨会、思政课一体化教育专题研讨会等，结合俄乌冲突、疫情防控等重大时事，组织师生同上一堂形势政策大课，加强国家重大政策解读和师生思想引领，建好“大思政课”育人平台。挖掘具有行业特色的校本教学资源并融入思政课教学，编写《地大红色故事融入思政课教学设计》两卷本，完善品牌思政课程“国土安全”课程体系，学校入选全国首批“大思政课”实践教学基地，“高校思政课一线二红三实立体教学模式探索”获评湖北省教学成果一等奖。深化网络思政育人，搭建完善网络形势政策大课、网络思政金课、网络“微宣讲”、网络微展播等育人平台，开展网络思想政治教育专项调研等，分析研判师生思想动态，提升工作针对性。配齐建强心理中心专业教师队伍，全面推广心理健康教育，开展心理健康教育季系列活动，加强学院心理工作站建设，依托课程、咨询、活动、网络等多个载体加强心理健康教育工作。加强体育工作，举办校运动会、羽毛球赛、篮球赛等群众性体育活动，引导师生开展体育锻炼，组织好竞技性体育活动，地大

学子在第16届湖北省运动会高校乙组比赛中获金牌4枚,银牌10枚,铜牌3枚。优化美育工作格局,制定《美育实践学分认定管理办法》,聚焦"长江大保护"创排原创科普剧《守望》,组织《大地之光》校内演出,开展教育部"编钟艺术"中华优秀传统文化传承基地编钟云体验,创作70周年校庆文艺晚会《山河为证》等,地大学子连续九年入围央视"五四青年节特别节目"。推进劳动教育,出台《全面加强新时代劳动教育实施方案》,发挥劳动教育课堂教学主渠道作用,开展"新时代大学生劳动教育"课程教学,发挥实习实践基地劳动教育平台作用,开展"绿色未来,你我共建""爱国卫生运动"等特色劳动实践活动,打造劳动教育大课堂。

9.一流本科人才培养体系不断完善。有序推进人才培养模式改革,系统梳理全校人才培养模式改革经验,高标准启动2023版本科人才培养方案修订工作。出台《基层教学组织建设实施意见》,推进实施基层教学组织工作"双线制",石油及天然气地质学课程组等4个基层教学组织获评"2022年湖北省优秀基层组织"。加强已获批一流本科专业建设管理,分层分类推进学校全部专业提档升级,不断提升专业建设水平。今年新增10个专业入选国家级一流本科专业建设点,13个专业入选省级一流本科专业建设点,截至目前,学校共有34个国家级一流专业建设点、17个省级一流专业建设点,占全部69个本科专业的74%。加强一流本科课程建设与应用,按照学科设置课程群进行课程归口管理,提升本科课程的高阶性、创新性和挑战度。修订《教材建设与选用管理办法》,提升教材建设水平,发挥教材在人才培养中的基础性作用,着力推动教材高水平建设与选用管理,构建与地球领域国际知名研究型大学学科专业发展水平相适应的教材体系,先期启动55项"宜居地球"百本经典教材库建设。深化教学改革,加强教学研究,以成果申报推动水平提升。学校获湖北省教学成果奖特等奖3项、一等奖6项、二等奖9项、三等奖5项,推荐5项本科教学成果参评国家级教学成果奖。积极组织参加教育部第七批国家高层次人才特殊支持计划教学名师、"湖北省名师工作室"等各类教学评优与竞赛,2人获湖北省第八届青年教师教学竞赛一等奖,2位教师及团队获第二届湖北省教学创新大赛二等奖。调整李四光学院实体化运行,推进地质学、地球物理学两个"珠峰计划"与地球科学菁英班协同互促,深化地球科学领域拔尖创新人才培养改革。优化未来技术学院运行机制,探索面向未来的工科创新人才培养。优化管理服务,搭建包括招生管理、学生管理、教务管理、教学考试、创新实践、学生思政等多业务系统互联互通的全链条、全过程一体化本科人才培养管理平台;制定多套教学预案应对各类突发状况,细化教学方案,统筹线上线下教学安排;加强疫情期间教师教学纪律管理,做好隔离学生跟踪服务,确保学生隔离不停课,有力保障教育教学平稳有序运行。加强对接、有序组织,全面保障,圆满完成2022年线下实习实践。以赛代练、以赛促学,引导、组织师生积极参加学科、"互联网+"创新创业竞赛,报名参加第八届"互联网+"大赛2217项,参赛学生数达10 129人次,均创历史新高,获国赛银奖3项、铜奖6项,省赛金奖9项、银奖2项铜奖4项。大学生创新创业训练计划立项384项,入选全国大创年会项目 4 项，创历史新高。学生在 ACM 国际大学生程序设计竞赛亚洲区域赛、全国大学生数学建模竞赛等各类竞赛中获省级及以上奖项 614 项(1038 人)，其中国家级奖项 297 项(512 人)。学子首夺国际遗传工程机器大赛金奖，勇夺 2022 年湖北省大学生电子设计竞赛"TI 杯"，同时斩获第十六届"西门子杯"中国智能制造挑战赛全国一等奖 1 项、全国二等奖 2 项，创造了学校在该项赛事的历史最好成绩。

10. 研究生教育改革深入推进。以全面提升研究生知识创新能力和实践创新能力为目标，推进研究生分类培养和培养方案修订工作，全面推进"三融三跨"人才培养模式改革。打造科教融合示范金课，有组织有计划推动在产教融合联合培养基地开展专业实践，推进与行业产业共同制定培养方案和共同开设实践课程，发挥企业导师在专业实践指导中的作用。深入推动本研融合、贯通培养，实施本科生院和研究生院优质课程互选互认，加强本—硕—博课程及其内容的有机衔接和阶梯效应。推进跨学科交叉培养，大力构建跨学科专业选修课平台。积极推动研究生跨文化培养，加大国际联合培养力度，建立资助联合培养博士、短期出国(境)研究和参加高水平国际学术会议的立体化博士研究生国际化培养体系，全日制博士生国际交流与合作率达 100%。设立研究生国际合作与交流基金，资助 98 名博士生到国外一流大学攻读博士学位或联合培养的博士生，12 名研究生参加线上国际会议，5 名博士研究生短期联合培养。构建以提升知识更新力、学术创新力和国际竞争力为目标的研究生课程体系，引进高水平国际化课程。优化学位点布局，持续推进博士学位授权点培育申报工作，主动对接区域经济社会和产业发展需要，进一步优化卓越工程师人才培养结构和专业学位博士点布局。紧密对接湖北省"51020"产业集群建设，大力推进"电子信息""能源动力""材料与化工""土木水利"等工程博士学位授权点申报的工作，学校被纳入"工程硕博士人才培养专项"。出台《交叉学科学位点总体建设方案》《交叉学科学位点建设方案》《交叉学科学位点建设指导性意见》《"点长"工作职责与管理办法》等，推进"交叉学科管理机构＋点长＋学位点"的三位一体组织模式和管理机制，力促交叉学科学位点的建设与发展。按要求调整 4 个一级学科学位授权点，开展第二轮(2020—2025 年)学位点合格评估各项工作。加强培养过程管理，加强对研究生开题和答辩的过程督导。加强学位论文质量责任机制和自我约束机制建设，通过开题源头管控、学位论文全盲审、答辩及学位申请末端监控一系列措施，加强学位论文各个环节的过程管理，修订《博士学位论文开题报告的规定》《博士学位论文答辩及学位申请若干规定》等，进一步完善学位管理制度体系。加大对优秀学位论文的选拔和资助力度，加大学位论文抽检力度，对风险论文提前预警干预，健全研究生、导师自主提升学位论文质量的倒逼机制。严格学籍管理过程，强化奖励资助育人，精准完成各类研究生奖助学金的评定及发放。举办研究生素质公开课，开展博士服务团挂职锻炼实践活动等强化研究生核心素养提升，促进全面发展。1 名博士生获"李四光优秀博士研究生奖"，1 名硕士生获"李四光优秀学生提名奖"。

11.招生就业质量稳中有进。圆满完成4760名本科生招生录取工作,本科生生源质量持续提升。持续加强招生宣传,校领导、知名专家教授、广大教职员工和学生线上线下全员参与招生宣传工作,确保生源质量稳步提升。2022年学校录取位次总体平稳,绝大多数考生录取分数与位次较往年保持平稳,9个学院,9个招生专业(类)第一志愿率持续提升,12个学院、11个专业(类)调剂率持续下降,地学类专业生源质量持续回升。顺利完成4063名硕士研究生(全日制学术学位硕士研究生1561人,全日制专业学位硕士研究生2060人,非全日制硕士研究生442人)和566名博士研究生(全日制学术型博士研究生495人,非全日制资源与环境专业学位博士研究生45人,同等学力博士研究生26人)的招录工作。主动对接国家、区域和行业重大发展战略需求,启动同等学力博士研究生招生试点改革,面向校战略合作单位和大型企事业单位招生并以项目制培养,首批招录55人。克服困难,周密保障完成2023年全国硕士研究生招生考试。全日制研究生优质生源("双一流"高校生源和推免生源)2324人,优质生源比例为56%。强化组织领导,建立健全学校主要负责同志亲自抓、分管校领导靠前抓、各培养单位具体抓,相关管理与服务机构协同推进、全员参与的就业工作责任体系。落实校领导深入联系就业工作、部门联席会商、定期通报交流、就业状况动态管理等就业工作运行机制,坚持"一找两促""一对一"帮扶等特色工作。强化供需对接,大力开展访企拓岗促就业行动,学校党委书记、校长以及校领导班子成员深入开展访企访校拓岗促就业专项行动,先后走访中国石化、中国石油、新疆地矿局、浙江地矿局、中铁大桥局、葛洲坝集团等100余家重点领域单位,开拓优质岗位。全面深化与山西省、云南省等校地合作。深入落实"学子留汉"工程,举办青山区、汉阳区、洪山区专场招聘会。推动宜昌市人才工作站落地,促进毕业生留鄂就业创业,为地方经济发展提供人才支撑。依托能源动力行业就指委,举办自然资源领域、能源动力行业及校友企业等招聘活动,努力为毕业生提供更多优质就业岗位。开展"校园招聘月""百日冲刺"系列活动,抢抓求职关键期,推进线上线下多种形式校园招聘,主动邀请中国石油、中国石化、中国海油、三峡集团、湖北省地质局、黑龙江地矿局、比亚迪、浪潮集团、海康威视等重要领域的重点单位来校招聘,全年度举办25场大中型线上线下双选会,开展5场组团招聘会,组织727场线下宣讲会、921场线上宣讲活动,累计线下进校招聘单位1713余家,线上招聘单位3821家,线上线下校园招聘活动为毕业生提供14.2万个就业岗位。强化就业育人,持续完善职业发展教育体系,引导学生树立积极的就业观;强化服务保障,探索智能化就业管理,精准开展就业帮扶。2022届毕业生毕业去向落实率为90.02%,达到预期目标。

12.继续教育和国际教育亮点纷呈。落实部省要求开展校外教学点设置与备案工作,强化校外教学点管理。规范工作流程,严把网络教育招生入口关,严格学籍学历学位管理。以专业建设、课程建设为抓手,提高网络成人教育质量。加强自学考试、做好命题、考务、阅卷及学籍管理工作。落实教育部关于非学历教育领域问题专项整治工作的相关要求,按照"管办分离”原则调整非学历教育，顺利通过教育部非学历教育领域问题专项整治入校核查工作。依托学科与专业优势，积极服务自然资源行业各类培训，精准帮扶云南施甸以及自然资源部定点帮扶的黑龙江海伦、海南琼中、江西赣州等四省七区(县)，助力乡村振兴。学校成功获批资源环境与安全大类(资源勘查类)职业教育“双师型”教师培训基地。

严格落实上级和属地要求，认真执行校园疫情防控各项举措，加强校内各单位协调沟通，分工协作，科学精准、平稳有序开展境外350名国际学生返校工作。推进“一带一路”国际地学教育培训中心建设，通过与行业深度融合，整合各方资源，汇聚平台优势，探索校企合作新模式，开展订单式人才培养、定向委托培养和联合培养，引领地球科学领域国际化高水平人才培养模式。按照“统筹规划，分批推进”的原则，分批建设具有国际招生吸引力、反映学校优势学科前沿的“双一流”研究生全英文学科课程群。创新优质资源引进模式，与法国雷恩高等商学院举行线上合作会谈签约仪式，共建经济学(中法班)本—硕联合培养项目，培养具有国际视野的创新型人才。建立平安留学行前培训宣讲制度、大学生国际交流回访制度等，提升服务水平。获批中国教育国际教育交流协会“新青年全球胜任力人才培养计划项目”。加快推进来华留学“预科—本科—研究生”三级分类培养，预科生突出文理融合，着力提升汉语语言能力和基础学科成绩，本科生突出产教融合，着力提升实践创新能力，研究生突出科教融合，着力提升科研创新能力，国际学生培养质量显著提升。加强国际学生中国国情教育，国际学生《感受中国新时代》获《当代世界》杂志社牵头举办的“感受中国新时代”主题征文、摄影和短视频大奖赛征文类三等奖，国际学生大明获湖北省国际学生及孔子学院(课堂)学员中文演讲比赛二等奖，学校获优秀组织奖。承办国家留学基金管理委主办的“感知中国:全国来华留学生博士论坛暨丝路博士论坛”。

三、坚持“四个面向”，不断优化创新生态格局，服务国家重大战略能力有效提升

13.“十四五”规划序时推进。出台《发展规划管理办法》，明确了学校各级各类规划的地位作用、责任主体、编制及修订程序、实施方式等重要内容，为健全学校规划体系、规范开展规划编制、实施等活动开展提供了重要依据。推进并完成7个专项规划和各二级单位规划编制工作。完成“十四五”规划指标任务分解，与23个教学科研单位和30个管理服务机构签订建设任务书工作，任务书签订进一步增强了全校上下抓规划落实的氛围。

14.双一流建设全面推进。学校地质学、地质资源与地质工程2个学科再次入选“双一流”建设名单，新增农业科学领域进入ESI全球机构排名前1%，学校共有地球科学、工程学、环境/生态学、材料科学、化学、计算机科学、社会科学、农业科学8个领域进入ESI全球机构排名前1%，其中地球科学、工程学位居前1‰。完成新一轮“双一流”建设方案编制，推进“双一流”“6+3”重点项目建设，明确项目建设任务，组织与9个项目负责人签订任务书。推进

“双一流”文化传承创新专项国际交流合作专项建设，继续推进学科培育计划项目、“111”引智基地计划项目、学科特区项目建设和任务落实。推进“双一流”项目绩效自评和经费执行监控，完成年度“双一流”监测数据填报，通过湖北省“双一流”建设情况检查。推进 34 个一级学科制定发展规划，加强学科对标分析，理清发展思路和发展目标，明确研究方向，确定“十四五”建设任务，明确具体举措及进度安排，学科专业优化调整举措、发展预期成效、标志性成果及保障措施。继续引导学科加快分类发展。以“双一流”建设为牵引，聚焦优势学科发展，推进地球科学变革及创新发展，推进新工科、基础学科和特色文科建设。努力拓展“双一流”建设经费来源，联合其他 4 所部属在汉高校请求省委省政府支持新一轮“双一流”建设并获得支持，湖北省同意按 1∶1 足额配套支持学校“双一流”建设，2022 年预计获支持经费 8800 万元，实现了支持经费大幅增长。

15. 持续打造高水平师资队伍。统筹规划，启动十四五人力资源规划编制工作，加强机构编制管理，调整优化队伍结构，激发教职工干事创业活力。持续推进“三定”工作，坚持精干高效，从紧控制，核定管理岗位数量 547 个，管理与服务单位部分专业技术岗位数量 326 个。以岗定责、因岗聘人，基本完成聘用工作。加强思政教师队伍(含辅导员)、实验教师队伍建设，构建相互支撑、协同发展的人力资源体系。始终把师德师风建设摆在首要位置，突出“师德师风”第一标准，坚持把理想信念、师德师风、社会主义核心价值观等内容纳入新入职人员岗前培训、教师轮训等各类培训的必修内容。在教师资格认定、职称评审、人才项目申报、教学竞赛等各环节强化审核把关，分层分类加强思想政治和师德师风建设考核评价。坚定不移推进人才强校战略，成功举办第八届国际青年学者地大论坛。2022 年，学校新增国家级人才计划项目入选者 22 人，新增省部级人才计划入选者 17 人，从海内外引进高层次人才 60 人。打造博士后人才“蓄水池”，2 人入选博士后“创新人才支持计划”，7 人获博士后科学基金一等资助，9 人获博士后科学基金特别资助，40 人获博士后科学基金二等资助。开展“师德标兵”“师德模范”“最美地大教工”等先进典型评选，评选出未来技术学院吴敏为年度“师德标兵”，资源学院沈传波、计算机学院马钊为年度“师德模范”。积极选树推送先进典型，郑建平当选首批“中国地质学会会士”，李长安获“荆楚楷模”，殷坤龙获“楚天园丁奖”，沈传波获“湖北师德先进个人”，宋海军获第十七届“中国青年科技奖特别奖”“霍英东教育基金会第 18 届高等院校青年科学奖”，龚文平获国际工程地质与环境协会理查德·沃尔特斯奖第二名，徐世球获评 2022 年“湖北省十佳科普达人”，文章获第十八届青年地质科技奖(银锤奖)，金贵入选自然资源部高层次科技创新人才工程科技领军人才。完成教职工岗位评聘、2017—2021 年聘期和年度考核工作。教师研修培训、出国选派管理、教师资格认定、人才服务保障等工作有条不紊开展。

16. 开展有组织科技创新。组织召开科技人才国际化会议，谋划服务国家能源资源战略能力提升专题会，集中力量推动有组织科技创新。以问题为导向，以国家需求为牵引，以科技计划类项目培育为重心，通过精心组织、培育重大原创成果，基础研究发展态势良好，重大、重点项目等龙头项目不断涌现。科研合同经费达9.8亿元，实现了10%的增长目标；实到经费6.88亿元，略高于去年。国家自然科学基金获批资助项目240项，其中，重大项目1项(含课题2项)、国家重大科研仪器研制项目1项、管理学部重大项目课题1项，均为学校"十四五"期间首次获得该类型资助项目，杰出青年科学基金项目3项，创历史年度获资助新高，获资助优秀青年科学基金项目4项、重点类项目12项。全年获批国家重点研发计划项目5项，获批课题16项。获批国家社科基金13项、教育部人文社科基金12项(含教育部哲学社会科学重大专项1项)、省部级人文社科项目33项，获批项目数均创新高。以制度激励谋取横向项目，规范学校科技资质申报、维护和使用管理，出台《科技资质管理办法》。修订《横向科研经费管理办法》，激发科技创新活力，规范经费管理，提高资金使用效益，横向项目到账经费近3亿元，千万级以上重大横向项目4项。加强基地平台建设，出台《科技创新基地管理办法》，规范管理、强化考核、增强能力。成功获批自然资源信息管理与数字孪生工程软件教育部工程研究中心、自然资源部国土碳汇智能监测与空间调控工程技术创新中心、区域生态过程与环境演变湖北省重点实验室，建成武汉市深部零碳能源资源技术创新中心等4个省部级平台。挂牌建设城市地下空间、未来实验室建造、工业视觉检测3个产业技术创新中心。持续推进国家重点实验室优化重组，进一步凝练方向，厚实实力。加强在固体地球科学、地球生物学、地下水科学、零碳能源资源、GIS领域科技创新基地的顶层布局和系统谋划，积极谋划聚光太阳能电池重大科技基础设施。推进由三峡集团牵头的长江实验室建设，推进水岩相互作用与深地资源安全利用国家重点实验室建设，筹建自然资源部神农架大九湖湿地关键带野外科学观测研究站，谋划国家深部零碳能源资源技术创新中心建设，与中国石化共建干热岩资源开发利用全国重点实验室。加强重大奖励培育，积极申报选送优质成果，获高等学校科学研究优秀成果奖自然科学奖、科学技术进步奖二等奖各1项，获第十三届湖北省社会科学优秀成果奖、湖北省发展研究奖(2020—2021年)、武汉市第十八次社会科学优秀成果等省市人文社科奖一等奖1项、二等奖7项、三等奖6项、优秀奖6项。陈刚父子携手登顶珠峰进行科学测量，长兴"金钉子"入选全球首批地质遗产地名录，2项成果入选2021年度中国古生物学十大进展。加强新型特色智库建设，提升咨政服务能力，自然资源部法治研究重点实验室、珠宝首饰传承与创新发展研究中心入选中国智库索引来源智库，8份成果获湖北省政府主要负责人肯定性批示，4份成果被教育部采用上报。聚焦JMRH重点领域，有组织的GF科研稳步推进，GF项目经费稳定在5000万元。顺利通过装备CZ单位资格认证，成为GF"四证"齐全高校，学校GF科研资质保障能力和竞争力进一步提升。获批国家ZQ人才基金项目1人，引进GF领域高层次人才3人。加强科协科普工作，完成青科协换届工作，积极推荐教师参与各学术组织发挥作用。学校科协获“全省科协系统先进集体”“全国科普日活动优秀组织单位”，1人获“全省科协系统先进个人”，获批科协系统、学会协会资助项目21项。加强科普平台和品牌建设，开展“宜居地球——科普大讲堂”，逸夫博物馆、湖北巴东地质灾害国家野外科学观测研究站获批全国科普教育基地；生物地质与环境地质国家重点实验室、自然资源部法制研究重点实验室、构造与油气资源教育部重点实验室、资源学院矿产资源实验教学中心、数理学院物理实验中心获批2022—2026年度湖北省科普教育基地；构造与油气资源教育部重点实验室、数理学院物理实验中心获批武汉市科普教育基地；逸夫博物馆—宜昌秭归实习基地获批科学精神专题实践教学基和科创筑梦助力双减试点单位。11部作品获评湖北省、武汉市优秀科普成果，1名同学获第九届全国科普讲解大赛二等奖和最佳人气奖，1名同学获得“2022年武汉市科普讲解大赛”优秀奖。连续11年承办中科协青少年高校科学营，紧抓世界地球日、防灾减灾日、全国科技活动周等重要时间节点举办科普活动。加强政产学研用和科技成果转化，参加第二十四届中国国际高新技术成果交易会，年度专利转化1260余万元。完善知识产权管理体系建设，加强知识产权平台建设，顺利通过知识产权贯标监督审核认证，获批湖北省清洁能源产业运营中心。

17.加大开放办学力度。推动更高水平开放，实施更大范围、更宽领域、更深层次的对外开放。社会合作稳步推进，完成与云南省人民政府续签战略合作协议，在此框架下与滇西应用技术大学签署对口帮扶协议，与云南保山恒益实业集团有限公司签署合作协议，实现与云南全方位多层次多领域合作。与广州市南沙区共建滨海研究院，与宜兴市政府协议共建功能材料与环境新型研发机构，与汉阳区政府签署合作协议助力汉阳地理信息产业发展，与东湖新技术开发区签署托管岱家山庄幼儿园协议。稳步推进名企合作计划，与中国海油、中国铁建、东珠生态、航天宏图、四方光电、上海豫园珠宝、周大生珠宝、中控技术等央企上市企业签署协议17份，与中国移动、中国电信、中国农业银行等央企湖北分公司签署合作协议，通过深化与重点企业的产学研合作，拓展学校专家服务国家重大工程项目的途径和渠道，为教师开展高质量产学研合作、学生接受高水平联合培养提供更宽广平台。加强校院两级筹资体系建设，健全校院两级相结合的多层次、多渠道的社会支持长效机制，年度获捐赠2 289.4万元。修订《非学历教育管理办法》等，促进非学历教育规范管理，建立科学、有效且符合学校实际的非学历教育管理制度、工作机制和工作流程，实现业务工作有规可依、有法可办，办学全过程受监控、可追溯。做好普通高等学校非学历教育对照检查整改工作，建立非学历教育教学督导团队和“结业证书＋资格证书”并行的证书体系，完成非学历教育领域问题专项整治全部整改任务。全年开展非学历继续教育项目104项，培训学员7767人次。发挥70周年校庆凝心聚力作用，校领导分赴各地看望校友，增强校友与母校联系。持续提升校院两级校友工作服务水平，建立校友基础数据库和校友服务平台，借助信息化手段，完善“地大人”校友服务系统。全面梳理学院、专业、班级的历史沿革，逐步厘清历届校友及行政班级归属，完成校友基础数据入库近18万条，校友自主注册3.5万人。积极组织“地二代”地学科普线上夏令营，全球校友登山活动、全球校友送祝福、全球校友唱校歌、点亮校友地图、校庆云报到等活动，动员校友参与“招生—培养—就业”全过程。新成立宁夏校友会、山西校友会，实现了内地31个省（自治区、直辖市）校友组织的全覆盖。成立美国校友会，校友会海内外布局进一步完善。完成海南、广西、湖北校友会理事会换届。深入推进服务乡村振兴工作，全面巩固“统一领导、归口管理、分级负责、协同配合”的工作机制和“援派干部＋科研团队”的帮扶模式。党委常委会、校务会先后11次研究乡村振兴和定点帮扶工作，分管校领导坚持每周调度乡村振兴工作，全年共派出16批120余人次的专家、干部、师生到施甸开展各类帮扶活动，圆满完成各项帮扶任务，在2021年度中央单位定点帮扶工作成效考核评价中，获评最高等次“好”。在湖北省直单位定点帮扶综合评价中，连续获评最高等次“好”。积极推进深圳研究院、浙江研究院、广州南沙滨海研究院等驻外平台工作。

积极组织、筹划各“111”引智基地与国际专家团队的线上线下学术交流活动，成功主办第49届国际水文地质大会等国际学术会议。举办“中外大学校长论坛”，发布《武汉共识：新地学教育倡议》，被45个国家及地区的超过610家主流媒体、门户网站及重点资讯网站广泛转载、报道，累计覆盖海外受众2.5亿人次，提升了学校国际知名度。“复杂系统先进控制与智能自动化创新引智基地”顺利通过验收并获得滚动资助，新增1项“111”引智基地项目，学校获批欧洲核子中心国际高能物理合作组成员。

四、坚定不移深化改革，统筹发展安全与民生保障，治理能力稳步提升

18.治理结构持续优化。贯彻落实习近平法治思想，全面推进依法治校。推进习近平法治思想进教材、进课堂、进头脑，深入开展以宪法为核心的法治宣传教育，持续开展第七届全国学生“学宪法　讲宪法”系列活动。根据国家法律法规、上级政策和学校办学治校实际情况完成学校章程修订并呈报教育部核准。完善学校法人治理结构，持续推进决策、管理的科学化、民主化和法治化，坚持对学校重大决策、重要制度、重大建设项目以及涉及师生权益的重大事项的合法性审查管理，优化合同信息化管理。依法依规推进信息公开，完善并实施“四项清单”，健全师生权益保护机制，积极为师生依法维护权益提供咨询和服务。充分发挥发展战略委员会、“双一流”建设委员会等战略咨询组织的作用，积极为学校战略发展贡献智慧和力量。大力支持学术委员会履职尽责，开展学校学科生态战略研究、加强学术诚信规范和科研伦理建设，营造风清气正的良好学术环境。切实加强组织领导，构建大督办工作体系，建立“一把手”抓督办落实的机制，开启“互联网＋督查督办”工作新格局，有效提高督办效能。提升信息工作质量和显示度，全年上报教育部、湖北省委、湖北省政府、湖北省教育厅等单位信息153篇，宣传学校特色工作。推进规范性文件管理，修订《规范性文件管理规定》，规范发文流程，提升办文质量和文件流转效率，有效支撑学校高效运转。加强学校校名、校标、校徽的管理，规范教职工荣誉体系。健全两校区运行机制，按照“两区一体、学脉延展、人文相承”原则，强化两校区统筹，加强未来城校区服务保障和资源管理，不断推进多校区顺畅运行。

19.绩效管理稳妥推进。深入推进深化改革，加强政策形势研究和校内外调研，提前谋划绩效改革和“一院一策”各项工作，推进人力资源绩效改革、校院两级公共资源配置和财务管理制度改革方案的制定。加强学校校情分析研究，掌握分析办学治校存在的不足和差距。进一步完善资金筹措机制，出台《关于加强增收节支的意见》，积极主动谋资源、想方设法保收入，最大限度地保障和拓展办学资金，实现全年总收入25.68亿元。持续推进内部控制建设，全力推进预算管理一体化改革，科学合理编制预算，加大资金统筹力度，严格预算追加调整，推行“零基预算”管理，提高资金执行率，强化国有资产、经营性资产管理，进一步盘活存量资金和沉淀资金，有效提高资金和资产效益。加强设备数与量的双向建设，争取国家设备改造更新财政贴息项目16.67亿元的设备贷款额度，首批次启动近5亿元上百台(套)的大型仪器的购置工作。推进提升实验设备使用效率，建立“论证—采购合同—借款—入关—入校验货—调试安装—验收—入库—上网—报账—运行—调配—报废”等13个流程的大型仪器全生命周期管理标准，修订《仪器设备管理办法》，建立大型仪器的使用年限、资源占有费计提、使用机时率、机时开放率、机时共享率和单位机时产出率以及收益分配、动态调配、公众监督等开放共享与绩效考核指标体系，推动大型仪器开放共享取得实质性突破。推进大型仪器设备物联网建设，深化大型仪器设备开放共享平台功能，打通共享平台与房产资源库、设备资源库、财务数据库的接口，提升了大型仪器的开放共享水平，在科技部年度大型仪器绩效考核中位列湖北高校第一名。统筹推进公用房、周转房和产业经营用房管理改革，推进水电管理改革，建立了“一院一册”房产管理信息库，建设完成房产可视化信息系统，试点“定额配置、有偿使用”公用房绩效管理。修订《周转房管理办法》，完善租金动态调节机制、细化管理措施，建立与校情相匹配的周转房管理方式。出台《南望山校区出租出借公用房管理实施细则》，建立科学合理的经营性资产管理体制和运营机制，确保学校经营性资产安全完整、保值增值。积极推进水电定额管理改革，探索水电资源全成本核算模式，推动水电管理方式由“统收统支”逐步向“有偿使用”转变。学校成为湖北省首家“节水标杆高校”。

20.信息化建设强力推进。健全“双线协同、两办联动、主事会商、定期调度”的信息化工作机制，探索“1＋1＋N”(主事单位＋信息化部门＋相关单位)信息化建设责任制，围绕“六个智慧”，构建一门(一体化融合门户)、两网(互联网、物联网)、三库(数字资产库、教学资源库、校园知识库)、四端(大屏、PC、手机、PAD)、五场景(线上线下服务大厅、数字驾驶舱、IOC运营中心、一体化教学平台、科研创新服务平台)、X应用(各类业务系统)的多维度体系架构。

突出人才培养主业，整合教务管理、教学管理、智慧教室三大平台，升级教室的智能化管理功能，建立课程中心，构建教师的教学空间、学生的学习空间，打造教、考、管、评、资为一体的智慧教学环境，促进学校教育教学的数字化转型升级，为学校云面试、云答辩、云课堂、云就业提供了有力支持。持续推进数据治理工作，进一步夯实“三库三中心”的数据管理和数据服务的支撑作用，促进数据资产的不断形成。实现 19 个部门 69 个系统数据对接，66 个业务系统数据全量导入，采集数据 287 680 116 条，建设标准模型 450 个，提供数据服务接口 643 个。按照“一门户、一平台、一个库”的建设思路，通过微服务平台不断提升供给侧服务能力，建立学生校园出入预约管理系统，实现两校区学生进出校园预约、审批一体化管理。开通学生离校申请和送站预约服务，核酸检测、学生宿舍与社区人员网格化管理查询等信息服务。制订《2022 年网络安全工作要点》，开展安全专项治理，不断完善网络安全运行机制，严格备案程序和业务系统年审制度，推动“三个关停”常态化，坚持对关键系统和设备实行线上“一日三巡”。主动服务响应，主动发现问题、解决问题，涉及全域性、区域性的重大信息化问题 90%以上都被主动发现和提前解决。开展网络安全应急演练 2 次，专题宣传活动 2 次，网络安全学生团队技术培训 2 次。加强信息化基础设施建设，年度新增云资源服务器 7 台，CPU 计算节点 40 个，GPU 节点 2 个，建立两校区数据灾备系统，教学云盘系统，实现了两校区机房的一体化运行监管。对 7 栋办公楼宇、12 栋学生宿舍楼宇老旧网络进行了升级改造增加了办公区域无线覆盖密度，加强了校园网络和系统数据整体安全。

21. 民生得到持续保障和改善。严格落实工资政策，按教育部要求及时调整在职人员基本工资标准。降低湖北省机关事业单位养老保险年度缴费工资基数重新调整带来的影响，调整在职职工基础性绩效标准，有效保障教职工工资水平不降。继续推进机关事业单位养老保险改革工作，加大政策争取力度，加快审核速度，确保已通过审核的退休“中人”转入社保领取养老金。组织赴恩施“休闲疗养＋红色教育＋考察研究＋扶贫助农”的疗休养，开展球类、棋类、书画类、征文类、合唱、舞蹈等丰富多彩、格调高雅的文体活动，丰富教职工文化生活，愉悦师生身心健康。探索福利发放多元化，满足不同年龄教职工的个性化需求和高品质要求，采取网上平台选购物资，竭力为全校教职工采购受众面广、质优价廉的福利物资。坚持实施送温暖工程，开展春节寒假、妇女节、教师节等走访慰问关爱，完成年度全校 1500 余名女性教职工安康保险续保和理赔工作。尊重关心爱护老同志，发挥关工委作用，推进银龄教师计划。完善“一栋一楼长”工作模式，建立离退休职工信息台账，成立“困难离退休教职工关爱工作专门小组”，为校内居住的困难离退休人员提供全方位帮扶服务。举办“夕阳别样红　运动展风采　喜迎二十大”为主题的老年人春秋季趣味运动会，“献礼二十大·同心贺校庆”老同志文艺汇演、诗书画影艺展，“喜庆二十大·银龄心向党”主题征文活动、主题诗词创作及朗诵活动，举办集体寿庆活动，推进活动中心轮椅坡道等适老化改造。学校老教授协会获评湖北省

"先进单位",曾广策、胡卫民、刘庆生、郭兰、陈文武等5名教师获评湖北省"先进个人",校老教授协会会长、校老年人协会会长、校关工委副主任杨昌明获"湖北省老教授事业贡献奖"。坚持加强"一院三地"服务管理,积极开展医保宣传,持续做好疫情防控常态化下核酸检测服务各项工作,加强重点人群健康服务、健康管理,加强医疗物资保障供给,继续推进广大教职工健康体检和女教职员工专项体检,扎实开展形式多样的健康教育。加强校园基础设施建设,完成宝谷创新创业中心等新建工程并投入使用,完成学生宿舍、部分单位公用房维修改造,完成校园雨污分流三期、北区雕塑基础工程、化石林周边环境等公共基础设施维修、整治和改善。未来城幼儿园装修、一站式服务中心——南望厅改造即将竣工,启动南区青年公寓项目,为教职工安心工作、舒心生活创造了良好条件。推进未来城校区(一期)各工程项目验收、结算、审计、入库等工作,大力推进未来城校区(二期)地块手续办理,提前规划二期基本建设,实现了岱家山体托管。深化改革创新,促进四馆融合发展,按时按要求高质量完成校史馆建设和展陈、开馆工作,不断优化图书馆纸质、数字文献资源建设和信息化建设,加强博物馆馆藏建设,实施展陈空间改造,顺利通过4A景区复核,完成档案馆档案库房综合改造,极大提升档案安全管理水平,建成未来校园书店和未来文博中心朱训书屋,持续做好科技查新、检索及文献传递等,着力打造公共文化服务优质平台、文化育人创新发展高地。精心策划"晶彩地球　矿物世界——世界矿物精品展"和"七秩难忘——校友捐赠藏品展"等校庆特别展,推出"铭记七秩荣光　展望百年风华"地大记忆邮局活动,学校成功获批高校国家知识产权信息服务中心,获评2022年度"湖北省高等学校图书馆先进集体"。期刊出版工作持续服务学术繁荣和师生,《地球科学》荣获"中国国际影响力优秀学术期刊""2022中国高校百佳科技期刊"并入选湖北省科技期刊楚天卓越行动计划重点项目,*Journal of Earth Science*荣获"中国国际影响力优秀学术期刊""2022中国高校优秀科技期刊"并入选湖北省科技期刊楚天卓越行动计划梯队项目,《地质科技通报》入选"湖北省科技期刊楚天卓越行动计划梯队项目",《宝石和宝石学杂志(中英文)》被列入中国大百科全书玉文化卷近现代分卷推荐书刊专栏。出版社全年出版选题申报358种,出版图书350种,获得奖励(资助)23项(其中国家级2项、省部级13项),在中宣部组织的社会效益评价中被评为"优秀"。聚焦育心育德,有计划、有质量、有温度地开展线下线上教育教学,让"五育并举"落实落地,附属学校幼教、中小学教育质量稳步提升,促进教职工子女全面成长成才,有效稳定了师资队伍,提升教职工幸福感。

22.喜庆建校70周年,开启办学新征程。在全校各单位和广大师生校友的支持配合下,精心谋划,通力合作,高效推进,成功举办70周年校庆系列活动,学术校庆百花齐放,文化校庆亮点纷呈,开放校庆卓有成效,构建立体化宣传报道矩阵,线上线下、国际国内、多种载体协同发力,全方位展示了地大70年来的历史文化积淀、办学育人成效、服务社会成果。有效应对疫情变化紧急启动预案,如期成功举行校庆大会,充分展示了学校辉煌的办学成就,彰显了厚重的精神文化，擘画了建成地球科学领域世界一流大学的光明愿景，得到了广大师生的充分肯定，引起了海内外校友的强烈共鸣和社会各界的高度关注。线上线下多种形式开展了高规格的学术活动，做到周周有论坛、天天有报告，举办院士报告 20 余场。8 种校史文献系列丛书高水平编纂出版，担起了为学校“存史、资政、育人、宣传”的重要使命。校史馆顺利落成开馆，全面系统梳理 70 年办学历程，是大学文化传承与创新、校史校情教育和爱国主义教育的重要阵地，成为地大新的文化地标。中外大学校长论坛汇聚众智，探讨宜居地球的重大挑战、研究型大学教育的使命担当、人与自然的和谐共生，发出《新地学教育》武汉共识。文艺晚会形式新颖，思想性、艺术性、教育性、群众性深度融合，深刻诠释了“上天入地下海登极”的豪迈气概和“山河为证”的家国担当。大学生长江源科考、全球校友登山科考活动、致敬老一辈活动、“地球科学领域 70 个科学问题”征集发布、“地学文库丛书”“地大智库丛书”和“地学科普丛书”出版发行等各项工作有声有色，反响良好。校庆标识、校庆吉祥物酷格等独具特色的地大新标识和系列文创，得到了大家的喜爱，提升了文化品位。重新系统地梳理了校友和社会合作方面的信息，开展了温情、细致、有效的校友联络和社会合作。各单位还结合自身特点因地因时制宜举办了各类展览、比赛等丰富多彩文化、文体活动，校园维修改造、美化净化和综合保障等各项工作较好完成，取得了令人满意的效果，共同营造了浓郁喜庆的校庆氛围。面向未来，学校提出：做“四个服务”的落实者、地球科学创新发展的先行者、“两个共同体”的建设者、学科特色型大学创建世界一流大学的开拓者。举校同庆，有力地激发了全体师生员工和海内外校友的自豪感，彰显了地大人不畏艰难、勇于攀登的精神风貌，提升了学校的知名度、美誉度，为争创一流注入了澎湃精神动力。

2023 年是深入学习贯彻落实党的二十大精神开局之年，是学校稳健走好迈向百年新征程的出发年，也是改革重点难点任务的攻坚年。立足于 70 年办学新起点，着眼于高水平研究型大学建设，我们将以习近平新时代中国特色社会主义思想为指导，深入学习贯彻党的二十大精神，坚持“两个确立”，做到“两个维护”，增强历史自觉和历史主动，贯彻党的教育方针和党中央决策部署，以高质量党建引领高质量发展，高质量开好十三次党代会，统筹推进“十四五”规划、“双一流”建设和深化改革，坚持改革思维、系统思维和法治思维，创新工作方法，蹄疾步稳、敢为善为，为建设地球科学领域国际知名研究型大学奠定更扎实的基础，为全面建设社会主义现代化国家、全面推进中华民族伟大复兴贡献地大力量！

中国地质大学(武汉)2022年工作要点

2022年,学校工作的总体思路是:以习近平新时代中国特色社会主义思想为指导,全面贯彻落实党的十九大和十九届历次全会精神,深刻认识"两个确立"的决定性意义,增强"四个意识"、坚定"四个自信"、做到"两个维护",坚持和加强党的全面领导,全面贯彻党的教育方针,落实立德树人根本任务,以"能力提升年"为主题,系统总结70年办学经验,构建高质量党建工作体系,持续提升党建引领保障能力和办学治校能力,稳中求进,锐意进取,全面推进"双一流"建设,实现学校各项事业高质量发展,为建设地球科学领域国际知名研究型大学奠定坚实基础,以优异成绩迎接党的二十大胜利召开。

一、持续深入学习贯彻习近平新时代中国特色社会主义思想,提升政治能力,坚持和加强党对学校事业的全面领导

1.学习宣传贯彻阐释党的创新理论

把学习贯彻习近平新时代中国特色社会主义思想作为首要政治任务,将学习贯彻习近平总书记重要讲话精神作为党委会议的第一议题,作为中心组学习首要内容,作为党校和干部教育的必修课程,作为主题党日活动的重要内容,加强对干部、教师、学生政治理论学习的分类指导。巩固和深化党史学习教育和"四史"宣传教育成果,弘扬伟大建党精神,系统学习《中共中央关于党的百年奋斗重大成就和历史经验的决议》,推进党的历史和创新理论进教材、进课堂、进头脑。全力做好迎接党的二十大胜利召开和学习宣传贯彻,制定学习贯彻工作方案,开展全校师生迎接、学习、宣传专项行动。做好宣传思想工作,突出信念引领和价值塑造,用社会主义核心价值观统一思想、凝聚人心、推动发展。建好马克思主义理论学科特区,加强习近平新时代中国特色社会主义思想研究阐释,推出一批高质量研究成果。发挥学科特色优势,整合校内研究力量,加快推进习近平生态文明思想研究中心高校分中心建设。(责任单位:党委宣传部、党委组织部、学校办公室、党委统战部、人力资源部、本科生院、研究生院、马克思主义学院、科学技术发展院、高等研究院、校工会、校团委,各二级党组织)

2.以政治建设为统领加强党的建设

始终把政治建设放在首位,推动学校党建与事业发展深度融合,坚持同研究、同部署、同检查、同考核,用事业发展成效检验党建工作,以高质量党建引领高质量发展。坚持政治领导，充分发挥学校党委把方向、管大局、做决策、抓班子、带队伍、保落实作用，深入贯彻《中国共产党普通高等学校基层组织工作条例》，落实党委领导下的校长负责制，完善党对学校工作全面领导的工作机制，确保正确办学方向。贯彻落实民主集中制，规范执行学校《党政会议议事规则》，完善党委常委会、校务会议题前置把关和决策落实督导联动机制。加强政治纪律和政治规矩经常性教育，营造风清气正、干事创业的良好政治生态。推动党组织建设与人才培养深入融合，持续开展党组织书记抓基层党建述职评议考核，强化党建工作督导检查。完善党支部工作考核评价体系，加强教师党支部"双带头人"工作室建设，开展学生样板党支部和学生党员标兵立项培育，创新研究生党支部设置方式。做好党的二十大、省十二大代表候选人推荐提名工作，筹备学校第十三次党代会。（责任单位：学校办公室、党委组织部、党委宣传部、党委统战部、人力资源部、本科生院、研究生院，各二级党组织）

3. 建设高素质干部队伍

以干部队伍建设为核心，实施学校干部队伍建设五年规划和十四五"干部素质能力提升计划"，统筹推进处级和科级干部队伍建设，提高干部政治能力、执行能力、沟通能力、谋划能力，引导广大干部团结协作、干事创业。完善选人用人和干部选拔任用制度。加强干部日常管理监督，完善干部管理信息系统，优化干部考核评价体系，修订处级单位和处级干部考核办法，分类制定干部管理制度。修订党员发展和教育管理办法，完善党员干部培训体系。（责任单位：党委组织部、人力资源部，各二级党组织）

4. 持续推进全面从严治党

坚持全面从严治党战略方针，永葆自我革命精神，坚定不移将党风廉政建设和反腐败斗争进行到底。发挥全面从严治党在提升办学治校能力中的政治引领和政治保障作用，制定"全面从严治党年度工作责任清单"，推动二级党组织全面从严治党"四责协同"机制见行见效。深入推进"清廉地大"建设，严格贯彻落实中央八项规定精神，坚持不懈纠"四风"、树新风，持续抓好重点领域和关键环节廉政建设。巩固深化巡视、审计整改成果，开展巡视、审计和巡察整改"回头看"，召开专题会议，系统总结本届党委巡察工作。推动纪检、监察、组织、审计、财务与巡察监督有效融合，增强监督治理效能。坚持严的主基调，推动政治监督具体化、日常监督体系化、专项监督精准化。严格规范执纪问责，深化"三不"一体推进，惩治震慑、制度约束、提高觉悟一体发力。（责任单位：学校办公室、党委组织部、纪委办公室、党委巡察办公室、审计处，各二级党组织）

5. 加强统战、群团和离退休工作

完善大统战格局，加强党外知识分子思想政治引领工作。为民主党派、无党派人士参与民主管理、建言献策、参政议政搭建平台，做好全国和省市人大、政协换届推荐工作。做好民族宗教工作，抵御宗教渗透和防范校园传教，维护校园团结稳定。健全完善民主管理和民主监督渠道，充分发挥教代会、团学代会功能，提升代表履职能力，健全教代会、团学代会提案办理机制。健全师生权益救济制度，保护师生合法权益。提升离退休职工党建工作标准化规范化水平，推进关工委建设，健全银龄教师参与课程教学、思想政治教育、教学督导等工作的机制，加强对离退休人员的精准服务，做好关心、慰问和帮扶工作。（责任单位：党委统战部、校工会、校团委、离退休工作处，各二级党组织）

6. 维护学校安全稳定

认真落实意识形态工作责任制，加强课堂教学、学术会议、社团活动、橱窗展板、期刊出版、国际合作等意识形态阵地管理，做好舆情监测、研判、处置，提升应对舆情能力。认真落实安全维稳责任制，加强校园治安巡查和周边环境综合治理，完善突发事件应急处置工作机制，扎实推进平安校园建设。认真落实保密工作责任制，加强保密宣传教育，落实保密归口管理和GF项目的保密管理。认真落实疫情防控工作责任制，坚持疫情防控日报告、零报告制度，巩固疫情防控成果。（责任单位：学校办公室、党委宣传部、党委统战部、本科生院、研究生院、科学技术发展院、实验室与设备管理处、国际合作处、信息化工作办公室、安全保卫部、校团委、图书档案与文博部、出版社、期刊社、校医院，各二级单位）

二、落实立德树人根本任务，提升人才培养能力，培养德智体美劳全面发展的拔尖创新人才

7. 加强和改进学校思想政治工作

落实教育部“时代新人培育工程”，实施“十四五”“立德铸魂工程”，深化“三全育人”综合改革，健全完善地大特色思政工作体系，提升思政工作质量和成效。加强“全程贯通”，关注学生“全周期”成长，把思想政治教育工作贯穿学生成长发展全过程。加强“空间联通”，在南望山校区和未来城校区开展“一站式”社区建设试点，打造学生思想政治工作前沿阵地。加强“队伍互通”，统筹规划思政工作队伍建设，修订完善辅导员队伍建设办法，加强研究生导学团队建设，发挥导师思政育人作用，配齐建强心理中心专业教师队伍，制定并落实专兼职教师考核方案。加强“内容打通”，深入推进思政课程与课程思政建设，上好“大思政课”，加强“美丽中国　宜居地球”课程思政和“美丽中国讲师团”品牌建设，推动中华民族共同体意识教育与思想政治工作紧密融合。加强“评价融通”，用好评价指挥棒，将思政工作作为“双一流”建设、学科专业质量评价、人才项目评审、教学科研成果评比的重要内容。（责任单位：党委宣传部、党委组织部、本科生院、研究生院、马克思主义学院、校团委、人力资源部，各培养单位）

8. 完善一流本科人才培养体系

深化“三融合”人才培养模式改革，培养高素质拔尖创新人才。推进“十四五”“生源质量提升计划”，深入推进大类招生，完善“招生—培养—就业”联动机制，探索“高中—本科—硕士一博士”相衔接的优质生源选拔方式。组织举办第一届高中校长论坛，承办全国中学生地球科学奥林匹克竞赛决赛。优化校内专业设置，完善专业建设评估体系，加强一流本科专业建设。修订本科生培养方案，更新学生知识体系，完善通识教育改革和专业主辅修制。加强一流教学资源建设，整合教材、教案、试题库、案例、教学实验室、实习基地等教学资源，打造金课体系，加强5类国家级一流本科课程建设。落实“十四五”本科教材规划和本科教育教学会议精神，启动“宜居地球”百本经典教材库建设，形成有效支撑高质量教育的教材体系。深化教育教学改革，改进教师教学理念、方式、方法，打造智慧教学、在线考试、教务管理、教学评价、教学资源为一体的教育教学平台。加强教学实验室建设，建立全校教学实验室普查数据库，认定和建设20个左右高标准教学实验室。加强顶层设计，建立人才培养工作领导小组定期例会制度，汇聚优质资源提升人才培养质量。加强未来技术学院建设，统筹推进地质学、地球物理学“珠峰计划”，加强李四光学院人才培养模式成效评估，探索新型拔尖创新人才培养模式。持续加强创新创业教育，启动十四五“创新创业能力提升计划”，深化产学研用融合，筹备“长江国际创客学院”，健全创新创业课程培训和教育服务体系。开展“地质＋”创新创业教育产教融合高峰论坛，组织好“互联网＋”“青年红色筑梦之旅”“挑战杯”等系列双创赛事及项目，提升学生创新意识和创新能力。强化教学保障，规范基层教学组织建设，修订教师评教办法。做好国家教学成果奖申报工作，筹备接受本科教育教学审核评估和专业认证工作。（责任单位：本科生院、研究生院、校团委、学校办公室、人力资源部、发展规划与学科建设处、实验室与设备管理处、出版社、后勤保障部，各培养单位）

9.提升研究生培养质量

构建“三融三跨”研究生培养模式，培养未来地球系统科学等相关学科高层次人才。深化研究生考试招生改革，减少硕士研究生考试自命题比例，用好博士生“申请—考核”政策，提升研究生生源质量。加强博士点培育和交叉学科学位点建设，依托大平台、大数据构建大交叉融合的研究生培养体系。做实本硕博贯通培养，修订研究生培养方案，构建本研一体化课程体系、教材体系。落实“严在地大”要求，强化研究生培养过程和学位论文质量管理。加强导师队伍建设，强化研究生导师遴选考核与教育培训，完善博士生指标动态管理。加强研究生创新创业教育，强化科教融合，以高水平科研成果带动高质量创新创业。（责任单位：研究生院、本科生院、学校办公室、人力资源部、发展规划与学科建设处、实验室与设备管理处、科学技术发展院、高等研究院、出版社，各培养单位）

10.促进学生身心健康全面发展

持续推进五育并举工作，健全完善学生综合素质培养和评价体系，促进学生全面发展。践行健康第一理念，落实教育部“学校体育和体教融合改革发展行动计划”，加强公共体育教学改革，切实提高学生身体素质。建立共青团“第二课堂成绩单”，将美育和劳动教育纳入培养方案,设立美育学分和劳动教育必修课,实现课堂与实践衔接、课程与活动融通。加强学生心理健康教育工作,完善校院两级心理健康教育工作体制机制,做好科学识别、实时预警、专业咨询和妥善应对。强化精品项目培育,持续做好原创话剧《大地之光》排演工作,打造地学科普剧《向长江》,持续加强“编钟艺术”中华优秀传统文化传承基地建设。(责任单位:本科生院、研究生院、校团委、体育学院、后勤保障部、未来城校区管理办公室,各培养单位)

11.提高就业工作质量

落实教育部“就业创业促进行动”,压实就业工作“一把手”责任,建立分层分类就业评价指标体系。完善生涯规划与就业指导体系,开设好就业指导课程,建设全国高校毕业生就业能力培训基地,全面提升学生就业竞争力。加强毕业生就业创业典型人物总结宣传,引导学生树立正确择业观,到基层、重点领域就业。配齐建强一支专兼结合、结构合理、相对稳定的专业化职业生涯发展教育师资队伍,挖掘充实各类专业课程职业发展教育资源。(责任单位:学生就业指导处、本科生院、研究生院、校友与社会合作处、校团委,各培养单位)

12.加强继续教育和国际学生教育

立足行业和地方经济发展需要,充分依托学科、专业和资源优势,健全学历继续教育人才培养体系。贯彻落实教育部关于规范非学历教育的管理规定,完善非学历教育的管理体系和工作机制,提高非学历教育质量。打造“留学地大”品牌,推进共建“一带一路”教育行动。探索实施优质教育资源引进工程,拓展中外合作办学项目,积极引进高水平、国际化前沿交叉课程。总结首批“双一流”研究生全英文学科课程群项目建设经验,启动第二批建设项目,加强全英文教材建设。稳步扩大中外合作办学规模,加大“游学计划”支持力度,积极引导学生赴国际组织任职实习,扩大在校生参加国际学术、实习实践、研修访学的覆盖面。(责任单位:远程与继续教育学院、国际合作处、校友与社会合作处、出版社,各培养单位)

三、注重内涵式发展,提升服务国家重大战略能力,助推经济高质量发展

13.全面推进“双一流”建设

以服务国家战略和经济社会发展为导向,以培育“高峰”“高原”学科为基础,以深化教育综合改革为动力,以加大教育投入为支撑,建设有中国特色的“双一流”。修改完善第二轮“双一流”建设方案,以地质学、地质资源与地质工程2个一级学科为核心推进新一轮“双一流”建设,推动深地科学、地球生物学、地质环境与健康、战略性矿产资源、地质工程与人居安全、深地探测与地球动力学6个国家“双一流”建设项目和长江流域自然资源全息监测与智慧管理、智能地质装备、自然资源管理与政策3个湖北省“双一流”建设项目,聚焦攻克“美丽中国　宜居地球”建设中的有关前沿科学问题、工程技术难题和重大时代命题,努力推动地质学、地质资源与地质工程迈向世界一流,提升学校整体发展水平和可持续发展能力。(责任单位:发展

规划与学科建设处、科学技术发展院、高等研究院，各二级单位）

14. 推动各学科内涵发展

以“双一流”建设为牵引，集中优势建设地球系统科学学科，加快推进地球科学创新发展，提升原始创新能力和解决重大问题的能力。制定学科专业分层分类建设规划，进一步优化学科专业布局，构建特色鲜明、关联生长、交叉融合、协调发展的学科生态。开展第五轮学科结果分析诊断，统筹建设一流学科、支撑学科、带动学科、培育学科和优势特色学科群，探索“一院一策”“一点一策”的实施办法，精准投放学科建设资源，分层分类推动地球科学、特色工科、特色文科、基础学科、交叉学科发展。启动十四五“学科培育计划 2.0”，不断强化学科高点，培育学科重点，扶持学科增长点。启动建设学科发展状态监测和绩效评价信息平台，推动学科发展质量常态化监测和发展状态数字化呈现。（责任单位：发展规划与学科建设处、科学技术发展院、高等研究院，各二级单位）

15. 积极推进科技创新

以复杂科学问题、工程技术难题和时代重大命题为牵引，培育跨学科研究团队，推动跨学科研究平台建设，打造地球系统科学创新高地，服务高水平科技自立自强，奋力突围破解“卡脖子”难题。召开科技创新与人才工作会议，总结工作经验，研究部署推进十四五科技工作。推进新型举校体制，整合校内外资源，服务一带一路建设，中西部发展、长江经济带等国家战略和行业区域发展需要，建立与承接国家重点科技攻关、国际大科学计划和国家科技平台任务要求相适应的联动机制，完善以国家科技奖为目标、省部级科技奖为基础、重要社会科技奖励为补充的科技奖励体系，实现重大科研项目、重大科技奖励新突破。持续提升国家自然科学基金、国家社会科学基金申报和获评力度，拓展国家重点研发计划项目和企业重大科技攻关项目，力争科研经费总量保持 10%以上增速。实施十四五“高端科研平台建设计划”，谋划国家深部零碳能源资源技术创新中心、地球物质科学国家实验室等高水平科研基地建设，持续推进湖北长江实验室、水岩相互作用与深地资源安全利用国家重点实验室和多能源盆地国家重点实验室的筹建，争取新增国家级平台 1 个，省部级平台 2～3 个，加快现有国家重点实验室的优化整合，加强基础学科研究中心建设。实施十四五“科技地缘战略行动计划”，持续推进“地学长江计划”。实施“新型特色智库培育计划”，强化人文社科与理工科交叉融合，重点围绕自然资源安全、碳达峰与碳中和、国土空间规划、自然灾害与应急管理等生态文明建设领域建设具有全国、行业和区域影响力的特色智库。落实教育部“高校哲学社会科学高质量发展行动计划”，推进文科实验室建设。启动跨学科研究中心建设，研究制定管理办法。推进十四五“成果转化倍增计划”，建立知识产权管理系统，完善科技成果分类评价体系和成果转化激励政策，继续推进校企产业技术创新中心和湖北省科技成果转化基地建设，规范科技资质使用与管理，提高学校知识产权与技术转移管理水平。准确把握需求，加强与相关部门信息沟通和平台建设,拓宽GF项目渠道。加强学校学术战略研究,推进学术诚信监督体系建设,加强科研诚信教育,弘扬科学家精神,营造良好学术生态。(责任单位:科学技术发展院、高等研究院、校友与社会合作处、武汉中地大资产经营有限公司,有关二级单位)

16.持续建设高水平师资队伍

以学科发展和人才培养需求为导向,坚持把师德师风建设放在教师队伍建设首位,加强政治引领、教育引导、日常管理,按照"四有"好老师的标准培育"大先生",不断健全师德师风建设长效机制。实施"一流人才引育计划"和"高水平团队建设计划",持续完善"地大学者"岗位体系,进一步优化教师队伍结构,面向国家重大战略需求和学科发展前沿,精准引育一流人才。探索建立校内"双聘"制度,加大跨学科团队培育力度,聚焦科学技术问题和新兴交叉学科方向,打造一批高水平创新团队。实施十四五"教师能力提升计划",健全教师培训制度,丰富完善培训内容,继续举办教师教学创新大赛,促进教学能力提升。深化教师评价改革,创新人才评价机制,完善晋升和聘期考核评价标准,对于承担国家重大科研任务的学术带头人及其团队,探索长周期和团队考核评价,激发人才创新活力。关注青年人才培育工作,畅通青年教师发展通道,实施"博士后队伍倍增计划",加强博士后队伍建设,健全青年人才服务保障体系。完善教师荣誉体系建设,大力选树表彰优秀师德榜样。加强对教师思想政治素质、师德师风等的监察监督,加大对师德失范、学术不端等典型案例进行通报,强化警示教育。(责任单位:人力资源部、纪委办公室,各二级单位)

17.加强高层次国际合作交流

以中外合作交流为平台,拓展全球视野,创新推进新形势下国际化建设,持续提升学校国际化办学水平。加快推进十四五"全球合作网络构架工程",加大与世界知名高校、机构的合作力度,新增1所高水平战略合作伙伴,新增10~15所排名前500名大学校际合作伙伴。加强"111"学科引智平台建设,在"气候变化、能源安全、环境治理、生命健康"等领域积极谋划新的高层次国际合作增长点。引导教师在国际学术组织和国际学术期刊任职。推进"国际声誉提升工程",持续开展线上线下学术、文化交流活动,不断完善积极开拓国际校友分会建设。充分发挥"地球科学国际大学联盟""中国-上海合作组织地学合作研究中心武汉学院""中国-东盟地学合作中心东盟学院"等平台作用,稳步推进教育对外开放,提升地大国际影响力。(责任单位:国际合作处、人力资源部、本科生院、研究生院、校友与社会合作处,各二级单位)

18.提升社会合作与服务成效

以更高水平开放为牵引,扩大开放办学力度,充分发挥学科优势,主动融入国家战略和区域社会发展,在服务社会中谋求发展。成立学校理事会,召开社会合作重点项目推进会,完善社会合作工作机制,激发社会合作活力。深度参与乡村振兴,坚持"援派干部+科研团队"乡村振兴帮扶模式,注重产业后续长期培育,加强典型选树和经验推广。继续实施与央企、国企和全国500强企业等合作计划，探索做实一批共建平台，做好区域、行业重点合作领域、重点合作单位的布局，增强服务高质量发展的能力，有效推进长江教育创新带、部部共建等省部级重大合作项目。完善"地球科学科普研究与创作中心"运行机制，实施科技资源科普化工程，通过新技术、新渠道提升科普传播能力。加强校友服务系统建设，强化校友与学校发展的命运共同体意识，完善校友信息动态更新机制，加强各地校友会建设。（责任单位：校友与社会合作处、科学技术发展院、高等研究院、远程与继续教育学院、校庆工作办公室、校园规划与基建处、武汉中地大资产经营有限公司，各二级单位）

四、深入推进综合改革，提升治理能力，为建设国际知名研究型大学提供动力源泉

19.持续提升内部治理能力

持续推动更高水平开放、更深层次改革、更高质量创新，加快推进学校治理体系和治理能力现代化。全面推进依法治校，加强宪法学习宣传，提升法治意识，执行落实学校章程。提升战略管理能力，制定发展规划管理办法，强化规划的过程管理，加快推进专项规划编制工作。推动议事协调机构发挥咨询、论证、把关等作用，督促各机构下设办公室履行日常职责。提升执行能力，加强目标管理，扎实推进二级单位"亮点项目"，推动各项制度落实落细。建立健全学校宏观管理、部门协调配合、院系主动发展的治理体系，优化管理与服务机构运行机制。理顺督查督办工作机制和责任体系，围绕重大改革任务和重点工作对标对表，加强督查督办信息化建设。（责任单位：学校办公室、发展规划与学科建设处，各二级单位）

20.深化绩效管理改革

落实《关于进一步深化改革的意见》，以目标实现为目的，以激励增量为重点，平稳推进绩效管理改革，完善改革配套措施，不断提升资源筹措能力和使用效率。推进人力资源绩效改革，设计全周期人力资源体系，在持续完善"三定"工作、调整人力资源结构的基础上以岗位管理为核心，强化岗位目标绩效管理和薪酬激励。积极争取中央和地方财政支持，增加事业收入和拓展社会资源，推进校院两级公共资源配置和财务管理制度改革，研究制定财务管理和资源配置指标等工作细则。提升实验设备使用效率，推进大型仪器开放共享计划，合理使用大型仪器设备和绩效评价改革，推动大型仪器开放共享取得实质性突破。深入推进公用房、周转房和产业经营用房管理改革，规范完善相关制度，探索推行公用房有偿使用模式。推进水电管理改革，加强水电基础管理，制定水电定额核算及标准。坚持"花钱必问效、无效必问责"，完善财务内控制度，提高资源配置使用绩效。加强审计和国有资产监管，规范固定资产处置，完善固定资产信息平台服务功能。（责任单位：学校办公室、人力资源部、财务与资产管理部、实验室与设备管理处、后勤保障部、未来城校区管理办公室，各二级单位）

21. 加快推进信息化建设

落实教育部“教育数字化战略行动”，提升数据治理、校务服务和协同监管能力，推动智慧教学示范，为治理体系和治理能力现代化赋能。推动教育教学信息化升级，整合教学平台和空间，打通教务、教学、教室壁垒，统筹智慧教室的统一管理，打造智慧教学平台，建成线上课程中心。全面启动“5G＋生态文明教育”示范项目建设，探索信息技术与教育教学融合创新。强化数据治理，推动数据资产全面入库，完善数据填报采集机制，加快建设“三库三中心”，增强数据赋能能力。推进师生“一站式”服务大厅建设，进一步梳理和优化业务流程，促进互联互通一网通办。完善校园信息化基础设施建设，更新老旧设施，提升校园网稳定性和可靠性。（责任单位：信息化工作办公室、学校办公室、党委组织部、人力资源部、本科生院、研究生院、图书档案与文博部，全校各单位）

五、办好70周年校庆，提升社会美誉度和师生员工幸福感

22. 系统总结70年办学经验

以“学术校庆、文化校庆、开放校庆”为重点，开展“七秩荣光　逐梦未来”70周年主题校庆活动。系统总结归纳地大精神谱系，加强地质精神、攀登精神、校训精神、南迁精神阐释，回顾办学历史，讲好地大故事，传承地大精神，激发奋斗意志，展示办学成就，提升社会影响，擘画发展愿景，汇聚各方力量。推动校史馆建成开放，精心编制70年校史和大事记，组织办好建校70周年庆祝大会、中外大学校长论坛、校庆文艺晚会等21项重大活动。挖掘校史文献、学术活动、文体活动和产学研合作等育人元素，通过面向地球科学领域的国内外专家学者征集“70个地球科学领域科学问题”等方式，充分发挥校庆育人功能，汇聚众智促发展。坚决做到节俭廉洁办庆、朴素办庆，营造喜庆祥和的庆典氛围，增强广大师生校友的爱校荣校之情。完善大学文化建设顶层设计，开展校园文化精品培育，建设书香校园，推进校园景观文化涵养工程，推出有地大特色的系列文创产品，常态化推动文明校园建设，做好全国文明校园复查组织协调工作。发布碳中和校园建设规划，持续打造碳中和示范校园和推进节水示范高校建设。（责任单位：校庆工作办公室、学校办公室、党委宣传部、人力资源部、校友与社会合作处，本科生院、研究生院、校团委、图书档案与文博部、未来城校区管理办公室、后勤保障部、离退休干部处，各二级单位）

23. 提升民生保障能力

不断完善民生保障和公共服务体系，增强师生的获得感和幸福感。积极争取政策资源，提高教职工薪酬福利待遇，共享学校事业发展成果。健全十四五“校园大修项目库”，完善项目储备和管理机制。努力拓展办学空间，完成新校区二期建设项目购地、建设规划报批，确保印刷厂楼群改造、校史展陈设计施工一体化工程等重点项目如期完成。加强公共服务体系建设，持续加强校史馆、图书馆、博物馆展陈和信息化建设，加强期刊出版、科技情报和专利服务中心建设。推进医疗卫生改革，提升卫生健康服务能力。持续提升附属学校教学质量，推进未来城校区幼儿园建设。持续做好社区服务工作。（责任单位：校园规划与基建处、人力资源部、后勤保障部、学校办公室、未来城校区管理办公室、新校区建设指挥部、图书档案与文博部、期刊社、出版社、校医院、附属学校）

中国地质大学(武汉)关于开展党员干部下基层察民情解民忧暖民心实践活动总结

为推动党史学习教育常态化长效化,进一步加强作风建设,根据中共湖北省委和省委教育工委工作部署,学校自 2022 年 5 月底开始,在全校范围内广泛开展党员干部下基层察民情解民忧暖民心实践活动(以下简称"实践活动")。校领导带头领办实事项目,深入师生一线,倾听师生的愿望和呼声,为师生办实事,切实解决师生实际问题。现将有关情况报告如下。

一、高度重视,全面系统推动部署

自 5 月 20 日湖北省委召开实践活动动员大会动员部署以来,学校党委高度重视,迅速开展行动进行部署推动。

1. 召开全校会议,及时动员部署。5 月 30 日,学校召开实践活动动员大会。全体校领导、党委常委、校长助理,管理与服务机构负责同志,各二级党组织书记、副书记等参加会议。校党委书记黄晓玫传达 5 月 29 日召开的全省教育系统实践活动动员部署会精神并作动员讲话。她强调,要突出校本特色,与"全国党建工作示范高校"培育创建、"十四五"规划和新一轮"双一流"建设、学校深化改革、70 周年校庆等重要任务结合起来,推进巡视、审计和校内巡察问题整改,推动学校事业高质量发展。她指出,各基层党组织要加强组织领导,创新活动方式和实践载体,务求实效。各相关部门要各负其责、形成合力,强化跟踪督办,及时总结推广好经验好做法。

2. 精心谋划,制定活动实施方案。认真学习省委书记王蒙徽同志在实践活动动员大会上重要讲话精神,结合学校工作实际,以问题为导向,研究制定活动实施方案。明确成立工作专班,由学校党委书记和校长任双组长,其他校领导、党委常委和校长助理为副组长,各二级党组织书记和党群团部门主要负责人为成员。明确校领导要结合日常联系基层工作任务深入师生一线,机关党委要主动发挥作用,统筹安排机关各部门联系学院加强调研,处级领导干部要主动认领解决 1 件师生反映的实际问题,要求全体党员干部全年至少参与 5 次社区志愿服务工作,将为师生办实事工作落到实处。

3. 以问题为导向,梳理办实事项目清单。学校注重实践活动与日常工作紧密结合,在制定实施方案的同时,系统梳理学校巡视审计整改、党史学习教育为群众办实事中暂未完成的工作事项，以及教代会、团学代会校院领导接待日等意见反馈情况，梳理形成校领导今年重点带头领办的实事项目13项和具体措施56项，切实为师生办实事。推动各二级单位制定问题清单、任务清单和效果清单，推动机关党委结合教代会反馈的意见梳理出十二大类百余小项师生重点关切的实际问题，为后期谋划推动解决师生实际问题奠定了良好基础。

4.加强调研，推动联系基层常态化开展。为加强基层调研和工作指导，学校先后研究制定《推进落实领导干部深入基层联系学生工作实施方案》《学校领导班子成员调查研究工作规定》，按照文件相关要求梳理汇总校领导班子成员2022年度联系基层工作安排，包括联系师生班级、高知群体、民主党派，听课讲课，指导二级单位开展工作，与师生交心谈心，开展专题学习调研，落实访企拓岗促就业行动，带班值班等七大类共43项联系基层工作任务。书记、校长带头给全校师生、省人大、省政协等宣讲党的二十大精神，书记给新生讲授开学第一课，校长给毕业生讲授《光荣与挫折》；全年校领导听课35人次，给师生讲授党课、思政课或形势政策课32人次，其中宣讲党的二十大精神达18人次。

二、深化调研，及时解决师生问题

校领导带队通过走访分管或联系单位、访企拓岗等多种形式持续加强深入调研，虚心听取师生意见建议，近期针对前期师生反映的实际问题进行梳理汇总，边梳理意见边进行整改，切实解决师生身边的小事、难事。学校党委梳理确定一批办实事项目，要求各二级党组织针对师生的个性化诉求、身边的具体困难，结合工作实际梳理归类，着力解决实际问题，从制度上加以推进解决，并加大对师生的关爱帮扶力度。

据不完全统计，截至12月18日，校领导累计走访调研联系点281人次，收集建议294条，收集问题262个，解决问题254个，认领实事小事项目数量252件，实际办理小事实事247件。

1.深入校内各单位走访调研。校党委书记黄晓玫、副校长王华、党委副书记王林清到地大社区居委会调研指导社区工作，到校史馆建设工地、西区学生宿舍慰问工作人员，到西区超市、食堂调研指导暑期物资供应情况，到大学生活动中心、北区音乐厅看望慰问校庆晚会以及学校艺术团排练师生，并到北区宿舍楼21栋慰问留校学生。校长王焰新到学校高考远程录取现场调研指导工作，听取工作汇报，看望慰问现场师生。校领导带队深入基层调研，于党的二十大召开等重要节点期间在两校区带班值班，检查学校常态化疫情防控点以及核酸检测点运行情况，开展二级单位安全检查，走访未来城校区各单位，与师生座谈交流、实地调研，掌握师生日常诉求，解决师生实际问题。面对严峻疫情防控形势，学校充分开展调研，成立困难离退休教职工关爱工作专门小组，由校党委副书记唐辉明任组长，离退休、校医院负责人为副组长，摸排出38名孤寡独居、高龄多病、行动不便等需要关爱的离退休教职工名单，为困难的离退休人员提供上门送餐、入户看望、陪伴核酸检测采样、送检测静态码、接送到校医院紧急换药等全方位帮扶服务。

2.深入乡村振兴帮扶点和实习基地等调研。校党委书记黄晓玫、副校长刘杰、党委副书记成金华等先后赴竹山县秦古镇小河村调研乡村振兴工作,为学校和竹山县人民政府共同援建的安全饮水工程揭牌,向该村捐赠乡村振兴发展基金,并看望慰问学校驻村工作队队员。校党委书记黄晓玫一行前往武昌实验中学,开展招生宣传工作,看望慰问招生咨询服务的师生。校长王焰新、副校长刘杰先后带队赴云南施甸、滇西大珠宝学院考察调研对口帮扶工作,开展校地深度合作。校长王焰新院士带队调研秭归实习基地,并看望秭归野外实习师生;校党委副书记王林清赴巴东、秭归产学研基地实地踏勘基地建设和开站筹备工作,慰问关怀挂职人员和基地员工的工作和生活。校党委副书记唐辉明带队赴巴东县调研国家野外站巴东野外大型综合试验场建设运营情况,实地考察巴东黄土坡地质公园选址,并推动校地融合发展,产学研一体化发展。副校长王华带队前往云南楚雄,慰问在楚雄龙江中学服务的第23届研究生支教团队员,开展校地合作调研。

3.密集开展访企拓岗行动。党委书记黄晓玫、校长王焰新院士带队走访北京企事业单位,先后走访教育部、自然资源部、生态环境部、中国地质调查局等部委寻求支持,走访中国海油、中国铁建、北京城建、中铝集团、中煤科工、航天宏图、火箭军部队等单位洽谈校企合作事宜。党委书记黄晓玫率队到青山、中诚信集团走访调研,开展访企拓岗促就业专项行动,看望企业校友代表。校长王焰新院士带队先后赴新疆、内蒙古、山西、河北等地开展访企拓岗,商谈校地合作事宜,并看望毕业校友。副校长赖旭龙率队赴广西、湖南等地开展访企拓岗行动并深化校企合作。副校长王华带队赴青海以及中国石油大港油田分公司开展校企合作对接。党委副书记王林清赴河南以及中建科工集团开展调研交流和校企合作。副校长刘杰带队赴武汉市硚口区参加"一起向未来"新时代英雄城市学子行首场活动暨高校访企拓岗活动启动仪式。副校长刘勇胜率队赴重庆、江苏、山东等地开展校企地合作。全年校领导带队走访100余家重点领域单位,看望毕业校友,开展就业调研和深化校企合作,拓宽学生就业渠道。

三、巩固提升,持续推动贯彻落实

1.狠抓落实,推动校领导领办项目稳步推进。学校严格按照制定的工作实施方案抓好落实,学校党委和各二级党组织坚持报告专题研究实践活动开展情况,党员干部坚持在支部主题党日上报告参与活动进展。将校领导带头领办的实事项目纳入学校督办系统中,强化跟踪推进。校领导带头领办13项重点任务已全部完成。党委书记黄晓玫领办干部队伍建设办实事项目,推动研究制定学校《干部队伍建设"十四五"规划》《2022年干部素质能力提升计划》《关于加快推进辅导员队伍建设的实施意见》等,强化干部交流轮岗和挂职锻炼,为统筹加强干部队伍建设、稳定工作队伍奠定了良好的基础；校长王焰新领办学科布局优化项目，加强学科专业建设顶层设计，开展学科调研走访，研究制定学科专业发展规划，统筹推进学科专业建设，促进学校实现高质量发展。从服务学校事业发展角度，校领导还领办加强基层组织、博士学位点、校园信息化、文化阵地、实验室创新平台等建设，推进有组织科技创新，开展党委巡察总结“回头看”等具体任务，推动完成基层党组织党建双创培育创建、OA二期升级改造、智慧教室建设、一站式服务大厅加快建设，“院士长廊”等文化景观建成，高标准教学实验室建设，交叉学科创新团队培育，制定1＋N仪器设备管理制度、期刊论文分类办法等系列工作；从为师生办实事层面，校领导还领办教职工荣誉体系建设，财务服务系统建设、解决已退休“中人”转入社保机构领取养老金等具体事项，紧盯师生“急难愁盼”问题，建设“一站式”学生社区和师生荣誉体系，优化财务服务系统、解决已退休“中人”转入社保机构领取养老金，完成校园雨污分流、未来城幼儿园装修、塑胶篮球场维修、路灯照明改善、校园外卖柜设置、共享单车停车位设置，实验室噪声、困难离退休职工关爱帮扶等一批“老大难”问题逐步得到解决，切实解决师生实际问题，凝聚师生力量促发展。

2. 党员干部积极参与，推动为师生办实事落地落细。全校各二级单位纷纷结合工作实际，研究制定问题清单、任务清单和效果清单，共认领办实事项目316项，提出解决措施349个，进一步推动实践活动深入开展。机关党委召开党委扩大会，推动各职能部门结合教代会师生反馈意见，制定服务师生举措，解决师生实际问题。海洋学院组织班子成员做到“四个一”，即上一次廉政党课、作一次科普报告、开展一次发展研讨、开展一次学生辅导；公管学院组织班子成员开展“九个一行动”，即召开一次党建研讨会、联系一个毕业班级、开展一次访企拓岗行动、参加一次主题班会、走访一位优秀校友、看望一次退休教师、看望一次校外实习师生、走访一个科研合作单位、召开一次师生午餐会；地空、外语、环境、珠宝、计算机、马院、体院、艺媒等学院加强师生座谈交流，走访学生宿舍，关注师生身心健康，创造条件支持师生加强文体活动等。

3. 全面加强宣传，推广好经验好做法讲好师生故事。注重宣传引导，将实践活动与日常工作相结合，不断巩固拓展活动成果，细化工作举措，创新活动载体，着力办成一批民生实事，解决一批矛盾问题，总结推广一批实践经验，完善一批工作制度，讲好一批暖心故事，推进实践活动深入开展。学校离退休工作处本着服务无小事、细节见真心的原则，主动创新服务工作方式，实施离退休人员医药费“一站式”报销服务工作，受离退休人员点赞；学生心理健康教育中心寓教育于活动中，组织“温暖的抱抱”活动，为毕业季和期末复习的学生以爱的鼓舞和支持，缓解学生学习压力，深受学生欢迎；地学院辅导员将自己居住的宿舍开设为“229聊天室”，在学生宿舍打造24小时营业的“真情茶馆”，四年间共接待学生交心谈心共300余人次，给学生鼓舞和正能量。在实践活动中引导党员干部讲好暖心故事,92 篇生动故事汇编成册,充分展示了学校党员干部师生群众精神风貌。大部分党员干部立足本职工作兢兢业业、无私奉献,既有"国家需要就是我们的研究方向"的科研号召,也有"一切为了学生、真正成为学生的良师益友"的教书育人职责,还有"问道争朝夕,治学忌功利"的学术追求,更有"要感恩家乡、反哺学校、回报社会"的校友誓言,充分彰显新时代党员干部的使命担当。

学校疫情防控工作情况

学校党委认真落实党中央和湖北省委、教育部党组决策部署，靠前指挥、果断决策，因时因势动态优化调整学校疫情防控措施，扎实做好常态化疫情防控、突发疫情应急处置、政策措施优化调整等疫情防控工作，打赢了校园疫情防控保卫战。在学校党委领导下，学校疫情防控工作领导小组认真贯彻落实上级和学校党委工作要求，科学制定并持续优化疫情防控策略，各单位各部门密切协作、履职尽责，全校师生员工同心抗疫坚韧奉献，先后经受住了国内外多波疫情流行冲击，稳妥处置多起校园突发疫情，实现从“乙类甲管”到“乙类乙管”的平稳转段，高效统筹疫情防控和改革事业发展。

一、应急常态化防控阶段

学校党委始终慎终如始，毫不放松抓好常态化疫情防控，全面落实外防输入、内防反弹总策略和动态清零总方针，统筹疫情防控和改革事业发展，注重依法防控、科学防控、联防联控、群防群控，突出抓早、抓小、抓基础、抓疫情处置速度，不断提升监测预警、检测、流调、隔离等防控能力，加强感染者、密接和次密接人员管控，努力以更高效率、更低成本、更短时间控制住校园疫情。

学校根据疫情形势变化和属地最新要求，适时调整防控政策，坚持常态化防控与应急处置相结合的防控策略，按要求严格落实校门管控、出入管理、人员管控、卫生消杀、健康监测、排查流调、隔离转运、闭环管理、核酸检测、后勤保障、宣传教育和心理疏导等疫情防控工作，着力加强疫情防控的科学性、精准性和针对性，着力做好服务保障的精细化、柔性化和人性化。

此期间，学校不断调整优化《新冠疫情防控工作方案》《突发疫情应急处置预案》《疫情防控Ⅰ级响应工作预案》等多项制度方案，组织编写《中国地质大学(武汉)新冠肺炎疫情防控指导手册》，坚持发布《疫情防控每日报告》，认真落实“日报告”“零报告”、聚集性活动审批管理等系列常态化疫情防控工作制度；强化重点地区返校人员排查管控，认真落实重点人群核酸检测应检尽检措施，加强核酸检测现场安全秩序维护；加强人防技防结合，整合出入闸机、访客预约系统、学生请假系统，并与湖北省大数据局进行了数据打通，实现了全校师生“无接触”式健康码核验，简化了通行手续，降低了安全风险，提升了出入管控和预防能力；规范做好校园及周边突发疫情应急处置，遇到突发情况和疫情严峻时期，党员干部遵守“一线规则”，及时下沉一线，24 小时值守待命，党员干部带头值班住办公室，有力维护了广大师生健康安全和学校正常教育教学秩序，为党的二十大胜利召开和校庆 70 周年顺利举办等一系列重大活动营造了安全稳定的校园环境。

二、应急常态化向“乙类乙管”常态化过渡阶段

这一阶段，随着病毒变异、疫情变化、疫苗接种普及和防控经验积累，我国新冠疫情防控面临新形势新任务，疫情防控工作进入新阶段。学校认真落实二十条优化措施和新十条措施，及时动态调整优化防控措施，制定学校《新型冠状病毒感染防控工作方案》《应对新型冠状病毒感染疫情高峰工作方案》等，围绕“保健康、防重症”，科学精准施策，进一步调整优化校园检测措施，科学安排教育教学方式，加强师生宣传教育，不断增强校园疫情防控能力，做好健康驿站建设管理和运营，持续加强师生健康监测，不断健全专业救治绿色通道，认真做好医疗防疫等物资储备，持续改进校园公共卫生环境，细致做好师生服务保障，最大程度维护师生生命健康安全，全力确保校园安全稳定，实现了疫情防控平稳转段，确保学校正常教育教学秩序。

2022 年快速有效应对处置 8 起校园突发疫情，精心组织全员核酸检测 178 次，共计近 280 万人次，组织疫苗加强针接种 2 万人次，审核上报每日疫情简报 360 多份，组织各类会议 36 场次，协调学校隔离人员近 4000 人次，审批发放防疫物资近 118 万元，下发各类通知和工作提示 78 篇，多次与属地政府沟通联系，转送隔离人员 1600 余人，学校隔离点隔离学生 2500 余人。

70 周年校庆工作情况

2021 年 4 月，学校成立校庆工作领导小组和校庆工作办公室，下设宣传秘书组、校史文献组、学术活动组、校友联络组、资金筹措组、文体活动组、综合保障组等 7 个专项工作组，制定校庆工作方案，召开动员大会，聘任校庆大使，开通专题网站，发布公告、标识、吉祥物，精心筹备，稳步推进校庆各项工作。

喜乘党的二十大胜利召开东风，70 周年校庆日前后，学校举办了庆祝建校 70 周年大会等系列校庆活动，系统总结了办学 70 年来的育人成效和历史经验，梳理凝练了 70 年形成的办学精神和地大文化，广泛联络了各地校友和社会各界，有力激励了广大师生团结一心为建设地球科学领域世界一流大学接续奋斗。

校庆活动得到了教育部、湖北省委省政府和社会各界的大力支持，全校师生员工、海内外校友共同努力，积极应对疫情不断变化带来的种种挑战，坚持以育人为核心，以“学术校庆、文化校庆、开放校庆”为原则，校庆活动举办得隆重简朴、务实高效，较好实现了“以庆促建、以庆聚力、以庆提志”的工作目标。

1. 校庆活动简朴务实、规范有序开展。根据《教育部直属高等学校校庆活动管理办法》和教育部对学校举办 70 周年校庆活动的有关意见，学校按照校庆总体方案，组建工作专班，细化活动方案，加强过程管理，坚决落实中央八项规定精神“过紧日子”要求，严格执行并压缩相关预算，文艺晚会未邀请校外文艺团体，捐赠遵循自愿、专款专用原则，国际会议和邀请外方人士严格履行审批审查手续。

2. 校庆日前后大型活动高质量完成。有效应对疫情变化紧急启动预案，如期成功举行庆祝建校 70 周年大会，引起了师生校友的强烈共鸣和社会各界的高度关注；校史馆落成开展、校史系列图书出版，全面系统梳理了 70 年办学历程，形成了大学文化传承与创新、校史校情教育、爱国主义教育和科学家精神培育的重要阵地；中外大学校长论坛汇聚众智，探讨宜居地球的重大挑战、研究型大学教育的使命担当、人与自然的和谐共生；师生克服重重困难以史诗讲述形式演出的文艺晚会，集思想性、艺术性、教育性、群众性于一体，诠释了“上天入地下海登极”的豪迈气概和“山河为证”的家国担当。

3. 师生校友广泛参与校庆相关活动。全校各单位线上线下举办各类学术活动 500 余场次，其中院士报告 30 余场次；青年学子为主完成第二次长江源科考活动，上了一堂长江大保护的生动思政课、实践课和劳动课;致敬老一辈活动、校友先进事迹报告会等活动展现地大精神传承,引发良好反响;精心设计的校庆标识、校庆吉祥物和系列文创得到师生校友喜爱,提升校园文化品位;系统梳理校友和社会合作方面的信息,开展温情、细致、有效的校友联络和社会合作;举办各类展览、比赛等丰富多彩的文化文体活动,提升师生员工参与感、获得感;陈刚教授父子携手登顶珠峰开展科学测量、全球校友登山科考祝福母校活动以实际行动诠释攀登精神,独具地大特色。

4.学校社会声誉和影响力显著提升。学校面向全球公开征集发布"地球科学领域70个科学问题",中外大学校长论坛发出《武汉共识:新地学教育倡议》,提升国际学术影响力;全球300余家机构以不同形式关心关注学校校庆活动,新华社、中央电视台以及《人民日报》《光明日报》《中国教育报》《中国社会科学报》等中央媒体、相关省市媒体和海外媒体报道学校办学成就与办学经验。

附件:

70周年校庆标志性成果

一、校史馆建成开馆,成为传承地大精神和文脉的新载体

2022年11月5日,在70周年校庆日即将到来之际,校史馆开馆仪式隆重举行。校外嘉宾,在校院士,学校老领导、校友代表,施工单位代表,全体校领导,党委常委,校长助理,"在校70年"荣誉章获得者代表以及其他退休老同志代表,各学院、管理与服务机构负责人代表,教职工和学生校史馆志愿者讲解员代表等参加仪式。党委书记黄晓玫主持仪式,校长王焰新院士为校史馆落成致辞,校史馆主要捐资者之一李忠荣校友讲话。仪式上,同步发布校史系列图书和地球科学领域70个科学问题书刊,为校史馆"离退休教师志愿讲解队""学生志愿讲解队"授旗,为爱国主义教育基地、科学家精神教育基地揭牌,为未来城校区建设历程展和李忠荣校友摄影作品展揭幕,为70周年校史展揭幕。

70年的地大历史,是一部艰苦卓绝的奋斗史,坚守初心的育人史,地球科学报国史,更是一部精神文化积淀史。为更好挖掘利用校史文化资源,持续深化大学文化内涵建设,全面提升学校软实力,学校于2018年启动校史馆建设。2019年,学校成立校史馆建设工作领导小组,锚定"建成现代化、经典型,有中国风范、地质特色和国际元素的校史馆,献礼建校70周年"的目标,倒排工期,挂图作战,统筹推进校史馆基本建设、史料征集与展陈布展工作,确保

校史馆建设工作如期有序推进。

校史编年展厅和专题展厅图文，参考校史、档案、史料等文字资料超300万字，图片超3万余幅，历经40余轮的修订定稿。多渠道开展史料的征集工作，面向校内单位、校友广泛征集史料及档案共计30 000余件；赴自然资源部、教育部办公厅、中国地质博物馆专项收集办学历史档案117件；重点征集名人档案43人，整理相关史料8000余件；对离退休老教师、校友等79人次开展口述校史访谈，采集音像史料100余小时；发掘抢救7000余册晚清、民国及建校初期珍贵图书期刊、地质资料等珍贵文献；整理并汇编馆藏珍贵文书档案2641卷(册)，珍贵声像档案4395件。

校史馆位于南望山校区，占地面积2900m^2，建筑面积5400m^2，共两层：一层设标识大厅、学校通史常设展区(内含《地学国脉孕伟业》《国运垂青建黉门》《艰苦奋斗奠基业》《栉风沐雨续弦歌》《重振雄风展英姿》《开创大学新格局》《同心共筑地大梦》等7个展厅)及《党旗引领铸校魂》《大师风范照汗青》《攀峰登极印卓越》等3个专题展厅；二层设校友、学院风采、多媒体等专题展厅及临时展厅；同时设有校史研教工作室、讲解员工作室、史料编研整理室、学生社团活动室等功能室。展览内容深刻全面，展示手段鲜活多维，展陈设备丰富先进：展线长达722m，照片展品1467张，书信手稿、证章教具、教材古籍等珍贵实物展品1229件，多媒体互动设备22处，浮雕、雕像、油画、场景复原等艺术作品23处。校史馆主体部分由中南建筑设计院进行设计，通过校内外征集意见选定“四方印”建设方案，由中建三局集团有限公司承建，展陈布展由广东集美设计工程有限公司负责设计并实施。整体投资4000余万元，全部由校友捐资。

校史馆自开馆以来，持续优化场馆设施，多面完善管理制度，精心编写讲解词稿，匠心打造讲解队伍，不断提高运营接待业务水平。作为学校爱国主义教育基地、学校科学家精神教育基地，校史馆持续获《人民日报》《光明日报》，以及新华网等主流媒体关注报道，校史馆已经成为学校生动鲜活的文化殿堂，地大人的精神家园，赓续学校血脉、传承地大精神的教育基地，在广大师生校友和各界人士中产生了广泛积极的社会影响。

二、中外大学校长论坛发布《武汉共识：新地学教育倡议》

11月6日，以“宜居地球：研究型大学的使命与挑战”为主题，举办中外大学校长论坛。国内外地球科学领域知名研究型大学代表、中小学校长和学者通过线上线下方式齐聚，围绕大会主题，探讨了新时代研究型大学的使命与挑战，以及如何构建人与自然和谐共生，实现共同发展。在参会的中外大学校长和与会嘉宾的共同见证下，论坛发布《武汉共识：新地学教育倡议》(简称《共识》)，倡议中外大学进一步加强国际合作与交流，立足学科交叉与科技创新，充分承担起推动全球可持续发展的大学责任，共创美好未来。

《共识》强调，人类的共同命运决定于宜居地球。《共识》倡议，顺应地球系统科学的发展和时代需要，在多元宇宙观下重新认识和定义人类在世界的位置和生存方式，调整和优化地学教育的价值体系、知识体系和传播体系，形成更加多元、更加综合、更加开放的地学教育新形态新范式，提供思想、技术和方法，引领和推动实现绿色低碳的生产方式和生活方式。《共识》呼吁，全球大学、科研机构、中小学和社会各界携手行动，尽快实践新地学教育，促进人与自然和谐共生。

《武汉共识：新地学教育倡议》发布后，受到国内主流媒体及海内外媒体的广泛关注和报道。人民网、中国日报网、中国新闻网、新华社旗下的半月谈网、中央广电总台国际在线、中国教育新闻网、中国经济网、荆楚网和新浪、搜狐、腾讯、网易，以及《湖北日报》《长江日报》等媒体都在第一时间关注和报道了中外大学校长论坛的盛况和新地学教育倡议的主要思想、观点和主张，不少媒体全文刊发了《武汉共识：新地学教育倡议》中文版和中英文双语版。英文稿件 *Wuhan Consensus*：*An Initiative for a New Geoscience Education was released* 获得国际主流媒体的关注，被包括美联社、福克斯有线电视网(FOX)、美国广播公司(ABC)、美国全国广播公司(NBC)、哥伦比亚广播公司(CBS)、日本《朝日新闻》、日本共同社、法新社日文版、澳大利亚联合通讯社、巴基斯坦国际通讯社等在内的 45 个国家及地区的超过 610 家主流媒体、门户网站及重点资讯网站广泛转载，累计覆盖海外受众 2.5 亿人次。

三、地球科学领域 70 个科学问题发布，校庆系列学术活动精彩纷呈

地球科学领域 70 个科学问题的征集和发布于 2021 年 10 月初正式启动，得到地学领域广大专家学者和地大校友的大力支持，征集阶段共收到来自全国学会、高校、企业、科研院所的 100 多个科学问题。其中，以前瞻性、导向性、引领性为评选标准，经涵盖各学科的专家评委会组织评审，遴选出最终 70 个科学问题。该系列问题涉及深地深时深海深空、宜居地球、战略性矿产、地质灾害、地学大数据、双碳等多个与“绿色发展，人与自然和谐共生”息息相关的地球科学前沿领域。“地球科学领域 70 个科学问题”总结了地球科学研究的最新进展，准确把握了地球科学领域的前沿科学问题和未来发展趋势，为谋求人与自然和谐发展提供了科学依据和理论支撑。

“学术校庆”作为 70 周年校庆的重要内容，9 月—11 月校庆期间以线上线下多种形式组织学术活动共计 257 场，其中学术讲座 231 场(含名家论坛 110 场)，国内外大型学术会议 26 场，邀请到 25 名院士做专场报告和主题讲座。学术活动专家学者云集，前沿观点不断涌现，新思想聚焦碰撞，成为校庆一道亮丽的风景线。

举办了含煤盆地能源资源勘探开发学术研讨会、第三届中国同位素水文学论坛、基础地质矿产调查论坛、第五届地学大数据国际研讨会、第六届中国智能地质装备技术发展论坛、盐湖战略资源钾锂成矿规律与高效提取技术研讨会、珠宝产业经济生态大会暨珠宝校友高端论坛、油气前沿与碳中和学术研讨会、生态文明法治建设暨人才培养研讨会等高水平学术活动10余场。20余位两院院士及来自国家有关部委、研究机构、学术组织的多位专家、知名校友、国内外多所高校的著名学者100余位通过线上或线下形式参与，丰富了“名家论坛”“绿色地球论坛”等系列学术活动。

各类学术活动涉及多个学科、领域发展现状和研究的前沿问题，不仅为广大师生提供了了解学术前沿进展、开拓学术视野、形成学术合作的广阔平台，也为学校创造了促进人才培养、加强学科建设、拓展国内外合作的机遇。校庆学术活动的精彩纷呈，彰显了学校“学术校庆”的丰富内涵。校庆学术活动得到了《中国青年报》《光明日报》《中国科学报》，以及人民网、中国新闻网、光明网、中国教育新闻网、科学网等主流媒体的多次报道。

四、庆祝建校70周年大会隆重召开，擘画接续奋斗行动纲领

11月7日上午，庆祝中国地质大学建校70周年大会在未来城校区体育馆隆重举行。教育部党组成员、副部长孙尧，湖北省政府党组成员、副省长、中国工程院院士邵新宇，武汉大学校长、中国科学院院士窦贤康，德国卡尔斯鲁厄理工学院校长霍尔格·汉塞尔卡、加拿大滑铁卢大学副校长伊恩·罗兰兹、美国伊利诺伊理工大学校长拉杰·埃昌巴迪、澳大利亚麦考瑞大学校长布鲁斯·道敦、俄罗斯莫斯科国立大学副校长尤里·马泽毅分别以现场或视频方式致辞，大会现场宣读了自然资源部、云南省委省政府贺信。中国石油化工集团有限公司董事长、党组书记马永生院士和地球科学学院郑建平教授分别作为校友代表、教师代表为地大送上最为真挚的生日祝福。四位学生代表以“红心向党，学以报国；请党放心，强国有我”为主题向学校70华诞献词，吟诵出地大青年的爱校之情，报国之志。

王焰新校长在讲话中深情回顾了地大70年不凡的办学历程。70年来，学校始终与党和国家同心、同向、同行，为党育人、为国育才的初心从来没有改变，高水平学科特色创新发展的定位从来没有改变，谋求人与自然和谐发展的追求从来没有改变，“艰苦朴素　求真务实”的本色从来没有改变。70年来，学校完成了从单科性地质院校到多科性行业特色大学、再到学科特色型大学的转型升级，积累了扎根中国大地建设世界高水平大学的宝贵经验：方向是立校之本、改革是治校之基、创新是兴校之举、开放是活校之策、精神文化是荣校之源；并强调，未来全体地大人要坚守初心、勇担使命、善作善成，要志做“四个服务”的落实者，要勇做地球科学创新发展的先行者，要争做“两个共同体”的建设者，要善做学科特色型大学创建世界一流大学的开拓者，为实现地大梦砥砺前行，为全面建设社会主义现代化国家、全面推进中华民族伟大复兴贡献地大力量。黄晓玫书记在主持时强调，党的二十大擘画了以中国式现代化全面推进中华民族伟大复兴的宏伟蓝图，发出了为全面建设社会主义现代化国家、全面推进中华民族伟大复兴而团结奋斗的伟大号召。全校师生员工要更加紧密地团结在以习近平同志为核心的党中央周围,深入学习贯彻党的二十大精神,以70周年校庆为新起点,齐心协力踏上百年奋斗新征程,加快建设地球科学领域世界一流大学,为谋求人与自然和谐发展,为实现中华民族伟大复兴贡献智慧和力量!大会最后,与会人员共唱校歌《勘探队员之歌》,共同祝福中国地质大学的未来更加美好。

校庆大会在央视频央视科教、一点资讯、武汉广播电视台视频号、中国矿业报视频号、见微直播,学校官方抖音、新浪微博、微信视频号、哔哩哔哩等平台直播,各大直播平台观看总人数超200万人次。

五、攀登、逐梦等一批校园文化景观建成,陈刚父子携手登顶珠峰开展科学测量,生动诠释攀登精神

2022年4月30日,学校教授陈刚与其儿子陈李昊,成功登上海拔8 848.86m的珠穆朗玛峰。父子携手站上地球之巅,身体力行践行"攀登精神",为学校70周年校庆献礼。陈刚老师表示不畏艰苦,勇攀自然界的高峰、科学的高峰是地质工作者的优良传统,是地大一代代师生矢志追求的目标,正是这种精神激励自己数十年专注于研究青藏高原地区的地壳运动。作为高校科教工作者,自身也将严谨治学,勇攀高峰,在言传身教中指引更多的地大学子砥砺前行、奋勇拼搏。

2022年5月19日上午,《攀登》雕塑落成剪彩仪式在南望山校区北区攀登广场举行。中国登山协会主席李致新、西藏自治区体育局局长尼玛次仁线上出席活动。万科集团创始人、华大集团联席董事长、中国登山协会副主席王石发来视频致辞。《攀登》雕塑以登顶珠峰的健儿们为原型,由地球穹顶造型和登山健儿雕塑两部分组成,充分融合了珠穆朗玛峰、地球、校史等元素。登山者足踏地球之巅,寓意地大登山健儿的足迹遍布地球七大洲最高峰和南北极极点,充分展示了一代代地大人秉承"艰苦朴素　求真务实"的校训精神,不断攀登自然界、科学和人生的高峰。王焰新校长在讲话中指出登山运动所蕴含的精神内涵早已融入地大文脉之中,并首次阐释了"扎根中国、胸怀天下、勇攀高峰、追求卓越"的攀登精神。

2022年11月18日,《逐梦》雕塑落成揭幕仪式在未来城校区学一食堂广场举行。《逐梦》雕塑,以书籍、矿石、地球为主要元素构成,以书立意,书脊以八字校训、战略目标和校名标注;中间几何形体为矿石的抽象表达,其造型构思来自70周年校庆标识;两条交叉的经线纬线上矗立着中国地质大学的校徽;寓意学校扎根中国大地,为党育人、为国育才;坚持追求学术卓越,推动人与自然和谐发展。《逐梦》雕塑将地大的文化底蕴以视觉艺术的形式呈现出来,以艺术作品的强烈感染力和视觉冲击力,让师生们于润物无声中感受大学文化品格、陶冶高尚的思想情操、塑造积极的精神风貌、涵养卓越的行为品格。

六、《山河为证》舞台剧震撼上演，演绎地质人青春和热血

70周年校庆之际，学校创新校庆文艺晚会形式，打造具有学科特色的“地大版”网络思政大课，于2022年11月20日在网络平台首播，2023年1月重播，点赞量超过30万。作品以“山河为证”为主题，紧扣“地质报国”主线，将思政教育与艺术创作相结合、科普与艺术相结合，运用情景剧、音乐剧、音舞诗画等多种表现形式，将一代代地大人为祖国地质事业贡献青春和热血的故事搬上舞台。

一封回望历史、矢志奋斗的致敬函

围绕着“与党同心、与国同行”的初心使命，创作了3部校史故事《赓续》《铭记》《奉献》，青年学子通过生动演绎校史故事，向学校七十年的光辉岁月致敬，向一代代矢志不渝、艰苦奋斗的地大人致敬。情景剧《赓续》还原了1952年北京地质学院第一次开学典礼和1970年南迁武汉办校时的场景。由青年学子饰演的北京地质学院首任院长刘型，北京地质学院临时党支部书记、总务长陈子谷，武汉地质学院院长高元贵出现在舞台上，他们与新时代地大青年开展了一段跨越时空的对话。“最让我感动的是学校南迁武汉时，面对匮乏的建校条件，全校师生艰苦奋斗、自力更生，这让我深感现在的幸福生活来之不易。”为了精准呈现人物状态，刘型的扮演者、大二本科生赵博羽主动查阅了校史资料。除了呈现校史故事，作品还在各种细节上还原历史，如1952年开学典礼上的校旗、不同人物的服装搭配等细节，展现出了厚重的历史感。

一堂独具特色、润物无声的思政课

聚焦“上天、入地、下海、登极”的时代使命，《“嫦娥”奔月》《向下的宇宙》《我心中的那团火》和《7+2科考》4部作品立足学校学科特色，描绘了地大人心怀国之大者、勇攀科学高峰的动人故事，让观看者共情共鸣，进而引发深思。“嫦娥一号成功发射的那年，我才13岁，那时就对浩瀚宇宙无比神往。”情景剧《“嫦娥”奔月》以90后行星研究博士生钱煜奇为原型，展现了几代地大人对宇宙奥秘的孜孜探索。“我作为‘上天’的一分子，参与了我国多个深空探测任务，这让我感到骄傲自豪的同时，也深刻体会到，只有与国家发展同呼吸、共命运，才能实现人生的最大价值。”这是钱煜奇从事科学研究最真切的感受。情景剧《7+2科考》将登山队员的一封封家书展现在观众面前，让人为之动容、热泪盈眶。“在冲刺高峰前，带队老师会组织师生合一张影、写一段话。因为登山充满风险，若队员们没有顺利返程，合影便是遗照，信件便是遗书。”首位登顶珠峰的在校女大学生、“中国大学生年度人物”获得者、中国地质大学优秀青年校友陈晨回忆道。自2012年起，学校制定“7+2”登山科考计划，历时4年，学校登山队完成了攀登世界七大洲最高峰和徒步南、北两极极点的传奇壮举。

一份青春飞扬、面向未来的宣言书

《启航》《地质人》《筑梦未来》……一句句鼓舞人心的话语，一首首质朴动人的旋律，地质人用自己特有的方式表达着对未来的美好希冀，唱响了新时代新征程上的奋进之歌。在《启航》中，著名地层古生物学家、地质教育家、老校长殷鸿福院士，与5位不同年龄段的地大师生，同台讲述了自己与地大的故事。他寄语地大青年学子："执着精神追求，忠诚守护心中理想，读千卷书、行万里路、成百年才。"地球科学学院2019级本科生熊修远表示："努力成为能够担当民族复兴大任的新时代地大人。""如果把地球历史看成一天，那么人类应该诞生于午夜23点59分。"情景表演《地球的一天》描绘了地质人特有的时空观，讲述了人与地球的关系，表达了建设宜居地球的美好愿景。在70周年校庆之际，学校发布《武汉共识：新地学教育倡议》，呼吁全球大学、科研机构、中小学和社会各界携手行动，尽快实践新地学教育，促进人与自然和谐共生。

七、第二次大学生长江源科考成果丰硕，获得广泛社会影响

高原综合科考是我国地质事业不可或缺的重要组成部分，而地大人作为我国地质事业的排头兵，一直都是肩负填补高山地区地质空白区的主力军。从20世纪50年代至今，在高元贵、杨遵仪、王鸿祯、王大纯、池际尚等地大先辈深入青藏高原、三江源等地开展综合科考活动的感召下，一代代地大人坚守"地质报国"的初心使命，不畏高寒缺氧、辐射强烈的严酷自然条件，闯出了一条为祖国高原"体检"、为长江"把脉"的特色科考之路。

21世纪以来，作为长于长江、扎根于长江的高校，在推动"长江大保护"中发挥了重要作用，是学校义不容辞的使命与责任。2002年，地大组建了首支"大学生长江源科考队"，开启了大学生深入长江源开展科考活动的先河。20年后，为贯彻落实习近平生态文明思想，深入实施长江大保护国家战略，创新学校人才培养模式，打造特色生态文明教育品牌，推进"长江大保护大学生行动计划"，接续学校2002年长江源头科考，献礼70周年校庆，学校组织开展中国地质大学(武汉)第二次大学生长江源科考活动，引领大学生努力成为"共抓大保护"国家战略的传播者、实践者，推动全社会共抓长江大保护。

第二次大学生长江江源科考活动由中国科学院院士殷鸿福、王焰新、金振民、谢树成等领衔。2022年7月15日，由36名师生组成的第二次大学生长江源科考队从武汉出发，历时15天，行进1万多千米，深入长江源区腹地开展科考。科考队组建地质组、地理组、冰川勘测组、水文与生态组、人文与社科组等5个专项组，并设立2个临时党支部，多学科"协同作战"，分别前往岗加曲巴冰川、沱沱河流域、尕尔曲流域，从冰川、地貌、地质环境、水资源、冻土、生态、经济社会等不同领域开展全面科考，同时进行野外教学活动、地球科学知识科普和生态环境保护宣传。

科考队在海拔5700多米的格拉丹东侧峰采集岩石样品，研究该区域构造变形与隆升；用遥感技术结合野外调查，在唐古拉山镇附近发现了大量古沙丘群，提出长江源河谷新成因；完成了国内首次现代测绘基准引测至格拉丹东山峰大本营的任务，实现了测绘专业人员第一次登顶测量顶峰的目标，并采集雪样、钻取冰芯，研究冰川变化；在沱沱河、楚玛尔河、布曲和尕尔曲等河流，采集15个点位的水样、土样、浮游生物样，调查长江源地区水土环境背景；在格拉丹东山脚下发起《长江源保护倡议》，在长江源村挂牌"大学生乡村振兴学校实践基地"，探讨长江源生态文明建设方案。目前，依托科考采集相关岩样、土样、水样正在进一步进行数据分析，已产出一本专著、一篇论文、一份3万余字的社会调查报告，科考队成员面向校内开展宣讲10余场。

第二次大学生长江源科考活动历时219天的筹备实施，整合校内7个管理服务部门、22个培养单位的力量，协调联络校外13家政府单位，历经1万多千米。科考队员们不仅了解了高原的神秘以及丰富的研究资源，更加清晰感受到建校70年来地大先辈们服务国家战略的深厚积淀，这是科学家精神的薪火相传，更是地大人"艰苦奋斗　求真务实"精神的坚守传承。本次科考受到央视《新闻联播》及新华社等主流媒体报道80余次，点击量超700万，受邀参与中青报全国"思政第一课"，通过中国青年网等平台面向全国大学生讲述地大人长江源科考故事。

八、举办学习高元贵院长教育思想座谈会，校庆四大系列23种图书结集出版，传承地大书香文脉

学校首任院长高元贵是忠诚党的教育事业的典范，在建校70周年之际，学校举行了学习高元贵院长教育思想座谈会并组织出版《纪念高元贵院长》文集，校庆四大系列23种图书陆续结集出版。

校庆系列丛书包括"校史文献丛书""地学文库丛书""地大智库丛书"和"地学科普丛书"4个系列。"校史文献丛书"包括《中国地质大学简史（1952—2022）》《中国地质大学大事记（1952—2022）》《中国地质大学70周年图集》《中国地质大学登山图史》《百年党史中的地大红色故事》《山花烂漫（第五辑）》《我与地大共成长》《跟我一起看世界》等8种图书。"地学文库"丛书包括《百篇优秀学术成果集（2012—2021）》《优秀获奖成果集》《地大印记》《我国珠宝类人才培养体系的实践与创新》等。"地大智库"丛书包括《中国战略性矿产资源安全的经济学分析》《应急救援队伍优化调配与合作救援仿真》等。"地学科普"丛书包括《地下水与人类文明》《地下水与人类健康》《地下水与地热能》《地下水与地表水》等。

校庆系列图书或以文字和图片的形式全面梳理学校建校70年来办学治校的发展历程，或以编年体的形式记录学校筹建成立、稳步发展、南迁办学、定址武汉和追求卓越的重大事件、重要会议及重要人物,或以红色故事方式集录了校史上10余位老领导、专家学者和模范人物的爱国奋斗故事,或以图史的形式展示了一代代地大人勇攀高峰的追求和精神,或以征文采访的方式记录了70位优秀校友的先进事迹,或以自述的方式展现了44位老一辈地大人与学校命运与共的真实经历,或以心得体会的方式展现了26位地大青年通过国际交流合作项目看世界的探索,或以学术成果集的方式展现地球系统科学服务美丽中国宜居地球的初心使命,或以咨询报告的方式展示服务国家经济社会发展的地大智慧,或以手绘图文等方式向社会大众传递科学知识、思维与方法……校庆系列丛书的结集出版,是学校首次在较短时间内以出版的方式全方位展示学校的历史传统与办学特色,使得学校书香文脉在师生校友中得以进一步传承和发扬光大。

九、校庆标识、吉祥物等系列文化设计高质量呈现,得到师生校友喜爱

校庆标识发布于校庆倒计时1周年之时,整体造型由矿石自然形态演化而来,矿石可持续发展的节奏延伸出的力与美,与学校"谋求人与自然和谐发展"价值观高度契合。校庆吉祥物"酷格"发布于校庆倒计时100天之时,以矿物晶体为创作原型,与70周年校庆标识设计理念和风格一脉相承。运用卡通表现手法,通过拟人化设计,塑造出一个手持地质锤的智能机器人形象,展现地大人坚毅笃定、昂扬向上、追求卓越、开拓进取的精神风貌。同时基于"标识""吉祥物"创作了内容丰富的校庆设计产品,做到覆盖校庆全过程,涵盖大型活动场地布置、校园氛围营造、日常应用多场景,推出校庆手袋、徽标套盒、校庆文化衫、各类证书和其他百余种文创产品。师生校友高度评价相关设计,踊跃购买收藏文创产品。

做好实体设计与数字设计协同发力。通过丰富的载体,烘托浓厚校庆文化氛围。制作校庆地大专属红包封面、70周年纪念版录取通知书、地大专属校庆月历,做到校庆元素处处出现;制作校庆倒计时动态海报在校园楼宇电视同步播出;制作校庆日静态海报、酷格倒计时静态形象,在教室多媒体展示,做到校庆师生人人知晓;制作了大型"酷格"模型、地大历史展示长廊、地大精神书页文化墙、校庆标识巨幅海报、校园道旗、校园横幅等,做到校庆氛围人人感知;协助做好长江两岸校庆70周年灯光秀策划设计、校庆宣传片策划、校园环境美化设计、大型活动场地设计等工作。

做好校庆设计与规范使用共同护航。在谋划组织制定校庆标识的基础上,制定了《70周年校庆标识规范使用手册》,分类明确标识使用场景和规范,出台标识使用说明,明确报备审批流程。在标识使用过程中,针对相关单位提交的申请,分商用和非商用类别,在校办期刊校庆专刊封面,校史文献系列图书封面,校园各类活动视频、海报、展板、PPT,校庆文创等设计中严格审核把关,保证了校庆标识的规范使用。同时,精心准备了学术活动、文体活动、校庆倒计时、校庆日海报、校庆旗帜、邀请函等设计范例供下载使用,确保校庆设计的高质量应用。

校庆系列文化设计一经推出，因其极具地质文化、展现学校风貌、内容丰富多彩、可选种类繁多、规范使用清晰，广受好评。

十、全球校友和社会各界共襄70华诞，开启社会合作新篇章

全球校友以各种方式参与校庆，举行特色活动，为母校送上祝福。受疫情影响，全球校友以线上方式参与校庆大会和校庆晚会，参与人次达200余万。校友以线上线下方式举行各类论坛、讲座、先进事迹报告会等100余场，约100家校友企业和校友所在单位参与线上线下招聘会。数万校友通过云参观、云回忆、云观影等多个活动主题关注和参与云返校活动，数百位留学生校友发送视频祝福母校。6000余人次线上打卡“地二代”地学科普夏令营。各地校友因地制宜开展特色活动，10余个校友会组织具有地大特色的校庆登山活动，30余个校友会以合唱校歌、创作校庆歌曲、录制祝福视频等多种形式为母校送上祝福，各地校友会学术交流、文体比赛和校友座谈等活动交替开展。校友捐款捐物助力学校发展，李忠荣和熊友辉校友分别捐资1500万元、1000万元用于校史馆建设，1000余位校友共同参与校庆学生奖学金项目，数百位校友捐赠各类珍贵史料、矿物标本、特色摆件、纪念字画等，丰富了学校的文化育人资源。

全球超过300家机构以不同形式参与校庆大会，30余家境外大学校(院)长发来贺信。校庆年内，学校领导抢抓疫情窗口期率队走访教育部、生态环境部、自然资源部、中国地质调查局等部委和中国石油、中国石化、中国海油、中铝集团、中国煤炭科工集团、北京城建、航天宏图等合作单位，组织赴百余家企事业单位开展访企拓岗活动，与云南省、中国石油、中国石化、中国海油、中交建等10余家单位签署战略合作协议。各学院2022年走访或接访合作单位两百余次。筹备举办政产学研用大会，加强科教融合、产教融合谋篇布局，以校庆为契机，全面推动社会合作走深走实。

履行管党治党主体责任
以高质量党建引领保障学校事业发展
——2022年全面从严治党工作会议上的讲话

黄晓玫

(2022年3月25日)

各位老师：

大家上午好。今天，学校召开2022年全面从严治党工作会议，深入学习贯彻习近平新时代中国特色社会主义思想和党的十九届六中全会精神，学习贯彻中央纪委十九届六次全会、省纪委十一届六次全会和2022年教育系统全面从严治党工作视频会议精神，回顾总结过去一年学校全面从严治党工作，布置2022年重点任务。我讲三方面问题。

一、深入学习领会习近平总书记在十九届中央纪委六次全会上的重要讲话精神

今年1月18日，习近平总书记在十九届中央纪委第六次全体会议上发表重要讲话，深刻总结新时代党的自我革命的成功实践，深刻阐述全面从严治党取得的历史性、开创性成就，产生的全方位、深层次影响，对坚定不移推进党的自我革命、深化全面从严治党、迎接党的二十大胜利召开作出战略部署。我们要着重从四个方面学习总书记重要讲话精神：

一是深刻感悟推进党的自我革命、深化全面从严治党的伟大成就。习近平总书记在讲话中指出，党的十八大以来，党中央把全面从严治党纳入"四个全面"战略布局，以前所未有的勇气和定力推进党风廉政建设和反腐败斗争，探索出依靠党的自我革命跳出历史周期率的成功路径。习近平总书记用"四个坚定不移"(一是坚定不移加强党的政治建设、强化政治监督。二是坚定不移深化反腐败斗争，完善一体推进不敢腐、不能腐、不想腐的体制机制。三是坚定不移纠治"四风"顽瘴痼疾。四是坚定不移健全党和国家监督体系)概括了在建党百年新起点上推进全面从严治党的新成效，从党的政治建设，落实中央八项规定，反腐惩恶，增强党组织政治功能，构建制度规范体系六个方面阐明了全面从严治党是新时代党的自我革命的伟大实践。这些成绩的取得，靠的是党员干部悟透“两个确立”，做到“两个维护”。

二是深刻领会马克思主义政党建设的规律性认识。习近平总书记用“九个坚持”（坚持党中央集中统一领导，坚持党要管党、全面从严治党，坚持以党的政治建设为统领，坚持严的主基调不动摇，坚持发扬钉钉子精神加强作风建设，坚持以零容忍态度惩治腐败，坚持纠正一切损害群众利益的腐败和不正之风，坚持抓住“关键少数”以上率下，坚持完善党和国家监督制度）深入系统解读全面从严治党战略方针的思想和理论内核。党员干部要深刻认识和把握党的自我革命的重大意义、科学内涵、实践要求，切实增强顽强意志和坚定决心，坚持不懈把全面从严治党向纵深推进。

三是深刻认识全面从严治党、党风廉政建设和反腐败斗争面临的复杂形势。习近平总书记在讲话中用“四个任重道远”（防范形形色色的利益集团成伙作势、“围猎”腐蚀还任重道远，有效应对腐败手段隐形变异、翻新升级还任重道远，彻底铲除腐败滋生土壤、实现海晏河清还任重道远，清理系统性腐败、化解风险隐患还任重道远）阐述了反腐败斗争的严峻性、复杂性、长期性，并深刻指出，反腐败斗争永远在路上。党员干部要持续发扬斗争精神、增强斗争本领，打好攻坚战、持久战，坚定不移把党风廉政建设和反腐败斗争进行到底，绝不能有松口气、歇歇脚的想法。

四是深刻把握坚持不懈把全面从严治党向纵深推进的重要部署。习近平总书记从巩固拓展党史学习教育成果，强化政治监督，不断实现不敢腐、不能腐、不想腐一体推进的战略目标，锲而不舍纠“四风”树新风，加强年轻干部教育管理监督，完善权力监督制度和执纪执法体系等方面，对各项重要工作作出了明确部署。我们要深入学习领会，切实将重要讲话精神转化为推动工作的实际成效，找准职责定位、积极担当作为，永葆自我革命精神。

3 月 2 日教育部召开教育系统全面从严治党工作视频会议，怀进鹏部长从五个方面对做好今年教育系统全面从严治党工作提出了明确要求，一是聚焦强化政治引领，把迎接党的二十大胜利召开，学习贯彻党的二十大精神作为全年工作的主线，坚决做到“两个维护”，坚定不移用党的创新理论铸魂育人。二是不断加强党对教育工作的全面领导，提升党建工作质量，提升高校基层党组织政治功能，抓好干部人才队伍建设，切实增强党员干部的政治能力、谋划能力、执行能力、沟通能力、风险防控能力。三是严守安全底线，全力防范化解风险，守好意识形态阵地，压实意识形态责任，做好思想政治工作，充分发挥思政课铸魂育人主渠道作用，推进“一站式”学生社区建设，提高风险防范能力，紧盯校园安全，维护稳定。四是聚焦“三不”一体推进，进一步压实责任链条、强化严的氛围，深化作风建设，压实压紧管党治党责任，专项治理高校“象牙塔”里的官僚主义。五是聚焦健全监督体系，加强干部教育管理监督，强化权力运行监督制约，高度重视重点领域和关键环节的廉政风险。

1 月 24 日湖北省召开纪委十一届六次全体会议，应勇书记全面部署了湖北省今年的全面从严治党工作，一是强化政治监督，二是一体推进不敢腐、不能腐、不想腐，三是以优良作风奋进新征程，四是更好维护群众切身利益，五是加强对年轻干部的教育管理监督，六是坚决扛起管党治党政治责任。

学校各级党组织和广大党员师生要认真学习领会、全面贯彻落实会议精神，切实把思想和行动统一到党中央决策部署上来，落实教育部党组和湖北省委工作要求，推动学校全面从严治党向纵深发展，引领保障学校事业高质量发展。

二、学校 2021 年全面从严治党工作

2021 年，在党中央、教育部党组和湖北省委的坚强领导下，学校团结带领广大师生员工，以习近平新时代中国特色社会主义思想为指导，贯彻落实党的十九大和十九届历次全会精神，坚持以党的政治建设为统领，加强党的全面领导，坚定不移推动学校全面从严治党向纵深发展，各项事业取得新进展，学校呈现良好的发展态势。主要体现在以下五方面：

一是坚持和加强党的全面领导，党建引领作用持续深化。在教育部巡回指导组指导下认真开展党史学习教育，引导广大师生从百年党史中汲取奋斗力量。一体推进巡视、审计整改。加强党的全面领导，加强干部队伍建设，不断完善选人用人工作制度，规范工作程序。深入建设“清廉地大”，完成第六、七轮校内巡察，实现校内巡察“全覆盖”。

二是落实立德树人根本任务，人才培养体系不断完善。牢牢把握思政工作生命线，推进“三全育人”改革，落实“五育并举”。组建本科生院、优化研究生院、成立高等研究院，不断推进党建思政工作与人才培养业务工作的深度融合，完善高质量育人体系。

三是增强核心竞争力，学校发展成效不断显现。编制并发布“十四五”事业发展规划。推进新一轮综合改革，在管理服务机构、干部队伍建设、人才培养体系构建等方面取得阶段性进展。深入推进新一轮“双一流”建设。探索教育评价改革，着力推进一流师资队伍建设。科技创新质量不断提升，创新成果不断涌现，科研经费体量再创新高。

四是增强事业发展保障能力，推动治理水平提升。完成《章程》修订工作，推进规范性制度清理，不断加强内控制度体系建设。坚决落实中央“过紧日子”的要求，严格控制“三公经费”，持续保障国有资产保值增值。从严从紧科学精准扎实做好学校疫情防控工作，有效维护了校园正常的教学生活秩序，保障师生生命健康。

五是加强平安校园建设，有效维护校园安全稳定。持续加强制度保障，建立健全安全稳定风险隐患排查等工作机制。完善校园安防设施，持续加强师生安全教育。认真落实保密工作责任制。学校连续 6 年获评“湖北省平安校园”。继获得“全国文明校园”称号之后，又进入第三批“全国党建工作示范高校”培育行列。

这些成绩的取得，离不开学校各级党组织、广大党员干部和全体师生的共同努力和辛勤付出。在此，我代表学校，向大家表示衷心的感谢。

在看到成绩的同时，我们更要清醒地看到，与当前全面从严治党的要求相比，与高等教育面临的形势和任务相比，与学校地球科学领域国际知名研究型大学建设目标相比，我们的工作还存在一些差距和不足。结合巡视审计和校内巡察等工作中发现有以下问题：

一是干部队伍政策理论水平有差距，政治站位还不够高。对标新时代对党员领导干部的要求，我们在学深悟透新思想新理论上还有差距。理论学习和研究不够系统深入，一些干部对事关全局的大政方针的理解还不深刻，把党中央重大决策部署创造性转化为学校发展的动能和势能不够，管理服务机构政策研究不够，以打破常规的方式、创造性解决实际问题的意识不强，把理论学习成果转化为解决实际问题的政策、制度、措施的能力不足。推进党建思政与业务工作深度融合还不够，高质量育人体系有待完善，党员干部聚焦立德树人根本任务，汇聚学校优质资源作用于人才培养的意识还不够强，机构改革后人才培养相关的工作机制还没有完全理顺，单位之间阵地联用、组织联建、活动联办、资源共享、工作联动的局面还没有完全形成。服务构建新发展格局有待加快，充分发展学校优势特色服务国家重大战略实施的能力还需不断增强。学校资源配置和使用效益不高，碎片化、随意性和平均主义仍然不同程度存在，开放配置意愿不强，高效配置动力不足、能力不够，局部小而全和整体虚而散同时存在的现象没有得到有效改善，资源优化配置和集约运用方面有待加强。

二是二级单位党组织作用发挥不充分、不平衡。从巡察工作发现的问题来看，有的二级单位党组织民主集中制贯彻不到位，履行抓班子、带队伍、保落实、促发展等职责上存在差距。班子建设不够有力，领导干部"头雁"作用发挥不突出，部分党委会、党政联席会议决策作用发挥不充分，重大事项主要负责人会前沟通不够，议而不决，会议效率低、决策作用发挥不好。有的党支部的战斗堡垒作用和党员的先锋模范作用发挥不充分、不平衡，部分教师党支部与学生班级"只结对、未领航"，师生党支部主题党日流于形式，思想政治建设效果不明显。有的单位服务师生的意识不强，为师生提供科学化、精细化、人性化服务的力度不大，有时对出现的问题调研不够，处理不及时。

三是重点领域和关键环节仍然存在风险隐患。在校内巡察、经济责任审计中发现，学校在重点领域和关键环节的管理仍然存在一定风险隐患。有的单位内部控制制度不健全、更新不及时，科研经费监管不到位，存在重大经济事项决策、财务报销不规范等现象，合同管理、项目审批管理、资产管理等方面存在缺陷。部分单位师德师风建设存在短板弱项，师德失范、学术不端行为在教师群体中还有发生，对学校产生了一些负面影响。

四是全面从严治党责任落实不到位。全面从严治党"两个责任"有待进一步压实。党风廉政建设责任制检查考核不够细致深入，结果运用不足，对违规违纪人员通报曝光力度不够，用身边事开展警示教育少，压力传导作用发挥不充分。意识形态工作责任有待进一步压实，工作阵地特别是网络意识形态管控能力和线上线下联动机制还要进一步加强，利用网络空间化解矛盾，网上思政力度不大，教育引导学生的能力不足。日常监督与执纪问责持续发力不够，监督执纪问责的制度体系还不够完善，对重点领域、关键环节监管仍有漏洞。“四种形态”的运用还不够充分。

五是干部工作作风有待进一步改进。校内巡察中，师生反映比较集中的干部作风问题有以下几种具体表现形式：形式主义、官僚主义现象仍然存在。机关部分单位存在以会议落实会议、以文件落实文件的情况，对上级规定照搬照抄、“一转了之”，结合学校实际不够。部分单位存在重布置、轻落实，重领导知晓、轻工作实效的形式主义。部分干部的纪律意识和规矩意识薄弱。少数干部在工作中违反组织纪律，存在“跑风漏气”的不良现象，热衷打听“小道消息”，信谣传谣，影响污染学校风气。部分单位领导班子成员出差报备不完善，没有严格履行报备审批手续。部分干部担当作为不够。“头雁”作用发挥不足，干事创业的魄力不足，缺乏进取心，对负责的工作事前不提思路、事中不作指导、事后不看成效，得过且过。有的干部管理工作精力时间投入不足，没有处理好管理工作和教学科研工作的关系。纠治“四风”力度不够。党员干部操办婚丧喜庆事宜报备制度执行不规范、记录不完整。有的单位近 3 年来完全没有过这方面的报备和审批。干部密切联系群众不够。部分单位班子成员与教职工的交流沟通不够，在谋划单位整体发展、推动重点工作方面投入精力不足。对老师们反映的涉及教职工切身利益、“急难愁盼”方面的问题重视不够，过于强调客观原因，没有提出有力的解决措施。有的党员干部劳动纪律意识不强。存在“人在岗心不在岗”，接电话、收材料均由学生助管完成。师生对未来城校区办事大厅值班问题反映强烈，部分人员值班迟到早退、流于形式，办事效率低。现场学生助理多，办事人员少，“邮递员”多，当场办结少。

以上这些问题，必须引起我们的高度重视，采取切实有效措施加以解决。

三、学校 2022 年党建思政工作重点任务

2022 年是党和国家踏上全面建设社会主义现代化国家、向第二个百年奋斗目标进军的第一年，我们党将召开第二十次全国代表大会。也是学校发展历程中特殊的一年，学校将迎来建校 70 周年校庆，“十四五”规划和新一轮“双一流”建设进入全面实施阶段。也是全国党建示范高校启动建设的头一年，是学校事业发展的关键年份。当前，我们面临的发展环境发生着深刻变化，我们要更加深刻地认识学校发展面临的突出矛盾和问题，传承学校长期以来的优良工作传统，聚焦改革中的难点，准确识变、科学应变、主动求变，把办学资源盘活、把结构机制理顺，真正把师生的积极性调动起来，共同促进学校事业高质量发展。对照教育部和湖北省年度党建工作要求，学校党委研究制定了 2022 年党建思政工作重点任务，从以下几方面做好学校党建思政和全面从严治党：

(一)强化理论武装

一是完善党委理论学习中心组学习体系。全面做好迎接党的二十大胜利召开和学习宣传贯彻,制定学习贯彻工作方案,开展全校师生迎接、学习、宣传专项行动。优化校级党委中心组学习内容设计,重点围绕党的二十大精神学习贯彻、弘扬伟大建党精神、依法治校、国家"十四五"专项规划、意识形态工作等组织研学,采取多种学习形式,提升学习效果。分党委中心组,重点以"聚合力、谋发展"为主题对标国家"十四五"专项规划系统开展学习研讨,明晰各学院、学科本领域未来发展方向和目标,用学习成果指导实践。宣传部会发布中心组年度学习计划,各单位要按要求执行。

二是提升马克思主义理论研究宣传水平。坚持马克思主义在意识形态领域的指导地位,发挥马克思主义学院在课程思政建设、干部队伍建设、辅导员理论提升等方面作用,持续开展思政课教学改革,建设思政课程群,推进党的创新理论进课堂、进教材、进头脑。推进湖北省重点马克思主义学院建设,加强马克思主义理论学科特区建设,建设特色鲜明的马克思主义理论研究、宣传、教育和人才培养的重要基地。打造有影响力的教育融媒体平台。发挥学科特色优势,推出一批高质量研究成果。

三是提升理论成果应用转化能力。优化马克思主义理论研究和建设工程重大课题及党建研究课题申报研究机制,围绕新时代学校党建和事业发展面临的重要理论与实践问题组织研究,汇聚专家资源加强调研,提升党员干部特别是机关干部的理论研究和转化能力。加强理论学习资源建设,完善优化中层领导干部和承担专项任务的学科带头人、专业教师阅文机制,编研学校历次党代会史料。完善学校调查研究工作机制,坚持边调研边推动解决问题,将调研成果转化为学校事业改革发展的有效举措。加强学生社团建设,培养一批青年马克思主义理论骨干。开展理论学习成果交流,汇聚固化一批理论成果。

(二)夯实组织建设

一是加强领导班子建设。贯彻落实新时代党的组织路线,加强领导班子思想政治建设、作风建设和能力建设,发挥党委总揽全局、协调各方的领导作用。选优配强领导班子,贯彻落实新修订的《中国共产党普通高等学校基层组织工作条例》,落实党委领导下的校长负责制,规范执行校院两级《党政会议议事规则》,完善党委常委会、校务会议题前置把关和决策落实督导联动机制,加强学院党委会、党政联席会以及"三重一大"决策制度执行情况监督检查,加强对学术组织、群团组织的政治领导和工作指导。组织治理体系和治理能力专题研讨,加强领导班子能力建设。

二是加强干部队伍建设。制定实施学校《干部队伍建设十四五规划》,建设忠诚干净担当的高素质专业化干部队伍。健全干部教育培训工作体系,系统设计政治理论、政策研究、治理能力,以及法治、信息化、校史、地学科普等知识学习模块,综合运用多种培训方式,提升干部能力和水平。

三是加强人才队伍建设。坚持党管人才,强化政治引领。健全教师常态化培训制度,围绕高等教育发展、人才培养、科技创新和师德师风建设等设计学习模块,重点学习十四五国家总体规划和科技教育等专项规划。加强教师发展中心建设,健全师德师风建设长效机制,完善教师荣誉体系建设,选树表彰优秀师德榜样,引导教师胸怀“国之大者”,打造爱国奉献、教书育人、堪当重任的高层次人才队伍。

四是强化基层党组织政治功能。始终把党的政治建设放在首位。坚持思想建党和制度治党紧密结合,完善党建制度体系。落实基层党建工作责任制,完善党委和党支部工作考核评价体系,强化二级党组织书记抓基层党建述职评议考核。健全党组织工作机制,定期召开党建思政工作会。规范化建设“党员之家”,优化师生党支部设置,在实践基地、跨学科平台、科研团队、学生组织、学生园区等设立临时党支部或功能型党支部。

完善“党建+”事业融合创新实践模式,进入全国党建示范高校既是对地大党建思想工作厚实的工作基础优良工作传统的充分肯定,更是7个标杆院系、样板支部以及1个“双带头人”工作室的有力支撑,我们要系统总结和宣传推广党建示范创建与质量创优工作经验,培育更多标杆院系、样板党支部和教工党支部“双带头人”工作室。持续推进教职工党支部“结对领航—让党旗更辉煌”,本科生党支部“党徽照我行—支部引领工程”,研究生党支部“示范党支部”建设,落实激励保障措施,发挥示范引领作用。支持基层党组织开展“党建+”抗疫、教学、科研、团队、基地、管理等创新实践,健全学生党团班“三位一体”融合建设机制。

加强党员教育管理,引导党员在学习、工作、生活和急难险重任务中积极发挥先锋模范作用。常态化开展党员教育,加强大学生党支部书记骨干培养。优化党员发展工作流程,重点做好在高层次人才、优秀青年教师中发展党员工作。完善大统战格局,加强党外知识分子思想政治引领工作。

五是筑牢群众工作基础。认真践行“一线规则”,改进工作作风,领导带头、以上率下,倾听师生心声,努力解决急难愁盼的痛点难点问题。健全机关干部深入基层联系师生工作制度、监督考核和工作实效,提高机关干部服务师生和解决问题的能力和水平。健全公共服务保障,推进师生线上线下“一站式”服务大厅建设。积极争取政策资源,改善教职工薪酬福利待遇,共享学校事业发展成果。加强对师生的关心关怀,加强对离退休人员的精准服务,畅通中青年教职工发展通道,健全教职工发展服务保障体系。

六是持续推进全面从严治党。制定“全面从严治党年度工作责任清单”,推动二级党组织全面从严治党“四责协同”机制落地见效。落实管党治党责任，严明政治纪律和政治规矩，严肃党内政治生活，开展批评与自我批评，以永葆自我革命精神持续改进作风，深入推进“清廉地大”建设，持续抓好重点领域和关键环节廉政建设。系统总结党委巡察工作，开展巡视、审计和巡察整改“回头看”。推进机关作风建设，引导机关党支部和党员发挥表率作用，进一步强化为基层为师生服务意识，持续优化工作流程，加强信息化建设，抓好纪律和警示教育，提升服务质量和服务效率。推动纪检、监察、组织、审计、财务与巡察监督有效融合，增强监督治理效能。

（三）推动党建思政与事业发展双融双促

一是持续深化“三全育人”综合改革。充分发挥人才培养工作领导小组作用，完善工作机制，加强顶层设计和统筹协调。落实教育部“时代新人培育工程”，持续深化“三全育人”综合改革，坚持“五育并举”，构建全程贯通、空间联通、队伍互通、内容打通、评价融通的工作格局。加强地大精神谱系研究，阐释具有地大风格、地大特色的教育思想。持续完善“三融合”一流本科人才培养模式和“三融三跨”研究生培养模式，总结“李四光计划”等拔尖人才培养模式经验，推动育人理念更新和育人模式创新。上好“大思政课”，加强“美丽中国、宜居地球”课程思政和“美丽中国讲师团”品牌建设。建设“一站式”学生社区，启动“5G＋生态文明教育”示范项目建设。推进本科生导师制和研究生导学思政，加强党建思政工作队伍建设。健全学生成长荣誉体系，深化学生评价改革。推动本科生院、研究生院内部职能深度融合，完善校院两级人才培养协调联动机制，推动形成上下贯通、左右协同、整体推进的人才培养工作格局。

二是统筹推进学科建设和科技创新。加强党对学科建设的全面领导，将学科建设成效纳入基层党建工作考核。提升一流学科“国家队”意识，聚焦国家战略需求，立足解决中国问题，聚焦主攻方向，优化队伍结构。加强学科带头人和学科团队学习交流，强化思想引领和使命担当。完善党委统一领导、党建与业务部门共同牵头、多部门协同参与的学科建设管理机制，完善学科建设的配套支持保障机制。以“四个面向”为指引，以党的思想引领推进科技工作体制机制改革，探索学科交叉团队党组织引领保障机制，瞄准科技前沿和关键领域，强化交叉融合，健全有组织科研需要的团队评价和考核模式。

三是促进文化传承和创新。持续深入学习党的十九届六中全会精神，挖掘学校70年办学的红色基因，编纂出版校史系列图书，加强地大精神谱系研究宣传，系统阐释地大精神核心要旨和时代内涵。传承地学“摇篮”文化，把“三光荣、四特别”地质精神与校本文化有机融合，构建底蕴深厚、特色鲜明的卓越文化体系。开展校园文化精品培育，建设书香校园，推进校园景观文化涵养工程，常态化推动文明校园建设。深度参与乡村振兴，加强典型选树和经验推广。

四是持续深化改革。把党的领导贯穿学校发展建设全过程和各方面,发挥学术委员会在学术事务中的作用,健全工会、教代会、团学代会民主管理机制,把好办学方向关、人才政治关、发展质量关。完善以大学章程为核心的现代大学制度,全面推进依法治校,加强以宪法为核心的法治教育,系统梳理学校规章制度,优化工作流程体系。制定实施发展规划管理办法,加强规划任务的推进落实。强化改革攻坚、锐意进取的勇气和担当精神,坚持稳中求进总基调,持续推进"三定"工作、绩效管理改革和数据治理改革,提升资源筹措和配置能力。

五是建设平安校园。开展总体国家安全观、网络安全和保密宣传教育,认真落实意识形态工作责任制、保密工作责任制、安全维稳责任制和疫情防控工作责任制,加强校园综合防控。开展涉及政治安全形势研判和风险排查,加强网络舆情动态监测。加强线上线下各类意识形态阵地管理,创新开展网络思想政治教育,提升舆情监测、研判、处置能力。开展中华民族共同体意识教育,抵御宗教渗透和防范校园传教。做好来华留学生思想引导、关心关爱和心理疏导工作。加强重点部位、重要设施、大型活动疫情防控和安全管理,严防出现重大安全事故。准确掌握师生思想状况和心理健康状态,及时发现、解决问题,释放压力,化解矛盾。

同志们,坚持党的全面领导是坚持和发展中国特色社会主义的必由之路,全面从严治党是党永葆生机活力、走好新的赶考之路的必由之路。我们要坚持以习近平新时代中国特色社会主义思想为指导,弘扬伟大建党精神,不忘初心使命,勇于担当作为,加强党对学校工作的全面领导,引领保障学校事业高质量发展,以优异成绩迎接党的二十大胜利召开,迎接学校70年校庆。

谢谢大家。

攀登铸荣光　奋进创未来

——在校庆 70 周年庆典大会上的讲话

中国地质大学(武汉)校长　王焰新院士

(2022 年 11 月 7 日)

尊敬的各位领导、各位来宾,老师们、朋友们

亲爱的校友们、同学们:

大家上午好!

在深入学习贯彻党的二十大精神之际,我们相会南望山下、未来城中,相聚在云端,共同庆祝中国地质大学建校 70 周年,抚今追昔,展望未来,激励全体地大人为实现建成地球科学领域世界一流大学的“地大梦”阔步前行!

首先,我谨代表学校,向全体地大人致以节日的问候和美好的祝福!向莅临大会的各位领导、各位来宾表示热烈的欢迎,向关心和支持学校发展的社会各界人士、国际友人表示衷心的感谢!向在办学历程中无私奉献的离退休老领导、老同志表示崇高的敬意!

1952 年,应国家建设急需,在毛泽东同志“开发矿业”的伟大号召下,在李四光先生“新中国办起了惊天动地的事业”的宣告中,北京地质学院诞生了。建校之初,学校大师云集,汇聚了以袁复礼、张席禔、冯景兰、尹赞勋、袁见齐、王鸿祯、池际尚、马杏垣等为代表的来自清华大学、北京大学、天津大学、唐山铁道学院等院校的一大批优秀地质人才,他们成为中国高等地质教育的先驱。在刘型、高元贵等老一辈革命家、红色教育家的带领下,学校坚持艰苦朴素、求真务实,建立了新中国最早的高等地质教育体系,培养出一批经济建设急需的地矿行业的专门人才,为百业待举的新中国建设作出了重大贡献,被确定为全国重点高校。在此期间创建的周口店地质教学实习基地,被誉为中国地质工程师和地质学家的摇篮。

1970 年,学校南迁,辗转多地,最后定址武汉。全体师生艰苦奋斗、自力更生,克服了难以想象的困难,开始了“乌兰牧骑式”的多点办学,边迁校、边建校、边招生、边教学、边科研,风雨兼程重建教育体系,实现目标重心转移,在中国精神的滋养下,与荆楚文化和武汉精神相互交融,形成了“胸怀大局、初心如磐、艰苦创业、勇攀高峰”的南迁办学精神。学校不断开拓进

取,抢抓重大发展机遇,进入了新的发展阶段。1986 年成为全国试办研究生院的高校,1987 年组建成立中国地质大学,实现了从单科性地质院校向多科性行业特色学校的转型跨越,1997 年跨入"211 工程"重点建设高校行列,2006 年成为国家"优势学科创新平台"建设高校。

进入新时代,学校坚定了"共创美丽中国、共建宜居地球"的使命担当,各项事业实现了新跨越。

——坚持发展优先,以党建引领保障事业高质量发展,启动实施"三步走"战略,确立了在建校 100 年之际,建成地球科学领域世界一流大学的长远办学目标。学校第十二次党代会开启了建设地球科学领域国际知名研究型大学的新征程,开展办学思想大讨论,持续深化改革,制定 2030 中长期战略规划。入选"全国党建工作示范高校"培育创建单位,获评全国文明校园,基层党组织建设获得多项国家级荣誉。破解办学资源短缺瓶颈,建成并启用未来城校区,南望山校区基础设施提档升级,学校总建筑面积达到 140 万平方米,形成"一校两区四基地"的现代化生态型校园格局,育人环境持续改善。

——坚持立德树人,深化人才培养改革,构建拔尖创新人才培养共同体(HCUG)[2],打造"三融合"一流本科教育和"三融三跨"高质量研究生教育体系,构建全程贯通、空间联通、队伍互通、内容打通、评价融通的"三全育人"工作格局。研究生教育规模和质量持续提升。拥有 34 个国家一流本科专业、21 门国家一流课程,地质学、地球物理学入选国家基础学科拔尖学生培养计划 2.0 基地,获评"全国创新创业典型经验高校",多位学生获评"中国大学生年度人物"。实践育人、科教融合、产教融合持续推进,多项教学成果获得国家级奖励。

——坚持学术卓越,实施"学术卓越计划",持续入选国家"双一流"建设高校。实施科技兴校战略,发起"地学长江计划",推进科技成果转化,开展多学科协同创新。持续优化学科布局,7 个学科领域进入 ESI 全球前 1%,其中地球科学和工程学进入前 1‰,拥有国家重点实验室等 4 个国家级科技创新平台。实施人才强校战略,近 5 年引进和培育人才共计 610 余人,近 10 年有 18 位地大人当选两院院士,学校毕业生中两院院士数量达到 44 位。涌现出"全国最美教师""全国优秀教师""全国模范教师"等一批师德师风先进典型。

——坚持以文化人,地大人不断攀登自然高峰、科学高峰,孕育了"扎根中国、胸怀天下、勇攀高峰、追求卓越"的攀登精神。地大登山队完成攀登七大洲最高峰、徒步南北极点的壮举,地大学子获得奥运会多项奖牌;获批高校中华优秀传统文化传承基地;传承科学精神,原创话剧《大地之光》11 年巡演 52 场,大学生原创节目持续登上央视舞台;持续打造地学科普教育一流品牌,校史育人初见成效。凝心聚力战疫情,国际留学生"钢铁侠"志愿服务队传播中国抗疫故事。学校的社会美誉度持续提升。

——坚持对外开放,成立"丝绸之路学院",服务"一带一路"建设,有近 80%的来华留学生来自"一带一路"沿线国家和地区。发起组建地球科学国际大学联盟,与 100 多所大学、研究机构成为合作伙伴，全球学术影响力不断增强。聚焦国家战略深化拓展校地、校企、校院、校校等合作，实现内地省份建立校友会全覆盖，在脱贫攻坚、乡村振兴中展现地大担当。

根本固者，华实必茂；源流深者，光澜必章。中国地质大学70年发展取得的成就，南迁办学以来尤其是新时代取得的跨越式发展，离不开上级部门和各级领导的亲切关怀，离不开学校历届领导班子的励精图治，离不开广大师生员工的辛勤耕耘，离不开广大校友、社会各界朋友的倾力支持。我谨代表学校，向一直以来关心、支持和帮助学校的各级领导和各界朋友致敬，向努力拼搏、追求卓越的一代又一代地大人致敬！七秩荣光属于每一位不忘初心、艰苦奋斗的地大人！

老师们、同学们、校友们、朋友们！

峥嵘七秩，岁月如歌。70年来，我们始终与党和国家同心、同向、同行，为党育人、为国育才的初心从来没有改变，高水平学科特色创新发展的定位从来没有改变，谋求人与自然和谐发展的追求从来没有改变，“艰苦朴素、求真务实”的本色从来没有改变。70年来，我们坚持并弘扬“只要不畏艰苦和挫折，就一定能够达到光辉的顶点”的传统，完成了从单科性地质院校到多科性行业特色大学，再到学科特色型大学的转型升级，积累了扎根中国大地建设世界高水平大学的宝贵经验。

七秩攀登，我们牢牢把握正确办学方向。我们深刻认识到，方向是立校之本。坚持党的全面领导，是战胜前进道路上一切困难的根本政治保证。唯有把握国之大计、党之大计的教育定位，始终坚持社会主义办学方向，全面贯彻党的教育方针，落实立德树人根本任务，才能传承红色基因，源源不断培养造就高素质拔尖创新人才。唯有遵循高等教育规律，立足国情、校情，保持战略定力，科学谋划发展蓝图，根植行业、久久为功，才能行稳致远。

七秩攀登，我们坚持运用改革关键一招。我们深刻认识到，改革是治校之基。自我革命是跳出治乱兴衰历史周期率的第二个答案。唯有在适应中改革，在改革中引领，聚焦痛点难点，在人才培养、学术创新、社会参与、内部治理、资源配置等方面持续深化系统性、整体性、协同性改革，破除“不愿改、不敢改、不会改”，最大限度调动、整合校内外办学资源和要素，才能更好地增强发展动能，实现高质量发展。

七秩攀登，我们不断优化创新生态格局。我们深刻认识到，创新是兴校之举。一所大学要引育大师、培养一流人才、产出一流成果，需要有良好的创新生态。地大70年的办学成就，很大程度上要归因于长期向好的创新生态。唯有不断优化创新生态格局，以更顺畅的协作、更高效的配置、更科学的评价，营造激励创新、敢于冒尖、甘坐冷板凳的氛围，才能不断提升核心竞争力。

七秩攀登，我们始终坚持对外开放办学。我们深刻认识到，开放是活校之策。开放带来机遇，合作促进发展，必须持续推动更大范围、更宽领域、更深层次、更高水平开放。唯有积极对接国家和区域重大战略需求，扎根并服务于自然资源事业，抢占科技制高点，提升科技创新能力和社会服务质量，扩大国内外交流合作，构建发展共同体，才能担负起高等地质教育国家队和地球科学领域国家战略科技力量的使命责任。

七秩攀登，我们始终坚守大学精神文化高地。我们深刻认识到，精神文化是荣校之源。培育大学精神、建设特色校园文化，成为社会道德、良知的“襁褓”和人类文明的灯塔，是大学长期、持续发展过程中必须践行的光荣使命。地大拥有丰富精神宝藏和特色校园文化。唯有把以校训精神、南迁办学精神和攀登精神为内核的地大精神贯穿到办学治校的全过程各方面，坚持“严在地大”，依法治校，靠优良校风学风熏陶、培养青年师生，靠远大理想、伟大事业和海纳百川的胸襟凝聚人心、汇聚英才，激励全体地大人不断攀高登峰，才能早日实现地大梦。

老师们、同学们、校友们、朋友们！

高校是建设教育强国、科技强国和人才强国的战略交汇点。当前，国家战略提出新要求，行业转型呈现新态势，高等教育发展呈现新格局。党的二十大报告首次把教育、科技、人才进行统筹安排、一体部署，为我们在新时期办好人民满意的教育指明了方向。10月2日，习近平总书记给山东省地矿局第六地质大队的重要回信，强调了矿产资源及其勘查开发的重要地位和作用，勉励他们要在新一轮找矿突破战略行动中发挥更大作用。我们要坚决贯彻落实党的二十大精神和习近平总书记重要回信精神，坚守初心、勇担使命、善作善成，在全面建设社会主义现代化强国的新征程中勇毅前行。新征程上，美好未来必将由每一位勇攀高峰、追求卓越的地大人创造！

奋进未来，我们要志做“四个服务”的落实者。“四个服务”揭示了我国大学的办学目标和初心使命，是建设中国特色世界一流大学、建设高等教育强国的根本遵循。奋进新时代、新征程，我们要始终坚持社会主义办学方向，与党同心、与国同进、与民同行，扎根中国大地办人民满意的大学，全面贯彻党的教育方针，落实立德树人根本任务，完善“三全育人”格局。要遵循高等教育规律，引育一流教师，汇聚一流生源，建设一流学科专业，打造一流课程、一流教材、一流实践教学和创新创业基地，把科技资源有效转化为教育教学资源，创新学科特色型大学人才培养模式，着力培养“品德高尚、基础厚实、专业精深、知行合一”的高素质拔尖创新人才。

奋进未来，我们要勇做地球科学创新发展的先行者。只要有地球存在，只要有人类存在，只要人类在发展和进步，地球科学就不会枯竭。当前，人与自然双重作用如何影响地球系统的演化方向，人类如何应对由此带来的全球变化，已经成为地球科学的重点研究方向。从行星地球系统角度，研究宜居地球的过去、现在和将来极为重要，研究地球的内部动力过程、物质与能量循环过程、多圈层相互作用及其资源环境效应极为关键，研究地球环境与安全、健康的关系极为紧迫。学校的地球科学学科门类齐全、优势突出、特色鲜明，基础学科、特色工科和特色文科发展势头良好，已经基本具备引领地球科学学科创新发展的人力资源、文化禀赋、学术环境和物质基础，要努力成为国际地球科学新理论、新方法、新技术的策源地。我们必须致力于更深刻地认知地球系统、更可持续地开发利用地球资源、更高质量的绿色发展、更为有效的人与自然共生治理，不断创新学术组织模式、优化办学资源配置、改革各类评价机制，构建知识创新、技术创新、科技成果转化、国际科技合作和特色智库建设“五位一体”的科技创新体系布局，强力推进学科交叉会聚，最大限度激发创新活力，大幅提升科技创新能力和服务湖北、服务自然资源等区域和行业高质量发展的能力。

奋进未来，我们要争做“两个共同体”的建设者。“人与自然和谐共生的生命共同体”和“人类命运共同体”是中国式现代化的重要内容，是人类文明新形态的重要体现。“美丽中国、宜居地球”是担负建设“两个共同体”使命的交汇点，我们要深刻把握“人与自然和谐共生的生命共同体”和“人类命运共同体”的科学内涵、时代价值和情怀境界，强化服务两个“共同体”的使命担当。我们要以呵护“人与自然和谐共生的生命共同体”为目标，着力推动以地球科学为核心的学科生态系统全面优化升级，加快推进地球科学类人才供给侧结构性改革，全面参与国家新一轮找矿突破战略行动，在服务国家能源资源环境等领域的科技自立自强方面作出更大贡献。我们要着力推进更高水平的开放，更好地发挥教育在构建人类命运共同体中的作用，发挥地球科学国际大学联盟在推动地球科学教育和科技合作中的示范引领作用，深度参与“一带一路”建设，在合作共赢中更好地传播中国声音，弘扬地大精神、展现地大风采、彰显地大担当。

奋进未来，我们要善做学科特色型大学创建世界一流大学的开拓者。学科特色型大学是我国教育、科技和人才供给链中的重要力量。将一批学科特色型大学建成世界一流大学，是建设教育强国的必然要求和内在之意。我们要敢于蹚新路、立新功。我们坚信：再经过 30 年艰苦卓绝的接续奋斗，地大梦一定能够实现！

特色就是竞争力。我们必须强化特色、关联生长，提高质量、跃升能级。始终坚持把引育一流师资、造就一批地学大师作为学校工作的重中之重，围绕战略科学家和领军人才构建大平台、大团队。在努力提升解决国家能源资源环境等领域重大问题、承担重大项目能力的同时，专注国际学术前沿，提升成果的原创性、引领性。聚合办学资源和创新要素，健全新型举校体制，培养有国际竞争力的拔尖创新人才，推动有组织的科技创新，努力实现从跟跑、并跑到领跑的量变与质变，努力成为世界地球科学人才培养中心和科技创新高地。

特色就是贡献力。我们必须坚持追求卓越，内生驱动、自主赋能。我们要始终保持头脑清醒，坚守大学精神文化高地，严谨治学、潜心育人，攀登不止、敢为人先，永葆青春活力。坚持结构跟随战略不动摇，持续深化改革，完善治理体系，提升治理效能，赋能全体地大人。贯通人才链、学科链、创新链和产业链，优化政产学研用系统，努力打造国际地球科学创新枢纽，积极融入全球科教创新网络,为“共创美丽中国、共建宜居地球”作出不可替代的贡献。

老师们、同学们、校友们、朋友们!

新时代赋予新使命,新阶段呼唤新作为。让我们更加紧密地团结在以习近平同志为核心的党中央周围,深入学习贯彻党的二十大精神,大力弘扬爱国奉献、开拓创新、艰苦奋斗的优良传统,勇于攀登、共铸荣光,团结奋进、逐梦未来,为实现地大梦砥砺前行,为全面建设社会主义现代化国家、全面推进中华民族伟大复兴贡献地大力量!

谢谢大家!

中国地质大学（武汉）概况

中国地质大学（武汉）简介

中国地质大学是教育部直属全国重点大学，是国家批准设立研究生院的大学，是国家“211 工程”、国家“双一流”建设高校。现有 2 个校区，南望山校区位于武汉东湖之畔、南望山麓，未来城校区坐落在武汉“太阳最早升起的地方”未来科技城。学校以地球科学为主要特色，学科涵盖理学、工学、文学、管理学、经济学、法学、教育学、艺术学等门类，地质学、地质资源与地质工程两个一级学科入选“双一流”建设学科。

历史沿革

中国地质大学创建于 1952 年，前身是北京大学、清华大学、天津大学、唐山铁道学院等院校的地质系（科）合并组建而成的北京地质学院。学校于 1960 年被确定为全国重点院校。1970 年，学校整体迁至湖北办学，更名为湖北地质学院。1974 年，学校定址武汉，更名为武汉地质学院。1978 年，武汉地质学院在原北京旧校址设立武汉地质学院北京研究生部。1987 年，国家教育委员会批准组建中国地质大学，武汉、北京两地办学，总部在武汉。2000 年 2 月，学校由国土资源部划归教育部管理。2006 年 10 月，教育部、国土资源部签署共建中国地质大学协议。2018 年，教育部、湖北省共建中国地质大学（武汉）。

校园概貌

中国地质大学位于武汉东湖国家自主创新示范区腹地，现有南望山校区、未来城校区等两个校区，校园占地总面积 1 474 353.99m²，校舍总面积 1 385 752m²。学校拥有国家 AAAA 级旅游景区——逸夫博物馆，校园环境优美，教育、科研、学术氛围浓厚，拥有现代化的教学楼群、图书馆、学生公寓、体育场馆等相关配套设施，为莘莘学子提供了良好的学习、生活和成长的环境。2019 年 8 月，未来城校区建成投入使用，一座崭新的生态型、现代化大学校园屹立在未来科技城。

办学思想

学校坚持为国育才的初心不改，特色、高水平发展的定位不改，人与自然和谐发展的追求不改，艰苦朴素、求真务实的本色不改，坚持弘扬“严在地大”的校风学风，着力培养能够担当民族复兴大任、“品德高尚、基础厚实、专业精深、知行合一”的高素质人才，着力为解决区域、行业乃至人类面临的资源环境问题提供高水平的人才和科技支撑。

学校秉承“强化特色、争创一流、依法治校、开放包容”的治校理念，营造“独立思考、严谨治学、勇于探索、追求卓越”的文化氛围，努力构建优越而独特的教学和科研环境。以提高办学质量为中心，确定“1331”的一流人才培养思路，落实立德树人这一根本任务，坚持面向需求、面向世界、面向未来，推进“跨学科专业交叉融合、教学与科研实践融合、创新创业教育与专业教育融合“的“三融合”本科人才培养模式改革，积极构建科教融合、产教融合、本研融合，跨学科、跨平台、跨文化的“三融三跨”高质量研究生教育体系，树立“严在地大”品牌，不断提升科技创新和社会服务能力。大力实施人才强校、科技兴校和开放活校战略，推动更深层次改革、更高水平开放、更高质量创新助力高质量发展，在建成地球科学一流、多学科协调发展的高水平大学的基础上，努力建设地球科学领域国际知名研究型大学。

当前，学校正以“美丽中国　宜居地球：迈向 2030”为战略主题，围绕教育创新与人才培养、学术创新与社会参与、全球视野与国际交流、文化创新与价值引领、治理变革与管理创新 5 个方面的战略重点，努力建设成为一所彰显中国特色优势、深度参与国际交流合作，教育卓越、学术卓越、文化卓越、管理卓越的大学，为我们实现地球科学领域世界一流大学的“地大梦”奠定坚实基础。

办学条件

学校现有教职员工 3549 人，其中教师 1910 人。中国科学院院士 12 人，中国工程院院士 1 人，博士生导师 516 人，正高级 468 人，副高级 888 人。

国家级人才计划入选者 136 人次，国家杰出青年科学基金获得者及同等层次人才 54 人(71 人次入选)，国家优秀青年科学基金获得者及同等层次人才 71 人(80 人次入选)，湖北省人才项目入选者 154 人次。学校拥有国家自然科学基金委创新研究群体 6 个，教育部创新团队 3 个，国家级教学团队 6 个，国家级教学名师 2 人，2018 最美教师 1 人，全国优秀教师 1 人，国家级教学荣誉称号教师 1 人，湖北省教学名师 11 人。

学校现有各类科研机构、实验室、研究院(所、中心)96 个，其中国家重点实验室 2 个，国家工程技术研究中心 1 个，国家级野外观测台站 1 个，科技部地质工程国际科技合作基地 1 个，地球深部钻探与深地资源开发国际联合研究中心 1 个，科技部创新人才培养示范基地1个。学校拥有完善的实验实践教学体系,有国家级实验教学示范中心3个,国家级虚拟仿真实验教学中心1个。自建校起,学校相继在周口店、北戴河、秭归、巴东等地建立了教学实习基地。其中周口店野外实习基地被誉为“地质工程师的摇篮”,为“全国地质实验(实践)教学示范中心”、“国家基础学科人才培养能力(野外实践)基地”。学校图书馆馆舍面积2.7万余平方米,拥有丰富的文献资源,形成了以科技文献为主体,以地学文献为特色的馆藏体系,构建了以信息技术为基础的服务平台,为师生提供了有效的文献资源保障。

学科布局

学校围绕学科前沿和经济社会发展的需求,构建以地球科学为主导,多学科相互支撑、协调发展的学科生态系统。现有2个国家一级重点学科,16个湖北省重点学科,“地质学”“地质资源与地质工程”2个一级学科在全国历次学科评估中均排名第一;有21个学院、70个本科专业;有16个一级学科博士点,1个专业学位博士点,34个一级学科硕士点,15个博士后科研流动站;有工程硕士、MBA、MPA等10个专业学位授予权,其中工程硕士专业包含14个工程领域。地球科学、工程学、环境/生态学、材料科学、化学、计算机科学、社会科学、农业科学等8个学科领域进入ESI全球前1%,其中地球科学、工程学、环境/生态学进入前1‰。

人才培养

学校拥有“学士—硕士—博士”完整的人才培养体系。现有国家级一流专业建设点34个,省级一流专业建设点17个。其中全日制在校学生29 203人,包括本科生18 445人,硕士研究生11 996人,博士研究生2229人;有国际学生337人;成教及网络教育注册学生5万余人。拥有国家地质学理科人才培养基地和国土资源部地质工科人才培养基地。建校70年来,为国家培养了近30万名高级人才。

学校全面落实立德树人根本任务,以培养“品德高尚、基础厚实、专业精深、知行合一”的优秀人才为目标,实施“三融合”人才培养改革,构建“三融三跨”高质量研究生教育体系。我校学生在具有广泛影响力的全国挑战杯大赛、数学建模大赛、英语竞赛、电子设计大赛等高水平赛事中屡获佳绩。

学校把弘扬优良体育传统与健全人格培养相结合,逐步形成了特色鲜明的体育教育体系。我校学生在国际国内重大体育比赛中,累计获得金牌250余枚,银铜牌500余枚。2012年5月,学校登山队成功登顶珠峰,成为我国第一支登上世界最高峰的大学登山队。2016年学校圆满完成“7+2”登山科考计划,成为世界第一支征服七大洲最高峰、南北极点在校大学生登山队。

科学研究

学校在地质学、矿产资源能源、地质工程、地球物理、水文地质与环境地质、地理信息系统与测绘、材料科学与化学、经济与管理等研究领域具有特色和优势,取得一批重要成果。2010年以来,获国家科技进步特等奖2项(参与)、国家自然科学二等奖1项、国家科技进步二等奖3项，省部级科技奖励38项，获"中国科学十大进展"1项、"十大地质科技进展"2项、"十大地质找矿成果"2项。入选科睿唯安(原汤森路透)"高被引科学家"5人、爱思唯尔"高被引学者"9人，入选ESI高被引论文作者61人。学校主办的《地球科学》(中文版)被国际著名检索系统EI Compendex收录，《地球科学学刊》(英文版)被国际著名检索系统SCIE收录，《中国地质大学学报》(社会科学版)进入CSSCI。

学校坚持立足湖北和长江经济带，面向全国，大力推进政产学研合作，积极服务行业、区域和地方经济社会发展。学校与武汉市人民政府联合组建武汉地质资源环境工业技术研究院，采用市场化运营模式，搭建创新创业生态系统，着力促进科技成果转化，服务国家创新驱动发展战略。学校还在"珠三角"和"长三角"地区分别建立产学研平台和产业孵化基地(深圳研究院、广州南沙滨海研究院、浙江研究院)。

国际交流

学校积极开展对外学术、科技和文化交流，先后与美国、法国、澳大利亚、俄罗斯等国家的100多所大学签订了友好合作协议。2012年成立由学校发起，联合斯坦福大学、麦考瑞大学、滑铁卢大学、香港大学、牛津大学等12所世界知名大学组建"地球科学国际大学联盟"，联盟高校在地学领域通过资源共享、交流合作，实现人才培养和科技创新的发展共赢。近年来，学校公派出国访问、留学，攻读硕士、博士学位的师生每年900余人次，邀请来校访问、讲学、与会的境外专家每年400余人次。

学校拥有"中美联合非开挖工程研究中心"等6个国际科研合作中心。贯彻落实国家"一带一路"建设，设立"丝绸之路学院""约旦研究中心"和"丝绸之路地质资源国际研究中心"。2019年，"中国-上海合作组织地学合作研究中心武汉学院"落户学校。2021年学校正式加入中国南南合作网，将进一步促进学校在亚非拉等发展中国家开展长期研究实践与国际教育。2022年11月，学校举办"中外大学校长论坛"，13位来自全球知名大学和高等教育研究领域的嘉宾，围绕"宜居地球：研究型大学的使命与挑战"主题，阐述了中外大学在创新生态、国际合作、学科建设、人才培养等方面做出的探索和实践，发布《武汉共识：新地学教育倡议》，倡议中外大学进一步加强国际合作与交流，立足学科交叉与科技创新，充分承担起推动全球可持续发展的责任。

中国地质大学(武汉)章程

序 言

中国地质大学(武汉)前身是创建于1952年的北京地质学院，1960年成为全国重点院校。1970年，学校整体迁至湖北办学，更名为湖北地质学院。1974年，学校定址武汉，更名为武汉地质学院。1987年，国家教育委员会批准组建中国地质大学，武汉、北京两地办学，总部在武汉。1997年，学校成为国家“211工程”重点建设高校。2000年，学校由国土资源部划归教育部主管。

学校坚持谋求人与自然和谐发展，为解决国家和人类社会面临的资源环境问题提供高水平的人才和科技支撑，在建成地球科学一流、多学科协调发展的高水平大学的基础上，努力建设成为国内外知名的研究型大学，致力于实现地球科学领域世界一流大学的办学目标。

第一章　总　则

第一条　为保障学校依法自主办学，建设现代大学制度，依据《中华人民共和国教育法》《中华人民共和国高等教育法》等法律法规，立足学校实际，结合改革发展需要，制定本章程。

第二条　学校中文名称为：中国地质大学（武汉），简称：地大，英文名称为：China University of Geosciences；缩写：CUG。学校网址为 http://www.cug.edu.cn。

第三条　学校法定住所地为：湖北省武汉市洪山区鲁磨路388号。学校根据事业发展需要，经举办者或主管部门同意，可新建或者调整校区。

第四条　学校是国家举办、国务院教育行政部门主管的具有独立法人资格的非营利性事业单位，由国务院教育行政部门与国土资源部门、湖北省人民政府依据合作协议共同建设。

第五条　举办者和主管部门对学校进行宏观指导、依法监督，为学校提供办学经费，保障学校办学的基本条件，任免学校负责人，支持学校依照法律法规和学校章程自主办学，保护学校的合法权益；确定学校的分立、合并与终止。

第六条　学校坚持社会主义办学方向，全面贯彻国家教育方针，以立德树人作为办学的根本任务，以人才培养、学术研究、社会服务、文化传承与创新为基本职能，根据法律法规及本章程的规定制定学校事业发展战略、专项发展规划和规章制度，自主管理，推动学校各项事业协调发展，主动接受社会监督和评价。

第七条　学校围绕学科前沿和经济社会发展的需求，不断优化资源配置，努力构建以地球科学为主导，多学科相互支撑、协调发展的学科生态系统。

第八条　学校以实施普通高等教育为主，稳步发展继续教育，积极拓展中外合作办学，努力培养“品德高尚、基础厚实、专业精深、知行合一”的高素质人才。

第九条　学校的校训是“艰苦朴素，求真务实”。

第二章　治理结构

第一节　领导体制

第十条　学校依法实行中国共产党中国地质大学（武汉）委员会（以下简称学校党委）领导下的校长负责制。

第十一条　学校党委是事业发展的领

导核心,统一领导学校工作,支持校长依法独立行使职权并开展工作。

第十二条　学校党委由党员代表大会选举产生,党委常委由党委全委会选举产生,每届任期5年。

第十三条　学校党委依法履行下列职责:

(一)宣传和执行党的路线方针政策,以及上级组织和本级组织的决议,依靠全校师生员工推进学校科学发展,培养德智体美全面发展的社会主义事业建设者和接班人;

(二)审议确定学校基本管理制度,讨论决定学校改革发展稳定以及教学、科研和行政管理中的重大事项;

(三)讨论决定学校中层组织机构设置及其负责人人选,按照干部管理权限,负责干部的选拔、教育、培养、考核和监督,负责领导班子建设、干部队伍建设和人才队伍建设;

(四)领导学校的思想政治工作和德育工作,促进和谐校园建设;

(五)领导学校的工会、共青团、学生会等群众组织和教职工代表大会;

(六)做好统一战线工作;

(七)法律和党内法规规定的其他职责。

第十四条　党委书记、副书记根据法规和党内规定产生。党委书记主持学校党委的全面工作,党委副书记协助党委书记工作。

第十五条　校长是学校的法定代表人,由符合法定任职条件的中国公民担任,按照国家有关规定产生,由国务院教育行政部门任命。

第十六条　校长全面负责学校的教学、科学研究和行政管理工作,依法行使下列职权:

(一)拟订发展规划,制定具体规章制度和年度工作计划并组织实施;

(二)组织开展学科建设、教学活动、科学研究、社会服务、文化传承创新、人才队伍建设、思想品德教育、国际交流与合作等活动;

(三)拟订学校组织机构的设置方案,按有关规定推荐副校长人选,按干部管理权限任免学校组织机构负责人;

(四)依照法律法规和学校规定聘任与解聘教职工,对学生进行学籍管理,实施奖励或者处分;

(五)拟订和执行年度经费预算方案,保护和管理学校资产,筹措办学经费,维护学校的合法权益;

(六)行使学校教育教学和行政管理等其他相关职权。

第十七条　学校按国家有关规定和程序设副校长若干人,协助校长行使职权。根据办学需要可设校长助理若干人。

第二节　决策和监督机制

第十八条　学校党委全委会、党委常委会、校务会依照议事规则履行职责,对学校重大决策、重要人事任免、重大项目安排和大额资金使用等重大问题和事项进行集体决策。

第十九条　学校党委全委会是学校的最高决策机构,按照民主集中制原则进行决策。

第二十条　学校党委全委会由党委书记召集，每学期至少召开一次，如遇重大问题可随时召开。学校党委委员 1/2 以上到会，党委全委会方能召开。重大议题和中层正职干部任免事项，出席人数需达到应出席人数的 2/3 以上，采取无记名投票表决方式作出决定，以赞成票超过应出席人数的 1/2 为通过。

党委全委会闭会期间，党委常委会作为常设机构行使其职权。

第二十一条　党委常委会由学校党委常委组成，可根据会议内容确定列席人员。

学校党委常委会由党委书记或其委托的副书记主持，一般每两周召开一次，如遇重要情况可随时召开。学校党委常委 1/2 以上出席方可召开常委会。讨论机构设置、任免中层干部等重要事项应有 2/3 以上的党委常委出席。

党委书记按照民主集中制原则作出决定。会议决策中意见分歧较大的一般应暂缓决策；干部任免表决采取票决制，以赞成票超过应出席人数的 1/2 为通过。

第二十二条　校务会是校长在学校党委领导下依法独立行使职权、对重要行政事项进行研究和决策的议事形式。校务会的组成人员为校长、副校长、校长助理以及校长指定的职能部门负责人。党委书记、党委副书记、党委常委可根据议事需要参加。

校务会一般每两周召开一次，如遇重要事项可随时召开。校务会应有 1/2 以上成员到会方可召开。校长在充分听取各方面意见的基础上作出决定；议题意见分歧较大或调研论证不充分的，应暂缓决策。

第二十三条　中国共产党中国地质大学(武汉)纪律检查委员会是学校党内监督机构，在学校党委和上级纪委领导下，维护党的章程和其他党内法规，检查和监督学校各级组织落实党的路线、方针、政策和决议的执行情况，协助学校党委加强党风建设和组织协调反腐败工作。

第二十四条　学校设立行政监督机构，在校长领导下对学校组织机构及其工作人员遵守国家法律法规、政策和贯彻执行学校规章制度、决议、决定情况进行监督检查，对廉政、效能、信息公开等进行监察，受理投诉举报、来信来访，并依法调查处理，纠正损害师生员工权益的行为。

第三节　组织机构

第二十五条　学校根据实际和需要，自主设置教学科研单位、职能部门、直属单位和非常设机构等内部组织。中层组织机构的设置、撤并经充分论证后由学校党委会研究决定。其中，教学科研单位的设置、撤并须经学术委员会论证与审议。

第二十六条　教学科研单位主要包括学院(课部)和具有独立建制的科研机构，由学校根据学科专业发展和科学研究需要设置，是学校组织实施办学活动的基本单位。

第二十七条　学院(课部)在学校授权范围内享有组织办学活动、学术管理、人事管理和资源配置等权利，组织实施学科专业、师资队伍、科研平台等方面的建设工作，可根据需要设置系、所、中心、室等教学和学术机构,报学校备案并接受评估与检查。

具有独立建制的科研机构,参照学院(课部)管理模式、依照学校授权自主管理。

第二十八条　院长(主任)是学院(课部)的行政负责人,全面负责学科建设、教育教学、科学研究、师资队伍建设及其他行政管理事务。学院(课部)党委(党总支部)负责党建与思想政治工作,发挥政治核心作用。学院(课部)重大事项实行党政联席会议集体决策制度。

第二十九条　系是学院(课部)领导下的基层教学科研组织,其主要职责是制定和落实人才培养方案,强化教学管理,推动教学改革;加强师资队伍和学术平台建设,开展学术交流与合作。

系主任是教学管理、专业和学科建设的具体组织者,由学院(课部)党政联席会议决定并报学校任命。

第三十条　职能部门根据学校党的工作和行政管理工作需要设置,主要承担学校党政工作的管理、服务等职责。职能部门实行部门领导负责制,重大事项由领导集体讨论决定。

第三十一条　直属单位根据学校办学活动需要设置,为教学科研工作和师生员工学习、工作与生活提供保障服务。直属单位实行领导负责制,重大事项由领导集体讨论决定。

第三十二条　学校根据需要设立或撤销非学术性的非常设机构。

第四节　学术组织

第三十三条　学术委员会是学校最高学术机构,统筹行使学术事务的决策、审议、评定和咨询等职权。

第三十四条　学校下列事务决策前,应当提交学术委员会审议或作出决定:

(一)学科、专业及教师队伍建设规划,以及科学研究、对外学术交流合作等重大学术规划;

(二)自主设置或者申请设置学科、专业;

(三)教学科研机构设置方案,交叉学科、跨学科协同创新机制的建设方案、学科资源的配置方案;

(四)教学科研成果、人才培养质量的评价标准及考核办法;

(五)学位授予标准及细则,学历教育的培养标准、教学计划方案、招生的标准与办法;

(六)学校教师岗位(职务)聘任的学术标准与办法;

(七)学术评价、争议处理规则,学术道德规范;

(八)学术委员会专门委员会组织规程,学术分委员会章程;

(九)学校认为需要提交审议的其他学术事务。

第三十五条　学校实施以下事项,涉及对学术水平作出评价的,应当由学术委员会或者其授权的学术组织进行评定:

(一)学校教学、科学研究成果和奖励,对外推荐教学、科学研究成果奖;

(二)各类学术、科研基金、科研项目等的遴选;

（三）需要评价学术水平的其他事项。

第三十六条　学校作出下列决策前，应当通报学术委员会，由学术委员会提出咨询意见：

（一）制订与学术事务相关的全局性、重大发展规划和发展战略；

（二）学校预决算中教学、科研经费的安排；

（三）开展中外合作办学、赴境外办学，对外开展重大项目合作；

（四）高层次人才的选拔与引进、名誉教授的聘任等；

（五）学校认为需要听取学术委员会意见的其他事项。

学术委员会对上述事项提出明确不同意见的，学校应当作出说明、暂缓决策或暂缓执行。

第三十七条　学术委员会主要由不同学科、专业的教授及具有正高级专业技术职务的人员组成，其中45岁以下的优秀青年教师比例应不低于10%。

学术委员会委员分为职务委员、教授委员、特邀委员、学生委员。担任学校及职能部门党政领导的职务委员，不超过委员总人数的1/4；不担任党政领导职务及学院主要负责人的专任教师，不少于委员总人数的1/2。可根据需要确定特邀委员和学生委员。

教授委员和学生委员经自下而上的民主推荐、公开遴选等方式产生候选人，由民主选举等程序确定。

学术委员会委员由校长聘任，实行任期制，任期4年，连任最长不超过2届。学术委员会每次换届，连任委员人数不超过委员总数的2/3。

第三十八条　学术委员会主任委员由校长提名，学术委员会审议通过，校务会审定。副主任委员由主任提名，学术委员会审议通过。

学术委员会设立秘书处，处理学术委员会的日常事务。

第三十九条　学术委员会下设学科建设委员会、教学工作指导委员会、科学技术委员会、学术道德委员会等专门委员会，具体承担相关学术事务。专门委员会主任由学术委员会主任提名学术委员会委员担任，专门委员会会议通过，校务会审定。

各学院（课部）设置学术分委员会。学术分委员会统筹基层学术事务的决策、审议、评定、咨询等事宜，向学术委员会报告工作，接受学术委员会的指导和监督。

第四十条　学术委员会每学期至少召开1次全体会议。议事决策实行少数服从多数的原则，与会委员超过2/3方能开会，重大事项应当以与会委员的2/3以上同意，方可通过。

第四十一条　学校依法设立学位评定委员会。学位评定委员会负责审议博士、硕士学位授权点的设置、撤销，审议博士生导师资格，依法履行学位授予等相应职责。

第五节　民主管理

第四十二条　坚持民主管理，重大决策须广泛听取师生员工意见。通过不断完善教职工代表大会制度、学生代表大会制度，充分发挥群众组织的桥梁纽带作用和民主党派、无党派人士的建言献策作用,为师生员工参与民主管理、实施民主监督创造条件。

第四十三条　学校依法制订教职工代表大会规则,保障教职工参与学校民主管理和监督的权利。

第四十四条　教职工代表大会由具有正式人事关系的教职工代表组成。

第四十五条　教职工代表大会的主要职责:

(一)听取学校章程草案的制定和修订情况报告,提出修改意见和建议;

(二)听取学校发展规划、教职工队伍建设、教育教学改革、校园规划以及其他重大改革方案的报告,提出意见和建议;

(三)听取学校年度工作、财务工作、工会工作报告以及其他专项工作报告,提出意见和建议;

(四)讨论通过学校岗位设置管理办法、人事分配制度改革方案;

(五)审议上一届(次)教职工代表大会提案的办理情况报告;

(六)通过多种方式对学校工作提出意见和建议,监督学校规章制度和决策的落实,提出整改意见和建议;

(七)讨论法律法规、规章制度规定的以及学校与工会商定的其他事项。

教职工代表大会的意见和建议,应以会议决议的方式作出。

第四十六条　教职工代表大会休会期间,学校重大决策须充分听取和征求教职工代表大会执行委员会的意见。

第四十七条　学校工会是学校党委和上级工会组织领导下的教职工自愿参加的群众组织,按照《中华人民共和国工会法》和《中国工会章程》开展工作,履行工会职责,参与学校管理与监督。

第四十八条　学校建立健全两级教职工代表大会制度和工会组织。

第四十九条　学校妇女委员会是学校党委和上级妇委会组织领导下的女教职工和女学生自愿参加的群众组织,按照《中华全国妇女联合会章程》开展工作,履行妇委会职责。

第五十条　学校民主党派的基层组织依照各自章程开展活动,参与学校管理与监督。

第五十一条　学校共青团组织在学校党委和上级团组织的领导下,围绕中心工作,加强大学生思想政治教育、服务青年学生成长成才、促进校园文化建设。学校支持共青团按照团章独立自主地开展工作,充分保证其工作正常开展的需要。

第五十二条　学生代表大会在学校党委领导和团委指导下,依照《中华全国学生联合会章程》开展工作。

学生代表大会的主要职责:

(一)审议通过学生委员会工作报告;

(二)审议通过学生委员会工作方针和任务;

(三)选举产生新一届学生委员会;

(四)形成关于学校管理和发展事项的提案;

(五)制定和修订学生代表大会章程;

（六）讨论法律法规规定的应由学生代表大会决定的其他事项。

学生代表大会闭会期间，由学生会、研究生会主持其日常工作。

第五十三条　学生会、研究生会是学生自我服务、自我管理、自我教育的主体组织，是学校联系广大学生的主要桥梁和纽带，可通过学生代表大会提案机制、校领导接待日和学生组织负责人列席学校相关会议等方式，参与学校民主管理。

第五十四条　学校有关学生教育和发展的重要制度和改革措施应当向学生通报并征求意见。

第六节　社会监督与参与

第五十五条　学校建立健全信息公开制度，通过发布教学质量报告、就业质量报告等各种形式，主动接受社会监督，为社会力量参与学校管理创造条件。

第五十六条　学校设立理事会作为支持学校发展的咨询、协商、审议与监督机构。理事会是学校实现科学决策、民主监督、社会参与的重要组织形式和制度平台。

第五十七条　理事会由学校联合相关政府部门、行业主管部门以及行业大型骨干企业和事业单位代表、社会知名人士、著名学者、企业家和知名校友等组成，根据其章程开展工作。

第三章　办学活动

第一节　人才培养

第五十八条　学校的基本教育形式为全日制本科生教育和研究生教育，兼顾继续教育。

学校依照国家法规和政策，制订学历、学位授予标准与办法，对符合条件的申请者授予相应的学历、学位证书。

学校根据法律法规、社会需求和办学条件，自主调整办学规模、结构和学科专业设置，确定和调整学历教育修业年限。

第五十九条　学校建立学科专业动态调整机制，优化学科专业结构，持续提高学科专业水平。

第六十条　人才培养方案制定、调整需在充分调研社会、行业需求以及学科发展的基础上，由学校统一组织，各系具体论证，学术分委员会与专门委员会审议，学术委员会或学位评定委员会审定。

第六十一条　学校建立毕业生培养质量社会反馈机制和教育教学质量保障体系。校、院、系三级教学管理组织按照各自的权限和职责实施质量监督。

第六十二条　学校积极开展教学改革与实践。不断优化教学内容和课程体系，完善教学评价标准，创新教学模式，优化教学活动的反馈及改进机制。

第六十三条　学校加强教学实验室与校内外实习（实践）基地建设，推动第一课堂与第二课堂、教学与科研、理论与实践紧密结合，培养学生的实践能力和创新能力。

第六十四条　学校充分借鉴国际先进教育理念，利用国外优质教育资源，积极推动与国外高水平大学学分互认、学生互换和联合培养，着力培养具有国际视野和竞争力的高素质人才。

第六十五条　学校根据经济社会需求和人才成长规律，通过基地班、实验班、科教结合协同育人等举措，形成以提高创新能力为导向的“学术型”人才培养模式；通过“卓越工程师计划”、校地、校企联合培养等举措形成以提高实践能力为导向的“应用型”人才培养模式，努力提高本科生培养质量。

第六十六条　学校建立并完善以提升创新能力为目标的学术学位研究生培养模式和以提升实践与创业能力为导向的专业学位研究生培养模式，提高研究生教育教学水平。

第六十七条　学校积极发展国际学生教育，培养知华、友华的高素质国际学生。

第六十八条　学校完善包括现代远程教育、成人教育、高等教育自学考试和非学历培训在内的继续教育体系。

第二节　学术研究

第六十九条　学校坚持科技兴校，追求学术卓越，围绕学科前沿和经济社会发展的重要需求，凝练学术方向，汇聚学术资源，推动学术创新。

第七十条　学校制定学术发展战略，注重基础研究和应用研究，强化学科特色，加强原始创新，提升科技创新能力，促进各学科协调发展。

第七十一条　学校建立健全学术管理体制和以绩效考核为主线的多元学术评价体系，为学术创新人才、团队成长创造良好的条件。

第七十二条　学校强化学术创新基地建设，建立开放共享、布局合理、保障有力、高效运行的学术创新平台体系。

第七十三条　学校弘扬科学精神，倡导学术自由和学术民主，加强学术规范和学术道德建设，杜绝学术不端行为。

第三节　社会服务

第七十四条　学校坚持协同创新，努力在地质勘探、防灾减灾、环境保护、信息、材料等领域为行业进步和经济社会发展提供科技和人才支撑，并致力于发挥智库作用。

第七十五条　学校采用项目合作、资源共享、技术转移等多种方式，大力推进科技成果的转化与应用。

第四节　文化传承与创新

第七十六条　学校积极培育和践行社会主义核心价值观，把“谋求人与自然和谐发展”的理念融入办学活动全过程，把培育科学精神和人文素养等作为大学文化建设的重要任务，积极引领社会风尚，推动社会主义先进文化的传承创新。

第七十七条　学校充分发挥文化育人功能，构筑特色鲜明的大学文化体系，促进师生的全面发展。

第七十八条　学校深入开展可持续发展、生态文明等理论的创新研究，积极参与国家文化事业发展，向社会公众传播人与自然和谐发展理念、地球科学科普等知识。

第七十九条　学校积极传播中华优秀传统文化，加强国际理解教育，推动跨文化交流。

第四章　学生

第一节　招生与学籍

第八十条　学生是指按照国家招生政策被学校依法录取、取得入学资格、有学籍的受教育者。

第八十一条　学校根据社会需求、办学条件和国家核定的办学规模，制订招生方案，自主调节系科招生比例。

第八十二条　学校设立招生委员会，制定招生制度，规范招生程序，监督招生过程，审核年度招生方案，按照公开、公平、公正原则，依法依规招收各类学生。

第八十三条　学生按规定办理注册，取得学籍。学校依照规定为学生办理休学、转专业、转学、退学、毕业等手续。

第二节　权利与义务

第八十四条　学生在校期间享有下列权利：

（一）平等接受学校教育，利用学校公共教育资源，参加教育教学活动；

（二）公正获得学业及思想品德评价，获得满足学业条件相应的学历学位证书；

（三）获得在国内外深造学习和参加学术文化交流活动的机会；

（四）获得荣誉和奖学金、助学金、助学贷款等资助的机会；

（五）依照法律规定参加社会服务、勤工助学，发起成立、参加学生团体；

（六）参与学校民主管理和教职工评价，对学校教育教学、改革发展等提出意见和建议；

（七）对涉及自身利益的相关决定表达意见和提出申诉；

（八）法律法规规定的其他权利。

第八十五条　学生在校期间应履行下列义务：

（一）遵守学校的各项规章制度；

（二）参加学校教育教学活动，完成规定学业；

（三）遵守行为规范、学术规范，恪守学术道德；

（四）尊敬师长，养成良好的思想品德和行为习惯；

（五）按规定缴纳相关费用，履行获得奖励资助约定的义务；

（六）爱护学校提供的设备和设施；

（七）珍惜学校声誉，维护学校利益；

（八）法律法规规定的其他义务。

第三节　管理与服务

第八十六条　学校坚持以学生为本，建立健全学生服务体系，为学生学习、生活提供必需的条件保障，并根据办学能力不断改善学习生活环境。

第八十七条　学校按照相关规定，支持学生成立学生组织和社团。学生组织和社团依法依规开展活动。

第八十八条　学校支持学生开展有益身心健康的学术、科技、文艺、体育等活动，并提供相关条件。

第八十九条　学校建立科学的学生评

价机制,对在思想道德、学业成绩、科学研究、体育锻炼、创新创业、服务社会等方面表现优异的学生集体和个人给予表彰奖励,对违法违纪的学生集体和个人依法依规给予处分、处理。

第九十条　学校在学生学业、就业、创新创业、职业发展、心理健康等方面提供指导和服务,为家庭经济困难学生提供适当帮助。

第四节　权益保障

第九十一条　学校建立学生权益保障机制,设立学生申诉处理机构,维护学生正当权益。

第九十二条　学生对学校的处理或处分决定有异议,有权向学校申诉机构进行申诉,学校按照申诉程序受理学生申诉。

第五章　教职工

第一节　遴选与聘任

第九十三条　教职工是指教师、其他专业技术人员、管理服务人员、工勤技能人员。

第九十四条　学校按照"科学设岗、总量控制、按岗聘用、规范管理"的原则,实行岗位设置管理制度;依据岗位职责、任职条件和程序公开招聘、自主聘任(聘用)各类人员。

第九十五条　学校成立教师岗位聘任委员会、专业技术岗位聘任委员会、管理岗位聘任委员会、工勤技能岗位聘任委员会,组织实施岗位聘任工作。

第二节　权利与义务

第九十六条　教职工享有以下权利:

(一)教师依法自由选择学术方向,按照岗位要求和任务,自主开展教学和科学研究;

(二)根据工作职责和贡献,依法获得相应薪酬、医疗、休假、保险等待遇,使用学校的公共资源,公平获得自身发展所需的机会和条件;

(三)公正获得评价,公平获得各级各类奖励及各种荣誉称号;

(四)　知悉学校改革、建设和发展以及关系切身利益的重大事项,参与民主管理和监督,对学校工作提出意见和建议;

(五)对岗位聘任(聘用)、待遇、评优评奖、纪律处分等涉及切身利益的相关决定,有权表达异议,提出申诉,并请求处理;

(六)法律法规规定及聘用合同约定的其他权利。

第九十七条　教职工应履行下列义务:

(一)遵守学校规章制度和教师职业道德规范;

(二)贯彻国家教育方针,掌握本岗位工作技能,认真履行岗位职责,不断提高教学质量、科研水平、管理能力、服务质量;

(三)尊重和爱护学生,为人师表,坚持教书育人、管理育人、服务育人;

(四)制止有害于学生的行为或者其他侵犯学生合法权益的行为,批评和抵制有害于学生健康成长的现象;

(五)珍惜学校荣誉,维护学校利益;

（六）法律法规规定及聘用合同约定的其他义务。

第九十八条　教职工符合国家规定的退休（退职）条件的应当退休（退职），退休（退职）后享受政策规定的待遇。

第三节　管理与服务

第九十九条　学校坚持人才强校战略，注重培养和引进高层次人才，建设高水平师资队伍。

第一百条　学校建立健全符合现代大学制度要求的人事管理制度。实行教职工分类管理，明确岗位职责，实行年度考核和聘期考核，考核结果作为聘任、晋升和奖惩的依据。

第一百零一条　学校建立与学校发展水平相适应的教职工薪酬福利制度。

第一百零二条　学校建立健全教职工发展促进制度，完善教职工职业生涯发展支持体系。

第一百零三条　学校建立奖惩制度。对在办学活动中作出突出成绩与贡献的教职工给予表彰和奖励；对违反法律法规、规章制度和聘任（聘用）合同规定的教职工，依法依规进行处理。

第一百零四条　学校依据法律和双方约定的协议等，对讲座教授、兼职教授、名誉教授、客座教授、在站博士后、进修教师等其他非学校正式教职工进行管理，提供服务。

第四节　权益保障

第一百零五条　学校依法建立教职工权利保障和救济机构，维护教职工合法权益。

第一百零六条　教职工对学校的处理或处分决定等有异议，可通过教职工申诉机构进行陈述、申辩和提起申诉。学校按照申诉程序受理教职工申诉。

第六章　校友与国内外合作

第一节　校友及校友会

第一百零七条　学校校友是指1952年建校以来在校学习过的各种层次、各种类型的学生和学员，学校授予的名誉博士，学校聘请的讲座教授、客座教授、名誉教授、兼职教授和在校工作过的教职工。

第一百零八条　学校加强与校友的联系与交流，支持校友事业发展，鼓励校友参与学校建设。

第一百零九条　学校设立校友会。校友会依据国家有关规定及其章程开展活动。

第二节　教育发展基金会

第一百一十条　学校设立教育发展基金会。教育发展基金会是具有独立法人资格的非营利性组织，是学校接受社会捐赠的主体。

第一百一十一条　教育发展基金会加强与境内外企事业单位、社会团体和个人的联系与合作，接受社会各界的捐赠，依法管理基金，接受监督。

第三节　国内外交流与合作

第一百一十二条　学校积极利用、整合

行业与社会资源,广泛参与和推动政产学研用合作。

第一百一十三条　学校加强与地方和企业的合作,促进学校与区域经济社会的协同发展。

第一百一十四条　学校与国内高水平大学和科研机构开展深度合作,推动协同育人和科教资源共享。

第一百一十五条　学校坚持国际化办学,加强与国际高水平大学和科研机构、企业的合作与交流,提高师资队伍国际化水平,提升科技创新能力和人才培养质量。加强对外汉语教学与师资队伍建设,推进孔子学院建设。

第七章　基础条件与保障体系

第一节　校园规划与建设

第一百一十六条　学校依法依规编制、修订校园规划与建设方案。校园规划与建设方案未经规定程序不得修改。

第一百一十七条　学校校园建设坚持以人为本、保护环境、科学布局、统筹规划的原则,合理利用校园资源,加强基础设施建设,积极构建智慧校园、生态校园和人文校园。

第二节　财务管理

第一百一十八条　学校经费来源主要包括财政补助收入、事业收入、上级补助收入、附属单位上缴收入、经营收入和其他收入。

第一百一十九条　学校积极拓展办学经费来源,构建以财政拨款为主、多渠道筹措办学经费为辅的工作机制。

第一百二十条　学校建立健全各项财务管理制度,实行预决算管理,强化财务运行管理,提高资金使用效益。

第一百二十一条　学校依法依规建立审计监督和经济责任制等内部控制制度,做好财务信息公开工作,接受有关部门和社会各界的监督。

第三节　资产管理

第一百二十二条　学校国有资产是指学校占有、使用的,在法律上确认为国家所有、能以货币计量的各种经济资源的总称,其表现形式为流动资产、固定资产、在建工程、无形资产和对外投资等。

第一百二十三条　学校实行“统一领导、归口管理、分级负责、责任到人”的国有资产管理体制,依法使用和管理国有资产。

第一百二十四条　学校建立健全国有资产管理制度,合理配置、有效使用和规范处置国有资产,推行绩效评价和成本分担机制,提高国有资产使用效益。

第一百二十五条　学校依法保护和利用专利权、商标权、著作权、土地使用权、非专利技术、校誉等无形资产。

第一百二十六条　学校对利用国有资产对外投资等形式形成的国有资产依法合理经营,实现国有资产的保值增值。

第四节　馆藏资源及信息化建设

第一百二十七条　图书馆、博物馆、档案馆、校史馆作为学校的馆藏资源中心，为学校事业发展提供支撑服务，为社会提供公共服务。

第一百二十八条　学校加强对各类馆藏资源的收集、管理与利用，运用信息化手段实现各类馆藏资源的共知、共建和共享。

第一百二十九条　学校大力建设教育教学、科学研究与管理服务信息化保障体系，提升信息技术服务学校发展的能力。

第五节　后勤保障

第一百三十条　后勤保障以服务学校中心工作为根本任务，强化服务意识和成本意识，科学管理，不断提高服务水平。

第一百三十一条　学校加强对医疗、学前与基础教育、饮食、房产等公共资源的合理配置与利用，为教学、科研及师生员工生活提供公共服务。

第八章　学校标识

第一百三十二条　学校校徽由中英文校名、学校成立时间、地质锤、罗盘、放大镜、地球等元素构成(如下图)：

第一百三十三条　学校校标为长方形，分为教职工和学生两种，教职工校标为红底白字，学生校标为白底红字(如下图)：

教师徽章

学生徽章

第一百三十四条　学校校旗为蓝色底与红色底两种，中央为“中国地质大学”中英文全称与校徽的标准组合。

第一百三十五条　学校校歌为《勘探队员之歌》。

第一百三十六条　学校校庆日为 11 月 7 日。

第九章　附　则

第一百三十七条　章程草案经学校教职工代表大会审议、校务会通过、党委全委会审定，报国务院教育行政部门核准后，由学校予以发布。

第一百三十八条　章程如需修订，由学校教职工代表大会 1/5 以上代表或校务会提议，党委常委会同意后修订。

章程修订案的审核程序依据第一百三十七条的规定执行。

第一百三十九条　章程是学校依法自主办学、实施管理和履行公共职能的基本准则。学校各单位、全体师生员工都必须以章程为根本活动准则，并且负有维护章程尊严、保证章程实施的职责，接受社会监督。

第一百四十条　本章程由学校党委负责解释。

第一百四十一条　本章程经国务院教育行政部门核准，自发布之日起实施。

学校机构简介

教学与科研单位(22 个)	管理与服务机构(35 个)
地球科学学院/资源学院/材料与化学学院/环境学院/工程学院/地球物理与空间信息学院/海洋学院/机械与电子信息学院/自动化学院/经济管理学院/外国语学院/地理与信息工程学院/数学与物理学院/珠宝学院/公共管理学院/计算机学院/体育学院/艺术与传媒学院/马克思主义学院/李四光学院/未来技术学院/教育研究院	学校办公室(党委办公室、校长办公室、保密委员会办公室、综合改革与政策法规办公室、维护稳定工作办公室、督查督办工作办公室)/党委组织部(党委党校、机关党委)、党委统战部/党委宣传部/纪委办公室(监察处、监督检查室)、党委巡察办公室/本科生院(党委学生工作部、党委武装部)/研究生院(党委研究生工作部)/学生就业指导处/科学技术发展院(先进技术研究院、地球科学科普研究与创作中心、学术委员会办公室)/发展规划与学科建设处/人力资源部(党委教师工作部、党委人才工作办公室)/财务与资产管理部(国有资产监督管理委员会办公室、国有经营性资产监督管理委员会办公室、采购与招标管理中心)/实验室与设备管理处(中国地质大学(武汉)分析测试中心)/国际合作处(港澳台事务办公室、国际教育学院、孔子学院工作办公室、丝绸之路学院、中约合作办学办公室)/校友与社会合作处(深圳研究院、浙江研究院)/校园规划与基建处/信息化工作办公室/审计处/离退休工作处、离退休工作党委/安全保卫部/后勤保障部、后勤党委/未来城校区管理办公室/资源环境科技创新基地暨新校区建设指挥部/校庆工作办公室/工会/团委/远程与继续教育学院(自然资源管理学院)、远程与继续教育学院党总支部/高等研究院(地质过程与矿产资源国家重点实验室、生物地质与环境地质国家重点实验室、国家地理信息系统工程技术研究中心、湖北巴东地质灾害国家野外科学观测研究站、地质调查研究院、紧缺战略矿产资源协同创新中心、地质探测与评估教育部重点实验室、沉积盆地与能源资源重点实验室(筹)、纳米矿物材料及应用教育部工程研究中心)、高等研究院党委/图书档案与文博部、图书档案与文博党委/出版社、出版社党总支部/期刊社、期刊社党总支部/武汉中地大资产经营有限公司、武汉中地大资产经营有限公司党总支部/医院、医院党总支部/附属学校、附属学校党总支部/碳达峰碳中和创新发展研究院/滨海研究院

Nianjian

党建与思想政治工作

党的领导与党的建设

【概况】

2022年,在党中央、教育部党组和湖北省委的坚强领导下,学校领导班子团结带领广大师生,以习近平新时代中国特色社会主义思想为指导,贯彻落实党的二十大精神,加强党的全面领导,坚持社会主义办学方向,以"能力提升年"为年度主题,落实立德树人根本任务,扎实推进"十四五"规划、"双一流"建设和深化改革,各项事业取得新进展,学校呈现良好发展态势。

【坚持和加强党的全面领导,以高质量党建引领保障高质量发展】

学校党委认真学习领会习近平新时代中国特色社会主义思想,全面贯彻落实党的二十大精神,落实省十二次党代会工作部署,落实《中国共产党普通高等学校基层组织工作条例》,始终坚持和加强党对学校的全面领导,履行好把方向、管大局、作决策、抓班子、带队伍、保落实的领导职责,积极推进全国党建工作示范高校建设,促进学校党建思政与业务工作深度融合,以高质量党建引领保障学校事业高质量发展。

1.强化思想引领,用党的创新理论武装师生头脑。一是不断强化思想政治引领。完善学校党委理论学习中心组学习体系,研究制订学校党委中心组年度学习计划,全年围绕党的二十大精神、湖北省十二次党代会精神、依法治国、国家"十四五"科技、人才等专项规划、生态文明建设、意识形态等方面内容,组织党委理论学习中心组学习15场,促进理论学习与业务学习融合提升;加强理论学习资源建设,编研学校历次党代会史料,完善优化中层领导干部和承担专项任务的学科带头人、思政专业教师阅文机制,促进理论学习与转化应用能力提升,教育引导师生用党的创新理论成果武装头脑,自觉增强"四个意识"、坚定"四个自信"、做到"两个维护"。二是深入推动党的二十大精神入脑入心。学校党委把全面做好迎接党的二十大胜利召开和学习宣传贯彻党的二十大精神作为年度首要政治任务，提前谋划、及时跟进。年初，在《中国地质大学（武汉）2022年工作要点》和《中国地质大学（武汉）2022年党建思政工作重点任务》中部署全校师生迎接、学习、宣传、贯彻党的二十大专项行动，根据教育部党组和湖北省委要求，维护校园安全稳定和谐，营造迎接党的二十大胜利召开的良好氛围。党的二十大开幕当天，组织全校师生集中收看大会实况，召开党委理论学习中心组扩大会议，校领导班子和师生代表交流分享党的二十大精神学习体会，第一时间接受主流媒体采访，宣传学校学习情况、汇报学习体会。制定《中国地质大学（武汉）学习宣传贯彻落实党的二十大精神实施方案》，全面开展主题鲜明、形式多样的学习宣传教育活动，迅速在全校掀起学习宣传贯彻党的二十大精神的热潮。分层分类组织巡讲，通过校内干部培训、教职工党支部培训等带头在校内外开展宣讲，校领导班子成员和全校处级干部累计开展宣讲近百场，邀请校内外专家举办多场党的二十大精神专题讲座。三是抓好学习全覆盖。通过二级单位党委专题党课、报告会、党校团校培训等渠道面向各师生党支部开展“我学二十大”主题党日和“学思践悟五个一”等活动，面向全体学生开展“重温寻访十年路　接续奋斗新征程”学习之路主题实践教育活动、“我学二十大　争当追梦人”主题征文比赛、“听党话、跟党走，争当新时代好青年”主题宣讲大赛等活动，组建“银龄宣讲团”，充分挖掘老专家、老教授思政资源，实现理论学习全覆盖；发挥马克思主义学科优势，思政课教师专家深入研讨学习，依托湖北省“理论热点面对面”实践基地，组建“党的二十大精神宣讲队”，多名思政教师入选省委、市委讲师团，聚焦大中小学思政课一体化共同体建设，加强对党的二十大精神的研究阐释，在《光明日报》、学习强国等媒体平台发表理论文章，推进党的创新理论进课堂、进教材、进头脑。四是突出理论联系实际。党员师生将党的二十大精神转化为办学治校的实际行动，把党的二十大精神学习与学校70周年校庆等重要活动紧密结合，讲好地大红色故事；落实教育、科技、人才工作部署，提升服务国家重大战略的意识和能力，成立碳达峰碳中和创新发展研究院，举办服务国家能源资源战略能力提升专题会和2022年科技、人才与国际化工作会议，推动参与新一轮找矿突破战略行动、“双碳”战略以及建设世界重要人才中心和创新高地各项等决策部署在学校落实落地。全校师生不断增强学习宣传贯彻党的二十大精神的思想自觉、政治自觉和行动自觉，推动学习宣传贯彻活动走深走实，学校师生学习宣传贯彻党的二十大精神系列活动被新华网、人民网、光明网及湖北省媒体多次宣传报道。

2.强化一线规则，让党旗在基层高高飘扬。落实省第十二次党代会和省委十二届二次全会部署，扎实开展下基层察民情解民忧暖民心实践活动。一是加强组织领导。制定《中国地质大学（武汉）党员干部下基层察民情解民忧暖民心实践活动实施方案》,实践活动由学校党史学习教育领导小组统筹,书记和校长任双组长。二是加强联系实际。将实践活动与日常工作紧密结合,完善领导联系基层、民主党派、师生班级和群众工作机制,系统梳理学校巡视审计整改、党史学习教育为群众办实事中暂未完成的工作事项,结合教代会团学代会校领导接待日等渠道收集的意见,汇总形成问题清单,校领导带头认领,对账销号。三是加强真抓实干。实践活动开展以来,学校党员干部积极践行一线规则,持续深入学生社区、宿舍、食堂等日常生活场所,课堂、班级、实验室等教学科研场所,社团、讲座、网络等文化活动场所,认真倾听师生诉求。四是加强示范引领。充分发挥党组织战斗堡垒作用,动员引导党员师生在疫情防控、教育教学、科技创新、改革攻坚、下沉社区、志愿服务、乡村振兴等任务中发挥先锋模范作用,用心用情用力解决师生的困难事、群众的烦心事。截至12月18日,校领导带头领办的13项重点任务56项具体措施,目前已全部完成,累计走访调研281人次,收集建议294条,解决师生实际问题252个。网上办事厅、OA二期升级改造,智慧教室、教学实验室和"一站式"服务大厅加快建设,科研项目网上移动审批系统和凭证影像化应用已上线,退休人员养老金分批解决,校园雨污分流、未来城幼儿园、塑胶篮球场维修、路灯照明改善等工程建设完成,设置校园外卖柜、共享单车停车位,民生保障"老大难"问题逐步得到解决,师生员工的获得感、幸福感切实提升。

3.强化党的建设,促进党建与业务深度融合。坚持把抓好党建工作作为办学治校的基本功,以党的政治建设为统领,全面推进学校党的建设各项工作,以高质量党建引领保障学校事业高质量发展。一是履行管党治党、办学治校主体责任。全面落实《中国共产党普通高等学校基层组织工作条例》,坚持党委领导下的校长负责制,坚持民主集中制,全年主持召开党委全委会2次、党委常委会会议16次,确保党中央决策部署和党的教育方针落实到位。二是构建高质量党建工作体系。健全学校党的领导的组织体系、制度体系,强化党委部门工作统筹,召开党委部门工作会议6余次,指导制定《中国地质大学(武汉)2022年党建思政工作重点任务》《中国地质大学(武汉)2022年党建思政工作责任清单》,有序推进年度重点任务落实落地;选优建强校院两级领导班子和干部队伍,印发《中国地质大学(武汉)干部队伍建设"十四五"规划》,实施"干部素质能力提升计划",组织部分校领导、中层干部共计144人参加国家教育行政学院、教育部中青班等12个班次的培训,加强组织人事联动,重视干部的选拔、激励和培养,着力提升干部政治能力和综合素质;加强党建品牌建设,选树18个党建品牌,激发党组织发挥政治功能和战斗堡垒作用;加强党建工作学习交流,举办湖北省高校党建工作现场推进会和"双创"工作经验交流会,搭建校内工作交流平台,常态化开展党建论坛,分别针对学院党组织和师生党支部开展5次党建专题交流研讨会;扎实开展统战、群团工作,深化共青团改革，健全完善党外人士工作机制，密切与党外人士之间的联系，引导党外代表人士自觉同以习近平同志为核心的党中央保持高度一致，切实支持民主党派（统战团体）加强自身建设，积极推荐输送优秀民主党派干部。三是促进党建工作与业务工作深度融合。以“七秩荣光 逐梦未来”为主题，精心筹备学校70周年校庆，隆重召开建校70周年庆祝大会，开展大学生长江大保护行动计划、全球校友登山科普活动，建成校史馆、《攀登》雕塑等校园文化景观，组织中外大学校长论坛及学术论坛，出版发行校史系列丛书，颁发“在校工作70年创校勋章”。校庆系列活动获得全校师生、全球校友和社会各界广泛关注和认可，实现以庆促建、以庆聚力、以庆提志的目标；持续深化改革，发布“十四五”人才培养能力提升、创新能力提升、开放办学与社会服务能力提升、信息化建设与管理服务能力提升，以及卓越文化建设、基础条件建设与保障能力提升和国际化办学能力提升等7个专项规划，不断提升学校治理体系和治理能力水平，推进学校新一轮“双一流”建设；持续扩大开放，积极争取办学资源，书记、校长带头开展访企拓岗，拜访教育部、自然资源部、生态环境部、中国地质调查局、湖北省政府等部委和地方政府，与三峡集团、中国石油、中国石化、中国海油、中国铁建、中国铝业等大型国企开展合作。一年来，学校党建工作成效显著，学校党委入选“全国党建工作示范高校”培育创建名单，学校2个党支部入选第三批“全国党建工作样板支部”培育创建名单，1个学院党委和2个支部获批省级标杆院系和样板党支部。

4. 强化队伍建设，将学校建成坚持党的领导的坚强阵地。学校党委坚持用习近平新时代中国特色社会主义思想铸魂育人，落实立德树人根本任务。一是推进“三全育人”综合改革。强化顶层设计，印发《中国地质大学（武汉）“一站式”学生社区建设工作方案》，构建“2＋6＋N”学生社区育人格局，“一站式”集成育人资源，全方位助力学生成长成才；构建符合研究生特点的思政工作体系，创新“导学思政”工作模式，将思想政治工作贯穿于导师与研究生的互动全过程，不断发挥研究生导师的育人主体作用，在构建“三融三跨”高质量研究生培养模式中，加大研究生思政资源供给，让导学思政与思政课程、课程思政协同前行、相互支撑；启动人才培养方案修订工作，明确拔尖创新人才培养目标定位，优化校院两级沟通协调机制，贯通关键育人链条，融合学生思政、教师思政、科研育人和管理服务育人，为培养拔尖创新人才提供坚强保障；调整李四光学院建制，持续探索拔尖创新人才培养的方式，构建更加科学、更加有利于优秀人才脱颖而出的育人体制机制。二是加强思政课教师和思政课建设。发挥学科优势，推进湖北省重点马克思主义学院和学校马克思主义理论学科特区建设，大力引进高水平人才，优化思政课教师队伍结构；完善集体备课、听课制度以及教学内容和教学质量监控制度，建立思政课联合备课机制，通过跨校联合备课提升思政课教师执教能力;提升思政课建设水平,在本科生中全面开设“习近平新时代中国特色社会主义思想概论”课程,新开“劳动教育”“新中国史”思政课,建成对标全国重点马院的“8+5”(8门思政必修课加5门思政选修课)本科思政课课程群。三是切实加强辅导员队伍建设。制定《中国地质大学(武汉)关于加强辅导员队伍建设的实施意见》和《中国地质大学(武汉)专职辅导员聘期考核实施办法》,从选聘、培养、考评、晋升、激励等各个环节加大保障支持力度,进一步提升学校辅导员队伍建设的制度化、规范化和科学化水平。四是加强专兼职组织员队伍建设,选优配强专兼职组织员,建立健全管理与考核体系,制订组织员年度工作任务书,针对组织员制订年度工作计划,构建校院两级管理体系,不断夯实基层党建工作基础。

5.强化安全保障,深化平安校园建设。学校党委坚决贯彻中央和部省安全稳定工作部署,牢固树立底线思维,完善维护稳定工作机制,筑牢平安校园防线,形成全链条防控风险管理闭环。一是落实意识形态工作责任制。坚持马克思主义在意识形态领域的指导地位,学校党委常委会议和党委理论学习中心组会议多次专题研究部署意识形态工作;加强组织领导,健全意识形态工作责任体系,制定《中国地质大学(武汉)舆情应对处置工作实施办法》,推进意识形态工作规范化、信息化;压实政治责任,在人才引进、教师评聘、教材选用、课堂教学、学术活动中强化政治把关,严格课程教学、学术会议、民族宗教、社团活动、网络信息、图书出版、国际合作等领域意识形态管理;开展网络意识形态风险隐患专项排查研判,加强与教育部、省网信办等校情平台联动,切实做到“早发现,早报告,早处理”,全年及时妥善处置涉校网络舆情10余起,无学生校内聚集事件发生。二是推进“七防工程”,建设平安校园。坚持总体国家安全观,紧密联系国家安全部门,定期研判学校防线建设专题,不断提升学校国家安全防范工作质量。启动“智慧安防”一期项目,推进安防平台智能升级,建设“高清化、网络化、智能化、高集成”的安防综合监管系统。加强重大活动期间安保工作,完善突发事件应急处置机制,落实24小时专人在岗值班制度,妥善处置好突发安全稳定事件。优化学生心理帮扶机制,全面开展消防、交通、实验室等重点领域安全检查,推进校园环境专项综合治理,排查化解各类矛盾纠纷,维护校园安全稳定。三是做好常态化疫情防控工作。健全常态化疫情防控组织体系和工作机制,全面加强师生健康管理、校园管控、应急演练、隔离点建设、防控物资储备、信息报送等重点环节的管理,高效组织开展全员核酸检测,筑牢学校疫情防控屏障。四是落实保密工作责任制。认真落实保密归口管理和机要通信管理,开展涉密人员教育培训,组织保密自查自评,全年无失泄密事件发生。

6.优化政治生态,推进清廉地大建设。一是坚决扛起全面从严治党领导责任。认真落实学校全面从严治党工作领导小组、党委巡察工作领导小组和党委审计工作委员会工作职能，召开年度全面从严治党工作会议、巡察工作领导小组会议、十二届党委巡察工作总结会议以及审计委员会会议，全年党委常委会3次研究部署巡察工作，召开2次巡察工作领导小组会，完成十二届党委对基层党组织常规巡察全覆盖。二是压实廉政责任。强化党风廉政建设责任制，将“清廉地大”建设工作纳入学校《2022年工作要点》《党建、思政和全面从严治党责任清单》和党风廉政建设责任制考核内容，与二级单位签订《党风廉政建设责任书》《廉政承诺书》，构建“一级抓一级，层层抓落实”的党风廉政建设责任体系。三是加强廉政教育。通过党委常委会、党委理论学习中心组学习会及党委部门工作会议等渠道及时传达学习上级党风廉政建设相关要求，持续做好“党风廉政宣传教育月”活动，创建廉洁文化。四是强化重点监督。严格落实“三重一大”决策程序，加强财务管理、招生考试、奖励资助、科研经费、学术诚信等风险领域的监督，高效规范推进学校设备更新改造贷款财政贴息项目。五是加强作风建设。落实中央八项规定精神，抓住“关键少数”以上率下，推动校党委领导班子成员认真落实“一岗双责”，要求班子成员参与分管（联系）单位的党风廉政建设工作现场督查，全过程参与巡察动员会、意见反馈会，对整改情况报告进行审核、把关，推动相关单位巡察整改落地落实。召开学校领导班子专题民主生活会，班子成员逐一进行对照检查，开展批评和自我批评，营造风清气正的发展氛围。

（撰稿：王珩；审稿：李周波）

思想建设

【概况】

学校党委重视宣传思想工作，以习近平新时代中国特色社会主义思想为指导，以深入学习贯彻落实党的二十大精神和庆祝建校70周年为主线，统筹推进理论武装、思想政治工作、意识形态工作，牢牢把握“开启新征程、开创新局面”的主基调，大力营造学习贯彻党的二十大精神浓厚氛围，积极构建“大思政”“大宣传”“大文化”工作格局，加强思政工作统筹协调，推动媒体矩阵融合发展，加大宣传思想文化队伍建设。2022年，全校上下唱响师生爱党、爱国、爱社会主义的时代主旋律，思想政治工作扎实推进，文化建设融入工作全局，党委宣传部获评“全省宣传思想工作先进集体”；一批新闻和文化作品，在全国全省评比中获奖。

【深入学习贯彻党的二十大精神，持续强化理论武装】

坚持一条主线，营造学习贯彻党的二十大浓厚氛围。制订党委理论学习中心组年度学习计划，建立完善多元多维多态的常态化政治理论学习体系，不断强化专题学习“导学、讲学、研学、比学、践学、督学”“六位一体”工作体系，年内组织开展校中心组学习18次，先后组织开展学习习近平总书记系列重要讲话、回信精神活动10余次，召开专题座谈会暨主题党日团日等活动，制作一批精品“微党课”，线上线下结合开展“强国复兴有我”学习教育,习近平新时代中国特色社会主义思想和党的二十大精神深入人心。印发《学习宣传贯彻落实党的二十大精神实施方案》,紧抓“关键少数”,以上率下推动学习全覆盖。组织党的二十大开幕会集中收听收看、集中研讨,3 次举行党委理论学习中心组党的二十大精神专题学习,召开学习宣传贯彻党的二十大精神大会,面向全校师生全面动员部署学习贯彻行动。组织开展“习近平新时代中国特色社会主义思想”“党的二十大精神”宣讲大赛、研究生卓越导学团队风采展、青春才艺展示、网络文化节等活动,全面掀起学习宣传贯彻党的二十大精神热潮。

发挥平台优势,“美丽中国讲师团”唱响“地大之声”。制定《学习贯彻党的二十大精神宣讲工作方案》,依托“美丽中国讲师团”动员部署专题宣讲工作,30 余位领导、专家加入湖北省委、武汉市委、省教育厅党的二十大精神宣讲巡讲团,党委书记黄晓玫、校长王焰新等通过“委员讲堂”“院士宣讲”等平台面向大众开讲,全体校领导有序讲授专题党课;举办“听党话、跟党走,争当新时代好青年”党的二十大精神主题宣讲大赛等。持续加强“美丽中国讲师团”宣讲专家队伍建设,动员开展课件制作、招生宣讲、毕业生就业拓展、办学治校 70 年成就、党的十八大以来伟大成就等专项宣讲。持续深化理论宣讲,选派 10 名优秀青年教师和资深学者加入武汉市委讲师团专家库,作为学校代表参加武汉市理论宣讲工作座谈会并发言。“资源能源宣讲团”“银龄宣讲团”“青年宣讲团”“样板支部宣讲队”等特色团队面向特定对象开展分众化、差异化、精准化宣讲。暑假期间,“美丽中国讲师团”成员结合第二次大学生长江源科考活动,把理论课堂搬到了祖国的冰川河流。

立足校史校情,推进党史学习教育常态化长效化。开展 70 周年校庆系列活动,组织“七秩荣光　谱写华章”专题宣传报道,一大批校史故事、校友故事见报见刊、上网入眼。组织各单位认真梳理、大力推介新鲜的、热乎的、生动的党员故事 125 篇,努力讲好党史学习教育大思政课。将“办实事”聚焦到“服务国家需要”之上,深入推进“长江大保护大学生行动计划”和相关主题宣传,鼓励师生围绕学校、行业、民生所需所盼,开展科学研究、社会实践和主题教育。深入学习贯彻习近平总书记给地质工作者重要回信精神,印发学校党委《关于深入学习贯彻习近平总书记给山东省地矿局第六地质大队全体地质工作者重要回信精神的通知》(地大党发〔2022〕59 号),大力弘扬地质报国精神,汇聚建功新一轮找矿突破战略行动和“双碳”战略的精神合力。

【思想政治工作】

持续深化马克思主义理论学科特区和思想政治工作体系建设。深入推进新一轮马克思主义理论学科特区建设实施方案,举办第二届全国比较思想政治教育学科建设武汉论坛、“四个自信”与马克思主义中国化新飞跃学术研讨会,启动 2022 年度“马工程”项目评审和结项工作,进一步强化马克思主义学院和学科建设。举办“大思政课”

建设研讨会、大中小学思政课一体化教育专题研讨会等，建好“大思政课”育人平台，学校“逸夫博物馆＋宜昌秭归实习基地”入选全国首批“大思政课”实践教学基地。结合俄乌冲突、疫情防控等重大时事，组织师生同上一堂形势政策大课，加强国家重大政策解读和师生思想引领。持续推进新时代高校思想政治理论课创优行动，持续建设“美丽中国”“国土安全”等品牌课程，“一线二红三实”立体教学模式入选教育部思政课教学方法改革择优推广计划，获2022年湖北省教学成果一等奖。开展《教育部等八部门关于加快构建高校思想政治工作体系的意见》台账完成情况“回头看”，持续完善长效机制，加快构建全程贯通、空间联通、队伍互通、内容打通、评价融通的“三全育人”工作格局。

推动传统育人工作转型，深化网络思政育人。搭建完善网络形势政策大课、网络思政金课、网络“微宣讲”、网络微展播等育人平台，开展2022年度师生思想政治状况滚动调查、网络思想政治教育工作专项书面调研、党建重点难点问题专项调研等，分析研判师生思想动态，提升工作针对性。组织开展2022年全民国家安全教育日、网络安全宣传教育周等专题教育活动，面向全体师生开展总体国家安全观、网络安全教育。通过直播课堂和5G＋生态文明建设相结合，搭建长江源科考“青春云课堂”，把课堂搬到了祖国的冰川河流，活动受到《人民日报》《光明日报》，以及新华网、央视新闻、教育新闻网等多家媒体广泛宣传，累计点击量达数百万次。持续开展榜样选树，李长安教授获评“荆楚楷模”，徐世球教授获评2022年度武汉“最美科技工作者”。依托网络平台，开展“中国好人”“荆楚楷模”“最美科技工作者”等榜样事迹宣传。

【意识形态工作】

加强组织领导，不断健全意识形态工作责任体系。修订《网络意识形态工作责任制实施办法》，推进意识形态工作规范化、信息化。全年，学校党委举行3次党委常委会议、3次党委理论学习中心组会议研究部署意识形态工作。不断完善以“党委统一领导、委员会统筹指挥、二级单位具体落实”的安全稳定工作体系，构建“学校—二级单位—三级单位—具体岗位”四级意识形态管理体系和责任体系。各单位成立安全治理工作专班，逐层逐级压紧压实安全稳定工作责任。组建舆论宣传专项工作、宣传思政工作协同联动机制等工作机制，建立24小时舆情监控队伍、舆情专家库，建立舆情监测、研判、报告、处置一体化工作机制，召开3次宣传思政联席会议专题研判、处置舆情相关工作。

加强国家安全专题宣传教育和意识形态阵地管理。组织开展2022年全民国家安全教育日、网络安全宣传教育周等专题教育活动，强化保密工作、信息安全工作等专题学习，面向全体师生开展总体国家安全观、网络安全教育。开设“大学生安全与生活”课程，制作“安全微课”线上课程等，结合学科专业领域组织教师围绕国土安全、生物安全、网络安全、工程安全等学科走进课堂开讲，召开习近平法治思想“三进”暨法治教育工作专题会，开展保密教育专题培训，增强师生的安全意识、法治观念。严格审查意识形态较强的教材出版及选用,顺利完成对学校出版社图书出版意识形态工作巡察,完成省委宣传部部署的"质量管理 2022"相关任务要求。协调全校各二级党委(党总支)和党委有关部门开展意识形态工作自查,强化风险研判和责任落实。

开展网络培训和攻防演练,扎实推进党的二十大网络安全保障。全年举办 3 次网络安全和信息化素养提升专题培训,8 月组织 153 名中层干部和科级干部参加高校管理干部媒介素养与舆情应对能力提升培训。组织开展"三查一行动",有序推进网络安全问题整改落实。定期开展"蓝军行动"等主动安全运维措施,积极推动网络安全检查常态化,严格备案程序和业务系统年审制度,推动"三个关停"常态化。推进融媒体软硬件平台建设,组织专门力量对全网公众平台涉校负面信息进行实时监控。制定《舆情应对处置工作实施办法》,组建网络评论员工作队伍,开展网络意识形态风险隐患专项排查研判。严格落实 24 小时专人值班,做好重点敏感时期、重要时间节点等值班值守和"日报告""零报告"。发布相关管理规定,针对性加强新媒体工作平台、师生自媒体平台管理,组织开展网络信息政治规范性自查纠错工作。

(撰稿:许小康;审稿:魏海勇)

组织建设

【概况】

全校共有分党委(党总支部)31 个(分党委 24 个,党总支部 7 个),其中教学科研机构党委(党总支部)21 个,管理与服务机构党委(党总支部)10 个。各分党委(党总支部)下设党支部 532 个,其中在职教职工党支部 164 个,离退休人员党支部 22 个,流动党员党支部 3 个,本科生党支部 94 个,研究生党支部 252 个。共有党员 11 597 名,其中在职教职工党员 2685 名(占在职教职工总数的 77.44%),本科生党员 2249 名(占本科生总数的 12.01%),研究生党员 5469 名(占研究生总数的 39.23%),离退休党员 767 名,其他党员 427 名(毕业生党员、出国境党员、挂靠党员等)。全年共发展党员 1800 名,其中学生党员 1772 名(研究生党员 721 名,本科生党员 1051 名),教职工党员 28 名。转正党员 1984 名,其中学生党员 1959 名,教职工党员 25 名。

全校共有二级单位 57 个,其中教学科研单位 24 个,管理与服务机构 33 个;学校领导班子成员 10 人,中层管理干部 285 人,其中处级领导干部 280 人(处级正职 84 人、处级副职 196 人),外派挂职干部 5 人。

全校处级干部中,55 岁以上干部占总数的 9.8%;45~55 岁干部占 47.4%;35~44 岁干部占 41.4%;35 岁以下干部占 1.4%;具有硕士及以上学位的干部占总数的 92.6%;具有副高及以上专业技术职务的干部占总数的 64.2%;中层女干部占总数的 20.7%;党外干部占总数的 8.1%。

【开展迎接和学习宣传贯彻落实党的二十大精神系列活动】

进一步巩固党史学习教育成果,在党的

二十大召开前以专题学习、主题党日活动、党课等形式，组织开展“强国复兴有我”群众性主题宣传教育活动，极大地增强了师生党员的责任感和使命感。举行庆祝中国共产党成立101周年主题党日活动暨“七一”表彰大会，组织650名新党员代表在弘毅堂进行了入党宣誓，激励全校各级党组织和全体师生传承红色血脉，牢记初心使命，接续努力奋斗。组织党员师生集中收听收看党的二十大开幕会，并开展党的二十大报告热议和学习宣传活动，后续组织动员党员干部、党支部书记讲党课，集中宣讲党的二十大精神，处级党员领导干部讲党课500余场次，党支部书记(委员)讲党课1000余场次。组织开展“我为师生办实事”“一下三民”系列实践活动，以实际行动学习贯彻党的二十大精神。积极开展党内慰问活动，为15名党龄达到50年的老党员颁发“光荣在党50年”纪念章。

【加强基层党组织和党员队伍建设】

坚持抓好基层党组织建设工作。全面落实《中国共产党普通高等学校基层组织工作条例》，部署推动2022年度党建工作各项重点任务，推进二级党组织建设“五个到位”和党支部建设“七个有力”落地落实。认真开展党组织换届和委员调整工作，不断增强基层党组织的政治功能，督促指导公共管理学院党委、体育学院党委、地理与信息工程学院党委、期刊社党总支、图书档案与文博党委完成换届工作，外国语学院党委、自动化学院党委完成二级党组织委员补选工作；全校87个党支部完成换届、调整工作。切实加强党支部建设，坚持落实主题党日与“三会一课”制度，2022年下发支部主题党日通知10次(表1)。落实校院党委班子成员联系指导师生党支部制度，不断优化党支部设置，推动学生党支部按专业学科纵向设置，在研究生支教团、长江源科考队、实践教学基地、地质调查基础理论培训班成立临时党支部，实现党组织全覆盖。强化党组织书记抓基层党建第一责任，开展2021年度党组织书记抓基层党建述职评议考核，做好述职评议问题反馈、整改落实工作。全力配合教育部属高校党建工作联络员在学校开展各项工作，邀请党建联络员参加学校党建工作相关会议、活动13次，完成上级布置的各项调研工作任务，向教育部和湖北省委教育工委报送学校党建工作文件、资料30余份。

表1　中国地质大学(武汉)2022年党支部“支部主题党日”活动主题及要求

时间安排	学习主题(学校统一的自选动作)及要求	
	教职工党支部	学生党支部
2月24日	1.学习贯彻学校《关于进一步加强和改进党支部建设的实施办法》； 2.专题学习教育	1.学习贯彻学校《关于进一步加强和改进党支部建设的实施办法》； 2.专题学习教育

续表

时间安排	学习主题（学校统一的自选动作）及要求	
	教职工党支部	学生党支部
3月31日	1.学习2022年全国两会精神和习近平总书记在全国两会期间重要讲话精神； 2.学习《关于推动党史学习教育常态化长效化的意见》	1.学习2022年全国两会精神和习近平总书记在全国两会期间重要讲话精神； 2.学习《关于推动党史学习教育常态化长效化的意见》
4月28日	1.学习《关于加强新时代廉洁文化建设的意见》； 2.学习习近平总书记关于安全生产的重要论述和指示批示精神	1.学习《关于加强新时代廉洁文化建设的意见》； 2.学习贯彻习近平总书记给中国冰雪健儿重要回信精神
5月26日	学习贯彻习近平总书记在中国人民大学考察时的重要讲话精神	1.学习贯彻习近平总书记在中国人民大学考察时的重要讲话精神； 2.学习习近平总书记在庆祝中国共产主义青年团成立100周年大会上的重要讲话精神
6月30日	1.学习习近平总书记在中共中央政治局第四十次集体学习时的重要讲话精神； 2.学习湖北省第十二次党代会精神； 3.学习研讨学校《党员干部下基层察民情解民忧暖民心实践活动实施方案》； 4.学习党费交纳相关规定	1.学习习近平总书记在中共中央政治局第四十次集体学习时的重要讲话精神； 2.学习湖北省第十二次党代会精神； 3.学习研讨学校《党员干部下基层察民情解民忧暖民心实践活动实施方案》； 4.学习党费交纳相关规定
9月29日	1.学习贯彻习近平总书记在省部级主要领导干部"学习习近平总书记重要讲话精神，迎接党的二十大"专题研讨班上的重要讲话精神； 2.学习贯彻习近平总书记考察湖北重要讲话精神； 3.学习贯彻习近平总书记给北京师范大学"优师计划"师范生重要回信精神； 4.开展党纪法规和廉政专题学习； 5.学习贯彻民族宗教工作"四个会议"精神； 6.学习落实上级疫情防控及维稳工作有关政策要求	1.学习贯彻习近平总书记在省部级主要领导干部"学习习近平总书记重要讲话精神，迎接党的二十大"专题研讨班上的重要讲话精神； 2.学习贯彻习近平总书记考察湖北重要讲话精神； 3.学习贯彻民族宗教工作"四个会议"精神； 4.学习落实上级疫情防控及维稳工作有关政策要求；

续表

时间安排	学习主题(学校统一的自选动作)及要求	
	教职工党支部	学生党支部
10月27日	1.学习贯彻中国共产党第二十次全国代表大会精神； 2.学习贯彻习近平总书记给山东省地矿局第六地质大队全体地质工作者重要回信精神	1.学习贯彻中国共产党第二十次全国代表大会精神； 2.学习贯彻习近平总书记给山东省地矿局第六地质大队全体地质工作者重要回信精神
11月24日	1.学习宣传贯彻落实中国共产党第二十次全国代表大会精神； 2.学习习近平法治思想，推进学校法治建设； 3.学习《中国共产党党徽党旗条例》	1.学习宣传贯彻落实中国共产党第二十次全国代表大会精神； 2.学习习近平法治思想，推进学校法治建设 3.学习《中国共产党党徽党旗条例》
12月29	专题组织生活会和开展民主评议党员	专题组织生活会和开展民主评议党员

高质量做好发展党员和党员教育管理工作。制定《中国地质大学(武汉)发展党员和党员教育管理工作实施办法》，修订《发展党员工作指导手册》，编制《发展党员材料清单及规范》，召开发展党员专题工作会议和全校组织员工作大会，加强党务人员业务培训，积极构建发展党员工作协同机制，不断加强学校发展党员和党员教育管理工作制度化规范化建设。着力提升发展党员质量，强化过程管理，圆满完成发展党员1800人的年度工作任务，同时注重优化发展党员结构，加大在教师特别是高知群体中发展党员力度，发展教职工党员28人。推进党员管理信息化建设，加强全国党员管理信息系统维护和使用，积极做好党内信息统计相关工作。规范党员组织关系转接工作，针对流动党员和出国(境)党员管理工作，严格执行专人负责、定期联系、加强教育、定期检查、半年上报的工作制度。积极组织开展党员志愿服务活动，不断强化党员作用发挥，组建由240名党员干部组成的党员应急突击队，引领带动2260名在职党员下沉所在社区，组织学校下沉党员参与核酸检测、火车站迎新、疫苗注射志愿服务工作达7000人次。

创新发展党员教育培训模式。以优化培训流程、提升培训质量为目标，与学校远程与继续教育学院、国家教育行政学院联合设计开发了集课程学习、在线考试、综合评定、结业认定于一体的“全链条”发展党员在线教育培训平台。邀请校领导、职能部门负责人、马克思主义中国化研究领域专家、杰出校友累计8人次为发展对象和积极分子讲授专题党课。与学生就业指导中心等部门联合，创新开设“红专并进·博学报国”系列课程,邀请国企劳动模范、大国工匠等代表人物讲授专题党课,坚定广大青年学生树立"专业报国"理想信念,深化校企联合育人。全年共举办入党积极分子培训班 2 期,培训入党积极分子 4460 余人,评选优秀学员 238 名;举办发展对象培训班 4 期,培训发展对象 2350 余人。

落实党内激励保障措施。开展 2021—2022 年度"两优一先"评选表彰,表彰"先进基层党组织"50 个、"优秀共产党员"90 名、"优秀党务工作者"19 名。坚持做好党内关怀帮扶工作,慰问工作条件艰苦和承担急难险重任务的同志 23 名,其他党员 132 名。持续为各二级党组织、党支部订购党建学习资料,保障党员学习常态化开展。做好党费收缴使用管理,修订学校《党费收缴、使用和管理的规定》《党建经费使用管理规定》,指导二级党组织规范合理使用党费和党建经费。为党支部工作开展提供经费保障,全年支出党费 29.67 万元,下拨二级党组织党建活动经费 35.6 万元。

【大力开展党建示范创建与质量创优】

大力推进党组织"对标争先"建设。搭建学习交流平台,推动党建工作深入开展,举办党建论坛,承办了湖北省高校党建工作现场推进会和湖北省全国党建工作样板党支部工作交流会,组织开展了 5 次党建"双创"专题交流研讨。持续开展党建示范创建与质量创优工作,积极参加教育部第三批和湖北省第一批党建"双创"申报,学校党委顺利入选"全国党建工作示范高校"培育创建单位,2 个党支部入选"全国党建工作样板支部",1 个学院入选"全省党建工作标杆院系",2 个支部入选"全省党建工作样板支部";完成学校第一批党建工作"标杆分党委(党总支)""样板支部"中期评估工作。积极推动"一院一品"党建品牌建设工作,首批共遴选 18 项党建工作品牌项目立项。继续推进实施教工党支部"结对领航"工程,159 个教工党支部与学生党支部、班级参与结对立项。

积极开展党建工作研究与宣传推广。开展 2022 年度学校党建研究课题申报工作,确定重点研究课题 5 项、一般研究课题 11 项。完成 2020、2021 年度学校党建研究课题结项工作,共有 16 项重点课题、39 项一般课题通过结题评审。加强党建工作宣传报道与展示,材料与化学学院党委在《党员生活》刊发《强师筑梦逐未来》,经济管理学院旅游系党支部工作案例入选《高校教师党支部党建创新案例精选》。积极参与党员教育电视片观摩交流活动,推荐 4 部作品参加第二十二届全省党员教育电视片评审。

【加强干部队伍建设】

坚持以习近平新时代中国特色社会主义思想为指导,深入学习贯彻党的二十大精神,以习近平总书记关于干部工作重要论述为遵循,贯彻落实新时代党的组织路线,落细落实中共中央、教育部党组有关选人用人新要求,结合 2021 年度干部选拔任用"一报告两评议"反馈意见,坚持问题导向和高质量发展目标,多措并举持续深化干部工作系统谋划和干部队伍能力素质培养,着力建设忠诚干净担当的高素质专业化干部队伍。

中层干部选拔任用总体情况。配合上级党组织圆满完成5名副校级领导干部选拔任用工作，其中，3人提任为学校副校级领导干部，2人分别提任为长安大学和武汉科技大学副校级领导干部。新成立二级机构2个（碳达峰碳中和创新发展研究院、滨海研究院），调整二级机构建制1个（李四光学院），相应增设中层正职职数3个、中层副职职数2个。顺利完成71人次中层干部选拔任用，其中，新提任中层干部20人（正职5人、副职15人），轮岗交流专职中层干部5人，25名中层干部通过试用期满考核全部正式任职，安排4名中层干部跨岗或跨单位兼任职务，遴选17名中青年教师到管理与服务机构挂职锻炼。此外，6名中层干部因年龄、任期届满等原因退出领导岗位。

压紧压实选人用人主体责任。认真贯彻落实新时代党的干部工作方针，把习近平总书记关于干部工作重要论述作为学校干部选拔任用工作的根本遵循，印制《党的十八大以来习近平总书记有关党建与干部工作重要论述汇编》《干部工作文件制度汇编》，坚持把干部选拔任用工作作为学校“三重一大”决策事项，严格执行干部工作领导小组制度，不断强化干部教育监督和选人用人全过程纪实管理，切实把党的全面领导贯穿到干部“育选管用”全过程、各方面。

进一步推进干部工作规范化建设。加强干部工作系统谋划，研究制定《干部队伍建设“十四五”规划》，为学校干部队伍建设近期需要和长远发展作出系统安排。对照教育部巡视整改及选人用人专项整改工作报告，进一步规范干部工作程序，绘制工作流程图，严格按照组织程序开展工作。会同有关部门制定《聘任制学术院长（副院长）管理暂行办法》，持续推进干部体系化建设。严格落实选人用人事项审核制度，按照“凡提四必”有关要求，严肃认真开展领导干部个人有关事项报告查核以及人事档案、社会兼职等事项审核。严格落实干部任前谈话制度，严格执行公示和回避制度，严格落实全程监督，2022年未发现影响干部选拔任用的违规违纪问题。

持续优化学院行政领导班子建设。督促指导工程学院、公共管理学院、地理与信息工程学院、体育学院等4个学院完成行政领导班子换届。完成材料与化学学院、计算机学院、艺术与传媒学院3个学院院长公开招聘，新提任12名副院长（中心副主任），完成7名院长（平台主任）和11名副院长试用期满考核，6名院长（副院长）因年龄或任期届满等原因退出领导岗位，学院行政干部队伍结构持续优化。

扎实规范做好专职中层干部选拔任用及交流工作。坚持选人用人正确导向，突出事业为上、以事择人、人岗相适等原则，严格落实选人用人工作规范，新提任专职中层干部6人（正职3人、副职3人）。轮岗交流5名专职中层副职干部，其中2名结束教育部借调挂职干部、1名学院党务干部交流到机关任职。完成4名专职中层正职干部、3名专职中层副职干部试用期满考核。根据工作需要，安排1名副校长和4名专职中层副职跨岗或跨单位兼任职务。

多渠道推进干部培养及实践锻炼。启动第二批中青年教师校内挂职锻炼工作,遴选17名中青年教师到管理与服务机构挂职锻炼,完成2名教师校内挂职期满考核。校内公开遴选6名干部组建湖北省竹山县、云南省施甸县新一轮定点帮扶工作队,完成新疆塔里木大学、云南滇西应用技术大学援派干部轮换工作。积极向有关部委推荐优秀年轻干部锻炼,新选派2名处级干部、1名科级干部挂职或借调,遴选2名干部人才承担驻外工作并已赴任,另推荐3名干部人才作为教育部外派储备干部。积极向外推荐优秀干部,其中,1名中层正职提任部属高校党委副书记、纪委书记,1名中层正职提任省属高校副校长,1名中层副职挂职担任武汉市科技局副处级干部。

着力加强干部日常管理监督。扎实做好2021年度处级单位及处级干部考核工作,制定了学校《中层领导班子和领导干部考核办法》初步文稿并完成意见征求,下一步与学校深化改革其他专项任务对接后协同推进落实。严格落实个人有关事项报告"五专"管理、因私出国(境)证件"三专"管理等工作规范,2022年度领导干部个人有关事项报告131人,随机抽查13人,重点查核4人,查核一致率达到100%。严格执行干部兼职审批制度,2022年报教育部人事司审批备案校领导兼职共计7个,中层干部备案兼职累计21个。委托审计处对7个单位进行经济责任审计。严格落实援派挂职干部人才工作生活保障措施及岗位聘任激励政策,5名援派干部高聘专业技术职称、1名援派干部高聘职员职级。

持续提升干部教育培训成效。完善党委统一领导、党委党校牵头抓总、相关部门参与配合、各分党校具体落实的一体化干部教育培训机制,协同多部门制定《2022年干部素质能力提升计划》。完善分党校机构设置,成立教育研究院、高等研究院2个分党校。精准化实施分层分类教育培训,共选派领导干部参与上级组织调训22人次;聚焦学习贯彻党的二十大精神、学习全国"两会"精神、国际形势与政策、全面从严治党、网络安全、文化建设、大学治理等专题开展校内集中教育培训13场;举办浙江大学-中国地质大学(武汉)第二期中层干部素质能力提升研讨班、教工党支部书记学习贯彻党的二十大精神专题培训班,与后勤保障部联合举办首期科级干部浙江大学培训班,组织开展干部论坛3期,新提任及轮岗交流中层干部专题培训1期,机关青年论坛1期;面向8类群体开展10个专题网络培训,覆盖人群1250余人次,培训学时数4.6万个。加强干部教育培训规范化管理,完善领导干部、专家学者、杰出校友等校内外有机结合的党校专兼职师资队伍,组织参加上级调训人员签订承诺书,强化外出培训纪律,落实网络培训进度提醒机制,完善干部学习培训档案。

配合完成上级其他工作。协助学校领导班子认真做好2022年度民主生活会的组织、2021年度述职考评及干部选拔任用"一报告两评议"等工作。配合上级有关部门完成党政领导干部在校兼职情况梳理排查及规范工作。配合教育部人事司完成4名直属高校副职领导干部选任工作，配合省委组织部完成1名省属高校副校长选任工作，配合省委组织部完成2022年“两代表一委员”推荐人选“四必”审核和考察工作。按照教育部要求，完成中层干部有关信息填报、有关岗位干部任职审批备案。配合人力资源部完成干部人事档案专审工作。做好2022年湖北省以及外省的选调生及公务员招录政审工作。做好全国、全省人大代表及政协委员的推荐工作，1人当选全国人大代表、2人任全国政协委员。

（以上统计数据，截止时间为2022年12月31日。）

（撰稿：冷再心、孙莉、何建新、郭倩、李雨竹、宋超、黄蕾；审稿：陈文武）

党风廉政建设

【概况】

2022年，学校纪委在中央纪委国家监委驻教育部纪检监察组、湖北省纪委监委和学校党委正确领导下，以习近平新时代中国特色社会主义思想为指导，深入学习贯彻党的二十大精神，认真落实二十届中央纪委一次全会精神要求，有效发挥监督保障执行、促进完善发展作用，为建设地球科学领域国际知名研究型大学保驾护航。

【坚持政治监督首责首要】

纵深推进全面从严治党，召开全面从严治党工作会议，回顾学校2021年全面从严治党工作情况，部署2022年工作任务；把“持续推进全面从严治党”“深入推进‘清廉地大’建设”纳入年度工作要点。聚焦“国之大者”强化政治监督，印发《党史学习教育专题民主生活会督导工作方案》，组建督导组检查指导。围绕设备更新改造贷款财政贴息项目、落实中央八项规定精神情况等开展专题调研，印发专项《工作提示》。聚焦“关键少数”强化同级监督，参加、列席党委常委会等相关会议29次，对“一把手”和领导班子落实全面从严治党责任、执行民主集中制、依规依法履职用权等情况进行近身监督。聚焦“关键少数”常态监督，督促二级纪委书记（纪检委员）通过参加会议、谈心谈话、工作提醒等多种方式履行监督专责。强化巡察成果运用，在对二级党组织常规巡察全覆盖基础上，组建3个巡察组对5个学院党委开展巡察“回头看”，开展巡察问题整改专项督查。系统回顾本届党委巡察工作、形成总结报告、召开总结大会，制定《关于加强巡察干部队伍建设的意见》，编写巡察典型案例，其中1个案例被中央巡视办内刊《巡视巡察参考》采用。

【精准做实做细日常监督】

学校领导履行“一岗双责”，带队对10个二级单位开展党风廉政建设责任制检查考核。严格执行上级纪委书记约谈下级党组织“一把手”和领导班子成员制度，校党委副书记、纪委书记唐忠阳带队到29个二级党组织和基建、后勤等6个重点领域主责部门进行调研，同步开展廉政谈话36次、覆盖200余名中层干部。突出重点靶向发力，制发《关于开展领导干部插手干预重大事项自查工作的通知》,对副处级以上干部插手干预重大事项情况定期自查,完善廉政风险防控机制。围绕选人用人开展重点监督,廉洁把关466人次,回复党风廉政意见270份。推动各类监督形成合力,纪委办公室与审计处、实验室与设备管理处、财务与资产管理部等部门召开联席会议5次,逐步推动建立监督工作会商机制。精准落实专项监督要求,开展非学历教育、校办企业体制改革、教材建设选用等专项督导。制发2版《新冠疫情防控监督检查工作方案》,组建工作专班集中检查36次,提出工作建议35条。

【深化“三不腐”一体推进】

保持“不敢腐”的强大震慑,对2018年以来学校纪委受理信访举报与开展核查情况进行梳理,形成专题报告;全年依规依纪依法处置各类信访举报26件,科学运用“四种形态”规范开展执纪问责。通报校内外违规违纪典型案例,组织观看《围猎陷阱》警示教育片,紧盯重要节点发送廉洁过节提醒短信1800余条,引导党员干部知敬畏、存戒惧、守底线。扎牢“不能腐”的制度笼子,发布《关于开展廉政风险点排查防控的通知》,督促管理服务机构查找廉政风险、规范管理流程,加强内控建设、落实“一岗双责”。夯实“不想腐”思想基础,精心组织党风廉政建设宣教月活动,开展“清廉讲堂”“走基层、送案例、普常识、防风险”等纪法宣传活动,发放《高校人员廉洁自律手册》《师德师风违纪案例》学习资料300余套。上好“开学第一课”和廉政党课,党委副书记、纪委书记唐忠阳以《把铁的纪律转化为日常习惯和自觉遵循》为题给700余名发展对象和240余名领导干部讲授专题党课。组织“廉洁文化宣传设计大赛”,征集240份廉政文创作品并集中展示展播,在“学廉、思廉、践廉”中厚植校园廉洁文化沃土。

【从严从实加强自身建设】

坚持以学促干,以学习贯彻习近平总书记关于全面从严治党重要讲话论述和指示批示精神为根本,建立专职纪检监察干部“一月一学习”制度,订阅《中国纪检监察》等“两报一刊”、编发8期学习资料,组织校院两级107名纪检干部参加“纪检监察工作队伍能力提升”网络培训。突出依规履职,出台《落实二级纪委监督责任实施办法(试行)》,明晰二级纪委职责内容和履责方式,提升纪检监察工作规范化、法治化、正规化建设水平。突出以干代训,以法规研学、集体研判、跟案随学等方式强化专业训练、实践锻炼,提升纪检专干业务能力。1名纪委委员参加教育部党组巡视,1名纪检干部参加湖北省纪委监委“年轻干部成长班”。纪委办公室(监察处)和党委巡察办公室在学校年度考核中获评优秀,纪检监察党支部获评学校优秀基层党支部。

(撰稿:蔡智全;审稿:唐勤)

统战工作

【统一战线基本概况】

学校现有6个民主党派基层组织(民革地大支部、民盟地大委员会、民建地大支部、民进地大支部、致公党地大支部、九三学社地大委员会)和3个统战工作团体(侨联、欧美同学会、知联会),涵盖民主党派人士248人和无党派人士67人,有相关政治安排(人大代表、政协委员)和社会安排(政府参事)的党外代表人士共17人次(湖北省人大代表1人、洪山区人大代表1人,全国政协委员2人、湖北省政协委员4人、武汉市政协委员3人、洪山区政协委员3人,武汉市政府参事3人)。

【认真履行统战工作主体责任,不断完善大统战工作格局,切实加强党外知识分子思想政治引领】

开展学校党委理论学习中心组(扩大)会议统战工作专题学习,组织召开统一战线(民族宗教)工作领导小组(扩大)会议,持续推进党员领导干部与党外代表人士联谊交友制度和各分党委(党总支)贯彻落实上级有关文件精神,深入学习贯彻习近平总书记关于做好新时代党的统一战线工作的重要思想,切实加强党对统一战线工作的集中统一领导,不断完善大统战工作格局。紧扣学习贯彻党的二十大精神这条主线,统筹制定《统一战线"喜迎二十大·携手奋进新时代"系列学习教育实践活动方案》,开设"新形势下高校统战工作专题网络培训班",举办"统一战线献礼党的二十大·同心论坛",开展"喜迎二十大·携手奋进新时代"实践调研,不断强化对党外知识分子的思想政治引领。

【积极搭建平台拓展渠道,支持党外人士双岗建功,不断加强党外代表人士队伍建设】

搭建党外人士学习宣传交流平台,不断提升政治理论素养和参政议政能力。开办"同心论坛"理论宣讲专场,组织"同心沙龙"学习交流活动,构建"南望同心"线上宣传阵地,逐步完善"同心"品牌工作体系,持续搭建党外人士学习宣传交流平台。推荐优秀党外知识分子参加学习培训和座谈交流,先后推荐4人参加民主党派省委会或省委统战部组织的理论研修班,组织8人参加省十二次党代会精神和党的二十大精神学习宣讲座谈会。

引导党外人士积极建言献策、参与民主监督。认真落实党外人士情况通报会机制,邀请校庆工作办公室、党委巡察办公室进行情况通报,邀请党外代表人士参与学校、相关部门和单位重大方案、规划的起草、讨论和意见反馈,广泛听取党外人士意见建议。鼓励党外人士以学校教代会、工代会为渠道参与民主监督,助力学校事业高质量发展,本年度,党外人士向教代会提交关于提升管理服务、推动学科发展等方面的提案共7项,确定立项6项,占立案总数的11.3%。

高度重视党外代表人士的选拔培养举荐工作。以民主党派政治交接和人大政协换届工作为契机,学校主要领导亲自带队前往省(市)上级主管部门、党派组织省级委员会进行沟通协调,党外人士在民主党派省委会任职和担任各级人大代表、政协委员上均取得突破。童金南继续担任十四届全国政协委员、丁华锋新任十四届全国政协委员;朱静当选为十四届湖北省人大代表,葛继稳、曹淑云继续担任十三届湖北省政协委员,丁华锋、娄筱叮新任十三届湖北省政协委员(丁华锋为十三届湖北省政协常委);彭静届中增补为第十届洪山区政协委员;李长安、陆愈实、谢忠受聘武汉市政府参事。有6名民主党派成员(丁华锋、宁伏龙、曹淑云、沈毅、李波、王伦澈)在2022年度各民主党派省级委员会换届中当选为民主党派省委会副主委、常委或委员,有4名无党派人士(娄筱叮、关庆锋、孙启良、朱振利)在湖北省党外知识分子联谊会第五届理事会换届选举中当选为常务理事或理事。

【注重协同联动,落实民族宗教工作要求,切实维护校园安全稳定】

坚持以铸牢中华民族共同体意识为主线,强化与相关管理服务机构和各分党委(党总支)的沟通协作,及时传达上级有关会议工作精神,多维度开展民族宗教政策法规知识宣传教育,牵头举办统战专项知识网上答题活动,引导广大青年学子树立正确民族观、宗教观,促进各民族学生交流交往交融,推动民族团结进步创建工作。在湖北省高校统战理论研究会37次年会上,专门作题为"坚持'五抓五促'落实"十项制度"进一步深化铸牢中华民族共同体意识教育"的交流发言。严格按照上级要求做好隐患排查,核准年度工作台账;推进落实"一人一档"工作制度,健全完善谈心谈话工作常态化机制,持续做好信教人员的教育引导和管理工作,坚决禁止各类信教人员在校内进行非法宗教活动;完善修订《校园民族宗教工作知识读本》,为基层一线队伍开展工作提供实操指南。

【强化服务保障,提升工作水平,引领党外人士凝心聚力同向同行】

高度重视统战成员关心关爱工作,主动开展走访慰问;积极做好侨联、欧美同学会工作,真心真情为侨服务,弘扬留学报国传统,发挥桥梁纽带作用;统筹做好地大青年志愿者组织安排工作,为湖北省"华创会"志愿服务贡献地大力量。协助落实武汉东湖新技术开发区管委会来校对省政协常委吴北平的提案答复工作,助力未来城校区建设发展;规范两校区"统战之家"管理服务,协助支持各党派基层组织做好"党派之家"建设工作;推进落实疫情防控工作责任制,引导广大党外人士积极投身于抗疫一线,打造抗疫"同心圆"。

围绕党外知识分子思想现状、党外人士队伍建设、民族宗教工作情况等主题,先后与17个二级党组织开展调研交流;编撰印发《基层统战工作指导手册》,提升基层统战工作意识,推进统战工作向基层延伸。充分发挥"南望同心"微信公众号宣传载体作用,以习近平总书记系列重要讲话精神为指引,围绕党的二十大、中央统战工作会议、全国两会等一系列党和国家重大活动,开设主题热议专栏,推送各类讯息160余篇。持续推进"统一战线成员基本信息数据库"建设。

【民主党派基层组织及成员年度荣誉奖励情况】

集体类

受表彰集体	荣誉奖励名称	颁发单位
民盟地大委员会	民盟思想政治建设和宣传工作先进集体	民盟中央委员会
	2017—2022 年度参政议政杰出贡献单位	民盟湖北省委会
	2017—2022 年度反映社情民意信息工作突出贡献单位	
	2022 年度盟务工作先进单位	
	2022 年度反映社情民意信息工作先进单位三等奖	
九三学社地大委员会	2022 年度先进基层组织	九三学社湖北省委会
	2022 年度参政议政先进集体	
	2022 年度信息工作先进集体	

个人类

名称	政治面貌	奖项	颁奖单位
民革党员	宁伏龙	2017—2021 年度优秀党员	民革湖北省委会
	倪晓阳	2017—2021 年度优秀党员	
民盟盟员	朱静	2017—2022 年度参政议政先进个人	民盟湖北省委会
	秦屹	2017—2022 年度参政议政先进个人	
		2017—2022 年度反映社情民意信息工作突出贡献个人	
		2022 年度民盟湖北省委反映社情民意信息工作先进个人	
民进会员	沈毅	2022 年度参政议政成果三等奖	民进中央办公厅
	李长安	2022 年优秀提案建议	民进湖北省委会
		2022 年度建言献策成绩突出参事	武汉市政府办公厅
	王洪权	2022 年优秀社情民意信息	民进湖北省委会
九三社员	王伦澈	2022 年度优秀社员	九三学社湖北省委会
		2022 年度参政议政先进个人一等奖	
		2022 年度优秀信息员	
	陈万旭	2022 年度参政议政先进个人三等奖	
		2022 年度优秀信息员	

（撰稿：曾希、江丰伟、王艳平、覃晓明；审稿：陈文武）

教师思想政治工作

【概况】

2022年，贯彻落实党中央、国务院关于深化新时代教育评价改革的部署要求，打造新时代高质量教师队伍，激励广大教师自觉做“四有”好老师、学生“引路人”，培养德智体美劳全面发展的社会主义建设者和接班人。

【加强思想政治教育】

将学习宣传贯彻党的二十大精神作为教师思想政治和师德师风建设的首要政治任务，构建教师思政建设、师德师风建设、业务能力建设有机统一、相互促进的新格局。组织教师参加年度轮训、岗前培训、专题研修以及实践教育等线上线下培训活动，开展理论培训与深度体验相结合的思想政治和师德师风学习教育活动，包括国情省情研修、科级干部培训、国家公派出国留学人员外语培训、心理健康教育培训、哲学社会科学教学科研骨干研修等各类培训。每年开展的新入职人员岗前培训中，始终聚焦思想政治教育、师德师风建设、高等教育知识、教育教学技能等内容。面向新入职教师开设“高校教师职业道德修养”课程，将习近平新时代中国特色社会主义思想、理想信念、师德师风、社会主义核心价值观等内容作为新入职人员岗前培训、在职教师培训等各类培训必修内容。

2022年7月15日，根据湖北省高等学校师资培训中心的统一部署，学校承训点举行2022年湖北高校新入职人员岗前培训开班典礼，400余名新入职人员在学校承训点参加为期7天的集中培训。

【开展师德专题活动】

2022年9月9日，举办2022年新进教师入职仪式，播放专题片《地大欢迎您——踔厉奋发　点亮未来》，党委书记黄晓玫作《立德树人守初心　踔厉奋发向未来》的主题讲话，校领导分别为获得省、校荣誉的教师代表颁发荣誉证书，校长王焰新为14位新进教师代表颁发镌刻着姓名的专属校徽、师德师风手册等入职纪念品。学校“师德模范”、资源学院沈传波教授作为中青年教师代表发言，最后校长王焰新为全体新进教师作《树立战略思维　矢志改革创新　争做教研“双一流”的“大先生”》专题辅导。专题报道《师德标兵吴敏：潜心教学科研，跑出人才培养“加速度”》《师德模范沈传波：以身立教，学生如沐春风里》《师德模范马钊：上好一门课，点亮一盏灯》，广泛宣传师德优秀典型事迹。2022年，学校涌现出一批优秀的师德典型，李长安教授获评“武汉楷模”，殷坤龙教授荣获湖北省第四届“楚天园丁奖”、沈传波教授荣获湖北省“师德模范个人”。

【加强师德考核评价】

在2022年职称评审工作中，对150余位申报高级专业技术职务教师、220位人才项目申报人、40余位校内外推优申报人、160余位教师资格认定申请人的师德师风情况逐一审核把关。

(撰稿：刘治国、邓锡琴；审稿：夏帆)

校园安全稳定与综合治理

【概况】

2022年，学校深入贯彻落实总体国家安全观和党中央、湖北省委关于平安建设重要部署，始终坚持底线思维和忧患意识，认真做好学校平安建设各项工作，结合学校实际，扎实开展安全稳定、综合治理、师生信访等各项工作，与全校各单位密切配合不断推进平安校园建设，筑牢校园安全防线，为学校事业改革发展和师生学习生活营造了和谐稳定的校园环境。

【切实维护校园安全稳定】

加强制度建设。按照上级最新要求，及时修订完善安全管理、值班备勤、请假报备、自查巡查、应急处置、信息报送等维稳工作制度。持续完善学校突发事件应急预案，健全完善突发事件应急处置、安全稳定风险隐患排查、矛盾纠纷排查调处、重大事项稳定风险评估等工作机制，不断提升学校维稳工作规范化、科学化水平。

健全工作体系。成立学校安全治理委员会(简称“安委会”)，在学校党委领导下，统筹开展学校安全稳定各项工作。下设安全治理委员会办公室(简称“安委办”)，负责贯彻落实学校党委和安委会有关工作部署，具体组织协调全校安全治理各项工作。认真落实“党委统一领导、安委会统筹指挥、二级单位具体落实”原则，完善“学校—二级单位—具体岗位”多级联动的安全稳定工作体系。持续加强队伍建设，强化相关管理与服务单位维护校园安全稳定工作职责，加强教育培训。

压实工作责任。严格按照“党政同责、一岗双责、齐抓共管、失职追责”要求和“谁主管、谁负责”原则，全面落实目标管理责任，逐级签订综治维稳目标管理责任书，明确工作责任。强化责任督查督导，将维护校园安全稳定工作纳入二级单位和个人年度考核内容。

狠抓工作落实。扎实做好党的二十大重要保障期维稳安保工作，认真做好校庆七十周年校园安全工作。规范工作流程，重点做好政治安全、经济安全、学业和就业、心理健康、公共安全、网络安全等维护校园安全稳定各项工作，稳妥处置各类应急突发事件。严格执行重大紧急情况报告制度，严格按照规定及时向教育部和属地党委政府报送信息。定期组织召开安全稳定工作会议，加强形势研判，部署维稳工作，落实工作任务。协同有关单位认真做好各类师生群体的教育管理工作，依法打击校园非法宗教活动，坚决防范和依法打击邪教组织涉校反宣渗透活动。

2022年，学校全年未发生重大刑事案件、重大治安灾害事故、安全责任事故、网络安全事故等。全年组织召开学校安全稳定相关会议20余次，依法依规妥善处置师生安全稳定事件8起，向教育部、省教育厅等上报安全稳定突发情况材料30余份。

【全力做好校园综合治理】

落实综治工作制度。落实社会治安综合治理领导责任制等相关制度，与各二级单位签订综治工作责任书，全面落实综治工作责任制和台账管理制度，积极推进平安校园建设，努力营造安全和谐的校园环境。

完善校园安防设施和值班值守。组织协调安全保卫部、后勤保障部、未来城校区管理办公室、信息化工作办公室等单位完善人防、物防、技防措施，切实加强监控、指挥系统建设，完成未来城校区与南望山校区监控系统并网融合，实现全校一个平台、系统一体化指挥。启动"智慧安防"一期项目，对校园安防设施进行改造升级，学校各校门均安装人脸识别门禁系统，更新完善校门、校内所有楼栋出入口、校内主要道路、校园围墙周边等重点部位的技防设施，同时加强校内值班巡逻。构建"1＋8＋N"值班体系，学校总值班室和8个职能部门全年执行24小时值班带班，重要节点期间，校领导在两校区带班值班，确保突发情况及时稳妥有效处置。

加强师生安全教育。强化国家安全、政治安全、消防安全、交通安全、食品安全、网络安全等宣传教育，开发《安全微课》系统，涵盖了国家安全、法律法规、防范电信网络诈骗等九大安全微课。组织开展校园消防安全演练，协调相关部门认真开展思想政治、法治、安全防范、自救互救等教育，切实提高师生员工安全防范意识和应急避险能力。

强化风险隐患排查整改。积极配合上级有关部门和属地政府专题调研、重点督查、常态化督查和联合排查整治工作，开展校园安全"三查一演练"专项行动，以单位自查、互查、抽查和专项演练的方式全方位排查风险隐患，建立风险隐患台账，并督促整改落实。全年累计开展安全风险隐患检查排查10余次，对重点部位和重点领域开展了专项整治行动。

持续加强与属地联动联防联治协同工作。加强与省市区街道四级地方政府和国安、公安、教育行政等职能部门的沟通协调，建立和完善信息通报渠道，积极争取属地政府部门的理解支持，联合政府部门、公安机关定期对校园周边治安状况、交通情况进行排查整治，规范校园周边经营行为，精准打击各类涉校违法犯罪行为，为学校事业发展营造良好环境。

【妥善做好师生信访】

完善信访制度。根据教育部印发的《教育信访工作办法》及有关要求，修订完善学校信访工作实施办法，为依法依规做好信访工作提供政策依据和制度保障。规范信访事项处理流程，制定学校《信访事项处理单》，压实信访工作责任。建立健全信访工作台账。

细致做好信访接待工作。通过教育部信访平台、湖北省智慧信访平台、洪网管政务督（转）办单、现场接待来信来访、学校网上信访邮箱、校领导包案等方式，协调有关部门积极回应师生合理诉求，及时化解矛盾纠纷，维护师生合法权益。

2022年，通过湖北省智慧信访平台回应

解决网上信访案件60余件；回应解决洪山区人民政府区长专线政务督(转)办信件13件；通过学校网上信访邮箱回复师生各类咨询建议、信访投诉等200余件；现场接待处理教职员工、学生、离退休老同志和社区居民来电、来访100余次。

（撰稿：王艳波、魏刚；审稿：单红峰、代清风）

信息公开

【概况】

2021—2022年度，中国地质大学(武汉)坚持以习近平新时代中国特色社会主义思想为指导，全面贯彻党的教育方针，深入落实全国教育大会精神，严格按照党中央、国务院关于政务公开工作的部署和教育部对于信息公开的要求，将信息公开作为推进学校治理体系和治理能力建设的重要抓手，进一步深化思想认识，坚持“以公开为常态、不公开为例外”原则，将信息公开贯穿于学校管理全过程，依法依规推进信息主动公开，完善信息公开机制，重点抓好招生、财务、组织人事等重点领域信息公开工作。同时，紧密结合学校“双一流”建设发展实际和学校“十四五”发展战略规划，发挥信息公开对深化综合改革、推进依法治校、密切联系群众、提高管理服务水平的促进作用。

【公开途径】

一是通过学校主页、信息公开专题网、二级单位主页和其他专题网站公开信息。新改版生成的“信息公开”专题网站开辟了“信息公开清单”版，逐一落实信息公开清单事项；设置了“信息公开动态”栏，及时主动公开学校信息；新增“重点领域信息公开”栏，链接学校本科招生及研究生招生专题网、招投标信息网、财务信息网，将重点领域的信息集中公开，方便查阅。二是通过学校办公内网分类向师生员工公开学校规章制度、文件、重要决策、决议、改革发展信息和通知等。三是在学校新的信息公开实施办法中增加校情通报会、教代会重大事项发布会、教代会代表听证会等方式公开重要信息；通过校行政与校工会联席会议、校领导接待日、校友联谊会等方式向师生员工和社会公开学校信息。四是随着信息化发展和新媒体的广泛运用，学校及时开通官方微博和微信，采用师生员工与社会大众喜闻乐见的方式公开学校的相关信息。

【主动公开】

学校始终重视信息公开平台的建设，努力构建多样化的信息公开渠道。一是坚持严格落实清单内容，主动接受社会监督，在学校“信息公开”专题网站开辟专栏逐项落实要求公开的事项。严格按照清单要求，积极宣传信息公开工作，及时公开清单内容，努力将信息公开建设成为接受社会监督的重要平台和方式。推动广大师生参与学校民主管理和监督，有效落实师生的知情权、参与权、表达权、监督权，提高依法治校水平。二是推进重点领域信息公开，回应人民群众需求。信息公开办公室根据教育部和省教育厅的公开要求和人民群众的关注热点，在信息公开专题网站设置了“重点领域信息公开”专栏，分别是：本科生招生信息公开专栏、研究生招生信息公开专栏、财务信息公开专栏和招投标信息公开专栏。建设专题网站集中公开相关信息，实现过程、结果的适时、全面、动态更新，方便查阅。信息公开办公室坚持对师生及校友关注的信息类型进行调查，针对不同群体对信息公开的需求差异，不断优化信息公开分类，及时满足各类群体对信息公开的合理需求。

（撰稿：宫斯林；审稿：姜明敏）

学生思想政治教育

2022 年，学校学生思想政治教育工作坚持以习近平新时代中国特色社会主义思想为指导，聚焦迎接、学习、宣传、贯彻党的二十大重大主题，结合校庆 70 周年重大时间节点，以提升思政教育引领能力为重点，以加强辅导员队伍建设为关键，推进本科生思想政治教育工作守正创新，推动学生基层党建提质增效，进一步深化健全学生成长支持与服务体系，继续夯实心理健康四化工作体系，助力一流本科人才培养，切实推进学校大学生综合素质能力的稳步提升。

【学生党建工作】

2022 年是党的二十大召开之年，学校学生党建工作守正创新，阔步前进，以昂扬的姿态为党的二十大献礼。为更好地提高基层党组织建设的能力和水平，组织全体本科生党支部书记参加中国教育干部网络学院专题网络培训，邀请感动中国人物徐本禹作客本科生党建工作论坛，面向全体本科生支部书记（委员）开展“我学二十大　争当追梦人”主题网文比赛和“听党话、跟党走，争当新时代好青年”理论宣讲大赛，锻造坚强有力的学生党员骨干队伍。为弘扬学生党员的导向作用，为本科生群体树立新标杆，组织开展 2021—2022 年度先进基层党组织、优秀共产党员评选工作，评选地球科学学院地质学国家基地班本科生党支部等 16 个本科生党支部为先进基层党组织，胡楚玉等 15 位本科生学生党员为先进共产党员。

【主题教育活动】

开展“重温寻访十年路　接续奋斗新征程”学习之路主题实践教育活动，18 支重点学生团队深入基层一线全面了解和反映党的十八大以来党和国家事业取得的历史性成就、发生的历史性变革，为党的二十大胜利召开营造良好氛围。制定《开展学习宣传贯彻党的二十大精神主题教育活动的工作方案》，指导学院通过组织专题学习、理论宣讲、征文比赛等系列活动，在全体辅导员和本科生群体中迅速掀起学习热潮。组建学习党的二十大精神师生理论宣讲团，适时组织宣讲团成员深入乡村农田、工厂车间等基层一线开展宣讲活动。认真开展学校 70 周年校庆系列活动。结合学生军训契机组建校庆表演方阵，演出广受师生好评，各大媒体广泛宣传报道。

【主要阵地建设】

开拓创新网络思政阵地。发布《关于举办第一届思想政治教育系列优秀作品推选展示活动的通知》，组织首届辅导员优秀网文大赛和“我学二十大　争当筑梦人”主题网文比赛，在易班平台开设“听导员话　做追梦人”专栏，加大优秀网络文化作品供给力度，发挥网络文化活动滋养人心、凝聚力量的正向作用。

建好民族团结教育阵地。组织9场民族舞蹈文化交流活动，制作15块民族文化宣传展板，编发5期《文化观园》信息资讯，组织系列文化沙龙，推进民族文化交融交汇。组织第12期少数民族学生骨干培训班，组建少数民族学生助理团，评选少数民族之星，加强少数民族学生骨干培养。

加快推进学生线下活动阵地。建设两校区“一站式”学生社区示范中心、6个学生社区和若干学生社区“驿站”，探索实施“党建引航”“成长导航”“发展助航”和“安全护航”等“四航”工程，全方位助力学生成长成才。

活跃新闻宣传阵地。《光明日报》报道地大学子学习习近平总书记给山东省地矿局第六地质大队全体工作者的重要回信活动，光明日报客户端报道学校民族文化舞蹈交流活动；人民网报道学校组织新生开展“勿忘国耻，吾辈自强”主题升旗仪式；《中国教育报》报道学校组织开展党史学习教育活动。

【学习支持与服务】

围绕研究型大学建设目标及人才培养模式改革要求，探索建立既有共性要求又能体现差异性的学生评价指标体系，修订本科生综合素质评价实施指导意见。深耕学习支持园地。在2022级本科新生入学教育中，校党委书记黄晓玫为本科生讲授了开学第一课，课程视频累计浏览量近127万次。日常开展微讲座、微论坛168场，6500余人次参加，开展各类学习支持活动796场，1万余人次参加。组织开展先进班集体标兵评选，评定先进班集体标兵综合奖20个、先进班集体标兵单项奖10个、先进班集体65个，推出班集体标兵系列风采展。

【辅导员队伍建设】

2022年，学校辅导员队伍建设再出新招，为辅导员成长发展搭建一片天空。印发《关于加强辅导员队伍建设的实施意见》，提出5个方面13条“硬核”举措。召开辅导员队伍庆祝教师节暨2022年秋季学期学生教育管理与思政工作动员会，校党委书记黄晓玫出席会议并讲话，对辅导员队伍建设提出明确要求。组织开展学校辅导员“向阳成长营”专题培训，23名近两年入职辅导员顺利完成各项培训任务。支持“地心力”等辅导员工作室立项第二批学生工作示范团队。一年来，辅导员队伍建设取得显著成效，2人首次同时获批教育部人文社科辅导员专项立项，6人在全国高校思政工作案例中获三等奖及以上荣誉，2人在湖北省辅导员技能大赛暨育人故事分享会中获得二等奖。李欢欢获评湖北省向善向上好青年，孙宇涛获湖北省第三届“最美下沉党员”，排孜丽亚获评“洪山好人”。印发《加强班主任队伍建设管理办法》，探索建设“六导型”班主任队伍，推动班主任和辅导员、专业教师相互协同、互相配合，共同促进学生全面成长成才。组织开展2022年度优秀班主任评选工作，70

位教师获评2022年度优秀班主任,10人当选“十佳班主任”。

【资助育人工作】

落实教育部全国资助管理中心提出的3个100%要求,实现精准识别、精准匹配、精准帮扶,全年发放各类奖助学金5827余万元,覆盖23 166人次。持续推进发展型资助过程支持模式,积极创新奖励资助项目,英才工程立项210项,资助金额53万元、3247人次。全力做好疫后学生资助工作,针对因疫情、灾情导致家庭经济困难学生发放救济金206人,发放冬季棉衣棉被887人。持续加强资助政策宣传,拍摄系列资助宣传视频、制作资助宣传折页,开展国家助学贷款、基层就业学费补偿代偿、服兵役资助等政策宣讲活动,邀请国家开发银行、中国银行进校开展非法金融贷宣讲,邀请洪山分局警官开展防范电信网络诈骗专题讲座。坚持精准资助和资助育人相结合,拍摄“国家奖学金”获奖学生风采、双百励志圆梦行动纪实等微视频作品,暑期期间87名师生分赴45地走访102名家庭经济困难学生家庭,传递学校温暖。

【学生心理健康教育】

2022年,学校进一步巩固深化湖北省高校心理健康教育示范中心立项建设成果,加强专业队伍建设,夯实教育教学、实践活动、咨询服务、预防干预“四位一体”的心理健康教育工作格局。打造心理健康教育系列课程。集聚师资,打造集“心理学与自我成长”“团体辅导:情绪管理”“社会心理学”“成功心理学”“爱情与性健康心理学”等主修课、通选课一体的心理健康系列课程,线上线下混合教学,团体辅导第二课堂活动被引入课堂。

进一步完善未来城校区学生心理健康教育中心的场地建设,购置一体机、沙盘等物资,改善咨询室及办公环境。根据疫情发展变化情况,启动线上线下相结合的咨询方式,全年共咨询749人,3435人次。每周开展同侪督导,每月开展系统动力学督导,全年共计7次,参与督导班学习达百余人次。

深入开展“3.25—5.25”心理健康季系列活动和学院心理育人品牌创建活动,共开展13个子活动,持续时间2个月。团体辅导小组、心理讲座与培训、“成长与发展”主题班会活动成为学校心理健康教育日常工作的“三板斧”。利用微信公众号、QQ空间等网络平台宣传心理健康教育知识,全年发表推文共256篇,其中原创文章达30篇。

以提升学校心理健康教育工作质量为核心目标,做到危机干预精准化。遴选组建辅导员“地心”团队,开展朋辈互助项目,选拔并培训出39名高年级同伴辅导者,每周展开一次督导培训,累计为61名同学提供帮助。开设武汉市心理医院24小时就诊服务绿色通道,邀请武汉市心理医院主任医师驻校医院开设心理门诊。

【研究生思想政治教育】

筑牢理想信念,用党的创新理论铸魂育人。党的创新理论学习教育。面向全体研究生,通过录制微课、微视频组织等多种形式展开党的理论知识宣讲大赛,并随机选取537名研究生进行本年度研究生思想政治状况滚动调查，结果显示，学校研究生思想积极向上，政治立场坚定。开展迎接、学习、宣传党的二十大专项行动，并出台专项宣传工作方案。联合校团委、马克思主义学院组织成立学习宣传贯彻党的二十大精神博士生讲师团，遴选出 27 名不同学科专业的优秀博士生组建博士生讲师团。深入开展新生和毕业生教育。制定 2022 年研究生毕业教育方案和入学教育方案。持续开展以理想信念、廉洁自律等毕业主题教育，举办“最美毕业致谢词展”，评选研究生优秀毕业生 349 人。开展“研途启航”入学教育活动，为 4600 余名研究生新生开展“新生入学教育活动月”活动并举办开学典礼。坚持每月编制印发研究生党支部暨学生骨干学习资料，分别以疫情防控、毕业就业、导学关系、心理健康等六大主题多维度加强思政教育资源供给，全方面融入人才培养各环节。

培育导学团队，多维点亮导学思政体系。依据《研究生卓越导学团队创建与评选办法》相关要求，开展研究生卓越导学团队评选，本年度培育创建 76 个导学团队，覆盖 359 名导师和 2824 名研究生，约占在校导师和研究生规模的 20%，将“导学思政”逐步融入到研究生教育各方面。收集汇总 62 个导学团队详细图文资料，形成 2022 年卓越导学团队初评资料，最终 8 个导学团队获评“卓越导学团队”荣誉称号。举办“喜迎二十大　强国复兴有我——庆祝建校 70 周年导学团队风采展”，展宣相关导学团队风采，获多家媒体广泛报道。建设研工部官微平台“地大研究生”，开设导学故事、沿途风采、青春共话二十大等栏目，推出各类消息、通信、通知、公告 70 余条，选树先进师生典型，充分展现导学团队积极向上的精神风貌。开展“研途护航 · 师生心语”导学谈心谈话活动，重点针对 2022 级新入学硕博研究生，聚焦研究生面临的思想困惑、实际困难，加强教育引导和人文关怀。

优化体系设置，加强研究生工作队伍建设。研究生党支部多元化设置。因地制宜通过学院试点形式以专业为单位，或以导师科教团队等为基础新增 6 个纵向设置党支部，促进党建工作与科研深度融合，形成研究生党建工作品牌。充分发挥研究生党支部战斗堡垒作用。组织与武汉大学等全国样板党支部开展党建论坛交流建设经验，自动化学院控制科学与工程博士生第一党支部作为学校首个研究生党支部创建单位，入选“全省高校党建工作样板党支部”，地学院钱煜奇、自动化学院毕乐宇等 2 名博士生荣获“中国大学生自强之星”荣誉称号。制定《中国地质大学研究生德育助理管理办法》等制度文件，选聘 55 名优秀研究生党员作为研究生德育助理（兼职辅导员）到校内各培养单位和研究生工作部门实践锻炼，切实发挥岗位育人功能。举办研究生骨干培训班，组织 120 名研究生骨干班学员巩固和深化党史学习教育和“四史”宣传教育成果。

优化工作方式，完善研究生安全保障体系。研究生心理健康普测全覆盖，10 月份共组织 1.2 万名研究生参加心理普测，最终获取有效结果9356人,筛查结果为"高危""严重"的共有143人,并对重点人员加强了解和心理疏导。面对疫情多地反弹形势,严格落实相关要求,结合疫情变化第一时间在全校学生中进行全员精准排查工作共计23次,实施学生宿舍楼栋封控6次,累计联系转运集中隔离和校内隔离1500余人次。积极探索研究生园区网格化管理新模式。协同后勤、信息办等部门对两校区18个园区、33栋研究生宿舍楼共计1.2万余名研究生进行信息梳理和网格建设,构建"园区长—楼栋长—楼层长—宿舍长"四级管理服务体系,确保实施精准防控和管理服务。持续开展各类风险隐患排查,健全研究生保险保障体系,动员研究生学平险参保,本年度新生参保2528人(较去年增加2014人),并为全体在校研究生集体投保综合意外险。全年查处研究生违纪行为8起,给予9人纪律处分。妥善处置学生安全稳定、网络舆情等事件20余起,切实维护校园和谐稳定。全面加强研究生安全教育和法治教育,以多种形式开展研究生安全、纪律警示教育,组织两校区研究生参加消防安全和逃生应急演练2期。

此外,还启动了研究生融媒体工作室建设。目前工作室场地、设备及相关学生骨干队伍已初步配备到位,后续将推出系列服务研究生成长的宣传产品,打造地大研究生工作新品牌、新形象。

(撰稿:熊程、宁蒙、候金波、李亮等;审稿:周建伟、郇海峰等)

共青团工作

【概况】

2022年,共青团中国地质大学(武汉)委员会在学校党委和上级团组织的领导下,以习近平新时代中国特色社会主义思想为指导,全面贯彻党的二十大精神,贯彻党的十九届六中全会精神,深入落实习近平总书记关于青年工作的重要思想,深刻领悟"两个确立"的决定性意义,增强"四个意识"、坚定"四个自信"、做到"两个维护",以迎接和学习宣传贯彻党的二十大为主线,结合庆祝建团100周年和学校70周年校庆,聚焦"能力提升",履行引领凝聚青年、组织动员青年、联系服务青年的基本职责,深化实施改革攻坚和全面从严治团,着力提升组织力、引领力、服务力和大局贡献度,团结带领全校团员青年为加快建成地球科学领域国际知名研究型大学贡献青春力量。

【提升青年思想政治引领的针对性实效性】

突出政治导向,加强青年理论武装。坚持不懈用习近平新时代中国特色社会主义思想武装青年头脑,开展"喜迎二十大、永远跟党走、奋进新征程"主题教育实践活动,制定《关于全校团学组织深入学习宣传贯彻党的二十大精神的实施方案》,聚焦"学习二十大、永远跟党走、奋进新征程",推动团支部学习全覆盖。邀请专家学者打造精品团课,辐射全校2万余名团员青年。组建"指南针"党的二十大精神青年宣讲团,深入基层开展宣讲 60 余场，推动理论学习入脑入心。

突出价值导向，强化主流价值引领。优化主流价值引领平台，筑牢青年听党话跟党走的思想根基。聚焦迎接党的二十大、中国共产主义青年团成立 100 周年、校庆 70 周年等关键时间节点，打造“青春心向党 建功新时代”主题精品活动。组织“学习二十大，永远跟党走”主题壁画展，生动呈现新时代非凡十年；启动“青创计划”，推出原创视频 11 部，主题宣传片《青春的维度》被学习强国、共青团中央网站首页推送，浏览量超 10 万，荣获“我们的新时代”湖北省主题原创网络视听作品创作展播大赛优胜作品奖。团委第四纪连续第三年获评“湖北省优秀校园媒体”。

突出育人导向，优化青年骨干培养和典型选树。持续优化团学骨干培养体系。依托校院两级团校做好团学骨干培养工作，整合校内外培育资源，推动常规培训与专项培训有机融合，打造青年骨干培养“订制”课程 32 门，全年培训班长、团支书等主要学生骨干 900 余人。1 人入选全国“青马工程”，3 人入选“荆楚英才学校”湖北省大学生骨干培训班，1 人当选湖北校媒主席团成员。3 人荣获“中国大学生自强之星”，1 人荣获“湖北五四青年奖章”，3 人荣获“湖北向上向善好青年”。

【引导青年青春建功“十四五”】

聚焦科技创新赛事引领，深化科创育人。聚焦重大赛事，着力优化培育链条，修订大学生自主创新资助计划，成立赛事宣讲团，打造线上创新创业信息库，汇聚优质专业力量培育创新创业团队。初创培育活动“一院一品”项目辐射 21 个学院 24 000 余名学生。自主创新资助计划 2100 余名学生、200 余名老师参与，“挑战杯”大学生创业计划竞赛吸引 3000 余名学生、300 余名老师参与。2022 年，荣获湖北省“挑战杯”6 项金奖、7 项银奖、3 项铜奖的历史最好成绩，3 支团队入围国赛终审决赛，1 支团队获得“创青春”青年创业计划大赛全国银奖。

聚焦社会实践工作品牌，深化实践育人。坚持社会实践“专业化选题、项目化运作、基地化推进”的工作思路，汇聚校内外实践资源聚焦“长江大保护”，实施“大学生长江大保护行动计划”，活动辐射 1100 余支团队，7000 余名青年学生，推动校地共建 2 个“大学生乡村振兴学校实践基地”，打造 2 支省“青力缔造”青年实践队，校团委荣获全国暑期“三下乡”社会实践活动优秀组织单位，1 支团队获评全国优秀团队，1 人获全国优秀个人。组织开展第二次大学生长江源科考活动，受到央视《新闻联播》、新华社等主流媒体报道 80 余次，点击量超 700 万，受邀参与《中国青年报》全国“思政第一课”。荣获全国志愿服务项目大赛银奖 1 项。研究生支教团被楚雄市授予“第三届道德模范——助人为乐模范”“青年五四集体奖章”。

聚焦学科特色精品项目培育，深化文化育人。将美育融入人才培养的主渠道，制定《美育实践学分认定管理办法》，聚焦“长江大保护”，创排原创科普剧《守望》，受到《光明日报》《中国青年报》等主流媒体报道。受邀参演歌曲《中国青年》，地大学子连续九年入围央视“五四青年节特别节目”。《一起向未来》受邀参演由中国文联主办的“与人民同行”纪念毛泽东同志《在延安文艺座谈会上的讲话》发表80周年特别节目。组织《大地之光》校内演出。教育部“编钟艺术”中华优秀传统文化传承基地编钟云体验,辐射校内外3万余人次,被《光明日报》《中国青年报》等主流媒体报道。牵头创作70周年校庆文艺晚会《山河为证》,网络直播点赞量超过30万。

【提高服务青年的能力水平】

坚持调研青年,优化工作机制。把握青年工作规律,及时准确了解青年群体思想动态,提升感知青年的能力水平。持续开展“部门派单,学生接单”式青年信息调研工作,举办第十七届“青春喜迎二十大,我为师生做件事”信息调研大赛,面向6个职能部门,开展调研71项。通过建设信息员队伍“训练场”,打造一线信息收集的“直通车”,建立基层情况摸排的“信息网”,不断强化信息员队伍建设,不断优化信息摸排工作机制,全年完成专题调研5项,收集舆情信息300余条。

坚持联系青年,提升服务效度。完善常态化联系青年机制,建立团干联系基层组织工作机制。实施共青团深入基层“五个一”行动计划,校团委班子成员人均全年参加学生活动100余次,与青年学生面对面交流200余次。落实“共青团促进大学生就业行动”,关注重点群体,分类精准施策,开展5场就业巡讲活动,组织校院两级团干帮扶近70名经济困难学生落实就业岗位。与研究生支教团、学生会(研究生会)临时党支部开展共建,建立工作机制,常态化跟踪解决同学们思想、学习、生活中的各类问题。

坚持服务青年,发挥桥梁作用。充分发挥学生会、研究生会和社团联合会服务大学生思想政治教育、全面发展的重要作用。加强学生组织政治引领,校院两级学生会、全校113个学生社团完成功能型团支部组建。优化“校领导接待日”“师生午餐会”“未来城权益直通车”“部门见面会”“提案大赛”等品牌活动,搭建沟通交流平台,引导学生有效参与学校民主管理,合理有序表达诉求,协同学校相关职能部门、学院不断优化完善信息反馈机制、问题督办机制,全年累计反馈并解决青年诉求134项。

【加强团的自身建设】

坚持党的全面领导。坚决贯彻学校党委工作要求,确保学校党委各项要求落到实处。全面加强校团委党支部建设,严格落实“三会一课”、民主生活会、党员民主评议等制度,全年组织主题党日专题学习8次,班子成员上党课12次。定期召开党风廉政建设专题会议,严格执行“三重一大”,贯彻落实党中央八项规定。扎实开展党员干部下基层察民情解民忧暖民心实践活动。推动共青团工作纳入二级单位党组织书记抓基层党建述职评议考核体系,使党的工作与党的青年工作一体化推进。

推进信息化建设。大力推动“网上共青团”建设,形成团网深度融合、团青充分互动、线上线下一体运行的工作格局。按照“主流价值宣传网、基础团务信息网、青年成长服务网”的建设目标，聚焦基础团务、评奖评优、创新实践、美育工作等模块建设，推动团属场地预约、推优入党、志愿服务、社团注册、团委用印申请等39个应用系统建设，生成第二课堂成绩单，实现学生综合素质能力可记录、可评价、可测量、可呈现。2022年，系统总访问量170 825人次，事项办结共计97 978项。

落实全面从严治团。围绕加强政治建设、团组织规范化建设、强化团干部与团员队伍管理系统构建全面从严治团工作体系。严格团内政治生活，扎实推进“三会两制一课”，定期发布主题团日活动，主题教育实现团支部100%覆盖。坚持“大抓基层”的鲜明导向，制定《中国地质大学(武汉)团支部工作条例》，推进团支部建设规范化、制度化，实现团员录入率、对标定级率、学社衔接率达100%。实施共青团骨干能力提升计划，以“点题作业”“揭榜挂帅”方式设立实践项目12项，建立学院团委书记担任团学骨干培训班主任制度，努力打造政治素质过硬、思想理论水平高的团干部队伍。

(撰稿：吴迪、郭小玉、陈文婷；审稿：朱荆萨)

工会与教代会工作

【概况】

2022年校工会在学校党委和上级工会的正确领导下，坚持以习近平新时代中国特色社会主义思想为指导，深入学习贯彻党的二十大精神，充分发挥工会组织的桥梁纽带作用，始终以竭诚服务教职工为宗旨，认真履行职责，努力为教职工办实事、解难事，通过开展丰富多彩的文体活动，团结和动员广大教职工凝心聚力，为奋力谱写新时代华章而不懈努力。

【政治建设】

持续强化党的全面领导，不断加强思想理论武装。加强党对工会工作的全面领导，坚持工会工作的政治方向，坚持用习近平新时代中国特色社会主义思想武装头脑、指导实践、推动工作。组织全校各级工会干部认真学习习近平新时代中国特色社会主义思想，深入领会党的二十大精神实质，明确奋斗目标，把广大教职工的思想和行动统一到党的二十大精神上来，加强教职工思想政治引领，牢牢把握新时代中国特色社会主义思想的世界观和方法论，把巩固团结奋斗的共同思想基础作为思想政治引领的重要内容，不断增强广大教职工对党的政治认同、思想认同、情感认同，教育引导广大教职工坚定不移听党话、矢志不渝跟党走。

在全校教职工中广泛开展“中国梦　劳动美”，“中国梦　地大梦　我的梦”等系列主题宣传活动，通过多种形式的文艺、体育活动，倡导工匠精神、劳模精神、劳动精神，激发广大教职工立足本职岗位建功立业、为学校改革建设发展作贡献的热情。

【民主管理】

2022年1月3日召开了校行政与校工会联席会议，会议听取了学校年度工作进展、“三定”工作及科级干部轮岗交流进展、研究生教育教学改革进展、科技工作进展、信息化建设工作进展和教职工卫生健康等主题汇报，与会人员围绕报告和学校建设发展，就职称评定、人才评价、教学设备、学生评教、劳务派遣待遇、岱家山庄职工住宅物业管理、校内交通拥堵等教职工普遍关心的问题提出了意见和建议。联席会作为民主管理重要载体，进一步畅通民主渠道，保障教职工的参与权、表达权和监督权，在民主管理、民主监督、服务师生、推进学校发展等方面，发挥了不可替代的重要作用。

为高质量开好“两代会”，工会组织召开了“第九届教代会代表培训会”，特邀第十二届全国政协委员李长安教授作题为《如何做好参政议政工作》的专题报告，在学校官网开设“地大‘两代会’进行时”专栏，在校工会网页设立“教代会小常识”系列学习专栏。

2022年4月7日—12日，第九届四次教代会暨十八届四次工代会第四次会议采用网络视频会议和实体主会场相结合的方式召开。本次大会的主题是：坚持以习近平新时代中国特色社会主义思想为指导，坚持和加强党的全面领导，全面贯彻党的教育方针，落实立德树人根本任务，以“能力提升年”为主题，坚持稳中求进，锐意进取，统筹推进各项工作。大会听取和审议了《校长年度工作报告》《财务年度工作报告》《工会年度工作报告》《学术委员会学术年度报告》和《九届三次提案办理情况报告》等，安排学校两个职能部门负责人先后作《学校发展规划与学科建设报告》《学校校庆七十周年筹备工作情况报告》专题发言。

围绕大会主题，邀请学院负责人先后作《抓质量重落实　深化本科人才培养改革》《完善育人体系，培养优秀人才》《守正创新向未来　续写环境新篇章》《创新机制　交叉会聚　策源原始创新》《“海洋＋”走向“＋海洋”协力拓展地大“海洋新场域”》《常态化疫情防控下教师的应对与作为》大会交流发言。大会期间，与会代表以网络会议的形式进行分组讨论，代表们围绕会议主题和主要报告进行了认真讨论，对学校发展建言献策。

校工会高度重视两代会各代表团讨论意见和建议，经学校党委同意，将教代会开会期间各代表团的意见和建议作为管理服务机构“为教职工办实事”的突破口。工会从28个代表团讨论提出的200多条意见和建议中筛选整理出12项需要重点办理的事项，分派给相关职能部门予以落实，并由机关党委和督查督办工作办公室负责督办，进一步激发了代表们为推动学校改革和发展建言献策的积极性。

认真落实提案办理工作。本次会议审议了《九届三次教代会提案办理情况的报告》，九届三次教代会以来，提案工作委员会做了大量的提案征集、立案和督办工作，对66件提案进行认真的梳理、分类后，最终确定54件提案予以立案，4件提案作为意见和建议转交相关部门，8件未予立案，未予立案的提案也转交有关部门作为工作参考。校工会认真推进提案的办理和落实，先后组织校园规划与基建处、后勤保障部、安全保卫部、人力资源部、财务与资产管理部等5个部门召开了5场提案工作推进会，提案承办单位表示，将进一步改进工作，协同推进提案的落实，积极发挥好教代会提案的重要作用。

充分发挥二级教代会在促进民主参与、政务公开、凝聚共识、共谋发展中的作用，于2022年11月印发《关于组织召开2022年度二级教职工代表大会和工会会员代表大会的通知》，要求各分工会围绕落实学校“能力提升年”主题，结合“十四五”规划的实施，组织召开二级“两代会”，并将2020、2021年度各分工会二级“两代会”召开及提交会议新闻宣传稿和会议资料汇编情况进行统计汇总，结合2021—2022年度评优工作，充分履行好二级“两代会”职权，推进二级教代会制度化、规范化、程序化建设。

【维护职工权益】

落实教职工福利待遇。通过校内需求调研、意见建议收集、内部反馈讨论等，进一步了解教职工的现实需求，同时积极调研、走访兄弟高校，汇集福利改革新思路。经过反复论证，提交教职工福利委员会商议，决定2022年的端午节、劳动节、国庆节和中秋节采取网上平台选购物资。电商平台的推广使用赢得了教职工的一致好评，选购更加自由、配送更加方便，为教职工提供了更好的福利服务体验，满足了教职工的多样化需求。

坚持做好慰问工作。在春节期间组织走访慰问寒假坚守一线的教职工，在教师节前夕走访慰问辛勤耕耘在教学、服务一线的教师代表，共走访慰问20余次，年度累计慰问1100人次，发放慰问金和慰问品15余万元。暑期组织两批120名教职工赴恩施州巴东县组织开展年度优秀教职工疗休养活动。坚持做好全校1500余名女性教职工的安康保险续保和理赔工作，让广大女教职员工深切感受到学校的关心关爱，增强了教职工的归属感和幸福感。

校工会把改善教职工学习教育与总结经验、推动工作、解决实际问题相结合，集中解决教职工关心的切身问题，积极为学校发展营造和谐健康的环境和氛围。对排球场进行填补刷新改造，为灯光球场、篮球场、排球场等增设照明设备，方便教职工充分利用休息时间加强户外锻炼，全年累计开展教职工场地服务4万余人次，丰富了职工业余生活，推动构建和谐校园。

为贯彻落实党的二十大提出的“全面推进乡村振兴”部署，以及教育部对承担定点帮扶任务相关工作要求，校工会积极探索职工福利发放新模式，展现积极进取、服务基层的良好工作作风，并与学校助力乡村振兴工作有机结合，创新践行“采购帮扶农村农作物产品＋教职工福利”工作模式，在福利物资采购项目中优先购买了湖北竹山、秭归、红安及云南施甸的优质农产品，为助力乡村振兴作贡献。

【教职工教育】

紧扣时代主题，以弘扬劳模精神、劳动精神、工匠精神为出发点，大力弘扬师德模范崇高精神，营造崇德向善、见贤思齐的浓厚氛围，充分发挥师德楷模、标兵团队的思想政治教育示范作用，引领广大教职工爱岗敬业。坚持树典型、立标杆，积极向上级工会推选优秀教职工当选省劳动模范、省级先进工作者和“湖北十佳师德标兵”“湖北师德先进个人”。把师德崇高、潜心育人、可敬可学的优秀教职工选树起来，充分发掘他们思想、行为中的师德闪光点，为师德模范发挥作用搭建平台、提供舞台。2022 年推荐的资源学院沈传波老师被评为“湖北师德先进个人”，通过广泛宣传他们的先进事迹，引领更多教职工争当新时代师德模范。

2022 年初，工会网站、微信公众号进行了全新改版，利用校园网络、新媒体、宣传橱窗等阵地和社会媒介资源，积极发挥工会宣传作用，加强对广大教职工的思想政治引领，营造健康向上的良好校园文化氛围。在庆祝建校 70 周年期间，梳理了工会工作发展历程，系统总结工会经验做法，制作地大工会宣传片，为建校 70 周年献礼。本年度在学校官网发稿 20 篇、工会网站发稿 180 篇、官微发稿 62 篇，通过弘扬传播正能量，以润物无声的方式引领广大教职工创先争优。

【文化体育活动】

2022 年在湖北省总工会举办的国际妇女节“祝福最美的她”征集活动中，学校遴选上报的作品中有 5 件入选“优秀作品”，其中“最美瞬间”照片作品 4 件，“最甜表白”视频作品 1 件，并在投票环节遥遥领先，票数均在前 10 名；湖北省总工会常态化征集“工”字特色文艺作品活动，学校共选送作品 7 件；全国职工摄影展及湖北省总工会“我的劳动最光荣”图片征集展示活动，学校选送 4 件作品；“喜迎二十大　建功新时代”全国职工诗词原创作品征集活动，学校选送作品 14 件；“中国梦·劳动美”第八届全国职工书法美术作品征集活动中，学校选送 6 件作品参赛。

为喜迎二十大，庆祝学校建校 70 周年，组织开展以“中国梦　地大梦　健康梦”为主题的一系列丰富多彩的教职工文体活动。举办 2022 年教职工排球比赛，共有 25 个分工会 498 名教职工参加；举办第七届教职工羽毛球混合团体赛，共有 27 个分工会 424 名教职工参加；举办 2022 年教职工趣味运动会，共有 29 个分工会 422 名教职工积极参加；校庆期间，举办“七秩荣光　逐梦未来”——寇克让等校友及师生书法书画展，共有 70 件校友师生及留学生的优秀作品参展；举办第二届教职工优秀摄影作品展，共征集到 1200 余幅作品，遴选出 202 幅优秀作品参展，为便于国内外师生校友观展，活动采取线上线下同步展播的形式，展出得到了全校师生的高度评价和赞誉，为 70 周年校庆营造了良好的文化氛围。通过参观展览，加深了广大教职工对地大文化和地大精神的认识，激发了干事创业的热情。

经过广泛调研，结合学校实际，出台了《教职工社团管理办法》(地大工字〔2022〕17 号)，将社团章程整理发布在网站，并公布了社团的联系人以及加入方式，促进社团健康发展。本年度新增社团 1 个(瑜伽协会)，共有 12 个社团完成年审工作，社团会员总人数近 700 人。各社团围绕不同的兴趣爱好，各项活动开展得如火如荼，如金钉子合唱团再次登上央视舞台，编排 2 首曲目参加《合唱先锋》节目录制；太极拳协会代表队在2022(第二届)全球太极拳网络大赛中荣获二等奖、网络人气奖一等奖；摄影协会在武汉市高校艺术节摄影评比中获得教师组奖项11项；红宝石、蓝宝石舞蹈队参加校庆70周年文艺晚会的节目录制等。这些活动活跃了教职工文化生活，促进了身心健康，培养了高雅兴趣爱好，充分展示了教职工风采。

【自身建设】

为落实依法治校，加强工作管理，规范工作程序，根据学校实际情况，工会继续推进制度建设，2022年新制定了《教职工社团管理办法》《教职工社团经费划拨与支出管理规定》《教职工社团活动经费报销流程》《工会物资采购实施细则》等，进一步增强了工会工作管理的科学化、制度化、规范化，使各项工作有章可循、有规可依。

（撰稿：赤诚、李悦；审稿：郭秀蓉、杨世清）

离退休工作

【概况】

截至2022年12月底，学校共有离休人员19人、退休人员1855人，其中：武昌1500人、汉口233人、北京141人。党组织关系在离退休工作党委的离退休党员790人，设22个党支部。另有一个在职人员党支部，现有工作人员14名，其中有10名党员。

【党建工作】

围绕迎接、学习、宣传、贯彻党的二十大精神这条主线，深入学习贯彻习近平新时代中国特色社会主义思想，突出政治引领，凝聚思想共识，牢牢把握离退休工作政治方向。组织全体离退休党员线上收听收看全国离退休干部网上专题报告会5场，组织申报研究课题1项——《我校离退休智慧党建平台建设实践探索》，努力推动学用结合落实落地。组织离退休党支部骨干集中收听收看党的二十大开幕会，组织退休老教授学习习近平总书记给山东省地矿局第六地质大队全体地质工作者重要回信精神座谈会，组织各离退休党支部开展二十大精神送学上门活动，确保党员“不漏学”“不掉队”。组织离退休工作党委理论学习中心组集中学习14次，组织“支部主题党日”和党支部生活会9次、编印党员学习资料9期，召开党委会11次。组织开展“建言二十大”建言征集活动，收集到的建言涉及10个方面26篇。组织开展“我看中国特色社会主义新时代”主题征文活动，征文在离退休微信公众号推出7篇。举办以“夕阳别样红　运动展风采　喜迎二十大”为主题的老年人春秋季趣味运动会，结合进行了党的历次全国代表大会党史知识学习。组织开展“光荣在党50年”纪念章颁发、“七一”党内表彰、“献礼二十大·同心贺校庆”老同志文艺汇演、“献礼二十大·同心贺校庆”诗书画影艺展、“喜庆二十大·银龄心向党”主题征文活动、“喜庆二十大·银龄心向党”为主题的诗词创作及朗诵活动。开展创建示范党支部活动。按照“六好”支部标准，推荐退休第七党支部积极申报省离退休干部示范党支部，用典型引领支部整体水平的提升。全年11次活动被教育部老干局和教育部关工委新媒体平台报道或转载。

【制度建设】

制定了《离退休党员骨干精准帮扶困难老党员制度(试行)》。

【关心下一代工作】

完成组建二级关工委20个。组建、调整关工委老同志工作团队5个分别为:教学督导员团队(本科生、研究生)、党建督导员团队、科普宣传员团队、中国传统文化宣传团队、信息化建设团队。组建“二十大精神银龄宣讲团”,进行集体备课研讨。制定《中国地质大学(武汉)关心下一代工作委员会规程》。结题学校党建研究课题1项——《新时代我校关工委围绕立德树人构建全过程全方位育人体系研究》。校关工委获得教育部关工委2022年“读懂中国”活动表扬单位,章建阳、王懿琰撰写的征文《从战火硝烟走来的地大人》获评教育部关工委2022年“读懂中国”活动优秀征文。

【精准服务】

研究制定《新冠病毒感染高峰期离退休教职工健康保障服务工作方案》。各支部按照《离退休党员骨干精准帮扶困难老党员制度》进行摸底调查,建立帮扶台账,开展结对帮扶。2022年,走访慰问517人、丧事服务57人、为38位生病老人办理了大病医疗救助申报。开展智能手机应用培训1期。为100多名老同志免费提供修补鞋子、换衣服拉链、打磨菜刀、换手机膜等服务。首次开展五星(学习之星、健康之星、乐为之星、文艺之星、体育之星)评选表彰工作,20位老人受到表彰。

【信息化建设】

完成离退休管理系统二期建设,引入“电子化”手段,发放节日福利采用刷身份证读取替代手工签名,解决了老同志排长队领物资的难题。

【70周年校庆工作】

发挥老同志独特优势,扎实做好庆祝建校70周年各项工作。组织开展“老同志讲故事”“与党同呼吸共命运”系列征文活动,引导老同志撰写回忆文章,主编出版《我与地大共成长》,全面展示老一辈地大人在学校70年建设发展和改革腾飞征程中的风采和贡献,向学校70周年华诞献上了一份独特的礼物。

组织开展“光荣在校70年”荣誉章颁发活动,组织老同志积极参与校史馆展陈资料捐献、担任校史馆义务讲解员、“纪念高元贵院长”征文活动,组织开展“献礼二十大·同心贺校庆”老同志文艺汇演、诗书画影艺展等系列校庆主题文化活动。

【所获荣誉】

离退休工作处党支部获评学校先进基层党组织;4名党员获评学校优秀党员、1名党员获评学校优秀党务工作者;3名同志获省离退休工作研究会先进个人;校老教授协会获评省老教授协会“先进单位”;校老教授协会会长、校老年人协会会长、校关工委副主任杨昌明荣获“湖北省老教授事业贡献奖”。

(撰稿:叶青;审稿:李门楼)

Nianjian

发展规划与学科建设

发展规划

【概况】

2022年，学校以习近平新时代中国特色社会主义思想为指导，聚焦学习、贯彻、落实"二十大"会议精神和习近平总书记关于高等教育、"双一流"建设的重要论述、讲话精神，围绕学校进一步深化改革工作和高质量发展重点工作，切实落实"能力提升年"的各项要求，统筹推进深化改革与"十四五"规划落地，着力提升学校改革发展研究能力、战略执行能力，圆满完成年初确定的各项工作任务。

【持续健全完善"十四五"规划体系】

一是制定学校发展规划管理办法。为全面贯彻习近平新时代中国特色社会主义思想，落实创新、协调、绿色、开放、共享的新发展理念，推动构建学校事业高质量发展格局，充分发挥发展规划对办学的引领作用，组织起草《中国地质大学(武汉)发展规划管理办法(试行)》，并经学校党委常委会第90次会议审定通过，于2022年10月正式印发实施。

二是推进并完成7个专项规划编制工作。《"十四五"人才培养能力提升行动计划》《"十四五"创新能力提升行动计划》《"十四五"开放办学与社会服务能力提升行动计划》《"十四五"信息化建设与管理服务能力提升行动计划》《"十四五"卓越文化建设行动计划》《"十四五"基础条件建设与保障能力提升行动计划》《"十四五"国际化办学能力提升行动计划》7个专项规划经第2021-11次校务会议审议，十二届第83次常委会会议审定通过，于2022年7月正式印发实施。

三是推进并完成各二级单位规划编制工作。各二级单位在充分调研校情、科学研判形势的基础上，对照学校"十四五"总体规划、专项规划和指标任务分解方案中确定的战略目标、重点任务和关键发展指标等，进一步完善本单位"十四五"发展规划，并于

2022年12月底全部完成了校内公开程序。

【全面推进"十四五"规划指标任务分解落实】

为更好推动"十四五"规划落地实施,确保"十四五"时期学校事业高质量发展,组织完成"十四五"总体规划任务和指标分解工作,并提交学校第2022-1次校务会议研究通过。2022年6月30日,学校正式印发《〈"十四五"事业改革与发展总体规划〉指标任务分解方案》(地大发〔2022〕24号)。2022年7月6日,学校完成了与全部23个教学科研单位和30个管理服务机构签订建设任务书工作。

【高质量服务学校发展决策】

一是组织编印改革发展信息简报。聚焦新一轮"双一流"建设、"十四五"规划和学校深化改革,围绕新型研究型大学、碳达峰碳中和、文科实验室、有组织科研、卓越工程师培养、教育数字化等主题,组织编印了8期《现代高教信息》(表1)。

表1 2022年《现代高教信息》简报统计表

类别	期次	主题
现代高教信息	2022年第01期(总第147期)	"新型研究型大学"专题
	2022年第02期(总第148期)	"高校碳中和建设"专题
	2022年第03期(总第149期)	"文科实验室建设"专题
	2022年第04期(总第150期)	"高校有组织科研"专题
	2022年第05期(总第151期)	"卓越工程师培养"专题
	2022年第06期(总第152期)	"教育数字化"专题
	2022年第07期(总第153期)	"大学书院制建设"专题
	2022年第08期(总第154期)	"统筹推进教育、科技、人才工作"专题

二是做好高等教育管理研究课题管理。全年批准立项高等教育管理研究课题26项,其中发展研究课题7项、青年课题16项、委托项目3项。全年经费执行率超过95%。同时,启动开展高等教育管理研究课题优秀成果结集出版工作。

三是全面提升数据管理服务能力。优化填报范式和工作流程,组织完成《教育事业综合统计调查表》《教育事业统计季度调查表》等内容的填报统计。强化数据的分析运用,为学校宏观决策提供针对性的服务。

【全面深入参与学校改革发展】

顺利完成学校章程修订工作,已呈报教育部核准。精心组织开展相关专题研究,组织编制《中国地质大学(武汉)国际清洁能源学院建设论证方案(建议)》《中国地质大学(武汉)碳中和规划》《中国地质大学(武汉)加强碳达峰碳中和人才培养体系建设任务清单》;向教育部报送《中国地质大学(武汉)关于呈送<教师违反职业规范行为处理暂

行办法>修改建议的报告》;组织撰写 2022 年教代会校长工作报告等重要文稿。

【全面推进"十四五"规划任务落实】

一是健全完善"十四五"规划体系。做好指标任务分解,编制并印发《〈中国地质大学(武汉)"十四五"事业改革与发展总体规划〉指标任务分解方案》。推进和完成专项规划编制工作,7 个专项规划已经第 2021-11 次校务会议审议,十二届第 83 次常委会会议审定通过,于 2022 年 7 月予以正式印发。推进和完成各二级单位规划编制工作,组织各单位进一步完善本单位"十四五"发展规划,并完成信息公开。二是健全"十四五"规划实施工作机制。成立学校"十四五"规划实施工作领导机构,组织编制学校总体规划任务年度实施重点清单,建立对年度重点任务的统筹协调、定期会商和工作督办机制,组织修改完善《中国地质大学(武汉)发展规划管理办法(试行)》,并经学校十二届第 90 次党委常委会会议审定,于 2022 年 10 月予以印发并施行。三是切实推进规划宣传与任务落实。明确各部门具体任务,落实责任主体,编制各二级单位"十四五"改革发展任务书,并举行学校"十四五"总体规划建设任务书签约仪式。

【完成学校章程修订并呈报教育部核准】

成立工作专班,组织认真学习领会国家法律、党内法规以及高等教育重要文件最新精神,分组修订相应内容。采用线上线下相结合的方式,广泛调研兄弟高校修订工作中的先进经验。采取多种方式在校内外公开听取、征求学校相关部门、学术组织、群团组织意见,线上线下听取广大师生员工、校友等的意见和建议,并进行认真梳理分析,逐条明确修订依据。《中国地质大学(武汉)章程修正案》已经学校第 2021-2 次校务会议、第九届教职工代表大会第三次会议审议,经学校十二届第 74 次常委会会议、十二届第 19 次全委会议审定后,呈报教育部核准。

【发布《武汉共识:新地学教育倡议》】

70 周年校庆期间,组织起草并以中英文面向全球发布《武汉共识:新地学教育倡议》(以下简称《倡议》)。《倡议》强调顺应地球系统科学的发展和时代需要,在多元宇宙观下重新认识和定义人类在世界的位置和生存方式,调整和优化地学教育的价值体系、知识体系和传播体系,形成更加多元、更加综合、更加开放的地学教育新形态新范式,提供思想、技术和方法,引领和推动实现绿色低碳的生产方式和生活方式。《倡议》发布后,受到新华社、《中国日报》《光明日报》等国内主流媒体和美联社、日本《朝日新闻》、法新社、澳大利亚联合通讯社等在内的 45 个国家及地区的超过 610 家主流媒体广泛转载和报道。

(撰稿:熊思沂;审稿:陈彪)

学科建设

【概况】

学校现有 34 个一级学科硕士点,16 个一级学科博士点,15 个博士后科研流动站,15 个硕士专业学位类别授予权,1 个博士专业学位授予权，8个自设二级交叉学科。学科涵盖理学、工学、文学、管理学、经济学、法学、教育学、艺术学等门类。有地质学、地质资源与地质工程2个国家一级重点学科和“双一流”建设学科。围绕地球系统圈层构建了较为完整、系统的地学学科布局，形成了整体优势。

2022年，学校深入推进“双一流”建设，完成编制第二轮“双一流”建设整体方案和地质学、地质资源与地质工程两个一流学科建设方案，明确五大建设任务和五大改革任务的举措与预期目标。努力优化学科生态，着力健全学科分层发展体系，引导地球科学、特色工科、特色文科、基础学科加快分类发展，积极促进学科交叉；主动对接国家战略和区域发展急需，梳理及布局相关领域学科专业。不断增强学科治理及管理服务能力，推进“双一流”建设“6＋3”重点项目、文化传承创新和国际交流合作专项，推动学科培育计划、“111”引智基地项目、学科特区项目、湖北省优势特色学科群项目建设，加强过程管理，优化学科建设经费资源配置，充分发挥学术组织功能，促进学科战略发展。

截至2022年12月，地球科学、工程学、环境/生态学、材料科学、化学、计算机科学、社会科学、农业科学8个学科领域进入ESI全球前1%，其中地球科学和工程学进入前1‰。在全国第五轮学科评估中，学校地质学、地质资源与地质工程2个一级学科被评为A＋，地球物理学被评为A－，B＋学科增至4个，17个学科提档进位，学科整体实力进一步增强。

【学校再次入选“双一流”建设高校名单】

2022年2月，教育部公布第二轮“双一流”建设高校及建设学科名单，学校地质学、地质资源与地质工程2个学科再次入选“双一流”建设名单。学校于2月25日召开“双一流”建设委员会工作会议，成立工作专班，对学校“双一流”建设整体建设方案和2个一流学科建设方案进行修改，通过反复研讨、不断完善，修改后的建设方案经2022-2次校务会议审议通过后报教育部并于5月份正式公布。

【学校“双一流”建设经费来源拓展取得实效】

学校与部分兄弟高校推动共同呼吁湖北省加大“双一流”建设投入，由学校主要执笔最终成稿的《关于恳请省委省政府支持开展新一轮“双一流”共建的报告》（简称《报告》）获得5校领导认可并呈报省委、省政府，获省委、省政府主要领导同志批示。湖北省在2022年拨付5校“双一流”建设配套支持资金时，已按照《报告》所提1∶1请求予以支持，同以往相比实现了空前增长。

【着力健全学科分层发展体系】

完善了《学校在建学科分层分类建设规划（建议）》，将在建学科分为高峰学科（A＋学科）、登峰学科（冲击A档学科）、攀登学科（在建博士点学科）、攻坚学科（冲击博士点学科）、潜力学科5个类别，确定了归属各类别的一级学科及优先发展级别，明确了各一级学科的发展定位与主要任务，为学科分层分类发展及学科生态优化奠定了良好基础。

【学校首进 ESI 农业科学领域全球机构排名前 1%】

据科睿唯安集团《基本科学指标》(简称 ESI)2022 年 11 月最新数据显示，中国地质大学首次进入 ESI 农业科学领域全球机构排名前 1%。至此，学校共有地球科学、工程学、环境/生态学、材料科学、化学、计算机科学、社会科学、农业科学 8 个领域进入 ESI 全球机构排名前 1%。其中地球科学、工程学位居前 1‰。2012 年 1 月至 2022 年 8 月，中国地质大学被 ESI 农业科学领域期刊收录论文 248 篇，论文累计被引用 3162 次，总被引次数在公布的 1097 所前 1%的机构中排第 1071 位，进入农业科学领域前 1% 行列。

【学科整体水平进位提质】

第五轮学科评估结果公布，学校 34 个一级学科参评，获评 A 类学科 3 个，较第四轮增加 1 个，其中地质学、地质资源与地质工程为 A+(前 3%或前 2 名)，地球物理学为 A-(前 7%~12%)；获评 B 类学科 18 个，其中 B+(前 12%~22%)学科 4 个，较第四轮增加 2 个；本次评估结果相比第四轮学科评估有明显进步，17 个学科等级有所提升。

【第二轮“双一流”建设】

2022 年 2 月，教育部公布第二轮“双一流”建设高校及建设学科名单，学校地质学、地质资源与地质工程 2 个学科再次入选“双一流”建设名单。

2022 年，学校深入推进“双一流”建设。一是对学校“双一流”建设整体建设方案和 2 个一流学科建设方案进行修改完善，最终方案于 5 月份正式公布。二是顺利完成 2021 年度“双一流”监测数据填报，组织 2 个“双一流”建设学科和 6 个支撑学科、21 个牵头单位和 16 个参与单位开展数据填报工作，完成 56 项大学类监测指标、35 项学科类监测指标数据填报。三是对近三年湖北省“双一流”建设项目绩效目标管理和完成情况进行总结，省财政厅、教育厅于 6 月 10 日来校实地检查并考察学校相关重大科研平台的建设情况，对学校“双一流”建设情况给予高度评价。四是强化“双一流”建设项目过程管理。推进“双一流”“6+3”重点项目建设，明确了各项目建设任务，组织与 9 个项目负责人签订了建设任务书。五是推进“双一流”项目绩效自评和经费执行监控，完成 2023 年“双一流”引导专项评审材料申报。

2022 年，学校继续推进“双一流”五大建设任务和五大改革任务，以“双一流”建设为牵引，深入推进学校内涵式发展，在党的领导、队伍建设、人才培养、科学研究、文化建设、成果转化、国际交流与合作等各方面取得积极进展。地质学、地质资源与地质工程两个一流学科瞄准学科前沿、国家区域和行业重大需求，聚焦资源环境和生态文明建设，加强拔尖创新人才培养和队伍建设，强化科技创新与社会服务，核心竞争力持续提升，各方面取得新的突破。

(撰稿：姜伟、文新；审稿：周延菲)

Nianjian

人才培养

本科生教育

【概况】

2022年,学校本科计划招生4723人,少数民族预科计划96人(不计入2022年本科招生计划,纳入2023年总招生计划数)。实际录取新生4814人,其中包括少数民族预科生97人,国家专项招生280人,高校专项招生100人。录取新生的城乡比例大致为6.0∶4.0,男女比约为6.5∶3.5,城乡比例、性别比例相较去年无明显差异。2022年,符合毕业证发放条件的本科生共4357人,符合学位证发放条件的本科生4355人,结业28人。“七校联合办学”学生辅修及双学位151人获得辅修证。本科生转专业168人,3732名学生完成大类/专业分流进入专业阶段学习。本年度共计推荐942名优秀本科生免试攻读硕士研究生,重点支持“本-硕-博”贯通培养计划、李四光计划和高徒计划。

【本科生招生】

学校科学设置招生计划、实行大类招生,本科生源质量稳步提高。全校20个学院中有9个学院平均第一志愿率、9个招生专业(类)第一志愿率正在提升,其中地球科学学院第一志愿率由148%上升为166%,资源学院由36%上升为43%,地球物理与空间信息学院由28%上升为39%,机械与电子信息学院由98%上升为130%,艺术与传媒学院由82%上升为120%,马克思主义学院由80%上升为102%。地球科学学院、资源学院、材料与化学学院等12个学院、11个专业(率)调剂率持续下降,其中艺术与传媒学院由15%降到0。计算机类、电子信息类、自动化类、电子信息类(未来技术学院)专业第一志愿总报考数为1955人,占所有第一志愿报考数的52%,传统地学相关的专业第一志愿报考数为840人,占全校第一志愿报考数的22.5%。

通过大数据分析,绝大多数考生录取分数与位次较往年保持平稳。传统地学专业中，地质学类(国家拔尖计划，国家理科基地班)、测绘类、地质学类、环境科学与工程类(环境地球科学类)、地质类(资源能源)等2022年报考第一志愿率均有明显上升。地球物理学(国家拔尖计划)2022年开始第一年招生，第一志愿率达到了86%，调剂率为0，带动了学院整体生源质量提升。

【拔尖人才培养】

2022年，学校召开了拔尖创新人才培养专题会议，研究讨论李四光学院组织架构、改革方案，地质学、地球物理学拔尖学生的培养实施办法，为下一步学校确定拔尖人才培养的模式和路径做准备。梳理总结李四光计划育人模式，撰写完成《“三制、三化、三融合”——“李四光计划”本科创新人才培养改革与实践》。扩大李四光计划育人辐射面，增加计划招生人数，2022年招收第16期李四光计划学员54人。

【课程建设与通识教育】

2022年，学校课程建设力度进一步加大，对全校在库课程进行归口管理梳理工作，拟定了《课程归口管理办法》(讨论稿)，课程的归口管理工作按照学科设置课程群进行归口管理。今年申报各类省级一流课程32项，其中线上一流课程5门，线上线下混合式一流课程9门，线下一流课程13门，社会实践一流课程1门，虚拟仿真课程4门。

通识课程建设中充分实现信息化，实行通选课申报网络填报。申报教师在“创新实践综合管理系统”中填报通选课开课申报书，实现网上评审和系统归档管理。2022年秋季共开通选课89门，期中新开课20门，2023年春季共开通选课79门。其中新开课22门。

【教材与专业建设】

2022年，本科教育教学改革与专业建设工作取得实效。教学成果奖收获累累，获得省级特等奖3项、一等奖6项、二等奖9项、三等奖5项。共有5项教学成果获得国家级教学成果奖推荐，软件工程等10个专业入选国家级一流专业建设点、法学等8个专业入选省级一流专业建设点。截至目前，学校共有34个国家级一流专业建设点、17个省级一流专业建设点。

根据教育部《普通高等学校教材管理办法》，修订了《中国地质大学(武汉)教材建设与选用管理办法(2022修订版)(征求意见稿)》，推动了学校教材高水平建设与选用管理，构建与地球领域国际知名研究型大学学科专业发展水平相适应的教材体系，启动“宜居地球”百本经典教材库建设，2022年度教材立项55项，每本资助5万～10万元。

【教学质量督导】

2022年，本科教学质量提升工作力度进一步加大。落实了教师教学质量综合评价“一院一策”工作，完成了2021年度教师本科教学质量评价结果的统计与分析工作。组建了大学督导团、学校督导组、学院督导组三级工作机制，加强教学各环节的质量监测。强化对教学实习过程的督导，8月5日—9日，学校本科教学督导组成员首次赴秭归产学研基地，对暑期野外实习工作开展情况进行全面督导，推进实习质量提升。教学质量监控信息化建设成效显著,听课平台系统使用情况良好,能同时满足督导员、同行等随时随地利用移动端提交听课意见的需求。

严格把控本科教学质量各个环节,教师教学能力和水平稳步提升,涌现出一批优秀教师和优秀基层教学组织。石油及天然气地质学课程组等4个基层教学组织被推荐参评2022年湖北省高等学校"省级优秀基层教学组织";帅琴老师被推荐参评教育部第七批国家高层次人才特殊支持计划教学名师"万人计划";王亮清、刘刚老师被推荐参评"湖北省名师工作室"。第八届湖北省青年教师教学竞赛中,2位教师分获理科组、工科组一等奖、1位老师获外语组二等奖。在第二届湖北省教学创新大赛中,2位教师及团队分获教授组二等奖和中级及以下组二等奖。

【实践教学】

2022年实践教学工作扎实稳步推进。积极与秭归县政府、武汉自然博物馆、咸宁市文旅局、黄石大冶铁矿、黄冈市自然资源局联络,拓展暑期社会实习实践资源。依托学校实践基地,搭建劳动教育实践平台。有200余名师生志愿者参与基地环境卫生维护、食堂帮厨、园地锄草、宿舍卫生清理等各项活动,实习基地成为劳动教育的"大课堂"。

进一步拓展基地建设及野外教学点。6月,巴东科教基地投入使用,环境、工程、艺媒等学院200余名师生暑期陆续到巴东科教基地开展实习。7月,地质工程专业野外实践教学团队重新整合梳理野外实践课教学大纲,拓展细化野外教学点。

实习教学与学术交流活动交相辉映。多位专家学者在基地与师生分享专业前沿,大力营造基地学术氛围。举办南华讲坛、资源论坛等系列讲座报告30余场。此外,学校地球科学大讲坛第一次走进秭归实习基地,王华副校长为师生进行专题讲座,勉励实习学生,要有报国志、强国梦,为实现"中国梦"奠定专业基础、提供专业支撑。9月23日—25日,学校承办教育部高校地学类专业实践教学改革及创新人才培养研讨会。来自全国43所高校和相关单位的160余位专家、学者汇聚秭归,围绕野外实习基地建设、实践教学体系构建、野外实践教学的课程思政、野外地质路线开发与保护等内容进行研讨。10月20日,学校隆重召开2022年实践教学总结表彰大会,表彰评选出的陈能松等49名优秀实习指导教师和吕涛等91名优秀实习生,激励全校师生学习优秀个人事迹。

【创新创业教育】

创新创业教育工作按照"以思创融合为魂、以专创融合为根、以赛创融合为要"的工作思路,提质教学链、增效实践链、点亮孵化链,提升在校大学生创新创业能力。推进国家级大学生创新创业训练计划实施,完成项目立项381项,参与项目本科生达1200名,参与指导教师达477人次;组织推荐并成功入选第十五届全国大学生创新创业年会项目4项,创历史新高;组织校内双创教师参与多期培训,累计参训73人次;加强校内外双创导师选聘,聘请校内外创业导师达195人;组建"燎原"双创工作室并成功获批学校第二批学生工作示范团队立项;组织双创教学团队成功申报本科教学立项《大学生创业实践探索》实践课程建设项目。

提升精准服务水平，完善全链条孵化的提档升级。对接中部知光、湖北省人社厅人才服务中心等校外机构，开展项目辅导、成果转化和法律咨询等服务，年内新增注册企业 26 家，入孵培育企业 32 家。共吸纳大学生就业 260 人，其中应届毕业生 33 人；新增知识产权 26 项，获批湖北省大学生创业扶持项目 6 项(累计获扶持资金 55 万元)。组织开展校园年度“创业先锋”等典型评选活动，推选出校园“创业先锋”11 人。

【学科竞赛与互联网＋大赛】

2022 年学校学科竞赛获奖总人数和奖项数显著提升。2022 年，学校学生参加了 ACM 国际大学生程序设计竞赛亚洲区域赛、全国大学生数学建模竞赛、全国大学生电子设计竞赛、全国大学生英语竞赛、全国大学生数学竞赛、机器人等比赛等 40 项全国和湖北省学科竞赛。截止到目前，获省级及以上奖项 614 项，获奖人数 1038 人，其中国奖 297 项(512 人)。学校学子首夺国际遗传工程机器大赛金奖；勇夺 2022 年湖北省大学生电子设计竞赛“TI 杯”；在第十六届“西门子杯”中国智能制造挑战赛荣获全国一等奖 1 项、全国二等奖 2 项，实现了学校在该项赛事的历史最好成绩。

在第八届中国国际“互联网＋”大学生创新创业大赛中，学校参赛项目数达 2217 项，参赛学生总数达 10 129 人次，连续两年创学校参赛数量历史新高；参赛项目获省赛金奖 9 项、银奖 2 项、铜奖 4 项，位列湖北省高校第三，获评湖北省“互联网＋”大赛“突出贡献奖”和“优秀组织单位”；国赛获银奖 3 项、铜奖 8 项，并有 3 个项目首次入选大赛同期活动。

【就业工作】

学校认真学习贯彻习近平总书记关于做好高校毕业生就业工作的重要指示批示精神，深入落实党中央、国务院“稳就业”“保就业”决策部署，始终将毕业生就业工作摆在突出位置，科学统筹疫情防控和毕业生就业工作，深入实施“一找两促”“三转四制”等工作举措，积极构建“全员化、多元化、全程化、智能化”工作模式，努力推动毕业生高质量充分就业。

强化组织领导，完善全员化工作机制。一是加强组织领导推动工作落实。将毕业生就业工作列入重要议事日程，落实就业工作“一把手”工程，研究制定《关于进一步加强学生就业工作的意见》《关于做好 2023 届毕业生就业工作的通知》，制定学生就业工作综合评价体系，切实发挥以评促建的作用。编写《就业简报》，营造齐抓共管、联动推动的良好氛围；编写《毕业生就业质量跟踪调查报告》，持续探索建立就业质量评价指标体系。二是建立健全就业促进工作机制。充分发挥学生就业工作领导小组的统筹作用，建立健全学校主要负责同志亲自抓、分管校领导靠前抓、各培养单位具体抓，相关管理与服务机构协同推进、全员参与的就业工作责任体系。完善落实校领导深入联系就业工作、部门联席会商、定期通报交流、就业状况动态管理等就业工作运行机制。坚持“一找两促”“一对一”帮扶等特色工作体系。

强化供需对接,构建多元化就业市场。一是发挥校园招聘主渠道作用,努力扩展就业渠道。坚持"科学有效防控、安全有序招聘",在双选会现场设置"校(院)企交流区",展示院情、推荐生源、接洽合作,做好毕业生人才输送。全年度举办25场大中型线上线下双选会,开展5场组团招聘会,组织727场线下宣讲会、921场线上宣讲活动,累计线下进校招聘单位1713家,线上参会单位3821家,线上线下校园招聘活动为毕业生提供14.2万个就业岗位。开展"校园招聘月""百日冲刺"系列活动,抢抓求职关键期,开展未就业毕业生精准推介招聘会,全力促进毕业生充分就业。二是开展访企拓岗促就业行动,精准对接国家需求。学校书记、校长以及校领导班子成员深入开展访企访校拓岗促就业专项行动,先后走访了100余家重点领域单位,开拓优质岗位。全面深化校地、校企合作,做好云南省、山西省等地定向选调生报考指导服务工作。深入落实"学子留汉"工程;推动宜昌市人才工作站落地。依托能源动力行业就指委,举办自然资源领域、能源动力行业及校友企业等招聘活动。

强化就业育人,完善全程化就业指导。一是凝心聚力,重点推动师资队伍专业化成长。学校以服务学生多元化就业需求、实现高质量充分就业为导向,以强化培训实效、打造师资队伍、完善课程体系、丰富育人载体为抓手,依托"宏志助航计划"全国高校毕业生就业能力培训基地,不断整合校内外资源,重点推动师资队伍专业化成长。持续开展师资能力培训和教学研讨共计30余场,累计超过100课时,累计参与350人次以上。在湖北省内成功推出就业育人特色成果,开设"宏志助航计划"全国高校毕业生就业能力培训班,面向湖北省内10所高校培训的1300余毕业生开展生涯教育和就业指导培训,总时长达1000余学时。二是挖潜创新,持续完善职业发展教育体系。坚持价值引领,将服务国家战略发展融入到就业动员会、毕业生座谈会、校庆校友专题讲座等各类浸润式的教育活动;组建和培育"选调生政策宣讲团",组织学生赴重点行业、关键领域和基层一线开展就业实践,协助组织"关山菁竹"青年遴选,积极拓展人才培养实践平台。优化职业发展教育体系,覆盖学生从入学到毕业全过程,开设"生涯规划与职业发展""大学生就业指导"等课程,与相关单位联合开设"高层次国际化人才培养创新实践"课程。积极构建线上线下双通道,联合第三方职业教育机构引导学生开展自助式生涯教育和就业指导。完善赛事体系,促进"赛""训"结合,组建包含50多名师资的"简历门诊"讲师团,开展"动员指导月"活动,在重要求职节点,提供经验分享、"职场直通车"、模拟实训、试讲辅导等服务。2022年全年共举办各类就业指导活动100多场,参与学生8000余人次。

强化服务保障,探索智能化就业管理。一是搭建平台,推动智慧校园建设。建设并完善集信息发布、网络招聘、电子签约、就业指导、职业测评、生涯咨询、离校系统七大模块为一体的"互联网+就业"信息平台,为毕业生和用人单位提供"全天候"服务。不断完善就业信息订阅精准推送功能,实现就业信息个性化订阅。实时更新14个就业管理服务教学视频，建设就业指导"云课堂"，为毕业生提供"菜单式"就业相关网络学习资源，助力毕业生实现高质量充分就业。二是一生一策，精准开展就业帮扶。各学院通过就业意向摸排、就业需求调研、就业状态跟踪等方式，多维度建立毕业生求职工作台账、考研学生台账、重点关注群体台账等，每周报送学生就业进展；针对642名经济困难生发放求职补贴1 032 336元，解决后顾之忧；针对就业困难生从就业信心树立、就业期望调整、就业机会探索、就业能力提升等方面开展全方位帮扶，提供岗位推荐，确保每个困难学生就业路上不掉队。

截至2022年12月31日，学校2022届毕业生毕业去向落实率为92.00%，其中本科生毕业去向落实率为90.09%(表1)。

表1　2022届本科毕业生年底毕业去向落实率统计

学历	毕业人数	毕业去向落实率	协议和合同就业率	升学率（含出国出境）	灵活就业率（含自由职业）	自主创业率
本科生	4385	90.09%	29.40%	47.25%	13.30%	0.14%

从就业单位行业分布来看，2022届本科毕业生就业人数较多的3个行业为信息传输、软件和信息技术服务业(26.12%)，建筑业(17.07%)，制造业(15.89%)(图1)。

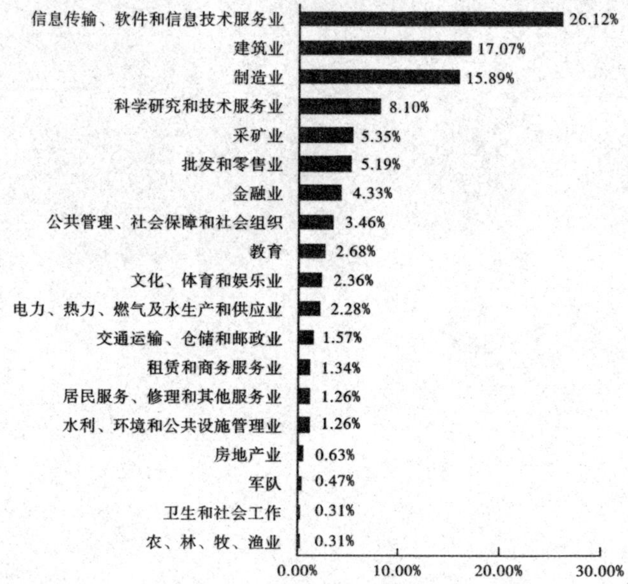

图1　2022届本科毕业生就业行业统计

注：就业行业流向按照毕业生协议就业、灵活就业(含自由职业)总人数统计。

从就业单位性质分布来看，2022届本科毕业生就业单位性质流向主要是：民营企业(45.00％)，国有企业(38.55％)，三资单位(7.40％)(图2)。

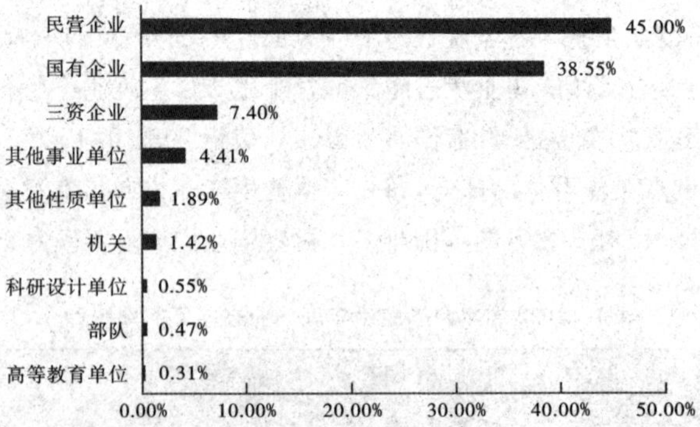

图2　2022届本科生毕业生就业单位性质统计

注：就业单位性质分布按照毕业生协议和合同就业、灵活就业总人数统计。

(撰稿：程旬、陈昭颖、潘娣、王东、刘志兴、彭鑫；审稿：周建伟、邬海峰、沈波)

附录 1　中国地质大学(武汉)本科专业统计表(2022 版)

序号	专业代码	专业名称	修业年限	学位授予门类	专业类	学院	备注
1	070901	地质学	四年	理学	地质学类	地学院	兼有第二学士学位
2	070902	地球化学	四年	理学	地质学类	地学院	
3	081403	资源勘查工程	四年	工学	地质类	资源学院	兼有第二学士学位
4	081502	石油工程	四年	工学	矿业类	资源学院	
5	070302	应用化学	四年	工学	化学类	材化学院	
6	080401	材料科学与工程	四年	工学	材料类	材化学院	
7	080403	材料化学	四年	工学	材料类	材化学院	
8	081102	水文与水资源工程	四年	工学	水利类	环境学院	
9	081404T	地下水科学与工程	四年	工学	地质类	环境学院	
10	082502	环境工程	四年	工学	环境科学与工程类	环境学院	
11	071001	生物科学	四年	理学	生物科学类	环境学院	
12	070601	大气科学	四年	理学	大气科学类	环境学院	2016 备案通过
13	081001	土木工程	四年	工学	土木类	工程学院	
14	081005T	城市地下空间工程	四年	工学	土木类	工程学院	2018 备案通过
15	082901	安全工程	四年	工学	安全科学与工程类	工程学院	
16	081401	地质工程	四年	工学	地质类	工程学院	
17	082902T	应急技术与管理	四年	工学	安全科学与工程类	工程学院	2021 备案通过
18	081402	勘查技术与工程(钻探工程)	四年	工学	地质类	工程学院	
19	081402	勘查技术与工程(勘查地球物理)	四年	工学	地质类	地空学院	

续表

序号	专业代码	专业名称	修业年限	学位授予门类	专业类	学院	备注
20	070801	地球物理学	四年	理学	地球物理学类	地空学院	
21	070903T	地球信息科学与技术	四年	工学	地质学类	地空学院	
22	080202	机械设计制造及其自动化	四年	工学	机械类	机电学院	
23	080205	工业设计	四年	工学	机械类	机电学院	
24	080701	电子信息工程	四年	工学	电子信息类	机电学院	
25	080703	通信工程	四年	工学	电子信息类	机电学院	
26	120102	信息管理与信息系统	四年	管理学	管理科学与工程类	经济管理学院	
27	120103	工程管理	四年	管理学	管理科学与工程类	经济管理学院	
28	120201K	工商管理	四年	管理学	工商管理类	经济管理学院	兼有第二学士学位
29	120202	市场营销	四年	管理学	工商管理类	经济管理学院	
30	120203K	会计学	四年	管理学	工商管理类	经济管理学院	
31	020101	经济学	四年	经济学	经济学类	经济管理学院	兼有第二学士学位
32	020401	国际经济与贸易	四年	经济学	经济与贸易类	经济管理学院	
33	120901K	旅游管理	四年	管理学	旅游管理类	经济管理学院	
34	071201	统计学	四年	理学	统计学类	经济管理学院	
35	050201	英语	四年	文学	外国语言文学类	外语学院	
36	070501	地理科学	四年	理学	地理科学类	地理与信息工程学院	
37	070502	自然地理与资源环境	四年	理学	地理科学类	地理与信息工程学院	
38	080902	软件工程	四年	工学	计算机类	地理与信息工程学院	
39	081201	测绘工程	四年	工学	测绘类	地理与信息工程学院	

续表

序号	专业代码	专业名称	修业年限	学位授予门类	专业类	学院	备注
40	081202	遥感科学与技术	四年	工学	测绘类	地理与信息工程学院	
41	070504	地理信息科学	四年	理学	地理科学类	地理与信息工程学院	
42	081205T	地理空间信息工程	四年	工学	测绘类	地理与信息工程学院	2017 备案通过
43	070101	数学与应用数学	四年	理学	数学类	数理学院	
44	070102	信息与计算科学	四年	理学	数学类	数理学院	
45	070201	物理学	四年	理学	物理学类	数理学院	
46	040203	社会体育指导与管理	四年	教育学	体育学类	体育课部	
47	080410T	宝石及材料工艺学	四年	工学	材料类	珠宝学院	
48	130504	产品设计(珠宝首饰设计)	四年	艺术学	设计学类	珠宝学院	
49	050302	广播电视学	四年	文学	新闻传播学类	艺媒学院	
50	130202	音乐学	四年	艺术学	音乐与舞蹈学类	艺媒学院	
51	130502	视觉传达设计	四年	艺术学	设计学类	艺媒学院	
52	130503	环境设计	四年	艺术学	设计学类	艺媒学院	
53	130508	数字媒体艺术	四年	艺术学	设计学类	艺媒学院	2016 备案通过
54	030101K	法学	四年	法学	法学类	公管学院	
55	120404	土地资源管理	四年	工学	公共管理类	公管学院	
56	120401	公共事业管理	四年	管理学	公共管理类	公管学院	
57	120402	行政管理	四年	管理学	公共管理类	公管学院	兼有第二学士学位
58	082306T	土地整治工程	四年	工学	农业工程类	公管学院	2020 备案通过
59	120111T	应急管理	四年	管理学	管理科学与工程类	公管学院	2021 备案通过

续表

序号	专业代码	专业名称	修业年限	学位授予门类	专业类	学院	备注
60	030503	思想政治教育	四年	法学	马克思主义理论类	马克思主义学院	
61	080901	计算机科学与技术	四年	工学	计算机类	计算机学院	
62	080903	网络工程	四年	工学	计算机类	计算机学院	
63	080904K	信息安全	四年	工学	计算机类	计算机学院	
64	080908T	空间信息与数字技术	四年	工学	计算机类	计算机学院	2014 备案通过
65	080910T	数据科学与大数据技术	四年	工学	计算机类	计算机学院	2018 备案通过
66	080907T	智能科学与技术	四年	工学	计算机类	计算机学院	2019 备案通过
67	080301	测控技术与仪器	四年	工学	仪器类	自动化学院	
68	080801	自动化	四年	工学	自动化类	自动化学院	
69	070701	海洋科学	四年	理学	海洋科学类	海洋学院	

附录 2　学校 2022 年省级教学成果奖一览表

序号	成果名称	获奖类别	等级	主要完成人	主要完成学院
1	行业特色高校一流本科“三融合”人才培养模式创新与实践	省级教学成果奖	特等奖	王焰新、王华、王林清、周建伟、庞岚、易明、蒋洪池、邬海峰	学校办
2	高水平师资引领资源类专业群建设的实践与创新	省级教学成果奖	特等奖	李建威、姚光庆、王华、王占岐、姜涛刘刚、周刚、沈传波、高复阳、张建华	资源学院
3	德育为先、文化传承，创建学术高地培养一流本科人才的地学范式	省级教学成果奖	特等奖	章军锋、朱宗敏、龚一鸣、王甫、刘勇胜、余振兵、王国庆、宋海军、张晓红	地学院
4	现代地学观引领的地质类专业人才培养模式创新与实践	省级教学成果奖	一等奖	夏庆霖、唐辉明、左仁广、沈传波、邹宗兴、陈志军、张永权、徐佳	资源学院

续表

序号	成果名称	获奖类别	等级	主要完成人	主要完成学院
5	地球物理类专业“1目标2平台3强化”人才培养模式持续创新与实践	省级教学成果奖	一等奖	胡祥云、张世晖、马火林、师学明、熊熊、严哲、卞爱飞、罗银河、王贤敏、陈丽霞、张玉芬、袁晏明	地空学院
6	中国心·国际视野：工商管理“四维三融”人才培养模式创新与实践	省级教学成果奖	一等奖	余敬、严良、李江敏、李会琴、郭锐、朱镇、郭海湘	经管学院
7	校企与科教双融合的钻探工程人才培养模式创新与实践	省级教学成果奖	一等奖	蔡记华、宁伏龙、卢春华、郑明燕、段隆臣、窦斌、蒋国盛、胡郁乐、江广长、潘秉锁、欧文佳、王荣、郑君	工程学院
8	高校思政课“一线二红三实”立体教学模式探索	省级教学成果奖	一等奖	高翔莲、阮一帆、孙文沛、黄少成、陈军、朱桂莲、郭关玉、张卫国、严世雄、杨美华	马克思主义学院
9	党建引领、科教协同、专创融合——新时代行业性高校经济学本科人才培养模式创新与实践	省级教学成果奖	一等奖	成金华、杨树旺、肖建忠、刘江宜、齐睿、易明、邓宏兵、金贵	经管学院
10	“两翼四维度”自动化专业高质量人才培养模式研究与实践	省级教学成果奖	二等奖	吴敏、余锦华、陈略峰、陆承达、万雄波、刘振泰、朱亚玲、王凤侠	自动化学院
11	聚集优势教学资源高水平共建共享地理科学综合实践教学平台	省级教学成果奖	二等奖	李长安、汪正祥、王伦澈、罗静、侯林春、黄咸雨、陈旭、彭俊芳、钟赛香、李亭亭、丁树文	中国地质大学（武汉）、湖北大学、华中师范大学、武汉大学、华中农业大学

续表

序号	成果名称	获奖类别	等级	主要完成人	主要完成学院
12	“双轮驱动，四维协同”——土地资源管理专业高素质人才培养创新与实践	省级教学成果奖	二等奖	王占岐、胡守庚、姚小薇、朱江洪、曾杰、向敬伟、方世明、杨剩富	公管学院
13	大数据背景下信息与计算科学专业“三位一体”人才培养模式的创新与实践	省级教学成果奖	二等奖	李宏伟、付丽华、郭上江、李志明、刘智慧、边家文、李星、张玉洁、易鸣	数理学院
14	科普传播特色人才培养体系的构建与实践	省级教学成果奖	二等奖	张梅珍、尚媛媛、丁洁、李静、黄爱武、方浩、刘先国	艺媒学院
15	环境地球科学跨学科教育教学体系的构建与实践	省级教学成果奖	二等奖	马腾、柴波、曾斌、周建伟、赵锐锐、侯新东、陈蕾、谢杨	环境学院
16	机电类人才深层培养“五通”模式构建与探索实践	省级教学成果奖	二等奖	丁华锋、郭红想、徐林红、陈分雄、严军、葛明峰、殷蔚明	机电学院
17	“教、赛、研、产”融合的计算机类研究生创新人才培养	省级教学成果奖	二等奖	蔡之华、蒋良孝、龚文引、胡成玉、颜雪松、傅苑、曾德泽、刘小波	计算机学院
18	“五金一新”驱动的应用化学本科-研究生贯通培养体系的构建与实践	省级教学成果奖	二等奖	田熙科、周成冈、韩波、帅琴、鲁立强、袁俊霞、程国娥、聂玉伦	材化学院
19	户外运动人才培养体系探索与实践	省级教学成果奖	三等奖	董范、李元、何鹏飞、李伦、张毅恒、方银、陈昆仑、牛小洪、刘华荣、游茂林、邓焰峰、汪俊杰、何丽娜	体育学院
20	传承与发展并重 创新与创业并举——面向新时代的地球化学人才培养改革与实践	省级教学成果奖	三等奖	吴元保、谢淑云、张宏飞、汤华云、向武、郭亮、郭京梁、刘勇胜	地学院

续表

序号	成果名称	获奖类别	等级	主要完成人	主要完成学院
21	水资源与环境类专业“五融合”实践教学协同育人体系的创建与应用	省级教学成果奖	三等奖	靳孟贵、马传明、郭会荣、汪丙国、黄琨、梁杏、潘欢迎、李静	环境学院
22	行业特色高校材料专业“四融合四转变”人才培养模式探索与实践	省级教学成果奖	三等奖	李珍、周炜、夏开胜、李飞、段平、黄焱球、沈毅、公衍生、赵珊茸	材化学院
23	珠宝首饰艺术设计人才核心创新力提升的“三创三化”培养模式构建与实践	省级教学成果奖	三等奖	张荣红、杨明星、杨钊、任开、孙仲鸣、闫政旭、戴翔、鲍蕊	珠宝学院

附录3　2022年正式出版教材归档统计表

序号	教材名称	编者	ISBN号	出版社	出版时间	份数
1	土木工程材料	程瑶、刘富勤	978-7-5629-6541-1	武汉理工大学出版社	2022年2月	1
2	户外运动生理学	刘仁仪、欧高志、方银、刘华荣等	978-7-5625-5192-8	中国地质大学出版社	2021年12月	1
3	土力学(第三版)	林彤、马淑芝、冯庆高、崔德山、任兴伟	978-7-5625-5139-3	中国地质大学出版社	2021年12月	1
4	岩土测试技术	崔德山、陈琼、王菁莪、马淑芝、胡修文	978-7-5625-4896-6	中国地质大学出版社	2020年12月	1
5	自动控制原理MATLAB仿真实验指导书	袁艳	978-7-5625-4950-5	中国地质大学出版社	2020年11月	1
6	C++程序设计实验指导书	李长河、刘小波、徐迟、陈珺、叶亚琴、童恒建	978-7-5625-4951-2	中国地质大学出版社	2020年12月	1
7	过程控制系统	曹卫华、何王勇、甘超	978-7-5625-5014-3	中国地质大学出版社	2021年5月	1
8	Android平台嵌入式仪器设计	宋恒力、葛健、刘欢、董浩斌	978-7-5625-5010-5	中国地质大学出版社	2021年6月	1
9	运筹学与系统工程	魏龙生、王新梅、万雄波、彭健、刘玮	978-7-5625-5051-8	中国地质大学出版社	2021年7月	1

续表

序号	教材名称	编者	ISBN 号	出版社	出版时间	份数
10	旅游地理学	温彦平、彭红霞、刘超	978-7-5625-5187-4	中国地质大学出版社	2022 年 4 月	1
11	宝石鉴定仪器教程	陈全莉、裴景成、方薇、李妍	978-7-5625-5194-2	中国地质大学出版社	2021 年 12 月	1
12	煤岩煤化学基础	李晶、汪小妹	978-7-5625-4960-4	中国地质大学出版社	2022 年 7 月	1
13	首饰概论	张荣红、汪晓玥、闫政旭、戴翔、任开	978-7-5625-5279-6	中国地质大学出版社	2022 年 4 月	1
14	数学建模实用教程	付丽华、边家文、刘智慧、杨迪威、余绍权、杨瑞琰	978-7-302-58759-0	清华大学出版社	2022 年 9 月	1
15	火成岩成因实习指导书	周翔、李一鹤、马强、陈明	978-7-5625-5378-6	中国地质大学出版社	2022 年 10 月	1
16	现代水污染控制工程	鲍建国、李义连、程本爱、凌海波、张伟军、黄西菲、曾杰、王琪、易川、李龙媛、陈西安、彭云龙、熊野涵、颜诚、李立青、洪军、崔艳萍、杜江坤、罗朝晖、王国耀	978-7-5111-5216-9	中国环境出版集团	2022 年 7 月	1
17	近代物理实验	万淼、陈欢、张保成、汪海、郑亮、杜秋娇、刘忠池、熊中龙、丁思静	978-7-5492-7612-7	长江出版社	2021 年 3 月	1
18	高级财务会计	邓九生、李利华	978-7-5680-8544-1	华中科技大学出版社	2022 年 7 月	1
19	机械工程控制基础:非线性问题初探	王院生、李波、陆桂英	978-7-5625-5294-9	中国地质大学出版社	2022 年 10 月	1

教育改革与专业建设办公室

2022 年 12 月 31 日

附录 4　2022 年大学生学科竞赛获奖统计

序号	竞赛名称	获奖情况	
1	ACM 国际大学生程序设计竞赛亚洲区域赛（杭州站、昆明站、沈阳站）	银奖	1 项（3 人）
		铜奖	3 项（9 人）
		小计	4 项（12 人）
2	全国大学生数学建模竞赛	全国二等奖	7 项（21 人）
		省一等奖	21 项（63 人）
		省二等奖	25 项（75 人）
		省三等奖	25 项（75 人）
		小计	78 队（234 人）
3	全国大学生机械创新设计大赛	全国二等奖	1 项（5 人）
		省一等奖	1 项（5 人）
		省二等奖	2 项（10 人）
		省三等奖	3 项（15 人）
		小计	7 项（35 人）
4	全国大学生结构设计竞赛	省二等奖	1 项（3 人）
		省三等奖	1 项（3 人）
		小计	2 项（6 人）
5	全国大学生广告艺术设计大赛	全国一等奖	1 项（3 人）
		全国二等奖	1 项（5 人）
		省二等奖	1 项（2 人）
		省三等奖	2 项（6 人）
		小计	5 项（16 人）
6	全国大学生“恩智浦”杯智能汽车竞赛	全国二等奖	3 项（11 人）
		华南赛区二等奖	3 项（9 人）
		小计	6 项（20 人）
7	全国大学生电子商务“创新、创意及创业”挑战赛	省一等奖	1 项（4 人）
		省二等奖	3 项（13 人）
		省三等奖	1 项（5 人）
		小计	5 项（22 人）

续表

序号	竞赛名称	获奖情况	
8	全国大学生市场调查与分析大赛	全国三等奖	3 项(15 人)
		省二等奖	1 项(5 人)
		省三等奖	2 项(9 人)
		小计	6 项(29 人)
9	“高教杯”全国大学生先进成图技术与产品信息建模创新大赛	全国三等奖	4 人
		省二等奖	4 人
		省三等奖	8 人
		小计	16 人
10	“西门子杯”中国智能制造挑战赛	全国一等奖	1 项(3 人)
		全国二等奖	1 项(3 人)
		赛区一等奖	2 项(6 人)
		赛区二等奖	3 项(9 人)
		赛区三等奖	3 项(9 人)
		小计	10 项(30 人)
11	中国大学生计算机设计大赛	全国三等奖	3 项(9 人)
		赛区二等奖	1 项(3 人)
		赛区三等奖	2 项(5 人)
		小计	6 项(17 人)
12	蓝桥杯全国软件和信息技术专业人才大赛总决赛	全国二等奖	3 人
		全国三等奖	2 人
		小计	5 人
13	米兰设计周中国高校设计学科师生优秀作品展	全国二等奖	1 项(2 人)
14	全国大学生地质技能竞赛	全国一等奖	4 项(12 人)
		全国二等奖	2 项(6 人)
		小计	6 项(18 人)
15	全国大学生集成电路创新创业大赛	全国一等奖	1 项(3 人)
		省一等奖	1 项(3 人)
		省二等奖	2 项(6 人)
		省三等奖	1 项(3 人)
		小计	5 项(15 人)

续表

序号	竞赛名称	获奖情况	
16	全国大学生金相技能大赛	全国一等奖	1人
		全国二等奖	2人
		全国三等奖	1人
		小计	4人
17	全国大学生信息安全竞赛	全国二等奖	2项(7人)
18	全国高校数字艺术设计大赛	全国一等奖	1项(3人)
		省二等奖	2项(6人)
		省三等奖	2项(5人)
		小计	5项(14人)
19	中国大学生铸造工艺设计赛	全国二等奖	1项(4人)
		全国三等奖	4项(15人)
		小计	5项(19人)
20	中国机器人大赛暨 RoboCup 机器人世界杯中国赛	全国一等奖	3项(12人)
		全国二等奖	1项(4人)
		小计	4项(16人)
21	“大唐杯”移动通信 5G 技术大赛	全国三等奖	1项(2人)
		省一等奖	2项(4人)
		省二等奖	5项(10人)
		省三等奖	8项(16人)
		小计	16项(32人)
22	全国大学生生命科学竞赛	全国一等奖	1项(4人)
23	全国大学生物理实验竞赛(创新)	全国一等奖	1项(5人)
		全国二等奖	1项(3人)
		全国三等奖	2项(8人)
		小计	4项(16人)
24	全国高校 BIM 毕业设计创新大赛	全国二等奖	2项(9人)
25	中国高校智能机器人创意大赛(四足机器人专项赛)	全国二等奖	1项(4人)
		省三等奖	1项(4人)
		小计	2项(8人)
26	全国大学生节能减排社会实践与科技竞赛	全国三等奖	6项(40人)

续表

序号	竞赛名称	获奖情况	
27	湖北省大学生电子设计竞赛(TI 杯)	特等奖	6 项(18 人)
		一等奖	8 项(24 人)
		二等奖	8 项(24 人)
		三等奖	10 项(30 人)
		小计	32 项(96 人)
28	湖北省大学生物理实验创新设计竞赛	一等奖	1 项(5 人)
		二等奖	3 项(12 人)
		三等奖	5 项(19 人)
		小计	9 项(36 人)
29	全国大学生统计建模大赛	全国二等奖	1 项(3 人)
		省一等奖	3 项(9 人)
		省二等奖	2 项(6 人)
		省三等奖	1 项(3 人)
		小计	7 项(21 人)
30	全国大学生英语竞赛	特等奖	4 人
		一等奖	11 人
		二等奖	71 人
		三等奖	110 人
		小计	196 人
31	全国大学生数学竞赛预赛	一等奖	46 人
		二等奖	59 人
		三等奖	72 人
		小计	177 人
32	中国石油工程设计大赛	全国三等奖	3 项(7 人)
33	国际遗传工程机器设计竞赛	金奖	1 项(19 人)
34	全国海洋知识竞赛	全国三等奖	2 人
35	全国大学生 GIS 应用技能大赛	特等奖	1 项(4 人)
36	ESRI 中国大学生 GIS 软件开发竞赛	全国一等奖	1 项(4 人)
		全国二等奖	4 项(15 人)
		全国三等奖	8 项(29 人)
		小计	13 项(48 人)

续表

序号	竞赛名称	获奖情况	
37	全国大学生土地国情调查大赛	全国特等奖	1项(5人)
		全国一等奖	1项(6人)
		小计	2项(11人)
38	全国大学生国土空间规划技能大赛	全国二等奖	1项(4人)
39	全国土地管理资源专业大学生不动产估价技能大赛	全国一等奖	2项(8人)
40	中国工程机器人大赛暨国际公开赛	全国一等奖	7项(20人)
		全国二等奖	9项(24人)
		全国三等奖	2项(6人)
		小计	18项(50人)
41	台达杯国际高校绿色智造大赛	全国三等奖	1项(2人)
42	中国大学生程序设计竞赛(广州站、桂林站)	银奖	1项(3人)
		铜奖	1项(3人)
		小计	2项(6人)
43	全国大学生结构设计信息技术大赛	全国三等奖	3项(9人)
44	第八届中国国际“互联网＋”大学生创新创业大赛	国赛银奖	3项(44人)
		国赛铜奖	8项(100人)
		省赛金奖	9项(102人)
		省赛银奖	2项(26人)
		省赛铜奖	4项(60人)
		小计	26项(332人)
合计			709项(1674人)

附录5　2021年本科生数(分学院统计、分学科门类统计)

单位:人

院系	法学	工学	管理学	教育学	经济学	理学	普通预科生	文学	艺术学	总计
材料与化学学院		1100								1100
地理与信息工程学院		733				591				1324
地球科学学院						653				653
地球物理与空间信息学院		335				387				722
工程学院		1909								1909

续表

院系	法学	工学	管理学	教育学	经济学	理学	普通预科生	文学	艺术学	总计
公共管理学院	106	261	575							942
海洋学院		59				220				279
环境学院		812				184				996
机械与电子信息学院		1816								1816
计算机学院		1940								1940
经济管理学院			1125		568	83				1776
李四光学院		29				220				249
马克思主义学院	152									152
数学与物理学院						729	95			824
体育学院				202						202
外国语学院								350		350
未来技术学院		121								121
艺术与传媒学院								163	783	946
珠宝学院		297							177	474
资源学院		834								834
自动化学院		1115								1115
总计	258	11 361	1700	202	568	3067	95	513	960	18 724

附录 6　2022 年本科生按专业招生情况

学校专业名称	招生人数/人
宝石及材料工艺学	81
材料类	150
测绘类(测绘与信息类)	180
产品设计(珠宝首饰设计)	40
大气科学	50
地理科学类	148
地球物理学(国家拔尖计划)	35
地球物理学类(地球物理与信息类)	190
地下水科学与工程(中外合作办学)	60

续表

学校专业名称	招生人数/人
地质类	514
地质类(资源能源)	2
地质类(资源能源)	223
地质学类	100
地质学类(国家拔尖计划,国家理科基地班)	70
地质学类(菁英班)	60
电子信息类	425
电子信息类(未来技术学院)	60
公共管理类(理工)	120
公共管理类(文法)	127
管理科学与工程类	145
广播电视学	39
海洋科学类	94
环境科学与工程类(环境地球科学类)	174
计算机科学与技术(中外合作办学)	70
计算机类	300
经济学类	289
民族预科班	96
设计学类	146
社会体育指导与管理	50
数学类	120
思想政治教育	40
物理学	59
音乐学	50
应用化学	149
英语	88
自动化类	270
总计	4814

附录 7　2022 年本科生分省录取情况

省市	理工(物理类)			文史(历史类)		
	最低分数/分	超一本线/分	位次	最低分数/分	超一本线/分	位次
安徽	562	71	29 164	579	56	2191
北京	561	43	14 585	综合改革		
福建	579	151	14 556	587	119	2002
甘肃	482	40	18 112	533	48	1629
广东	587	142	31 287	570	133	6198
广西	556	81	12 302	590	58	1962
贵州	546	95	10 568	607	58	1774
海南	649	80	4415	综合改革		
河北	573	143	22 730	596	153	2446
河南	564	55	42 196	578	51	3610
黑龙江	514	85	12 604	538	75	1477
湖北	575	166	16 500	576	141	3470
湖南	579	165	15 582	575	124	2987
吉林	529	41	10 580	536	25	1817
江苏	550	121	54 069	571	100	4930
江西	574	65	11 205	576	47	2176
辽宁	570	208	17 846	583	179	2190
内蒙古	514	87	10 733	536	77	1481
宁夏	463	51	6067	508	21	1881
青海	441	106	4267	417	8	3974
山东	577	64	30 210	综合改革		
山西	542	44	15 322	555	38	1846
陕西	539	90	17 031	534	50	4445
四川	597	82	19 310	586	48	3391
天津	615	152	10 835	综合改革		
云南	584	69	11 878	625	50	1930
浙江	613	116	33 966	综合改革		
重庆	565	154	14 730	564	149	3062

附录 8　2022 年国家大学生创新创业训练计划项目名单

序号	项目编号	项目名称	项目类型	项目负责人	指导教师名称	所在学院	项目级别
1	X202210491023	基于多组学-异质图神经网络的癌关键基因预测研究	创新训练项目	闵思文	易鸣	地球科学学院	校级
2	X202210491024	多功能一体化压裂体系研发	创新训练项目	邵钲博	傅梁杰	地球科学学院	校级
3	202210491031	基于人-机-环境情感交互体验的智能导览机器人系统研究	创新训练项目	葛云聪	刘振焘	未来技术学院	国家级
4	X202210491004	吉木萨尔矿区煤层水中本源菌群组成及其产气潜力研究	创新训练项目	徐帆	伏海蛟	资源学院	校级
5	X202210491006	天然气水合物物理模拟实验及水合物成藏时序性研究	创新训练项目	裴紫杞	石万忠	资源学院	校级
6	S202210491006	压裂液介质中煤粉物性对其聚散行为的作用机制	创新训练项目	陈冲	吕帅锋	资源学院	省级
7	S202210491013	莺歌海盆地东方区中深层强超压环境储层古流体演化与油气充注耦合关系	创新训练项目	胡强	刘建章	资源学院	省级
8	X202210491019	1∶5 万化探异常源区溯源方法试验研究	创新训练项目	刘兴国	石文杰、魏俊浩	资源学院	校级
9	S202210491020	基于焙烧-酸浸协同驱动下锂最佳浸出实验研究——以黔西黏土型锂矿床为例	创新训练项目	孙仁宇	李宝庆、王小明	资源学院	省级

续表

序号	项目编号	项目名称	项目类型	项目负责人	指导教师名称	所在学院	项目级别
10	X202210491020	卡林型金矿床黄铁矿中金的地球化学行为研究	创新训练项目	苑重阳	吴亚飞	资源学院	校级
11	S202210491022	新疆沙尔湖煤田高氯煤降氯措施	创新训练项目	王才鸿	王小明	资源学院	省级
12	S202210491023	吐哈盆地西山窑组煤的形成微环境及其对富油煤生烃潜力的控制	创新训练项目	曹芷萱	甘华军	资源学院	省级
13	S202210491024	鄂西秭归链子崖村二叠系茅口组顶部风化壳年龄及其对东吴运动的响应	创新训练项目	高亚仙	沈传波	资源学院	省级
14	S202210491025	流体包裹体和团簇同位素双测温约束深层碳酸盐岩热史恢复	创新训练项目	苏腾飞	平宏伟	资源学院	省级
15	S202210491034	小秦岭樊岔金矿床成矿流体特征：来自白钨矿流体包裹体的证据	创新训练项目	陈宇阳	蒋少涌	资源学院	省级
16	X202210491045	基于GIS的地球化学异常识别关键技术研发	创新训练项目	左有敏	刘岳	资源学院	校级
17	S202210491052	莺歌海盆地东方区黄流组一段浅海重力流扇体沉积源-汇演化分析	创新训练项目	朱芷璇	王华	资源学院	省级
18	S202210491089	磷灰石原位微量元素及Sr-Nd同位素分析揭示黑鹰山铁矿床的矿床成因	创新训练项目	李冉	李建威、胡浩	资源学院	省级
19	S202210491111	页岩气开采诱发地震机理与风险性预测	创新训练项目	朱璇	侯宇光、孟庆帮	资源学院	省级

续表

序号	项目编号	项目名称	项目类型	项目负责人	指导教师名称	所在学院	项目级别
20	S202210491123	湖相富有机质页岩中顺层方解石脉成因探究——以东营凹陷为例	创新训练项目	江嘉怡	陈红汉	资源学院	省级
21	S202210491130	鄂东南矿集区铜绿山铜铁金矿床矿体三维可视化展示与地质建模	创新训练项目	黄中泽	谭俊	资源学院	省级
22	S202210491142	不同成矿系统中磷灰石阴极发光特征及其所示成矿信息	创新训练项目	张陈	赵新福	资源学院	省级
23	S202210491157	河南舞阳前寒武纪条带状铁矿床中矽卡岩型富铁矿的成因研究	创新训练项目	李龙鹏	胡浩	资源学院	省级
24	S202210491158	白钨矿 LA-ICP-MS 原位 U-Pb 同位素定年研究	创新训练项目	胡加盛	赵葵东	资源学院	省级
25	S202210491184	矿物眼—栅格大数据智能分析系统	创新训练项目	吕骏腾	陈鑫	资源学院	省级
26	S202210491185	川西南乌斯河古油藏沥青 Re-Os 同位素定年及其对峨眉山火山活动的指示	创新训练项目	佟傲	沈传波	资源学院	省级
27	S202210491197	复兴地区侏罗系陆相页岩储层精细表征及油气赋存研究	创新训练项目	刘越	董田	资源学院	省级
28	S202210491206	辽河油田马 19 储气库库容量计算模型及应用	创新训练项目	李明晓	谢丛姣	资源学院	省级
29	S202210491001	铋激活红光无机发光材料中局域晶体结构分析和团簇发光机理研究	创新训练项目	游鑫榆	李国岗	材料与化学学院	省级

续表

序号	项目编号	项目名称	项目类型	项目负责人	指导教师名称	所在学院	项目级别
30	S202210491002	植物状 CuS/CuO 分层同轴纳米棒阵列的合成	创新训练项目	刘星辰	王永钱、夏帆	材料与化学学院	省级
31	S202210491003	$CsPbX_3$/金属硫族化合物核壳结构量子点的可控合成及其发光性质研究	创新训练项目	吉心宇	陈克强	材料与化学学院	省级
32	S202210491004	$CsPbX_3$/$NaYF_4$ 核壳结构纳米晶的可控合成及其环境稳定性研究	创新训练项目	徐婉卿	陈克强	材料与化学学院	省级
33	S202210491007	稀土离子调控的天然超材料超透镜	创新训练项目	黄惜贤	田晓聪	材料与化学学院	省级
34	202210491007	基于金属-载体强相互作用的三层多孔纳米管廉价电解水催化剂开发研究	创新训练项目	李传福	蔡卫卫、CHENG HANSONG	材料与化学学院	国家级
35	202210491008	有机金属纳米酶的构建以及在检测方面的应用	创新训练项目	姚佳琪	戴煜	材料与化学学院	国家级
36	X202210491008	高熵稀土锆酸盐材料的制备及性能调控	创新训练项目	孙杰	罗丽荣	材料与化学学院	校级
37	202210491009	零维全无机锌基卤化物在酰胺检测方面的应用探索与机理探究	创新训练项目	赵云娜	李国岗	材料与化学学院	国家级
38	202210491010	自粘附水凝胶热电器件的研究	创新训练项目	汪万红	张孝进	材料与化学学院	国家级
39	202210491015	海泡石-聚烯烃复合凝胶型体型吸附剂的制备以及吸附性能的研究	创新训练项目	陈惠琳	杨志红	材料与化学学院	国家级

续表

序号	项目编号	项目名称	项目类型	项目负责人	指导教师名称	所在学院	项目级别
40	S202210491016	埃洛石基铅离子吸附材料的制备及其应用性能研究	创新训练项目	门再荣	傅梁杰、杨华明	材料与化学学院	省级
41	X202210491017	柔性锌离子杂化储能系统的 3D 打印制造、性能及可穿戴应用研究	创新训练项目	赵思淼	田晓聪	材料与化学学院	校级
42	S202210491019	魔角氧化钼非线性效应及超薄激光应用	创新训练项目	李乃竹	戴志高	材料与化学学院	省级
43	202210491020	高响应速度柔性透明 p 型 CuI 基材料及自供能紫外光电探测器的研究	创新训练项目	艾陈斌	孙剑	材料与化学学院	国家级
44	X202210491022	模板法制备锰氮共掺杂多孔碳纳米管用于高效氧还原反应	创新训练项目	张婷婷	蔡卫卫	材料与化学学院	校级
45	202210491032	孔道外表面纳米颗粒结构和密度对离子传输规律的影响	创新训练项目	龚亨天	高鹏程	材料与化学学院	国家级
46	202210491033	基于改性凹凸棒的铅卤钙钛矿稳定性能研究	创新训练项目	李怡	戴志高	材料与化学学院	国家级
47	202210491039	基于黏土纳米管的新型纳米生成器构筑及其肿瘤催化治疗效果研究	创新训练项目	李昊坤	陈莹、杨华明	材料与化学学院	国家级
48	202210491047	二维钙钛矿（$C_8H_{20}N_2$）PbX_4 的制备及发光性能调控	创新训练项目	叶秉坤	戴志高	材料与化学学院	国家级
49	X202210491049	聚苯并咪唑/有机膦酸-NU_6 复合高温质子交换膜的制备及性能研究	创新训练项目	娄婷	张运丰	材料与化学学院	校级

续表

序号	项目编号	项目名称	项目类型	项目负责人	指导教师名称	所在学院	项目级别
50	202210491050	稀土离子 Eu^{2+} 掺杂的高效窄带绿光荧光粉的结构设计与发光性能调控	创新训练项目	黄勤文	李国岗	材料与化学学院	国家级
51	S202210491057	水相稳定 $CsPbX_3$ 纳米晶的可控合成及其光催化应用研究	创新训练项目	谈秀	陈克强	材料与化学学院	省级
52	202210491065	纳米银立方表面等离激元增强蓝光钙钛矿发光复合材料的制备及应用	创新训练项目	屈腾远	戴志高	材料与化学学院	国家级
53	202210491070	漂浮型吸油矿物材料的制备	创新训练项目	宿东亮	周凤	材料与化学学院	国家级
54	S202210491085	Li_3PO_4 和 PPy 双导电层包覆三元正极材料的电化学行为	创新训练项目	柴鹏程	王圣平	材料与化学学院	省级
55	S202210491090	功能化超微孔碳材料在锂离子吸附方面的应用	创新训练项目	储迎宇	夏开胜	材料与化学学院	省级
56	S202210491112	光控分子对环糊精修饰的金纳米粒子催化性能的影响	创新训练项目	吴婷芳	戴煜	材料与化学学院	省级
57	S202210491144	通过 CeO_2 的表面修饰来增强 $CoSe_2$ 纳米立方体的双功能活性用于先进的锌空电池	创新训练项目	黄永龙	赵凌	材料与化学学院	省级
58	S202210491152	基于 AAO 孔道的纳米结构限域自组装及其生物传感特性研究	创新训练项目	邓哲贤	王永钱、夏帆	材料与化学学院	省级
59	S202210491159	锂离子电池电极材料 DAAP@NF 的制备、电化学性能	创新训练项目	顾子琦	王圣平	材料与化学学院	省级

续表

序号	项目编号	项目名称	项目类型	项目负责人	指导教师名称	所在学院	项目级别
60	S202210491160	铝灰基胶凝材料性能研究及其重金属调控	创新训练项目	曲艳蕾	段平	材料与化学学院	省级
61	S202210491173	锂离子电池一体化隔膜的设计与应用	创新训练项目	华慧玲	曾丹黎	材料与化学学院	省级
62	S202210491182	双连续碳包覆复合结构钒酸盐纳米线器件组装、储锂性能与机理	创新训练项目	尹舸	董铁凡	材料与化学学院	省级
63	S202210491204	层状钙钛矿基复合催化剂的制备与一维管状锌空气电池的研究	创新训练项目	安弘飞	贺贝贝、王欢文	材料与化学学院	省级
64	S202210491217	“纳米高熵合金—钙钛矿”SOFC 异质结构阳极的抗积碳机理研究	创新训练项目	何兴龙	贺贝贝	材料与化学学院	省级
65	S202210491225	阳离子无序岩盐材料的非拓扑反应、离子固相扩散行为和倍率性能	创新训练项目	张一凡	王圣平	材料与化学学院	省级
66	202210491006	百年尺度全球复合高温-干旱发生风险时空变化及其驱动机制	创新训练项目	闵睿盈	顾西辉	环境学院	国家级
67	202210491014	武汉城市圈人为源 VOCs 排放控制对 PM2.5 和 O_3 协同治理有效性研究	创新训练项目	童芷萱	燕莹莹	环境学院	国家级
68	202210491017	气候变化背景下中国可再生能源的变化及预估	创新训练项目	武荣昌	牛晓瑞	环境学院	国家级
69	X202210491021	基于机器学习与频率比-逻辑回归耦合模型对滑坡易发性研究——以五峰县为例	创新训练项目	邓睿	马传明、曾斌	环境学院	校级

续表

序号	项目编号	项目名称	项目类型	项目负责人	指导教师名称	所在学院	项目级别
70	X202210491028	赤泥对酸性矿山废水修复机理及效果的研究	创新训练项目	杜泽平	刘鹏	环境学院	校级
71	S202210491029	区域传输对华中地区臭氧污染的影响	创新训练项目	张艳婷	燕莹莹	环境学院	省级
72	202210491037	一种可自主移动并选择净化区域的智能生态浮岛	创新训练项目	许诗滢	马传明	环境学院	国家级
73	202210491042	胞内钙化蓝细菌:一种新型的重金属去除材料	创新训练项目	陈倩	刘邓	环境学院	国家级
74	202210491043	1961—2020年中国复合极端高温事件风险分析与驱动机制	创新训练项目	吕楠	顾西辉	环境学院	国家级
75	S202210491044	有机碳源对水位波动带沉积物氮迁移转化的影响研究	创新训练项目	曹馨予	梁杏、陈文岭	环境学院	省级
76	X202210491059S	高校趣味运动会	创业实践项目	吉帅乐	姬庆	环境学院	校级
77	202210491061	温度波动对河流潜流带氮迁移转化的影响机制研究	创新训练项目	金玉洁	靳孟贵、刘延锋	环境学院	国家级
78	S202210491064	磷石膏生物预处理及制备硫酸钙晶须研究	创新训练项目	余平平	李民敬、张伟军、梁莉莉	环境学院	省级
79	S202210491065	环境水体中碘和溴形态原位分离技术	创新训练项目	刘铭颖	郭伟、胡圣虹	环境学院	省级
80	S202210491066	基于Sab仿生结构的相变能太阳能多能耦合空气取水净水一体化装置	创新训练项目	刘念	潘欢迎、马传明	环境学院	省级

续表

序号	项目编号	项目名称	项目类型	项目负责人	指导教师名称	所在学院	项目级别
81	202210491069	基于多级蒸发分馏浓缩的地下水超低氚含量高效测试设备研制	创新训练项目	梁纪元	毛绪美	环境学院	国家级
82	202210491076X	修砷养源——原位修复高砷地下水技术	创业训练项目	许涵	谢先军、王焰新、李俊霞、苏春利	环境学院	国家级
83	S202210491077	铁絮凝法对矿山锑污染土壤-地下水污染场地的固化	创新训练项目	万燕	刘鹏	环境学院	省级
84	202210491080S	功能性环境修复生物炭——地下水重金属污染的治理	创业实践项目	华祎梓	刘鹏	环境学院	国家级
85	S202210491103	机器学习与传统水文模型短时径流预报研究	创新训练项目	史嘉琪	孔冬冬	环境学院	省级
86	S202210491113	中上新世暖期南亚雨季开始和结束特征的模拟研究	创新训练项目	唐实	李香钰	环境学院	省级
87	S202210491125	新型绿色三价铁活化过二硫酸盐处理难降解有机污染物	创新训练项目	陆奕璇	蔡纯	环境学院	省级
88	S202210491129	水文过程影响下长江河岸带土壤重金属分布特征及健康风险	创新训练项目	李文晨	刘运德	环境学院	省级
89	S202210491143	水电站建设期混凝土冲洗废水循环使用中絮凝剂的残留对其投加量的影响研究	创新训练项目	杨雅楠	崔艳萍	环境学院	省级

续表

序号	项目编号	项目名称	项目类型	项目负责人	指导教师名称	所在学院	项目级别
90	S202210491147	自动化盐碱地洗盐灌溉一体化处理系统	创新训练项目	陈文婉	马传明、梁莉莉、潘欢迎	环境学院	省级
91	S202210491190	酸性矿山废水对二氧化碳的贡献及构建区域碳循环的方法	创新训练项目	付子岩	谢先军	环境学院	省级
92	S202210491195	利用合成生物学方法开发 c-di-GMP 生物传感器用于高通量筛选生物被膜解离剂	创新训练项目	陈宏玮	胡译丹	环境学院	省级
93	S202210491210	厌氧环境下 pH 对硝酸盐还原耦合锑氧化过程的影响机理研究	创新训练项目	高雨萌	马丽媛	环境学院	省级
94	S202210491222	基于 LDHs 覆膜改性的湿地基质生物膜生长与调控技术研究	创新训练项目	杨梓萌	王亚芬	环境学院	省级
95	S202210491224	利用合成生物学方法开发可感知胞内 c-di-GMP 浓度下降的生物传感器用于高通量筛选生物被膜解离剂	创新训练项目	张子蔚	胡译丹、李继红	环境学院	省级
96	S202210491227X	基于地质材料的水污染及地质监测产业化	创业训练项目	韩佳欣	马传明	环境学院	省级
97	S202210491235S	智慧养老一体化服务系统	创业实践项目	张雨潇	王伟	环境学院	省级
98	S202210491239S	基于废弃生物质资源化利用搭建农村碳交易体系	创业实践项目	蔡子延	刘鹏、王焰新、郭锐、向龙斌	环境学院	省级

续表

序号	项目编号	项目名称	项目类型	项目负责人	指导教师名称	所在学院	项目级别
99	S202210491005	土壤热损伤及火后泥石流诱发影响研究	创新训练项目	金格生	丁彦铭	工程学院	省级
100	S202210491009	气凝胶基复合相变材料构筑及其性能研究	创新训练项目	陈文钰	周克清	工程学院	省级
101	X202210491011	库水作用下马家沟滑坡滑带的形成演化机制研究	创新训练项目	赵胜南	胡新丽	工程学院	校级
102	S202210491017	基于人工智能的中国古代石拱桥稳定性评价	创新训练项目	龚祝存	崔德山	工程学院	省级
103	202210491018	高锰含量镍基胎体电镀金刚石钻头制备工艺及钻进特性研究	创新训练项目	王善成	潘秉锁	工程学院	国家级
104	S202210491021	高温碱性固井条件下膨胀封隔器与水泥胶结界面的抗剪强度研究	创新训练项目	何祖敬	方长亮	工程学院	省级
105	202210491024	再生集料的有机强化及其沥青混凝土工程性能研究	创新训练项目	王逸美	陈宗武	工程学院	国家级
106	S202210491033	典型废弃聚合物塑料资源化利用中的热转化研究	创新训练项目	赵梦琪	丁彦铭	工程学院	省级
107	X202210491039	塔里木超深特殊岩性体力学特征和破坏强度研究	创新训练项目	谷钰坤	崔国栋	工程学院	校级
108	X202210491041	沉桩状态下超孔隙水压力分布的理论与试验研究	创新训练项目	高堂哲	吴文兵、刘鑫	工程学院	校级

续表

序号	项目编号	项目名称	项目类型	项目负责人	指导教师名称	所在学院	项目级别
109	X202210491042	闭合式地下连续墙基础力学性能试验研究	创新训练项目	崔晨昊	张伟丽	工程学院	校级
110	202210491051	环境风作用下多尺度航空煤油池火热辐射特性研究	创新训练项目	李昕	丁彦铭	工程学院	国家级
111	202210491056	温度-渗流耦合作用下冰碛土参数敏感性分析研究	创新训练项目	吴浩然	李长冬、周佳庆	工程学院	国家级
112	S202210491060	基于响应面法的新型 UHPC 组成设计的研究	创新训练项目	刘成	徐方	工程学院	省级
113	S202210491067	磨料水射流切割玉石特性研究	创新训练项目	黄骏奎	黄满	工程学院	省级
114	S202210491081	CO_2 超深钻井井壁热流固耦合机理及模型构建	创新训练项目	夏益文	崔国栋	工程学院	省级
115	S202210491092	滚石形貌的精细表征及滚石地质灾害的水平集离散元预测	创新训练项目	张启航	涂福彬、陈宗武	工程学院	省级
116	S202210491093	含断层破碎带边坡圆截面组合式抗滑桩最优嵌固深度和排距研究	创新训练项目	苗宇芃	李长冬	工程学院	省级
117	S202210491107	路堑边坡挡墙土压力分布试验研究与等效参数表征	创新训练项目	于深	蔡静森	工程学院	省级
118	S202210491108	校园垃圾典型组分热解特性及气体污染物生成机理的研究	创新训练项目	覃湘琳	丁雁	工程学院	省级

续表

序号	项目编号	项目名称	项目类型	项目负责人	指导教师名称	所在学院	项目级别
119	S202210491109	无机修饰 MXene 杂化材料的设计制备及其对环氧树脂阻燃、抑烟性能的影响研究	创新训练项目	梁宇涛	周克清	工程学院	省级
120	S202210491115	基于固碳行为的钢渣表面性能缺陷修复及其沥青混凝土生态特征研究	创新训练项目	韩艺冰	陈宗武	工程学院	省级
121	S202210491137	P、N 共掺杂二维纳米阻燃剂在聚合物中的应用初探	创新训练项目	魏琦	周克清	工程学院	省级
122	S202210491145	大直径盾构双液同步注浆材料研究	创新训练项目	耿志鹏	徐方	工程学院	省级
123	S202210491164	钢纤维再生细骨料混凝土基本力学性能试验研究	创新训练项目	潘杨	王晓梅、孔刘林	工程学院	省级
124	S202210491174	3D 打印技术制备复合金属基多材料金刚石钻头的方法及应用	创新训练项目	杨龙	段隆臣、周燕	工程学院	省级
125	S202210491175	磷石膏基超缓凝混凝土组成设计与应用技术研究	创新训练项目	唐浩钧	徐方	工程学院	省级
126	S202210491191	新型地质聚合物道路工程快速修复材料组成优化设计与路用性能提升技术研究工作	创新训练项目	隋景玉	徐方	工程学院	省级
127	S202210491213	多功能化 rGO/MXene/ZIF-67 复合气凝胶的制备及其火灾预警研究	创新训练项目	谢哲涵	周克清	工程学院	省级

续表

序号	项目编号	项目名称	项目类型	项目负责人	指导教师名称	所在学院	项目级别
128	X202210491033	基于粒子群优化算法的瑞雷波频散曲线反演研究	创新训练项目	闫行健	宋先海	地球物理与空间信息学院	校级
129	202210491035	应用GNSS和GEACE数据基于Slepain函数联合反演南水北调前后汉江流域陆地水总储量变化	创新训练项目	宋璟雷	邹蓉	地球物理与空间信息学院	国家级
130	X202210491050	稀有矿物中出溶磁铁矿的岩石磁学特征及其地球物理学应用意义	创新训练项目	孙龙祺	王华沛	地球物理与空间信息学院	校级
131	X202210491051	基于GOLD卫星对赤道等离子体泡的研究	创新训练项目	毛月荷	余涛	地球物理与空间信息学院	校级
132	202210491058	结合深度学习和地理先验知识的耕地地块提取	创新训练项目	张弘弛	张玉香、王毅	地球物理与空间信息学院	国家级
133	202210491059	秭归野外实践教学的数字化体验——地质云实习	创新训练项目	霍姝涵	陈丽霞	地球物理与空间信息学院	国家级
134	202210491067	地质指导下构造模型与地震响应样本库合成方法研究	创新训练项目	刘芯宇	严哲、顾汉明	地球物理与空间信息学院	国家级
135	S202210491069	汤加火山爆发后大气层-电离层波动	创新训练项目	刘海斌	孙杨铁	地球物理与空间信息学院	省级
136	202210491071	基于机器学习和自动微分的频率域声波正演模拟方法研究	创新训练项目	裴璇子	柴新涛	地球物理与空间信息学院	国家级
137	202210491072	基于优化DenseNet网络的滑坡识别	创新训练项目	孟一帆	陈涛	地球物理与空间信息学院	国家级

续表

序号	项目编号	项目名称	项目类型	项目负责人	指导教师名称	所在学院	项目级别
138	202210491077X	星航智联—“北斗船联综合智能航运设备	创业训练项目	安德鹏	邹蓉、王琪、黄倩、高凌峰	地球物理与空间信息学院	国家级
139	S202210491102	基于 DC-UNet 网络的武汉城市圈建设用地信息提取及扩张分析	创新训练项目	苏天泽	董燕妮	地球物理与空间信息学院	省级
140	S202210491201	基于卷积神经网络的瞬变电磁法一维反演研究	创新训练项目	张恒	李建慧	地球物理与空间信息学院	省级
141	S202210491202	基于全反射法的透明液体浓度测量装置	创新训练项目	谢李克	汪海	地球物理与空间信息学院	省级
142	S202210491014	量化“构造”和“气候”对台风活跃区海岛地表侵蚀速率的影响	创新训练项目	王磊	雷超	海洋学院	省级
143	X202210491018	蓝细菌宏基因组对其分布建模与环境预测	创新训练项目	朱婕	严威	海洋学院	校级
144	S202210491058	全球持续变暖下中国各区域极端气候变化的时空异质性	创新训练项目	沈晶晶	宫勋	海洋学院	省级
145	202210491079X	海洋能效助手	创业训练项目	施皓程	涂海文、赵恩金	海洋学院	国家级
146	S202210491124	琼东南海盆地天然气水合物储层沉积时间研究	创新训练项目	贺泷	姜涛	海洋学院	省级
147	S202210491141	琼东南盆地天然气水合物-浅层气耦合关系研究	创新训练项目	操时逸	姜涛	海洋学院	省级

续表

序号	项目编号	项目名称	项目类型	项目负责人	指导教师名称	所在学院	项目级别
148	S202210491156	基于志愿观测船数据的1970—2015全球波候变化研究及其在应用中的可行性分析	创新训练项目	王培军	蒋浩宇	海洋学院	省级
149	S202210491168	近海沉积物中微塑料降解菌株的挖掘	创新训练项目	苗佳慧	杨姗姗	海洋学院	省级
150	S202210491216	基于AlphaFold2对蓝细菌进行的蛋白质结构预测	创新训练项目	王陆航	严威	海洋学院	省级
151	202210491005	复杂空心点阵结构氧化铝陶瓷的微挤出3D打印成形及性能研究	创新训练项目	吴丁一	刘富初	机械与电子信息学院	国家级
152	S202210491010	面向智能电磁战的电子对抗干扰波形和参数优化技术研究	创新训练项目	王喆	陈分雄、陈振兴	机械与电子信息学院	省级
153	202210491019	3D打印钛合金超声喷丸表面强化工艺研究	创新训练项目	朱一锋	徐林红、韩光超	机械与电子信息学院	国家级
154	X202210491025	第十四届铸造工艺大赛	创新训练项目	徐东升	刘富初	机械与电子信息学院	校级
155	202210491026	基于RT-Thread与深度学习人脸识别系统的智能测温基站	创新训练项目	章珊	程卓、罗大鹏	机械与电子信息学院	国家级
156	S202210491026	基于毫米波雷达的人员非法入侵检测系统	创新训练项目	柴正华	程卓	机械与电子信息学院	省级
157	X202210491026	“西门子杯”中国智能制造挑战赛(数字孪生方向)	创新训练项目	苗金琦	李昌平、何王勇	机械与电子信息学院	校级

续表

序号	项目编号	项目名称	项目类型	项目负责人	指导教师名称	所在学院	项目级别
158	X202210491029	2023 中国大学生机械工程创新创意大赛:第十四届铸造工艺设计赛	创新训练项目	黄睿	刘富初、张文颖	机械与电子信息学院	校级
159	202210491030	基于自适应域转换的无监督目标检测算法研究	创新训练项目	刘焕荣	罗大鹏	机械与电子信息学院	国家级
160	S202210491039	基于多目标优化的露天矿电铲走铲点建模以及铲车在线调度系统	创新训练项目	李炳煜	李长河	机械与电子信息学院	省级
161	X202210491040	基于深度卷积神经网络的金相微观组织分类识别及缺陷判定	创新训练项目	李一帆	徐林红、赵权	机械与电子信息学院	校级
162	202210491044	基于跨模态无监督领域自适应学习的开集目标检测系统研制	创新训练项目	何永鑫	罗大鹏	机械与电子信息学院	国家级
163	X202210491058X	AI 易诊 APP——您掌上的私人医护助手	创业训练项目	付连盟	易颖	机械与电子信息学院	校级
164	202210491062	一种基于 UWB 及 RTK 的室内外融合定位系统	创新训练项目	罗榆清	程卓	机械与电子信息学院	国家级
165	202210491074	基于 ECM 式麦克风的多通道声阵列成像系统	创新训练项目	陈奕璇	程卓、黄田野	机械与电子信息学院	国家级
166	S202210491083	水溶性复杂 CaO 陶瓷型芯的微挤出 3D 打印成形及性能研究	创新训练项目	刘鑫	刘富初	机械与电子信息学院	省级
167	S202210491084	一种基于可调谐荧光法的油品成分检测装置	创新训练项目	丁驰洋	王瑾	机械与电子信息学院	省级

续表

序号	项目编号	项目名称	项目类型	项目负责人	指导教师名称	所在学院	项目级别
168	S202210491098	高压电脉冲垂直钻进试验台及电极钻头结构优化	创新训练项目	谷乐	李昌平	机械与电子信息学院	省级
169	S202210491114	基于物联网的智慧农业环境检测系统	创新训练项目	石俊杰	程卓	机械与电子信息学院	省级
170	S202210491126	微震数据采集设备及数据的压缩和云端上传	创新训练项目	陈云泉	郝国成	机械与电子信息学院	省级
171	S202210491163	基于 FPGA CNN 加速器的 SSD_MobileNetV1 模型目标检测实现	创新训练项目	王茂森	王家豪	机械与电子信息学院	省级
172	S202210491180	纯滚动行星轮系及传动性能检测实验系统设计	创新训练项目	杨新琪	陈祯	机械与电子信息学院	省级
173	X202210491014	非侵入式家庭用电负荷智能监测与辨识系统	创新训练项目	高志毅	胡文凯	自动化学院	校级
174	X202210491015	基于多源环境信息融合的海洋资源勘探平台稳定控制系统设计	创新训练项目	孙龙银	陆承达	自动化学院	校级
175	202210491023	基于视听双模态信息融合的助老安全监护系统	创新训练项目	张龙博	刘振焘	自动化学院	国家级
176	X202210491038	文本检测与识别领域基准数据集的研究	创新训练项目	刘洋	徐迟	自动化学院	校级
177	X202210491052	基于自适应约束多目标的膳食营养结构优化系统	创新训练项目	汪胜	李长河	自动化学院	校级

续表

序号	项目编号	项目名称	项目类型	项目负责人	指导教师名称	所在学院	项目级别
178	S202210491055	基于序列比对和流形学习的工业报警泛滥根源分析	创新训练项目	陈宁	胡文凯	自动化学院	省级
179	S202210491056	“互联网+党建”智慧云平台开发	创新训练项目	刘虹良	王向东、黄兰华	自动化学院	省级
180	X202210491062X	基于微信小程序的友邻社区共享平台设计与实现	创业训练项目	马海书	朱媛	自动化学院	校级
181	202210491068	基于四旋翼自主飞行器影像序列的复杂场景三维重建系统	创新训练项目	陈梓炫	张传科	自动化学院	国家级
182	S202210491070	面向实时配矿的矿卡在线调度系统	创新训练项目	李星宏	李长河	自动化学院	省级
183	202210491075	知婴时代——AI育儿领域的先行者	创新训练项目	周智豪	刘振焘	自动化学院	国家级
184	S202210491106	基于TC264无人自行车的研究与设计	创新训练项目	李梦昕	赵娟	自动化学院	省级
185	S202210491116	基于卷积神经网络的AI机器人控制系统	创新训练项目	王豪鹏	赵娟	自动化学院	省级
186	S202210491139	智能化港口货物运输在线调度系统	创新训练项目	章铭涵	董凯锋	自动化学院	省级
187	S202210491148	基于镜面成像技术对人手足模型的三维重构	创新训练项目	魏杨	徐迟	自动化学院	省级
188	S202210491162	面向SPT标准贯人过程的冲击能量监测与分析装备	创新训练项目	王凌云	吴涛	自动化学院	省级
189	S202210491186	基于多传感器数据融合算法的自动导航小车设计与实现	创新训练项目	陶梓兴	赵娟	自动化学院	省级

续表

序号	项目编号	项目名称	项目类型	项目负责人	指导教师名称	所在学院	项目级别
190	S202210491196	基于疫情情况下的公交车自动口罩识别及体温识别系统	创新训练项目	王义博	董凯锋	自动化学院	省级
191	S202210491200	基于云-端协同的非侵入式用电负荷识别方法	创新训练项目	吴哲	胡文凯	自动化学院	省级
192	S202210491203	不确定情况下的无人机编队控制	创新训练项目	王子轩	宗小峰	自动化学院	省级
193	S202210491207	基于图像处理的物体识别和分类系统	创新训练项目	魏子墨	董凯锋	自动化学院	省级
194	S202210491212	第 17 届西门子杯-放热反应器控制系统的设计	创新训练项目	闫浩鹏	何王勇	自动化学院	省级
195	S202210491218	考虑地层不确定性的钻柱振动抑制	创新训练项目	陈奕衡	陆承达	自动化学院	省级
196	S202210491223	自平衡直立车姿态与速度控制方案设计	创新训练项目	陈泓旭	赵娟	自动化学院	省级
197	X202210491002	基于大数据建模的新能源汽车政策激励与上市公司响应策略	创新训练项目	潘彦锟	朱镇	经济管理学院	校级
198	202210491003	网络视角下工程违规行为的致险路径与协同感知	创新训练项目	周晓洁	郭聖煜	经济管理学院	国家级
199	X202210491003	基于旅游者摄影体验视角的历史文化街区微更新模式及实施路径	创新训练项目	张钰佳	梁玥琳	经济管理学院	校级
200	X202210491009	平台企业社会责任层次及其治理范式研究	创新训练项目	郑泽楷	陈莲芳、侯俊东	经济管理学院	校级

续表

序号	项目编号	项目名称	项目类型	项目负责人	指导教师名称	所在学院	项目级别
201	S202210491011	举“石”瞩目——基于区块链技术应用下的竹山绿松石品牌国际化研究	创新训练项目	梁艾西	郭锐、李少杰、朱镇、王飞	经济管理学院	省级
202	202210491012	考虑空地协同联运的灾后救援应急物资调度优化决策研究	创新训练项目	杨俊豪	石咏、郭海湘	经济管理学院	国家级
203	202210491016	网络公益平台匹配捐赠机制优化策略研究	创新训练项目	郭思琪	侯俊东	经济管理学院	国家级
204	202210491041	基于机器学习的关键矿产可供性评价模型及应用研究	创新训练项目	蔡丽云	徐德义、朱永光	经济管理学院	国家级
205	S202210491041	产业与生态互促共融的乡村振兴发展机理及其路径研究——鄂州梁子湖区美丽乡村田野调查	创新训练项目	陈敬迪	白永亮	经济管理学院	省级
206	S202210491042	基于DSR模型的乡村旅游推进乡村振兴演化机理研究——以鄂西地区为例	创新训练项目	刘婉婷	李会琴	经济管理学院	省级
207	S202210491043	湖北省绿色创新效率时空特征和影响因素研究	创新训练项目	吕晗	邵红梅	经济管理学院	省级
208	X202210491044	新冠肺炎疫情与“非典”时期对中国碳排放影响因素研究	创新训练项目	李肖珂	朱冬元	经济管理学院	校级
209	S202210491047	我国19个城市群创新网络与经济韧性影响研究	创新训练项目	周心怡	李金滟	经济管理学院	省级

续表

序号	项目编号	项目名称	项目类型	项目负责人	指导教师名称	所在学院	项目级别
210	S202210491048	多尺度视角下能源技术创新的生态福利绩效及提升路径研究	创新训练项目	陈黎	张意翔	经济管理学院	省级
211	S202210491049	基于LCA方法的充电宝产业链环境影响及对策分析	创新训练项目	彭欣茹	金贵、刘江宜	经济管理学院	省级
212	S202210491050	基于碳汇成效评价体系的生态补偿机制研究	创新训练项目	贺佳怡	石咏、郭海湘	经济管理学院	省级
213	S202210491051	疫情背景下父母职业认同对旅游从业人员职业承诺的代际影响：一个有调节的中介效应模型研究	创新训练项目	陈可舒	刘晶晶	经济管理学院	省级
214	S202210491054	任务技术匹配视角下智能代理的双重赋能路径研究	创新训练项目	孙士毅	江毅	经济管理学院	省级
215	X202210491064S	乡悦助农——共享云一体助力乡村振兴	创业实践项目	李庆豪	严春晓	经济管理学院	校级
216	202210491066	基于长短期记忆网络的近地臭氧预测研究——以北京市为例	创新训练项目	任逸霏	王德运	经济管理学院	国家级
217	202210491078S	基于Inception-v3迁移学习的宝石识别技术科普产品应用研究	创业实践项目	李乔	郭锐、李少杰、努尔夏提·居勒提	经济管理学院	国家级
218	S202210491086	长江十年禁渔计划的生态与社会影响调查分析	创新训练项目	何梅丽	刘江宜	经济管理学院	省级

续表

序号	项目编号	项目名称	项目类型	项目负责人	指导教师名称	所在学院	项目级别
219	S202210491101	基于知识图谱的平台旅游产品创新识别与产品投放策略优化研究	创新训练项目	安深军	朱镇	经济管理学院	省级
220	S202210491118	人工智能的黑暗面:个性化推荐的信息透明度及其规避效应研究	创新训练项目	翁枺洋	江毅	经济管理学院	省级
221	S202210491119	数据驱动下建设工程事故的致因要素分析—基于参建方的视角	创新训练项目	石瑾怡	郭聖煜、宫培松	经济管理学院	省级
222	S202210491127	宝链——致力成为珠宝行业数字化转型的区块链服务引领者	创新训练项目	肖玙蝶	王飞、杨明星、陈莲芳	经济管理学院	省级
223	S202210491128	疫情常态化背景下高校毕业生慢就业意向影响因素研究——基于职业认同、自我效能的链式中介作用的探索	创新训练项目	陈佳惠	刘晶晶	经济管理学院	省级
224	S202210491140	探究“双碳”目标下北京市能源转型重点领域和可行路径	创新训练项目	宋璧呈	齐睿	经济管理学院	省级
225	S202210491188	数字经济背景下文化遗产丽江古城的旅游活化利用创新研究	创新训练项目	何美玲	李江敏	经济管理学院	省级
226	S202210491193	校园碳足迹与零碳校园策略研究——以中国地质大学(武汉)为例	创新训练项目	王雪	金贵	经济管理学院	省级
227	S202210491194	基础设施建设对可再生能源开发利用效率的影响研究	创新训练项目	张佳瑶	齐睿	经济管理学院	省级

续表

序号	项目编号	项目名称	项目类型	项目负责人	指导教师名称	所在学院	项目级别
228	S202210491199	双碳背景下武汉市氢能产业发展现状及对策研究	创新训练项目	李思琪	刘江宜	经济管理学院	省级
229	S202210491208	经济集聚对环境污染影响的异质性研究	创新训练项目	宋承硕	齐睿	经济管理学院	省级
230	S202210491226S	中地攀行——打造全球首台模拟攀冰机	创业实践项目	贾一晗	程卓	经济管理学院	省级
231	S202210491230S	基于多学科交叉融合视角下地大特色文创科普产品的开发与实践	创业实践项目	李中怡	李若萌	经济管理学院	省级
232	S202210491240X	3D打印智能制造与珠宝云服务	创业训练项目	杨梦婷	李少杰、王飞	经济管理学院	省级
233	X202210491010	新时代中国特色外宣翻译话语体系研究——以2022北京冬奥会外宣英译为例	创新训练项目	刘奕钦	高幸	外国语学院	校级
234	X202210491036	“译中有意”学习动机研究团队	创新训练项目	沈婧怡	杨红燕、何霜	外国语学院	校级
235	S202210491155	红色文化双语教育探索	创新训练项目	薛添元	张峻峰、姚夏晶	外国语学院	省级
236	202210491002	基于地形特征感知的数字高程模型超分算法研究	创新训练项目	黄嘉雯	禹文豪	地理与信息工程学院	国家级
237	202210491004	韧性城市导向的绿色基础设施时空演化及其优化配置研究	创新训练项目	王松海	宋小青	地理与信息工程学院	国家级
238	S202210491008	基于机器学习的多源卫星数据融合-以华北平原为例	创新训练项目	郭经煜	上官明	地理与信息工程学院	省级

续表

序号	项目编号	项目名称	项目类型	项目负责人	指导教师名称	所在学院	项目级别
239	202210491011	多源数据驱动下基于多任务连续学习的法律判决预测系统研究	创新训练项目	赵经生	朱祺琪	地理与信息工程学院	国家级
240	X202210491013	综合时序 SAR 与光学遥感的湿地精细分类与动态监测方法	创新训练项目	刘书新	陈启浩	地理与信息工程学院	校级
241	202210491013	面向强磁暴环境的 GNSS 精密定位方法研究	创新训练项目	王娜	罗小敏	地理与信息工程学院	国家级
242	S202210491015	长江中游不同营养状态湖泊湿地甲烷排放的时空特征	创新训练项目	雷玺钰	黄咸雨	地理与信息工程学院	省级
243	S202210491027	基于多尺度时空图神经网络的交通流量智能预测模型研究	创新训练项目	赵心如	禹文豪	地理与信息工程学院	省级
244	X202210491027	基于深度学习的 CRISM 影像火星表面矿物识别方法	创新训练项目	杨雨凝	张绪冰	地理与信息工程学院	校级
245	202210491027	基于 U-Th 方法的三峡库区黄土坡滑坡年代与期次及对气候变化的响应	创新训练项目	李正东	彭红霞	地理与信息工程学院	国家级
246	S202210491028	基于雷达数据的智能降雨预测研究	创新训练项目	董张驰	郑坤	地理与信息工程学院	省级
247	202210491028	雷达遥感武汉市新型城镇化短期监测及时空演变特征分析	创新训练项目	江韵涵	陈启浩	地理与信息工程学院	国家级
248	X202210491030	快递自提点时空分析与综合服务系统	创新训练项目	周芷君	郭明强	地理与信息工程学院	校级
249	S202210491031	基于 10 米分辨率开放数据的全国城市水体时空变化分析	创新训练项目	邓濯缨	周琪	地理与信息工程学院	省级

续表

序号	项目编号	项目名称	项目类型	项目负责人	指导教师名称	所在学院	项目级别
250	X202210491031	全球生态系统健康空间分异与形成机理差异性研究	创新训练项目	袁杨皓玥	陈万旭	地理与信息工程学院	校级
251	S202210491032	削弱电离层闪烁影响的 BDS/GNSS 精密定位方法研究	创新训练项目	陈子浩	罗小敏	地理与信息工程学院	省级
252	X202210491032	基于高分影像的公共道路数据集的构建及道路提取研究	创新训练项目	李文倩	朱祺琪	地理与信息工程学院	校级
253	202210491034	多模态数据驱动的建筑物高精度分级制图 AI 系统研究	创新训练项目	郭佩欣	朱祺琪	地理与信息工程学院	国家级
254	S202210491036	基于地理空间信息知识图谱的问答策略研究	创新训练项目	黄晓	樊文有	地理与信息工程学院	省级
255	202210491036	武汉市典型湖泊水质时空变化	创新训练项目	陈泓嘉	陈旭	地理与信息工程学院	国家级
256	S202210491038	耦合卷积神经网络与矢量元胞自动机的城市空间低碳优化	创新训练项目	周坤	姚尧	地理与信息工程学院	省级
257	202210491038	基于双通道注意力机制的孪生神经网络的遥感影像变化检测方法及应用	创新训练项目	杜妍钰	郑贵洲	地理与信息工程学院	国家级
258	202210491049	基于 Swin Transformer 的地磁场图像识别震中位置预测	创新训练项目	赵燊鑫	黄鹰	地理与信息工程学院	国家级
259	X202210491054	城市绿地植被碳汇及碳储量研究:以中国地质大学未来城校区为例	创新训练项目	饶圆艺	王绍强、浮媛媛	地理与信息工程学院	校级

续表

序号	项目编号	项目名称	项目类型	项目负责人	指导教师名称	所在学院	项目级别
260	X202210491056	协同遥感和气象数据的洪水淹没范围监测及预报研究——以武汉市为例	创新训练项目	冷佳璇	王猛猛	地理与信息工程学院	校级
261	202210491057	基于机器学习模型的不同气候下太阳辐射模拟及光伏发电潜力评估	创新训练项目	何晨曦	王伦澈	地理与信息工程学院	国家级
262	S202210491059	基于矢量景观指数的城市绿色空间演化量化框架	创新训练项目	鲁明蕾	姚尧	地理与信息工程学院	省级
263	S202210491062	综合遥感技术的北极圈冻土碳含量估计研究	创新训练项目	倪宸睿	张正加	地理与信息工程学院	省级
264	S202210491063	基于 U-Net 网络的高分五号高光谱影像云检测研究	创新训练项目	匡怡然	翟晗	地理与信息工程学院	省级
265	202210491063	基于 Landsat 数据和机器学习的武汉东湖叶绿素 a 浓度定量遥感反演研究	创新训练项目	周真	张利华	地理与信息工程学院	国家级
266	202210491064	2000—2020 年三江源自然保护区的水源供给与涵养功能研究	创新训练项目	周佳怡	王猛猛	地理与信息工程学院	国家级
267	S202210491068	长江干流长时空无缝水温监测与分析	创新训练项目	黄思佳	岳林蔚	地理与信息工程学院	省级
268	S202210491075	非接触式地图交互信息系统	创新训练项目	鲍澜华	杨乃	地理与信息工程学院	省级
269	S202210491078	基于卷积神经网络的 UrbanVCA 优化与在线端建设	创新训练项目	冯旭宇	姚尧、关庆锋	地理与信息工程学院	省级

续表

序号	项目编号	项目名称	项目类型	项目负责人	指导教师名称	所在学院	项目级别
270	S202210491079	基于多目标随机森林回归模型的 Pol-SAR 农作物生物物理参数联合估计	创新训练项目	张踔凡	解清华	地理与信息工程学院	省级
271	S202210491094	汉江流域径流演变模拟与定量归因研究	创新训练项目	李正阳	刘剑宇	地理与信息工程学院	省级
272	S202210491095	基于时空融合的长江中游城市群湖库叶绿素 a 浓度监测与分析	创新训练项目	刘璟彤	岳林蔚	地理与信息工程学院	省级
273	S202210491096	融合强化学习和空间依赖性的众源地理信息标签推断研究	创新训练项目	于睿涵	禹文豪	地理与信息工程学院	省级
274	S202210491097	基于深度学习的农业遥感图像农田提取技术研究	创新训练项目	孙鑫	翟晗	地理与信息工程学院	省级
275	S202210491105	基于多尺度多任务道路提取的道路高精度实时制图系统的开发	创新训练项目	胡哲	朱祺琪	地理与信息工程学院	省级
276	S202210491135	基于组合导航的物料搬运智能车设计	创新训练项目	刘茜文	上官明	地理与信息工程学院	省级
277	S202210491138	基于 POI、AOI 的城市高级住宅区的分布研究	创新训练项目	胡宇飞	宋小青	地理与信息工程学院	省级
278	S202210491146	湿地保护 WebGIS	创新训练项目	刘恺琦	祁昆仑	地理与信息工程学院	省级
279	S202210491170	基于 SegFormer 语义分割框架的火星沙丘地貌提取	创新训练项目	丁乙	朱祺琪	地理与信息工程学院	省级
280	S202210491171	基于混合渲染技术的地学大场景仿真	创新训练项目	段炼	花卫华	地理与信息工程学院	省级
281	S202210491176	违卫查——位于天上的执法者	创新训练项目	段文豪	董宇婷、赵济	地理与信息工程学院	省级

续表

序号	项目编号	项目名称	项目类型	项目负责人	指导教师名称	所在学院	项目级别
282	S202210491177	基于 GEE 云平台和 Sentinel-1/2 的农作物深度数据融合学习分类应用研究	创新训练项目	贾同鲁	解清华	地理与信息工程学院	省级
283	S202210491178	基于机器视觉的城市内涝风险识别与预警系统研究	创新训练项目	李东升	王永桂	地理与信息工程学院	省级
284	S202210491179	基于智慧化技术的生态城市规划设计与应用	创新训练项目	袁慧钰	曹茜	地理与信息工程学院	省级
285	S202210491183	宜昌-武汉长江沿岸典型砾石层对比分析	创新训练项目	王鹤源	陈旭	地理与信息工程学院	省级
286	S202210491192	大九湖生态水文调控对湿地生态系统的影响	创新训练项目	何军	陈旭	地理与信息工程学院	省级
287	S202210491214	基于土地利用变化的长江流域生态风险评估及其时空差异分析	创新训练项目	潘霏霏	沈永林	地理与信息工程学院	省级
288	S202210491219	基于机器学习的恐怖主义袭击的驱动因素挖掘及时空预测	创新训练项目	喻承龙	姚尧、关庆锋	地理与信息工程学院	省级
289	S202210491236X	基于 GIS 的智慧养老服务平台	创业训练项目	涂小康	郭明强	地理与信息工程学院	省级
290	X202210491005	基于机器学习的弹性波减振超材料模型设计	创新训练项目	张晨希	杜秋姣	数学与物理学院	校级
291	X202210491012	无序体系的多体超快动力学研究	创新训练项目	杨毅涛	杜桃园	数学与物理学院	校级
292	S202210491018	强关联体系的超快动力学理论研究	创新训练项目	马超	杜桃园	数学与物理学院	省级

续表

序号	项目编号	项目名称	项目类型	项目负责人	指导教师名称	所在学院	项目级别
293	X202210491046	基于变点理论对本轮上海新冠疫情拐点的研究	创新训练项目	张明慧	毛明志	数学与物理学院	校级
294	X202210491047	基于 Logistic 回归模型的大学生心理健康状况分析	创新训练项目	肖彬玉	毛明志	数学与物理学院	校级
295	X202210491053	“麦克风型”和“哑铃型”Au-CdS 异质纳米棒的研究	创新训练项目	郑贵文	丁思静	数学与物理学院	校级
296	S202210491099	基于深度学习的 scRNA-Seq 数据的聚类与过渡态细胞的识别	创新训练项目	王艺萤	易鸣	数学与物理学院	省级
297	S202210491104	使用开放系统量子力学研究 Unruh 效应对量子多体的影响	创新训练项目	颜嘉彤	张保成	数学与物理学院	省级
298	S202210491121	基于 Transformer 的地震数据随机噪声压制方法研究	创新训练项目	张心怡	付丽华	数学与物理学院	省级
299	S202210491136	涡旋光束在光通信的应用	创新训练项目	孔凯文	张保成	数学与物理学院	省级
300	S202210491166	网络 SIR 传染病动力学模型	创新训练项目	余一凡	王毅	数学与物理学院	省级
301	S202210491187	全球性流行传染病传播的动力学模型分析与探索	创新训练项目	胡志博	魏周超	数学与物理学院	省级
302	S202210491198	基于 VAR 模型研究空气污染与城市经济增长的动态关系——以太原市为例	创新训练项目	陈盈盈	郭上江	数学与物理学院	省级

续表

序号	项目编号	项目名称	项目类型	项目负责人	指导教师名称	所在学院	项目级别
303	S202210491211	基于非参数检验法分析国内疫情传播特点	创新训练项目	弓佩玉	毛明志	数学与物理学院	省级
304	S202210491087	西藏高原现代绿松石宝石学特征及文化内涵研究	创新训练项目	张宇霏	杨明星	珠宝学院	省级
305	S202210491088	芳香类碳氢化合物的高温高压研究——理解俯冲带及地幔物质演化的新窗口	创新训练项目	张宇璇	赖潇静	珠宝学院	省级
306	S202210491131	吴越地区绿松石文化及产源研究	创新训练项目	孟昱璇	杨明星	珠宝学院	省级
307	S202210491172	先秦时期海贝遗存和溯源研究	创新训练项目	胡贺文	杨明星	珠宝学院	省级
308	S202210491012	农户分化与环境认知对农户宅基地退出意愿的影响	创新训练项目	李锦腾	姚小薇、王占岐	公共管理学院	省级
309	202210491055	长江中游城市群经济发展-科技创新-生态保护耦合协调关系研究	创新训练项目	韩子蕙	黄德林	公共管理学院	国家级
310	S202210491074	乡村振兴战略背景下的农村人居环境建设满意度调查	创新训练项目	范欣竹	龚健、杨建新	公共管理学院	省级
311	S202210491100	三权分置背景下少数民族半农半牧区农地流转成效及影响因素研究——以巴拉奇如德苏木为例	创新训练项目	张家豪	柴季	公共管理学院	省级
312	S202210491120	武汉市江夏区碳中和示范区建设中的森林碳汇咨询服务可行性探讨	创新训练项目	邢恩铭	涂亦楠、杨剩富	公共管理学院	省级

续表

序号	项目编号	项目名称	项目类型	项目负责人	指导教师名称	所在学院	项目级别
313	S202210491181	校园“软法”与“景观”建设并举——助力宁静校园创建	创新训练项目	陈潞镓	宦吉娥	公共管理学院	省级
314	S202210491232X	茶烟一碗、酬十里人家——基于“4M+”理念的乡村茶产业振兴发展模式研究	创业训练项目	张若莹	童陆亿	公共管理学院	省级
315	S202210491237X	及人之老——智慧旅居养老新模式	创业训练项目	卢家宝	黄德林	公共管理学院	省级
316	202210491001	基于点云数据的无监督三维形状结构学习	创新训练项目	陈兴烨	吴亦奇	计算机学院	国家级
317	202210491022	面向深空轨道设计的智能优化算法研究	创新训练项目	刘阳	彭雷、戴光明	计算机学院	国家级
318	202210491025	基于多视图生成式对抗网络的高光谱图像分类研究	创新训练项目	许纹赫	蔡之华	计算机学院	国家级
319	202210491029	基于深度学习的移动端斜视检测与康复指导系统	创新训练项目	刘宇阳	张德军	计算机学院	国家级
320	S202210491030	对称困难样本挖掘及混合驱动的图像特征学习方法研究	创新训练项目	徐梦雪	孙琨	计算机学院	省级
321	X202210491034	基于深度迁移学习的轴承故障诊断研究	创新训练项目	李福奇	彭雷、宋志明	计算机学院	校级
322	S202210491037	复杂环境下的视频3D目标检测与跟踪	创新训练项目	朱轩宇	刘袁缘	计算机学院	省级

续表

序号	项目编号	项目名称	项目类型	项目负责人	指导教师名称	所在学院	项目级别
323	X202210491037	基于遥感图像成像机理的样本生成技术	创新训练项目	苏毓泽	陈伟涛	计算机学院	校级
324	S202210491040	基于深度学习的室内复杂光源实时前景检测方法研究	创新训练项目	胡楠	杨林权	计算机学院	省级
325	X202210491043	2017—2021年中国大中型城市不透水面动态变化遥感监测	创新训练项目	黄可欣	阎继宁	计算机学院	校级
326	202210491046	增强弱小目标检测的视障人士助行装置研究	创新训练项目	彭胤斌	陈云亮	计算机学院	国家级
327	202210491048	球面点分布问题算法研究	创新训练项目	彭梦娴	戴光明	计算机学院	国家级
328	S202210491053	基于混合粒度并行多点地质模拟的大规模三维城市地质建模:以深圳市为例	创新训练项目	毕妍君	陈麒玉	计算机学院	省级
329	X202210491055	基于自注意力机制的三维点云补全	创新训练项目	靳博原	吴亦奇	计算机学院	校级
330	S202210491061	多模态数据融合的城市小众宝藏地挖掘	创新训练项目	张灵冉	方芳	计算机学院	省级
331	S202210491071	基于国产昇腾平台的道路场景实时语义分割方法研究及应用	创新训练项目	石俊杰	韩伟	计算机学院	省级
332	S202210491072	基于时序分类的电石炉液位分析与控制	创新训练项目	刘星雨	张德军	计算机学院	省级

续表

序号	项目编号	项目名称	项目类型	项目负责人	指导教师名称	所在学院	项目级别
333	S202210491076	基于几何变形算法的无监督非刚体三维点云配准	创新训练项目	祝馨平	吴亦奇	计算机学院	省级
334	S202210491082	基于深度学习的抗欺骗人脸识别方法研究	创新训练项目	马睿	宋军、杨帆	计算机学院	省级
335	S202210491117	基于混合密度网络的三维人体姿态估计及其在运动类课程在线学习APP中的应用	创新训练项目	苏开琳	吴亦奇	计算机学院	省级
336	S202210491133	基于多尺寸输入和图卷积神经网络的高光谱图像土地覆盖分类	创新训练项目	管仁祥	李显巨	计算机学院	省级
337	S202210491134	面向快速响应地面目标任务的卫星轨道设计与机动优化研究	创新训练项目	唐德成	陈晓宇、宋志明、王茂才	计算机学院	省级
338	S202210491151	基于模态特异性注意力网络的多模态眼底疾病分类方法	创新训练项目	李卓颖	唐厂	计算机学院	省级
339	S202210491153	基于摩拜单车行车数据与公共出行数据对共享单车投放与调度模型	创新训练项目	武瑞锋	姚尧	计算机学院	省级
340	S202210491154	成像卫星联合调度规划方法研究与应用	创新训练项目	李雨萌	陈晓宇、宋志明、戴光明	计算机学院	省级
341	S202210491161	物理环境约束下基于反事实分析的行人轨迹预测研究	创新训练项目	施立豪	叶亚琴	计算机学院	省级
342	S202210491165	分布式绿色柔性车间智能调度	创新训练项目	曹世杰	龚文引	计算机学院	省级

续表

序号	项目编号	项目名称	项目类型	项目负责人	指导教师名称	所在学院	项目级别
343	S202210491169	基于高分辨率遥感图像的建筑目标识别算法设计	创新训练项目	温振华	李显巨	计算机学院	省级
344	S202210491233S	微信互助圈	创业实践项目	李苗苗	武云	计算机学院	省级
345	S202210491045	“青出于篮”——双减背景下篮球下乡助力乡村青少年成长	创新训练项目	王琛然	李伦、李春卉	体育学院	省级
346	202210491054	基于数字孪生的攀岩运动训练方法研究与应用	创新训练项目	张令昌	董范	体育学院	国家级
347	S202210491073	中国优秀速度攀岩运动员尿液代谢组学研究	创新训练项目	徐元昊	刘仁仪	体育学院	省级
348	S202210491149	基于广泛靶向技术的优秀速度攀岩运动员唾液代谢组学研究	创新训练项目	韩子曦	刘仁仪	体育学院	省级
349	S202210491150	湖北省青少年社会体育俱乐部联赛体系构建研究	创新训练项目	武华亮	张毅恒	体育学院	省级
350	S202210491205	户外运动服务紧急医学救援队伍野外作业研究——以中南医院为例	创新训练项目	陆宇泽	李元、汪俊杰	体育学院	省级
351	S202210491228X	武汉市水上运动特色项目综合体开发与运营	创业训练项目	邓云轩	张毅恒	体育学院	省级
352	S202210491234X	胡杨常青	创业训练项目	赵晨博	杨汉、胡凯	体育学院	省级
353	S202210491238S	武汉进步星体适能	创业实践项目	段忠挽	褚鹏飞	体育学院	省级

续表

序号	项目编号	项目名称	项目类型	项目负责人	指导教师名称	所在学院	项目级别
354	X202210491007	后疫情时代下武汉城市形象国际传播研究	创新训练项目	刘思琪	宁薇	艺术与传媒学院	校级
355	202210491045	元宇宙背景下媒介应用形式的创新	创新训练项目	汤雨	尚媛媛	艺术与传媒学院	国家级
356	X202210491048	营造适宜鸟类的校内生境	创新训练项目	黄洁明	廖启鹏	艺术与传媒学院	校级
357	X202210491057S	N+X乡旅—乡村旅游个性化定制的微信小程序	创业实践项目	郭嘉鑫	张梅珍	艺术与传媒学院	校级
358	X202210491061S	非遗传承：基于AI机械臂应用下的沉浸式体验研究	创业实践项目	李虹佳	边建华、郭锐	艺术与传媒学院	校级
359	X202210491063S	美育建设与实践	创业实践项目	蒲金山	袁玥	艺术与传媒学院	校级
360	S202210491167	基于中小学生动手能力现状调查的共享实验室研究	创新训练项目	魏含冰	郑立波	艺术与传媒学院	省级
361	S202210491189	新媒体环境下的粉丝群体行为研究	创新训练项目	闫思颖	黄爱武	艺术与传媒学院	省级
362	S202210491209	高校科普创作的现状、困境与对策研究——以中国地质大学(武汉)为例	创新训练项目	王艺伟	黄爱武	艺术与传媒学院	省级
363	S202210491229S	无忧熊——户外安全教育	创业实践项目	张莉敏	李世祥	艺术与传媒学院	省级
364	S202210491231S	南望号角	创业实践项目	李一平	余敏、边建华、单湉艺、陈昭颖、郑艳君	艺术与传媒学院	省级
365	X202210491001	三进三提：地方红色文化资源融入大学生思想政治教育研究——以武汉市为例	创新训练项目	宋子祥	卢文忠	马克思主义学院	校级

续表

序号	项目编号	项目名称	项目类型	项目负责人	指导教师名称	所在学院	项目级别
366	202210491021	攀登星球——中国新时代攀登思政与攀登研学引领者项目	创新训练项目	谭思懿	阮一帆、姚晟、徐胜、陈昭颖	马克思主义学院	国家级
367	X202210491035	“双碳”目标下县域绿色治理模式研究	创新训练项目	陆梦瑚	陈军	马克思主义学院	校级
368	S202210491046	老龄化社会背景下农村老年人互助养老模式的现状、困境与创新路径——基于湖北省若干农业型村庄的调查研究	创新训练项目	吴莹	李海金、王惠林、姚晟	马克思主义学院	省级
369	202210491060	大学生在维护粮食安全中的作用研究——基于武汉市部分高校的调查	创新训练项目	李彤	阮一帆、张卫国	马克思主义学院	国家级
370	202210491073	全面乡村振兴背景下数字治理的现状及对策研究——基于湖北宜城“百姓通”数字乡村治理新模式的调查	创新训练项目	卢景懿	李海金、李胜蓝	马克思主义学院	国家级
371	S202210491122	疫情常态化背景下社区志愿服务现状及其治理效能优化研究	创新训练项目	张雨冰	罗丽娅、曹阳	马克思主义学院	省级
372	202210491053	基于多时序极化 SAR 变化检测的农作物监测与分类研究	创新训练项目	刘宇轩	解清华	李四光学院	国家级
373	S202210491091	基于人工智能方法的全球地磁 Kp 指数预测模型的研究	创新训练项目	郭皓阳	余涛	李四光学院	省级
374	S202210491035	基于可迁移 CNN 模型的遥感影像屋顶光伏组件识别及其减碳效益评估	创新训练项目	张言榛	陈奇	李四光学院	省级

续表

序号	项目编号	项目名称	项目类型	项目负责人	指导教师名称	所在学院	项目级别
375	202210491052	联合 Sentinel-1/2 和深度学习的森林变化监测	创新训练项目	黄杰	解清华	李四光学院	国家级
376	S202210491132	病毒颗粒矿化及成岩过程的特征变化研究	创新训练项目	陶昊杰	邱轩	李四光学院	省级
377	S202210491215	川滇地区中强地震面波震级和矩震级差异性研究	创新训练项目	汪文昌	谢祖军	李四光学院	省级
378	S202210491221	基于大地测量观测的震后变形过程研究：以 2019 年美国 Ridgecrest 地震为例	创新训练项目	娄赛赛	刁法启	李四光学院	省级
379	X202210491016	大理岩变形行为及流变弱化意义	创新训练项目	罗欣悦	曹淑云	李四光学院	校级
380	S202210491220	华南雅山稀有金属花岗岩雪球石英的成因及地质意义	创新训练项目	唐佳琪	王连训	李四光学院	省级
381	202210491040	基于低空高分辨率航磁观测的 BIF 型铁矿资源量估计	创新训练项目	张小龙	李媛媛	李四光学院	国家级

研究生教育

【概况】

以习近平新时代中国特色社会主义思想为指导，学习贯彻落实党的二十大精神，落实习近平总书记在全国研究生教育大会上的讲话精神，围绕立德树人根本任务，落实全国研究生教育会议精神。推动研究生教育内涵式发展，全面推进“三融三跨”人才培养模式，坚持以服务学生成长成才为中心，将“立德树人、服务需求、提高质量、追求卓越”作为工作主线，全方位推进十四五规划建设任务，贯彻“严在地大”精神，持续深化研究生教育改革和实践，打造特色鲜明的高质量研究生教育。

2022年，学校录取全日制硕士研究生4063人，非全日制硕士研究生442人，全日制学术型博士研究生495人，较2021年增加5人，首次招收非全日制资源与环境专业学位博士研究生；录取同等学力博士研究生26人，首批项目制培养同等学力博士研究生录取55人。全年共授予博士学位381人，硕士学位2762人。其中授予学术博士348人，同等学力博士15人，来华留学博士18人；授予学术硕士学位1214人，来华留学硕士50人；授予专业硕士学位1497人；同等学力硕士1人。

【招生改革】

2022年，研究生院统筹谋划，全面推进部署2023年招生考试工作。报考学校2023年硕士研究生的考生共计14 969人，较2022年增加720人，涨幅5%，与全国涨幅一致。学校应届考生2285人，校外考生3243人，学校共安排186个普通考场和19个隔离考场，顺利完成组考工作。

学校硕士、博士研究生全日制招生计划全部完成，共录取硕士研究生4063人，全日制学术型博士研究生495人，非全日制资源与环境专业学位博士研究生45人，为2022年首次招生。其中优质生源(“双一流”高校生源和推免生源)2324人，优质生源比例为56%。首届“资源与环境”专业学位博士(工程博士)启动，45位来自全国资源与环境领域重点企事业、科研单位的技术骨干和工程管理骨干录取为学校首批工程博士研究生。“资源与环境”工程博士由高等研究院、研究生院具体负责实施，实行“点长负责制”，有地质工程、环境工程、安全工程、测绘工程、石油与天然气工程5个方向。培养目标为紧密结合我国经济社会和科技发展需求，面向企业(行业)工程实际，培养在相关工程领域具备解决复杂工程技术问题、进行工程技术创新、组织工程技术研究开发工作等能力的高层次工程技术人才。

【培养管理】

坚持追求卓越，全面修订人才培养方案。2022年学校启动了新一轮研究生人才培养方案全面修订工作，在夯实“三融三跨”培养模式上推出系列举措，努力打造特色鲜明人才培养体系，以适应不断变化的形势，满足时代要求，追求卓越发展。

科学组织课程教学，持续推动课程和教

材建设项目。修订了《研究生课程与精品教材建设项目管理办法》,发挥培养单位的主体作用,形成了"重视课程学习,加强课程建设,提高课程质量"的改革氛围,重点支持学校"双一流"建设项目中的优先发展方向所依托一级学科,按照"一流教师队伍、一流教学内容、一流教学方法、一流教材、一流教学管理"的建设标准,培养单位申报 41 门精品课程、精品教材、课程思政项目。

持续深入本研融合、贯通培养改革,优化拔尖创新人才培养体系。2022 年在强化落实的基础上持续深化改革,依托未来技术学院推行"本-硕-博"贯通交叉培养专项改革试点,探索将"本-硕-博"贯通环节前移至本科二年级开始,通过提前介入、长周期交叉培养,强化本研衔接融合,培养高水平拔尖交叉创新人才。

严谨学籍服务过程管理。以"教育部 41 号令"和《中国地质大学(武汉)研究生学籍管理办法(修订)》(地大发〔2019〕26 号)规定为准则,在工作中坚持优化制度、规范服务、标准流程、不踩红线的原则,准确、及时地完成了 2022 年学籍管理工作。

坚持开放办学,不断推进国际合作与交流。学校不断推进研究生教育国际化战略,形成了国家公派联合培养博士和攻读博士学位,学校资助联合培养博士、短期出国(境)研究和参加高水平国际学术会议的立体化博士研究生国际化培养体系,全日制博士生国际交流与合作率达 100%。此外通过学校设立的"研究生国际合作与交流交流基金",资助 12 名研究生参加线上国际会议,5 名博士研究生短期联合培养。

【学位论文与学位授予质量管控】

强化过程管理,学位授予质量稳步提高。在严格选题、开题、论文盲审等关键环节管控的基础上,进一步强化对研究生开题、答辩资格、学位申请等学位授予过程的流程优化与管理,继续推进学位论文答辩前全盲审制度。

加强关键环节管控,提升学位论文质量。通过加强学位论文质量责任机制和自我约束机制建设、加强学位论文各个环节的过程管理、查找学位论文质量控制存在的薄弱环节、修订《博士学位论文开题报告的规定》《博士学位论文答辩及学位申请若干规定》等一系列规章制度,进一步完善学位管理制度体系。

完善培优机制,培育优秀学位论文。修订《中国地质大学优秀研究生学位论文评选及奖励办法(2022 年修订)》,完善优秀学位论文的培育和评选机制,坚持质量优先,评选重点突出学位论文本身的研究成果和创新性,加大对优秀学位论文的选拔和资助力度。

加大抽检力度,形成学位论文质量倒逼机制。为了进一步加强对学位论文质量的监控,学校加大了对学位论文的抽检力度,对非全日制学位论文等风险论文提前预警干预,查摆薄弱环节,以评促改,不断健全管控机制,确保研究生学位论文质量。

【研究生导师队伍建设】

坚持选聘准入标准。分层、分类制定博导和硕士生导师、学术学位研究生导师和专业学位研究生导师选聘标准。2022 年上半年新增硕士生导师 103 人。全年两次博导遴选总计有166人提出博导申请，经学位评定委员会初评、学校专家委员会复评及校学位评定委员会审议，100人通过评审，通过率为60%。

加强招生资格审核。学校持续开展研究生招生资格审核工作，不断完善考评制度，基本形成规范合理、进退有序的研究生导师招生资格动态调整机制。

建立校-院两级导师培训机制。以构建“导师全覆盖、培训常态化、课程精品化”的线上线下模块化导师培训课程体系为基础，以培训考核积分制为工作抓手，持续推进学校主导、学院主责、全员参与的研究生导师培训体系建设工作。

选树优秀典范，发挥引领示范作用。2022年开展学校首批“卓越青年研究生导师”的评选活动，评选出首届“卓越青年研究生导师”9人，通过多种方式广泛宣传报道其先进的育人模式和指导方式，树立典范，弘扬尊师重教的良好风尚。

【学位点培育及申报】

优化学位点布局，推进学位点建设。服务国家战略，持续推进博士学位授权点申报工作；编制完成学校《2022年研究生教育发展质量年度报告》和《2022年学位授权点建设年度报告》。创新研究生教育教学改革研究项目管理模式，服务学位点建设。修订了《研究生教育教学改革研究项目管理办法(试行)》，申报国家级及省级研究生教学成果奖，不断推进教育教学改革。

充分发挥研究生教育督导作用，全力保障研究生教育质量。为加强对研究生教育质量全链条的监控，组织督导专家对招生环节进行巡查，对研究生课堂进行随堂听课大检查，对开题及答辩环节进行督导等。同时编制《2022年学位与研究生教育督导简报》，统筹推进研究生教学质量评价系统建设。

【研究生奖励与资助】

做好基础资助，扩宽育人广度。提供基本生活保障，发放国家助学金8 515.2万元、国家学业奖学金8 832.6万元，学校学业助学金1 935.6万元。提供发展资助岗位，设置1200个助管助教岗位供研究生选择，平均每月设助研岗位7900个，每月有66%的研究生参与助研岗位的实践锻炼。完成奖学金评选，提升育人效度。开展国家奖学金评选工作，不断完善名额分配方案。成立学校评审工作领导小组，统筹推进国家奖学金评选工作，共有180名研究生获奖，其中硕士138人，博士42人。设立社会类捐赠专项奖学金，与基金会共同设立19项社会类专项奖学金，共计金额56.4万元。优化三助岗位设置结构，服务学生成长。调整“三助”岗位设置结构，新增50个研究生德育助理岗位，分配到各培养单位进行锻炼，协助培养单位完成研究生日常事务管理。

【研究生综合素质发展】

开展群体活动，促进身心健康。缓解疫情封控给学生带来的负面情绪，引导学生用正确的方式排解学习、生活压力，指导研究生会开展各类文体、劳育活动。组织双创活动，激发双创热情。积极参与第八届“互联网+”大学生创新创业大赛。在第十七届中国研究生电子设计大赛中，获得2项一等奖、3项三等奖，学校获得优秀组织奖，实现历史突破。积极营造校内创新创业氛围，开展2022年校园“创业先锋”暨“创业之星”评选,评选出 6 位研究生获该项荣誉,充分激发研究生双创热情。举办各类讲座,提升综合素养。从 2022 年 4 月起,通过线上举办研究生素质公开课,课程涉及全球胜任力、领导力、人文、科学人生等多个板块,邀请清华大学经济管理学院陈劲教授等 8 名专家,讲授“创新领导力”“古籍诗词与地学”等课程,参与学生 5000 余人。拓展社会实践活动,厚植人民情怀。与武汉市委组织部合作开展博士生服务团暑期实践活动,深化校地、校企合作,进一步助力学校“双一流”建设。博士生服务团开展“强国有我”系列活动,包括与武汉大学博士生服务团联合开展“喜迎二十大、永远跟党走、奋进新征程”交流会等。

【就业工作】

截至 2022 年 12 月 31 日,学校 2022 届硕士生毕业去向落实率为 95.47%,博士生毕业去向落实率为 90.39%(表 1)。

表 1 2022 届研究生毕业生年底毕业去向落实率统计

学历	毕业人数	毕业去向落实率	协议和合同就业率	升学率(含出国出境)	灵活就业率(含自由职业)	自主创业率
硕士生	2561	95.47%	82.51%	8.47%	4.37%	0.12%
博士生	281	90.39%	88.61%	1.42%	0.36%	—

从就业单位行业分布来看,2022 届毕业研究生就业人数较多的 3 个行业为信息传输、软件和信息技术服务业(17.45%),科学研究和技术服务业(15.99%),教育(13.84%)(图 1)。

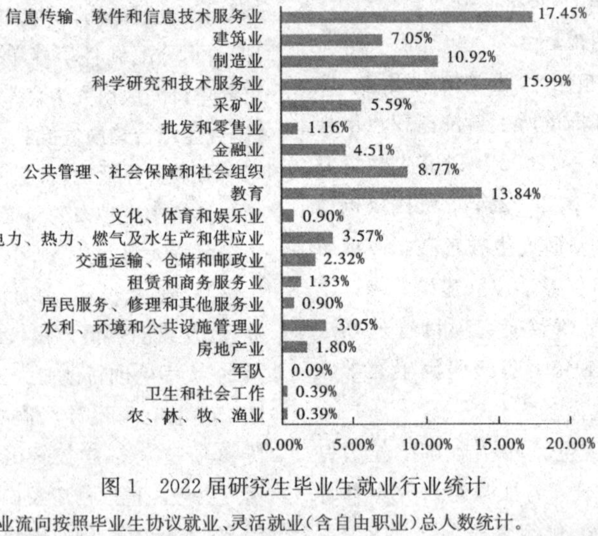

图 1 2022 届研究生毕业生就业行业统计

注:就业行业流向按照毕业生协议就业、灵活就业(含自由职业)总人数统计。

从就业单位性质分布来看，2022 届毕业研究生就业单位性质流向主要是：国有企业(37.26%)，民营企业(26.34%)，高等教育单位(10.31%)(图 2)。

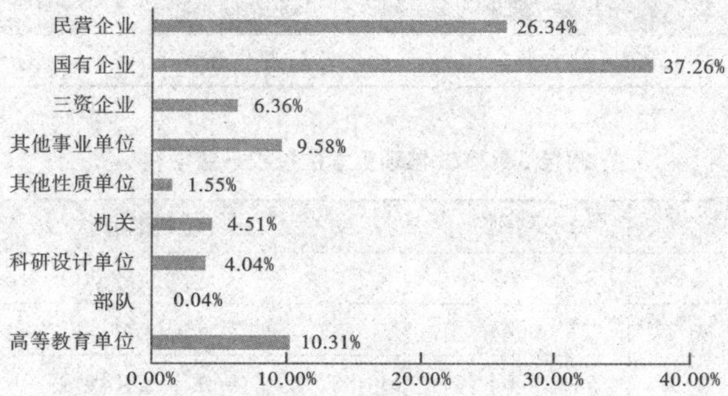

图 2　2022 届研究生毕业生就业单位性质统计

注：就业单位性质分布按照毕业生协议和合同就业、灵活就业总人数统计。

（撰稿：张健、成中梅、王蕾、洪军、刘珩；审稿：王力哲、王甫、赵葵东、许德华）

〔附录〕

附录 1　2022 年博士学位授权一级学科

学科门类代码/名称	学科代码	学科名称	获批年份
02 经济学	0202	应用经济学	2011
03 法　学	0305	马克思主义理论	2018
07 理　学	0707	海洋科学	2011
	0708	地球物理学	2006
	0709	地质学	1998
08 工　学	0805	材料科学与工程	2011
	0811	控制科学与工程	2018
	0814	土木工程	2011
	0815	水利工程	2011
	0816	测绘科学与技术	2011
	0818	地质资源与地质工程	1998
	0820	石油与天然气工程	2011
	0830	环境科学与工程	2006
	0837	安全科学与工程	2011
12 管理学	1201	管理科学与工程	2006
	1204	公共管理	2018

附录 2　2022 年博士专业学位授权类别

序号	专业代码	专业学位类别	获批年份
1	0857	资源与环境	2021

附录 3　2022 年硕士学位授权一级学科

学科门类代码/名称	学科代码	学科名称	获批年份
02 经济学	0202	应用经济学	2011
03 法　学	0301	法学	2011
	0305	马克思主义理论	2018
04 教育学	0401	教育学	2011
	0402	心理学	2018
	0403	体育学	2020
05 文　学	0502	外国语言文学	2011
	0503	新闻传播学	2011
07 理　学	0701	数学	2011
	0702	物理学	2011
	0703	化学	2006
	0705	地理学	2006
	0706	大气科学	2016
	0707	海洋科学	2011
	0708	地球物理学	2006
	0709	地质学	1998
	0710	生物学	2011
08 工　学	0802	机械工程	2006
	0805	材料科学与工程	2011
	0810	信息与通信工程	2006
	0811	控制科学与工程	2011
	0812	计算机科学与技术	2006
	0814	土木工程	2011
	0815	水利工程	2011
	0816	测绘科学与技术	2011

续表

学科门类代码/名称	学科代码	学科名称	获批年份
08 工　学	0818	地质资源与地质工程	1998
	0820	石油与天然气工程	2011
	0830	环境科学与工程	2006
	0835	软件工程	2011
	0837	安全科学与工程	2011
12 管理学	1201	管理科学与工程	2006
	1202	工商管理	2006
	1204	公共管理	2006
13 艺术学	1305	设计学	2011

附录 4　2022 年硕士专业学位授权类别

序号	专业代码	专业学位类别(领域)名称	获批年份
1	0251	金融	2021
2	0252	应用统计	2018
3	0256	资产评估	2010
4	0351	法律	2009
5	0452	体育	2014
6	0551	翻译	2010
7	0854	电子信息	2019
8	0855	机械	2019
9	0856	材料与化工	2019
10	0857	资源与环境	2019
11	0859	土木水利	2019
12	1251	工商管理	2007
13	1252	公共管理	2007
14	1253	会计	2010
15	135108	艺术设计	2009

附录 5　2022 年自主设置交叉学科学位授权点一览表

序号	专业代码	学科名称	授权级别
1	99J1	遥感科学与技术	博士、硕士
2	99J2	健康地学	博士、硕士
3	99J3	人工智能与地球探测	博士、硕士
4	99J4	绿色矿业	博士、硕士
5	99J5	自然灾害与应急管理	博士、硕士
6	99J6	自然资源与国土空间规划	博士、硕士
7	99J7	碳中和与高质量发展管理	博士、硕士
8	99J8	地学大数据	博士、硕士

附录 6　2022 年各一级学科在岗博士生导师（数据截至 2022 年 12 月 31 日）

一级学科		2022 年人数	导师姓名
代码	名称		
0202	应用经济学	14	徐德义、李通屏、肖建忠、成金华、程胜、易明、张伟、白永亮、吴巧生、金贵、龚承柱、齐睿、张欢、李会琴
0305	马克思主义理论	14	黄德林、傅安洲、黄娟、储祖旺、阮一帆、李海金、陈军、岳奎、高翔莲、黄少成、汪宗田、孙文沛、韩美群、曹胜亮*
0707	海洋科学	20	任建业、王家生、吕万军、姜涛、孙启良、杜学斌、吕晓霞、雷超、宫勋、孙军、郑彦鹏、蒋浩宇、刘恩涛、赵恩金、董右扣、李家彪*、Dorrik Stow*、牟林*、袁东亮*、蔡锋*
0708	地球物理学	36	王琪、罗银河、陈刚、毛娅丹、余涛、陈界宏、郑勇、熊熊、刘双、林恺、张保成、黄刚、蔡红柱、孙杨轶、李小凡、单斌、刁法启、魏周超、徐伟、郭艳凤、郭上江、刘成利、姚家园、姚冬冬、田冬冬、唐启家、王林松、刘浩、陆洲、朱露培*、陈颙*、汪荣江*、雷建设*、王劲松*、赵亮*、陶春辉*
0709	地质学	138	鲍征宇、王焰新、童金南、马昌前、张宏飞、杜远生、冯庆来、赖旭龙、王国灿、谢树成、郑建平、侯书恩、凌文黎、颜佳新、赵珊茸、李建威、严春杰、周爱国、胡圣虹、刘勇胜、吴元保、章军锋、肖龙、洪汉烈、李珍、程寒松、蒂姆科斯基、张昊、李超、胡兆初、赵军红、何卫红、王红梅、陈中强、赵来时、续海金、蒋宏忱、沈锡田、赵葵东、蒋少涌、朱振利、黄春菊、卢韧、赵新福、王璐、徐亚军、佘振兵、谢先军、叶宇、曹淑云、甘义群、汪在聪、王永锋、汤华云、

续表

一级学科		2022年	导师姓名
代码	名称	人数	
0709	地质学	138	苏玉平、宋海军、吕涛、柴波、周炼、王伟、巫翔、江海水、杨江海、宗克清、孙自永、郝亮、王华沛、David Bryan Kemp、王连训、朱宗敏、李益龙、陈旭、罗根明、黄咸雨、彭松柏、陈唯、王墩、訾建威、熊庆、马强、马义明、王信水、刘金铃、余茜倩、黄俊、温斌、郭伟、邓晓东、Olivier Nadeau、韩金生、张荣红、尹作为、杨明星、宋虎跃、邱华宁、戴宏坤、李奇维、张艳飞、周光颜、孙伟、杨水源、王军鹏、袁小平、吴非、朱峰、沈俊、郭亮、喻建新、曹毅、骆必继、陈涛、Jacopo Dal Corso、毛绪美、楚道亮、余文超、戴兆毅、韩凤禄、李占轲、李妍、殷杰、张文、刘剑宇、曹茜、史锋、陈玖斌*、唐春安*、丰成友*、李文渊*、李新*、Hans Jensen Thybo*、Irian Artemieva*、Hans-Joachim Massonne*、宫辉力*、李建星*、邱春林*、周美夫*、孙捷*、黄河清*
0805	材料科学与工程	52	王圣平、柯汉忠、梁玉军、田熙科、廖桂英、娄筱叮、夏帆、李国岗、刘书琳、帅琴、周俊、聂玉伦、靳洪允、李辉、黄羽、林美华、董铁凡、陈林峰、戴志高、金俊、卢成、周成冈、吴艳、黄福建、高鹏程、王欢文、张孝进、丁思静、徐建梅、周琪涛、夏开胜、傅梁杰、高玉婷、杨华明、唐爱东、邓恒、黄烁、刘涛、赵凌、张留洋、余家国、余火根、袁硕果、舒杼、蔡卫卫、王永钱、杨明、韩波、汪锐、李少光、杨泽惠、Kevin William*
0811	控制科学与工程	47	吴敏、何勇、曹卫华、陈鑫、熊永华、赖旭芝、董凯锋、罗杰、胡文凯、姜晓伟、方支剑、张传科、徐迟、翟超、黄田野、万雄波、宗小峰、王广君、刘振焘、刘小波、安剑奇、王雷敏、杜秋姣、王毅、刘丰铭、康晓琳、仉梦林、张晶、陈略峰、刘力、葛健、郑世祺、张自强、郭刚、刘志苏、王清波、李响、张晶晶、刘欢、吴俊东、王亚午、杨圣祥*、施阳*、陈俊龙*、刘康志*、蒋林*、Witold Pedrycz*
0814	土木工程	24	晏鄂川、李云安、胡新丽、王亮清、罗学东、焦玉勇、吴文兵、章广成、吕加贺、张奇华、任兴伟、谭飞、严成增、吴琼、邹俊鹏、黄磊、ZHANG XI、刘晓、郑飞、曾聪、沈鹿易、Murat Karakus*、Samuel T. Ariaratnam*、彭汉发*
0815	水利工程	25	唐仲华、李义连、梁杏、万军伟、郭清海、马瑞、文章、郭会荣、周建伟、马传明、黄琨、王全荣、王五科、牛晓瑞、罗明明、刘运德、顾西辉、李静、徐祥德*、张华*、任宏利*、LIESS,Stefan*、张发旺*、王贵玲*、胡圣标*

续表

一级学科		2022年	导师姓名
代码	名称	人数	
0816	测绘科学与技术	38	谢忠、刘修国、周顺平、胡友健、关庆锋、陈刚、尚建嘎、杨春成、万波、吴亮、王伦澈、陶明辉、王旭、曾文、罗显刚、陈占龙、王绍强、胡楚丽、禹文豪、陈能成、张翔、陈泽强、王轶、肖文、姚尧、周琪、康朝贵、吴云龙、梁迅、朱双、何占军、边少锋、周成虎*、夏军*、孙和平*、龚健雅*、陈明剑*、晏磊*
0818	地质资源与地质工程	184	唐辉明、解习农、王华、殷坤龙、梅廉夫、胡祥云、朱培民、陈建平、蒋国盛、焦养泉、魏俊浩、徐光黎、李宏伟、蔡之华、吕新彪、陈红汉、董浩斌、叶加仁、陈超、杨树旺、顾汉明、吴立、段隆臣、周传波、马腾、戴光明、郑有业、邓宏兵、陆永潮、朱书奎、宁伏龙、刘刚、曾三友、石万忠、左仁广、朱红涛、沈传波、丁华锋、牛瑞卿、吴益平、夏庆霖、王力哲、佘锦华、龚文引、李长冬、严德天、文国军、郭小文、王茂才、龚文平、李长河、王敏芳、平宏伟、孙华山、李水福、张金阳、侯宇光、韩元佳、汪洋、张明、窦斌、蔡记华、王贤敏、王毅、宋先海、张恒磊、李波、郝国成、左博新、陈云亮、陈伟涛、姚宏、曾德泽、颜雪松、周宏、董田、贺仲金、朱天清、李建新、葛云峰、骆进、唐志成、陈涛、吴柯、易鸣、蒋良孝、任伟、文龙、韩光超、宋潮龙、周峰、黄传炎、付乐兵、燕绍九、陈建国、欧阳桂崇、杨锐、Stepanov Alkesandr、武雪玲、李建慧、李德营、窦杰、程池、张冬梅、程青、刘勇、蒋淑兰、刘成林、张鹏飞、刘泽瑞、刘岳、吴亚飞、周三栋、刘清秉、邹宗兴、张家铭、胡郁乐、陈丽霞、周佳庆、周佳军、葛富东、胡成玉、唐厂、杨文剑、易颖、曹文熬、葛明峰、李敏、段男奇、张薇、成秋明、郝芳、徐元进、王家豪、刘贝、谭俊、陈思、姚卓森、李晶、刘天乐、潘秉锁、卢春华、严哲、张乐乐、刘少勇、王聪、柏伟、郭明强、李显巨、刘袁缘、张夏林、李军、陈国雄、刘敬寿、黄经纬、雷刚、张峰、陈麒玉、傅磊、蔡建超*、李文昌*、殷跃平*、邹才能*、王双明*、彭云彪*、吴炳方*、李耀国*、苏现波*、何治亮*、陈衍景*、葛良胜*、马保松*、苏学斌*、周可法*、唐亚明*、刘松林*、杨辰*、陈明剑*、赵杨*、张过*、李金增*、李小俚*、谢玉洪*、朱日祥*
0820	石油与天然气工程	17	姚光庆、顾军、蒋恕、龚斌、李恒、潘焕泉、李嘉光、王磊、蔡忠贤、钟志、陈国辉、许星光、王立柱、孙艳坤、于龙、李俊、杨峰

续表

一级学科		2022年	导师姓名
代码	名称	人数	
0830	环境科学与工程	56	祁士华、胡超涌、鲍建国、曾宪春、郭益铭、刘慧、袁松虎、张彩香、谢作明、李平、张仲石、高旭波、石良、顾延生、董依然、孔少飞、葛继稳、陈昆仑、黄维雄、瞿程凯、童蕾、张伟军、刘鹏、余欢、邢新丽、刘邓、皮坤福、史建波、孙睿敏、汤鑫军、戴恒、盛桂莲、邓娅敏、苏春利、付庆龙、崔艳萍、李成城、高强、张运丰、彭静、马丽媛、陈伟、李俊霞、颜能、刘春生、杜尧、吴耿、杨渐、张鹏飞*、赵冰*、李双林*、任国玉*、吴振斌*、景传勇*、江桂斌*、陈梦舫*
0837	安全科学与工程	11	陆愈实、邓清禄、梅甫定、丁雁、周克清、毛少华、丁彦铭、倪晓阳、陆凯华、张国华、胡帆
1201	管理科学与工程	23	余敬、严良、帅传敏、郭海湘、於世为、郭锐、王广民、王德运、朱镇、孙涵、侯俊东、郭明晶、马海燕、李龙锡、石咏、代姗姗、池毛毛、李江敏、史杨焱、陈漫、鲁玺*、张福庆*、熊国保*
1204	公共管理	23	王占岐、胡守庚、李世祥、龚健、李毅、宋小青、张绪冰、徐明、方世明、张峻峰、唐健、陈翠荣、王忠、柯佑祥、李士成、李晶晶、王凯平、胡中华、杨剩富、张道军、徐枫、邓祥征*、沈体雁*
合计		722	合计722人，其中兼职88人

注：*为兼职导师。

附录7　2022年分办学形式研究生数　　单位：人

专业名称	在校生数						毕业生数
	合计	一年级	二年级	三年级	四年级	五年级及以上	
甲	1	2	3	4	5	6	7
总计	14 207	4601	4390	4138	624	454	3029
其中：女	5986	2018	1795	1790	225	158	1298
博士研究生	2222	540	483	434	399	366	350
其中：女	720	182	152	137	122	127	114
学术学位博士研究生	2177	495	483	434	399	366	350
其中：女	716	178	152	137	122	127	114

续表

专业名称	在校生数						毕业生数
	合计	一年级	二年级	三年级	四年级	五年级及以上	
全日制学术学位非定向博士研究生	1924	446	433	390	353	302	310
全日制学术学位定向博士研究生	253	49	50	44	46	64	40
专业学位博士研究生	45	45	0	0	0	0	0
其中:女	4	4	0	0	0	0	0
非全日制专业学位定向博士研究生	45	45	0	0	0	0	0
硕士研究生	11 985	4061	3907	3704	225	88	2679
其中:女	5266	1836	1643	1653	103	31	1184
学术学位硕士研究生	4591	1571	1534	1425	49	12	1211
其中:女	2224	774	724	705	20	1	573
全日制学术学位非定向硕士研究生	4486	1542	1509	1392	37	6	1182
全日制学术学位定向硕士研究生	64	19	16	21	6	2	19
非全日制学术学位非定向硕士研究生	1	0	0	0	1	0	4
非全日制学术学位定向硕士研究生	40	10	9	12	5	4	6
专业学位硕士研究生	7394	2490	2373	2279	176	76	1468
其中:女	3042	1062	919	948	83	30	611
全日制专业学位非定向硕士研究生	5802	2018	1937	1808	33	6	1042
全日制专业学位定向硕士研究生	120	41	29	49	1	0	30
非全日制专业学位非定向硕士研究生	32	0	0	0	29	3	166
非全日制专业学位定向硕士研究生	1440	431	407	422	113	67	230

说明:

1. 在校生数按学年统计,截至 2022 年 9 月 30 日。

2. 毕业生数统计范围为 2022 年 1 月 1 日—2022 年 12 月 31 日。

附录 8　2022 年分学科研究生数

单位:人

学科	研究生	在校生数						毕业生数
		合计	一年级	二年级	三年级	四年级	五年级及以上	
总计	博士	2222	540	483	434	399	366	350
	硕士	11 985	4061	3907	3704	225	88	2679

续表

学科	研究生	在校生数						毕业生数
		合计	一年级	二年级	三年级	四年级	五年级及以上	
法学	博士	77	15	17	19	17	9	10
	硕士	315	100	103	108	3	1	78
工学	博士	1322	351	298	259	221	193	192
	硕士	6635	2353	2233	1986	45	18	1296
管理学	博士	166	35	38	33	26	34	32
	硕士	1992	613	559	623	136	61	533
教育学	博士	0	0	0	0	0	0	0
	硕士	324	104	102	114	3	1	85
经济学	博士	69	16	15	14	12	12	8
	硕士	503	163	173	163	4	0	115
理学	博士	588	123	115	109	123	118	108
	硕士	1385	466	463	435	15	6	338
文学	博士	0	0	0	0	0	0	0
	硕士	325	105	113	106	1	0	90
艺术学	博士	0	0	0	0	0	0	0
	硕士	506	157	161	169	18	1	144
哲学	博士	0	0	0	0	0	0	0
	硕士	0	0	0	0	0	0	0

附录 9　2022 年专业学位硕士分专业领域研究生数　　单位:人

学科	研究生	在校生数						毕业生数
		合计	一年级	二年级	三年级	四年级	五年级及以上	
总计	全日硕士	5922	2059	1966	1857	34	6	1072
	非全硕士	1472	431	407	422	142	70	396
应用统计	全日硕士	203	63	71	69	0	0	33
资产评估	全日硕士	184	64	63	56	1	0	50
法律	全日硕士	142	47	44	49	2	0	28
翻译	全日硕士	218	67	76	74	1	0	55
	非全硕士	13	7	5	1	0	0	0

续表

学科	研究生	在校生数						毕业生数
		合计	一年级	二年级	三年级	四年级	五年级及以上	
教育	全日硕士	0	0	0	0	0	0	0
体育	全日硕士	119	36	39	42	2	0	22
工程	全日硕士	23	0	0	0	17	6	771
	非全硕士	17	0	0	1	8	8	36
电子信息	全日硕士	1502	576	528	398	0	0	0
	非全硕士	26	13	4	9	0	0	0
机械	全日硕士	201	74	69	58	0	0	0
	非全硕士	2	0	1	1	0	0	0
材料与化工	全日硕士	416	158	122	136	0	0	0
	非全硕士	2	0	1	1	0	0	0
资源与环境	全日硕士	2054	701	690	663	0	0	0
	非全硕士	20	6	10	4	0	0	0
土木水利	全日硕士	412	143	138	131	0	0	0
	非全硕士	2	0	2	0	0	0	0
工商管理	全日硕士	0	0	0	0	0	0	0
	非全硕士	534	132	162	143	60	37	130
公共管理	全日硕士	0	0	0	0	0	0	0
	非全硕士	527	163	126	170	44	24	90
会计	全日硕士	110	28	22	59	1	0	40
	非全硕士	245	84	68	68	25	0	89
艺术	全日硕士	338	102	104	122	10	0	73
	非全硕士	84	26	28	24	5	1	51

附录 10　2022 年优秀博士学位论文获奖情况(10 人)

序号	作者姓名	导师姓名	博士学位论文题目	分会名称
1	卢桂梅	王伟	扬子板块西南缘古-中元古代岩浆作用及地质意义	地球科学学院
2	代旭	宋海军	藏南和黔桂地区早三叠世菊石生物地层与演化	地球科学学院

续表

序号	作者姓名	导师姓名	博士学位论文题目	分会名称
3	张一鸣	谢树成	磷脂脂肪酸碳同位素记录的泥炭地微生物对干旱条件下碳循环的影响	地球科学学院
4	张岗岚	刘勇胜	华北克拉通北缘辉石岩和麻粒岩 Cu-Fe-Zn 同位素组成及其地质意义	地球科学学院
5	李浩然	梁玉军	几种典型照明/显示用荧光材料的开发设计与性能研究	材料与化学学院
6	杨博	胡祥云	美国大陆上地幔电性结构及深部水含量和温度变化研究	地球物理与空间信息学院
7	丁腾飞	熊蔡华	合作-竞争网络中多机器人系统分层协同控制研究	机械与电子信息学院
8	上官星辰	何勇	面向开放通信网络在环电力系统的采样负荷频率控制研究	自动化学院
9	孟庆鑫	赖旭芝	平面柔性连杆机械臂的位置控制方法研究	自动化学院
10	ALVIN KAJONGO MULASHANI	沈传波	Group Method of Data Handling (GMDH) Neural Network Technology for Source Rock Evaluation and TOC Prediction based on Geochemical and Well Logs data in the Mandawa Basin, Tanzania	资源学院

附录 11　优秀博士学位论文提名论文获奖情况(30 人)

序号	作者姓名	导师姓名	博士学位论文题目	分会名称
1	杨静	唐仲华	地下水模型控制过程识别的多模型全局敏感性分析方法及应用	环境学院
2	武显仓	马腾	东洞庭湖地下水-湖水交互带中铁-磷相互作用机制	环境学院
3	韩冰凯	顾汉明	角度域矢量波照明与逆时偏移成像方法研究	地球物理与空间信息学院
4	李刚	梅廉夫	珠江口盆地裂后期断层和岩浆发育特征、时空差异及动力学含义	资源学院

续表

序号	作者姓名	导师姓名	博士学位论文题目	分会名称
5	陈绍聪	赵新福	与高分异花岗岩有关的锡成矿机制：以南岭芙蓉锡矿床为例	资源学院
6	王琳	吕万军	环糊精及氨基酸促进水合物形成的机理研究	海洋学院
7	沈曦	郭海湘	关键矿产资源贸易网络格局演化和节点韧性研究——以镍、锂为例	经济管理学院
8	赵亚博	刘修国	基于转移概率的地质体素模型构建方法研究	地理与信息工程学院
9	徐欢	阮一帆	高校科研育人研究	马克思主义学院
10	刘丹	叶宇	橄榄石和硅镁石族矿物的高温高压光谱研究及地质意义	地球科学学院
11	胡军	李超	华南神农架地区新元古代南沱组沉积古地理和古海洋环境研究	地球科学学院
12	柴明春	李建威	桐柏地区古-中生代多金属矿床成矿作用研究	资源学院
13	姜晓佳	郑有业	西藏蒙亚啊多金属矿床成矿机理及找矿方向	资源学院
14	张权	程寒松	氮掺杂碳纳米管限域镍基催化剂的构筑及电催化性能研究	材料与化学学院
15	赵超	龚文平	基于随机场理论的地层类型与岩土参数空间分布耦合概率建模方法研究	工程学院
16	安鹏举	唐辉明	动水作用下黄土坡滑坡滑带劣化过程及动态稳定性评价	工程学院
17	谢锦赟	罗银河	从地震背景噪声中提取体波和长周期勒夫波的方法研究与应用	地球物理与空间信息学院
18	姚瑞	王伦澈	区域城市热岛变化及其与气候的关系研究	地理与信息工程学院
19	张志清	沈锡田	基于光谱学特征的琥珀产地溯源应用及其荧光物质研究	珠宝学院
20	周润杰	李建威	鄂东矿集区岩浆岩成矿差异性研究及其找矿勘查意义	资源学院

续表

序号	作者姓名	导师姓名	博士学位论文题目	分会名称
21	金丽	何勇	大规模时滞电力系统负荷频率控制的稳定性分析与鲁棒性设计	自动化学院
22	王檀	冯庆来	冀辽交境地区中元古界雾迷山组微叠层石形成机制及其古海洋意义	地球科学学院
23	应元灿	吴元保	秦岭造山带碳酸岩的成矿机理研究：以庙垭和驾鹿多金属矿床为例	地球科学学院
24	芮会超	郑建平	古巴东部莫阿-巴拉科阿蛇绿岩及豆荚状铬铁矿成因	地球科学学院
25	范斌强	王亮清	基于精细雕刻的岩体结构面峰值抗剪强度模型及工程应用研究	工程学院
26	孟琦	颜佳新	中二叠世扬子碳酸盐岩台地南部沉积演化及其地质意义	地球科学学院
27	虞凯章	刘勇胜	华北克拉通北缘三叠纪碱性岩成因及对古亚洲洋俯冲驱动的深部碳循环的记录	地球科学学院
28	郭文伟	童金南	华北陆相晚二叠世—中三叠世磁性地层和遗迹化石演变	地球科学学院
29	刘晓阳	赵新福	华北克拉通东部金成矿系统深部岩浆过程：来自地幔包体和中基性脉岩矿物学及包裹体微区证据	资源学院
30	邹宗琪	汪在聪	汉诺坝玄武岩的地幔源区性质及其亲铜元素的释放	地球科学学院

附录 12　2022 年优秀硕士学位论文获奖情况(100 人)

序号	作者姓名	导师姓名	硕士类型	硕士学位论文题目	分会名称
1	胡金锋	韩凤禄	学历硕士	准噶尔盆地侏罗系当氏隐龙(恐龙：角龙类)数字形态学研究及对早期角龙类取食和行为方式启示	地球科学学院
2	王乐	黄俊	学历硕士	火星小型锥形地貌成因研究	地球科学学院

续表

序号	作者姓名	导师姓名	硕士类型	硕士学位论文题目	分会名称
3	吴郴	余茜倩	学历硕士	聚苯乙烯微塑料对锰氧化真菌与重金属元素相互作用的影响机制研究	地球科学学院
4	Vincent, V. I	王连训	留学硕士生	Nature and timing of anorogenic alkaline rocks from northern Nigeria: implications for petrogenesis and thectonic evolution	地球科学学院
5	项观杰	王军鹏	学历硕士	地幔柱行为约束亏损地幔深度	地球科学学院
6	黄奕鸣	刘金铃	学历硕士	贵州省燃煤电厂烟气治理固体副产物中重金属的跨介质迁移潜力研究	地球科学学院
7	章俊	王伟	学历硕士	印度西北部新元古代-早古生代沉积岩及其对罗迪尼亚-冈瓦纳超大陆转换过程的启示	地球科学学院
8	黎家琦	童金南	学历硕士	鄂西北埃迪卡拉纪陡山沱组微体化石及其生物地层学意义	地球科学学院
9	倪伟	朱钢添	学历硕士	生物降解作用对原油化学组成的影响:以泌阳凹陷北部斜坡带原油为例	资源学院
10	郑何	杨峰	学历硕士	致密油储层三维孔隙结构多尺度表征	资源学院
11	CHIMA FINNIAN UKAOMAH	杨宝林	留学硕士生	伊拉罗组、龙马溪组、牛蹄塘组页岩孔隙结构及组成对 CO_2 封存的影响分析	资源学院

续表

序号	作者姓名	导师姓名	硕士类型	硕士学位论文题目	分会名称
12	MBEGA RAMADHANI NGATA	杨宝林	留学硕士生	Prediction of Near Wellbore Formation Damage	资源学院
13	白楠	徐尚	学历硕士	江汉盆地陈沱口凹陷新沟嘴组页岩孔隙结构及含油性特征	资源学院
14	李健成	李晶	学历硕士	越南北部太原省晚三叠世高硫煤的煤质特征及地质控制因素	资源学院
15	加奥启	杨锐	专业硕士	川东南东溪地区五峰组—龙马溪组海相深层页岩孔隙结构特征与甲烷吸附能力	资源学院
16	杜浩	石万忠	专业硕士	琼东南盆地高效天然气输导系统及其对天然气水合物富集的影响	资源学院
17	刘泉	李艳军	专业硕士	鄂东南付家山大型(钼)铜钨矿床成岩成矿作用及成矿模式	资源学院
18	赵翔	孙梦迪	专业硕士	页岩孔隙连通性及气水两相赋存规律研究——以涪陵地区龙马溪组海相页岩为例	资源学院
19	张陶求	王欢文	学历硕士	生物质硬碳的储钾性能研究及其在高电压钾离子电容器中的应用	材料与化学学院
20	陈犇	公衍生	专业硕士	三维多级结构光催化剂的可控制备及其光催化性能研究	材料与化学学院
21	游茂盛	赵凌	专业硕士	$SrIrO_3$ 钙钛矿纳米片的改性及其酸性 OER 性能研究	材料与化学学院

续表

序号	作者姓名	导师姓名	硕士类型	硕士学位论文题目	分会名称
22	宁涛	朱书奎	专业硕士	磁固相萃取/高效液相色谱法分析不同基质中两类典型的PPCPs及其萃取机理研究	材料与化学学院
23	程果	朱振利	学历硕士	介质阻挡放电等离子体诱导砷和锑蒸气发生的性能改善方法研究	材料与化学学院
24	常美玉	刘博	学历硕士	中国及全球陆地季风区的极端降水变化	环境学院
25	朱沉静	李俊霞	专业硕士	基于反应性溶质运移模型探究高砷地下水成因机理	环境学院
26	余锦涛	刘慧	学历硕士	氯代烃污染场地的微生物功能群特性及其降解潜力	环境学院
27	程一涵	邓娅敏	学历硕士	Mn(Ⅲ)-腐殖质络合物的形成机制及其对砷迁移转化的影响	环境学院
28	孙云芳	刘慧	专业硕士	甲壳素纳米复合气凝胶的制备及其对水中氯代烃的吸附性能研究	环境学院
29	马馨宇	张华	学历硕士	ITCZ在CMIP6中的偏差和对不同地区强迫的响应	环境学院
30	都正良	张伟军	学历硕士	典型污泥稳定化产物中溶解性有机物的分子组成与生物效应	环境学院
31	陈君	张伟军	专业硕士	污泥生物稳定化产物中溶解性有机质对水稻幼苗镉胁迫的影响机制	环境学院
32	魏世毅	万军伟	学历硕士	考虑井储效应的双重含水介质两区模型及应用研究	环境学院

续表

序号	作者姓名	导师姓名	硕士类型	硕士学位论文题目	分会名称
33	邓妙璇	盛桂莲	学历硕士	中国东北狍化石与现生种群系统演化关系的古基因组研究	环境学院
34	张多	谢先军	学历硕士	大同盆地地下水系统中溶解性有机质的分子特征及其驱动砷迁移富集的热力学机制	环境学院
35	王靓怡	顾西辉	学历硕士	热带气旋直接和间接诱发的暴雨-洪水发生风险分析——结合典型案例和全球视角	环境学院
36	樊泽薇	孔少飞	学历硕士	民用固体燃料燃烧排放水溶性离子粒径分布特征及清单构建	环境学院
37	石恒超	谭松成	学历硕士	钢筋混凝土钻进的 Fe-Cu 基孕镶金刚石钻头性能改进试验研究	工程学院
38	杨紫健	吴文兵	学历硕士	非饱和地基中基桩水平振动特性及工程应用	工程学院
39	夏杰勤	窦斌	学历硕士	弱固结砂岩热储尾水回灌颗粒堵塞机理研究	工程学院
40	刘洪斌	周佳庆	学历硕士	岩溶隧洞充填裂隙渗透性演化规律与隧洞突涌水预测解析方法研究	工程学院
41	杨登芳	胡新丽	学历硕士	多层滑带滑坡演化特征与稳定性评价方法研究	工程学院
42	刘瀚	马保松	学历硕士	柔性埋地管道-CIPP 修复内衬复合结构受力特性研究	工程学院
43	魏朝晖	蔡记华	学历硕士	瓦斯抽采孔钻进用泡沫钻井液的实验研究	工程学院

续表

序号	作者姓名	导师姓名	硕士类型	硕士学位论文题目	分会名称
44	郁桂刚	吴翔	学历硕士	纳米碳酸钙和钻井液添加剂对甲烷水合物形成的影响研究	工程学院
45	李恒	徐方	专业硕士	地聚物固化磷石膏路基填料组成设计及固化机理研究	工程学院
46	赵珂	蒋楠	专业硕士	爆破振动作用下运营埋地给水管道动力响应及安全判据研究	工程学院
47	胡宗耀	蒋楠	专业硕士	城区爆破振动影响下埋地HDPE排水管道振速安全阈值研究	工程学院
48	徐猛	宁伏龙	专业硕士	天然气水合物分解过程中地层微观出砂形态特征及机制研究	工程学院
49	朱亚戈	刁法启	学历硕士	基于粘弹模型的龙门山断裂震间变形研究	地球物理与空间信息学院
50	付争妍	王林松	专业硕士	联合卫星重力与多源观测提取黄土高原水储量时空变化的应用研究	地球物理与空间信息学院
51	肖鸿议	何云龙	学历硕士	涠西南凹陷D洼古近系沉积充填演化及其对构造活动的响应	海洋学院
52	杨拯	蒋浩宇	专业硕士	基于高度计风速—浪高同步观测的全球风浪—涌浪特征研究	海洋学院
53	张大中	黄田野	专业硕士	基于高掺锗光纤的多波长锁模光纤激光器研究	机械与电子信息学院

续表

序号	作者姓名	导师姓名	硕士类型	硕士学位论文题目	分会名称
54	张冯豆	文国军	学历硕士	典型复合地层钻进过程仿真及钻柱动态特性分析	机械与电子信息学院
55	李强	杨洋	专业硕士	复杂挤压件结构尺寸实时检测系统设计	机械与电子信息学院
56	吴奕德	葛明峰	专业硕士	基于多智能体一致性的微电网分布式二级控制策略研究	机械与电子信息学院
57	陈聪	吴敏	学历硕士	基于工况识别的辊式淬火过程操作参数优化方法	自动化学院
58	张雄良	郑世祺	学历硕士	网络攻击下分数阶多智能体系统的自适应一致性控制	自动化学院
59	陈响	郑世祺	专业硕士	基于障碍加幂积分技术的非线性系统有限时间跟踪控制	自动化学院
60	魏凡	万雄波	专业硕士	新型动态事件触发的多胞不确定系统模型预测控制	自动化学院
61	覃宏振	吴敏	学历硕士	面向癫痫发作始发区定位的高频振荡节律检测及其病理性辨识算法	自动化学院
62	伍康乐	陈珺	专业硕士	基于深度学习的图像融合方法研究	自动化学院
63	陈玥	徐德义	专业硕士	集体林权制度改革的生态效应分析	经济管理学院
64	李远航	马海燕	学历硕士	环境冲击、技术空间与研发跳跃:一个交互效应模型	经济管理学院
65	卢洋	帅传敏	学历硕士	中国光伏产业关键矿产资源供应风险评价与预警研究	经济管理学院
66	曹茜琳	李龙锡	学历硕士	基于纳什议价博弈的用户侧共享储能优化配置研究	经济管理学院

续表

序号	作者姓名	导师姓名	硕士类型	硕士学位论文题目	分会名称
67	杨畅	柯小玲	学历硕士	基于特征价格模型的生态景观对周边住房价格的影响研究	经济管理学院
68	陈嘉	程欣	学历硕士	农村地区能源-经济-环境系统的耦合互动关系研究	经济管理学院
69	王绣	张京	学历硕士	工间微休息对员工工作投入的影响机制研究	经济管理学院
70	王斌	吴亮	学历硕士	面向地质报告的图文信息抽取关键技术研究与实现	地理与信息工程学院
71	焦晨晨	边少锋	专业硕士	常用地图投影变形计算机代数分析与优化	地理与信息工程学院
72	冯传旭	刘袁缘	专业硕士	自然场景下视频驱动的人脸表情识别	地理与信息工程学院
73	方鹤锦	覃文敏	学历硕士	中国陆地高分辨率太阳散射辐射数据集重建及其变化特征分析	地理与信息工程学院
74	王紫嫣	张明	学历硕士	全球全天空地表太阳辐射变化及其驱动因素研究	地理与信息工程学院
75	游元媛	刘剑宇	学历硕士	基于 Budyko 假设的全球径流模拟与定量归因	地理与信息工程学院
76	邓睿哲	刘修国	学历硕士	基于边缘感知 GCN-FCN 的高分遥感影像建筑物提取方法	地理与信息工程学院
77	任书良	关庆锋	学历硕士	融合多元地球化学空间特征的无监督异常识别方法研究	地理与信息工程学院
78	陈叶瀚森	万林	专业硕士	基于对比化神经特征搜索的 RGB-红外跨模态行人重识别研究	地理与信息工程学院

续表

序号	作者姓名	导师姓名	硕士类型	硕士学位论文题目	分会名称
79	薄亚东	王广兴	专业硕士	基于 Android 智能手机的 GNSS/INS 组合导航算法关键问题研究	地理与信息工程学院
80	桂露	陶明辉	学历硕士	基于多源卫星遥感的东亚地区沙尘气溶胶时空分布与传输规律研究	地理与信息工程学院
81	吴开顺	方芳	专业硕士	基于深度学习的高分辨率遥感影像建筑物实例提取	地理与信息工程学院
82	周媛	陈占龙	专业硕士	基于深度学习的高分辨遥感影像建筑物提取和变化检测方法研究	地理与信息工程学院
83	陈春卉	陈刚	学历硕士	高能质子-质子碰撞中奇特强子 Pc(4312)、Pc(4440)和 Pc(4457)的模拟研究	数学与物理学院
84	牛骁	付丽华	专业硕士	基于低秩理论的高精度地震数据重建	数学与物理学院
85	黄锐	张玉洁	学历硕士	基于深度学习的大规模重力反演	数学与物理学院
86	刘继富	杨明星	学历硕士	熊家冢祔冢殉葬墓出土玉器的玉石学研究	珠宝学院
87	罗恒	沈锡田	学历硕士	印度尼西亚苏拉威西岛葡萄玛瑙的宝石学特征探究	珠宝学院
88	丁薇	陈全莉	专业硕士	马达加斯加“彩虹方柱石”的宝石学特征及晕彩成因研究	珠宝学院
89	田雪婷	马向平	学历硕士	组态分析视角下省级数字政府建设的影响因素研究	公共管理学院

续表

序号	作者姓名	导师姓名	硕士类型	硕士学位论文题目	分会名称
90	常宇茜	朱江洪	学历硕士	生态安全视角下河南镇平县土地利用冲突识别与分区调控研究	公共管理学院
91	梁加乐	李江风	学历硕士	长江经济带坡耕地利用变化及影响因子分析	公共管理学院
92	覃祖发	葛富东	专业硕士	分数阶混沌系统的研究及其在图像加密中的应用	计算机学院
93	田斐	唐厂	专业硕士	基于卷积神经网络的显著性目标检测方法研究	计算机学院
94	谢鹏辉	彭雷	专业硕士	基于着色 Petri 网的卫星导航系统星间链路建模与分析	计算机学院
95	刘子健	杨汉	专业硕士	青少年户外教育教师能力素质构成及实现途径	体育学院
96	梁前楠	池漪	学历硕士	新媒体艺术介入博物馆展陈空间设计研究	艺术与传媒学院
97	商鹏程	周莉	专业硕士	基于马尔可夫链和乐汇结构的白族民歌算法作曲研究	艺术与传媒学院
98	陆征	张帆	学历硕士	基于符号学原理的五感体验图形设计研究	艺术与传媒学院
99	李超	张卫国	学历硕士	《德意志意识形态》中的分工思想研究	马克思主义学院
100	熊婉婷	陈静	学历硕士	伴非自杀性自伤行为抑郁障碍青少年家庭中的代际创伤研究	教育研究院

附录 13　2022 年全国研究生数学建模竞赛获奖情况一览表

题号	队伍编号	奖项	队长姓名	队长所在单位	队友姓名	队友所在单位	队友姓名	队友所在单位	指导老师
B	22104910006	二等奖	王彦辉	中国地质大学(武汉)	虞雯霞	中国地质大学(武汉)	王智晓	中国地质大学(武汉)	魏周超
B	22104910035	三等奖	宋昱昊	中国地质大学(武汉)	杨慧慧	中国地质大学(武汉)	沈澳奇	中国地质大学(武汉)	奚先
E	22104910029	二等奖	唐旭	中国地质大学(武汉)	葛畅	中国地质大学(武汉)	李嘉舜	中国地质大学(武汉)	罗文强
E	22104910053	三等奖	杨云飞	中国地质大学(武汉)	涂雅晴	中国地质大学(武汉)	余晨希	中国地质大学(武汉)	刘安平
E	22104910050	三等奖	徐自强	中国地质大学(武汉)	张俊宝	中国地质大学(武汉)	何欣宇	中国地质大学(武汉)	肖海军
E	22104910034	三等奖	高元欣	中国地质大学(武汉)	朱泓	中国地质大学(武汉)	付文菲	中国地质大学(武汉)	刘安平
E	22104910038	三等奖	杨天宇	中国地质大学(武汉)	王洁	中国地质大学(武汉)	汪若愚	中国地质大学(武汉)	王毅
E	22104910039	三等奖	侯瑶瑶	中国地质大学(武汉)	陈逸蓝	中国地质大学(武汉)	余红	中国地质大学(武汉)	黄刚
E	22104910007	三等奖	王续龙	中国地质大学(武汉)	夏丽娜	中国地质大学(武汉)	李瑶	中国地质大学(武汉)	李宏伟
E	22104910018	三等奖	王珩	中国地质大学(武汉)	陈卓	中国地质大学(武汉)	胡梦蝶	中国地质大学(武汉)	罗文强
F	22104910031	二等奖	程昱	中国地质大学(武汉)	郭忠宇	中国地质大学(武汉)	花旗	中国地质大学(武汉)	王毅
F	22104910021	三等奖	汤子健	中国地质大学(武汉)	肖玥	中国地质大学(武汉)	朱瑞	中国地质大学(武汉)	罗文强
F	22104910003	三等奖	刘佳楠	中国地质大学(武汉)	左泽	中国地质大学(武汉)	王乾坤	中国地质大学(武汉)	魏周超

附录 14　2022 年研究生联合培养及对外交流情况

序号	姓名	培养单位	专业名称	导师姓名	国别	留学单位	留学期限(月)	留学身份
1	吴杰	地学	第四纪地质学	谢树成	德国	基尔大学	13	联合培养博士研究生
2	宋文硕	自动化	控制科学与工程	曹卫华	日本	千叶大学	12	联合培养博士研究生
3	任鹏	地学	地质学(地学)	颜佳新	加拿大	滑铁卢大学	12	联合培养博士研究生

续表

序号	姓名	培养单位	专业名称	导师姓名	国别	留学单位	留学期限(月)	留学身份
4	郭汝军	地信	第四纪地质学	陈旭	奥地利	奥地利维也纳大学	12	联合培养博士研究生
5	范晓杰	资源	矿产普查与勘探	陆永潮	加拿大	阿尔伯塔大学	16	联合培养博士研究生
6	徐艳晓	地学	地质学(地学)	宗克清	希腊	克里特工业大学	12	联合培养博士研究生
7	郑小波	资源	矿产普查与勘探(资源)	朱红涛	加拿大	萨斯喀彻温大学	21	联合培养博士研究生
8	陈鹏	资源	矿产普查与勘探(资源)	邱华宁	德国	耶拿大学	12	联合培养博士研究生
9	罗紫荆	国重	地球探测与信息技术(国重)	左仁广	澳大利亚	悉尼大学	12	联合培养博士研究生
10	甄慧翔	计科	地学信息工程	王凌	新西兰	惠灵顿维多利亚大学	12	联合培养博士研究生
11	缪雪	地学院	地质学	童金南	德国	纽伦堡大学	18	联合培养博士研究生
12	余蓝冰	工程	地质工程	汪洋	澳大利亚	悉尼科技大学	24	联合培养博士研究生
13	施文光	环境	水利工程	王全荣	英国	德克萨斯农工大学	12	联合培养博士研究生
14	段振鹏	资源	矿产普查与勘探(资源)	蒋少涌	法国	图卢兹环境地学研究中心(GET)	12	联合培养博士研究生
15	周伟青	环境	地下水科学与工程	周爱国	加拿大	不列颠哥伦比亚大学	12	联合培养博士研究生
16	何旭	工程	土木工程	罗学东	丹麦	丹麦奥尔胡斯大学	15	联合培养博士研究生
17	陈仲	资源	矿产普查与勘探(资源)	陆永潮	加拿大	阿尔伯塔大学	6	联合培养博士研究生
18	钟珊	资源	矿产普查与勘探(资源)	梅廉夫	澳大利亚	麦考瑞大学	24	联合培养博士研究生
19	吴佳琪	地学院	地球生物学	谢树成	英国	利兹大学	18	联合培养博士研究生
20	张天宇	资源	石油与天然气工程	蒋恕	英国	纽卡斯尔大学	12	联合培养博士研究生
21	白卢恒	资源	矿产普查与勘探(资源)	石万忠	德国	美因茨大学	12	联合培养博士研究生
22	邱望德	机电	地质装备工程	文国军	英国	约克大学	12	联合培养博士研究生
23	赵富萌	工程	地质工程	龚文平	意大利	意大利佛罗伦萨大学	12	联合培养博士研究生

续表

序号	姓名	培养单位	专业名称	导师姓名	国别	留学单位	留学期限(月)	留学身份
24	冯舒云	环境	水文气候学	张仲石	澳大利亚	澳大利亚墨尔本大学	12	联合培养博士研究生
25	苟启洋	资源	矿产普查与勘探(资源)	郝芳	加拿大	卡尔加里大学	12	联合培养博士研究生
26	覃硕	资源	矿产普查与勘探(资源)	石万忠	德国	基尔大学	12	联合培养博士研究生
27	景颖浩	生环	地质学(生环)	陈中强	加拿大	加拿大阿尔伯塔大学	12	联合培养博士研究生
28	孙武成	工程	地质工程	段隆臣	新加坡	新加坡国立大学	12	联合培养博士研究生
29	唐金平	环境	环境科学与工程(环境)	刘鹏	以色列	魏茨曼科学研究所	12	联合培养博士研究生
30	倪俊	地空	地球探测与信息技术(地空)	顾汉明	英国	帝国理工学院	12	联合培养博士研究生
31	孙冰珂	资源	矿产普查与勘探(资源)	吕新彪	丹麦	奥尔胡斯大学	12	联合培养博士研究生
32	曾韬睿	地调	地质工程	殷坤龙	奥地利	维也纳大学	12	联合培养博士研究生
33	明飞	计算机	地学信息工程	龚文引	德国	比勒费尔德大学	18	联合培养博士研究生
34	归旋	地信	测绘科学与技术(信工)	王伦澈	英国	英国生态水文中心	24	联合培养博士研究生
35	肖鹏	工程	安全科学与工程	陆愈实	德国	亥姆霍兹波茨坦中心一德国地学中心 GFZ	12	联合培养博士研究生
36	赵珂	资源	矿产普查与勘探(资源)	郝芳	英国	埃克塞特大学	18	联合培养博士研究生
37	崔继强	国重	矿物学、岩石学、矿床学(国重)	杨水源	加拿大	里贾纳大学	12	联合培养博士研究生
38	缪璐漪	地学	古生物学与地层学(地学)	宋海军	德国	自然历史博物馆一莱布尼茨进化与生物多样性研究所	18	联合培养博士研究生
39	田轩	数理	现代数学与控制理论	郭上江	加拿大	约克大学	12	联合培养博士研究生
40	孟杰	工程	地质工程	李长冬	挪威	奥斯陆大学	12	联合培养博士研究生
41	康成	工程	地质工程	贺仲金	澳大利亚	西悉尼大学	12	联合培养博士研究生

续表

序号	姓名	培养单位	专业名称	导师姓名	国别	留学单位	留学期限(月)	留学身份
42	肖怀	自动化	控制科学与工程	赖旭芝	日本	东京工科大学	24	联合培养博士研究生
43	薛双娇	经管	应用经济学	吴巧生	丹麦	丹麦和格陵兰地质调查局	12	联合培养博士研究生
44	汪翔	地学	地质学(地学)	汪在聪	美国	哈佛大学	24	联合培养博士研究生
45	郑雅丽	经管	管理科学与工程	舒克盛	意大利	意大利帕多瓦大学	18	联合培养博士研究生
46	黄鹏	自动化	控制科学与工程	赖旭芝	加拿大	康考迪亚大学	12	联合培养博士研究生
47	黄鲸珲	地空	地球探测与信息技术(地空)	胡祥云	加拿大	加拿大渥太华大学	12	联合培养博士研究生
48	程溢	环境	环境科学与工程(环境)	孔少飞	英国	英国伯明翰大学	6	联合培养博士研究生
49	程展	工程	地质资源与地质工程	龚文平	瑞士	洛桑大学	18	联合培养博士研究生
50	吴阳	资源	矿产普查与勘探	邱华宁	荷兰	阿姆斯特丹自由大学	24	联合培养博士研究生
51	谢卫东	资源	矿产普查与勘探(资源)	王华	比利时	鲁汶大学	12	联合培养博士研究生
52	谢亚男	地空	地球物理学	罗银河	澳大利亚	澳大利亚国立大学	12	联合培养博士研究生
53	李雯恬	资源	矿产普查与勘探(资源)	蒋少涌	美国	美国朱尼亚塔大学	12	联合培养博士研究生
54	李咏麟	经管	应用经济学	徐德义	日本	京都大学	18	联合培养博士研究生
55	李炎桂	地调	地质学(地调)	姚华舟	德国	汉堡大学	12	联合培养博士研究生
56	何灵玲	工程	土木工程	焦玉勇	澳大利亚	蒙纳士大学	12	联合培养博士研究生
57	何思远	地空	地球物理学	蔡红柱	丹麦	奥胡斯大学	15	联合培养博士研究生
58	胡真祯	计科	地学信息工程	龚文引	加拿大	加拿大阿尔伯塔大学	12	联合培养博士研究生
59	胡家铭	地学	地质学(地学)	赖旭龙	德国	德国波兹坦大学	24	联合培养博士研究生
60	胡宗楠	公管	公共管理	胡守庚	美国	康涅狄格大学	12	联合培养博士研究生
61	胡伟	国重	构造地质学(国重)	王璐	澳大利亚	科廷大学	12	联合培养博士研究生

续表

序号	姓名	培养单位	专业名称	导师姓名	国别	留学单位	留学期限(月)	留学身份
62	余如洋	资源	石油与天然气工程	蒋恕	德国	亥姆霍兹波茨坦中心—德国地学研究中心	12	联合培养博士研究生
63	杨龙	工程	地质工程	张明	加拿大	不列颠哥伦比亚大学	12	联合培养博士研究生
64	杨旭	资源	矿产普查与勘探(资源)	赵鹏大	荷兰	特文特大学	12	联合培养博士研究生
65	杨睿萍	自动化	控制科学与工程	董浩斌	日本	日本关西学院大学	12	联合培养博士研究生
66	朱斌	工程	土木工程	周传波	美国	密苏里科技大学智能基础设施研究中心	12	联合培养博士研究生
67	朱康钰	资源	矿产普查与勘探(资源)	蒋少涌	挪威	奥斯陆大学	12	联合培养博士研究生
68	朱曦	国重	地质学(国重)	叶宇	法国	巴黎地球物理研究所/巴黎大学	15	联合培养博士研究生
69	朱子豪	工程	土木工程	马保松	加拿大	女王大学	12	联合培养博士研究生
70	张木茜	公管	公共管理	龚健	荷兰	特文特大学	12	联合培养博士研究生
71	张航川	地学	构造地质学(地学)	徐亚军	澳大利亚	莫纳什大学	6	联合培养博士研究生
72	张璨	公管	公共管理	方世明	德国	亥姆霍兹环境研究中心	24	联合培养博士研究生
73	张毅	资源	矿产普查与勘探(资源)	沈传波	澳大利亚	科廷大学	12	联合培养博士研究生
74	张龙飞	工程	地质工程	汪洋	英国	杜伦大学	12	联合培养博士研究生
75	张志飞	工程	地质工程	唐志成	澳大利亚	澳大利亚纽卡斯尔大学	12	联合培养博士研究生
76	张重	公管	公共管理	龚健	西班牙	西班牙埃斯特雷马杜拉大学	24	联合培养博士研究生
77	张全	工程	地质工程	邹俊鹏	澳大利亚	新南威尔士大学	12	联合培养博士研究生
78	刘源	地学院	地质学	赵军红	加拿大	麦吉尔大学	12	联合培养博士研究生
79	刘玉婷	地信	测绘科学与技术(信工)	王伦澈	英国	兰卡斯特大学	12	联合培养博士研究生

续表

序号	姓名	培养单位	专业名称	导师姓名	国别	留学单位	留学期限(月)	留学身份
80	刘小康	地学	地质学(地学)	宋海军	瑞士	弗里堡大学	18	联合培养博士研究生
81	刘子源	经管	管理科学与工程	郭锐	美国	科罗拉多大学丹佛分校	12	联合培养博士研究生
82	刘俞佐	资源	矿产普查与勘探	石万忠	加拿大	阿尔伯塔大学	12	联合培养博士研究生
83	王晨睿	自动化	控制科学与工程	何勇	日本	千叶大学	12	联合培养博士研究生
84	王洪鹏	自动化	控制科学与工程	董浩斌	加拿大	美国石溪大学	12	联合培养博士研究生
85	王立兴	工程	土木工程	吴文兵	加拿大	加拿大西安大略大学	12	联合培养博士研究生
86	王腾飞	工程	地质工程	殷坤龙	荷兰	特文特大学	12	联合培养博士研究生
87	王思雨	资源	矿产普查与勘探(资源)	沈传波	德国	德国汉堡大学	24	联合培养博士研究生
88	王娟	地学	地球化学(地学)	刘勇胜	澳大利亚	麦考瑞大学	12	联合培养博士研究生
89	陈倩	公管	公共管理	李江风	美国	普渡大学	12	联合培养博士研究生
90	陈光	公管	公共管理	龚健	奥地利	奥地利科学院	12	联合培养博士研究生
91	王超凡	经管学院	管理科学与工程	帅传敏	澳大利亚	澳大利亚麦考瑞大学合作奖学金	18	联合培养博士研究生
92	王允磊	数理学院	数学	王明	法国	法国波尔多大学	36	博士研究生
93	甘杰	工程学院	地质工程	周燕	德国	慕尼黑工业大学	48	博士研究生
94	王禹	环境学院	地质工程	柴波	英国	英国纽卡斯尔大学	48	博士研究生
95	刘威	地信学院	地理学	肖国桥	比利时	比利时新鲁汶大学	48	博士研究生
96	方启东	工程学院	建筑与土木工程	任兴伟	英国	英国布里斯托大学	48	博士研究生
97	杨康	生环学院	生物学	杨渐	荷兰	荷兰生态研究院	48	博士研究生
98	周阳阳	地信学院	测绘工程	高伟	新加坡	新加坡国立大学	48	博士研究生

国际学生教育

【概况】

学校来华留学教育工作紧密围绕国家重大战略和外交大局需求，进一步完善国际学生招生、培养、管理制度，着力推进来华留学教育工作实现高质量内涵式发展。截至2022年12月，共有来自110个国家的1006名国际学生在校学习（图1），其中本科生310人，硕士生314人，博士生275人，预科生83人，进修生12人，短期生12人，“一带一路”沿线国家学生占比超过80%。

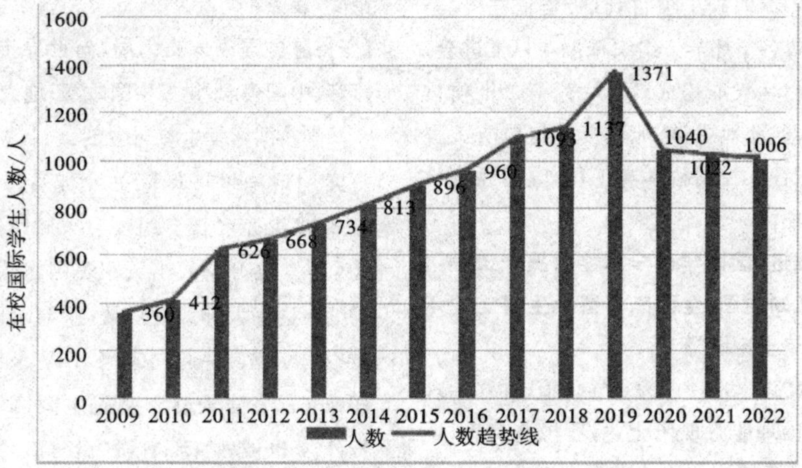

图1　中国地质大学（武汉）2009—2022年国际学生在校生规模

【坚持高质量发展，从严把好招生录取“入口关”，建立“全球地大”宣传服务网络】

在入学考核环节，聚焦改革实效，针对本科生与研究生采用不同的入学考核办法，本科生实行统一入学线上考试，研究生由导师进行视频面试考核，有效保证了入学考核的效果及选拔学生的质量。不断推进“‘全球地大’国际形象塑造工程”建设，构建“全员参与”的招生宣传新局面，针对阿拉伯语、法语、西班牙语、泰语学生群体，举办多场招生宣传会。修订完善了阿拉伯语、法语、西班牙语、俄语等多语种的招生宣传材料。开通留学地大官方视频号，扩大“全球地大”影响力。

【拓展后疫情时代生源渠道，充分发挥资源优势，专项定制外籍员工线上汉语培训项目】

为充分发挥学校汉语教学与HSK考点资源优势，进一步拓展短期自费生招生渠道，学校开设国际学生线上汉语短期培训项目。2022年，为桑德兰紧固件（浙江）有限公司印度籍员工专项定制了“外籍员工线上汉语培训项目”，该项目学员顺利结课并均达到预期培训标准。

【助推学校“双一流”建设，积极构建一流来华留学教育体系，稳步推进“双一流”建设研究生全英文学科课程群项目】

按照“统筹规划，分批推进”的原则，继续分批建设“双一流”研究生全英文学科课程群。加强项目制度建设，发布《“双一流”建设研究生全英文学科课程群项目管理办法（试行）》，明确了项目管理、质量监控、经费管理等各个环节。组织首批项目推进会，确保项目建设取得成效。举行第二批项目研讨会，启动地质学、地质资源与地质工程（地质工程）、控制科学与工程、应用经济学等 4 个项目。

【深入推进“国际学生学术能力提升工程”，承办“感知中国：全国来华留学生博士论坛暨丝路博士论坛”】

坚持以学术理念为主导价值，加强治理体系和治理能力现代化建设，规范管理，继续开展国际学生学风建设教育活动，加大培养全过程监控力度，营造“严在地大”的校风学风。定期开展线上线下课堂考勤巡查，共核查 108 次线上线下课堂考勤。针对国际学生学术痛点开展有深度的学术论坛，追求“学术卓越”，深入推进“国际学生学术能力提升工程”，全年共举办 13 期《丝路博士论坛》；其中，第八期“感知中国：全国来华留学生博士论坛暨丝路博士论坛”，由国家留学基金管理委员会主办，学校与湖北教育国际交流协会外国留学生教育管理专业委员会承办。来自西安交通大学、复旦大学、浙江大学、吉林大学及学校的优秀来华留学生博士生作主题学术报告。论坛以线上和线下相结合的方式，通过腾讯会议和微信视频号全程进行了直播，近二千人参加论坛。

近三年来，国际学生共发表 172 篇国际高水平学术论文，其中 T1 级别论文 30 篇，T2 级别论文 142 篇。3 名国际学生硕士生论文荣获“校优秀硕士学位论文”表彰、1 名国际学生博士生论文荣获“校优秀博士学位论文”表彰。

【坚持服务国家外交大局，向世界传播中国声音、中国理念，讲好中国故事、地大故事】

学校国际学生参与主创、录制湖北版迎冬奥 MV《一起向未来》并全球发布，该 MV 被 2022 北京冬奥会组委会官微转载，并于北京冬奥会开幕式当天在美国纽约时代广场纳斯达克大屏滚动播放；参与录制“人民日报国际版”《一起向未来》MV 录制，被时任外交部发言人赵立坚先生微博转载、称赞，MV 也被教育部官微“微言教育”转载。在金砖国家领导人第十四次会晤期间，3 名国际学生接受了《人民日报》《零时差 TALK》栏目采访，以世界青年的视角发表了对金砖国家的积极看法。喜迎党的二十大，国际学生积极评价党的二十大胜利召开，被多家境内外主流媒体报道、转载。与中央广播电视总台《国际在线》举办推动国际传播能力建设座谈会暨国际传播战略合作协议云签约活动。组织“钢铁侠”国际学生志愿服务队，开展“读懂中国·非凡十年”系列活动。学院师生受邀参加第十三、十四届中国非洲研究院举办的国家级智库外宣品牌活动《中国讲坛》。

【积极服务全省来华留学教育事业，引领行业发展，为“留学湖北”方略提供地大智慧和力量】

学校作为湖北省教育国际交流协会外国留学生教育管理专业委员会(简称湖北留管协会)主任单位，积极服务湖北省教育厅、各兄弟高校，为留学湖北方略建言献策。7月组织湖北省高校在恩施召开湖北省来华留学生教育管理工作交流会，省教育厅、省外办、武汉市公安局出入境管理局等部门相关领导以及39所湖北省来华留学教育高校留管部门负责人、留管干部、留学生辅导员等130余人参加会议。许峰教授作为湖北留管协会秘书长向全省兄弟高校做相关报告。参与组织湖北省国际学生及孔子学院(课堂)学员中文演讲比赛，许峰、罗文旭指导贝宁籍博士生大明斩获二等奖，学校获得优秀组织奖。

【献礼校庆70周年，海内外国际校友和国际学生共迎同庆七秩荣光】

积极组织国际学生录制视频献礼校庆、参与中外大学校长论坛。组织境内国际学生拍摄、联络境外学生录制校庆视频70个，在“留学地大”官方微信和官方视频号上发布海外校长视频27个等。积极参与录制校庆宣传片、校歌MV、校庆晚会。参与校庆期间中外大学校长论坛筹备、组织和现场协调工作。国际校友故事入选70周年校庆系列丛书，2013届环境科学与工程专业博士研究生校友、塞拉利昂贸易与工业部长桑迪，向母校发来70周年校庆贺信。《塞拉利昂校友桑迪：一国部长的地大情怀》入选70周年校庆系列丛书之《山花灿漫》。

【进一步推动国际学生专业实习实践、就业及创新创业工作，建立校企产学研基地】

根据学校暑期野外地质实习安排，国际学生本科生开展了为期3周的秭归野外实习，国际学生通过野外课堂和野外实操，全方位巩固了专业知识，通过理论和实践密切结合提升专业技能；18名国际学生被紫金矿业集团股份有限公司录取并入职就业，通过对紫金矿业的定期回访得知紫金矿业对学校实习、就业的国际学生满意度达100%；6月，“生物质科技产学研基地”在武汉光谷蓝焰集团旗下的鄂州蓝焰生物质能源有限公司揭牌成立，校企双方就国际学生联合培养、创业科技项目申报、海外项目拓展等方面合作并达成共识；11月，约旦籍本科生被长飞光纤光缆股份有限公司录取并开展实习；为2021级毕业生乌兹别克斯坦籍校友卡米拉联系四方光电集团就业，通过回访企业满意度为100%；同时，学院筹备聘请学校负责创新创业工作项目老师给国际学生开设“国际学生创新创业”双语课程，为国际学生职业生涯和创新创业提供交流平台。

【加强国际学生中国国情教育和文化教育，营造开放共享、多元并存的校园文化环境，打造有“地大特色”现代化国际学生全育人平台】

《“钢铁侠”：共命运筑 抗“疫”精神，聚合力述“中国故事”》获教育部思政司、中央网信办举办的第五届全国高校网络教育优秀作品推选展示活动工作案例类优秀奖。在教育部、国家语言文字工作委员会举办的第三届中华经典诵写讲大赛系列活动中，学校获得“印记中国”师生篆刻大赛“优秀组织奖”,成为湖北地区唯一获得此荣誉的高校。师生受邀参加首届中非文明对话大会,留学生代表大明应邀发言。师生受邀参加世界青年发展论坛。美国籍国际学生 WINNE CHEN(中文名:陈婉淇)以《感受中国新时代》为题荣获由中共中央对外联络部所属《当代世界》杂志社牵头举办的“感受中国新时代”主题征文、摄影和短视频大奖赛征文类全国三等奖。

(撰稿:吴思源;审稿:甘义群、许峰)

〔附录〕

附录 1　2022 年国际学生数

单位:人

序号	长期生							短期生
	预科生	汉进	普进	高进	本科	硕研	博研	
合计	83	10	1	0	292	327	281	12

附录 2　2022 年分学科国际学生数

单位:人

序号	一级学科	长期生						长期生小计	短期生	合计
		预科生	汉进	普进	本科	硕研	博研			
1	工学	0	0	0	107	175	145	427	0	427
2	管理学	0	0	0	60	86	47	193	11	204
3	经济学	0	0	0	111	13	16	140	0	140
4	理学	0	0	0	8	44	72	124	0	124
5	文学	83	10	1	1	3	0	98	1	99
6	艺术学	0	0	0	4	1	0	5	0	5
7	法学	0	0	0	1	2	0	3	0	3
8	教育学	0	0	0	0	3	0	3	0	3
9	哲学	0	0	0	0	0	1	1	0	1
总计		83	10	1	292	327	281	994	12	1006

附录 3　2022 年分经费来源国际学生数

单位:人

序号	经费来源	长期生						长期生小计	短期生	合计
		预科生	汉进	普进	本科	硕研	博研			
1	中国政府奖学金	82	0	1	289	321	271	964	12	976
2	中国学校奖学金	0	0	0	1	6	9	16	0	16

续表

序号	经费来源	长期生						长期生小计	短期生	合计
		预科生	汉进	普进	本科	硕研	博研			
3	个人自费	1	10	0	2	0	1	14	0	14
总计		83	10	1	292	327	281	994	12	1006

附录 4　2022 年主要生源国家国际学生数　　单位"人

序号	国籍	长期生						长期生小计	短期生	合计
		预科生	汉进	普进	本科	硕研	博研			
1	巴基斯坦	1	0	0	2	83	69	155	0	155
2	约旦	19	0	0	70	2	4	95	0	95
3	越南	1	0	0	47	30	12	90	0	90
4	泰国	0	0	0	31	11	6	48	0	48
5	蒙古	0	0	0	17	23	3	43	0	43
6	孟加拉国	10	0	0	6	8	9	33	0	33
7	老挝	2	0	0	16	4	3	25	0	25
8	缅甸	0	0	0	1	10	12	23	0	23
9	印度尼西亚	1	0	0	13	6	2	22	0	22
10	塔吉克斯坦	0	0	0	7	10	0	17	0	17
11	也门	3	0	0	2	6	5	16	0	16
12	哈萨克斯坦	0	0	0	2	12	1	15	0	15
13	柬埔寨	1	0	0	5	4	5	15	0	15
14	乌兹别克斯坦	1	0	0	7	5	0	13	0	13
15	印度	0	10	0	0	0	2	12	0	12
16	阿富汗	0	0	0	5	2	1	8	0	8
17	土库曼斯坦	0	0	0	7	1	0	8	0	8
18	伊朗	0	0	0	0	0	6	6	1	7
19	吉尔吉斯斯坦	0	0	0	5	2	0	7	0	7
20	东帝汶	0	0	0	6	1	0	7	0	7
21	尼泊尔	3	0	0	2	1	1	7	0	7
22	马来西亚	0	0	0	3	0	1	4	0	4

续表

序号	国籍	长期生						长期生小计	短期生	合计
		预科生	汉进	普进	本科	硕研	博研			
23	叙利亚	0	0	0	0	0	4	4	0	4
24	伊拉克	0	0	0	0	2	1	3	0	3
25	土耳其	0	0	0	0	3	0	3	0	3
26	斯里兰卡	0	0	0	0	1	1	2	0	2
27	韩国	0	0	0	0	1	0	1	0	1
28	格鲁吉亚	0	0	0	1	0	0	1	0	1
29	阿曼	0	0	0	0	1	0	1	0	1
30	日本	0	0	0	0	0	1	1	0	1
亚洲小计		42	10	0	255	229	149	685	1	686
31	多米尼克	2	0	0	0	0	1	3	0	3
32	格林纳达	2	0	0	0	0	0	2	0	2
33	巴拿马	2	0	0	0	0	0	2	0	2
34	墨西哥	0	0	0	0	2	0	2	0	2
35	安提瓜和巴布达	2	0	0	0	0	0	2	0	2
36	萨尔瓦多	2	0	0	0	0	0	2	0	2
37	美国	0	0	0	1	0	0	1	0	1
38	巴巴多斯	1	0	0	0	0	0	1	0	1
北美洲小计		11	0	0	1	2	1	15	0	15
39	哥伦比亚	0	0	0	0	4	0	4	0	4
40	玻利维亚	0	0	0	1	1	0	2	0	2
41	秘鲁	0	0	0	0	2	0	2	0	2
42	智利	0	0	0	1	0	0	1	0	1
43	巴西	0	0	0	0	0	1	1	0	1
44	圭亚那	0	0	0	0	1	0	1	0	1
南美洲小计		0	0	0	2	8	1	11	0	11
45	汤加	0	0	0	2	2	1	5	0	5
46	所罗门群岛	2	0	0	0	0	0	2	0	2
47	斐济	0	0	0	0	1	1	2	0	2

续表

序号	国籍	长期生						长期生小计	短期生	合计
		预科生	汉进	普进	本科	硕研	博研			
48	新西兰	0	0	0	0	1	0	1	0	1
49	瓦努阿图	1	0	0	0	0	0	1	0	1
50	密克罗尼西亚联邦	0	0	0	0	0	1	1	0	1
51	巴布亚新几内亚	0	0	0	1	0	0	1	0	1
大洋洲小计		3	0	0	3	4	3	13	0	13
52	俄罗斯联邦	1	0	0	11	5	4	21	0	21
53	法国	0	0	0	0	0	1	1	0	1
54	阿尔巴尼亚	0	0	0	1	0	0	1	0	1
55	保加利亚	0	0	0	0	1	0	1	0	1
56	波兰	0	0	0	0	0	1	1	0	1
欧洲小计		1	0	0	12	6	6	25	0	25
57	坦桑尼亚	0	0	0	3	13	22	38	3	41
58	苏丹	0	0	0	0	7	22	29	0	29
59	尼日利亚	0	0	0	0	10	9	19	0	19
60	科特迪瓦	0	0	0	0	5	11	16	0	16
61	马达加斯加	0	0	0	0	7	8	15	0	15
62	刚果(金)	1	0	0	2	8	1	12	1	13
63	喀麦隆	1	0	0	0	1	9	11	1	12
64	加纳	0	0	0	0	5	4	9	0	9
65	安哥拉	5	0	0	0	2	0	7	0	7
66	赞比亚	4	0	0	0	2	0	6	0	6
67	乍得	2	0	0	1	0	2	5	0	5
68	塞拉利昂	0	0	0	2	0	2	4	1	5
69	刚果(布)	1	0	0	1	1	2	5	0	5
70	卢旺达	0	0	0	0	0	4	4	1	5
71	贝宁	2	0	0	0	1	1	4	0	4
72	埃塞俄比亚	0	0	0	0	0	3	3	1	4
73	肯尼亚	1	0	0	1	1	1	4	0	4

续表

序号	国籍	长期生						长期生小计	短期生	合计
		预科生	汉进	普进	本科	硕研	博研			
74	埃及	0	0	0	0	4	0	4	0	4
75	莫桑比克	0	0	0	2	2	0	4	0	4
76	利比里亚	0	0	0	0	2	2	4	0	4
77	马里	0	0	0	0	1	2	3	1	4
78	几内亚	0	0	0	3	0	0	3	0	3
79	塞内加尔	1	0	0	0	1	1	3	0	3
80	佛得角	3	0	0	0	0	0	3	0	3
81	乌干达	1	0	0	0	1	1	3	0	3
82	尼日尔	0	0	0	0	0	3	3	0	3
83	科摩罗	0	0	0	0	1	2	3	0	3
84	赤道几内亚	0	0	0	0	1	0	1	2	3
85	加蓬	1	0	0	0	0	1	2	0	2
86	冈比亚	1	0	0	0	1	0	2	0	2
87	索马里	0	0	0	0	0	2	2	0	2
88	吉布提	0	0	1	0	0	0	2	0	2
89	布隆迪	1	0	0	1	0	0	2	0	2
90	马拉维	0	0	0	0	0	1	1	0	1
91	塞舌尔	1	0	0	0	0	0	1	0	1
92	多哥	0	0	0	0	0	1	1	0	1
93	阿尔及利亚	0	0	0	0	0	1	1	0	1
94	南苏丹	0	0	0	0	0	1	1	0	1
95	摩洛哥	0	0	0	0	1	0	1	0	1
96	圣多美和普林西比	0	0	0	1	0	0	1	0	1
97	纳米比亚	0	0	0	0	0	1	1	0	1
98	毛里塔尼亚	0	0	0	0	0	1	1	0	1
99	莱索托	0	0	0	1	0	0	1	0	1
100	几内亚比绍	0	0	0	1	0	0	1	0	1
非洲小计		26	0	1	19	78	121	245	11	256
合计		83	10	1	292	327	281	994	12	1006

附录 5　2022 年分大洲国际学生数　　单位：人

序号	洲别	长期生						长期生小计	短期生	合计
		预科生	汉进	普进	本科	硕研	博研			
1	亚洲	42	10	0	255	229	149	685	1	686
2	非洲	26	0	1	19	78	121	245	11	256
3	欧洲	1	0	0	12	6	6	25	0	25
4	北美洲	11	0	0	1	2	1	15	0	15
5	大洋洲	3	0	0	3	4	3	13	0	13
6	南美洲	0	0	0	2	8	1	11	0	11
总计		83	10	1	292	327	281	994	12	1006

附录 6　2022 年毕业、结业国际学生数　　单位：人

序号	学历	授予学位人数	结业人数
1	本科	19	3
2	硕士	50	51
3	博士	18	18
4	预科	0	26
5	进修	0	13

附录 7　2022 年分学院国际学生数　　单位：人

序号	院系	长期生						长期生小计	短期生	合计
		预科生	汉进	普进	本科	硕研	博研			
1	经济管理学院	0	0	0	167	77	36	280	0	280
2	资源学院	0	0	0	14	79	61	154	0	154
3	环境学院	0	0	0	7	55	35	97	0	97
4	国际教育学院	83	10	1	0	0	0	94	1	95
5	工程学院	0	0	0	33	20	22	75	0	75
6	公共管理学院	0	0	0	6	24	27	57	11	68
7	地球科学学院	0	0	0	5	21	30	56	0	56
8	计算机学院	0	0	0	26	11	8	45	0	45

续表

序号	院系	长期生						长期生小计	短期生	合计
		预科生	汉进	普进	本科	硕研	博研			
9	机械与电子信息学院	0	0	0	14	6	6	26	0	26
10	地球物理与空间信息学院	0	0	0	0	10	14	24	0	24
11	地理与信息工程学院	0	0	0	8	5	8	21	0	21
12	自动化学院	0	0	0	6	2	4	12	0	12
13	珠宝学院	0	0	0	1	2	9	12	0	12
14	海洋学院	0	0	0	0	2	7	9	0	9
15	材料与化学学院	0	0	0	1	1	5	7	0	7
16	艺术与传媒学院	0	0	0	4	2	0	6	0	6
17	地质调查研究院	0	0	0	0	3	2	5	0	5
18	数学与物理学院	0	0	0	0	2	3	5	0	5
19	教育研究院	0	0	0	0	2	0	2	0	2
20	生物地质与环境地质国家重点实验室	0	0	0	0	1	1	2	0	2
21	地质过程与矿产资源国家重点实验室	0	0	0	0	0	2	2	0	2
22	马克思主义学院	0	0	0	0	1	1	2	0	2
23	外国语学院	0	0	0	0	1	0	1	0	1
合计		83	10	1	292	327	281	994	12	1006

远程与继续教育

【概况】

学校学历继续教育包括网络教育、成人高等教育和自学考试3类，非学历继续教育包括高端培训和同等学力申硕两类。

【网络/成人教育】

网络教育春季招生专业22个，在籍生47 134人、毕业生24 425人、录取注册10 749人，授予学位570人。在全国授权72个校外学习中心招生。成人高等教育招生专业14个，在校生803人、毕业生366人、录取注册331人，授予学位18人。在全国授权13个函授站招生。招收中国地质调查局自然资源综合调查指挥中心（原武警黄金部队）下属西宁、成都、海口地质调查中心共计10个专业、60人。通过课程教学直播，主题讨论、课程答疑、学习笔记共享等方式进一步强化学习支持服务。依托18个专业教研室开展教学，2022春开课508门，任课教师187人；2022秋开课503门，任课教师184人。全年安排课程辅导、统考辅导、论文指导直播共计77场。全年课程考试组织在线机考287 692人次参加，考试过程全部采取人脸识别技术实施监管，另外安排离线考查137 143人次。论文管理2022年全年聘请指导教师2808人、评阅教师338人，全年评阅本科毕业论文11 748份，评阅专科实践报告9409份。统考报考34 246科次，统考合格26 639科次；免考合格1631科次。完成28门高等学历继续教育网络课程资源的更新工作；新建24门同等学力申硕网络课程、4门自考网络课程、7门非学历继续教育课程。全年开展20次网络视频直播课。

2022年年中，"基础英语""毛泽东思想和中国特色社会主义理论体系概论""中国近现代史纲要""批判性思维""土力学""职场交流""岩土工程施工技术""珠宝玉石的鉴定与评价""计算机科学导论"等10门课程报送至国家智慧教育公共服务平台，免费向社会公众开放学习。新建2个校外学习中心，梳理排查85个学习中心/函授站，对49个拟设置校外教学点进行评估，全面修订改版校外教学点合作办学协议模板，重新拟定校外教学点学费标准及分成比例的调整方案。通过了17个省市区教育部门对25个学习中心/函授站的年报年检工作。85名毕业生荣获"中国地质大学（武汉）高等学历继续教育优秀毕业生"称号。

完成新平台建设项目第二年度开发任务，实现缴费、授课、协议管理等功能，完成系统（作业系统、考试系统、财务系统、维普查重系统等）对接。原有平台用户与学习数据中心同步对接，解决作业双接口问题，优化招生、学籍、统考、培训证书查询、统考报名预约系统和毕业流程；日常维护课程资源方面，开发测试环境平台搭建，大数据及数据库管理维护；配合各开发商做好人脸识别系统、统考系统、作业系统、论文查重、电子发票及电子签章等维护工作。定期升级操作系统，杜绝安全漏洞，防范网络攻击，重要节点24小时监控服务器及应用系统，确保学院门户网站和教学平台的信息安全。

【自学考试】

自学考试主考专业11个，其中本科9个，专科2个。招生注册2091人，毕业学生612人，授予学位54人。新增助学机构3个，目前共计合作12个助学机构。首次承接自学考试国考考点组考工作，顺利完成共计169个考场，1452人的考试组织工作。实践环节考核共计1857人，10 285科次。评卷共计77门，85 704份。命题国考、省考共计74门，148套试卷，完成实践课程38门次的命题组织管理工作。论文答辩完成421人次。全年新建网络助学备案课件共7门。按照国家专业规范设置，调整自考优势专业，包括珠宝专科、专升本、地质工程专升本、土地资源专升本的课程改革和专业体系建设，编制适合自考考生的专业培养方案、教材清单及课程考纲；采取多形式，多口径合作方式开展联合办学，深度挖掘优势专业办学潜力，共同推动学校自考珠宝专业进一步发展。

【高端培训】

全年开展培训项目19项，培训学员5503人次，其中集中面授培训1143人次；在线培训4360人次。其中，受教育部和自然资源部委托，在云南施甸、黑龙江海伦、江西赣州和海南琼中等地区举办7期、3317人次的各种定点帮扶培训。

【同等学力申硕】

同等学力申请硕士学位2022级共招收320人。2022年，共开展两次面授教学组织，全年共完成4门公共课与37门专业课教学，选课人数1096人，选课人次2744人。2022年11月同等学力人员申请硕士学位全国统考通过名单共计105人。2022年由研究生院统一发文立项，同等学力申请硕士学位研究生在线课程资源建设，16门在线课程资源已顺利完成。

【教育合作】

与《地质科技通报》签署合作协议，面向校内各单位、中国地质学会职业与继续教育研究分会各委员单位，设立开放基金课题，搭建继续教育科学研究平台，促进合作交流，提升继续教育质量和水平；全年共编印自然资源继续教育简报5期，面向委员单位组织开展以“我的地质情”为主题征文活动，共征集稿件45篇，选编为《薪火相传地质情》，集中展示新一代地质人对地质行业的执着追求和炽热情怀；在中国地质学会百年华诞、中国地质大学校庆70周年之际，组织筹备“终身教育论坛”学术会议，因疫情原因，论坛延期举行；与逸夫博物馆联合组织开展第53个世界地球日科普宣传活动。

学校网络与继续教育学院获评2022最具社会影响力高校网络与继续教育学院，并入选国家级职业教育“双师型”教师培训基地，其自学考试团队获评2022年度武汉地区自考助学班考试组织奖，工会获评中国地质大学(武汉)2021—2022年度工会工作先进集体。《新时代高等学历继续教育教师队伍建设的探索与实践——中国地质大学(武汉)远程与继续教育学院实践案例》，荣获优秀案例奖并入选中国高校远程与继续教育优秀案例库。

(撰稿：左杨；审稿：隋明成)

〔附录〕

附录 1　2022 年网络教育和成人高等教育招生层次和专业

招生层次		专业名称
网络教育	专科	工商企业管理、建筑工程技术、测绘工程技术、机电一体化技术、安全技术与管理
	专升本	法学、会计学、经济学、工商管理、行政管理、土地资源管理、安全工程、测绘工程、土木工程(岩土工程)、土木工程(建筑工程)、资源勘查工程、水文与水资源工程、地质工程、宝石及材料工艺学、计算机科学与技术、自动化、机械设计制造及其自动化
成人高等教育	专科	建筑工程技术
	专升本	会计学、工商管理、行政管理、法学、土地资源管理、安全工程、测绘工程、资源勘查工程、水文与水资源工程、土木工程、计算机科学与技术、宝石及材料工艺学、机械设计制造及其自动化

附录 2　2022 年网络教育学生数

单位:人

毕业生数			招生数			在校生数		
合计	本科	专科	合计	本科	专科	合计	本科	专科
24 425	11 251	13 174	10 749	6027	4722	47 134	25 710	21 424

附录 3　2022 年成人高等教育学生数

单位:人

学习形式	毕业生数			招生数			在校生数		
	合计	本科	专科	合计	本科	专科	合计	本科	专科
函授	366	287	79	331	283	48	803	674	129

附录 4　2022 年授权招生的学习中心/函授站分布情况

省市分布	学习中心(72 个)	函授站(13 个)
湖北省	荆州、孝感、江汉油田、武汉数字化、仙桃、天门、鄂州、荆楚理工学院、湖北财经专修学院、直属	
湖南省	郴州、湖南、衡阳	湖南、衡阳
河南省	郑州、南阳、开封	郑州、三门峡
广东省	深圳、广州	

续表

省市分布	学习中心(72个)	函授站(13个)
江苏省	南京、金坛、南通、苏州	
上海市	上海	
浙江省	浙江(分院)、诸暨、长兴、温州、宁波、绍兴育人、丽水、湖州、舟山	杭州
山东省	济南、胜利油田、青岛、德州现代	
甘肃省	兰州	甘肃
山西省	山西、晋城、临汾、朔州、太原、长治	
四川省	四川、川建设、广安、南充、攀枝花	
安徽省	合肥	合肥
内蒙古自治区	内蒙古	
新疆维吾尔自治区	新疆、兵团电大	新疆
云南省	瑞丽、云南国土	
江西省	萍乡、都昌、南昌宏邦	
河北省	唐山、邯郸、河北、石家庄	
辽宁省	沈阳	
黑龙江省	哈尔滨、黑煤职院	
贵州省	贵阳	贵州
广西壮族自治区	南宁	广西
福建省	泉州	福建、泉州
海南省	海口	海南
宁夏回族自治区	银川钜橙	
陕西省	西安、商洛	
吉林省	长春	

附录5　2022年自学考试主考专业及人数

序号	学科专业名称及代码	学习形式	招生总人数/人
1	市场营销	非全日制专升本	5
2	工程管理	非全日制专升本	162
3	宝石及材料工艺学	非全日制专升本	54
4	计算机科学与技术	非全日制专升本	12

续表

序号	学科专业名称及代码	学习形式	招生总人数/人
5	视觉传达设计	非全日制专升本	5
6	地质工程	非全日制专升本	238
7	会计学	非全日制专升本	4
8	行政管理	非全日制专升本	45
9	英语	非全日制专升本	1
10	网络工程	非全日制专升本	4
11	测绘与地质工程技术	非全日制专科	1555
12	宝石鉴定与加工	非全日制专科	6
总计			2091

附录 6　2022 年非学历培训教育项目

序号	培训班名称	人次	教学形式
1	中国地质调查局长沙自然资源综合调查中心“夜校”培训	387	线上教学
2	湖北省地质局专业技术人员继续教育在线培训	941	线上教学
3	中国地质调查局自然资源综合调查指挥中心基础地质调查业务能力培训	150	线下教学
4	排水管道检测及非开挖修复培训班	280	线上教学
5	2022 年广西壮族自治区地质矿产勘查开发局全局水工环地质调查理论与技术培训班	37	线下教学
6	2022 年城市地质工作专业技术人员能力提升高级研修项目	37	线下教学
7	2022 年浙江省第三地质大队地质学基础专业知识培训	85	混合教学
8	西藏自治区地质矿产勘查开发局第五地质大队专业技术人员继续教育在线培训	100	线上教学
9	西藏自治区地质矿产勘查开发局第六地质大队专业技术人员继续教育在线培训	110	线上教学
10	2022 年云南迪庆有色金属有限责任公司矿产勘查技术及绿色矿山建设培训班	11	线下教学

续表

序号	培训班名称	人次	教学形式
11	2022年度南方重点生态区生态保护修复支撑调查工程生态保护修复专项培训班	26	线下教学
12	地大培训在线个人学习	22	线上教学
13	2022年自然资源部定点帮扶培训(海伦)	413	混合教学
14	2022年自然资源部定点帮扶培训(赣县)	479	混合教学
15	2022年自然资源部定点帮扶培训(宁都)	326	混合教学
16	2022年自然资源部定点帮扶培训(琼中)	553	混合教学
17	2022年自然资源部定点帮扶培训(兴国)	833	混合教学
18	2022年自然资源部定点帮扶培训(于都)	478	混合教学
19	2022年云南施甸县乡村振兴带头人培训	235	线上教学
	合计	5503	

附录7　2022级同等学力申请硕士学位招生情况统计表

序号	学院	专业	人数/人	合计/人
1	地球科学学院	地质学	15	15
2	资源学院	矿产普查与勘探	25	25
3	环境学院	环境科学与工程	53	57
		水利工程	4	
4	工程学院	土木工程	45	107
		地质工程	52	
		安全科学与工程	10	
5	地球物理与空间信息学院	地球探测与信息技术	14	14
6	海洋学院	海洋科学	18	18
7	地理与信息工程学院	测绘科学与技术	44	44
8	公管学院	土地资源管理	21	21
9	体育学院	体育学	19	19
合计				320

附录8　2022年招生各专业人数一览表

序号	层次	专业	人数/人
1	专升本	土木工程(建筑工程)	1
2	专升本	资源勘查工程	15
3	专升本	水文与水资源工程	2
4	专升本	安全工程	1
5	专升本	会计学	2
6	专升本	土地资源管理	12
7	专升本	地质工程	3
8	专科	测绘工程技术	20
9	专科	建筑工程技术	2
10	专科	工商企业管理	2
合计			60

附录 9　2022 年同等学力申硕在线课程资源建设统计表

序号	课程编号	课程名称	学时	学分	开课学院	所属学科	项目负责人	立项时间	备注
1	S010003	大地构造学	48	3	地球科学学院	地质学	王国灿	202207	
2	S020040	找矿案例分析	48	3	资源学院	矿产普查与勘探	孙华山	202207	
3	S020013	高级矿床学	48	3	资源学院	矿产普查与勘探	曹晓峰	202207	
4	S020031	遥感地质	48	3	地球物理与空间信息学院	地球探测与信息技术	牛瑞卿	202207	
5	S060008	地学空间分析	48	3	地球物理与空间信息学院	地球探测与信息技术	武雪玲	202207	
6	S170042	土地利用规划专题	48	3	公共管理学院	土地资源管理	杨建新	202207	
7	S170041	土地科学前沿	48	3	公共管理学院	土地资源管理	周学武	202207	
8	S130011	体育课程导论	32	2	体育学院	体育学	刘华荣	202207	
9	S130010	体育科研方法	32	2	体育学院	体育学	张毅恒	202207	
10	S130013	体育统计学	32	2	体育学院	体育学	方银	202207	
11	S190014	数据挖掘与机器学习	48	3	计算机学院	计算机科学与技术	蒋良孝	202207	
12	S190017	信息安全理论与技术	48	3	计算机学院	计算机科学与技术	宋军	202207	
13	S050028	弹塑性力学	48	3	工程学院	土木工程	李田军	202207	
14	S040002	环境同位素原理与技术	48	3	环境学院	环境科学与工程	谢先军	202207	第一批次未完成，经费资助来源变重新立项建设
15	S110009	空间信息系统软件工程	48	3	地信学院	测绘科学与技术	樊文有	202207	同上
16	S050007	风险管理	48	3	工程学院	安全科学与工程	倪晓阳	202207	同上

Nianjian

科学研究、学术管理与社会服务

科学研究

【概况】

科技项目经费稳步增长。2022 年学校科研项目共计立项 1812 项目，合同经费 96 152 万元，实到经费 70 502 万元。其中纵向合同经费 39 805 万元，横向合同经费 47 855 万元，军民融合项目合同经费 5210 万元，较往年有所提升。

基础研究发展态势良好。2022 年学校纵向科研项目 696 项。申报国家自然科学基金项目 866 项，获资助项目 242 项，资助率 27.94%；申报国家社会科学、教育部人文社会科学等项目 134 项，获资助项目 15 项，包括国家社会科学基金重大项目 1 项，重点项目 2 项。2022 学校共获军民融合项目 93 项。

高水平论文持续发表。2022 年学校师生共发表 SCI 论文 3524 篇，第一作者单位 SCI 论文 2028 篇，其中期刊影响因子大于 10 的论文 129 篇。ESI 高被引论文 58 篇，热点论文 6 篇，其中第一作者单位高被引论文 37 篇，热点论文 5 篇。SSCI 收录论文 292 篇，CPCI-S 论文 25 篇。EI 收录期刊论文 2851 篇，收录会议论文 186 篇。各二级单位论文分布见下表。

基地体系建设得到增强。成功获批自然资源信息管理与数字孪生工程软件教育部工程研究中心、自然资源部国土碳汇智能监测与空间调控工程技术创新中心；建成武汉市深部零碳能源资源技术创新中心；建设了城市地下空间、未来实验室建造、工业视觉检测技术创新中心；与中石化共建干热岩资源开发利用全国重点实验室；推进由三峡集团牵头建设的长江实验室，推进水岩相互作用与深地资源安全利用国家重点实验室建设；筹建自然资源部神农架大九湖湿地关键带野外科学观测研究站；谋划国家深部零碳能源资源技术创新中心建设。

科研成果不断涌现。2022 年，学校共获各类科技奖励 40 余项,其中作为第一完成单位获省部级科技奖励 16 项,包括湖北省自然科学一等奖 2 项、湖北省技术发明一等奖 1 项,高等学校科学研究优秀成果奖自然科学奖二等奖 1 项、高等学校科学研究优秀成果奖科学技术进步奖二等奖 1 项。第十三届湖北省社会科学优秀成果奖、湖北省发展研究奖(2020—2021 年)、武汉市第十八次社会科学优秀成果奖申报量达到 94 项,其中,一等奖 1 项、二等奖 7 项、三等奖 6 项、优秀奖 6 项,获奖质量进一步提升。

完善知识产权管理体系,推进专利运营转化。学校通过《高等学校知识产权管理规范》国家标准审核认证,成为湖北省首家通过知识产权贯标认证的高校。2 项发明专利获湖北省专利奖金奖,多个项目在湖北省知识产权局高价值知识产权培育工程立项。实施了湖北省首批专利开放许可。入选首批高等学校科技成果转化和技术转移基地、首批国家知识产权试点建设高校。获批授牌湖北省清洁能源产业知识产权运营中心,成为武汉高校唯一授牌的重点产业知识产权运营中心。2022 年专利转化 1260 余万元。

积极发挥科协桥梁纽带作用。2022 年学校青年科技工作者协会完成了第三届委员会的换届会议,龚文平教授担任第三届委员会主席。学校校科协获"全省科协系统先进集体",许南茜获"全省科协系统先进个人"。郑建平教授获首批"中国地质学会会士";宋海军教授获第十七届"中国青年科技奖特别奖",为湖北省首个;文章教授获第十八届青年地质科技奖(银锤奖);宋海军教授获霍英东教育基金会第 18 届高等院校青年科学奖二等奖;关庆锋教授获 2022 年地理信息科技进步奖一等奖;其他各类社会力量设奖 10 余项。国际合作方面,学校获批欧洲核子中心国际高能物理合作组成员。2022 年获批科协系统、学会协会资助项目 21 项。

厚植科普沃土、建设科普品牌。逸夫博物馆、湖北巴东地质灾害国家野外科学观测研究站获批全国科普教育基地;生物地质与环境地质国家重点实验室、自然资源部法制研究重点实验室、构造与油气资源教育部重点实验室、资源学院矿产资源实验教学中心、数理学院物理实验中心获批 2022—2026 年度湖北省科普教育基地;构造与油气资源教育部重点实验室、数理学院物理实验中心获批武汉市科普教育基地;逸夫博物馆-宜昌秭归实习基地获批科学精神专题实践教学基和科创筑梦助力双减试点单位。策划"宜居地球——科普大讲堂",邀请王焰新院士、谢树成院士、李德仁院士开展科普讲座。连续 11 年承办中科协青少年高校科学营。教育部网站以《中国地质大学(武汉)发挥特色优势　积极做好科普工作》为题刊载学校科普工作成效。

积极作为促进军民深度融合。全年国防类项目立项 93 项,科研经费 5210 万元。顺利通过装备承制单位资格认证,成为国防"四证"齐全高校。获批国家卓青人才基金项目 1 人,实现国家级国防高层次人才项目历史性突破,引进国防科研领域高层次人才

3 人，高聘国防科研系列研究员 1 人。地质探测与评估教育部重点实验室、校长王焰新院士入围武汉市军民融合发展智库。肖龙教授入围探月与航天工程中心天问三号任务实施方案综合论证组专家组。向军委科技委、装备发展部、科工局、海军、省融办推荐技术领域专家 27 人次。

七秩荣光创伟业，学术校庆放光芒。校庆 70 周年之际，按照“学术校庆，文化校庆，开放校庆”的工作原则，积极承办具有国际影响的学术会议，营造追求学术卓越的良好氛围，全年共计举办学术会议 32 场，学术讲座 464 场，其中名家论坛 118 场，知名学者讲座 50 场。80%的学术活动是在校庆学术交流月中完成的，彰显“学术校庆”独特魅力。

【重要活动、事件、重大成果】

学校国家级重大项目再获突破。由谢树成院士牵头，联合北京大学、中国科学院地质和地球物理研究所等单位联合申报的“地质微生物与地球重大环境转型”项目获国家自然科学基金委重大项目资助，谢树成院士、罗根明教授分别主持该重大项目课题。

国家重点研发计划获批数量及资助金额均有增长。2022 年获科技部国家重点研发计划项目 5 项、课题 19 项，项目经费总额达 1.55 亿元。获批项目为唐爱东教授主持的“黏土矿物基锂硫电池正极材料的性能调控与微结构解析”，蒋少涌教授主持的“钴镍成矿规律与高效勘查技术示范研究”，余家国教授主持的“高效低成本光催化制氢关键材料及应用”，史建波教授主持的“华北农灌区地下水污染防控关键技术集成及示范”，蒋恕教授主持的“地质资源精准开发风险预测的大数据智能分析技术及平台建设”。

巫翔、宁伏龙、李军获国家杰出青年科学基金项目资助。学校地质过程与矿产资源国家重点实验室巫翔教授、工程学院宁伏龙教授、计算机学院李军教授获得 2022 年国家自然科学基金委杰出青年科学基金项目资助。这是学校首次同年获批 3 个杰青项目，也是首次获得交叉科学部杰青项目资助。

实质性推动学校首个国家重大科技基础设施重大项目论证。为促进学校在地热复合能源体系中的科技创新事业发展，学校成立碳中和碳达峰创新发展研究院，联合三峡集团新能源、中广核新能源两个龙头企业联合起草了聚光太阳能地热电池（GEO-CSP）重大科技基础设施项目建议书，报送教育部科学技术与信息化司。组织编写了三峡集团（GEO-CSP）重大科技基础设施战略先导项目申报书，部署了“聚光吸热、热质输运、地层储热、梯级利用”4 个子系统工作小组，同步深化项目可行性论证工作。

推动特色智库建设取得成效。积极推进自然资源数智治理实验室、生态文明研究院、自然资源传媒研究院、自然灾害风险防控与应急管理实验室建设；推进智库成果分类评价，做到智库成果遴选、输出、推广一体推进，进一步畅通成果转化链条，积极向省政府研究室、教育部社科司报送成果。自然资源部法治研究重点实验室、珠宝首饰传承与创新发展研究中心入选 CTTI 智库。《关于当前形势下保障我省能源与重要矿产资源安全的建议》等 8 份成果获湖北省政府主要负责人肯定性批示,《欧洲委员会持续推进乌克兰价值观西化的调查与思考》等 4 份成果被教育部采用上报,供有关领导同志参阅,学校的咨政服务能力不断提升。

(撰稿:顾刚、刘强、蒋凤、许南茜、刘畅、殷茵、何清吟、张华、李想姣、李向南、段平忠、翁华强、刘征、郑祺、龚松林、吕占峰、李正汉、侯建湘、胡波、叶永昊、彭兴芳、董平、谢晓红;审稿:胡祥云、章军锋、赵来时、刘珩、王淑华)

〔附录〕

附录 1　2022 年国家级及省部级科研平台、基地

序号	名称	类别	创建时间
1	地质过程与矿产资源国家重点实验室	国家重点实验室	2005 年
2	生物地质与环境地质国家重点实验室	国家重点实验室	2011 年
3	地理信息系统国家地方联合工程实验室	国家地方联合工程实验室	2011 年
4	国家地理信息系统工程技术研究中心	国家工程中心	2013 年
5	地质工程国际科技合作基地	科技部国合基地	2012 年
6	地球深部钻探与深地资源开发国际联合研究中心	国际联合研究中心	2018 年
7	湖北巴东地质灾害国家野外科学观测研究站	国家野外科学观测研究站	2021 年
8	地理信息系统软件及其应用教育部工程研究中心	教育部工程研究中心	2002 年
9	资源环境经济研究中心	湖北省人文社科基地	2002 年
10	自然资源部资源定量评价与信息工程重点实验室	自然资源部重点实验室	2004 年
11	国家遥感中心地壳运动与深空探测部	科技部研究中心	2005 年
12	油气勘探开发理论与技术湖北省重点实验室	湖北省重点实验室	2005 年
13	岩土钻掘与防护教育部工程研究中心	教育部工程研究中心	2006 年
14	湖北省黄姜皂素循环经济工程技术研究中心	湖北省工程技术研究中心	2006 年
15	纳米矿物材料及应用教育部工程研究中心	教育部工程研究中心	2007 年
16	构造与油气资源教育部重点实验室	教育部重点实验室	2007 年
17	教育部长江三峡库区地质灾害研究中心	教育部 985 优势学科平台	2008 年
18	湿地演化与生态恢复湖北省重点实验室	湖北省重点实验室	2008 年
19	湖北省高校艺术创作中心	湖北省人文社科基地	2010 年
20	自然资源部法治研究重点实验室	自然资源部重点实验室	2011 年

续表

序号	名称	类别	创建时间
21	大学生发展与创新教育研究中心	湖北省人文社科基地	2011 年
22	地球内部多尺度成像重点实验室	湖北省重点实验室	2012 年
23	紧缺矿产资源湖北省协同创新中心	湖北省协同创新中心	2012 年
24	首饰的传承与创新发展研究中心	湖北省人文社科基地	2013 年
25	智能地学信息处理湖北省重点实验室	湖北省重点实验室	2014 年
26	湖北省区域创新能力检测与分析软科学基地	湖北省软科学基地	2014 年
27	湖北省生态文明研究中心	湖北省智库	2014 年
28	湖北省地下水与环境国际科技合作基地	湖北省国合基地	2014 年
29	复杂系统先进控制与智能自动化湖北省重点实验室	湖北省重点实验室	2016 年
30	地质环境修复技术创新中心	自然资源部技术创新中心	2016 年
31	湖北省水环境污染系统控制和治理工程技术研究中心	湖北省工程技术研究中心	2017 年
32	中国特色社会主义理论研究中心地大分中心	湖北省人文社科基地	2017 年
33	地质探测与评估教育部重点实验室	教育部重点实验室	2017 年
34	流域关键带演化湖北省重点实验室	湖北省重点实验室	2018 年
35	智能地质装备湖北省工程技术研究中心	湖北省工程技术研究中心	2019 年
36	湖北省珠宝工程技术中心	湖北省工程技术研究中心	2019 年
37	智慧地质资源环境技术工程研究中心	湖北省工程研究中心	2019 年
38	三峡库区地质灾害湖北省野外科学观测研究站	湖北省野外科学观测研究站	2019 年
39	三峡库区地质灾害教育部野外科学观测研究站	教育部野外科学观测研究站	2019 年
40	地球探测智能化技术教育部工程研究中心	教育部工程研究中心	2019 年
41	海洋地质资源湖北省重点实验室	湖北省重点实验室	2020 年
42	长江流域环境水科学湖北省重点实验室	湖北省重点实验室	2020 年
43	紧缺战略矿产资源省部共建协同创新中心	省部共建协同创新中心	2020 年
44	地下水修复技术转化中试基地	湖北省中试基地	2020 年
45	自然资源部深部地热资源重点实验室	自然资源部重点实验室	2021 年
46	国家环境保护水污染溯源与管控重点实验室	生态环境部重点实验室	2021 年
47	湖北省氢能技术创新中心	湖北省技术创新中心	2021 年
48	全空间智能信息处理技术及系统湖北省中试基地	湖北省中试基地	2021 年

续表

序号	名称	类别	创建时间
49	先进钻掘机械装备湖北省中试基地	湖北省中试基地	2021 年
50	高校治理研究中心	教育部政策法规司研究中心	2022 年
51	国土碳汇智能监测与空间调控技术创新中心	自然资源部技术创新中心	2022 年
52	自然资源信息管理与数字孪生工程软件教育部工程研究中心	教育部工程研究中心	2022 年
53	区域生态过程与环境演变湖北省重点实验室	湖北省重点实验室	2022 年

附录 2　2022 年学校科研机构(研究所)、独立研究院

序号	机构名称	依托单位
1	行星科学研究所	地学院
2	数学地质与遥感地质研究所	资源学院
3	沉积盆地与沉积矿产研究所	资源学院
4	水资源与环境研究院	环境学院
5	可持续能源实验室	材化学院
6	中美联合非开挖工程研究中心	工程学院
7	勘查建筑设计研究院	工程学院
8	装备与仪器研究所	机电学院
9	旅游发展研究院	经管学院
10	电子商务国际合作中心	经管学院
11	语言文学研究所	外语学院
12	人工智能研究所	信工学院
13	材料模拟与计算机物理研究所	数理学院
14	应用心理学研究所	马克思主义学院
15	公共经济研究所	公共管理学院
16	空间智能计算与信息处理研究所	计算机学院
17	地质信息科技研究所	计算机学院
18	重大地质灾害研究中心	国家野外站
19	地球科学科普研究与创作中心	科发院
20	心理科学与健康研究中心	马克思主义学院

续表

序号	机构名称	依托单位
21	科技信息研究所	图书馆
22	创新发展战略研究院	科学技术发展院
23	数学科学中心	数理学院
24	文化遗产和岩土文物保护工程中心	工程学院
25	自然历史文化研究与传播中心	艺媒学院
26	深圳海洋工程与技术中心	海洋学院
27	能源环境管理与决策研究中心	经管学院
28	地质环境修复产业技术创新中心	环境学院
29	排水环境治理装备产业技术创新中心	机电学院
30	贵金属首饰数字化设计与制造产业技术创新中心	珠宝学院
31	园林陶瓷产业技术创新中心	材化学院
32	土壤与地下水修复产业技术创新中心	环境学院
33	长江流域碳中和产业技术创新中心	环境学院
34	基础工程装备产业技术创新中心	机电学院
35	高端模数芯片先进数字产业技术创新中心	机电学院
36	海洋电场传感器件产业技术创新中心	材化学院
37	制造过程智能控制与优化产业技术创新中心	自动化学院
38	智能传感陶瓷产业技术创新中心	材化学院
39	粤港澳地区土壤-地下水修复产业技术创新中心	环境学院
40	城市地下空间产业技术创新中心	工程学院
41	未来实验室建造产业技术创新中心	艺媒学院、机电学院
42	工业视觉检测产业技术中心	机电学院

附录3　2022年新增研项目情况

项目类别	理工科		人文社科		合计	
	立项数/项	合同经费/万元	立项数/项	合同经费/万元	立项数/项	合同经费/万元
横向一般	854	41 527.96	95	2 287.33	949	43 815.29
横向地勘/地灾/普查	71	3 688.60	3	351.9	74	4 040.50

续表

项目类别	理工科		人文社科		合计	
	立项数/项	合同经费/万元	立项数/项	合同经费/万元	立项数/项	合同经费/万元
横向项目合计	925	45 216.57	98	2 639.23	1023	47 855.79
科技部/发改委/社科基金	26	12 658.58	13	304.6	39	12 963.18
教育部	38	421	12	136	50	557.00
国家自然科学基金	251	18 235.47	0	0	251	18 235.47
国务院其他部委	15	1 382.5	22	433.73	37	1 816.23
省市部门	137	4 271.6	48	187.79	185	4 459.39
地调或地调协作	34	3 481.94	0	0	34	3 481.94
实验室	78	853.67	3	19	81	872.67
其他纵向	1	7.88	18	691.9	19	699.78
纵向项目合计	580	41 312.65	116	1 773.02	696	43 085.66
军民融合	93	5 210.9	0	0	93	5 210.90
2022 年总数	1598	91 740.12	214	4 412.25	1812	96 152.36

附录 4　2022 年新增国家级科技计划项目

立项时间	项目名称	姓名	二级单位	项目经费/万元	项目类型	所属专项	子类
2022	黏土矿物基锂硫电池正极材料的性能调控与微结构解析	唐爱东、蒋少涌、余家国、史建波、蒋恕	纳米矿物中心	200	科技部	战略性科技创新合作	国合项目
2022	钴镍成矿规律与高效勘查技术示范研究		协同创新中心	1754	科技部	战略性矿产资源开发利用	项目
2022	高效低成本光催化制氢关键材料及应用		材化学院	1300	科技部	高端功能与智能材料	项目
2022	华北农灌区地下水污染防控关键技术集成及示范		环境学院	2900	科技部	大气与土壤、地下水污染综合治理	项目
2022	地质资源精准开发风险预测的大数据智能分析技术及平台建设		资源学院	2000	科技部	地球系统与全球变化	项目
2022	铝系矿物精深提纯及组构调控技术	傅梁杰	纳米矿物中心	311.4	科技部	战略性矿产资源开发利用	课题
2022	钴镍元素地球化学行为与富集成矿的关键地质过程	蒋少涌	协同创新中心	351.48	科技部	战略性矿产资源开发利用	课题
2022	地球表层系统开放数据目录挖掘与关联网络	谢忠	计算机学院	250	科技部	基础科研条件与重大科学仪器设备研发	课题
2022	遥感影像在线热处理及时空交互即时计算分析技术	高伟	地信学院	290	科技部	社会治理与智慧社会科技支撑(平安中国)	课题
2022	异质结光催化材料光生载流子转移分离的原位表征方法	余家国	材化学院	297	科技部	高端功能与智能材料	课题
2022	高氟环境地质成因机制与暴露预测研究	甘义群	环境学院	450	科技部	常见多发病防治研究	课题

续表

立项时间	项目名称	姓名	二级单位	项目经费/万元	项目类型	所属专项	子类
2022	高性能海洋电场传感器设计与研制	徐建梅	材化学院	173.3	科技部	海洋环境安全保障与岛礁可持续发展	课题
2022	工业集聚区土壤—地下水有机污染物跨介质迁移转化数值模拟	文章	环境学院	369	科技部	大气与土壤、地下水污染综合治理	课题
2022	高硫矿区酸性地下水污染原位协同治理与防控体系	周爱国	环境学院	390	科技部	大气与土壤、地下水污染综合治理	课题
2022	地下多孔介质原位改性的关键修复材料、装备与技术	史建波	环境学院	590	科技部	大气与土壤、地下水污染综合治理	课题
2022	典型农灌区地下水污染防控与修复技术的集成及示范	马腾	环境学院	895	科技部	大气与土壤、地下水污染综合治理	课题
2022	城市燃气泄漏后甲烷一体化处置关键技术装备研究	蒋国盛	工程学院	187.5	科技部	重大自然灾害防控与公共安全	课题
2022	大直径跟管安全高效钻进技术及工程演练	窦斌	工程学院	320	科技部	重大自然灾害防控与公共安全	课题
2022	地质资源智能预测及勘探开发地质风险评估理论模型与方法	蒋恕	资源学院	540	科技部	地球系统与全球变化	课题
2022	多尺度多参数壳幔流变结构模型研究	熊熊	地空学院	300	科技部	地球系统与全球变化	课题
2022	地质资源精准开发风险预测大数据分析平台研发	龚斌	资源学院	620	科技部	地球系统与全球变化	课题

续表

立项时间	项目名称	姓名	二级单位	项目经费/万元	项目类型	所属专项	子类
2022	岩溶地质体内石油类污染物迁移转化规律与精准模拟技术研究	杜尧	环境学院	187.05	科技部	大气与土壤、地下水污染综合治理	课题
2022	第三次新疆综合科学考察	孙自永	环境学院	510	科技部	塔里木河流域水环境调查与生态效应评估	课题
2022	第三次新疆综合科学考察	刘成林	资源学院	370	科技部	新疆盐湖资源综合考察与评价	课题

附录 5　2022 年新增国家自然科学基金项目

序号	项目名称	项目类别	项目批准号	负责人	院系所	批准经费/万元
1	弱奇异随机 Volterra 积分方程数值方法的收敛性、稳定性和散逸性	青年科学基金项目	12201586	李民	数学与物理学院	30
2	核心坍缩超新星内中微子一核子反应截面的准确计算	青年科学基金项目	12205258	郭刚	数学与物理学院	30
3	LHC/ALICE 实验底夸克产生和输运特性的研究	青年科学基金项目	12205259	彭忻烨	数学与物理学院	30
4	基于微观状态方程研究中子星的冷却性质	青年科学基金项目	12205260	魏金标	数学与物理学院	30
5	二维薛定谔泊松方程的时空动力学研究	数学天元基金项目	12226331	刘志苏	数学与物理学院	10
6	非局部扩散方程在非均匀介质中的传播现象及应用研究	面上项目	12271494	王佳兵	数学与物理学院	45

续表

序号	项目名称	项目类别	项目批准号	负责人	院系所	批准经费/万元
7	等离激元—激子耦合体系光谱的不对称性及其荧光增强效应	面上项目	12274379	丁思静	数学与物理学院	55
8	基于CdS空心球/双助催化剂的光催化产氢与有机合成耦合研究	青年科学基金项目	22202187	别传彪	材料与化学学院	30
9	面向CRP宽动态范围电化学检测的核酸适配体和微纳孔道协同机制研究	青年科学基金项目	22204150	潘静	纳米矿物材料及应用教育部工程研究中心	30
10	仿生纳米孔道功能化外表面的构建及其在传感中的作用研究	青年科学基金项目	22204151	张薇薇	数学与物理学院	30
11	水合物记忆效应消退机制与消退强化的分子模拟研究	青年科学基金项目	22208329	程立伟	工程学院	30
12	抗CO毒化的单原子催化剂的构建及低温催化炔烃半加氢机制研究	青年科学基金项目	22208330	高睿杰	纳米矿物材料及应用教育部工程研究中心	30
13	磁性ORR/OER双功能复合阵列空气电极的界面调控及其性能研究	青年科学基金项目	22208331	武明杰	纳米矿物材料及应用教育部工程研究中心	30
14	TiO_2/共轭聚合物复合S型异质结光催化剂构建及产H_2O_2性能增强机理研究	青年科学基金项目	22208332	王临曦	材料与化学学院	30
15	面向二氧化碳减排的绿色催化化工新过程与催化机理研究	重点项目	22238009	余家国	材料与化学学院	280

续表

序号	项目名称	项目类别	项目批准号	负责人	院系所	批准经费/万元
16	分级异质 Ni 基双功能电催化剂的构筑及其产氢耦合有机物氧化性能研究	面上项目	22272153	邝攀勇	材料与化学学院	54
17	基于核酸分子识别与界面调控的乳腺癌标志物多层次检测研究	面上项目	22274144	李少光	材料与化学学院	54
18	基于锂稳定同位素的双相情感障碍疾病诊断与锂药响应评估方法研究	面上项目	22274145	朱振利	生物地质与环境地质国家重点实验室	54
19	仿肠胃蠕动功能的黏性液体驱动器构建及其应用探索	面上项目	22275171	陈林峰	材料与化学学院	54
20	宽光谱响应 TiO_2/MOF 复合 S 型异质结光催化剂构筑和 CO_2 还原性能增强机理	面上项目	22278383	张留洋	材料与化学学院	54
21	矿物模板碳结构的毛细管力重塑与致密储能研究	面上项目	22279122	王欢文	材料与化学学院	54
22	基于 knock-off 输运机制快充负极材料的离子扩散过程动力学	面上项目	22279123	王圣平	材料与化学学院	54
23	童年期创伤经历对抑郁症青少年的自传记忆的影响及机制	青年科学基金项目	32200905	黄满霞	教育研究院	30
24	基于数值模拟和机器学习的山脉主分水岭迁移速度研究	青年科学基金项目	42201008	贺传奇	地球科学学院	30

续表

序号	项目名称	项目类别	项目批准号	负责人	院系所	批准经费/万元
25	基于多源数据的流域水量平衡闭合评估与误差优化方法	青年科学基金项目	42201038	罗增良	地理与信息工程学院	30
26	基于沉积色素定量重建百年尺度高分辨率湖泊光照变化	青年科学基金项目	42201173	曾令晗	地理与信息工程学院	30
27	乡村产业集聚与村镇社区发展的互馈机制及优化路径研究	青年科学基金项目	42201223	臧玉珠	公共管理学院	30
28	基于静止轨道卫星数据的中国高时空分辨率氮氧化物排放清单反演	青年科学基金项目	42201409	王轶	地理与信息工程学院	30
29	不确定性专家知识图谱驱动的地质环境遥感智能解译方法研究	青年科学基金项目	42201415	韩伟	计算机学院	30
30	融合多测站三维激光雷达的高精度智能路侧感知方法研究	青年科学基金项目	42201485	肖文	地理与信息工程学院	30
31	强降水人工智能短期预测可靠性传播分析方法研究	青年科学基金项目	42201509	许磊	国家地理信息系统工程技术研究中心	30
32	二叠纪—三叠纪之交微生物代谢作用对碳同位素水深梯度的影响：来自南盘江地区的证据	青年科学基金项目	42202002	吴玉祥	地球科学学院	30
33	不同埋藏条件下的白云石溶解度测量与热力学模型构建	青年科学基金项目	42202035	戴兆毅	地球科学学院	30

续表

序号	项目名称	项目类别	项目批准号	负责人	院系所	批准经费/万元
34	氨基酸直接剥层水滑石的研究	青年科学基金项目	42202043	余静芳	纳米矿物材料及应用教育部工程研究中心	30
35	Troodos 蛇绿岩豆荚状铬铁矿矿床成矿岩浆性质研究	青年科学基金项目	42202090	胡文俊	资源学院	30
36	黄铁矿的形态与成分演化及对铀成矿过程的指示:以东胜砂岩型铀矿田为例	青年科学基金项目	42202091	乐亮	资源学院	30
37	南极罗斯海麦克默多湾新生代冰海沉积物中的碳酸盐胶结物及其对古冰冻成卤环境的指示意义	青年科学基金项目	42202116	杨名宇	地球科学学院	30
38	化学风化作用对现代红河沉积物碎屑组分改造过程和侵蚀模式的影响	青年科学基金项目	42202119	何杰	海洋学院	30
39	基于干颗粒流模拟的火星冲沟侵蚀—沉积过程研究	青年科学基金项目	42202120	孙中恒	海洋学院	30
40	北黄海盆地白垩纪红色泥岩铁元素赋存状态、迁移机制及区域响应研究	青年科学基金项目	42202121	王任	资源学院	30
41	四川盆地龙马溪组海相过成熟页岩中不同成因焦沥青演化机理研究	青年科学基金项目	42202167	刘贝	资源学院	30
42	基于卷积神经网络的深层古岩溶储层暗河充填结构精细化研究	青年科学基金项目	42202171	钟志	资源学院	30

续表

序号	项目名称	项目类别	项目批准号	负责人	院系所	批准经费/万元
43	裂谷盆地先存构造活化断层的位移—长度关系研究	青年科学基金项目	42202173	叶青	资源学院	30
44	长石变形的物理—化学过程及机制对岩石流变性质的响应	青年科学基金项目	42202229	董彦龙	地球科学学院	30
45	小河断裂构造温压场和年代学分析:对小秦岭中生代构造演化与金成矿的启示	青年科学基金项目	42202245	马慧敏	紧缺矿产资源勘查协同创新中心	30
46	泰国北部 Donchai 群地层时代及其特提斯演化意义研究	青年科学基金项目	42202246	聂小妹	海洋学院	30
47	火星赤道地区雅丹地貌地质特征及其对古环境的启示	青年科学基金项目	42202262	王江	地球科学学院	30
48	低渗储层中不凝性气体杂质 N_2 和 O_2 对超临界 CO_2 迁移反应的影响机制	青年科学基金项目	42202282	喻英	环境学院	30
49	高磁化率裂隙花岗岩含水层核磁共振响应机理及多尺度渗透系数预测	青年科学基金项目	42202287	任双坡	资源学院	30
50	震动荷载作用下裂隙水流流态演化机理与惯性渗透率表征模型研究	青年科学基金项目	42202316	孙自豪	工程学院	30
51	浅层稀有气体对火山区地壳流体过程的限定及深部热信号的响应	青年科学基金项目	42202334	王帅	资源学院	30

续表

序号	项目名称	项目类别	项目批准号	负责人	院系所	批准经费/万元
52	青藏高原湖泊微生物介导的亚铁氧化耦合硝酸盐移除过程及其对盐度变化的响应	青年科学基金项目	42202338	黄建蓉	生物地质与环境地质国家重点实验室	30
53	硫还原地杆菌生物被膜还原三价铁矿物的过程及机制研究	青年科学基金项目	42202340	胡译丹	环境学院	30
54	川东北二叠纪海相地质微生物脂类记录的甲烷释放事件及其古气候意义	青年科学基金项目	42202341	周文凤	生物地质与环境地质国家重点实验室	30
55	咸水层 CO_2 注入过程中井周盐析-运移-堵塞机制研究	青年科学基金项目	42202349	崔国栋	工程学院	30
56	锆石的岩相学特征对其 Zr 同位素分馏行为的影响:以石岛碱性杂岩体为例	青年科学基金项目	42203018	袁禹	地球科学学院	30
57	地质脂类评估近几百年来土壤微生物对东海陆架有机碳的贡献	青年科学基金项目	42203031	杨义	海洋学院	30
58	副矿物 Hf-O-Nd 同位素制约 S 型花岗岩同位素变化的原因:以澳大利亚 Lachlan 造山带为例	青年科学基金项目	42203052	李睿	地球科学学院	30
59	基于半参数估计模型的低轨卫星增强北斗/GNSS 对流层参数反演研究	青年科学基金项目	42204036	王广兴	地理与信息工程学院	30
60	隐伏断层的高精度地震学成像:以云南漾濞地区为例	青年科学基金项目	42204051	秦蕾	地球物理与空间信息学院	30

续表

序号	项目名称	项目类别	项目批准号	负责人	院系所	批准经费/万元
61	利用重复地震研究2006—2020年间龙门山断裂带西南段的波速变化和断层愈合	青年科学基金项目	42204062	姚冬冬	地质过程与矿产资源国家重点实验室	30
62	腾冲火山深部成因的地震学研究	青年科学基金项目	42204095	姚家园	地球物理与空间信息学院	30
63	对深部地幔关键物质的物理性质和结构特征的研究	青年科学基金项目	42204096	刘浩	地球物理与空间信息学院	30
64	460原副特提斯洋古地理演化对早始新世大洋温盐环流影响的模拟研究	青年科学基金项目	42205054	朱晨光	环境学院	30
65	全新世大暖期海平面上升气候效应的模拟研究	青年科学基金项目	42205056	戴高文	环境学院	20
66	过去千年长江流域洪水变率及机理研究	青年科学基金项目	42205057	张玲	环境学院	30
67	双峰拉尼娜对东亚气候的影响研究及其未来变化的预估	青年科学基金项目	42205066	张超	环境学院	30
68	自由大气湍流气候学特征及潜在产生机制研究	青年科学基金项目	42205074	张健	地球物理与空间信息学院	30
69	基于卫星监测的FRE构建露天生物质燃烧排放清单的燃烧转换系数研究	青年科学基金项目	42205116	吴剑	环境学院	30
70	南海西北次海盆陆缘张裂到海底扩张转换的构造-沉积-岩浆记录	青年科学基金项目	42206074	巢鹏	海洋学院	30

续表

序号	项目名称	项目类别	项目批准号	负责人	院系所	批准经费/万元
71	东印度洋聚球藻好氧产甲烷及其机制的研究	青年科学基金项目	42206113	杨姗姗	海洋学院	30
72	静动态水环境下微孔介质中水合物相变行为分子模拟研究	青年科学基金项目	42206235	方彬	数学与物理学院	30
73	变化环境下阿克苏河流域水资源系统风险评价及管理优化方法	青年科学基金项目	42207078	杨鹏	地理与信息工程学院	30
74	地下水系统中电子供体驱动硫酸盐还原与砷原位固定机制	青年科学基金项目	42207082	皮坤福	环境学院	30
75	“漂浮型-自降解”海泡石基复合材料的构筑及对溢油的修复研究	青年科学基金项目	42207095	周风	材料与化学学院	30
76	冻融过程对干旱区尾间湖湿地地表水-地下水相互作用的影响机理	青年科学基金项目	42207098	胡顺	环境学院	30
77	考虑水库区滑坡涌浪爬坡动态压力综合响应机制的建筑物易损性定量模型研究	青年科学基金项目	42207174	李烨	工程学院	30
78	动水作用下顺层岩质滑坡滑带劣化机制与启滑力学模型研究	青年科学基金项目	42207179	谭杰	工程学院	30
79	库岸堆积层滑坡多场关联规律与位移组合式预测方法研究	青年科学基金项目	42207212	张俊荣	工程学院	30
80	束口形滑坡支撑拱形成与失效机理及其稳定性研究	青年科学基金项目	42207216	方堃	工程学院	30

续表

序号	项目名称	项目类别	项目批准号	负责人	院系所	批准经费/万元
81	考虑水劣化及流固耦合作用的裂隙岩体破裂失稳三维并行非连续数值模型研究	青年科学基金项目	42207217	郑飞	工程学院	30
82	莱茵衣藻的细胞周期调控纳米银颗粒摄入动力学以及纳米银的毒性效应	青年科学基金项目	42207319	颜能	环境学院	30
83	冰岛地区综合地球物理研究	国际(地区)合作与交流项目	42220104002	胡祥云	地球物理与空间信息学院	241
84	地震学	优秀青年科学基金项目	42222403	刘成利	地球物理与空间信息学院	200
85	海洋地质灾害	优秀青年科学基金项目	42222607	孙启良	海洋学院	200
86	环境水文地质模拟	优秀青年科学基金项目	42222704	王全荣	环境学院	200
87	高压矿物学	国家杰出青年科学基金	42225202	巫翔	地质过程与矿产资源国家重点实验室	400
88	能源地质工程	国家杰出青年科学基金	42225207	宁伏龙	工程学院	400
89	开采扰动地层深部空区随钻内窥系统研制	国家重大科研仪器研制项目	42227805	焦玉勇	工程学院	874.4

续表

序号	项目名称	项目类别	项目批准号	负责人	院系所	批准经费/万元
90	华南二叠—三叠纪之交不同环境背景下古群落演替	重点项目	42230205	何卫红	地球科学学院	273
91	电离层偶发E层(Es)的三维形态演化与可预报性	重点项目	42230207	余涛	地球物理与空间信息学院	271
92	轨道-亚轨道尺度气候变化的驱动机制及未来气候类比研究	重点项目	42230208	黄春菊	地球科学学院	268
93	控制大陆内部地震空间分布机制的研究	重点项目	42230309	熊熊	地球物理与空间信息学院	271
94	基于微生物工程的煤层气增产与 CO_2 减排协同作用机制	重点项目	42230804	苏现波	资源学院	270
95	火星近现代地质特征和改造过程	专项项目	42241111	肖龙	地球科学学院	283
96	基于火星次表层探测雷达的乌托邦平原典型地貌和构造特征类比研究	专项项目	42241131	周峰	机械与电子信息学院	25
97	小行星着陆探测器超声锚固系统能量传递机制与微重力钻进排屑机理	专项项目	42241149	柏伟	机械与电子信息学院	25
98	高空间分辨率激光原位硫同位素方法开发及其在月球样品中的应用	专项项目	42241156	汪在聪	地球科学学院	25
99	科学传播类:"寻找李四光"科普宣传	专项项目	42242008	赵葵东	地质过程与矿产资源国家重点实验室	9

续表

序号	项目名称	项目类别	项目批准号	负责人	院系所	批准经费/万元
100	会议培训类:第四十九届国际水文地质大会	专项项目	42242012	邓娅敏	环境学院	15
101	战略研究类:城市空间信息学	专项项目	42242105	王力哲	国家地理信息系统工程技术研究中心	10
102	战略研究类:全球电性结构模型构建、发展及应用	专项项目	42242405	胡祥云	地球物理与空间信息学院	23
103	基于 SIF 和 COS 协同观测的新一代植被光合作用与蒸腾作用模型研究	专项项目	42250205	王绍强	地理与信息工程学院	260
104	泥火山系统地质流体演化与地壳环境研究	国际(地区)合作与交流项目	42261134534	郑国东	环境学院	105
105	长江中游泥炭地微型生物及其生物硅对人类活动的响应	面上项目	42271167	秦养民	地理与信息工程学院	55
106	“两水”农户耕地利用功能转型机理研究	面上项目	42271200	宋小青	地理与信息工程学院	53
107	城市更新与扩张的时空格局及互馈机制研究——以武汉市为例	面上项目	42271220	刘成	公共管理学院	49
108	短波红外温室气体遥感中气溶胶的信息量估算和反演算法研究	面上项目	42271382	陶明辉	地理与信息工程学院	49
109	高光谱遥感自监督一体化深度子空间聚类研究	面上项目	42271386	翟晗	地理与信息工程学院	53
110	基于荧光激光雷达的植被荧光三维空间分布特性研究	面上项目	42271388	杨健	地理与信息工程学院	52

续表

序号	项目名称	项目类别	项目批准号	负责人	院系所	批准经费/万元
111	大规模星群能力建模、资源管理与空间交会方法研究	面上项目	42271391	王茂才	计算机学院	55
112	面向典型作物季内识别的遥感物候表征与检测研究	面上项目	42271397	沈永林	国家地理信息系统工程技术研究中心	53
113	高分辨率遥感影像深度异构图场景语义理解方法研究	面上项目	42271413	朱祺琪	地理与信息工程学院	52
114	基于残差分析的元胞自动机模型及土地利用变化机理挖掘研究	面上项目	42271437	梁迅	地理与信息工程学院	53
115	基于多模态时空大数据的城市行人路网智能画像	面上项目	42271449	杨雪	地理与信息工程学院	50
116	华北西缘奥陶纪大辐射期的遗迹化石记录	面上项目	42272014	龚一鸣	地球科学学院	57
117	晚三叠世卡尼期-诺利期之交的古环境变化与跨特提斯对比	面上项目	42272022	孙亚东	生物地质与环境地质国家重点实验室	57
118	贡觉盆地早古近纪的天文年代标尺和水循环演变研究	面上项目	42272033	David Bryan Kemp	地球科学学院	57
119	黏土矿物对微生物介导(原)白云石形成的影响及作用机制研究	面上项目	42272046	刘邓	环境学院	58

续表

序号	项目名称	项目类别	项目批准号	负责人	院系所	批准经费/万元
120	内蒙古西部早白垩世玄武岩及其深源捕获物的成因与地幔过程研究	面上项目	42272053	戴宏坤	地质过程与矿产资源国家重点实验室	58
121	高压-超高压地体压力填图限定深俯冲陆壳体量:以德国 Erzgebirge 片麻岩-榴辉岩变质带为例	面上项目	42272062	Hans-Joachim Massonne	地球科学学院	58
122	湘南-桂东北地区典型表生氧化锰矿床中钴的赋存状态、富集机制和控矿因素研究	面上项目	42272072	邓晓东	地质过程与矿产资源国家重点实验室	58
123	岩浆铜镍矿床中硫化物的垂向物理运移机制——以喀拉通克矿床为例	面上项目	42272084	姚卓森	资源学院	57
124	有机质对赋存于沉积岩中金矿床成矿的作用:以南秦岭夏家店金矿床为例	面上项目	42272086	吴亚飞	资源学院	58
125	赋存于海相火山岩中的基鲁纳型铁矿床成因:以北山地区黑鹰山铁矿床为例	面上项目	42272089	胡浩	地质过程与矿产资源国家重点实验室	57
126	青磐岩化矿物化学成分对斑岩铜矿勘探的指示:以西藏驱龙和云南普朗铜矿为例	面上项目	42272091	曹康	资源学院	57
127	南海北部陆缘超伸展区物源示踪及其对岩石圈临界破裂过程的响应	面上项目	42272126	雷超	海洋学院	57
128	南盘江-右江盆地烃类相态与卡林型金矿成因联系	面上项目	42272168	葛翔	资源学院	57

续表

序号	项目名称	项目类别	项目批准号	负责人	院系所	批准经费/万元
129	流体包裹体校正深层碳酸盐团簇同位素 C-O 键固态重排	面上项目	42272169	平宏伟	资源学院	60
130	陆相页岩纹层及纹层组合对有机-无机成岩作用的影响机制	面上项目	42272170	董田	资源学院	57
131	井下煤矿通风排放粉尘的物质组成特征及其影响因素研究	面上项目	42272206	庄新国	资源学院	57
132	广西贤按煤田上二叠统煤系中锂和稀土元素的共富集成矿机理	面上项目	42272207	李宝庆	资源学院	57
133	基于地磁场相对古强度构建早更新世黄土年代标尺	面上项目	42272217	肖国桥	地理与信息工程学院	57
134	洞穴石笋记录的长江中游 MIS11 间冰期极端水文事件规律及其机制研究	面上项目	42272220	张宏斌	生物地质与环境地质国家重点实验室	57
135	扬子陆块西南缘古-中元古代地层物源分析及其对 Columbia 超大陆重建的指示意义	面上项目	42272228	王伟	地球科学学院	58
136	不同成因中岩石圈不连续面与刚性板块底界关系数值模拟研究	面上项目	42272243	王振胜	地质过程与矿产资源国家重点实验室	57
137	俯冲带深源地震成因的高温高压相变和变形实验研究	面上项目	42272256	孙伟	地质过程与矿产资源国家重点实验室	58

续表

序号	项目名称	项目类别	项目批准号	负责人	院系所	批准经费/万元
138	青藏高原东南部隆升和三江流域演化的地表过程模拟与反演研究	面上项目	42272261	袁小平	地球科学学院	58
139	火星乌托邦平原的水活动历史与古气候演化	面上项目	42272274	赵健楠	地质探测与评估教育部重点实验室	57
140	好氧驱动下运城盆地潜水含水层中氟砷复合污染的水文生物地球化学机制研究	面上项目	42272287	李成城	生物地质与环境地质国家重点实验室	57
141	大坝及河岸地形对潜流带地表水-地下水交互及污染物迁移的影响	面上项目	42272290	文章	环境学院	57
142	弱透水层固结蠕变对含水层水量水质影响机理研究	面上项目	42272296	马冲	数学与物理学院	57
143	地下水流系统滞留时间与硝酸盐迁移机理及来源定量识别	面上项目	42272300	马斌	环境学院	57
144	稻田地下水系统中砷迁移转化的水文生物地球化学障机制及其水文生态学意义研究	面上项目	42272309	孔淑琼	环境学院	57
145	自落式动力触探数据解译方法及应用研究	面上项目	42272328	董友扣	海洋学院	57
146	基于物理信息神经网络-元胞自动机的构造-流体耦合控矿机理模拟研究	面上项目	42272343	熊义辉	地质过程与矿产资源国家重点实验室	57

续表

序号	项目名称	项目类别	项目批准号	负责人	院系所	批准经费/万元
147	嗜酸氧化亚铁硫杆菌胞外电子传递的分子机理	面上项目	42272353	LIANG SHI	环境学院	57
148	青藏高原湖泊沉积物中有机碳矿化的微生物作用机制	面上项目	42272356	杨渐	生物地质与环境地质国家重点实验室	57
149	石笋脂类记录长江中游晚更新世以来土壤生态系统不同生物对古气候变化的响应特征	面上项目	42272360	王灿发	生物地质与环境地质国家重点实验室	57
150	三叠纪初海洋缺氧的消解及其生态效应	面上项目	42272361	田力	生物地质与环境地质国家重点实验室	60
151	真空干钻环境下热压 FeCu 基自润滑孕镶金刚石钻头的钻进过程研究	面上项目	42272365	谭松成	工程学院	57
152	不同结构高压电脉冲钻头的破岩过程与预测模型研究	面上项目	42272366	段隆臣	工程学院	57
153	海陆交互相季节性缺氧区 Mo 同位素特征及意义—以长江河口为例	面上项目	42273014	周炼	地质过程与矿产资源国家重点实验室	58
154	锆稳定同位素示踪酸性岩浆分异的原理和应用研究:以喜马拉雅淡色花岗岩为例	面上项目	42273017	郭京梁	地球科学学院	58
155	华北克拉通交代地幔中金的时空变化及其对胶东金成矿的制约	面上项目	42273023	汪在聪	地球科学学院	59

续表

序号	项目名称	项目类别	项目批准号	负责人	院系所	批准经费/万元
156	西菲律宾海北缘中布容气候转型前后的微生物群落演替及其指示的碳-氮循环变化	面上项目	42273031	阮小燕	资源学院	58
157	火星北半球古海洋沉积物的地质特征及演化研究	面上项目	42273041	黄俊	地球科学学院	58
158	塔里木西北缘麻粒岩捕虏体揭示下地壳组成结构	面上项目	42273048	苏玉平	地球科学学院	58
159	冈底斯弧下地壳岩浆分异演化过程对亲铜元素迁移富集的影响	面上项目	42273049	郭亮	地球科学学院	58
160	脉状金矿床深部预富集机制：胶东地区中基性脉岩中熔融包裹体制约	面上项目	42273067	谭俊	资源学院	58
161	碱性花岗岩型矿床稀有稀土金属超常富集机制研究——以内蒙古巴尔哲矿化球粒花岗岩为例	面上项目	42273068	苏慧敏	资源学院	58
162	用密集GNSS台网精确监测陆地水时空变化-以长江中下游地区为例	面上项目	42274009	邹蓉	地球物理与空间信息学院	56
163	基于大地测量多源数据研究珠峰地区现今垂直构造形变时空特征	面上项目	42274012	陈刚	海洋学院	56
164	鄂尔多斯及邻区岩石圈物性结构及形变状态研究	面上项目	42274082	郑勇	地球物理与空间信息学院	56

续表

序号	项目名称	项目类别	项目批准号	负责人	院系所	批准经费/万元
165	基于磁化率与各向异性电阻率的多参数电磁法与磁法联合反演	面上项目	42274085	蔡红柱	地球物理与空间信息学院	56
166	哈密翼龙动物群存藏岩系沉积环境骤变的时间标定与翼龙繁盛	面上项目	42274105	季军良	地理与信息工程学院	56
167	卫星重力提取中-小尺度陆地水变化的先验信息约束与联合反演研究	面上项目	42274110	王林松	地球物理与空间信息学院	56
168	面向我国自主需求的重力梯度测量卫星观测数据构建方法研究	面上项目	42274111	吴云龙	地理与信息工程学院	56
169	东秦岭-大别造山带岩石圈密度结构及深部物质迁移变化研究	面上项目	42274113	张毅	地理与信息工程学院	55
170	联合多源异构数据的喀喇昆仑山冰川质量异常探测与驱动机制研究	面上项目	42274115	超能芳	海洋学院	55
171	地幔过渡带 520km 间断面地震学属性研究	面上项目	42274122	田冬冬	地球物理与空间信息学院	56
172	地震数据五维重建的深度学习方法研究	面上项目	42274172	付丽华	数学与物理学院	56
173	融合时频空多维磁电互耦效应的未爆弹增强探测方法	面上项目	42274233	刘欢	自动化学院	56
174	中新世早期和晚期亚洲季风季节内转变特征及影响因素和机制的模拟对比研究	面上项目	42275047	李香钰	环境学院	55

续表

序号	项目名称	项目类别	项目批准号	负责人	院系所	批准经费/万元
175	海洋沉积物SMTZ带中黄铁矿的莓球粒径增大现象对海水氧化还原沉积环境研究指示意义	面上项目	42276068	王家生	海洋学院	55
176	Naturaliste海台基底玄武岩中碳酸盐岩脉特征及其对冈瓦纳大陆裂解过程的制约-IODP369航次后研究	面上项目	42276073	姜涛	海洋学院	55
177	H_2/O_2对地下水中氯代烃降解的协同调控机制	面上项目	42277051	刘慧	环境学院	53
178	微生物异化还原碘酸盐的分子机制及其对地下水碘富集的影响	面上项目	42277065	蒋永光	环境学院	53
179	干湿交替作用下抗生素对湖泊沉积物铁一磷转化的影响机理	面上项目	42277068	童蕾	环境学院	53
180	低渗透黏土介质在氧化扰动下的长距离电子传递规律与受控机制	面上项目	42277072	童曼	生物地质与环境地质国家重点实验室	53
181	地下管道破损渗漏引发城市路面塌陷演化过程及临界条件研究	面上项目	42277165	谭飞	工程学院	53
182	动态渗透压作用下滑坡碎石土宏细观力学特性及滑坡变形破坏模式研究	面上项目	42277169	付茹	工程学院	54
183	动态水位诱导复活型滑坡含砾粒滑带的疲劳一蠕变机理研究	面上项目	42277171	崔德山	工程学院	53

续表

序号	项目名称	项目类别	项目批准号	负责人	院系所	批准经费/万元
184	深埋隧道穿越侵入接触构造带泥屑流突涌灾变机理研究	面上项目	42277173	张国华	工程学院	53
185	温升环境下川藏线冰碛土滑坡渗流灾变机理与启滑力学模型研究	面上项目	42277177	周佳庆	工程学院	53
186	甲基硫代锑的形成机制及其在稻田土壤孔隙水系统中的环境地球化学过程	面上项目	42277188	郭清海	环境学院	53
187	基于 Galvanic 效应的 AMD 形成过程中多金属硫化矿物微观氧化机理研究	面上项目	42277193	马丽媛	环境学院	53
188	水钠锰矿对锑迁移转化的地球化学过程研究——从原子到含水层水平	面上项目	42277405	刘鹏	环境学院	53
189	环渤海大湾区近岸食物网同质化驱动机制及失稳风险评估	面上项目	42277470	许岩	海洋学院	53
190	地质微生物与地球重大环境转型	重大项目	42293290	谢树成	地球科学学院	1495
191	氮硫代谢微生物功能群与古海洋水化学演变	重大项目	42293292	罗根明	地球科学学院	320
192	不同地质微生物功能群对地质环境演变的综合影响	重大项目	42293294	谢树成	地球科学学院	540
193	管土耦合作用下冲击荷载对含腐蚀缺陷近海管道的损伤机理及风险评估研究	青年科学基金项目	52201337	姜逢源	海洋学院	30

续表

序号	项目名称	项目类别	项目批准号	负责人	院系所	批准经费/万元
194	基于飞秒瞬态吸收光谱的钙钛矿基S型光催化剂 CO_2 还原机制研究	青年科学基金项目	52202375	张建军	材料与化学学院	30
195	易回收 TiO_2 基薄膜仿生结构S型异质结光催化剂的构建及光催化 CO_2 还原性能增强机制	青年科学基金项目	52202376	王立博	材料与化学学院	30
196	面向 CO_2 燃料转化可控制备二维卟啉基COFs共价耦合电气石复合材料及其光催化行为机理	青年科学基金项目	52203110	廖光福	纳米矿物材料及应用教育部工程研究中心	30
197	线粒体靶向单位点纳米催化体系的构筑及其在肿瘤治疗中的应用	青年科学基金项目	52203195	陈莹	纳米矿物材料及应用教育部工程研究中心	30
198	三维异质结构MXene/Co9S8-C/S锂硫电池复合正极的3D打印构筑及其储锂机制	青年科学基金项目	52203340	金俊	材料与化学学院	30
199	基于微观流变力学原理的单个凝胶微球长期变形与运移机制研究	青年科学基金项目	52204054	张磊	资源学院	30
200	蒙脱石层间限域单原子/氮化碳的界面调控及活化过硫酸盐研究	青年科学基金项目	52204289	董雄波	纳米矿物材料及应用教育部工程研究中心	30
201	基于不可分离行星轮系拓扑图库的自动变速器机构构型综合理论研究	青年科学基金项目	52205036	杨文剑	机械与电子信息学院	30
202	原位构筑“互锁＋高熵”异质界面强化钛/铝激光焊接接头机理与方法	青年科学基金项目	52205430	陈荣	机械与电子信息学院	30

续表

序号	项目名称	项目类别	项目批准号	负责人	院系所	批准经费/万元
203	碳气凝胶基多点协同电极阵列构筑及高性能汗液传感特性研究	青年科学基金项目	52205611	程斯一	机械与电子信息学院	30
204	环境风作用下非对称双油池火源近域流场特性与传热机制研究	青年科学基金项目	52206179	李博	工程学院	30
205	基于分形不确定性集合的双高电-热综合系统分布式调度研究	青年科学基金项目	52207141	仉梦林	自动化学院	30
206	行波示踪法及其在海上大直径管桩承载力测试中的应用研究	青年科学基金项目	52208376	刘鑫	海洋学院	30
207	高温作用下花岗岩裂隙非线性渗流-化学耦合机制与数值模拟	青年科学基金项目	52209148	熊峰	工程学院	30
208	污泥高级热水解协同厌氧消化降解毒害有机污染物的协同作用机制	面上项目	52270141	张伟军	环境学院	54
209	铝硅酸盐固废胶凝材料自洽设计与毒害性原位多尺度调控	面上项目	52272031	段平	材料与化学学院	54
210	SOFC 电堆中 Ni-Al 金属间化合物阴极接触层的原位构筑与界面特性	面上项目	52272245	张文颖	机械与电子信息学院	54
211	页岩-水-气三相界面微观力学机制及其对 CH_4/CO_2 竞争吸附的控制	面上项目	52274044	杨峰	资源学院	54

续表

序号	项目名称	项目类别	项目批准号	负责人	院系所	批准经费/万元
212	蛭石结构改型制备新型三元氟化物吸附材料的基础研究	面上项目	52274274	唐爱东	纳米矿物材料及应用教育部工程研究中心	54
213	WL合金/ODS钢激光选区熔化成形机理及其抗热冲击性能研究	面上项目	52274400	周燕	工程学院	54
214	柔性磁浮平面电机多场刚柔耦合建模与模态解耦控制研究	面上项目	52275072	李敏	机械与电子信息学院	54
215	齿廓关键控制点驱动的纯滚动圆柱齿轮设计方法研究	面上项目	52275073	陈祯	机械与电子信息学院	54
216	地聚物乳化沥青冷再生混合料的性能与胶浆-集料界面增强机制研究	面上项目	52278285	林俊涛	工程学院	54
217	隧道围岩数据驱动力学本构关系研究及其工程应用	面上项目	52278379	吕加贺	工程学院	54
218	光驱动液晶弹性体软体机器人驱动器的物理唯象混合建模与精确定位优化设计	青年科学基金项目	62203407	吴俊东	自动化学院	30
219	驱动器故障下柔性机械臂的运动控制	青年科学基金项目	62203408	孟庆鑫	自动化学院	30
220	混合网络攻击下新型电力系统负荷频率控制弹性提升策略研究	青年科学基金项目	62203409	上官星辰	自动化学院	30
221	基于特征挖掘的电力信息物理系统时滞相关稳定域与可达集估计	青年科学基金项目	62203410	金丽	自动化学院	30

续表

序号	项目名称	项目类别	项目批准号	负责人	院系所	批准经费/万元
222	网络化多轴运动系统的抗干扰控制研究	青年科学基金项目	62203411	王瑶为	自动化学院	30
223	基于触发机制相关 Lyapunov 函数的混合驱动间歇控制系统分析与综合	青年科学基金项目	62203412	杨莹	自动化学院	30
224	风-光-地热品位耦合的园区综合能源系统多时空建模与协调优化	青年科学基金项目	62203413	徐达	自动化学院	30
225	可重构的模式无关硅基微环谐振器研究	青年科学基金项目	62205312	叶梦渊	自动化学院	30
226	基于半导体芯光纤的高 Q 可调谐锗基微球谐振腔光学特性研究	青年科学基金项目	62205313	张晶	机械与电子信息学院	30
227	高光谱遥感图像解译	优秀青年科学基金项目	62222116	董燕妮	地球物理与空间信息学院	200
228	平方输入下欠驱动介电弹性体软体机器人数学建模与自传感运动控制	面上项目	62273316	王亚午	自动化学院	53
229	考虑地层不确定性和抑制钻柱振动的地质钻进过程鲁棒控制	面上项目	62273317	吴敏	自动化学院	54
230	融合透视投影几何与深度学习的多关节体三维位姿求解稳定性分析	面上项目	62273318	徐迟	自动化学院	53
231	基于多视图的众包标记集成及噪声纠正研究	面上项目	62276241	蒋良孝	计算机学院	53
232	施工现场人机系统安全情境意识形成机制及其失效风险评估研究	青年科学基金项目	72201254	李珏	经济管理学院	30

续表

序号	项目名称	项目类别	项目批准号	负责人	院系所	批准经费/万元
233	多主体博弈视角的中国锂供应链风险识别与消解路径研究	青年科学基金项目	72203211	周娜	公共管理学院	30
234	基于机器学习的伴生性关键矿产可供性预测及预警研究	青年科学基金项目	72204235	朱永光	经济管理学院	30
235	全产业链技术创新对清洁能源关键金属可持续供应的影响机制及保障对策研究	青年科学基金项目	72204236	宋益	经济管理学院	30
236	数字社会下居民时间利用行为低碳转型路径及政策研究	青年科学基金项目	72204237	张俊杰	经济管理学院	30
237	“双循环”新格局对区域重点行业实现“双碳”目标的影响研究:供需动态均衡视角	青年科学基金项目	72204238	孙亚方	经济管理学院	30
238	制造商入侵和多零售商竞争情形下供应链信息共享策略研究	面上项目	72271223	刘保山	经济管理学院	48
239	共享平台供给者数字韧性的形成与作用机制研究:基于复杂适应系统视角	面上项目	72272138	池毛毛	经济管理学院	45
240	传统化石能源资产搁浅风险与有序转型路径研究:天然气替代视角	面上项目	72273134	肖建忠	经济管理学院	45
241	分布式能源网络多主体互动机制与协调管理研究:“共享-共担”视角	面上项目	72274184	李龙锡	经济管理学院	45

续表

序号	项目名称	项目类别	项目批准号	负责人	院系所	批准经费/万元
242	平台视域下网络公益异化的生成逻辑、影响效果及生态治理策略	面上项目	72274185	侯俊东	经济管理学院	45
243	基于因素作用异质性的城市洪涝风险差异化评估与精准防控策略研究	面上项目	72274186	王德运	经济管理学院	45
244	复杂政策决策场景的生态建模研究	重大项目	72293572	於世为	经济管理学院	226
245	科学基金助推中部区域创新体系效能提升机制与模式研究	专项项目	L2224017	李琳	经济管理学院	20
246	信息盲分离与空间数据解译	国家杰出青年科学基金	T2225019	李军	国家地理信息系统工程技术研究中心	400
247	滇中成矿带元古代裂谷盆地铜钴和富铁矿成矿作用	联合基金项目	U2202210	赵新福	资源学院	233
248	地下水排泄驱动的红树林湿地生源要素循环及其生态效应	联合基金项目	U2244225	邓娅敏	环境学院	246
249	北方农牧交错带生态退化的地质一生态一水文耦合机制与生态承载力阈值识别	联合基金项目	U2244230	孙自永	环境学院	245
250	贵金属/硫化物双助剂的微结构调控及其增强半导体光催化产氢性能	联合基金项目	U22A20147	余火根	材料与化学学院	240

附录6　2022年新增科研项目(国家社科基金项目)

序号	姓名	题目	项目类别	二级单位
1	诸艳霞	优化劳动供给目标下的农村养老保障政策组合策略研究	一般项目	经济管理学院
2	程　胜	国际大宗商品异常波动下我国金融风险的多维传染机制及防控研究	一般项目	经济管理学院
3	段平忠	异质人力资本集聚对经济高质量发展的影响研究	一般项目	经济管理学院
4	张光进	政府基层公务员资质过剩对变革支持行为的影响机制及增益策略研究	一般项目	公共管理学院
5	夏云娇	碳排放公益诉讼规则体系与运行机制研究	一般项目	公共管理学院
6	陈　军	新时代我国生态文明建设的制度化经验研究	一般项目	马克思主义学院
7	李胜蓝	欠发达县域产业集群形成的社会过程及机制研究	青年项目	马克思主义学院
8	阮一帆	伟大建党精神融入大中小学思想政治教育一体化研究	思政专项	马克思主义学院
9	储祖旺	新时代行业特色大学高质量转型发展战略与实施策略研究	教育学	教育研究院
10	邓宏兵	区域创新空间演化规律与机理研究	后期资助项目	经济管理学院
11	孙　涵	中国省域矿产开发水环境及对健康经济损失的转移研究	后期资助项目	经济管理学院
12	光峰涛	中国电力技术创新发展与碳生产率提升研究	后期资助项目	经济管理学院
13	易　明	数字经济对减污降碳协同治理的影响研究	后期资助项目	经济管理学院

附录7　2022年新增科研项目(教育部人文社科项目)

序号	姓名	题目	项目类别	二级单位
1	黄　娟	健康中国视野下习近平生态文明思想研究	哲学社会科学重大专项	马克思主义学院
2	池毛毛	VUCA环境下共享平台供给者数字韧性的形成与作用机制研究	规划基金项目	经济管理学院
3	柯小玲	基于大数据的长江中游城市群水资源生态安全预测、预警与预案研究	规划基金项目	经济管理学院

续表

序号	姓名	题目	项目类别	二级单位
4	朱　镇	基于治理视角的电商平台创新激励与价值共创：整合机器学习与计量模型研究	规划基金项目	经济管理学院
5	李世祥	区域能源转型的空间驱动机制研究	规划基金项目	公共管理学院
6	李　珏	模型-数据混合驱动的施工团队情境意识失误风险传导机制与防控研究	青年基金项目	经济管理学院
7	董良山	体感互动游戏干预对自闭症儿童基本动作技能的影响研究，	青年基金项目	体育学院
8	宗波波	“双减”背景下青少年户外教育评价指标体系构建与应用研究	青年基金项目	体育学院
9	游茂林	乡村振兴背景下乡村体育旅游对目的地居民生计决策的影响机制研究	青年基金项目	体育学院
10	钟　苹	高校“大先生”时代内涵与引领作用发挥研究	高校辅导员研究专项	海洋学院
11	武彦斌	基于改革开放记忆建构的大学生政治认同培育路径研究	高校辅导员研究专项	地理与信息工程学院
12	黄　珂	经济社会转型下城市群农地城市流转效率研究	后期资助项目	经济管理学院

附录 8　2022 年科技成果获奖

(1)2022 年省部级自然科学类科技成果获奖(学校作为第一完成单位)

序号	名称	完成人	获奖名称	获奖等级	颁奖单位
1	季风引发的长江中游全新世水热关系和水碳关系	黄咸雨、刘浴辉、党心悦、胡超涌、杨欢	2022 年度湖北省自然科学奖	一等奖	湖北省人民政府
2	基于仿生智能微/纳界面的痕量生物分子检测	夏帆、郭维、娄筱叮、高鹏程、闵雪红	2022 年度湖北省自然科学奖	一等奖	湖北省人民政府
3	先进航空发动机纳米结构热障涂层关键技术及其规模化应用	靳洪允、侯书恩、程旭东、李剑平、孙红梅、吕小军	2022 年度湖北省技术发明奖	一等奖	湖北省人民政府

续表

序号	名称	完成人	获奖名称	获奖等级	颁奖单位
4	二叠纪与三叠纪之交火山活动示踪及其对古生产力的影响	冯庆来、沈俊、喻建新	2022年度湖北省自然科学奖	二等奖	湖北省人民政府
5	高盐有机废水深度处理及资源化利用的关键技术与装备	张彩香、杜江坤、代超、廖蔚峰、叶翔、邹鸿图、宋传京、王书林	2022年度湖北省科学技术进步奖	二等奖	湖北省人民政府
6	污泥调理-深度脱水与资源化利用耦合技术与应用	张伟军、王东升、马腾、杨鹏、吴汉军、虞红波、徐慧、艾靖、李岚峰、周浩	2022年度湖北省科学技术进步奖	二等奖	湖北省人民政府
7	海洋“可燃冰”成藏演化过程的地质记录和甲烷事件	王家生、王舟、陈粲、林杞、谢蕾	2022年度湖北省自然科学奖	三等奖	湖北省人民政府
8	面向复杂地质过程的非传统稳定同位素技术研究	周炼、冯兰平、刘金华、胡文峰、胡志芳	2022年度湖北省自然科学奖	三等奖	湖北省人民政府
9	动态环境下非均质介质中地下水污染物反应迁移机理与表征方法	马瑞、甘义群、刘运德、孙自永	2022年度湖北省自然科学奖	三等奖	湖北省人民政府
10	源-汇-岩-储多元一体中深层规模性优质储层预测关键技术创新与应用	朱红涛、杜晓峰、刘军、张向涛、胡德胜、刘杰、刘强虎	2022年度湖北省科学技术进步奖	三等奖	湖北省人民政府
11	复杂地质条件下大型桥梁桩基础建造与健康评估关键技术及应用	吴文兵、刘浩、刘鑫、陈龙、李立辰、闻敏杰、高宪民	2022年度湖北省科学技术进步奖	三等奖	湖北省人民政府
12	矿山高陡岩质边坡生态修复地境再造关键技术及应用	周建伟、柴波、崔银祥、宁立波、张波、陈洪年、张德强	2022年度湖北省科学技术进步奖	三等奖	湖北省人民政府

续表

序号	名称	完成人	获奖名称	获奖等级	颁奖单位
13	智能国土空间优化与管控关键技术与应用	龚健、万波、何建华、杨建新、汪樱、刘成、刘殿锋	2022 年度湖北省科学技术进步奖	三等奖	湖北省人民政府
14	青少年科普研学实践系列丛书——互联网运营模式下科普作品及服务	刘福江、林伟华、郭艳、王文起、戴小良、殷永辉、郑华	2022 年度湖北省科学技术进步奖	三等奖	湖北省人民政府
15	多环耦合机构的拓扑结构综合理论	丁华锋，黄真，刘婧芳，曹文熬，陈子明	高等学校科学研究优秀成果奖(科学技术)	二等奖	教育部
16	页岩层系差异成储机制与智能靶向油气甜点预测技术	蒋恕，严德天，杜学斌，时贤，黄传炎，陆永潮，王华，高玉巧，陈长伟，陆扬博，陈思，潘松圻，李士祥	高等学校科学研究优秀成果奖(科学技术)	二等奖	湖北省人民政府

(2)第十三届湖北省社会科学优秀成果奖获奖名单

成果名称	作者	成果形式	获奖等级
战略性矿产资源安全治理研究系列论文	吴巧生、成金华、周娜	论文	二等奖
国土空间优化利用与管理	金贵	著作	二等奖
长江经济带生态安全预测预警及绿色低碳发展研究	郭海湘、柯小玲、王德运、左芝鲤、杨钰莹	论文	二等奖
我国生态文明区域协同发展的动力机制研究	陈军、王小林	著作	二等奖
区域土地利用转型与社会经济发展互馈机制研究	胡守庚、瞿诗进	论文	三等奖
耕地利用功能转型及其生物灾害脆弱性管控策略	宋小青、赵国松	论文	三等奖
新型劳动时间控制与虚假自由——外卖骑手的劳动过程研究	李胜蓝、江立华	论文	三等奖

(3)湖北省发展研究奖获奖名单

成果名称	作者	成果形式	获奖等级
协同碳中和与生态安全的湖北省城乡高质量发展示范政策研究	王焰新、宋小青、王绍强、郭海湘、吴巧生	咨政服务报告	一等奖
湖北省加强磷石膏资源化利用、促进磷化工全产业链高质量发展研究	周俊、汪再奇、余尚蔚、刘珩	咨政服务报告	三等奖
湖北战略性资源产业高质量发展对策研究	吴巧生、成金华、郭海湘、周娜	咨政服务报告	三等奖

(4)武汉市第十八次社会科学优秀成果奖获奖名单

成果名称	作者	成果形式	获奖等级
面向社会责任的共享平台价值创造和绿色治理研究	池毛毛、王伟军、潘美钰	论文	二等奖
疫情防控和高质量发展背景下营商环境优化与区域发展研究	邓宏兵、向雅芳、李世冉、郑坤、刘恺雯、张天铃、苏攀达、田云聪、胡胜梅、王睿欣	调研报告	二等奖
我国社会保障城乡一体化制度创新研究	汪宗田	著作	二等奖
“一带一路”倡议对沿线国家能源投资的促进效应:基于中国企业对外投资数据的三重差分检验	肖建忠、肖雨彤、施文雨	论文	三等奖
How the fiscal and monetary policy uncertainty of China respond to global oil price volatility:A multi-regime-on-scale approach	程胜	论文	优秀奖
长江中游城市群城镇化的生态环境效应研究	陈万旭、曾杰	论文	优秀奖
武汉市住宅用地价格影响因素的时序演变规律	瞿诗进	论文	优秀奖
雾霾污染转移对公共健康的影响及策略研究	孙涵	论文	优秀奖
脱贫攻坚与乡村振兴衔接:人才	李海金、焦方杨、冯雪艳、杨振亮、李丹阳	著作	优秀奖
国家治理视域下的县级融媒体中心建设	刘义昆	论文	优秀奖

附录 9　2022 年新增境外科技合作项目　　单位:万元

项目名称	负责人	所属单位	项目分类	承担单位排名	合同经费
火星雅丹地貌地质特征及其对古环境的启示:以赤道地区艾奥利斯-泽非瑞亚地区为例	王江	地球科学学院	境外科技合作项目	第一单位	7.9
脂质组学研究甲状腺调控机制	彭月娥	材料与化学学院	境外科技合作项目	非第一单位	16
黏土矿物基锂硫电池正极材料的性能调控与微结构解析	唐爱东	纳米矿物中心	科技部	第一单位	200
东非高温裂隙热储渗流换热机制及开发预测模型	田红	工程学院	湖北省国际合作项目	第一单位	30
冰岛地区综合地球物理研究	胡祥云	地球物理与空间信息学院	国际(地区)合作与交流项目	第一单位	241
泥火山系统地质流体演化与地壳环境研究	郑国东	环境学院	国际(地区)合作与交流项目	第一单位	105

附录 10　2022 年各学院、研究单位科研经费　　单位:万元

所属单位	纵向合同	横向合同	合同经费合计	纵向到账	横向到账	到账经费合计
地球科学学院	4187	896	5083	2839	830	3669
资源学院	2039	10166	12205	2783	6867	9650
材料与化学学院	4350	2938	7287	3952	1585	5537
环境学院	8158	9691	17849	5330	4522	9852
工程学院	3056	8525	11581	2433	5293	7727
地球物理与空间信息学院	1908	1433	3341	2349	1065	3414
海洋学院	1257	1300	2556	933	1166	2099
机械与电子信息学院	1029	1637	2666	452	1093	1545
自动化学院	655	1022	1676	683	933	1616
经济管理学院	980	975	1955	742	923	1665
外国语学院	18	13	31	11	11	22
地理与信息工程学院	2084	1749	3832	1695	1487	3182
数学与物理学院	445	178	623	343	157	500
珠宝学院	190	150	340	225	125	350

续表

所属单位	纵向合同	横向合同	合同经费合计	纵向到账	横向到账	到账经费合计
公共管理学院	963	1640	2603	855	1279	2135
计算机学院	1546	858	2404	1671	701	2372
体育学院	60	130	190	16	126	143
艺术与传媒学院	8	142	150	25	98	123
马克思主义学院	115	39	154	58	35	93
教育研究院	76	3	79	50	3	53
地质过程与矿产资源国家重点实验室	1297	133	1430	1298	141	1439
生物地质与环境地质国家重点实验室	593	475	1068	717	405	1123
纳米矿物材料及应用教育部工程研究中心	2780	554	3334	571	407	978
地质调查研究院	2242	1010	3253	1176	568	1744
紧缺战略矿产资源协同创新中心	2241	36	2277	1509	35	1544
国家地理信息系统工程技术研究中心	188	14	202	386	194	581
湖北巴东地质灾害国家野外科学观测研究站	72	892	964	118	581	699
地质探测与评估教育部重点实验室	57	61	118	40	8	48
其他部门	233	15	248	217	39	256
总计(不含 GF 项目)	42 827	46 896	89 723	33 504	30 776	64 279
GF 项目			5204			4694
总和			94 927			68 773

附录 11　2022 年各学院、研究单位发表学术论文(第一作者单位 SCI 论文)

所在单位	期刊类别				总计
	T1	T2	T3	T4	
工程学院	37	103	57	13	210
环境学院	43	108	20	6	177
材化学院	57	69	24	7	157
地学院	51	59	34	3	147
地理信工学院	17	102	17	10	146
自动化学院	50	56	32	6	144
计算机学院	17	87	24	6	134
地空学院	13	63	21	12	109
生环国重	34	54	10	4	102
数理学院	13	40	29	12	94
构造与油气资源教育部重点实验室	9	62	13	1	85
资源学院	9	50	13	5	77
经管学院	12	43	11	10	76
机电学院	12	45	13	5	75
地矿国重	18	36	7	—	61
海洋学院	9	24	9	1	43
公管学院	1	28	7	4	40
珠宝学院	1	7	7	17	32
其他	3	8	9	6	26
国家野外站	3	13	5	—	21
纳米中心	14	4	0	1	19
协同创新中心	—	12	1	—	13
国家 GIS 中心	2	7	1	—	10
地质调查院	—	5	3	1	9
体育学院	1	3	1	1	6
艺媒学院	—	1	2	2	5
教育研究院	—	1	3	—	4

续表

所在单位	期刊类别				总计
	T1	T2	T3	T4	
马克思主义学院	—	—	1	2	3
外语学院	—	2	—	—	2
李四光学院	—	1	—	—	1
总计	426	1093	374	135	2028

附录 12　2022 年各学院、研究单位申请、授权专利

所在单位	申请专利				授权专利			
	发明	实用新型	外观设计	合计	发明	实用新型	外观设计	合计
机电学院	106	33	8	147	46	60	7	113
工程学院	74	42	/	116	85	84	1	170
自动化学院	149	6	/	155	63	16	/	79
计算机学院	48	/	/	48	54	1	/	55
材化学院	76	1	/	77	43	1	/	44
地信学院	49	3	/	52	55	1	/	56
环境学院	37	15	/	52	19	17	/	36
资源学院	50	3	/	53	20	8	/	28
数理学院	7	1	/	8	4	1	/	5
地空学院	17	1	1	19	9	1	/	10
海洋学院	6	2	/	8	4	4	/	8
生环国重	4	/	/	4	2	1	/	3
珠宝学院	18	/	5	23	5	2	10	17
艺媒学院	1	4	2	7	6	5	3	14
经管学院	2	/	/	2	1	3	1	5
国家野外站	13	/	/	13	6	/	/	6
地矿国重	7	/	/	7	6	/	/	6
地调院	9	/	/	9	/	/	/	/
体育课部	1	1	3	5	4	2	2	8
外国语学院	/	/	/	/	/	2	/	2

续表

所在单位	申请专利				授权专利			
	发明	实用新型	外观设计	合计	发明	实用新型	外观设计	合计
地学院	2	/	/	2	2	/	/	2
公管学院	2	/	/	2	1	1		2
国家GIS工程中心	9	1	/	10	1	/	/	1
图书档案与文博部	/	/	/	/	/	/	/	/
信息化工作办公室	4	/	/	4	/	/	/	/
地质探测与评估教育部重点实验室	4	/	/	4	/	1	/	1
总计	695	113	19	827	436	211	24	671

学术管理

【概况】

2022年是学校建校70周年"校庆年"，学校党委确定的校庆主题之一是"学术校庆"，围绕这个主题，校学术委员会认真履行章程规定的职责，对学校有关学术诚信、学术评价、学科生态等重大学术事项进行审议、评议和咨询，为学校下一阶段办学目标的实现提供坚强保障，主要体现在以下3个方面。

第一，恪守科研伦理、弘扬学术诚信。针对2022年教育部的专项行动积极做出响应，在全校范围内开展学术诚信监督的普查和梳理工作，纵向到底、横向到边，不留空白。

第二，严格学术标准，完善评价体系。2022年，学校启动论文与成果认定修订工作，学术委员会将学术评价的高标准、多元化、发展性、科学性贯彻到学术评价体系的建设工作中去，推动修订多元化评价体系建设。

第三，开展学科战略研究，为学校学科建设校准方向。学术委员会立足学校学术发展事业全局，深入探究国际国内相关学科发展历史背景、发展前景，对标国内外相关高校开展学科生态战略研究，从建设目标和学科建设重点方向向学校提出学科建设的建议和意见，为校领导决策提供参考依据。

【重要活动、事件、重大成果】

弘扬学术诚信，构建预警体系。2022年面向全校1500余位教师举办暑期和寒假2期教师轮训。面向新入职教师开设"高校教师职业道德修养"等课程。举办2022年研究生导师培训班，200余名新聘博士生导师、硕士生导师参加培训，邀请工程学院宁伏龙教授作关于学术道德、学术规范与科研伦理等内容的讲座。举办新进教师入职仪式，向

130余位新进教师发放《师德师风手册》,引导教师强化自身师德师风和学术诚信与规范意识。

面向全校各教学科研单位开展全面学术诚信风险排查,扎实开展科研诚信与作风学风建设专项活动,整理出工作问题19条,交流并分享经验7条形成了《中国地质大学(武汉)科研诚信与作风学风建设专项活动总结报告》上报教育部。

专门委员会引领学术治校和深化学术治理。校学术委员会下设5个专门委员会,结合相关职能部门的行政工作,充分发挥学术委员会学术治校的引领作用。教学指导工作委员会全过程参与教育教学研讨与评审工作,在学校全面推进人才培养模式改革中发挥中流砥柱作用。学科建设委员会依托5个学科发展战略规划组推动地球科学、特色工科、基础学科、特色文科、交叉学科战略发展。承担了2022年学校优秀博士、硕士论文的评选工作。教学指导工作委员会在2023版本科人才培养方案修订工作中充分发挥专家智囊作用,深度融合学校拔尖创新人才培养专题,研讨李四光学院改革方案,为下一步学校确定拔尖人才培养的模式和路径做好准备。科学技术委员会坚持学术评价标准,积极推动科学评价体系改革,参与学校2022年期刊分类修订方案的评审工作学科建设委员会对新一轮"双一流"建设方案修改完善做出指导和咨询。人才工作委员会全过程参与学校国家级人才项目(计划)遴选推荐评审工作,在学校"地大学者"评审、特任岗位评审、"地大百人计划"评审、校内外同行专家评议等全年40余次的评审工作中,为学校引进高水平科技人才提供基础支撑。

开展学科生态战略研究,为深化学校治理改革出谋划策。2022年,学术委员会部署了学校学科生态战略研究工作的阶段性计划,形成初步报告。

(撰稿:顾刚、刘强、蒋凤、许南茜、刘畅、殷茵、何清吟、张华、李想姣、李向南、段平忠、翁华强、刘征、郑祺、龚松林、吕占峰、李正汉、侯建湘、胡波、叶永旻、彭兴芳、董平、谢晓红;审稿:胡祥云、章军锋、赵来时、刘珩、王淑华)

社会服务

【概况】

注重培育,搭建体系,助力科技人才和产学研突破。立足学校特色工科,为学校科技成果转化创造条件,建设了城市地下空间、未来实验室建造、工业视觉检测等技术创新中心。制定《科技资质管理办法》,修订《横向科研经费管理办法》,激发科技人员积极参与社会服务及企业合作。组织相关专家多次针对极地、海洋等重大项目领域开展研讨,逐渐凝练研究方向,为重大项目突破做好准备。以学校为单位统筹对接龙头企业,推介学校项目招投标,2022年签署1000万元以上重大横向项目4项。精心布置第二十四届中国国际高新技术成果交易会,搭建高交会展台,推介学校优秀成果。积极推进科技创新人才及团队建设，金贵教授入选自然资源部高层次科技创新人才工程科技领军人才，2支湖北省科技创新团队完成现场评估。

加强知识产权管理，提升服务成果转化能力。2022年11月底顺利通过知识产权贯标监督审核认证。积极贯彻落实国家和省知识产权局、武汉市市场监督管理局（知识产权局）有关专利开放许可工作规划部署，积极推动学校专利开放许可工作开展。对重点团队进行走访，开展专利开放许可宣传推广及专利技术校企对接，促成湖北省首例开放许可项目实施。对接政府部门、联合专业服务机构，拓展科技成果推广转化渠道，全年专利转化1260余万元。瞄准构建湖北省“51020”现代产业体系目标，成功申报湖北省清洁能源产业运营中心，积极申报湖北省人工智能高价值专利培育中心，以市场需求和产业布局为牵引，促进学科团队与产业、企业良性互动，引导学校关键技术为重点产业发展服务。聚焦高校知识产权运营，中部知光公司建设的国家知识产权运营高校运营（武汉）试点平台通过验收评审。依托矿产资源开发利用、地质灾害、地热开发、珠宝等学校优势学科优化产业布局，培育优势企业。2022年通过科技成果转化创办山东雷泽生物科技有限责任公司，成果转化作价入股金额1000万元，启动中地大（宜兴）功能材料与环境研究院有限公司、湖北省生态环保产业技术研究院有限公司筹建工作。

学校和武汉地质资源环境工业技术研究院有限公司（简称资环工研院公司）联合组建湖北省氢能技术创新中心和湖北省氢能制造业创新中心。湖北省氢能技术创新中心经湖北省制造强省建设领导小组批准为“省级制造业创新中心”，经湖北省市场监督管理局批准为湖北省氢能动力产品质量检验检测中心，两个中心都已具备国家级氢能制造业创新中心和国家级氢能动力产品质量检验检测中心申报条件。大力推进资环工研院公司氢能产业商业化进程，格罗夫氢能汽车有限公司相继与鄂尔多斯市人民政府和东胜区签署合作落地协议，内蒙古中极氢能车辆制造公司正式成立。4月，“鄂尔多斯·中国氢谷”产业生态基地项目建设正式启动；7月，格罗夫中极氢能首批5两49吨氢燃料重卡订单，进行高原地区商业化示范投运；11月，十堰市人民政府与武汉格罗夫氢能汽车有限公司正式签订投资合作框架协议，打造格罗夫中极氢能商用车中重卡全球总部基地。武汉中地数码科技有限公司整合多方资源，地理信息系统国家地方联合工程实验室挂牌，MapGIS10.6新品发布会成功举行。

2022年期刊社7本期刊全年出刊48期，共刊出论文1093篇。期刊所获荣誉和奖励有8项，其中《地球科学》、*Journal of Earth Science* 均入选“中国国际影响力优秀学术期刊”；《地球科学》荣获“2022年度中国高校百佳科技期刊”“湖北省科技期刊楚天卓越行动计划重点项目”；*Journal of Earth Science*、《地质科技通报》均荣获“湖北省科技期刊楚天卓越行动计划梯队项目”；*Journal of Earth Science* 荣获“2022年度中国高校优秀科技期刊”；《宝石和宝石学杂志（中英文）》被列入中国大百科全书玉文化卷近现代分卷的推荐书刊专栏。期刊社教职工获得省级、协会等个人荣誉 3 项，其中王军鹏荣获“2022 年度科技期刊卓越行动计划选育高水平办刊人才子项目——优秀审稿人”；单超荣获“2022 年度科技期刊卓越行动计划选育高水平办刊人才子项目——优秀编辑”；《宝石和宝石学杂志（中英文）》黄艺兰成为中国矿物岩石地球化学学会永久会员。据美国 JCR 报告，*Journal of Earth Science*2022 年的影响因子为 2.433，影响因子学科排名为 128/202，居于 Q3 区，总被引频次上升至 2218 次。据《2022 中国学术期刊影响因子年报（自科版）》，《地球科学》《地质科技通报》《安全与环境工程》《工程地球物理学报》4 个期刊的复合影响因子、复合总被引、即年指标等主要引证指标都有所上升。

高等研究院积极开展社会服务工作。地质过程与矿产资源国家重点实验室积极推进仪器开放共享与平台建设，2022 年 ICP 实验室参加全球分析地球化学实验室测试水平检验（GeoPT51），其中 39 种微量元素合格率 95%，在全球参加测试的 93 个实验室中结果名列前茅，扩大了实验室的国内外影响力。生物地质与环境地质国家重点实验室成立实验室科普中心，组织中国科学院院士通过多种形式开展科普讲座 10 余次，接待省、区、市各级领导实验室参观 10 余次，获批湖北省科普教育基地（2022—2026 年）。国家地理信息系统工程技术研究中心先后与汉阳区政府、长江航道局、阿里巴巴达摩院单位等签订合作协议，内容涵盖人才培养、研究合作及成果转化工作。湖北巴东地质灾害国家野外观测研究站积极扩大地质灾害数据开放共享与服务，以及三峡库区野外地质灾害试验场开放共享力度，积极开展地质灾害科学研究的同时，服务区域经济社会发展，开展社会服务和科学传播，取得社会广泛关注和行业高度认可。地质调查研究院积极跟踪对接“国家新一轮找矿突破战略行动”“第三次全国土壤普查”等重大工程动态，积极拓展新的领域，服务于国家重大战略需求。积极组织“学校深度参与新一轮找矿突破战略行动推进会”，征集了 20 余项具体立项建议，并与中国地质调查局及其直属单位积极进行了对接和交流，为学校全面参与新一轮找矿突破战略行动奠定了基础。地质探测与评估教育部重点实验室持续面向国家重大战略需求，为国家制定资源安全战略提供决策建议，运用科学手段，研究社会热点问题，辅助政府决策。构造与油气资源教育部重点实验室以学术牵引人才培养，牵头申报深部零碳能源资源国家技术创新中心，获批“武汉市深部零碳能源资源技术创新中心”，同时广泛开展科普活动，获批 2022—2026 年度第二批“湖北省科普教育基地”及“武汉市科普教育基地”。

【重要活动、事件、重大成果】

积极参与国家新一轮找矿突破战略行动。2022 年度学校承担地质调查项目 13 项，涉及基础地质矿产调查与研究、水文地质环境地质灾害地质调查、地质数据更新与应用等领域。同时，学校紧跟国家重大战略需求，探索深度参与国家新一轮找矿突破战略行动的突破点和切入点，努力为提升我国能源和战略性矿产资源安全保障能力作出地大贡献。积极承担自灾普查项目、横向地灾项目、地调协作项目等各类科研项目共计50余项。组织召开了“2022年基础地质与矿产资源调查论坛”等学术会议；积极跟踪对接“国家新一轮找矿突破战略行动”“第三次全国土壤普查”等重大工程动态。

推进仪器开放共享平台建设促进仪器共享服务。克服新冠疫情的不利影响，积极引导大型仪器对外服务。新建Re-Os同位素实验室开始运行，利用“双一流”建设经费购置电子探针1台，即将到货安装，多接收等离子体质谱即将开始仪器安装；利用教育部“设备更新改造贷款财政贴息项目”，申报购置实验室最急需的“大型高分辨率二次离子探针”。2022年ICP实验室参加全球分析地球化学实验室测试水平检验(GeoPT51)，其中39种微量元素合格率95%，在全球参加测试的93个实验室中结果名列前茅，这是实验室连续17年参加国际盲样对比并继续保持国际领先水平，扩大了实验室的国内外影响力。实验室获评学校2022年度“实验室安全卓越奖”先进单位。

深入实施创新驱动发展战略，开辟发展新领域新赛道。与武汉产业创新发展研究院(武创院)开展合作，发挥各自优势，共同构建“技术-平台-生态”，服务“产品-产业-产值”，促进“双链融合”，建设零碳能源产业研究所，探索科技研发、成果转化和产业孵化新体制新机制，打造高水平新型研发机构和技术创新中心。

共商生态环境保护、共谋绿色产业发展。与湖北省科学技术协会、中国长江三峡集团有限公司共同主办第22届“华创会”海智专场——“绿色产业与环境健康高峰产业论坛”。开展高端对话，为推动湖北实现城市绿色发展转型、营造健康环境提出咨询意见。会上学校与东珠生态环保股份有限公司、四方光电股份有限公司签署战略合作协议，共建生态碳汇研究院、国土碳汇智能监测技术平台，共推湖北省双碳产业高质量发展。会后，双碳研究院梳理总结了本次专场会议的专家意见，并结合高校、科研院所和企业的实地调研情况，形成了“加速碳中和与数字经济深度融合，协调推进湖北绿色低碳发展”政府政策建议报告。

稳步推进宝谷创新创业中心建设。宝谷创新创业中心是洪山区人民政府与我校“十三五”全面战略合作重点项目之一，在新冠疫情长期不利影响下，克难攻坚，凝神聚力，依托洪山区政府和校内外相关部门协助，2022年7月高标准完成工程主体建设及验收工作8月份引进专业物业公司对项目进行服务升级。9月份圆满完成了招商既定目标，实现商业体6500平方米签约成功和办公体4500平方米企业顺利入驻，引进了近30家具有竞争优势的校属和校友高科技企业，加速科技成果转化，促进产教融合发展，助推区域经济发展。12月份按照有关文件规定执行了疫情租金减免政策。

强化新型特色智库建设，助力社会发

展。推动智库平台考核评估,顺利完成资源环境经济研究中心等 3 个研究中心的考核评估。推动新型智库建设,开展自然资源数智治理实验室、生态文明研究院、自然灾害风险防控与应急管理实验室等建设。推动资政服务能力提升,积极向省政府研究室、教育部社科司报送成果。8 份成果获湖北省政府主要负责人肯定性批示,4 份成果被教育部采用上报,供有关领导同志参阅,学校的资政服务能力不断提升。

为国家制定资源安全战略提供决策建议。地质探测与评估教育部重点实验室积极研究社会热点问题,辅助政府决策。2022 年 5 月实验室被聘为"中共湖北省委军民融合发展委员会智库研究机构"。为了进一步加强科技发展,强化实验室服务国家基础社会建设服务,积极寻求合作。实验室领导多次带队与相关科研机构进行交流探讨,探索理论与实际相结合新模式,促进产学研深度融合。

着力品牌建设,全国科普教育基地示范有力。2022 年 1 月,中国科学技术协会发布公示国家野外站认定为第一批全国科普教育基地。国家野外站依托学科优势和巴东大型野外综合试验场的场地资源,积极开展地质灾害科学研究的同时,服务区域经济社会发展,国家野外站成立科普小组定期野外站科研人员和科普志愿者深入三峡库区一线,开展社会服务和科学传播,获湖北卫视、《恩施新闻联播》、《湖北日报》、微言教育、云上恩施等主流媒体报道刊载,取得社会的广泛关注和行业的高度认可。

(撰稿:顾刚、刘强、蒋凤、许南茜、刘畅、殷茵、何清吟、张华、李想姣、李向南、段平忠、翁华强、刘征、郑祺、龚松林、吕占峰、李正汉、侯建湘、胡波、叶永昊、彭兴芳、董平、谢晓红;审稿:胡祥云、章军锋、赵来时、刘珩、王淑华)

Nianjian

教师队伍建设

【概况】

截至2022年底，全校教职工总数3467人，其中教师2020人（含专任教师、思政教师、实验教师），占58.3%。

教师中，正高级专业技术职务491人，占24.3%；副高级专业技术职务929人，占46.0%；中级及助理级职务人员600人，占26.6%（表1）。45岁及以下青年教师1289人，占63.8%（表2）。具有博士学位者1626人，占80.5%，具有硕士学位者252人，占12.5%。与以前相比，师资队伍结构更趋合理。

表1　2022年专任教师学科分布情况　　单位：人

学科	专任教师总数	正高级人数	副高级人数	中级及助理级人数
总计	2020	491	929	600
总计：女	676	89	335	252
理学	465	148	214	103
工学	1116	274	514	328
文学	88	10	41	37
管理学	82	17	40	25
经济学	84	17	40	27
法学	51	12	15	24
教育学	62	10	29	23
艺术学	72	3	36	33

表 2　2022 年专任教师年龄分布情况　　单位:人

年龄段	总数	正高级人数	副高级人数
35 岁及以下	536	18	199
36～45 岁	753	166	401
46～60 岁	482	137	259
61 岁以上	249	170	70
合计	2020	491	929

【重大成果】

规范编制管理,提升人力资源配置效能。根据学校“十四五”总体规划提出的教职工数、专任教师数、专职科研人员数等约束性指标要求,作出了岗位总量和各类用工顶层设计,分列出师资队伍、管理队伍、其他专业技术队伍等建设规划。制定《“十四五”师资队伍建设规划实施方案》,参与制定《加强辅导员队伍建设的实施意见》,修订《专职科研人员管理办法(试行)》,启动实验队伍建设规划的编制工作。优先保障教学科研需求,调整优化队伍结构,激发教职工干事创业活力。

统筹规划,加强机构编制管理。按照机构编制管理工作程序,经动议、论证、审议决定成立碳达峰碳中和创新发展研究院、滨海研究院,调整李四光学院建制,确定未来技术学院运行机制。

推进“三定”工作,开展管理与服务单位人员聘用工作。坚持精干高效,从紧控制管理服务、专业技术等非教师人员岗位数。核定管理服务岗位和部分专业技术岗位数量,制定并实施管理与服务单位人员聘用工作。核定管理岗位数量 547 个,管理与服务单位部分专业技术岗位数量 326 个。以岗定责、因岗聘人,完成二级单位人员聘用工作。进一步优化了教职工队伍结构,激发内生动力,增强办学活力和创新力。

【高层次人才培育工作】

举办第八届国际青年学者地大论坛,通过多个网络媒体同步直播,观看人数达 3 万余人次。建立了多个网络社交工作群,数百位青年学者在论坛举办期间入群了解学校人才工作政策,进一步扩大学校的海外影响力和知名度,打造“与地大　共芳华”人才磁场效应。

2022 年,全年组织国家级人才项目(计划)遴选推荐评审会 20 余次,新增国家杰出青年科学基金获得者及其他同等层次人才 6 人,新增国家优秀青年科学基金获得者及其他同等层次人才 16 人;新增省部级人才计划入选者 17 人。国家级及省部级人才计划入选者数量在兄弟高校中处于明显优势。

【博士后工作】

2022 年共为 90 名博士生办理进站材料报批手续。通过邀请校内外专家“一对一”

把关等方式，不断提升博士后人才计划、科学基金申报命中率，取得了良好的工作成效。据统计，2022 年 2 人入选博士后“创新人才支持计划”，7 人获博士后科学基金一等资助，9 人获博士后科学基金特别资助，40 人获博士后科学基金二等资助，在部属院校中成效显著(表 3)。

表 3　博士后科研流动站情况

流动站名称	依托单位	建站时间
地质学	地球科学学院	1985 年
地质资源与地质工程	资源学院、工程学院、地球物理与空间学院	1991 年
环境科学与工程	环境学院	2003 年
石油与天然气工程	资源学院	2007 年
海洋科学	海洋学院	2007 年
地球物理学	地球物理与空间学院	2007 年
测绘科学与技术	地理与信息工程学院	2009 年
管理科学与工程	经济管理学院	2009 年
土木工程	工程学院	2009 年
安全科学与工程	工程学院	2012 年
材料科学与工程	材料与化学学院	2012 年
水利工程	环境学院	2012 年
马克思主义理论	马克思主义学院	2014 年
控制科学与工程	自动化学院	2019 年
公共管理	公共管理学院	2019 年

【推进岗聘制度改革】

2021—2022 年度岗位聘用共计 433 人，其中包含教师岗位 241 人、管理岗位 53 人(含工勤人员享受管理岗位津贴待遇 1 人)、专职科研岗位 57 人、国防科研岗位 5 人、非教师专业技术岗位 62 人、工勤技能岗位 15 人；2017—2021 年度聘期考核共 361 人，其中教师岗位 185 人，专职科研岗位 7 人，非教师专业技术岗位 70 人，管理岗位 90 人，工勤技能岗位 9 人。

完成岗位任务书签订。发布关于 2020—2021 年度岗位聘用工作中签订《岗位任务书》(《岗位目标任务合同》)及 2016—2020 年度岗位聘期考核中续签(签订)《岗位任务书》《岗位目标任务合同》)的通知。共签订 933 人，其中新聘用签订 493 人，考核续签 440 人。

【推进退休"中人"养老金社会化】

2022 年,学校已退休"中人"的待遇申领审核通过率已达到 70%。自 2022 年 9 月起,已完成退休待遇申领审核的"中人"转入社保领取养老金。截至 2022 年 12 月,学校到龄退休的"中人"共计 594 人,其中 419 人已通过审核。退休"中人"转入社保领取养老金,学校每月减少代发退休费支出约 220 万元。

（撰稿:刘晋静、高思宇、周明、张心宇、白振洋、胡燕、邓锡琴;审稿:夏帆、张晓红、刘治国、龙涛、路金阁）

Nianjian

校园文化建设

全国文明校园建设

【概况】

学校党委高度重视文明校园创建工作，2020年获评“全国文明校园”以来，坚持以习近平新时代中国特色社会主义思想为指导，培育和践行社会主义核心价值观，围绕立德树人根本任务和服务美丽中国建设需求，把创建活动覆盖到全校各层面、各环节和全体师生员工，形成全校上下齐抓共管、文明共建的良好局面。

【持续巩固文明校园创建成果】

2022年，学校继续按照文明校园“六个好”(思想道德建设好、领导班子建设好、教师队伍建设好、校园文化建设好、优美环境建设好、活动阵地建设好)标准，紧扣“提质、扩面、增效”目标，推动文明创建向纵深发展、向基层发力、向末梢延伸，让文明创建本身成为立德树人过程，把学校建成“四为服务”“五育并举”的政治高地。

学校坚持共创文明校园、共享文明成果，高质量完成文明校园创建各项任务，各项事业稳步发展，师生凝聚力和向心力进一步增加，校园环境更加优美，文化气息更加浓厚。学校入选全国首批“大思政课”实践教学基地，学校党委入选第三批“全国党建工作示范高校”培育创建单位，党委宣传部获评“全省宣传思想工作先进集体”，党委组织部获评“湖北省巾帼建功先进集体”。涌现出一批师生先进典型：李长安教授荣获“荆楚楷模”，殷坤龙教授获湖北省第四届“楚天园丁奖”，娄筱叮教授获评“湖北青年五四奖章”，沈传波教授获评“湖北师德先进个人”，徐世球教授获评武汉“最美科技工作者”。任阔、钱煜奇、毕乐宇获评“中国大学生自强之星”，钱煜奇获“李四光优秀博士研究生奖”，计算机学院团委书记李欢欢、工程学院教授龚文平、体育学院硕士研究生范友荣获“湖北向上向善好青年”。

【完成全国文明校园复检材料报送工作】

建立健全文明校园建设常态化工作机制，积极发挥学校精神文明建设委员会各专项委员会作用，健全完善全国文明校园复检工作专班，建立日常联络反馈机制，召开相关工作布置会和协调会，扎实推进文明校园创建各项工作。认真落实湖北省文明办下达的各项任务，进一步完善学校全国文明校园网上展馆图片素材，组织完成 2022 年全国文明校园创建情况自查报告报送工作，系统总结和梳理 2022 年文明创建相关情况。做好 2022 年全国文明校园复检迎评工作，作为省内首批试点单位参与湖北省文明校园动态管理系统试用测试，顺利完成届期第一年（2021 年）复检材料整理与系统填报工作。

（撰稿：王诲、屠傲凌；审稿：吴仁喜）

校园文化

【概况】

2022 年，学校文化建设工作以习近平新时代中国特色社会主义思想为指导，以社会主义核心价值观为引领，以立德树人为根本出发点，坚持以文化人、以文育人，通过加强文化建设顶层设计、培育凝练特色文化精品、引领校园文明风尚等，着力构建底蕴深厚、关联生长、引领发展、特色鲜明的地大卓越文化体系，以实际行动庆祝党的二十大和校庆活动胜利召开。

【加强顶层设计，引领卓越文化建设】

出台《“十四五”卓越文化建设行动计划》，聚焦文化研究、文化育人、文化传播三大战略模板，实施中国特色社会主义文化引领研究工程、大学卓越文化研究工程、理想信念铸魂工程、行为文化养成工程、环境文化匠心工程、实施特色文化浸润工程、实施地大形象传播工程，成为指导学校文化建设工作的纲领性文件。

依托“双一流”文化传承创新项目开展精品文化品牌培育凝练，结题验收 7 个项目，2022 年立项 15 个项目，总经费 150 万元，涵盖理论研究、景观建设、校史书籍出版、科普品牌建设、国际文化传播等。依托该项目，推进完成了学校景观文化规划设计、攀登雕塑景观三期建设、未来城校区院士长廊建设、校歌 MV 制作、校园导视系统设计等一批重点文化精品工程。

【坚持正确导向，加强主题文化宣传】

发挥校园橱窗宣传引导作用，2022 年全年编辑设计制作橱窗 5 期，共计 310 余版。分别以“热烈庆祝十三届全国人大五次会议、全国政协十三届五次会议圆满成功”“守护师生健康　构筑平安校园”“遵守安全生产法　当好第一责任人——开展 2022 年全国‘安全生产月’主题活动”“奋斗新征程　建功新时代——热烈庆祝中国共产党第二十次全国代表大会胜利召开”“七秩荣光　逐梦未来——中国地质大学迎来 70 周年校庆”“中国地质大学（武汉）校庆 70 周年吉祥物来了”为主题，在两校区制作专题橱窗，助力营造良好校园文化氛围。

精心策划主题文化活动，聚焦迎接党的二十大、中国共产主义青年团成立100周年、校庆70周年等关键时间节点，举办“中国地质大学（武汉）党建培育成果风采展”、“胸怀梦想，笃信前行——喜迎党的二十大召开”艺术党课、“学习二十大，永远跟党走”主题壁画展，打造“青春心向党 建功新时代”主题精品活动。开展学校第四届优秀网络文化成果评审，遴选优秀网络文化成果报送全国网络文化节。启动“青创计划”，推出原创视频11部，主题宣传片《青春的维度》被学习强国、共青团中央网站首页推送，浏览量超10万。

【强化精品培育，筑牢文化育人高地】

打造优秀文艺精品。受邀参演歌曲《中国青年》，成功登上由中宣部主办、共青团中央、中央电视台承办的“五月的鲜花”全国大中学生文艺汇演主题晚会，实现连续九年荣登央视舞台。《一起向未来》受邀参演由中国文联主办的“与人民同行”纪念毛泽东同志《在延安文艺座谈会上的讲话》发表80周年特别节目。创排原创科普剧《守望》，助力长江大保护，获《光明日报》《中国青年报》等媒体报道。组织《大地之光》校内演出。组织教育部“编钟艺术”中华优秀传统文化传承基地编钟云体验活动，辐射校内外3万余人次，被《光明日报》《中国青年报》等主流媒体报道。牵头创作70周年校庆文艺晚会《山河为证》，网络直播点赞量超过30万。

打造地学科普品牌。发挥学校逸夫博物馆作为全国科普教育基地的阵地作用，持续开展公益性科普主题活动。2022年承办了“快乐星球 爱不孤独”游园日活动、以“珍爱地球 人与自然和谐共生”为主题的第53个世界地球日主题宣传周活动、国际博物馆日“生命之歌”百小时融媒体直播活动、湖北省公众应急科普宣教活动启动仪式等，开展科普舞台剧表演、“地球环保小卫士”涂鸦、科学实践等系列科普活动，邀请王焰新院士等开展科普讲座，推出“云上科普”助力西部乡村振兴，举办两次“云游博物馆”活动。

打造书香文化品牌。举办第六届书香文化节，以“书香七秩南望，阅读通达未来”为主题，开展了37个主题鲜明、形式多样、线上线下结合的系列读书活动，吸引了超过9400余人次参加，120余人在各级各类阅读推广活动中获奖，选送的作品《与书香为伴》入选首届全民阅读大会“书香满中国”公益海报展。开展了两场院士与学子话读书活动，殷鸿福院士、谢树成院士分别与学生交流读书心得。倍阅·未来城书店、“朱训书屋”揭牌并正式运行。

打造实践文化品牌。汇聚校内外实践资源，聚焦“长江大保护”，实施“大学生长江大保护行动计划”，活动辐射1100余支团队，7000余名青年学生。推动校地共建2个“大学生乡村振兴学校实践基地”，打造2支省“青力缔造”青年实践队，组织开展第二次大学生长江源科考活动，受到央视《新闻联播》、新华社等主流媒体报道80余次，点击量超过700万，受邀参与《中国青年报》全国“思政第一课”。

【传承地大文脉,营造浓郁校庆氛围】

讲好地大办学治校故事。发布中国地质大学校庆系列丛书,包括“校史文献丛书”“地学文库丛书”“地大智库丛书”和“地学科普丛书”4 个系列共 23 种。重磅推出《中国地质大学 70 周年图集》,制作完成《学校概览》画册、《数读地大》宣传折页、《景观文化地图》宣传折页等外宣材料,发布校庆吉祥物 CUGer 及校庆系列文创产品,设计制作校徽校标套盒、校歌 MV 光盘,策划发布微信推文《70 米手绘长图,带你穿越中国地质大学 70 年办学历程》。

举办校庆主题文化活动。举行 70 周年校庆文艺晚会《山河为证》,网络直播点赞量超过 30 万。连续举办“南望未来　交响星空”“南望有你　且歌且行”“笙歌将至　夏花正灿”“南望山下　难忘一声”等 16 场主题为“七秩荣光　逐梦未来”的校庆专场音乐会,以艺术乐章庆祝地大七十华诞。举办首届“美丽中国　宜居地球”湖北省科普微视频创作大赛、“美丽中国　宜居地球艺术作品展”、校庆原创歌曲征集,推出主题为“铭记七秩荣光　展望百年风华”2022 年地大记忆邮局活动,策划“晶彩地球　矿物世界——世界矿物精品展”和“七秩难忘——校友捐赠藏品展”等校庆特别展览,举办“重温地大经典　共庆七十华诞”院士书展、“七秩荣光　逐梦未来”——寇克让等校友及师生书法书画展,开展 70 周年校庆灯光秀活动。

丰富校园特色文化景观。建设落成《攀登》雕塑,举行《攀登》雕塑落成剪彩仪式,弘扬“扎根中国、胸怀天下、勇攀高峰、追求卓越”的攀登精神;建设落成学校校史馆,打造成为“四方印”文化景观、生动鲜活的文化殿堂和地大人的精神家园。两大新添景观均获得多家主流新闻媒体报道,社会反响强烈。推动校园景观提档升级,完成南望山校区院士长廊扩建工程,新增展位 6 个,推进未来城院士长廊建设竣工落成。建成南望山校区校庆 70 周年绿雕主题文化景观、未来城校区校庆 70 周年轻型雕塑小品“年轮”,成为 70 周年校庆特有的景观名片和校庆“打卡之地”。

【荣誉奖项丰硕,文化育人成效显著】

作品获奖。2022 年,共 5 件师生作品在第六届全国大学生网络文化节和全国高校网络教育优秀作品推选展示活动中获奖,其中三等奖 2 项,二等奖 3 项。《英雄之城:武汉战“疫”图记》获批 2022 年度湖北省文艺精品创作扶持项目,绘本《攀登者》获评“湖北优秀网络文化成果”,工作案例《“五位一体”校园景观文化育人的探索与实践》入选“喜迎二十大　筑梦新时代”全省文明校园青少年思想道德建设工作创新案例征集宣传活动高校创新案例一等奖,视频《青春的维度》荣获湖北省委宣传部等举办的“我们的新时代”湖北省主题原创网络视听作品创作展播大赛优胜作品奖,湖北省委宣传部、共青团湖北省委员会共同指导的“学习强国”湖北学习平台“强国青年说”主题微视频征集优秀作品一等奖,以及湖北省委组织部主办的全省第二十二届党员教育电视片观摩交流活动二等奖。陈晶博士科普团队推出的科普图书《漫游矿物世界》获得中国地质学会第三届科普产品奖。由博物馆创作的《号角——长江流域地质过程及资源环境研究计划》科普微视频荣获了首届"美丽中国宜居地球"湖北省科普微视频创作大赛特等奖。

集体及个人荣誉奖项。国家野外站、逸夫博物馆入选全国科普教育基地,生物地质与环境地质国家重点实验室、构造与油气资源教育部重点实验室、自然资源部法治研究重点实验室、资源学院矿产资源实验教学中心以及数理学院物理实验中心获批 2022—2026 年度第二批"湖北省科普教育基地"。徐世球教授获评 2022 年湖北省十佳科普达人、武汉"最美科技工作者"。校团委获评 2022 年全国暑期"三下乡"社会实践活动优秀单位,大学生长江源科考实践团获评 2022 年全国暑期"三下乡"社会实践优秀团队,朱荆萨获评 2022 年全国暑期"三下乡"社会实践优秀个人。学校太极拳协会代表队在 2022(第二届)全球太极拳网络大赛中荣获二等奖、网络人气奖一等奖。

(撰稿:王诲、屠傲凌;审稿:吴仁喜)

体育活动

【概况】

2022 年是党和国家历史上极为重要的一年,是"十四五"规划的承上启下之年,是党的二十大隆重召开的喜庆之年,也是学校全面开启第二轮"双一流"建设、持续深化综合改革、系统总结 70 年办学经验的"能力提升年"。一年来,体育学院以习近平新时代中国特色社会主义思想为指导,深入学习贯彻党的二十大精神,坚持和加强党的全面领导,紧紧围绕立德树人根本任务,推进学院治理机制体制改革,提升本科生和研究生教学体系、加强科研平台和科研团队建设,全力培养德智体美劳全面发展的专业人才。

【大学生体质健康测试工作】

2022 年圆满完成体测工作,引进一名临时体测工作人员,全年完成 16 750 名大学生的体测任务,由于疫情反复的影响,2022 年的体测工作克服了诸多不力的因素,体测中心完善了硬件设施与软件服务的配套,学生通过专用测试软件,基本达到测试时间提前预约、测试成绩及时查询,提高了学生体质健康测试工作效率和成绩达标率。为了保证测试工作的公平公正,不断优化测试仪器数据采集精准度,增加了实验室的监控系统、门禁系统。通过电子显示屏宣传两个校区荧光夜跑、校园乐跑等活动,营造体育锻炼的氛围,提高全校体质健康测试的宣传效果。

【师生群体工作】

克服疫情影响,用赛事充实学生校园业余文化生活。2022 年受全国和地区疫情防控形势的影响,在校学生绝大部分时间被封控在校园内,而且有些按惯例举办的校内赛事也因疫情影响而取消,如荧光夜跑、"12·9"长跑。"地大杯"足球赛也延期至下半年。在此不利情况下,体育学院与校工会、学工处、校团委加强合作,利用校内群体赛事来丰富大学生的业余校园文化生活，利用赛前选拔、集训来促进学生经常锻炼身体，确保学生在疫情封校期间，身心得到释放和发展。学院竭力创造条件，想办法开展校园群体赛事，来满足学生身心发展的需求。全年开展“地大杯”系列赛事：足球、篮球、排球、乒乓球、羽毛球、网球、飞盘等，还保证了校庆期间校运会的正常进行。创新性举办新生军训联队拔河比赛。两校区之间互动赛事10余场。全年参加校内各项群体赛事的学生人数达到上万人次。规范体育社团和指导老师的管理，发挥体育社团在学校群体活动中的纽带和桥梁作用。学院现有体育学一级学科硕士点和体育硕士专业学位，以及社会体育指导与管理(户外运动方向)本科专业。2022年体育学院共招收研究生54人，本科生50人。

【高水平运动队建设及竞赛获奖情况】

以力争“校长杯”为原则，狠抓高水平运动员的入口和出口管理。受教育部、国家体育总局联合印发的《关于进一步完善和规范高校高水平运动队考试招生工作的指导意见》政策影响和2023年全国学生运动会“校长杯”任务要求，2022年对高水平运动员招生制定专属方案，招收26名高水平运动员，其中一级运动员7人。招生过程零投诉、零违规，队员入校后复测合格率100%。2022年通过保研留校3名优秀高水平运动员。这些工作都为备战2023年全国学生运动会从内外部储备了优质运动人才。

参加省运会，检验队伍竞技水平。受全国疫情影响，2022年各高水平运动队均未参加全国类赛事。但在参加第16届湖北省运动会高校乙组比赛中，获得金牌4块，银牌10块，铜牌3块。其中在男子篮球、女子100米跨栏等项目上有历史性突破。

(撰稿：李铭；审稿：庞岚、李元)

学生科技竞赛

【概况】

2022年，学校持续打造“一体化”赛事育人机制，坚持育人导向，以学科专业为基础，不断完善科技活动、实训平台、科研项目等与科创赛事的有机融合衔接机制，扎实构建以“挑战杯”竞赛等龙头赛事为牵引的人才培养模式，将赛事组织运行过程变成生动广泛的科创育人实践课堂，引导广大地大青年聚焦国家战略发展，深勇攀科学高峰，用青春行动共筑科创报国梦。

【大学生科研训练计划】

聚焦“挑战杯”等系列重大赛事，着力优化培育链条，修订大学生自主创新资助计划，建立大学生自主创新资助计划与“挑战杯”系列竞赛相衔接机制。2022年上半年，在全校范围内选拔培育启航、领航项目共计65支，共有约800余名学生参与项目研究工作，400余名专职教师指导学生科研实训工作。大学自主创新资助计划为拔尖创新人才培养搭建了平台，为创新创业赛事提供了优质项目支持。

【“挑战杯”系列竞赛】

2022年，学校在第十七届“挑战杯”全国大学生课外学术科技作品竞赛中荣获红色专项一等奖1项，全国二等奖1项，全国三等奖4项，获评“全国优秀组织单位”。在湖北省第十二届“挑战杯”大学生创业计划竞赛中，获得金奖6项，银奖7项，铜奖3项，捧得湖北省“挑战杯”大学生创业计划竞赛“优胜杯”；选送4支团队参加国赛，获全国金奖1项，银奖2项，铜奖1项，捧获全国“优胜杯”。

【特色科技活动】

学校依托“青年科技节”，鼓励各学院(培养单位)开展具有学科特色的科技活动，组织开展校院两级科技论文报告会等工作，形成了学科特色鲜明、同学广泛参与的科技活动体系。2022年成功举办了第33届学生科技论文报告会，本科生参赛团队逾260支，覆盖范围达到19个学院，覆盖本科生人数逾1500人，与2021年相比，范围更广，参与人数更多，科研立项质量更高，其中有109支团队荣获校级奖项，在校内营造了良好的科技创新氛围。

(撰稿：郭小玉；审稿：朱荆萨)

学生社团活动

【概况】

在学校党委领导、校团委学生社团指导中心的具体指导下，社团联合会坚持“服务社团成长，服务学生成才”的宗旨，秉承建设“百年老店”学生社团的工作理念，立足“众创、众评、众筹”工作方法，筑牢社团安全防线、提高社团活动水平、提升社团活动格局，在全面提高学生综合素质、丰富校园文化生活等方面发挥了积极作用。2022年在册社团113个，分为人文分会、科技分会、公益分会、体育分会、艺术分会、地子归分会六大分会。根据《中国地质大学(武汉)学生社团建设管理实施办法》要求，进一步完善社团管理模式，打造风筝设计制作大赛、百团大战、隧道壁画创意大赛、花灯设计大赛、诗词对联创作大赛等品牌活动，受到师生一致好评。

【“喜迎二十大、永远跟党走、奋进新征程”第一届风筝设计大赛】

为了迎接党的二十大胜利召开，庆祝中国共青团成立100周年，团结引领广大青年学生坚定跟党走、建功新时代，进一步营造积极向上、多姿多彩的校园文化氛围，社团联合会在全校范围内组织开展了2022年“喜迎二十大、永远跟党走、奋进新征程”第一届风筝设计大赛，数百名地大师生亲手绘制了以“习近平总书记金句”“上天、入地、下海、登极”“美丽中国·宜居地球”为主题的特色风筝。

【百团大战】

在疫情防控常态化背景下，社团联合会始终做到线下活动严要求、线上活动速转型。5月份举办了“百团大战”，以“多天少摊”模式，社团们百花齐放，充分彰显了社团活力，提升社团知名度，助力社团纳入新鲜力量。

【隧道壁画修复】

为了迎接党的二十大胜利召开，庆祝中

国共青团成立 100 周年,社团联合会在全校范围内启动隧道壁画修复工作,打造地大特色文化长廊。各职能部门、学生培养单位、社团、学生组织,共计 500 余名地大师生共同创作修复了 171 幅壁画作品,新绘制了“非凡十年”“学习二十大”等主题壁画。

【第七届花灯设计大赛暨第二届诗词对联创作大赛】

为学习二十大精神,传承和弘扬中华优秀传统文化,丰富地大学子课余生活,营造良好的校园文化氛围,11 月社团联合会举办了第七届花灯设计大赛暨第二届诗词对联创作大赛。大赛共计设计花灯 60 余盏,创作诗词对联作品数十篇。离退休工作处、地大附校等单位共同参与大赛。

(撰稿:吴迪;审稿:朱荆萨)

社会实践活动

【概况】

学校坚持“专业化选题、项目化运作、基地化推进”的社会实践工作思路,汇聚校内外资源,打造社会实践品牌。充分发挥学科专业优势,主动对接国家需求,聚焦“长江大保护”,实施“大学生长江大保护行动计划”,牵头组织第二次大学生长江源科考活动,被央视《新闻联播》、新华社、《人民日报》《光明日报》、《中国青年报》等 16 家主流媒体报道 80 余次,点击量超过 1000 万人次。推进“组织化”社会实践,按照一地一模式、一地一特色,推动校地共建 2 个“大学生乡村振兴学校实践基地”,打造 2 支省“青力缔造”青年实践队。2022 年,组织 1100 余支社会实践团队,7000 余名青年学生走出教室校园,走向广袤河山,在亲身体验中了解世情国情,在服务奉献中厚植爱国情怀,在实践锻炼中增长知识才干。

完善志愿服务工作体系,推动志愿服务转型升级。坚持校内外联动,立足于社区治理,广泛开展志愿服务活动,形成校内校外双循环的工作格局,把治理效能转化为育人成果。着力推进青年志愿服务制度化,修订《中国地质大学(武汉)志愿服务时长认证规范》以及《中国地质大学(武汉)志愿者协会实践部月月评评分标准》,鼓励支持全体团员成为注册志愿者;推动志愿服务信息化建设,制作“志汇纪”微系统,搭建激励型服务平台;持续扩大志愿服务供给,广泛开展敬老爱幼、心理援助、社区治理、大型赛会等活动,志愿服务在校园蔚然成风;推进专业志愿服务建设,斩获第六届中国青年志愿服务项目大赛银奖及第六届湖北省青年志愿服务项目大赛金奖 1 项、铜奖 2 项。

【“三下乡”暑期社会实践】

根据团中央、中央文明办、教育部等中央部委的文件精神,2022 年,学校暑期社会实践活动以“喜迎二十大,永远跟党走,奋进新征程”为主题,充分发挥学科专业优势,主动对接国家需求,依托“党史学习教育”主题实践活动、大学生乡村振兴学校实践基地、“大学生长江大保护行动计划”等,打造“党史学习教育”“乡村振兴”“长江大保护”特色实践品牌,全年组织 1100 余支社会实践团队，7000余名学生奔赴基层一线开展社会实践活动，获主流媒体报道200余次。在湖北省“三下乡”社会实践评优中，获评“优秀项目”2个、“优秀个人”5人、“优秀团队”10支。在全国大中专学生志愿者暑期“三下乡”社会实践活动评选中，获评“优秀个人”1人、“优秀团队”1支，学校团委获评2021年全国大中专学生志愿者暑期“三下乡”社会实践活动优秀单位。

【第二次大学生长江源科考】

为贯彻落实习近平生态文明思想，深入实施长江大保护国家战略，创新学校人才培养模式，打造特色生态文明教育品牌，推进“长江大保护大学生行动计划”，接续学校2002年长江源头科考，献礼70周年校庆，学校组织开展了中国地质大学（武汉）第二次大学生长江源科考，引领大学生努力成为“共抓大保护”国家战略的传播者、实践者，推动全社会共抓长江大保护。第二次大学生长江源科考选拔了来自10个学院的35名师生，设立地质、地理、水文与生态、冰川勘测、人文与社科等5个专项组，并成立2个临时党支部，采取多学科“协同作战”，分别对长江源区的格拉丹东雪山、岗加曲巴冰川、沱沱河流域、尕尔曲流域等区域的地质、地貌、冰川、冻土、水资源、生态、经济社会等进行综合科考。

科考活动受到央视《新闻联播》、新华社等主流媒体报道80余次，点击量超700万，受邀参与《中国青年报》全国“思政第一课”。

【志愿服务体系建设】

完善志愿服务工作体系，提升组织育人凝聚力。优化升级“志汇纪”志愿服务管理系统2.0版本，加强校级青年志愿者协会、21个院级青年志愿者协会和19个志愿服务社团建设，抓好学生志愿服务活动组织和志愿者培训、管理。2022年新增本科生和研究生注册志愿者7310名，新生注册率84.1%，全校注册总人数17 368人，各分会、公益社团共开展410次志愿服务活动，参与人数6629人次，当年累计志愿服务时长110 078.5小时。顺利完成迎新志愿服务工作、“我为师生办实事”系列活动、志愿服务论坛等。在全校范围内选拔1132名志愿者参与校庆活动，助力校庆大会、校庆晚会等系列活动顺利进行。

【西部计划志愿者】

完成西部计划志愿者的招募、选拔、派遣工作，从2022届毕业生中选拔7名优秀志愿者赴新疆建设兵团、西藏等地开展1～3年志愿服务工作。按照团中央青年志愿者工作部《关于组建中国青年志愿者第二十四届研究生支教团的通知》和《中国地质大学（武汉）研究生支教团招募管理办法》有关规定，通过资格审查、面试答辩等多个环节筛选，最终评选出韦仕莉、刘亚旭等11名优秀本科生组建第二十四届研究生支教团，计划于2022年7月赴云南楚雄、湖北恩施等服务地开展为期一年的支教工作。2022年，研究生支教团获省级以上媒体宣传报道80余次，云南楚雄队被授予楚雄市“道德模范——助人为乐模范”“青年五四奖章集体”。

（撰稿：郭小玉；审稿：朱荆萨）

Nianjian

国内外交流与合作

外事与学术交流

【概况】

2022年,我们喜迎建校七十周年和党的二十大胜利召开。国际合作处(国际教育学院)坚持以习近平新时代中国特色社会主义思想为指导,坚定不移走好开放办学之路。学校大力推进同世界高水平大学和科研机构的互鉴、互容、互通,持续以全球视野谋划和助力"双一流"学科建设;紧密围绕"一带一路"倡议和构建人类命运共同体,积极服务中国特色大国外交;不断创新中外合作办学形式,致力培养具有全球视野和国际竞争力的高层次国际化人才,实现了国际化能力与水平的全面发展和提升。

【引智工作】

高度重视外专引智项目对学科发展的重要推动作用,通过建立和完善与学院、教师联络机制,关口前移,提前做好项目申报准备工作。2022年,克服新冠疫情和复杂国际形势对国际科技合作的影响,积极组织各学院申报科技部外国专家个人项目。最终获批高端外国专家引进计划8项、外国青年人才计划1项,获批总金额为216万元,获批金额较前两年有较大增长。组织地空学院胡祥云教授团队申报"深地资源探测学科创新引智基地",成功获批。

在积极组织申报各类外国专家项目的同时,力求推动项目的执行率。做好项目实施指引工作,提高经费使用效率、保障持续经费支持,探索开展线上讲座、开设全英文课程、合作培养学生、合作撰写论文等多种形式的远程合作方式。组织筹划"111"引智基地与国际专家团队的线上学术交流和科研活动,执行期内的7个"111"引智基地有序开展工作。"复杂系统先进控制与智能自动化创新引智基地"顺利通过评估,并获得滚动资助。各类引智项目申报率与执行率大幅提高,个人外国专家项目经费执行率达80%,"111"引智基地经费执行率超过90%。

【国际会议】

国际会议是高校国际交流合作的重要平台。2022年，在疫情情况下，申办举办国际会议14项，超过1000名会议代表来校参会，其中外国代表超过200人。高水平国际会议向全球积极宣介了学校，展示了学校相关学科科研实力，提升了学校国际知名度。

代表性会议简介如下：

1.11月6日，学校70周年校庆系列活动“中外大学校长论坛”通过线上线下结合的方式成功举行。本次论坛由国际合作处牵头组织，论坛主题是“宜居地球：研究型大学的使命与挑战”，探讨宜居地球的重大挑战、研究型大学教育的使命担当、人与自然的和谐共生。来自国内外的13位嘉宾分别阐述了中外大学在创新生态、国际合作、学科建设、人才培养等方面作出的探索和实践。在参会的中外大学校长和与会嘉宾共同见证下，论坛最后发布《武汉共识：新地学教育倡议》，倡议中外大学进一步加强国际合作与交流，立足学科交叉与科技创新，承担起推动全球可持续发展的大学责任，共创美好未来。20余万人次在线参加论坛。中外大学校长论坛及武汉共识相关活动被国内主流媒体报道、转载，同时也被包括美联社、福克斯有限电视网（FOX）、美国广播公司（ABC）、美国全国广播公司（NBC）等在内的45个国家及地区的超过610家主流媒体、门户网站及重点资讯网站广泛转载，累计覆盖海外受众2.5亿人次。此次活动的成功举办，向全球积极宣介了学校，有力塑造了学校在全球的办学形象，提升了国际知名度。

2.第49届国际水文地质大会于2022年9月19日—22日在武汉顺利召开，本届大会由中国地质大学（武汉）主办，王焰新院士担任大会组委会主席。国际水文地质大会是水文地质领域级别最高、影响最大、参会人数最多的国际学术会议，本次会议聚焦“地下水可持续性与消除贫困”主题，旨在分享地下水科学领域的新进展，探讨水文地质学科前沿科学问题，共同推动国际水文地质学理论与技术创新，促进全球地下水资源的可持续利用与保护。来自六大洲40个国家的418位注册代表参加了为期4天的线上会议，本次大会设置了专题为“地下水可持续性与消除贫困”等16个分会场，安排了9个大会主旨报告，34个分会场特邀报告，340个口头和海报交流，还组织了“编辑面对面”特别活动，邀请了ES & T等地下水科学领域国际重要期刊的主编或副主编与全球水文地质工作者交流学科前沿与科研成果发表。本次会议是IAH历史上成功举办的首次全线上水文地质大会，通过全球直播平台，参会代表在线上平台通过留言和视频连线方式互动。本次大会向全球水文地质同行展现了中国水文地质领域的主要进展和支撑国家经济社会发展的新成果，获得了国内外学者的广泛关注与一致好评。

3.2022年10月28日—30日，第十八届中美碳联盟（US-China Carbon Consortium，USCCC）年会在线上举行，本次会议由中美碳联盟、中国地质大学（武汉）主办，围绕复杂地形条件下碳氮水循环过程与调控机制、通量观测和分析的新兴技术和方法、城市景观碳和能量通量观测与研究、湖泊和湿地碳通量观测与研究、地质时期碳循环和古气候等5个生态系统与生态学方面的主题开展了学术交流，来自美国斯坦福大学、美国密歇根州立大学、美国农业部林业局南方研究站、美国北卡罗来纳州立大学、美国华盛顿州立大学、加拿大不列颠哥伦比亚大学、南京大学、华中科技大学、中国科学院和中国农业科学院等45家国内外高校和科研院所的66位国内外学者作了大会报告，其中主会场报告32篇、分会场报告31篇、培训报告3篇、国外学术报告13篇，通过线上平台腾讯会议和B站直播的量为2600人次。另外，会议开展了温室气体通量的自动连续观测、论文写作培训、碳通量新技术培训等3个主题的线上培训活动，通过腾讯会议和B站直播等线上平台参加培训人次为4000人次。本次会议为国内外学者提供一个开放合作的学术交流平台，积极推动陆地生态系统碳、水、能源和其他生物地球化学循环的前沿研究。

4.2022年12月10日—13日，第二届地球深部钻探与深地资源开发国际论坛成功举办。本次会议由学校主办，科技部地球深部钻探与深地资源开发国际联合研究中心、科技部地质工程国际合作基地、湖北省科学技术协会承办。会议采用特邀报告加网络直播的线上交流形式。会议直播时长585分钟，累计观看人数1681人，累计观看次数3259次。会议直播观看IP分布全国各地，另外还有来自俄罗斯、澳大利亚、加拿大、新加坡、德国、西班牙、几内亚等国家地区的同行同仁观看了直播。会议的主题为地球深部钻探与深地资源开发相关理论与技术，对地球深部(大陆与海洋)钻探技术进展与挑战、深地资源能源开发机遇与挑战、地球系统科学发展与面临的重大挑战、地球深部钻探-深地资源能源开发-地球系统科学协同发展问题等议题进行了交流与探讨，为我国地球科学和技术发展建言献策。

5.受新冠疫情影响，第5届国际牙形石会议于2022年6月25日—27日以线上线下形式召开。来自十几个国家的52名外方代表以线上形式参会。本次会议的主题为牙形石研究与应用，涉及关键微体化石牙形石的演化、生态、多分子器官、生物地层以及地球化学应用等诸多方面。本次会议中，国际牙形石学会还举行了线上工作会议。会议由本届国际牙形石学会主席阿根廷的Guillermo L. Albanesi主持。学会的评奖委员会主席，美国的John Repetski教授介绍了本届评奖委员会成员组成的情况，以及学会潘德尔勋章和欣德勋章的提名和评选情况，宣布了来自斯洛文尼亚的Tea Kolar-Jurkovšek教授获得了本年度的潘德尔勋章。

【因公出访】

2022年度，受国际公共卫生事故——新冠肺炎爆发影响，因公临时出国(境)受限制，多数国际交流活动或取消或线上进行。学校因公临时出国(境)跨团组1个共计1人次，为学术交流；线上交流请示报告1人。无校级领导因公出国(境)。

【中外合作办学】

落实教育对外开放，克服困难多种形式推进开放办学，服务学校国际化战略，推动国际交流与合作。2022 年与荷兰阿姆斯特丹自由大学、西班牙巴塞罗那自治大学、英国阿伯丁大学、印度尼西亚大学、马来西亚理科大学等 14 所大学新建立了校际合作关系。组织线上校际会谈 22 次。

【中国学生海外交流学习情况】

受新冠疫情影响，大学生国际交流项目基本停止执行，全年仅 203 名本科生出国留学(其中包括 48 名中外本科教育合作项目学生)。国际教育学院转变工作思路，向学校申请“大学生国际交流基金”资助线上国际课程和线下短期国际交流项目，全年共资助百余名学生参与项目，推动大学生“在地国际化”培养。

2022 年“地下水科学与工程本科教育合作办学项目”招生 58 人。该项目 2021 级全体同学参加了滑铁卢大学举办的入学语言测试，通过率为 92%。截至 2022 年，中加项目已顺利运行一个办学周期。2022 年年末，国际教育学院与环境学院合作完成教育部中外合作办学项目周期性评估材料上报工作。

2022 年，“计算机科学与技术专业本科教育中外合作办学”项目招生 68 人。12 月，该项目 2021 级学生已完成两门外教课程的学习，课程平均通过率达 100%。2022 年 6 月，该项目顺利通过教育部中外合作办学项目的年审和评估。

2022 年，学校与法国雷恩商学院深化合作，在经济与管理学院开设“中法班”3＋1.5/2本硕连读项目，并于 9 月顺利招生。

2022 年，学校继续积极与教育部出国留学服务中心、湖北省外事办、各国使领馆合作沟通，为学校出国留学生提供安全培训、咨询和协调服务。

【孔子学院】

2022 年学校支撑的孔子学院克服困难，继续以各种形式开展国际中文教学和文化交流活动。学校作为中方支撑院校，积极通过各种渠道选派优秀国际中文教育师资，为外派人员提供可靠服务保障，全年外派 25 名国际中文教师(含志愿者)。

美国阿尔弗莱德大学孔子学院继续组织线上、线下文化、学术交流活动。全年组织“中国音乐地图”系列讲座、“金秋之夜”音乐会等文化交流活动，继续组织线下太极、中国传统节日等中国文化体验活动。孔子学院中文教学稳定开展，教学更加规范。孔子学院中文教学点 6 个(含 2 个孔子课堂)，注册学生达 860 人。沉浸式教学项目影响力进一步扩大，孔子学院 11 月份成功召开了全美第六届中文沉浸式教学大会，参会人数达 550。全年举行文化活动 55 场，参加人数近 6000 人。全年举行 HSK 考试两次，组织考生 28 人参加，通过率 100%。

保加利亚大特尔诺沃大学孔子学院运营稳定，继续拓展国际中文教育事业。孔院工作人员 17 人(其中保方专职 3 人)，在 14 个城市开设 50 个汉语教学点(含孔子课堂 2 个)，注册学员人数达到 2400 人。10 月，成功举办第 9 届“中国与中东欧政治、经济、文化关系”国际学术研讨会，120 多名各国专家学者以线上、线下形式参会。全年举办孔子学院日、中国文化体验、中国知识问答、中国电影周等 39 场中国文化推广活动，参加人数达 90 000 多人。大特大学孔子学院 2022 年组织 HSK/HSKK 线上考试 5 次，其中 HSK 考生 84 人，通过率 89%；HSKK 考生 39 人，通过率 43%。

（撰稿：张晓珊、肖小芳、郑适萌；审稿：甘义群、范铭、范陆薇）

附录 1　2022 年重要国际会议

序号	高校名称	举办时间	会议名称	国家及地点	参与国家数量/个	参加人员数量/人	外宾人数/人
1	中国地质大学(武汉)	2022-05-14 至 2022-05-16	微分方程国际会议	中国/武汉	6	100	19
2	中国地质大学(武汉)	2022-05-21 至 2022-05-23	第十四届数字图像处理国际会议	线上	9	100	20
3	中国地质大学(武汉)	2022-05-27 至 2022-05-29	第二十一届武汉电子商务国际会议	线上	8	160	30
4	中国地质大学(武汉)	2022-06-09 至 2022-06-11	第六届机器人与自动化科学国际会议	中国/武汉	9	65	8
5	中国地质大学(武汉)	2022-06-25 至 2022-06-27	第 5 届国际牙形石会议	线上	19	120	40
6	中国地质大学(武汉)	2022-09-19 至 2022-09-23	第 49 届国际水文地质大会的请示	中国/武汉	31	500	100
7	中国地质大学(武汉)	2022-10-06 至 2022-10-07	第二届中巴经济走廊	线上	8	120	40
8	中国地质大学(武汉)	2022-10-15 至 2022-10-16	第三十届武汉国际珠宝学术会议	线上	3	60	3
9	中国地质大学(武汉)	2022-10-21 至 2022-10-24	第十八届中美碳联盟年会	线上	7	120	30
10	中国地质大学(武汉)	2022-11-06 至 2022-11-06	中国地质大学(武汉)“中外大学校长论坛”	中国/武汉	11	50	10
11	中国地质大学(武汉)	2022-11-12 至 2022-11-13	第五届地学大数据国际研讨会	中国/武汉	5	60	10
12	中国地质大学(武汉)	2022-11-18 至 2022-11-20	实际问题驱动的可计算建模和随机模拟国际会议	线上	2	40	4
13	中国地质大学(武汉)	2022-11-25 至 2022-11-27	第五届机电、机器人与自动化国际会议	中国/武汉	8	50	10
14	中国地质大学(武汉)	2022-12-10 至 2022-12-13	第二届地球深部钻探与深地资源开发国际论坛	中国/武汉	6	200	30

港澳台工作

【概况】

2022年,学校克服疫情影响继续推动与港澳台高校的合作交流,在异常复杂的防疫形式下,继续申报成功港澳台高校的实习项目并采取线上的形式顺利执行完毕。通过线上形式与港澳台合作高校保持积极的互动合作,积极通过多种渠道全面开展面向港澳台的招生宣传工作,全年参加线上线下招生专场活动4场,为疫情结束后顺利开展港澳台招生工作打下了良好的基础。在疫情特殊情况下做好在校港澳台师生的服务工作,配合相关部门做好涉及港澳台的安全稳定工作。

2022年7月,由学校肖龙教授团队申报的“2022年柴达木盆地野外联合考察活动”以线上线下形式开展。受澳门疫情影响,本科生未能参加活动,仅有在珠海的部分研究生参加了野外活动,野外活动历时9天,柴达木盆地壮美的风景和特殊地貌,给两地师生留下了深刻印象。此项活动中还联合了中国地质大学(北京)、中国科学院空间中心、武汉大学3家单位共同开展,此外,在野外还采集了用于科普视频制作的素材。为弥补未能实地开展野外实习活动的遗憾,特安排了线上活动进行交流,由王江博士介绍了历年活动情况,并播放了柴达木盆地的科普视频,肖龙教授作了题为《神奇的火星地貌及其与柴达木盆地的类比》的报告、来自湖北省地质科学院的刘汉生工程师作了题为《荆山楚水看三峡》的科普报告,双方师生进行了交流,并期待2023年能够开展线下活动。

【区域与国别研究工作】

支持国别区域研究工作和涉外智库的建设,根据上级主管部门要求顺利完成年度国别区域研究中心的项目申报和总结工作。在力所能及的范围内为各个国别区域研究中心和涉外智库提供从办公场地到办公设备和差旅经费等的支持,积极和相关院系配合培育新的国别区域研究中心和智库基地。圆满完成“一带一路”创新人才国际合作研究项目,顺利举行第二届国际中巴经济走廊会议,提升了学校国际学术声誉。全面搜集并系统研究“一带一路”沿线国家的形势变化,向有关部门提交资政建议2份。

(撰稿:张晓珊、肖小芳、郑适萌;审稿:甘义群、范铭、范陆薇)

校友与教育基金工作

一、校友工作

【概况】

2022年,校友工作着力健全组织体系,实现内地校友会组织全覆盖。以70周年校庆为契机,广泛联络和发动广大校友会的积极性、主动性和创造性,开展各类文体学术主题和专场活动迎校庆。建立健全校友工作组织和服务体系，加强校友工作队伍建设和校友工作业务培训。举办春夏秋冬四季品牌活动，继续增强母校的凝聚力和向心力。参与招生就业等人才培养环节，协助校友捐赠，开展实践育人。建设校友馆，打造文化阵地，挖掘优秀校友育人资源，出版优秀校友事迹刊物，助力学校协同育人，为践行立德树人根本任务贡献力量。

【校友会组织体系建设】

内地校友会组织全覆盖。6 月 18 日，宁夏校友会成立。会议选举 1991 届应用化学专业、宁夏嘉农环保科技有限公司董事长王平担任会长，1992 届探工系路学忠校友担任秘书长。7 月 29 日，山西校友会成立。会议选举 1986 届地层古生物学专业、太原金硕科贸有限公司董事长仇铁强校友担任会长，1991 届岩石矿物学专业、深圳诗普琳珠宝有限公司董事长郭晖校友担任常务副会长，1991 届应用化学专业、山西省地质调查院赵永生校友担任秘书长。

地方校友会组织换届。1 月 15 日，海南省中国地质大学校友会第二次会员代表大会召开，会议选举 1999 届管理工程专业张振豪校友当选会长，2008 届应用化学专业陈欢校友当选秘书长。8 月 27 日，广西校友会成立 15 周年纪念大会暨乡村振兴高峰论坛举行，会议选举 1989 届地质学专业陈海校友担任会长，2012 届土木工程专业唐勇校友担任秘书长。9 月 17 日，湖北校友会第四次会员代表大会暨“碳达峰　碳中和”论坛在武汉举行，会议推选王学海校友担任荣誉会长，选举 1994 届煤田地质专业、四方光电股份有限公司董事长熊友辉校友当选湖北校友会第四届理事会会长，1995 届工业管理工程专业、武汉天扬慧博科技有限公司总经理贺健校友担任常务副会长，2006 届地理信息系统专业、武汉华信联创技术工程有限公司龚杰校友担任秘书长，2012 届测绘工程专业、湖北智途北斗空间信息技术有限公司董事长何祥伟校友担任常务副秘书长。

海外校友会组织进一步完善。7 月 17 日，美国校友会成立，会议选举 1984 届古生物学专业、美国康派克集团总裁黎观城校友担任会长，1995 届物探系、西班牙石油公司 Repsol（休斯顿）石油勘探学家吴心霞校友担任秘书长。建立巴基斯坦、约旦等一带一路沿线国家校友会筹备组，海外校友会布局进一步完善。

【校友服务体系建设】

确立培养单位校友工作联络员。充分发挥学院主体作用，健全完善校院两级校友服务体系。召开全校校友工作信息化建设专题会议，确立各教学科研机构校友信息数据库负责人及工作联络人，健全基层校友服务体系。以 70 周年校庆为契机，建成重点校友数据库，明确相关重点校友的日常联络单位、联络人，加强重点校友联络。

建立校院两级校友工作协同机制。协助各学院借助校友资源积极拓展产学研合作渠道，鼓励学院与校友组建团队、共建平台、申报项目、产出成果，在促进校友深入参与立德树人、与学院融通发展上积累新经验。广泛动员校友参与学校“招生-培养-就业”育人全过程，湖北、云南、深圳等区域校友会积极服务学校招生就业工作，取得良好效果。

【校友联络体系建设】

建立常态互动的校友联络机制。积极构建学校与校友融合发展的校友服务体系，为校友与母校合作交流提供最优质的服务和最顺畅的渠道。黄晓玫书记先后带队赴北京、上海等地走访校友企业、看望校友，王焰新校长带队赴黑龙江、山西、河北、新疆等地走访校友企业并看望校友，其他校领导纷纷结合到外地参加会议、办理公务等事项走访当地校友企业、看望当地校友，增强了校友与母校的联系，逐步形成“学校统筹、校院结合、各地互动”的校友工作格局。

加强校友总会联络平台建设。为满足广大校友对校友文化活动的强烈需求，校友总会精心设计、认真筹备、不断拓展工作场景，服务广大校友，加强校友联络平台建设。各地校友会“迎校庆”足球联赛、区域足球邀请赛如火如荼开展。“地二代”地学科普夏令营线上开班，吸引了6000余人次线上打卡听课，好评如潮。“校友节・值年返校”活动如期举办，近万人次校友通过云参观、云回忆、云观影等多个活动主题关注和参与云返校活动。联合开辟校友招聘绿色通道，为校友企业招聘做好服务，约100家校友企业和校友所在单位参与线上线下招聘，为毕业生提供优质的就业岗位。

【校友工作信息化建设】

完善“地大人”校友服务系统。建立校友基础数据库和校友服务平台，优化“地大人”服务功能5项、改进系统功能27项，新推出线上校友档案查询、文创商城、校友互联等相关应用服务。制定《校友数据收集专项工作方案》，全面梳理学院、专业、班级的历史沿革，逐步厘清历届校友及行政班级归属，完成校友基础数据入库约18万条，校友自主注册3.5万人。

开辟线上校友活动平台，拓宽校友工作辐射面。开发云校庆活动。开辟校庆登山祝福、点亮校友地图、校庆云报到等云校庆活动，校友总会网站年访问量10万余次，微信公众平台年均发布推文300余篇、年访问量25万余次。

【精心抓好校庆各项工作】

为迎接建校70周年，学校与各地校友、合作单位频繁互动，畅叙浓厚师生情谊，共商学校发展大计，同谱七秩荣光。一是抓好校友宣传发动。校友总会向海内外全体校友发出校庆邀约，组织开展了全球校友登山活动、全球校友送祝福、全球校友唱校歌等多轮次主题活动。30余个校友会通过精心录制校歌MV、创作校庆歌曲、录制祝福视频、拍摄校友登山视频等多种形式，为母校送上祝福。各地校友学术交流、文体比赛、座谈会有序开展，营造了浓郁的校庆氛围。二是抓好文献出版。编辑出版校庆系列丛书之优秀校友事迹合辑《山花烂漫》，集合了全国劳动模范、全国先进工作者、全国三八红旗手、全国和各省五一劳动奖章获得者等社会楷模、商界翘楚和知名学者的榜样事迹，为学校践行立德树人根本任务提供了生动的教材。协助校史馆完成全馆布展，并完成了校友馆第一次陈列布展。三是抓好嘉宾联系工作。协助校庆办开展了多轮次嘉宾联系工作，保障了校庆大会正常举行。

二、教育发展基金会工作

【概况】

一是健全完善体制机制。修订并发布《中国地质大学（武汉）接受社会捐赠管理办法（修订）》，规范货币捐赠和实物捐赠流程，调整捐赠奖励分配比例，加强校院两级筹资体系建设。完成《中国地质大学（武汉）教育发展基金会财务管理办法（修订）》。二是抓好募资工作。动员校友和校友会组织捐赠，为七十周年校庆献礼。2021 年 7 月 1 日至 2022 年底，教育发展基金会收到各类捐赠 88 笔，合同金额 3537 万元，到账金额 3014 万元；其中 2022 年到款 62 笔，合计金额 2 289.4万元，业务活动支出 1 438.3 万元。同时，完成 2021 年 7 月 1 日至 2022 年 6 月 30 日获得社会捐赠申报财政配比工作，配比申报 18 个项目，申报金额 1 143.6 万元，同时获取上一年度捐赠配比资金 124 万元。三是加强规范管理。完成基金会 2021 年年度检查、财务税务清查工作和抽查审计工作，清理了 2021 年以前积累的应收账款、应付账款问题。

【重要活动、事件】

1. 2022 年 3 月 15 日，中国科学院院士殷鸿福教授再次向基金会捐赠 50 万元，用于殷鸿福金钉子奖学金。殷鸿福金钉子奖学金于 2002 年由殷鸿福院士和童金南教授提议设立。2002 年至 2019 年，殷鸿福院士先后 3 次注资殷鸿福金钉子奖学金，奖项基金总额超过 60 万元人民币。期间共有 26 名本科生，6 支团队获得该项奖学金，共计 17.1 万元。此次，殷鸿福院士再次捐赠 50 万元奖学金，奖项总额超 110 万元。殷鸿福金钉子奖学金是学校本科生最高奖励金额奖项，也是单项评奖要求最高的奖项，获奖学生代表的先进事迹不断激励学校众多学子积极向上，奋勇拼搏，勇攀高峰。

2. 2022 年 10 月 7 日，高山院士研究团队再次向学校教育发展基金会捐赠 20 万元用于支持“高山奖学金”项目。高山奖学金设立于 2018 年，旨在纪念中国科学院院士、著名地球化学家、英国皇家化学学会会士、国际地球化学学会会士、中国地质大学（武汉）高山教授，弘扬高山精神并鼓励青年学生继承和发扬艰苦奋斗、严谨求实、勇于创新、追求卓越的科学精神，为高等地质教育事业和科学研究作贡献。高山院士研究团队累计捐赠 70 万元，用于奖励地球科学学院、材料与化学学院、地质过程与矿产资源国家重点实验室优秀研究生。学校基金会秘书长陈华荣与高山院士研究团队代表李明老师签署捐赠协议，并向捐赠方授予捐赠证书。高山院士研究团队和学校基金会衷心希望，高山奖学金激励更多青年学生投身地球科学，为国家富强、民族复兴作贡献，鼓励青年学生奋发努力、积极进取，成为品学兼优的地学人才。

3. 2022 年 9 月 28 日，国家高层次人才、MapGIS 创始人、GIS 工程中心首席科学家吴信才教授捐赠 30 万元，设立“信息拔尖人才奖学金”（简称“信才奖学金”）。“信才奖学金”由吴信才教授和刘永教授牵头设立，用于奖励在空间信息技术领域品学兼优的的大二及以上本科生及研究生。每学年度评选一次，每次 6 人。该奖学金设立一等奖学金 1 人，奖励人民币 10 000 元；二等奖学金 5 人，每人奖励人民币 5000 元。吴信才教授希望“信才奖学金”能够培养出更多空间信息的优秀人才，将来为空间信息产业发展作出贡献。

4.2022 年 11 月 1 日，校友施修春夫妇捐赠 70 万元，设立施修春、陈博基金，用于购买学校公共用车，便于两校区师生通行和实习实践使用。施修春校友、后勤党委书记徐岩、校友与社会合作处处长陈华荣代表三方签订《捐赠协议书》，王林清代表学校向施修春校友颁发《捐赠证书》。施修春在讲话中感恩母校对自己的指导与帮助、对自己事业的鼓励和支持，他表示，在学校七十周年校庆之际设立基金，希望以捐赠回馈母校培养，为母校发展做力所能及的贡献。王林清代表学校对施修春表示感谢。他指出，教育的根本任务在于立德树人，施修春作为地大优秀校友代表，心系母校发展，为广大学子树立了榜样，也体现了学校人才培养的成效。他强调，学校的发展离不开校友的支持，学校将不负校友期盼，扎实用好每一笔捐赠，进一步提升人才培养质量，为建设地球科学领域世界一流大学努力奋斗。

5.2022 年 11 月 5 日，上海申昙新材料科技集团有限公司董事长马广伟捐赠 200 万元设立“申昙新材料”奖助学金。在母校建校 70 周年之际，校友马广伟决定捐赠 200 万元设立“申昙新材料”奖助学金，激励更多优秀学子奋发向上、励志成才、全面发展。申昙新材料科技（武汉）有限公司总经理杜军、校友与社会合作处处长陈华荣签订《捐赠协议》，王林清代表学校向上海申昙新材料科技集团有限公司总裁梁军颁发《捐赠证书》。

（撰稿：丁苗苗、张鑫、周迪；审稿：胡肖、陈华荣）

〔附录〕

附录 1　2022 年教育发展基金会接受捐赠情况

财务编号	捐赠项目	捐赠方	捐赠收入/元
0000002	人才培养金(学校)	河南省羚锐老区扶贫帮困基金会	500 000.00
0000003	非限定项目(学校)	中煤科工西安研究院(集团)有限公司	50 000.00
0000003	非限定项目(学校)	武汉百礼汇科技有限公司	100 000.00
0000003	非限定项目(学校)	重庆万学创世教育科技有限公司	8 000.00
0000098	营业外收入集中款项	上海铭采贸易有限公司	129 783.35
1000001	公共管理学院奖助学金(综合)	郭昭志	20 000.00

续表

财务编号	捐赠项目	捐赠方	捐赠收入/元
1000002	材化学院奖助学金(综合)	肖卫东	80 000.00
1000003	资源学院奖助学金(综合)	季惠彬	10 000.00
1000004	机电奖教助学金(综合)	朱玉锋	100 000.00
2000001	自动化建设发展基金(综合)	孙国伟	150 000.00
2010007	占志斌校友奖学金	占志斌	120 000.00
2011008	同心奖学金	北京雅展展览服务有限公司	200 000.00
2011009	殷鸿福—金钉子奖学金	殷鸿福	500 000.00
2012010	未指定用途捐赠	何志新	7.50
2012017	信才奖学金	吴信才	300 000.00
2012020	水科学基金	武汉中地水石环保科技有限公司	200 000.00
2014022	梓亮奖学金	徐亮	15 000.00
2015010	花蕾筑梦基金	网络捐赠	16 817.77
2016008	机电学院爱贝尔 72911 奖学金	张歌	399.20
2016014	紧急救助基金	网络捐赠	16.00
2017003	佳源奖助学金	公安县佳源水务有限公司	400 000.00
2017007	永芳基金	网络捐赠	50.00
2017019	041031 助学金	网络捐赠	4 201.00
2018007	春暖花开共建校友林	网络捐赠	301.00
2018008	志愿服务基金	网络捐赠	5.00
2018013	周愁资助困难学生	周愁	10 000.00
2019007	高山奖学金	李明、胡兆初	200 000.00
2020010	疫情防控专项捐赠	网络捐赠	1 387.03
2020011	校史馆建设项目(武汉佑辉)	武汉佑辉科技有限公司	3 000 000.00
2021004	校史馆建设(龙岩永翠)	龙岩市永翠慈善基金会	12 000 000.00
2021005	菁英班奖学金	中国科学院理化技术研究所	50 000.00
2021006	材化学院学生科创项目	龙岩市永翠慈善基金会	100 000.00
2021010	小米学生工作室建设	北京小米移动软件有限公司	150 000.00
2021012	工程学院堪基系	安百拓贸易有限公司	50 000.00
2022001	支持地信学院学生活动	上海华测导航技术有限股份有限公司	10 000.00

续表

财务编号	捐赠项目	捐赠方	捐赠收入/元
2022002	支持未来城校区师生权益保障项目	王丽	290 000.00
2022002	支持未来城校区师生权益保障项目	湖北学府园餐饮管理有限公司	150 000.00
2022002	支持未来城校区师生权益保障项目	湖北华鼎团膳管理股份有限公司	200 000.00
2022003	70 周年校庆科考项目	深圳市腾扬达科技有限公司	100 000.00
2022003	70 周年校庆科考项目	龙岩市永翠慈善基金会	100 000.00
2022004	支持 70 周年校庆志愿者服务及经管学院志愿者	李国强、程伟帅	100 000.00
2022005	施修春陈博基金	福建施沃德实业有限公司	700 000.00
2022007	锦冠励志奖学金	河南锦冠新能源集团有限公司	200 000.00
2022008	体育学院发展事项	昆山捷美服装有限公司	200 000.00
2022009	自动化学院建设与发展	东莞市洛克莱特科技有限公司	200 000.00
2022010	未来技术学院建设	北京六合伟业科技股份有限公司	20 000.00
2022010	未来技术学院建设	江苏和信石油机械有限公司	20 000.00
2022010	未来技术学院建设	陕西太合智能钻探有限公司	20 000.00
2022010	未来技术学院建设	武汉岩联工程技术有限公司	20 000.00
2022010	未来技术学院建设	安百拓贸易有限公司	20 000.00
2022011	珠宝学院事业发展	深圳诗普琳珠宝有限公司	200 000.00
2022012	外语学院教育基金	东方煜龙(北京)教育科技有限公司	100 000.00
2022013	自动化学院发展	自动化学院 073001 班	15 000.00
2022014	紫金矿业慈善基金会	紫金矿业慈善基金会	500 000.00
2022016	中显科技奖教金	武汉世纪中显科技有限公司	100 000.00
2022017	粤地质越优秀奖学金	广东省地质局第一届工程硕士班学生	150 000.00
2022018	工程学院大学生创新创业基金	工程学院 052058 班校友	28 188.00
2022018	工程学院大学生创新创业基金	工程学院 73951 班全体校友	60 000.00
2022019	沈照理奖学金	沈照理亲属、学生	325 000.00
2022020	未来城校区双碳建设基金	湖北省盛帆公益基金会	1 000 000.00
2022021	珠宝学院教育培训基金	武汉新金投资管理有限公司	100 000.00
2022070	70 周年校庆捐赠项目	吕永利、夏丁	3 070.00
2022070	70 周年校庆捐赠项目	周愁	7 000.00

续表

财务编号	捐赠项目	捐赠方	捐赠收入/元
2022070	70周年校庆捐赠项目	西安东亚科技专修学院	10 000.00
2022070	70周年校庆捐赠项目	鄂州市经贸学校	10 000.00
2022070	70周年校庆捐赠项目	河北同盟教育科技有限公司	5 000.00
2022070	70周年校庆捐赠项目	新疆农业职业技术学院	20 000.00
2022070	70周年校庆捐赠项目	西安石油大学	5 000.00
2022070	70周年校庆捐赠项目	内蒙古远程与继续教育学院	100 000.00
2022070	70周年校庆捐赠项目	山西校友会	84 802.81
2022070	70周年校庆捐赠项目	网络捐赠	182 075.52
合计			23 821 104.18

附录2　2022年接受实物捐赠情况

序号	类别	捐赠物品	数量	捐赠人
1	化石、矿物标本	萤石晶簇	1	美国校友会
2		藻类化石	3	韩禹　王哲
3		赫氏水龙兽头骨	1	中国科学院古脊椎动物与古人类研究所
4	书画作品	寇克让等校友、师生书画展作品	31	寇克让等
5		书画作品	2	肖光平
6		书画作品	2	肖光平
7		校庆字画:地大物博,群英荟萃	1	海南校友会
8		校庆字画:地大之光	1	海南校友会
9		校庆字画:桃李芬芳	1	海南校友会
10		校庆字画:七秩荣光,逐梦未来	1	海南校友会
11		画作	1	澳大利亚南昆士兰大学 Yvonne O'Neil
12		李四光精神水粉画	1	施甸二中杨余荣
13		李四光肖像碳精画	2	施甸二中
14		书画作品(艰苦朴素　求真务实)	1	湖北美术学院
15		书画作品(与国同行　初心如磐)	1	上海金泰工程机械有限公司
16		中国画"鱼儿"	1	欧阳德彪
17		书法作品	1	中国科学院古脊椎动物与古人类研究所
18		烙画	1	中共淅川县委、县人民政府

续表

序号	类别	捐赠物品	数量	捐赠人
19	工艺品	雷锋雕像	1	龙凡
20		湘绣(报春图)	1	湘电集团
21		屏风	1	成都理工大学
22		屏风(黄河壶口)	1	山西地矿局
23		船模(天鲲号)	1	中交疏浚集团天津航道局
24		冬奥会火炬＋冬残奥会火炬(含底座)	2	马永生校友
25		铝制画	1	中国铝业集团
26		石头摆件	1	湖北地质局
27		大熊猫蜀绣	1	成都理工大学地球科学学院
28		大熊猫蜀绣	1	西南科技大学书记(资源学院校友)
29		铜奔马雕塑	1	甘肃校友会
30	其他	罗汉松	1	中国地质调查局国际矿业研究中心
31		福狮	2	福建校友会

附录 3　2022 年奖助项目支出情况

财务编号	捐赠项目	项目支出/元
2010001	锐鸣奖学金	150 000.00
2010007	占志斌校友奖学金(金贝金刚石)	48 000.00
2011002	赵鹏大奖学金	27 000.00
2011008	同心奖学金	200 000.00
2011011	周大福奖学金	225 000.00
2012019	王大纯基金	48 000.00
2012020	水科学基金	40 000.00
2012031	研 84 校友奖励基金	290 000.00
2013009	八二级水文系奖助基金	98 000.00
2014017	华狮化工奖学金	15 000.00
2014022	梓亮奖学金	10 000.00
2015003	地调院研究生奖学金	19 000.00

续表

财务编号	捐赠项目	项目支出/元
2015008	数理校友奖学金	5 000.00
2015013	地学之光助学金——011853 班	2 000.00
2017006	宇驰奖学金	56 000.00
2017008	材料系发展基金	21 000.00
2017011	助勤帮困基金	178 913.00
2018005	72941 班奖学金	10 000.00
2018011	机电学院凌久电子有限公司	16 000.00
2019003	地学院 88 级校友捐赠款	25 000.00
2019007	高山奖学金	20 000.00
2019020	中力岩土助学金	32 000.00
2019022	方圆辅导员奖励基金	26 997.08
2019023	工程学院钻探薪火奖学金	8 000.00
2020002	捐赠因疫情影响的学生完成学业	21 500.00
2021001	新烨环保奖励金(厦门三烨清洁科技捐赠)	164 000.00
2021007	工程学院 054072 班校友奖学金	10 000.00
合计		1 766 410.08

附录 4　2022 年非奖助项目支出情况

财务编号	捐赠项目	项目支出/元
2011003	材料实验大楼建设	1 164 944.00
2011004	功能碳纳米材料实验室建设	37 130.00
2012014	宝得能源科技支持青年创新创业中心建设	293 724.99
2011004	材料系发展基金会	21 000.00
2018001	艺媒学院学科建设与发展基金会	399 840.00
2019008	机电华睿奖学金及竞赛举办	155 375
2019010	工程学院勘机系卓越工程师计划	40 000 00
2019013	体育学院基础设施建设项目(武汉领航鲸)	299 977.00
2020008	珠宝学院疫情防控及其他公益活动	169 100.00
2020011	校史馆建设项目	7 000 000.00

续表

财务编号	捐赠项目	项目支出/元
2021004	校史馆建设(龙岩市永翠慈善)	3 317 217.00
2021006	材化学院学生科创项目(永翠慈善)	28 195.19
2021010	小米学生工作室建设	30 173.88
2011011	中博支持学生活动	2 500.00
2021012	工程学院勘基系	56 910.00
2011001	支持地信学院学生活动	9 930.00
2022003	70 周年校庆科考项目	200 000.00
合计		13 186 017.06

社会合作工作

【概况】

学校始终坚持以高质量社会合作助力高水平开放办学。2022 年学校以 70 周年校庆为契机,着力实施"名企合作计划",持续深化政产学研联动,踔厉奋发,笃行不怠,不断构建开放办学命运共同体。不断加强制度建设,增强治理能力。围绕助力高质量开放办学工作任务,以制度建设和治理能力提升为基础,不断营造多维度、多领域、多渠道社会资源兴学助学、协同创新、可持续发展的良好生态。

1. 实施名企合作,推进有组织合作成效初显。坚持服务国家战略、服务区域需求、服务重点学科、服务师生需求有组织推动校企合作。持续实施"名企合作计划",继续贯彻与央企集团公司、上市公司签署战略合作协议,全年签署协议 19 份。与中国海洋石油集团有限公司、中国铁建股份有限公司 2 家央企公司签署战略合作协议,实现了与"三桶油"战略合作的第二步;与东珠生态环保股份有限公司、航天宏图信息技术股份有限公司、四方光电股份有限公司、上海豫园珠宝时尚集团有限公司、周大生珠宝股份有限公司 5 家上市公司签署战略合作协议。中控技术实质启动参与未来技术学院共建,并捐赠价值 1000 余万元先进设备,合作共建智能化技术实验室和工业互联网实验室。持续与三峡集团、中国石油集团等保持紧密联系,拟共建湖北长江实验室,王焰新院士工作站在三峡集团揭牌。通过重点企业、重点领域合作,有效服务学校环境、测绘、控制、机械、信息、材料等重点学科,以及生态环保、地理信息、遥感、自动化、珠宝等重点行业产业,为教师开展高质量产学研合作,学生接受高水平联合培养提供切实服务保障。

2. 政产学研联动,打造开放办学命运共同体。积极连接各方资源,培育具有一定效能的社会合作网络。继续做好与省级人民政府签署战略合作协议的顶层规划，完成与云南省人民政府续签战略合作协议，在此框架下与滇西应用技术大学签署对口帮扶协议，与云南保山恒益实业集团有限公司签署合作协议，实现与云南多地多领域合作；服务国家海洋强国战略、地方现代海洋产业体系、学校海洋学科发展，与广州市南沙区协议共建滨海研究院，5 年建设期内将获财政资金支持 1 亿元；服务宜兴市创新驱动战略和产业强市战略，与宜兴市政府协议共建功能材料与环境新型研发机构，聚焦陶瓷产业和生态修复，参与“强富美高”新宜兴建设；围绕长江大保护，与长江生态环保集团有限公司等 11 家单位协议组建长江大保护城市管网创新联合体，构建以企业为主体、市场为导向、政产学研用相结合的城市排水管网创新体系；与武汉本地政府企业保持良好合作，与汉阳区政府、东湖高新区政府签署了合作协议，协商与中国移动、中国电信、中国农业银行等央企湖北分公司合作协议，服务师生医疗、通信、子女教育等生活必须事项。

3. 持续推进服务乡村振兴工作。全面巩固“统一领导、归口管理、分级负责、协同配合”的工作机制和“援派干部＋科研团队”的帮扶模式。学校党委常委会、校务会先后 11 次研究乡村振兴和定点帮扶工作，分管校领导坚持每周调度乡村振兴工作；全年共派出 16 批 120 余人次的专家、干部、师生到施开展各类帮扶活动。在 2021 年度中央单位定点帮扶工作成效考核评价中，获评最高等次“好”。在湖北省直单位定点帮扶综合评价中，连续获评最高等次“好”。

【重要活动、事件】

1. 助力乡村振兴：学校与云南省人民政府续签战略合作协议。2022 年 11 月 30 日，王焰新校长率队赴云南省参加 2022 腾冲科学家论坛，并与云南省人民政府续签战略合作协议。刘杰副校长与云南省人民政府副省长张治礼代表双方签约，校长王焰新院士，省委书记王宁，省长王予波，省委秘书长邱江见证签约。此次为双方续签战略合作协议，上一轮合作期内，学校深度参与滇西应用技术大学珠宝学院援建工作，扎实推进施甸县脱贫攻坚与乡村振兴，联合云南地质大数据中心协同推进地质大数据研究平台建设，积极推进省校合作落实落细。在省校合作框架下，学校于 2022 年与滇西应用技术大学续签对口帮扶合作协议，未来学校将基于原有的全方位长效帮扶机制，扩大帮扶范围和力度，通过人才交流、骨干援助等方式全力支持滇西大的发展；学校于 2022 年底与云南保山恒益实业集团有限公司签署合作协议，双方将根据合约内容，基于恒益集团业务领域与学校学科结构的契合点，结合各自优势，通过长期稳定的合作实现校企合作优势最大化。

2. 携手能源报国：学校与中国海洋石油集团签署战略合作协议。2022 年 8 月 18 日，学校与中国海洋石油集团有限公司在京签署战略合作协议，副校长刘勇胜与集团公司总经理助理兼有限公司执行副总裁曹新建代表双方签署协议，学校党委书记黄晓玫，校长王焰新院士，党委常委、宣传部部长储祖旺,集团公司总经理、党组副书记李勇,原集团公司总地质师谢玉洪院士等参会人员共同见证签约。中国海油集团基于产业发展、科研进展、人才培养等方面的情况,对双方继续保持密切合作、加强互动提出愿景。双方将在人才培养、科学研究、技术创新等方面开展全面合作,建立长期、稳定的全面战略合作伙伴关系,为保障国家能源安全作出贡献。双方将继续共同开展科技攻关以及重大项目谋划、合作培养高层次人才、共建原创技术策源地建设等方面落实合作,努力推动"十四五"科技创新驱动发展。

3.服务大湾区建设:学校与广州南沙共建滨海研究院。2022年6月2日,王焰新校长带队前往广州,与广州南沙经济技术开发区管理委员会签署协议,共建广州南沙地大滨海研究院。南沙区党工委副书记谢伟、副校长刘勇胜代表双方签署协议,广州市委常委、南沙区党工委书记、管委会主任卢一先与王焰新共同见证签约。卢一先表示,南沙和地大共建研究院,是双方深度参与粤港澳大湾区建设的重要举措,南沙将依托地大雄厚的科研实力,持续增强涉海科技创新能力,建设具有全球影响力的海洋科技创新中心。王焰新校长表示,学校将举全校之力,努力支撑广州"一带双核多集群"海洋经济发展格局中的"海洋科技创新核"建设,贯通人才链、学科链,推动创新链、产业链有效衔接,努力为南沙区高质量发展贡献地大力量。滨海研究院将设立海洋微藻种质中心、生物地质与环境地质国家重点实验室广州中心、海洋珠宝产业实验中心等平台,围绕海洋强国建设战略部署,集聚高质量人才团队资源,着力构建海洋科学研究新发展格局。

4.服务湖北高质量发展:11人入选"院士专家企业行"名单。2022年湖北省人才办、省人社厅公布的"院士专家企业行"人员名单,校长王焰新院士及芦露华、杨华明、聂玉伦、杜尧、鲍建国、祁士华、王东升、孔淑琼、徐方、赵赪行等11名教授专家入选。校长王焰新院士对接联系三峡集团长江生态环境工程研究中心、湖北省地质局第七地质大队、三峡高科信息技术有限责任公司,并给予相关技术指导。芦露华教授等联系湖北万润新能源、湖北明弘科技、恩施州施梅酒业、武汉市宇驰检测、湖北瑞凯兴科技、湖北省黄麦岭磷化工、光谷蓝焰新能源、利川市鑫发源建材、湖北楚天联发路桥养护、湖北中油优艺环保科技等公司,并给予相关技术指导。湖北省委人才办、省科技厅、省经信厅、省人社厅、团省委对前期学校作为选派单位,在服务基层工作方面的突出表现进行了通报表扬,肯定学校积极参与服务基层人才专项计划,为推进乡村振兴、加快疫后重振做出贡献。

5.学校成立宜兴研究院。2022年11月,宜兴市人民政府与中国地质大学(武汉)签约共建"中地大(宜兴)功能材料与环境研究院有限公司",依托宜兴市区位优势及政策支持与中国地质大学(武汉)科研力量及办学资源优势紧密合作,发挥科技创新对区域经济发展的支撑、引领作用,双方拟在人才培养、科技创新等方面开展全方位、多领域的务实性合作。宜兴研究院将重点围绕宜兴陶瓷产业和生态修复，根据宜兴工业功能陶瓷产品开发、整装机械自动化升级、污染水体与土地治理与恢复等产业发展需要，为地方产业发展、经济建设贡献地大科技创新力量。

6.以检促建、管办分离：不断提升非学历教育质量。落实非学历教育管办分离要求，以教育部直属高校非学历教育领域问题专项整治核查工作为契机，进一步全面规范了非学历教育管理工作。加强制度建设，完成了《中国地质大学(武汉)非学历教育管理办法》的修订工作并正式印发，同步修订了《非学历教育课程教学管理规范》《非学历教育教学质量评估管理办法》等一系列教学质量保障制度，建立了科学、有效且符合学校实际的非学历教育管理制度、工作机制和工作流程，实现业务工作有规可依，有法可办。按教育部办公厅印发的《关于开展直属高校非学历教育领域问题专项整治工作的通知》要求，坚持从严从实落实要求，逐条逐项对照检查，并对全校非学历教育办学情况进行摸排，对检查发现的问题切实做到改到位、改彻底。2022 年 4 月上报《中国地质大学(武汉)非学历教育整改情况报告》。2022 年 11 月完成教育部专家组的入校核查工作。最终，学校专项整治结果为“完成”。

7.定点帮扶云南省施甸县。一是学校直接投入帮扶资金 200 万元，引进帮扶资金 410.5 万元，采购当地农副产品 107.8 万元，购买脱贫地区农产品 244 万元，帮助销售脱贫地区农副产品 426 万元，培训基层干部 236 人次、专业技术人员 1442 人次，培育乡村振兴带头人 291 人。二是开展“组织振兴”强化工程，科发院党支部与驻村帮扶点杨家社区党总支结对、博物馆党支部与定点帮扶的施甸二中党总支结对，后勤保障部二级单位党支部分别与杨家社区村小组党支部结对。学校投入资金建设的“科教融合创新试验基地”获批第一批教育部直属高校服务乡村振兴创新试验培育项目。三是着力实施“产业振兴”优化工程，“姚关镇、旧城乡天然富硒地块”成功获批，开展富硒土壤调查、2000 亩(1 亩＝666.67 平方米)富硒农业种植。成功获批“何元海林檎地质文化乡”，成为云南省筹建的首个全国地质文化乡，编制完成的何元海林檎地质文化乡建设方案。“保山地块页岩气资源调查与评价”预研究项目已成功立项，中石化勘探分公司投入资金 270.9 万元，学校投入 50 万元。四是全面推进“文化振兴”亮化工程，设立“杨家社区新时代文明实践站”。

8.定点帮扶湖北省竹山县。一是学校直接投入帮扶资金 20 万元，引进帮扶资金 1830 万元，帮助完成土地增减挂钩指标交易 7200 万元，培训基层干部和技术人员 51 人次，开展绿松石检测服务 5000 余次，采购当地农副产品 20.03 万元，帮助销售农副产品 11.2 万元，超额完成帮扶责任书各项任务。二是实施科教帮扶，全年选派 6 批 50 余人次高水平科研团队，编制《竹山绿松石产业中长期发展规划》，开展铌稀土战略资源成矿规律研究，参与擂鼓中心小学地质滑坡隐患排除的科研论证，参加竹坪“高家花屋”全国重点文物基地保护立项等工作。三是推进产业帮扶,协助竹山新建"湖北省绿松石质量监督检验中心",校地联合武汉盘龙城遗址博物院举办首个中国古代绿松石文化展,建成抖音珠宝直播基地武汉分仓,推动成立绿松石文化研究会,持续推动竹山"绿松石全产业链"建设。2022年,在湖北省直单位定点帮扶综合评价中,获评最高等次"好"。

(撰稿:张鑫、周迪、马洪福;审稿:袁江、张延平、陈华荣)

〔附录〕

附录1　2022年签署社会合作协议情况表

序号	协议名称	合作单位	签约日期
1	武汉东湖高新区岱家山庄幼儿园办园协议书	武汉东湖新技术开发区教育局	2022-01-07
2	广州南沙经济技术开发区管理委员会中国地质大学(武汉)共建广东高等研究院合作协议	广州南沙经济技术开发区管理委员会	2022-06-02
3	中部战区总医院与中国地质大学(武汉)战略合作协议	中部战区总医院	2022-06-29
4	汉阳区人民政府与中国地质大学(武汉)战略合作协议	汉阳区人民政府	2022-08-12
5	中国海洋石油集团有限公司与中国地质大学(武汉)战略合作协议	中国海洋石油集团有限公司	2022-08-18
6	九六九四四部队与中国地质大学(武汉)"联合育才工程"战略合作协议	九六九四四部队	2022-08-18
7	中国地质大学(武汉)与滇西应用技术大学对口帮扶合作协议	滇西应用技术大学	2022-09-29
8	中国地质大学(武汉)与丹霞山共建产学研基地合作协议书	韶关市丹霞山管理委员会	2022-10-14
9	中国铁建股份有限公司与中国地质大学(武汉)战略合作协议	中国铁建股份有限公司	2022-11-06
10	航天宏图信息技术股份有限公司与中国地质大学(武汉)战略合作协议	航天宏图信息技术股份有限公司	2022-11-07

续表

序号	协议名称	合作单位	签约日期
11	北京城建集团有限责任公司与中国地质大学(武汉)战略合作协议	北京城建集团有限责任公司	2022-11-07
12	武汉市勘察设计有限公司与中国地质大学(武汉)战略合作协议	武汉市勘察设计有限公司	2022-11-07
13	东珠生态环保股份有限公司与中国地质大学(武汉)战略合作协议	东珠生态环保股份有限公司	2022-11-16
14	共建中国地质大学(武汉)宜兴功能材料与环境新型研发机构框架协议	宜兴市人民政府	2022-11-17
15	云南省人民政府与中国地质大学(武汉)战略合作协议	云南省人民政府	2022-11-30
16	云南保山恒益实业集团有限公司与中国地质大学(武汉)战略合作协议	云南保山恒益实业集团有限公司	2022-12-02
17	长江大保护城市管网创新联合体组建协议	长江生态环保集团有限公司	2022-12-12
18	中国地质大学(武汉)与中国农业银行股份有限公司湖北省分行战略合作协议	中国农业银行股份有限公司湖北省分行	2022-12-28
19	神农架林区人民政府与中国地质大学(武汉)战略合作协议	神农架林区人民政府	2022-12-29

Nianjian

学院基本情况

地球科学学院

【概况】

地球科学学院(简称地学院)下设地球物质科学系、地球化学系、地球生物学系、构造地质与地球动力学系、地球表层系统科学系、行星科学研究所(校级)、全球大地构造中心(校级)、固体地球科学大数据研究中心(校级)和实验教学中心(国家地质学实验教学示范中心)。

地学院办学目标:坚持标准,追求卓越,为探求地球与行星科学奥秘,谋求人与自然和谐发展,建设一流研究型学院。

地学院是国家地质学理科基础科学研究和教学人才培养基地,是教育部"985"优势学科平台、"211"工程重点学科、"双一流"学科建设所在地。拥有国家一级重点学科地质学,国家二级重点学科古生物学与地层学、矿物学岩石学矿床学、地球化学、构造地质学、第四纪地质学。地质学一级学科在2009年、2012年、2017年、2022年教育部高校学科评估中均排名全国第一。现设有地质学一级学科博士后科研流动站,2010年、2015年、2020年获评全国优秀博士后科研流动站。

地学院师资力量雄厚,在职教工150人,其中,中国科学院院士3人、国家杰出青年科学基金获得者7人、其他国家级高层次人才26人次。学院主体支撑地质过程与矿产资源国家重点实验室、生物地质与环境地质国家重点实验室并协同发展。建成3个国家创新研究群体、2个高等学校创新引智基地("111")。2000年来获国家自然科学二等奖6项(2项参与),获国家科学技术进步特等奖、二等奖各1项(参与),在*Nature*(4篇)、*Science*(3篇)杂志上发表论文7篇。

地学院十分重视教学质量工程建设,地质学和地球化学专业分别于2019年和2020年入选国家一流本科专业,地质学2020年入选国家首批基础学科拔尖学生培养计划

2.0基地。建有国家实验教学示范中心2个，国家级教学团队3个。2000年来获国家级教学成果二等奖7项(参与2项)，拥有全国高校黄大年式教师团队“地质学教师团队”和国家名师1人、湖北名师3人。

本科专业实行大类招生，招生专业方向为地质学类(含基地班)。

【强基提质，以高质量党建引领学院高质量发展】

以学习贯彻党的二十大精神为主线，统一思想凝聚力量谋发展。学院把迎接党的二十大和学习宣传贯彻党的二十大精神作为贯穿全年工作主线。制定《地球科学学院学习宣传贯彻党的二十大精神工作方案》，从专题学习培训、特色品牌活动、师生实践服务和校园文化宣传4个模块统筹推进，掀起学院学习热潮，把全院师生的思想统一到党的二十大精神上来，把力量凝聚到党的二十大确定的各项任务上来，激励全院师生踔厉奋发、勇毅前行，为学院高质量发展凝心聚力。

抓好学院班子建设，提升干事创业能力水平。学院紧紧围绕学校工作要求，落实“能力提升年”相关工作，着力加强学院班子能力建设。学院将国家“十四五”专项规划作为工作重点，围绕党的二十大精神、政府工作报告、学校“十四五”规划、意识形态、安全稳定、师德师风等组织专题学习，增强班子凝聚力和战斗力，不断提升集体领导能力，为学院发展掌舵领航。严格落实《学院党委会议事规则》和《学院党政联席会议事规则》要求，确保学院党委在事关学院发展和师生切身利益的重要事项中发挥好把方向、管大局、作决策的作用。学院全年召开党委会10次、党政联席会11次和党委理论学习中心组学习9次，其中有8次对党风廉政建设、师德师风和意识形态等工作进行专题学习和研究，安排部署学院意识形态工作。推进“清廉学院”建设，营造风清气正的育人环境。

加强基层支部建设，筑牢高质量发展基石。学院聚焦党建工作“强基提质”，按照《地球科学学院党委关于推进党支部建设规范化制度化的实施意见》，在原有依托专业和学科开展重大科研任务或实习实践时设置党支部基础上，进一步优化师生党支部设置，推进党建与业务深度融合。选优配强支部书记，每月召开党支部书记例会，开展专题培训和党支部书记年终述职评议，不断提升党支部书记工作能力水平。积极开展学生样板支部立项培育工作，地质学国家基地班全国样板党支部通过结题验收，并与地空学院刘光鼎党支部结对共建“金钉子”校级样板党支部通过中期考核。本年度保质保量完成72个党员发展指标，1名青年教师确定为重点发展对象，2名青年教师确定为入党积极分子，1名青年教师发展成为中共预备党员。

强化教学团队建设，构建地学特色“三全育人”体制机制。学院以教学团队为抓手，持续推进“三全育人”与课程思政，构建起具有地学特色的“三全育人”体制机制。学院将课程思政纳入地质学新一轮人才培养方案修订，推动思政内容进教材、进大纲、进课堂。持续发挥好教学团队在课程思政、“三全育人”中的先导作用,将课程思政建设情况作为教学团队建设的重要评价指标,深入挖掘专业课程和地质实践教学中的思政元素,提升育人功效。充分发挥地质学“A+”学科的人才优势和智力优势,全面构建地学特色“三全育人”工作体系。

守牢疫情防控防线,扎实推进“平安地院”建设。学院严格遵守、落实落细学校疫情防控政策,以疫情防控为核心,延伸做好全年安全稳定工作。重要时期落实“1+7”值班制,走访宿舍,下沉一线。学院党委委员、党支部书记带头作为“主力军”“排头兵”冲锋在疫情第一线。本年度学院教职工党员主动下沉社区,担当迎新志愿者、抗疫志愿者等近 200 人次。

党建工作取得成效:学院党委获评 2021—2022 年度先进基层党组织,入选学校党建工作“标杆分党委(党总支部)”培育创建单位;地球化学系教师党支部、生物与环境演化研究生党支部入选党建工作“样板支部”培育创建单位;地质学国家基地班本科生党支部、生物与环境演化研究生党支部获评 2021—2022 年度先进基层党组织;1 名教师获评 2021—2022 年度优秀共产党员,1 名教师获评 2021—2022 年度优秀党务工作者;两名学生获评 2021—2022 年度优秀共产党员。

【多维协同,推进学科建设和科学研究创新突破】

对标世界一流,推进地质学“一流学科”建设,打造有国际影响力的地球科学学科高地,提升地质学科为国家战略资源、区域环境和社会可持续发展等领域所面临的重大难题提供决策服务的能力,提升学科在国际地学领域影响力。地质学学科呈现出良好势头,在教育部第五轮学科评估中排名并列第一,获评“A+”;在“2022 软科中国最好学科排名”中位列第一。地质学“一流学科”首轮建设成效显著,成功入选教育部第二轮“一流学科”建设名单。学院推进地质学新一轮“一流学科”建设,高质量完成地质学“十四五”学科专业建设发展规划,完成地质学学科 2021 年度监测指标数据填报。

地质学科学研究取得系列成果:两项成果获得 2021 年度湖北省科学技术奖励,两项成果入选 2021 年度中国古生物学十大进展,新获批国家自然科学基金重大项目 1 项、重大项目课题 2 项,国家重点研发计划项目 1 项并以优秀成绩结题,7 位教授入选爱思唯尔 2021“中国高被引学者”榜单,1 名教师当选中国地质学会首批会士,1 名教师荣获霍英东教育基金会第 18 届高等院校青年科学奖,1 名教师荣获第十七届中国青年科技奖特别奖,地学大数据团队获批学校交叉学科创新团队。全年发表 SCI 检索论文 195 篇,T1 和 T2 论文占 78%,包括 *NATURE COMMUNICATIONS* 论文 2 篇、*GEOLOGY* 论文 8 篇。全年举办国际和国内学术会议 3 次、“名家论坛”和“地球系统科学论坛”等 39 期。

【立德树人,推进地学拔尖创新人才培养】

本科生教学扎实推进落实立德树人根本任务,组织多层次的教学研讨和行业调研，推进本科人才培养方案修订。组织完成地质学和地球化学一流本科专业建设任务书填报、一流专业建设情况总结、地质学一流本科专业建设点阶段性检查等报告和人才培养模式改革试点总结汇报。大力推进一流教学资源建设，支持两门MOOC课程建设和《地球生物学》等7本教材出版。举办地球生物学课程虚拟教研室"古生物学类课程"全国教学研讨会。

研究生教学以立德树人、提高质量、追求卓越为主线，通过加强研究生培养过程管理和学业考核，建立全流程质量保障体系，全面提升研究生知识创新能力和实践创新能力。高质量完成招生工作，本年度招收录取2022级研究生193人，接收2023年地质学专业推免生30人。推进研究生培养方案修订，完成2021年地学院研究生教育发展质量年度报告和地质学博士学位授权点学术学位合格评估基本状态信息填报。严格学位授予管理，全年授予理学博士学位44人、授予理学硕士学位142人。4篇博士学位论文获校优秀博士学位论文，8篇硕士学位论文获校优秀硕士学位论文。12名博士生获批"国家建设高水平大学公派研究生项目"联合培养博士研究生。加强导师队伍建设，新增博士生导师4人。

教育教学取得新成绩：构造地质学课程组获评2022年湖北省高校省级优秀基层教学组织，两门课程获评2022年湖北高校一流本科课程，新增MOOC课程2门，新增出版教材（含科普教材）7本，获第九届湖北省高等学校教学成果奖特等奖1项、三等奖1项，组织申报2022年国家级教学成果奖1项，获批教育部教学研究项目1项，"地球科学概论"课程团队在"第二届湖北省高校教师教学创新大赛"中荣获正高组二等奖，1名教师荣获湖北省第八届高校青年教师教学竞赛一等奖；本科生获第六届全国大学生地质技能竞赛一等奖两项、二等奖两项，两位教师获优秀指导教师奖，学校参赛队伍获得团体一等奖，学校被授予优秀组织奖。

【引才聚才，持续推进人才强院】

持续加大引才聚才力度。举办第八、九届国际青年学者地大论坛（春季、冬季·云论坛）分论坛，吸引海内外青年人才加盟地大。对人才入职、成长服务指定专门团队负责人和责任教授。新增海外优青1人、湖北省青拔1人、湖北省百人2人，地大百人4人。新进教职工5人，聘用2名院士为荣誉教授，特任副教授考核优秀并入选特殊批次特任教授1人，2名博士后获2022年度湖北省博士后创新研究岗位资助。

完善教师成长激励监管制度。学院坚持引培并举，将教师的培训和考核作为促进和推动青年教师快速成长的机制。继续推进后备高层次人才培养，3人入选新一轮计划。组织技能培训和教师资格证的申报，全年组织46人次参加人才考核、27人参加年度岗位聘用工作、14人参加岗位满期考核。

【统筹协调，推进实验室建设和公共空间优化调整】

学院坚持以安全稳定为前提，继续推进教学实验室的现代化升级。

推进科研实验室建设。本年度学院按

计划完成了5台/套大型仪器的安装,新增大型设备资产近1500万元,其中3台设备已经试运行调试,填补了学院在先进大型特色分析测试领域的不足。搬迁、新建或改造完成的科研实验室6个,建设面积约260平方米,进一步优化了实验室的空间布局。启动了新一批的实验室装修建设工程,包括9个实验室共计约300平方米。

优化公共空间管理和布局。完善了《地球科学学院公用房管理办法》,主楼地下标本库建成并投入使用,教师科研或教学标本样品逐步有序转移存入标本库,改善师生办公科研环境。完成教师工作室装修43间,研究生工作档位91位。

完成新一期的教学实验室智慧信息化改造。地质学国家级实验教学示范中心新增1间多功能地球科学虚实交互智慧教室,改造原有的遥感数据分析机房为地学数据应用与三维建模分析机房。为各实验教室配置智慧门禁班牌、物联网监控、线上会议录播直播系统,推进示范中心信息化平台网站建设,总计改造面积150平方米。

坚持把安全作为实验室工作的主线。学院认真落实学校各项安全管理工作精神,加强实验室安全工作中的责任、制度、教育等体系的执行和落实,针对存在的问题开展专项行动进行核查和整改。继续坚持实验室安全准入教育。学院领导每月定期或节假日长假前带队巡查,实验中心安全工作小组每周巡查,并形成检查日志记录及隐患整改通知和报告。全年未发生实验室安全事故。积极配合学校关于实验室智能物联网建设,完成了教学类实验室及大型仪器实验室的智能物联网终端安装,提升了安全管理工作的信息化、智能化水平。加强实验室危废品的回收处置管理,参与规划设计一个20平方米的实验室危险废弃物暂存柜,建设安置于东区测试楼西侧,极大地缓解了化学危废品的存储和回收压力。

【创新创优,提升学生工作管理和育人成效】

优化学生党建构架,着力提升党建育人成效。探索学生党支部、教师党支部与科研团队联动的研究生培养模式,先后建立4个研究生导学思政团队,组建以“金钉子”师生联合党支部为代表的5个试点师生联合党支部,选任优秀青年教师担任党支部书记,以党建引领学生发展成长,促进党建与科研相融合,充分发挥党建育人成效。

聚焦人才培养实效,搭建多维学生成长平台。持续实施以“良师·科技·成长”为主题的“赛恩师·SCIENCE”学生科技引航工程,通过“学术、科普讲座”“科研立项”“系列海报展”“地学体验营”“地质现象摄影和科普短视频大赛”等活动,提升学生创新实践能力。全力组织好“互联网+”“挑战杯”等创新创业大赛的校、省、国家三级项目培育和指导,提升学院学生创新创业能力。

优化招生宣传矩阵,稳步提高本科生源质量。立足学院师资优势,组建学院“美丽中国讲师团”,录制“教授讲专业”6部视频并多平台推送宣传。依托承办2022年全国中学生地球科学奥林匹克竞赛决赛和举办“拔尖计划2.0全国线上书院主题活动周”活动的契机,有效提升学院的知名度。

落实“一把手”工程，多措并举推进就业工作。积极访企拓岗，邀请河北省地质调查院、中国地质调查局成都地质调查中心来院座谈交流，与贵州省地矿局联合申报教育部供需对接就业育人项目。结合学院实际扎实推进学生就业工作，持续做好毕业生进部委工作，不断提高就业质量。

强化学生底线思维，守牢校园安全稳定防线。建立打造3(三支队伍)＋4(四级预警)＋5(五本台账)≥12(做好12类＋的安全隐患排查预防)的风险防控工作体系，抓好学院安全稳定工作小组、学生安全管理工作小组和学生安全队伍3支队伍建设，完善书记(副书记)—辅导员—学生干部—学生个体的四级预警和责任工作体制。学院先后通过6次党委会、党政联席会和二三级班子会，研究和布置安全稳定、疫情防控工作。在党的二十大等重要时间节点，实行走访值守常态化，及时回应学生诉求，解决学生实际困难。强化班主任、导师作用发挥，形成育人合力，守牢校园安全稳定防线。

学生工作亮点成效：学生工作取得新成绩，1个案例获全国高校思政工作优秀案例三等奖，1名辅导员获第十届湖北省辅导员素质能力大赛二等奖，1个研究生项目获第十七届“挑战杯”大学生课外学术科技作品竞赛全国二等奖，1个本科生项目获第八届中国国际“互联网＋”大学生创新创业大赛湖北省金奖，两名学生获2021年度“中国大学生自强之星”，1名学生获“李四光优秀博士研究生奖”，1名学生获评湖北省第八届“长江学子”大学生创新创业人物。

(撰稿：刘建华；审稿：周刚)

资源学院

【概况】

资源学院现有地质资源与地质工程、石油与天然气工程2个国家一级学科，资源勘查工程、石油工程2个本科专业，地质资源与地质工程、石油与天然气工程、地质学3个一级学科博士学位和硕士学位授权点，有资源与环境专业博士学位和硕士学位授权点，有地质资源与地质工程、石油与天然气工程2个博士后流动站。

学院设有资源科学与工程系、石油地质系、石油工程系、盆地矿产系、资源信息工程系5个教学单位；支撑建有地质过程与矿产资源国家重点实验室、沉积盆地与能源资源重点实验室(筹)、构造与油气资源教育部重点实验室、地质探测与评估教育部重点实验室、紧缺战略矿产资源省部共建协同创新中心、资源定量评价与信息工程自然资源部重点实验室和油气勘探开发理论与技术湖北省重点实验室等科研平台；同时建有1个国家级实验教学实验示范中心、1个国家级虚拟仿真实验中心、1个省级实验教学实验示范中心、2个国家“111”学科创新引智计划基地。

学院现有教职员工191人，其中专职教师155人(教授64人，副教授77人)。现有中国科学院院士3人、中国工程院院士1人、国家级人才计划入选者15人次、省部级人才计划入选者20人次。

全年,学院招收各类学生共513人,其中博士研究生58人、硕士研究生221人、本科生221人、留学生13人;毕业各类学生399人,其中博士研究生39人、硕士研究生183人、本科生177人。学院在读学生1920人,其中研究生1087人、本科生833人。2022届本科生就业率88.8%,研究生就业率96.8%。

学院院风:求实奋进,勇攀高峰。

学院价值观:求是创新,厚德奉献。

学院发展愿景:建设资源能源领域世界一流研究型学院。

【深入学习宣传贯彻党的二十大精神】

召开党委理论学习中心组学习(扩大)会,认真学习、全面部署学习宣传贯彻工作。组织师生收听收看大会开幕、二十届中央政治局常委同中外记者见面会。围绕专题学习、宣讲阐释、氛围营造等方面,系统部署师生党支部开展"五个一"学习活动。坚持把学习贯彻党的二十大精神与创建高水平党建思政工作体系、深化综合改革提升发展能力、"十四五"规划落实和第二轮"双一流"建设等统筹推进,结合专业建设与学科发展,推动党的二十大决策部署落地落实,奋楫建设资源能源领域一流研究型学院。深入学习习近平总书记给山东省地矿局第六地质大队全体地质工作者重要回信精神,组建"资源能源宣讲团",举办地质找矿先进事迹报告会。沈传波教授作为武汉市委宣讲团成员赴武汉市科协、武汉城市发展集团等单位宣讲党的二十大精神;邀请马克思主义学院高翔莲教授为师生作专题辅导报告;辅导员霍少孟、学生党员陈宇琪分获学校"听党话、跟党走,争当新时代好青年"学习宣传贯彻党的二十大精神主题宣讲大赛决赛一等奖、二等奖。

【扎实推进党建标杆院系培育创建】

召开党建"双创"工作推进会,依托导师科研团队完成学生党支部设置调整,聘任学生党建指导员、校史院史领学员,"党员责任区"设岗创建覆盖全体学生党员,党支部战斗堡垒作用和党员先锋模范作用充分彰显。推进"一站式"学生社区建设,组建红星学生园区党支部。坚持"党建与业务联融共促",依托校企党建联建共创拓展产学研合作,与湖北省地质局第一地质大队党委、中石油长庆油田第六采油厂党委正式启动联建共创,分别设立研究生工作站和产学研合作示范基地,在深化科技创新、服务新一轮找矿突破战略行动上迈出坚实步伐。全面落实《资源学院"课程思政"工作实施方案》,将资源能源类专业丰富的思想政治教育元素有机融入课内教学、课外活动、野外实践、网络阵地、科研训练"五个课堂",探索构建具有专业属性的院本思想政治工作体系。学院党委获评2021—2022年度学校"先进基层党组织",石油工程系教师党支部"双带头人"工作室顺利通过教育部验收,学院党委在学校"标杆分党委"培育创建中期考核中获评"优秀",石油工程本科生党支部在学校"样板支部"培育创建中期考核中获评"优秀","校企党建联建共创实践探索"入选学校"一院一品"党建品牌项目。"回应需求,聚焦成长,打造'一站式'学生园区服务体系"获学校推荐参选入编湖北省走好新时代党的群众路线典型案例，“如何将育人力量下沉到学生社区驿站”获学校推荐参选湖北省教育厅哲学社会科学研究专项任务项目（高校学生工作品牌），“源·心”工作室获学校第二批学生工作示范团队立项支持。

【认真开展70周年校庆系列工作】

回顾70年办学历程，总结办学经验，凝心聚力谋划学院高质量发展。组织举办了“全国煤层气生物工程学术研讨会”“盐湖战略资源钾锂成矿规律与高效提取技术研讨会”“煤-油-铀成因联系：盆地能源矿产学术研讨会”和“油气前沿与碳中和学术研讨会”4场高水平学术会议，邀请邹才能院士、王双明院士等国内外专家开展了49场学术讲座。策划推出《踔厉奋发 勇毅前行|建设资源能源领域一流研究型学院》《落实三全育人 厚植优良学风——资源学院大力推进学风建设侧记》《献礼建团百年 学院群团建设和青年工作展新颜》《资源学院推进学生园区文化建设》。组织编撰了70周年校庆校报专刊资源学院专版、制作了校史馆资源学院展板等。组织师生深入参与校友联络和嘉宾邀请、大事记编辑、校庆宣传组、大会文稿组、学生献词组等工作。策划出版了《资源学院十年科技成果汇编》《地质素描》等校庆刊物。

【统筹推进“双一流”学科建设】

地质资源与地质工程学科入选第二轮国家“双一流”建设学科名单，第五轮学科评估继续保持A+水平，石油与天然气工程学科位次由B−提升至B。加强博士点培育和交叉学科学位点建设，稳步推进“资源与环境”专业学位博士授权点和“绿色矿业”交叉学科学位点建设，牵头成功申报了“智慧能源”领域研究生专项培养计划并完成了年度招生任务，组织申报了“能源动力”工程博士点。修改完善了第二轮“双一流”建设方案。换届组建了学科与学位点建设委员会。

【大力加强人才与师资队伍建设】

以服务国家战略需求和经济社会发展为导向，组建了19个高水平教师团队。重点支持“油田大数据与智能决策”及“盐湖盆地紧缺矿产勘查与开发技术研发”研究团队高水平建设。修订《资源学院岗位职责实施方案》，从教学、科研、人才培养、公共服务等方面优化和提高教师各岗位聘期职责和任务。持续加大高层次人才引进和培养力度，引育国家级青年人才1人、湖北省人才3人、地大学者学科骨干人才2人、地大百人1人、地大学者青年拔尖人才3人，特任教授/研究员7人、特任副研究员2人。成秋明教授荣获国际应用地球化学协会最高奖——AAG Gold Medal金奖，并当选国际科学理事会（ISC）会士。蒋少涌教授入选全球前2%顶尖科学家“终身科学影响力”榜单（1960—2022）；蒋少涌教授、李建威教授、蒋恕教授、杨峰特任教授入选全球前2%顶尖科学家“2022年度科学影响力排行榜”榜单。龚斌教授科技自立自强事迹被《人民日报》专题报道。沈传波教授获评“湖北师德先进个人”、学校首届“师德模范”；陈鑫副教授入选2022年度“博士后创新人才支持计划”，陈思副教授获评“学校十大杰出青年”，李国庆副教授获评“学校十佳班主任”。

【全面加强本科教学质量工程建设】

坚持卓越标准和严的要求，持续深化教育教学改革，推进教学质量工程建设，全面加强课程、教材、课堂、团队建设，推进课程思政，加强教学研究，总结教学成果，申报教学奖项，组织教学观摩，开展教学竞赛，提升教师执教能力。换届调整了教学委员会，组织修订了2023版本科人才培养方案，组织申报了资源环境大数据工程本科专业，资源勘查工程、石油工程专业申请了新一轮工程教育认证。加强教学名师和教学团队建设，梳理备案了31个基层教学组织，高水平建设资源勘查工程、石油与天然气工程专业导论课。“资源勘查课程虚拟教研室”获批教育部第二批虚拟教研室建设试点。持续打造“寻找李四光·卓越地质师培育工程”党建思政学科专业文化育人综合体，湖北省科协党组书记周德文、校长王焰新出席第十二期开幕式，参观矿物标本展和历届活动图片展，为“寻找李四光地质科普宣讲团”授旗。李建威教授、夏庆霖教授牵头建设的教学成果“高水平师资引领资源类专业群建设的实践与创新”“现代地学观引领的地质类专业人才培养模式创新与实践”分别获得湖北省高校教学成果特等奖和一等奖。石油及天然气地质学课程组入选湖北高校省级优秀基层教学组织。沈传波教授牵头申报的“石油勘探构造分析”获批湖北省线下一流本科课程。陈思副教授斩获湖北省第八届高校青年教师教学竞赛一等奖。获批省级教学研究立项5项。“石油及天然气地质学”“油气地球化学”“油气开发地质学”“流体包裹体”等4门MOOC课程在智慧树网站上线。精心打造“资源安全”“石油文化”等精品课、公开课。指导SPE-CUG、IAMG-SCC、AAPG-CUG、SEG-CUG等国际学术组织地大学生分会建设，全年组织出国交流经验分享会10余次，邀请国外专家开展线上学术讲座10次，国际交流氛围浓厚。

【持续加强和改进研究生培养工作】

换届调整了学位委员会，修订了研究生培养方案。获批学校同等学力人员申请博士学位招生首批试点单位。召开研究生教育教学改革和课程与精品教材建设研讨会，确定教改项目，制定教材编写和课程建设规划。地质资源与地质工程(矿产普查与勘探)研究生全英文学科课程群项目进展顺利，完成中期考核。成功举办第八届研招校园开放日，不断提升优质生源比例，本年度招收的硕士研究生中双一流高校生源占比64%。持续支持研究生出国开展学术交流，21人获得“国家建设高水平大学公派研究生项目”出国联合培养博士资格。加强导师队伍建设，本年度新增7名硕士生导师、10名博士生导师。1名博士、10名硕士的学位论文入选2022年校级优秀学位论文。严德天教授获评学校首届“卓越青年导师”。研究生第一作者发表学术论文111篇，其中T1论文6篇、T2论文61篇；作为第一发明人获得国家发明专利6项、实用新型专利5项。

【协调推进科技创新和科学普及工作】

设立科技发展委员会，强化服务国家重

大战略和区域、行业现实需求，积极主动融入新一轮找矿突破战略行动。围绕关键核心技术推进有组织科研，加强与中石油、中石化、中海油、中金集团、中铝集团、西部矿业、紫金矿业等大型企业的联系，走深走实校企产教合作。扎实推进有组织科研创新，走访和接待了新疆地矿局、新疆煤田局、中石化西北石油局、宁夏地质局、宁夏煤田地质局、广西煤炭地质局、贵州乌江能源集团等40余家单位，深化产学研合作。全年立项合同经费16 656万元，项目到账经费11 047万元。获批国家自然科学基金29项，其中重点项目1项、联合基金重点项目1项。获批国家重点研发计划项目2项。获得省部级科研成果奖励6项。发表学术论文223篇，其中T1论文35篇、T2论文123篇，SCI和EI收录213篇；出版学术专著6本；推进落实"十四五""成果转化倍增计划"，全年获批发明专利16项、实用新型专利2项。联合成功申报湖北省"深地储能技术创新中心"和中国地质协会"嫩江-黑河浅覆盖区矿产资源勘查技术"创新基地。构造与油气资源教育部重点实验室获批"湖北省科普教育基地""武汉市科普教育基地"，矿产资源实验教学中心获批"湖北省科普教育基地"。

【努力改善办学基本条件】

完成原文华楼、信工楼、珠宝楼教师和研究生工作室装修改造及搬迁入驻工作，完成原文华楼、信工楼实验室规划设计、装修改造工作，启动地勘楼教师工作室修缮及教学实验室建设方案设计工作。出台《资源学院公用房管理办法(试行)》，完善《资源学院实验教学设备整合方案及运行模式》。执行石油工程学科修购Ⅱ期经费443万元，建成双碳、地热2个高标准实验室；获批5个高标准实验室建设立项。认真开展学校设备更新改造贷款财政贴息项目论证及采购工作。

【人才培养和校友工作再创佳绩】

牢牢把握立德树人根本任务，努力提升人才培养质量，引领广大资源学子树牢远大理想，厚植家国情怀，坚定专业志向，努力成长成才。4名同学获得全国大学生地质技能竞赛团体一等奖和单项一等奖3项，二等奖2项；40名同学在第十二届中国石油工程设计大赛上获得一等奖2项、二等奖3项、三等奖7项，刷新历史最好成绩；"探路者团队"获湖北省三下乡暑期社会实践优秀团队；获得学校科技论文报告会特等奖4项、一等奖3项、二等奖12项，得奖数量创新高。1名本科生当选学校十大标兵学生，1人当选"十大研究生标兵"，2名学生获得国际数学地球科学学会2022年学生研究基金资助(全球仅8人)，7名研究生获得美国石油地质学家协会(AAPG)2022年度全球助研金，3名同学受推荐参评"李四光优秀学生奖"，5名学子入选第十六期"李四光计划"学员。广大资源校友在行业建功立业，崭露头角，屡建奇功，为国家作出了突出贡献，给学校赢得了良好声誉。李金发荣任自然资源部党组成员、中国地质调查局局党组书记、局长，欧阳永棚入选"全国向上向善好青年"，王军荣获中国诗词大会季军，2名校友获评湖北省第八届“长江学子”大学生创新创业人物。

（撰稿：吴超；审稿：高复阳）

材料与化学学院

【概况】

材料与化学学院（简称材化学院）起源于北京地质学院的化学教研室（1952）和武汉地质学院的建材专业大专班教学组（1987）。1998 年，由原应用化学系和材料科学与工程系合并组建材料科学与化学工程学院，2011 年更为现名。2019 年学院办学主体由南望山校区搬迁至未来城校区。现下辖化学系、材料科学与工程系、教学实验中心 3 个三级单位，拥有纳米矿物材料及应用教育部工程研究中心、湖北氢能技术创新中心、湖北省化学实验教学示范中心、材料科学与工程实验教学示范中心等教学科研平台。学院党委下设 26 个党支部，包括 6 个教师党支部、1 个师生联合党支部、15 个研究生党支部、4 个本科生党支部。现任院长胡兆初、党委书记梁本哲。

学院设有材料、化学两个一级学科，拥有材料科学与工程一级学科博士授权点及博士后科研流动站、资源与环境化学二级学科博士授权点、化学一级学科学术硕士授权点以及材料与化工专业硕士授权点，形成了本科、硕士、博士贯通式连续办学格局。在矿物材料（矿物微结构与计算、生物医药材料）、材料学（光电转化储能、功能陶瓷）、材料物理与化学（催化材料、光电传感与探测）、新能源材料（太阳燃料电池、二次电池），以及分析化学（地质分析、生命分析）、物理化学（氢能、太阳能）、资源环境化学（硒综合利用、环境水化学）、无机化学（纳米储能材料、纳米发光材料）等方向形成了特色。学院招收材料科学与工程、材料化学、应用化学 3 个本科专业，应用化学（地质分析）卓越工程师班、材料科学与工程实验班两个特色班。应用化学专业入选国家一流本科专业建设点，材料科学与工程专业、材料化学专业入选湖北省一流本科专业建设点。2022 年材料学科和化学学科首次进入基本科学指标数据库（ESI）领域前 2‰；获批湖北省优势特色学科群“绿色纳米矿物新材料”，学科专业发展势头强劲。

学院现有在职教职员工 166 人，其中博士生导师 59 人，教授 57 人，国家杰出青年科学基金获得者、国家优秀青年科学基金获得者等国家级人才 10 人，省部级人才计划入选者 20 余人。现有在校学生 1800 余人，其中本科生 1100 余人，研究生 700 余人。新招录本科生 296 名，学生前三志愿报考率合计达 60%。招收硕士研究生 198 人（学硕 65 人、专硕 133 人）、博士研究生 38 人。积极依托“武鄂黄黄”都市圈，持续拓展大学生实习实践平台和就业渠道，毕业生就业率达 92.5%。

2022 年，学院在学校党委和行政的正确领导下，坚持以习近平新时代中国特色社会主义思想为指导，全面贯彻落实党的二十大精神，弘扬伟大建党精神，始终坚持党建领院、学科立院、人才强院、科研兴院、质量荣院发展理念，持续巩固深化“全国党建工作标杆院系”培育创建成果，对标“双一流”建设要求，推进“十四五”事业发展规划，注重内涵发展，全面提升质量，面向“武鄂黄黄”区内新能源、生命健康、新材料等产业重点发展方向，整合基础科研优势、工程应用与市场需求，重点布局氢能制-储-运-用及电化学储能、高端分析仪器与智能检测、矿物/利废新材料及工程化、新型稀土材料与工程等优势方向，努力打造“源头创新-技术开发-成果转化”全链条，助力“武鄂黄黄”都市圈产业结构向绿色和高附加值方向转型发展。在党建引领下，师生团结进取、真抓实干，推动学院各项事业实现了新发展。

学院发展愿景：建成材料与化学领域“国际知名、国内一流”高水平研究型学院。

【党的全面领导与引领力持续深化】

学院党委坚持从严治党不放松，落实“党政同责”“一岗双责”，强化压力传导与多维覆盖，坚持问题导向和系统思维，统筹推进巡察“回头看”整改和年度党建工作。学院领导班子积极面向师生党支部、班团组织讲授学习党的二十大精神专题党课，邀请知名校友、校院领导专家到学生骨干成长训练营作《学习贯彻党的二十大精神，造就高质量优才骨干》主题教育报告，推进思想引领走深走实。持续开展“学史向前行——材化学院党史知识理论大赛”，以展演式、沉浸式、体验式、互动式强化党史学习教育，获批学校“一院一品”党建品牌项目。引导教师党支部发挥组织优势和育人主体作用，深入开展“结对领航”活动，举办20期“天生我材·师生话中化”交流活动。坚持召开党支部书记例会，启办党支部论坛。设立学生党建与思政教育项目，激发调动基层党团组织学习实践能动性。以“学习实践五个一”为抓手，加强入党积极分子培养，新发展教师党员2名、大学生党员97名，130名预备党员转正。获评校级先进基层党组织2个，优秀共产党员2人，优秀党务工作者1人。

【人才培养能力与质量进一步提升】

材料化学专业获批湖北省一流本科专业建设点，材料科学与工程实验班、应用化学卓越工程师班获得学校本科创新人才培养改革建设优秀单位。组织6期“慧教有道·教师工作坊”、13期“研无止境”青年教师学术交流会。2名教师入选国家级青年人才项目，引进国家级青年人才1人。学院教师获湖北省高校教学成果奖2项、校级教学成果奖4项、1门课程入选省级虚拟仿真实验教学一流课程，获湖北省高等学校“省级优秀基层教学组织”1个，2名教师获学校第二届教学创新大赛一等奖，2名教师获学校第十三届青年教师教学竞赛一等奖，获教育部产学合作协同育人项目1项，校级本科教学工程项目11项。学院支持经费，设立校级研究生教改项目4项、精品教材项目2项。学院首批13门课程思政示范课程建设项目结题，新立项4门课程思政示范课程建设项目和2个课程思政素材库建设。学院学生累计获评各类奖项300余人，1个班级被评为校级先进班集体标兵，5个班级被评为校级先进班集体，51名本科生获推荐免试硕士研究生资格,1名同学入选第十六批“李四光”计划。绿芽公益项目入选由共青团中央、中国青年志愿者协会联合中国科协主办的“全国大学生科技志愿服务示范团队”。

【大学生创新能力与成效持续提升】

坚持把立德树人内化到教师党支部建设和教育管理服务全过程各方面,激励引导教师党员“亮身份·做表率”,深入学生开展思想引导、学习辅导、学业指导。指导大学生成功举办以“真材实料,超越意料”为主题的第四届材料科学展演和以“化中问道,学以长才”为主题的第十七届“身边的化学”实验展演。成功承办第五届全国科普日活动,组织6名师生到黄金口小学开展科普教育。组织学生参加第五届全国科学实验展演汇演,作为教育部六支代表队之一入围全国赛。600余名本研学生组建223支团队参与科技论文报告会,获校级特等奖1项、一等奖4项、二等奖5项、三等奖49项。学生获大学生化学(化工)学术创新成果报告会三等奖1项,获全国大学生化学实验创新设计大赛国赛二等奖1项、省赛一二三等奖各1项,获批实验室开放基金16项、大学生自主创新资助计划3项。37名大学生以项目负责人成功申报大学生创新创业训练计划项目,获批国家级项目13项,省级项目20项,校级项目4项。组织121个团队参加第八届“互联网+”创新创业大赛,获省级银奖2项。

【学术与科研成果实现稳定增长】

到账科研经费首次突破5000万元,创历史新高,其中纵向科研经费到账3 951.5万元(占比总经费的70%),横向科研经费到账金额是1470万元(占比总经费的26%),GF项目到账210万元(占比总经费的4%)。余家国教授牵头获批国家重点研发计划项目,余火根教授牵头获批国家自然科学基金区域创新发展联合基金重点支持项目。中国非金属矿行业矿物功能材料重点实验室正式获批授牌、启动建设,杨华明教授获批中国建筑材料联合会第二批全国建材行业重大科技攻关“揭榜挂帅”项目,唐爱东教授牵头新获批国家重点研发计划战略性科技创新合作重点专项。获批中组部万人计划青年拔尖人才项目2项(李国岗、黄福建获批经费共计320万元)、海外优青项目1项(余静芳,获批经费200万元)。获批国家自然科学基金项目共22项(含纳米工程中心7项),其中重点项目1项,面上项目8项,青年基金13项。获批广东省自科基金项目5项、深圳市自由探索项目2项、浙江省自科基金项目3项、湖北省自科基金项目4项(含创新群体1项、面上1项、青年项目2项)。累计举办学术报告会41次。师生发表SCI论文共179篇,其中T1区59篇,T2区69篇。授权发明专利30项,授权实用新型专利1项。利用教育部贴息贷款政策,高质量论证,获批购置球差电镜并在2022年底顺利完成招标。

【平稳推进疫情防控与安全管理】

学院认真贯彻落实疫情防控各项政策要求,统筹抓好教学、科研与疫情防控,引导学生规避健康风险。结合“党员干部下基层察民情解民忧暖民心实践活动”,深入师生,加强沟通交流，及时化解有关困难问题，把意识形态与宣传舆论工作落细落小。加强学生作息管理，进行周末晚点名，做到严爱相济。加强学生心理健康教育引导疏导，与相关同学逐一开展面对面谈心谈话。持续加强实验室安全管理，高质量完成教育部2022年高校实验室安全现场检查及整改工作，梳理各项管理规范，出台《材料与化学学院实验室安全管理办法》，制定学院各实验室安全管理档案参考标准。强化实验室安全检查力度，除学院安全巡查队伍外，组建由二级班子、三级班子全员参与的实验室安全巡查机制，每周至少巡查一次。筹资建立学院三废暂存间。落实实验室安全准入制度，强化课前安全教育、课中实验员安全巡查的双保险安全保障，多措并举，守好筑牢实验室安全防线。

【育人环境与社会合作展现新气象】

"地大材化人"官方微信公众号，连续3年获得十佳团属新媒体平台，在校外媒体报道学院工作65篇次，社会影响持续提升。学院先后与湖北绿洲源科技有限公司、湖北新洋丰农业科技股份有限公司、福建龙岩高岭土股份有限公司、江西上饶黑滑石产业研究院、安徽明光凹凸棒新材料产业园等签订合作协议，围绕地方特色非金属矿资源开展基础研究及成果转化工作。沈毅副教授积极推进学校与宜兴市在矿物质功能陶瓷、特种陶瓷等方面的高新技术成果产业化合作和科研成果落地转化，组织并推荐10余名青年学者参加2022中国无锡"太湖杯"国际精英创新创业大赛（武汉赛区），获得二等奖、三等奖各1项的好成绩。李国岗教授获批陕煤-地大新材料科技经纪人团队项目，推动学院与陕煤集团在未来三年合作建立"基础研究-技术开发-产业应用"科技创新体系。李忠荣校友大力支持学校学院的建设和发展，近年来先后向学校捐赠1800余万元。2000届优秀校友马广伟等捐赠200万元设立"申昙新材料"奖助学金，1989届校友肖卫东个人捐资8万元奖励学弟学妹，2000届校友、材料与化学学院院长胡兆初联系企业为学院捐赠电子屏，浙江研究院田熙科院长的创业学生罗东旭、龙艳为全院教职工捐赠衬衣。

（撰稿：龚灿芳；审稿：梁本哲）

环境学院

【概况】

环境学院是全国党建工作标杆院系、教育部首批"三全育人"综合改革试点学院，是湖北省试点改革学院。学院设有水资源与水文地质系、环境科学与工程系、生物科学系、大气科学系和"地下水与环境"湖北省重点实验教学示范中心及科技创新中心，拥有环境科学与工程一级学科博士点和博士后流动站（全球生态/环境领域ESI前1%）、水利工程一级学科博士点和博士后流动站、水文地质学博士点和地质资源与地质工程博士后流动站、生物科学一级学科硕士点、大气科学一级学科硕士点，形成了覆盖水-土-气-生-环大环境学科生态系统；拥有本-硕-

博完整人才培养体系。

学院党委以“四个坚持”“五个聚焦”为思路，带领全院师生深入学习贯彻落实党的二十大精神和新时代党的教育方针，打造高质量党建思政工作体系和全国党建品牌，以高质量党建引领学院事业高质量发展。2022年完成党建标杆院系合格验收，“张国旗班”党支部入选“全国党建工作样板支部”等。组织收听收看党的二十大开幕式，制定《学习宣传贯彻落实党的二十大精神实施方案》；学院16名师生入选学校“美丽中国”讲师团，扎实推进习近平新时代中国特色社会主义思想和习近平生态文明思想“三进”工作；强化班子成员联系师生党支部及结对领航项目。党员积极参与下沉社区志愿服务190余人次；积极筹办学校70周年校庆活动；强化师德师风建设，定期组织召开师生座谈会；做好意识形态和统战、群团、离退休等工作。

人才培养质量稳步提高。本年度招收研究生415人、本科生282人。学院在校生人数达2270人，其中本科生1033人、研究生1237人（含外籍研究生80人），研究生规模超过本科生。2022届本科毕业生升学率达到65.99%。“炭合”团队斩获第八届“互联网＋”“创青春”“挑战杯”三大赛国赛奖项。2篇博士学位论文、13篇硕士学位论文获评校级优秀。获批建设湖北省研究生工作站1个。启动人才培养方案修订工作；与国科大杭州高等研究院合作建设“环境与健康菁英班”。地下水科学与工程专业通过工程教育认证，水文与水资源工程、环境工程专业提交新一轮工程教育认证申请，生物科学专业进入学校强基建设学科专业。环境工程专业（地质环境方向）虚拟教研室入选教育部首批虚拟教研室建设试点。编制了《环境学院本科课程教学档案管理办法》，启动了学院《教师本科教学评价工作细则》修订工作。

培养学生国际化视野，中外合作办学项目进展顺利。2022年组织了中加班学生参加教育部“平安留学”行前培训。完成中加合作办学项目合格性评估和延续办学评估。课程体系不断优化，课程学分互认和课程协同进一步加强。2022届中加班32名毕业生，其中27名被国内外知名大学录取，升学率达84.4%，创下学院特色人才培养模式升学率新高。继续推进研究生培养国际化发展战略，公派5名优秀博士研究生到世界一流大学进行联合培养。

学生工作卓有成效。深入推进“张国旗班”行动计划，“张国旗班”志愿宣讲团入选“强国有我‘核’你一起”千支大学生志愿宣讲团。“环境小水滴”公众号获评学校“团属十佳新媒体平台”，院学生会连续5年获评校级“标兵学生会”，院研究生会连续4年获评校级“优秀研究生会”。学院团委承办学校第六届“浸润党史，礼赞百年”主题团日设计大赛，获得一、二、三等奖各1项，获评优秀组织单位。成功举办环境文化论坛2场、素质微课堂5场、第三十三届学生科技论文报告会和第十七届环境文化科技节，举办环境学院篮球嘉年华、“环境杯”羽毛球赛、“新生杯”篮球赛、师生篮球对抗赛、“情系环院，梦想启航”2022 届毕业晚会等文体活动，获2022 年校运动会道德风尚奖、团体操第二名、拔河比赛第五名。

学科建设成效显著。环境学院围绕国家生态文明建设目标，服务创新绿色高质量发展，加强湖北省高校优势特色学科群“地质环境保护与生态修复”建设。稳步推进新一轮“双一流”建设，进一步优化水-土-气-生-环大环境学科群生态系统，建设跨学科交叉学科点。推进水文与水资源工程、环境工程和地下水科学与工程国家一流本科专业建设，加强“地质＋”“绿色＋”“智能＋”的新工科建设，建设长江中游环境地学现代产业学院；积极申报生物科学、大气科学一流专业，通过交叉融合促进专业协同发展。推进第五轮学科评估申报工作和“双一流”建设方案。积极推动交叉学科博士点建设，“健康地学”开始招生。积极做好新增的“资源与环境”专业学位博士点建设工作。

科学研究成果丰硕。2022 年新增科研项目 215 项。合同经费 1.80 亿元，到账经费 1.03 亿元，保持经费双破亿。新增多项学术任职，王焰新院士当选中国环境科学学会副理事长；郑国东教授当选中国矿物岩石地球化学学会常务理事；邓娅敏研究员当选中国环境科学学会污染源排放与管控专业委员会副主任委员。史建波教授、张伟军教授、马腾教授等担任长江技术经济学会分支机构副主任委员。以环境学院为主体申报了“地下水质与健康”教育部重点实验室。组织学术论坛 24 期，主办、承办和协办大型学术会议 6 次，包括第 49 届国际水文地质大会等。

师资规模和结构质量持续优化。环境学院 2022 年新增优青 2 人、青拔 1 人、湖北百人 1 人、特任教授 2 人、特任副教授 4 人、专职科研 1 人、实验教学 1 人、辅导员 1 人。高聘副教授 3 人，高聘副研究员 1 人。人才项目再突破，王全荣教授获国家优青，刘邓获青年拔尖人才，引进优青人才刘春生教授。2022 年学院新增 8 名博士生导师，5 名硕士生导师。

科技服务全面展开。2022 年与中信清水入江（武汉）投资建设有限公司开展“产学研用”交流活动；与武汉臻和医学检验实验室有限公司签订联合办学备忘录；作为主干力量协助学校与国科大杭州高等研究院签署《关于联合举办“环境与健康菁英班”科教结合协同育人战略合作的协议》；与湖南省地球物理地球化学调查所签署《地球化学过程与资源环境效应湖南省重点实验室联合共建协议书》。先后与三藏科技有限责任公司、富士康科技集团、宜昌市气象局等单位开展交流合作。三峡集团与王焰新院士及其团队共同组建的“王焰新院士工作站”于 6 月揭牌，双方未来将围绕科研平台建设、科学技术研发、高端人才培养等领域开展更高水平、更高质量、更高层次的合作，积极探索合作新模式，力争共同打造新时代校企合作的新典范。学院委派黄维雄老师赴塔里木大学水利与建筑工程学院定点援助。学院多措并举，为合作项目搭建新平台，为建设高水平产学研基地打造新局面。

【高质量打造全国党建思政品牌】

2022 年完成党建标杆院系合格验收，

“张国旗班”党支部入选第三批“全国党建工作样板支部”，环境科学与工程系党支部入选学校第一批党建工作样板支部且中期考核评估结果优秀；成功举办党建“双创”工作成果展，成果展列为湖北省高校党建工作现场推进会指定参观考察点；完成党建研究课题“新时代高校党建工作质量提升路径与对策研究”1项，“新时代‘张国旗班’党支部效能提升项目”参加“一院一品”党建思政工作品牌项目申报并成功立项，制作《新时代生态环保铁军的摇篮》党建画册；学院党委承办湖北高校“全国党建工作样板支部”工作交流研讨会，“张国旗班”党支部与武汉4个以英雄人物命名的“全国党建工作样板支部”发布联合倡议书；学院党委与武汉理工大学机电学院党委、张国旗班党支部与华中科技大学胡吉伟党支部、环境科学与工程系党支部与学校工程学院党支部结对，扩大红色朋友圈。张国旗张云飞英雄父子故事被大台大报大刊大网宣传报道的总阅读量超过2000万。

【教育教学改革卓有成效】

学院2项教学成果分获湖北省教学成果二等奖；学院教师主持和参加的1项教学成果获得湖北省教学成果特等奖。发挥一流课程示范引领作用，建设一流课程和示范课堂。加强课程思政，推进“美丽中国”课程思政中心建设，常态化组织课程思政示范观摩课。已建成2门国家级一流本科课程、2门省级一流本科课程。加强课程信息化改造，支持“环境地球科学大类专业导论”和“微生物基础”等MOOC建设。依托中外合作办学项目，完成了滑铁卢大学专业课课程教学资源库建设，向学院基层教学组织开放使用。持续资助教材建设项目，本年度出版本科生教材《现代水污染控制工程》。

【科学研究成果突出】

史建波教授牵头申报的国家重点研发计划项目“华北农灌区地下水污染防控关键技术集成及示范”成功获批。该项目针对华北农灌区地下水的多过程水转化与多来源复合污染特点，以及地下水污染物变化难识别、迁移转化过程难刻画、不同修复技术难集成等瓶颈，阐明华北典型农灌区地下水中氮、磷、砷、氟、新污染物的赋存特征，厘清灌溉活动影响下地下水中典型污染物的迁移转化机制，研制农灌区地下多孔介质原位改性的关键修复材料与装备，创新农灌区地下水动力场调控与污染物去除耦合的原位修复方法，集成农灌区地下水污染防控与修复技术，开展示范应用，为农灌区地下水污染防控与安全利用提供科学和技术支撑。

【院士工作站揭牌】

三峡集团与王焰新院士团队共同组建的“王焰新院士工作站”于6月揭牌，双方未来将围绕科研平台建设、科学技术研发、高端人才培养等领域开展更高水平、更高质量、更高层次的合作，积极探索合作新模式，力争共同打造新时代校企合作的新典范。

【学术活动缤彩纷呈】

2022年9月19日—22日在武汉成功举办了“第49届国际水文地质大会”。由国际水文地质学家协会中国国家委员会和中国地质大学(武汉)联合主办，聚焦“地下水可持续性与消除贫困”主题，旨在分享地下水科学领域的新进展，探讨水文地质学科前沿科学问题，共同推动国际水文地质学理论与技术创新，促进全球地下水资源的可持续利用与保护。王焰新院士和IAH中国国家委员会主席侯春堂研究员担任大会组委会主席。来自全国各知名高校和企事业单位的30余位国内知名水文地质专家与地大师生参加了线下开幕式和首场大会主旨报告会，来自六大洲40个国家的418位注册代表参加了为期4天的线上会议，线上同步观看全球直播人数超过1.3万人。本次会议是IAH历史上成功举办的首次全线上水文地质大会，向全球水文地质同行展现了中国水文地质研究领域的主要进展和支撑国家经济社会发展的新成果，获得了国内外学者的广泛关注与一致好评。

【创新创业赛事取得历史性突破】

“CUG-China”团队首夺国际遗传工程机器大赛（iGEM）金奖。“炭合”团队斩获“互联网＋”“创青春”“挑战杯”三大赛国赛奖项，分别是第八届“互联网＋”全国大学生创新创业大赛高教主赛道国赛银奖和省赛金奖各1项，红旅赛道国赛银奖和省赛金奖各1项，国际赛道国赛铜奖2项，第九届“创青春”中国青年创新创业大赛（乡村振兴专项）国家银奖和第十三届“挑战杯”中国大学生创业计划竞赛湖北省金奖。另外，团队还获第三届“华维杯”全国大学生农业水利工程及相关专业创新设计大赛全国一等奖，第十五届全国大学生节能减排社会实践与科技竞赛全国三等奖，首届全国大学生低碳循环科技创新大赛全国二等奖等10余项国家级奖项。

（撰稿：刘凤莲；审稿：李素矿、史建波）

工程学院

【概况】

工程学院前身是北京地质学院1952年创办的水文地质与工程地质系以及1954年创办的探矿工程教研室（1956年成立探矿工程系），后经院系多次调整、合并，于1998年11月更名为工程学院。现设有工程地质与岩土工程系、勘察与基础工程系、地下空间工程系、安全工程系、土木工程与力学系及实验中心。现任院长焦玉勇、党委书记李红丽。

学院拥有3个博士后流动站，2个一级学科博士点，1个二级学科博士点，3个硕士点，2个工程硕士领域。“地质工程”为国家级重点学科、“双一流”建设学科、所属的一级学科“地质资源与地质工程”在第四轮国家学科评估中被评定为“A＋”；“土木工程”和“安全科学与工程”为湖北省重点学科，在第四轮国家学科评估中均被评定为“B”。“城市地灾防控与地下空间开发”入选湖北省高等学校优势特色学科群。现有6个本科专业：地质工程、土木工程、城市地下空间工程、勘查技术与工程、安全工程和应急技术与管理。

学院在重大地质灾害防治、深部钻探与资源能源开发、隧道与地下空间工程、重大工程安全风险控制4个研究方向形成优势与特色。拥有国家级平台4个、省部级平台9个。“十三五”以来,获批国家自然科学基金重大项目、国家重点研发计划项目及其他重点类项目15项,主持获得国家科技进步二等奖1项、省部级科技一等奖5项、省专利金奖1项;6位教授在国际学术组织任职,成功打造2个国际学术会议品牌。研究成果为我国地质灾害防治、能源资源开发,交通、水电、城建、国防等领域建设发展作出了突出贡献。

学院在以现代工程能力为导向的工程人才培养方面形成优势与特色。“十三五”以来,4个专业入选国家级一流本科专业建设点,3个专业通过中国工程教育专业认证。获国家教学成果二等奖2项、省教学成果特等奖1项、一等奖5项,获批国家级课程6门次,主持获批教育部地质工程专业虚拟教研室,主持国家级新工科教学研究项目2项。学院3个师生党支部获国家级荣誉。

学院现有教职工214人,其中教授65人,博士生导师53人。现有国家级教学名师1人,俄罗斯外籍院士3人,入选国家杰出青年科学基金项目等国家级人才项目(含青年项目)9人次,百千万人才工程国家级人选1人。拥有国家级教学团队1个。现有全日制在校学生3006人,其中本科生1908人,研究生1098人。

“十四五”期间,学院致力于新一轮“双一流”建设,构建与人类世工程活动相适应,以智慧、绿色为特色的韧性地质工程新体系,实现人地协调与人居安全。组建地质工程与人居安全国际化教学科研团队,打造国际高端学术会议品牌,培养具有系统演化观、人地协调观、工程伦理观的新工科人才。

【坚持和加强党的全面领导,加强党的建设】

学院以习近平新时代中国特色社会主义思想为指导,深入学习贯彻党的二十大精神,紧紧围绕学校、学院中心工作,落实立德树人根本任务,高标准、高质量完成“十四五”规划和一流学科建设项目工作,在党建、学生工作、师资队伍建设、学科建设、教学科研、社会服务、实验室平台建设、工会工作等各项工作中取得了优异的成绩,整体推进学院高质量发展。2022年,勘察与基础工程系党支部获评教育部第三批“全国党建工作样板支部”培育创建单位;殷坤龙教授获湖北省第四届“楚天园丁奖”;龚文平教授获评“湖北省向上向善好青年”;吴文兵教授当选湖北省青年联合会第十四届委员会委员;3个师生支部获评校先进基层党组织;4名师生党员获评校优秀共产党员;1名党员获评校优秀党务工作者;吴文兵教授获第三届地大“最美教工”;“‘旗帜引领计划’——党员成长领航工程”获学校2022年度“一院一品”党建品牌项目立项;“高校教师群体党员发展工作的现状、问题与对策研究——以中国地质大学(武汉)工程学院教师党员发展工作为例”获学校党建研究课题立项;吴文兵、公凯利参加学校“美丽中国讲师团”,入选湖北省教育厅师生巡回宣讲团;文新的微党课《这十年　中国答卷》获学校优秀网络文化成果评审二等奖,并推荐至教育部思政司参评网络教育优秀作品展示活动。

【以立德树人为根本任务，全力服务学生成长成才】

学院在湖北省第十二届“挑战杯·中国银行”大学生创业计划竞赛中获金奖1项、银奖4项、铜奖1项；在第八届中国国际“互联网+”大学生创新创业大赛湖北省复赛中，获金奖1项、银奖1项、铜奖3项；肖鹏、翟丹阳、李疆3人获得“创业先锋”暨“创业之星”奖学金。在湖北省志愿服务大赛中，获铜奖1项；在中国地质大学（武汉）第六届青年志愿服务项目大赛中，获三等奖2项；明德风爱心助学团获校级十大标兵社团；明德志协、山中花儿爱心助学团获校级十佳大学生志愿服务团队，高晓东获校优秀大学生志愿服务指导老师、社团精品项目优秀指导老师；工程学院3名同学入选第二次大学生长江源科考队，敖艺入选西部志愿者计划。

在2022年科技论文报告会中，本科生团队获校级一等奖1项、二等奖2项、三等奖4项，研究生团队获得校级特等奖3项、一等奖3项、二等奖7项、三等奖15项；35个团队入选国家级大学生创新创业训练计划；37个团队入选实验室开放基金。工程学院科创中心获得校级优秀科技部，学院获得“挑战杯”专项奖。

2022届毕业生就业率为91.56%左右，其中博士研究生就业率为86.21%，硕士研究生就业率为96.02%，本科生就业率为90.42%。

【夯实教育教学基础，切实提高学院人才培养质量】

2022年，学院安全工程专业入选国家一流本科专业建设点；地质工程专业虚拟教研室入选首批教育部虚拟教研室建设试点名单；土木工程专业新申请国家工程教育认证；《校企与科教双融合的钻探工程人才培养模式创新与实践》获第九届湖北省高等学校教学成果一等奖；王亮清入选2022年“湖北名师工作室”；4个团队获评2022年度湖北省高校一流课程；4门课程入选2022年度湖北省高校一流本科课程；出版教材3部。在第二届学校教师教学创新大赛中，葛云峰获二等奖；在学校第十三届青年教师教学竞赛中，葛云峰获一等奖，何卫、王俊获二等奖，学院获优秀组织奖。吴文兵获2022年度学校“十佳班主任”，张伟丽等5位教师获2022年度学校“优秀班主任”。李长冬教授被授予2022年学校首届“卓越青年研究生导师”称号。

学院大力支持学生参加各项学科类竞赛。2名毕业生的作品获评中国地质学会2021年度地质类工程专业优秀本科毕业设计；在数维杯全国大学生数学建模竞赛中，冯洋、赵福涛获国家级一等奖，赵雯婕、马义望分获省级一等奖、二等奖；在美国全国大学生数学建模竞赛中，张水亮荣获S奖；第十三届全国数学竞赛（非数学类）中，王善成、赵胜南获国家级二等奖，马义望、郑文凯、段凯悦获国家级三等奖；在第十四届“华中杯”大学生数学建模竞赛中，马义望、程涵分获省级二等奖、三等奖；在第八届全国大学生物理实验竞赛（创新）中，苗宇芃获国家级一等奖；在第十五届全国大学生先进成图技术与产品信息建模创新大赛预选赛中，郭壮旗、冉哲楠、岳莉娅获省级三等奖;在湖北省大学生结构设计大赛中,王舒敏、蒋熙、李昭洋获二等奖;在世界大学生桥梁设计大赛中,王子墨、林文博获国家优秀奖;在全国大学生英语竞赛(C类)中,汤易凌、李梦然获国家级二等奖;在外研社国才杯全国英语阅读大赛初选赛中,浮雲龙获一等奖。2022年校级优秀博士研究生学位论文提名3篇,优秀研究生学位论文12篇(学术硕士8篇,专业硕士4篇);研究生发表学术论文122篇和专利12项(排名第一),其中署名第一的论文分区在T4及以上110篇。2022年19人获得CSC资助。

【坚持引育并举,师资队伍质量稳步提升】

学院坚持人才强院战略,多措并举提升师资队伍质量。注重把好人才政治关,严格师德师风标准,科学合理布局"十四五"人才队伍引进和培育指标。全年新增国家级人才3人,省级人才1人。其中,宁伏龙教授获自然科学基金杰出青年项目,郑飞教授获自然科学基金海外优秀青年项目,刘天乐教授获评国家级QB人才,葛云峰副教授获湖北省QB1人才,引进特任教授5人,全日制博士后3人。新增博士生导师4人,硕士生导师8人,9位博士导师通过招生资格审核。

【坚持内涵发展,学科建设水平上新台阶】

学院聚焦"地质工程与人居安全"国际前沿课题,打造多学科交叉的国际化教学科研团队,培养具有地球科学系统理念和现代工程能力的地质工程新工科人才;突破智能低碳关键瓶颈技术,产出前沿性和突破性创新科研成果,在服务相关行业和战略性新兴产业等领域形成有影响力的成果转化;持续推进科技创新工作的开放、共享与国际化程度,提升学科国际影响力,建设世界一流的地质工程学科群,带动土木工程、安全科学与工程学科的快速发展;组建地质工程与人居安全国际化教学科研团队,打造国际高端学术会议品牌,建设享有国际声誉的地质工程研究中心;为中国特色社会主义事业培养具有系统演化观、人地协调观、工程伦理观的地质工程新工科人才。学院撰写报送的"研发重大工程滑坡动态评价、监测与治理关键技术"入选《首轮"双一流"建设典型案例集》。学院重视新一轮博士学位授权点建设及研究生培养方案修订工作,已完成土木工程、安全科学与工程两个博士学位授权点年度质量报告;土木工程、地质工程、安全科学与工程学术学位硕士、博士研究生培养方案,资源与环境专业学位硕士、博士研究生培养方案,土木水利专业硕士研究生培养方案,以及自然资源与应急管理学术学位博士研究生培养方案均在修订中。

【多措并举提升学院科研水平,增强社会服务能力】

学院持续推动高层次科研平台建设,联合共建的"深部煤炭开采耦合灾害防控实验室"获批国家矿山安全监察局第一批重点实验室;湖北巴东地质灾害国家野外科学观测研究入选全国科普教育基地。吴文兵教授团队主持完成的成果获得2022年度湖北省科技进步三等奖,邹俊鹏教授、周佳庆教授参与完成的成果分别获得2022年度湖北省科技进步一等奖。

学院科研合同额1.4亿元，其中横向经费1.05亿元（较上年增长72.6%），到账经费8 389.9万元。学院获批国家自然科学基金22项，其中焦玉勇获批国家重大科研仪器研制项目（874.4万元），宁伏龙获批国家杰出青年科学基金项目，面上项目10项，青年科学基金项目10项，项目获批直接经费共计2 116.4万元。窦斌、蒋国盛获得国家重点研发计划项目课题（320万元、187.5万元），徐光黎获批湖北省重点研发计划项目（100万元），郭海林获批湖北省科研项目重大专项（60万元）。李长冬获批湖北省自然科学基金创新群体项目（50万元），龚文平获批湖北省自然科学基金杰出青年项目（30万元）。

学院教师积极参与社会服务项目，共承接横向项目184项，其中，宁伏龙承接广州黄船海洋工程有限公司委托项目“岩心自动化传输系统”（2100万元）；焦玉勇承接山东能源集团揭榜挂帅科技项目“煤矿矿震发生机理及防控关键技术研究与应用”（1820万元）；陈剑文承接房县自然资源和规划局委托项目“房县2022年地质灾害三级专业监测预警项目二标段”（445.3万元）；胡郁乐承接陕西太合智能钻探有限公司委托项目“智能定向钻探新产品研发与产学研用平台构建”（300万元）。

学院入选高被引论文22篇（较上年增加12篇）；授权发明专利65项、实用新型专利72项，软件著作权44项；授权国际专利3项；出版编著5部。

学院围绕70周年校庆系列学术活动积极组织学术交流活动。学院主办“第二届地球深部钻探与深地资源开发国际论坛”，协办第六届中国智能地质装备技术发展论坛等国际、国内学术会议。学院组织举办工程文化论坛10期，名家论坛2期，重大地质灾害预测与防控学科——111创新引智基地系列学术讲座13期。

学院积极开展国际合作交流项目，唐辉明团队获批国际滑坡协会IPL国际合作项目。龚文平教授受邀担任国际Top期刊*Engineering Geology*（T1）共同主编，崔国栋副教授受邀担任国际期刊*Journal of Energy Engineering*（T2）副主编。

学院积极提升科技创新质量和成果转化工作。学院与中冶武勘工程技术有限公司、湖南省水文地质环境地质调查监测所等10家企事业单位联合共建产学研基地，在学科建设、合作研发、技术咨询、人才培养等方面开展深度合作。

学院教师积极参加各类标准的编制工作，窦斌主编了行业标准《地热井井身结构设计方法》（NB/T 10696—2021），郭良杰、王文婧、张鹏、李长冬等教师参编了《地质勘查单位安全生产培训与考核规范》（DB42/T 1893—2022）、《再生骨料混凝土应用技术标准》（DBJ04/T 426—2022）等行业、地方和团体标准，扩大了学院的行业地位和影响力。

【加强平台与实验室建设，提升自主创新能力】

完成中央修购计划《土木工程综合实验室建设》城市地下空间专业实验室建设。在学校举办的“十三五”自制仪器成果展中获一等奖3项，二等奖2项，三等奖3项。周克清教师团队开发的"海上钻井平台火灾扑救与应急逃生虚拟仿真实验"被湖北省教育厅认定为2022年度省级一流本科课程。《非开挖工程学》获批学校实验教材,另获实验技术研究项目4项。学生实验开放基金立项获批37项,其中重点项目1项。完成2020年度立项项目验收25项,中期考核合格重点项目1项,获优秀实验开放基金项目2项。争取政府贴息贷款建设项目30项,共计3 514.36万元。

【做好工会及疫情防控等工作,服务学院事业高质量发展】

学院坚持教代会制度和党政联席会议制度,履行参政议政和民主监督,反映诉求,维护教职工权益。向学校提交"关于学校统一设立本科教学实验实训中心的提案""关于学校科研实验室面积资源量化分配与考核的提案"等2份提案。组织女职工参加"春风十里　芳华有你"——工程学院花艺沙龙,组织师生参加"桃李杯"师生羽毛球团体赛、排球赛、羽毛球混合团体赛、学校运动会等文体活动。其中,学院女子、男子排球队分获2022年校教职工排球比赛第5名、第7名;学院羽毛球队获校第七届教职工羽毛球混合团体赛第6名;教工女队获2022年校运动会团队总分第7名。做好疫情防控常态化工作,坚持师生离返校报备,严格访客报备,全年校外访客预约3900人次;配合学校完成紧急封控,中高风险地区人员行踪排查、隔离工作,多轮次核酸检测工作等,保障全院的工作有序正常开展。完成学院主页改版,完成学院英文网站上线。

(撰稿:冯焱;审稿:李红丽)

地球物理与空间信息学院

【概况】

地球物理与空间信息学院(简称地空学院)创建于1952年,是建校初期最早的4个系之一。1975年更名为地球物理勘探系,1986年更名为应用地球物理系,1999年更名为地球物理系,2003年成立地球物理与空间信息学院。

学院现设有3个学系:应用地球物理系、固体地球物理系、地球信息科学与技术系;1个中心:实验教学中心;1个省级重点实验室:地球内部多尺度成像湖北省重点实验室;1个示范中心:"地球探测技术"湖北省重点实验教学示范中心;2个院级研究所:能源地球物理研究所、地球空间信息研究所。现任院党委书记马彦周、院长熊熊。

学院现有学科体系理工兼备,涵盖"地球物理学""地质资源与地质工程"两个"双一流"建设学科。拥有"地球物理学"和"地质资源与地质工程"两个一级学科博士点和博士后流动站,有资源与环境专业一级学科硕士点。设有勘查技术与工程(勘查地球物理方向、智能探测方向、城市地球物理方向)、地球物理学(地质与地球物理试验班)和地球信息科学与技术3个本科专业,勘查技术与工程和地球物理学2个专业入选国家首批一流专业建设点,地球物理学入选国家基础学科拔尖学生培养计划2.0基地,在第五轮学科评估中提升至 A 类学科，取得历史性突破，地球信息科学与技术入选湖北省一流专业建设点。

学院现有教职员工 119 人，其中专任教师 85 人，其他专职科研、工程实验及行政管理人员 34 人。专任教师中，现有教授、副教授 78 人，全职博士生导师 40 人；国家杰出青年科学基金项目获得者 1 人，国家“新世纪百千万人才工程”入选者 1 人，国家优秀青年科学基金获得者等国家级青年人才计划入选者 10 人，省部级人才计划入选者 6 人，湖北省创新群体 1 个。学院专任教师中，98%的专任教师具有博士学位，80%的教师具有一年以上出国研修访学经历。

2022 年，学院招收博士研究生 25 人，硕士研究生 144 人，本科生 220 人。毕业博士研究生 14 人，硕士研究生 96 人，本科生 156 人。学院 2022 届就业率达 93.21%，本科生就业率 90.38%，研究生就业率 97.25%，获评学校 2022 年度重点领域就业先进单位。

【党的建设取得新成效】

持续加强思想建设。学院坚持把政治建设放在首位，及时传达学习上级会议精神，开展学习贯彻党的二十大精神、习近平总书记在二十届中央一次全会上的重要讲话、给山东省地矿局第六地质大队重要回信等精神，组织党委中心组理论学习达 9 次。制定学院《学习宣传贯彻落实党的二十大精神实施方案》，组织开展专题学习、主题党日和全院师生学习教育，引导师生往深里学、实里走，深刻领悟“两个确立”的决定性意义，增强“四个意识”、坚定“四个自信”、做到“两个维护”，自觉在思想、政治和行动上同以习近平同志为核心的党中央保持高度一致。《湖北日报》多次报道。

持续加强组织建设。学院以严的态度、严的要求、严的措施落实民主集中制。选优配强系、中心干部，配合学校做好学院领导班子干部选拔。对标“七个有力”，成立刘光鼎学生党支部，明确发展定位、目标任务。应用地球物理系教工党支部、刘光鼎学生党支部获得学校立项培育，并通过中期考核，其中刘光鼎学生党支部考核优秀，“双创”培育取得新突破。设立党建工作室，开展党建工作培训，提高党员发展质量。今年发展高层次人才 1 人、发展 67 名学生为预备党员。张莹同志参加脱贫攻坚、乡村振兴工作，荣获 2022 年度湖北省派驻村工作先进个人。

持续压紧压实岗位责任。严守政治纪律、政治规矩，旗帜鲜明反对“四风”，遵守中央八项规定、学校财经纪律。开展党宣传教育引导，提高知敬畏、存戒惧、守底线的廉洁意识，全面筑牢思想道德防线，增强拒腐防变的自觉性和主动性。组织签订责任书，压实“四责协同”，“党政同责、一岗双责”，推动全面从严治党向纵深发展。班子成员廉洁自律、党员干部担当作为，持续保持廉洁奉公、服务师生的良好形象。

【人才培养能力得到新提升】

持续完善“三全育人”机制。坚持为党育人、为国育才，加强本科班主任选配，强化导师、班主任、辅导员职责，加强日常教育引导，健全教育教学管理服务体系，做好思想、心理、经济困难学生帮扶，关注学生“全周期”成长。聚力课堂主战场,制定《地空学院野外实习课程思政实施方案》,组织开展野外实习课程思政,推动落实人人讲育人、课课有思政,实现全员育人、全程育人、全方位育人,培育一门课程思政课程、2个课程思政示范教学案例。人民网、《湖北日报》、湖北电视台等对学院课程思政进行报道。熊熊获评教育部课程思政教学名师。

持续推进一流本科建设。坚持“以本为本”,把本科教育放在人才培养的核心地位,高质量修订本科培养方案与教学计划,探索融通识理念于专业教育、以专业精神促通识教育的交互融合培养模式。加强3个一流本科专业建设,积极推进“地球物理学”拔尖学生培养基地建设,加强地球物理学类本科教材建设,加强野外教学实习管理,做好教学研究组织动员和本科教育教学审核评估工作。完成2021级168人大类分流和2019级的推免研究生工作,推荐免试攻读研究生42人。

胡祥云团队获评湖北省教学成果奖一等奖一项,胡祥云团队、陈超团队、陈丽霞团队分获校教学成果特等奖、一等奖、二等奖。陈丽霞团队“地球物理专业野外地质实习”获评湖北省一流本科课程;刘双、董燕妮获评校第十三届青年教师教学竞赛特等奖,黄倩获一等奖;汪利民、汪宇峰、师学明获评2022年校级优秀实习指导教师,5位学生获评优秀实习学生。学院获批3项教材建设项目(骆淼、邓世坤、邹蓉),4项A类教学研究项目(吴柯、王贤敏、柴新涛、黄倩)。9篇论文获评校优秀本科毕业论文,10位教师获评优秀指导老师。

持续提高研究生培养质量。学院积极推进地球物理学、资源勘察技术与工程“双一流”学科建设。实施“本硕博贯通培养计划”,加大研究生招生宣传力度,双一流生源率达52%。参与申报并获批“遥感科学与技术”交叉学科学位点。严格研究生培养过程管理,组织研究生参加导师科研项目,强化专业硕士企业实践,安排硕士生赴联培基地实习,加强研究生科研实践训练,研究生培养质量进一步提升。加强与南京物探院等地矿单位联系,与山西地矿局开展研究生联合培养,拓展学院人才培养空间。2022年,5名博士生获国家留学基金委资助出国联合培养。1篇论文获中国地球物理学会优秀博士论文奖。2篇硕士论文、1篇博士论文获批校优秀学位论文,2篇博士论文获校优秀学位论文提名奖。研究生发表高水平学术论文62篇。

持续强化学生服务管理。注重发挥团学组织桥梁纽带作用,开展团学骨干培训、优秀校友讲座等,提升干部素质和能力,建立快速反应信息员队伍。全年推优发展227人。邀请专业心理教师开展学生心理培训,排查重点关注对象22人,并建立工作台账。全年组织评选本研国家奖学金、励志奖学金、学业奖学金、助学金等1144人,开展经济困难助扶174人,发放临时困难补助9人,压实个人申请、班级推荐、年级初评、学院终审的四级责任。学院坚持学期梳理、全年跟进、重点帮扶、群体参与、典型选树,强化学风建设,降低不及格率。整合学院易班、微信公众号、QQ主页等平台，打造学生网络思政宣传平台，构建学院特色文化。

持续提升招生就业质量。学院充分运用网络信息化技术手段，做好线上线下的招生宣传工作。新增学校地球物理学国家拔尖基地班招生宣传栏目。完善学院网站招生宣传内容，制作招生简章，通过邀请蔡红柱副院长作招生直播、教师代表讲专业视频、学生党员讲专业等方式，加大学院招生宣传力度，受到考生和家长关注，点击量达到2万人次，达到了良好的宣传效果，进一步提升了学院生源质量。学院制定《进一步加强学生就业工作的方案》，成立就业工作领导小组，组织院领导访企拓岗，持续加强与世界500强、省内大型企业、新兴产业联系，助力毕业生高质量就业。祁阳阳获评校2022年度学生就业工作先进个人，学院获评学校2022年度重点领域就业先进单位。

【核心竞争力再获新增强】

人才引育取得新丰收。学院坚持党管人才原则，深化落实“引育并举”有力举措，严格把政治关、思想关，引进海内外高素质人才8人，其中地大百人1人、特任教授6人、特任副教授1人。刘成利、董燕妮获批国家优秀青年科学基金人才项目，张乐乐、裘鸿瑞获批海外青年人才项目，田冬冬入选湖北省百人计划。支持中青年学术骨干赴海外学习，固体系秦蕾、应用系徐珊分别到麻省理工学院、苏黎世联邦理工学院访学，助力人才队伍成长。

科技创新再获新进展。学院新增国家自然科学基金14项，其中重点项目2项、联合国际项目1项、优青项目2项、面上项目5项、青年基金4项，获批国家自然科学基金项目总经费1583万元。2022年科研到账经费2812万元，其中纵向经费2112万元、横向经费700万元。发表学术论文120余篇，其中韩非博士学术论文作为封面文章发表在《美国科学院院刊》(PNAS)，T1论文17篇、T2论文64篇、T3论文23篇等。胡祥云获得湖北省自然科学奖一等奖，朱培民获得湖北省自然科学奖二等奖。学院邀请12位海内外知名专家学者进行学术交流，举办名家论坛7场、地空论坛5场次。

学生创新能力得到新提升。学院积极打造“项目＋竞赛＋创业”三位一体创新人才培养第二课堂。发挥专业优势，举办创新创业论坛，鼓励学生进团队、进课题、进实验室，积极动员参与学科竞赛、科研创新。学院学生获评第八届全国大学生物理实验竞赛(创新)一等奖、第二届中国高校大数据挑战赛一等奖，获评第七届湖北省大学生物理实验创新设计竞赛一等奖。孙亦馨同学荣获全国大学生英语竞赛(NECCS)C类一等奖，学生团队在第八届中国国际“互联网＋”大学生创新创业大赛校赛中荣获一等奖一项，二等奖两项。

【治理举措得到新优化】

完善学院制度措施。修订《“三重一大”决策制度》《信息公开实施细则》《网站、新媒体发布信息审查制度》《实验室安全管理制度》，以及本研教育教学管理制度等，完善了学院设备管理系统，振动样品磁强计纳入学校大仪信息化管理平台。成立学院保密与安全工作领导小组,调整意识形态、师德师风、安全稳定领导小组、研究生国家奖学金评审委员会和监审委员会等,明确岗位职责,坚持信息公开,为提升学院治理水平奠定了坚实基础。

关心职工工作生活。支持工会、共青团发挥积极作用维护师生权益。积极开展下基层察民情解民忧暖民心实践活动,深入学生了解需求,探望扶贫干部,慰问实习师生。组织召开本科生、研究生、青年职工、荣休职工座谈会,听取建设发展的意见和建议,维修各系办公室、研究生工作室和学院门厅坡道,添置电子屏,服务教学科研、人才培养,提升学院育人环境。关心退休职工生活,协调职工小孩入园,做好困难职工帮扶,提升学院师生的幸福感、获得感。

提升学院文化形象。以校庆70周年为契机,制定校庆工作方案,加强校友、企业联系,梳理学院发展历史,总结办学成就,设计学院文化宣传,完善学院网站服务功能,制作学院宣传简介和学院视频,全面加强学院宣传,大力弘扬一代代地空前辈初心不改、筚路蓝缕、艰苦创业、立德树人的奋斗精神,展示办学成效和学院新形象。

保持学院安全稳定。牢牢把握意识形态工作领导权,严格课堂教学、学术会议、网站平台、社团活动、橱窗展板等意识形态阵地管理,杜绝错误思想观点传播。认真落实保密工作责任制,加强保密安全教育,加强师德师风宣传,强化网络舆情监测和研判,落实重大节日领导干部值班值守。加强疫情防控教育,推出4期“防疫金微课”短视频。加强师生外出、返校审批管理,完成30余次疫情重点地区人员排查,妥善处置22名学生防控隔离,确保学院安全稳定零事故。

(撰稿:王静;审稿:马彦周)

海洋学院

【概况】

海洋学院前身可追溯到1950年代设立的海洋地球物理勘探教研室,1961年开设海洋地质、海洋勘探本科专业。进入21世纪,学校陆续恢复海洋科学本科和研究生办学,2016年正式组建海洋学院。经过70余年积淀和传承,学院构建了海洋科学“学士-硕士-博士-博士后”完整人才培养体系。

学院坚持“关联生长、特色发展”理念,聚焦海洋地质资源、海洋生态环境和海洋探测技术等研究方向,在海洋沉积与深水油气、海洋天然气水合物勘探、海洋生态环境与保护、海洋遥感与岛礁监测、极地与海洋气候、海洋工程装备及技术等研究领域取得了丰富研究成果。与武汉岩土所签署合作协议,双方联合共建海工构筑物稳定性实验室。落实学校与广州海洋局签署共建联合研究院协议,2022年局校联合招收31名硕士研究生;举行2021级联培研究生开学仪式,33名研究生顺利入驻广州海洋局南沙科研基地;持续推进以“天然气水合物”为牵引的全面科技合作。6月2日王焰新校长带队前往广州,与广州南沙经济技术开发区管理委员会签署协议，共建广州南沙地大滨海研究院；8月5日，广州南沙滨海研究院正式注册成立。

学院坚持从“海洋+”走向“+海洋”，推动建设临海科研基地，促进优势学科融海发展“+海洋”，协力拓展地大“海洋新场域”，服务“海洋强国”建设，打造国家海洋人才培养和涉海科学研究高地，为“美丽中国、宜居地球——地球科学国际知名研究型大学”建设贡献智慧。

【党建与思想政治教育】

深入学习宣传贯彻党的二十大精神，提前谋划、认真准备，组织师生收听收看党的二十大开幕，聆听习近平总书记代表十九届中央委员会向大会所作报告，会后召开座谈会，热议党的二十大报告。学院统筹结合“三会一课”与每月党员活动日，持续开展读原著、学原文、悟原理，推动学习往深里走、往实里走、往心里走。把党的二十大精神贯穿管党治党、办学治院全过程，不断提升教工党支部书记的思想认识和工作水平，深入推进党建思政工作与学院事业发展深度融合。

坚持立德树人根本任务，立足学院工作实际，扎实开展党建与思想政治工作，全面提升学院党的建设质量，巩固党建工作成果，党的领导与建设全面加强。学院党委充分履行管党治党主体责任，充分发挥基层党组织的战斗堡垒作用和师生党员的先锋模范作用，认真抓好党的政治建设、思想建设、组织建设、作风建设、纪律建设和制度建设，为学院发展提供有力保障。

扎实开展2022年党风廉政建设宣传教育月活动。持续推进党员干部“下基层察民情解民忧暖民心”实践活动走深走实，学院班子成员、党委委员、教师党支部书记、系主任深入师生党支部(团支部)，上一次廉政党课，或作一次科普报告，或开展一次发展研讨，或开展一次学业辅导共计12次。开展新入职青年教师“廉政与学术诚信”集体谈话，引导教职员工扣好廉洁从教的“第一粒扣子”，共同营造海洋学院风正气正的教书育人环境。开展了2022届毕业生座谈会暨毕业党员廉政教育党课。推进党团支部结对共建，审计处党支部与海洋学院241201班“结对领航”。制定《2022年海洋学院“清廉地大”建设任务分解表》，按照上级要求，积极配合完成任务，助力学校“清廉地大”建设。

【学科与人才队伍】

海洋科学纳入第二轮国家“双一流”学科建设，协同完成地球生物学学科群建设任务书，提交“双一流”学科建设经费预算，开展相关仪器设备购置论证。对标国际一流院校，承担海洋科学“双一流”研究生全英文学科课程群建设，计划2年完成8门研究生课程全英文课程建设。通过持续引人育人，学院学科团队的广度和深度均有明显加强，海洋科学5个学科方向发展韧劲和潜力明显增强，“偏科”现象更有明显改善。教育部第五轮学科评估，海洋科学学科被评为B+。

学院邀请焦念志院士、李家彪院士、蒋兴伟院士等20余位海洋领域专家，线上召开海洋学院发展咨询会，为海洋学院建设与发展把脉问诊、建言献策,为进一步凝练海洋学科方向,完善学院"十四五"规划提供支撑。根据学院发展实际及学科发展需求,深入分析面临的发展机遇与挑战,明确海洋学院及学科建设目标、指导思想、建设举措等,科学制定海洋学院"十四五"发展规划。

2022年,学院全职引进特任教授4人,博士后9人,在站博士后达到27人。2人晋升教授(含1名特任教授),1人晋升三级教授,2人晋升五级副教授;另有3人完成"地大学者"相应层次人才期满考核(2人优秀,1人合格)。今年学院有1人获国家优秀青年科学基金项目资助,2人入选"武汉英才"计划产业领军人才(创新类),1人入选"武汉英才"计划优秀青年人才;1人入选博士后创新人才支持计划,5人获中国博士后科学基金第71批面上资助,3人获湖北省博士后创新研究岗位资助。

【教学与人才培养】

2022年本科生招生3个班,教师开课68门。海洋科学(菁英班)获评全校人才培养模式改革试点优秀,同时作为学科人才培养模式改革典型案例报送参加湖北省基础学科人才典型案例经验交流。海洋工程与技术专业新专业评估合格。持续推进学校教材建设年系列工作,开展教材规划、教材选用、教材审核,2022年出版教材7本,2本在编,教材项目申报2项。

2022年博士招生14名,硕士招生74名,其中学术型硕士20名,专业型硕士54名(含广州海洋地质调查局联培生21名)。在读全日制研究生达到259名,其中博士生60名,学术型硕士63名,专业型硕士136名。2022年春季学期博士学位论文全盲审及毕业学生学位论文重复率审查全部通过。2022年研究生发表期刊论文33篇、获得专利8项、荣获研究生国家奖学金3人,相比2021年均有较大突破。

教学实习任务圆满完成。2022年在海口新开辟了涉海实习实践教学基地。7月1日—15日,241191班和242192班前往海口市中国地质调查局海口海洋地质调查中心开展海洋科学实践教学活动,顺利完成海洋科学实践教学实习任务。实习期间,学院"海洋科学教学实践基地"正式在海口海洋地质调查中心挂牌。7月5日—25日,24H211—24H213三个班,完成武汉周边地质认识实习和海洋学基础认识实习。实习内容涵盖通山隐水洞、罗田壶穴、黄石矿山公园,武昌极地海洋世界、南望山等路线。7月3日—31日,241201班完成秭归教学基地实习。

【科研与学术交流】

科学研究能力持续增强。全年新增科研项目55项,其中纵向项目34项,横向项目21项;新增合同经费2 665.89万元,其中纵向经费1 206.62万元,横向经费1 459.27万元;至今实到科研经费1 777.42万元,其中纵向经费904.79万元,横向经费872.63万元。2022年学院申请国家自然科学基金项目37项,获批16项,其中优青3项,获批1项;面上18项,获批7项;青年13项,获批8项。湖北省自然科学基金申报总数7项:青年项目1项,面上项目1项,杰出青年项目2项,创新群体项目3项。新增国内发明专利9项。

学院科研成果的数量和质量稳步提升。宫勋教授荣获2022年海洋科学技术一等奖,学校为第十二完成单位;杜学斌教授参与申报的《页岩层系差异成储机制与智能靶向油气甜点预测技术》荣获教育部科学技术进步奖二等奖,杜学斌为第三完成人;孙启良教授申报的《深水碎屑岩尤其储层描述与预测技术及应用》,荣获中国地球物理学会二等奖;杨义副教授参与申报的《古生物脂类对不同古气候因子的重建和示踪》,荣获2021年度中国古生物学十大进展;王道胜副教授荣获第二十三届中国专利优秀奖,王道胜为第三完成人;李健副教授荣获华为鲲鹏HPC湖北总决赛三等奖;宫勋教授荣获武汉市"英才计划"青年项目。2022年学院师生发表SCI论文78篇(第一作者或通讯作者),其中T1论文16篇、T2论文40篇,T3及T4论文共22篇及EI论文10篇;出版科研著作3部,发明专利9项。

学术交流氛围良好。年初学院举办了2022年博士后学术论坛。6月8日,学院第一期"海洋之星学术沙龙"顺利开展。6月29日,学院举办了中国-挪威海洋大学联盟学术研讨会,采取线下线上结合方式,3000余人通过腾讯会议、蔻享学术会议等平台参加会议。为有效激发学院学生海外学习实践热情,加强学生的国际交流与联系,提升学生素质培养成效,学院举办了海外实习实践项目咨询会。为庆祝中国地质大学建校70周年,学院共开展14次"海洋之光"学术论坛,6次名家论坛,12次名家系列论坛。论坛主讲人中获国家杰出青年科学基金资助17人,教授16人,研究员10人,副教授1人,博士后5人。

(撰稿:杜清平;审稿:成军)

机械与电子信息学院

【概况】

机械与电子信息学院(简称机电学院),其前身是1958年的探矿工程系勘探机械专业。1998年与物探系电子信息工程专业合并组成全新的机械与电子工程系(院级),经2003年与2008年两次调整更名为机械与电子信息学院。经过65年的办学积淀与传承,形成了以研究"智能地质工程装备"为特色,以实现教、产、学、研、用深度融合为目标,服务于地球科学领域的新工科学院。学院现设有4个本科专业:机械设计制造及其自动化、电子信息工程、工业设计、通信工程;拥有地质装备工程二级学科博士学位点;3个一级学科硕士学位点:机械工程、信息与通信工程、设计学;3个工程硕士领域:电子信息工程、机械工程、艺术设计专业领域。有国家级、省部级教学和科研平台5个:中国地质大学(武汉)中国地质装备总公司国家级工程实践教育中心、岩土钻掘与防护教育部工程研究中心、湖北省高等学校电子电工实验教学示范中心、湖北省智能地质装备工程技术研究中心、湖北省先进钻掘机械装备技术转化中试基地;有5个产业技术创新中心:排水环境治理装备产业技术创新中心、基础工程装备产业技术创新中心、高端模数芯片先进数字产业技术创新中心、散料清洁输送技术创新中心、工业视觉检测产业技术创新中心;有3个校级教研中心(所):机械工程教学实验中心、CAD中心、装备与仪器研究所。学院现有教职工131人,其中专任教师103人,博士生导师24人、教授26人、副教授59人,国家人才计划2人、湖北省人才计划8人。学院2022年在校学生共2497人,其中本科生1818人,研究生679人。学生党支部30个。

2022年,学院党委坚持以习近平新时代中国特色社会主义思想为指导,全面贯彻落实党的二十大精神。秉承"育人为本,德育为先"的教育理念,全面落实习近平总书记关于教育的重要论述和全国教育大会精神,强化师生党组织、党员的示范引领作用,开展理想信念教育和社会主义核心价值观学习实践,提升师生思想政治素质。着力提升学院党委总揽全局、协调各方的能力。引进特任教授2人,副教授1人,2名入选"湖北省百人",2名入选"地大百人"。积极鼓励、资助青年教师出国深造,提高教师队伍整体水平。

学院紧跟学校发展战略目标,以学校大力推进世界一流学科建设,全面推进地球科学领域国际知名研究型大学建设为契机,坚持立德树人根本任务,树立"严在地大"院风学风,引进急需人才,育好青年人才,改善科研条件、推进海内外学术交流,全面激发全体师生的创新活力,努力培养实践能力强、创新能力强、具备国际竞争力的高素质复合型新工科人才。学院致力于发展行业特色优势,开展新型智能地质工程装备的研发,形成了8个重点科研团队,建立了10个研究生联合培养基地,建成3个校级技术创新中心,在智能制造、智能建设、信息传输、软件和信息技术服务、自然资源等相关领域发挥着重要作用;机械工程学科提升两档(由C升至B—),信息与通信学科提升一档(由C—升至C);机械工程已成为学校"双一流"学科建设"智能地质装备"方向的重要组成部分。机械设计制造及其自动化、电子信息工程专业获批国家双万专业建设,通信工程获批湖北省双万专业建设。学院肩负着为国家和社会培养富有创新精神与能力的高素质新工科卓越人才的重任。高质量内涵式发展始终是学院建设一流学科道路上的不懈追求。

【党建工作】

学院党委以习近平新时代中国特色社会主义思想为指导,自觉捍卫"两个确立"、做到"两个维护",坚持以党建工作为统领,全面贯彻党的教育方针,落实立德树人根本任务,勠力同心做好学院各项工作,不断开创学院党建工作的新局面,以高质量党建引领和推动学院高质量发展。注重凝心铸魂,增强党建工作效能,以规范的制度提高党内生活质量,认真落实民主生活会和组织生活会、"三会一课"、谈话谈心等政治生活制度。全年党委班子成员、各支部委员、辅导员给师生上党课18次，召开党委会13次，党政联席会18次，提升了党委的组织力，增强了全体党员的政治素养。积极推动学习型党组织建设，严格落实“学院党委理论学习中心组”“周四学习日”等制度，党委中心组全年组织集体学习7次。结合“四史”教育和校庆70周年，认真组织全院教师党员参加各种理论学习和实践活动。在党的二十大即将召开之际，组织梳理摘录习近平总书记赴高校考察调研时的部分重要讲话，发布《习近平总书记十年高校“足迹”》一文。以讲座、座谈、研讨等形式将党的二十大精神融于课堂与活动中，切实让党的二十大精神在学院落地生根，结出硕果；组织教工支部开展“学习党的二十大”校史馆参观学习实践主题活动。通过党的二十大系列活动，推动党的二十大精神入脑入心。发挥党员先锋模范作用，持续推进党员下沉社区常态化长效化，组织党员参与核酸检测、火车站迎新等志愿服务，多措并举开展爱国卫生运动，开展“学雷锋·见行动”劳动教育。组建“夏心续梦”爱心支教团前往山西吕梁、云南施甸等地开展特色支教活动，受到新华网、中青网、学习强国平台等30余家校内外媒体广泛报道。支教团获评湖北省暑期“三下乡”社会实践优秀团队，指导教师丁钰峰获评先进个人。将学院党委委员、院领导和各支部书记、系主任下到各毕业生班级、新生班级进行一对一结对帮扶。完成了6个教工党支部“党员之家”阵地建设，初步完成学院学生党员谈心室的规划、布置工作，为全院师生党员提供了学习和交流的场所，进一步强化基层党支部战斗力、凝聚力、组织力，夯实基层党组织战斗堡垒。班子成员和骨干教师主动参与支部建设，教师党支部书记“双带头人”实现全覆盖。落实学院领导联系班团、教工党支部对接学生党支部、师生党员联系寝室制度，完善支部考核制度。机械工程系党支部作为第一批学校党建工作“样板支部”培育创建单位顺利通过了中期评估。全年发展党员130人，转正党员203人。优秀青年教师积极向党组织靠拢，电子信息工程党支部张晶教授（海外优青）于2022年9月确立为入党积极分子，中心支部青年教师徐凯于11月向党组织正式递交了入党申请书。

【本科教学】

全年完成139门，共计242门次的理论课程教学，46门次实践课程教学，教授及副教授上课率均达100%。2018级本科生448人，409人获得毕业证和学位证，6人结业，申请滞后学生33人。在全国大学生电子设计大赛、中国工程机器人大赛、金相大赛、集成电路创新创业大赛、大学生广告艺术大赛、制图大赛等十多个赛事中取得了优异的成绩，共获得国家级特等奖1项、国家一等奖13项、二等奖21项、三等奖24项；省金奖1奖、省级一等奖12项、二等奖15项、三等奖12项；学生个人获奖数高达400人次。积极组织学生申请大学生创新创业训练项目，今年有22个学生团队项目获得资助。资助经费142 990元。2021级本科生参加学校“李四光计划”学生的选拔，通过学校答辩遴选，有6名同学入选。顺利完成2021

级学生大类分专业工作。463名学生中,分流到电子信息工程专业150人,机械设计组织及其自动化(卓越)60人,机械设计制造及其自动化90人,工业设计58人,通信工程105人。学院有4本教材获得校级教学改革研究项目的教材资助。在2022年教学改革研究项目中获得重点项目一项,一般项目4项。今年出版教材2本,分别为文龙的立体教材《深度学习》、张伟民的《数控技术实习指导书》。

【研究生教学】

学院各类研究生招生人数243人,较去年增长约7%。录取全日制博士研究生8人,单证博士研究生1人,其中地质装备工程招收7人,包括硕博连读3人,申请考核5人。与烽火通信、西安煤科院、广州海洋地质调查局联合培养研究生分别为19人、3人、1人。校园开放日共有228人报名,其中105人获合格通知单。推免生招生,录取17人,较去年增加了11人。学院研究生发表学术论文41篇,取得专利34项,申请软件著作权30项。其中以第一作者发表高水平学术论文24篇,专利成果24项,软件著作权30项。获得各类科技竞赛获奖23项,其中国家级2项、省部级8项、校院级14项。2020-3团支部、2020-5团支部获学校五四红旗团支部,2019级硕士研究生徐景喆获评学校优秀研究生标兵荣誉称号。新增博导3人,硕导16人,2人入选省级人才计划。

【实验室建设】

利用学科建设、修购专项、贷款贴息等经费,投入约3300万元,于11月份之前完成智慧制图教室、机械基础实验室、电信专业实验室、5G+智能通信创新平台、单片机实验室、机器人应变测试系统、智能装备振动测试系统、移动抓取机器人,于12月份完成机电一体化实验室、液压与气压传动实验室、增材制造实验室、工业机器人实验室、智能产线系统实验室、数智化实验中心集成系统、5G云化系统实验室、高温实验室级光纤拉丝塔及其配套系统、通用软件无线电平台(电子对抗实验室)等一批教学科研实验室的新建或更新,持续改善学院教学与科研硬件条件。其中6个为满足学校要求的高标准实验室。并对100余万元老旧设备进行报废处置,改善实验空间。学院11个项目参评学校"十三五"自制仪器成果奖,获一等奖1项,二等奖1项,三等奖6项。教师关磊结合工程训练发展趋势,开展"3D打印"实践教学。教师冯超伟荣获"2022全国第三届金工/工训青年教师微课"二等奖。鼓励和组织教师申报获批2项实验技术研究项目(吴川、贺鑫)、实验教材项目1项(王瑾)。组织学生申报2022—2023年度教学实验室开放实验室基金项目,申报94项,获批48项,申报数量和获批数量稳居学校前列,完成2021—2022年度学校实验室开放基金项目全部结题。完成4项实验技术项目验收工作。新争取物理空间300平方米,并加大环境改善力度。电子信息工程系完成了教二楼243室和222室的整体装修和桌椅采购,调整后的243室为独立的"人工智能"实验室,面积80平方米,222室作为研究生工作室,面积80平方米。机械工程系完成工程楼439学生工作室的规划和装修工作，新增研究生工位85个，显著改善机械系研究生的科研工作条件。

【科研工作】

2022年项目数165项，到账总金额2300万元，其中纵向项目60项，总金额835.481 7万元（含国防项目25项，总金额429.673 7万元）；横向项目105项，总金额1 251.7万元；其他类地方科研拨款5项，总金额12.5万元。除以上到账经费外，2022年学院教师参与获批科技部国家重点研发计划2项（李响教授参与，获批经费190万元；文国军教授参与，获批经费77.5万元），葛明峰教授参与国家自然科学基金重点项目1项（获批经费100万元），丁华锋教授主持获批湖北省重点研发计划1项（获批经费500万元），柏伟教授参与深圳市技术攻关重点项目1项（获批经费300万元）。获批国家自然基金7项（3项面上，4项青年）；获批湖北省自然基金3项（2项面上，1项青年）。

发表T4及以上论文91篇，其中SCI论文78篇，EI论文13篇；SCI论文按学校分区，11篇T1，53篇T2，9篇T3，5篇T4。高水平论文比例提高，其中T1和T2占据了70%，在*Mechanism and Machine Theory*等顶级期刊上发表论文4篇。出版著作1本。申请专利115项（发明专利77项，实用新型30项，外观设计8项），专利授权总数96项，授权专利中，发明专利51项，实用新型40项，外观设计5项。共举办国际会议2场，筹备国内学术会议1场。学术报告37场，邀请多所高校学者、多家单位进行学术交流。举办国际会议2场，分别是第六届机器人与自动化科学国际会议和第五届机电、机器人与自动化国际会议。

【学生工作及学生获奖】

学院第一时间召开学习党的二十大报告精神师生座谈会，引导广大学生坚定理想信念；学生党支部广泛开展“听党话、跟党走，争当新时代好青年”理论宣讲大赛，与中建三局智能公司共同开展党的二十大知识竞赛活动，通过诵读报告原文、手抄党章等形式深化精神理解；开展“我学党的二十大·争当追梦人”主题网文比赛，引导广大学生立志争当民族复兴征程上的追梦人。发展党员130名，转正党员203名，开展线上线下入党积极分子培训班2次，协助学校党委党校开展发展对象培训班4次，共培训入党积极分子267人次，培训发展对象142人次。顺利完成“‘三全育人’视角下大学生党建与思想政治教育协同育人机制研究”学校党建重点课题项目，成功申报学校“一院一品”党建品牌项目“一擎三动促四业铸造学生党建品牌”，进一步丰富党建活动的内涵和形式。发布《习近平总书记十年高校“足迹”》，号召广大师生通过学原文、悟原理不断汲取精神营养，努力做到知行合一。以学校70周年校庆为契机，举办“为母校庆生，为青春喝彩”主题口罩设计大赛，邀请校友代表做客“迎校庆，筑未来”优秀校友经验分享会为同学们讲述奋斗故事，学生党支部联合离退休教职工党支部参观学校教职工书画影艺文化主题展览，共同重温学校与党和国家同心、同向、同行的光辉岁月。制作常见心理问题科普、心理学小故事等宣传材料，利用QQ、微信等网络媒体平台普及心理健康常识，全年共推送心理健康相关推文31篇，累计浏览量近一万人次。“我的大学，我的成长季”系列讲座共举办9期。

（撰稿：陶安东；审稿：瞿祥华）

自动化学院

【概况】

自动化学院成立于2014年7月，是中国地质大学（武汉）为适应新时期国家建设和学科发展的需要，引进“先进控制与智能自动化”学术团队，并调整校内相关学科组建而成的。学院紧跟时代和科技发展的步伐，致力于培养适应社会发展需要的社会主义建设人才，研究自动化科学与工程相关理论和技术，开发适应市场的高新技术产品，研究成果显著。学院下设自动控制系、测控技术与仪器系、智能系统研究所和信息技术实验教学中心等单位。

自动化学院现有教职工104人，其中教授37人，副教授31人，专职博士生导师32人，兼职博士生导师5人，另有外籍讲座教授7人。学院拥有IEEE Fellow 2人，“长江学者”特聘教授2人，国家杰出青年科学基金获得者2人，享受国务院政府特殊津贴专家2人，享受湖北省政府专项津贴专家1人，新世纪百千万人才工程国家级人选1人，科技部“中青年科技创新领军人才计划”人选1人，“万人计划”科技创新领军人才人选1人，科睿唯安（原汤森路透）高被引科学家4人，国家优秀青年科学基金获得者1人。学院现有控制科学与工程博士后科研流动站、控制科学与工程一级学科博士学位授权点、控制科学与工程一级学科硕士学位授权点和电子信息专业硕士学位授权点，自动化、测控技术与仪器2个本科专业，其中，自动化专业于2019年入选首批国家级一流本科专业建设点，测控技术与仪器专业于2020年入选湖北省一流本科专业建设点。学院拥有教育部高等学校学科创新引智基地1个、教育部工程研究中心1个、湖北省重点实验室1个、湖北省工程技术研究中心1个、湖北省自然科学基金创新研究群体2个、湖北省实验教学示范中心2个和湖北省大学生电子信息科技创新基地1个。在校本科生、研究生1700余人。

【坚持和加强党的全面领导，发挥高质量党建引领作用】

学院党委始终把政治建设摆在首位，以政治建设凝聚思想，统领学院事业高质量发展。加强党建工作顶层设计，持续完善党建工作体系，认真贯彻落实学院党委会议议事规则、党政联席会议制度与“三重一大”实施细则，完善学院制度15项。持续强化领导班子建设，提升理论武装及转化能力，不断提高政治判断力、政治领悟力、政治执行力。学院党委组织师生深入学习党的二十大精神，制定活动方案，用党的创新理论武装师生头脑，引导广大师生坚定跟党走、奋进新征程、建功新时代。学院领导班子成员、党支部书记坚持以讲促学，深入师生开展党的二十大精神宣讲，全面落实立德树人根本任务，不断提高人才培养质量，履行好为党育人、为国育才的职责使命。

学院党委充分发挥基层党组织政治功能，优化实施“对标争先”计划、开展“结对领航”，积极探索基层党建“智慧＋”，自主研发“智慧党建”系统，获评学校党委组织部“一院一品”党建品牌项目，相关工作被《中国青年报》、湖北高校思政网等媒体广泛报道。学院不断提高党员发展质量，选树优秀党员典型，全年共培养入党积极分子 299 人，发展党员 80 人，转正党员 126 人；1 位同志荣获 2022 年“中国大学生自强之星”，3 位同志获评校级优秀共产党员，1 位同志获评校级优秀党务工作者，2 个支部获评校级先进基层党组织，其中，控制科学与工程博士生第一党支部作为学校首个研究生党支部创建单位，成功入选“全省高校党建工作样板党支部”。

学院党委深入开展党风廉政建设，落实全面从严治党。严格贯彻落实中央八项规定精神，强化日常监督。学院党委理论学习中心组开展专题党风廉政警示教育学习 2 次，学院党政负责人、纪委书记讲授专题廉政党课。学院落实党委主体责任，坚持“四责协同”，落实“一岗双责”，强化纪委监督责任，加强对招生考试、设备购置、科研管理、学术诚信等重点领域和关键环节的风险防控和有效监督。校党委第三巡察组于 2022 年 5 月对学院党委开展巡察“回头看”并提出了整改意见。学院党委高度重视巡察整改，将其作为首要政治任务和重点工作，明确整改目标，建立整改责任清单，坚持“以改促建”，建立长效机制。

【落实立德树人根本任务，完善高质量育人体系】

学院坚持立德树人根本任务，面向国家发展战略需求和国际科学技术前沿，以提升创新能力和拓展国际化视野为驱动，实现自动化学院新时代培养高质量人才的目标。

一流本科人才培养体系不断完善。学院以学生培养质量为中心，瞄准一流本科专业、一流本科课程和工程教育认证，推进本科专业建设“补短板”计划，规范和深化本科生教学管理工作，完善一流本科人才培养体系。制定了《课程群（教学团队）规范化建设实施办法（修订）》，组织课程群年度汇报，做好课程群建设的持续改进工作；围绕工程教育认证，自动化专业完成工程教育认证自评报告的提交与根据专家反馈意见的修改，测控技术与仪器专业完成认证申请的提交；扎实做好 2023 版本科生培养方案修订工作，组织学生、用人单位、教师和国内外一流高校人才培养方案的座谈和调研；积极组织开展教学能力提升研讨、教学竞赛、教研教改项目和教学成果申报，稳步提升教师的教育教学能力，全年获批各级教育教学改革项目 10 项，胡文凯教授获校非地学理工组教学竞赛一等奖；推进一流课程和国家级规划教材建设，完成首批自动化与人工智能精品课程系列教材出版，出版本科系列教材 11 部，获批省级一流课程 1 门；推动本科生国际化课程建设，引进国家级人才，组建 PBL 模式教育教学改革研究团队。

研究生培养质量不断提高。学院立足“创新-国际化-实践”的研究生培养理念，推进研究生教育规范化、制度化、国际化。组织开展2023版研究生培养方案的修订，在进行国内外一流大学调研的基础上，完成博士、学硕和专硕培养方案的初步修订和校外专家的外审；深入推进研究生国际化课程建设，已形成9门国际化课程，积极协调国外授课教师，提前排课，保证了课程有序高效开展和授课质量，通过学院科研学科平台和双一流经费的支持，设立研究生出国学术交流专项基金项目，资助研究生出国参加学术会议、进行学术交流等活动，参加国外交流和访问的研究生及博士后17人次。研究生培养质量成效突出，获中国自动化学会优秀博士学位论文提名奖1项，校级优秀博士论文2篇(全校10篇)，优秀博士学位论文提名论文1篇，校级优秀硕士学位论文6篇，获研究生国家奖学金12项。

创新创业工作取得新突破。学院着力提升学生的创新精神、创业意识和创业能力，制定了《自动化学院大学生创新创业工作管理办法(试行)》，建设学院创新创业培育基地，开设创新创业课程，建立创新创业导师人才库。经过全院师生的共同努力，2022年学院学生在各类创新创业赛事中取得了一系列成果：在湖北省“挑战杯”大学生创业计划竞赛决赛中，荣获金奖1项，铜奖1项，其中金奖项目已成功进入全国总决赛，保银冲金；在第八届中国国际“互联网+”大学生创新创业大赛中，勇夺湖北省赛区产业命题赛道2项金奖，并双双推荐全国总决赛，荣获全国铜奖2项，博士生黄贝诺获评2022年度校园“创新先锋”，并获得“最佳人气奖”；在全国大学生电子设计赛中，获得省级特等奖5项、一等奖7项、二等奖8项；在第十七届全国大学生智能汽车竞赛中，获得全国二等奖3项，省级二等奖3项；在“西门子杯”中国智能制造挑战赛中，获得华中赛区特等奖1项、一等奖3项，在全国总决赛中共获得全国一等奖1项、二等奖1项；在第十七届研究生电子设计大赛中，荣获全国一等奖2项、三等奖2项，华中赛区一等奖5项、二等奖6项。

【聚焦学生工作，激发创新活力】

学院以实现高素质人才培养目标为根本出发点和落脚点，创新工作思路，认真贯彻落实“三全育人”，建立健全学风建设长效机制。坚持本研一体，强化教育与管理协同机制，全院师生共同参与，充分调动学生学习的主动性和积极性。学院制定并实施了《自动化学院2022年卓越学风建设工作实施方案》和《自动化学院班集体建设工作方案》，以班级为单位开展卓越学风建设，贯彻“严在地大”的理念，加强学习规范要求和制度建设，定期开展“三查”工作，定期开展学业预警和学分清理工作。

2022年，学院着力打造“走进自动化”“研究生学术年会”等特色活动。第八届研究生学术年会共举办了34场国内外知名专家学者学术报告、5名青年学者报告、2场研究生国际交流与成果汇报、7场研究生科技论文报告会、2场科研团队学术交流会，历时2个多月，营造了浓厚的研究生学术氛围。

第三届“走进自动化”升级为“走进自动化新工科创新人才培养实践工程”，以“喜庆党的二十大、智创向未来”为主题，按照“启航—引航—领航—远航”四个层次，组织开展了形式多样的专业教育实践活动，激发学生专业学习热情，培养学生创新实践能力，促进思想政治教育与专业教育有机融合，逐步探索“新工科”创新人才培养实践路径，加强对大学生科学精神和创新素养的培养。

学院高度重视招生就业工作，落实全员参与原则，采取有效措施，高质量完成2022年招生和毕业生就业工作。学院教职工积极参加招生宣传，借助新媒体平台进行线上直播宣讲，进一步扩大学院影响力。学院领导老师积极参加“专家教授进中学”活动，先后到襄阳三中、武汉市新洲一中、黄石二中等学校开展招生宣传。学院组织开展专场招聘会10余场，邀请海康威视、东风技术中心等10余家行业内知名企业来学院洽谈招聘工作，进一步拓展了高端就业市场。学院就业率和就业质量保持较好水平，2022届本研毕业生就业率为91.74%，研究生就业率继续保持100%，学生预期薪酬和实际签约薪酬符合度高，就业满意度较高。本科毕业生中升学率（含出国）为48.70%，其中有66.67%的学生选择在地大继续深造，为学院高素质人才培养奠定了良好基础。

【坚持学术卓越，推动学院高质量发展】

学院坚持“人才强院”战略，引培并重，在人才引进、人才项目申报、人才培养等方面成效显著。2022年，学院人才引进取得重大突破，成功引进各层次人才5人：国家级人才项目获得者、地大学者“学科杰出人才”1人；湖北省“百人计划”入选者、特任教授1人；“地大学者”青年拔尖人才、特任教授3人。控制科学与工程博士后科研流动站进站博士后7人。在2022年的岗位聘用和聘期考核工作中，学院3人高聘教授，3人高聘副教授；1人特任副教授期满考核优秀，获聘特任教授。3人入选科睿唯安2022“全球高被引科学家”榜单，1人入选湖北省“楚天学者计划”楚天学子，1人获批湖北省自然科学基金杰出青年项目。

学院紧密围绕“十四五”发展规划各项指标任务，认真完成“一流学科”建设项目“智能地质装备”的建设内容。科研平台建设扎实推进，复杂系统先进控制与智能自动化学科创新引智基地成功通过验收并获得第二轮滚动资助，地球探测智能化技术教育部工程研究中心召开了第一届技术委员会第二次会议，复杂系统先进控制与智能自动化湖北省重点实验室成立了第二届学术委员会并召开了第一次会议。进一步落实科研团队规范化管理，激发科研团队热情，创新学科内涵式发展。

学院着力推动重大科研项目谋划与组织、重要科研奖励凝练与申报和社会服务能力质量提升。在科研项目申请、科研成果总结方面成绩显著。学院在研的科研项目合同经费共计6 071.1万元，其中国家自然科学基金2507万元，其他国家级项目988万元，部省市级项目772.8万元，企业合作项目1 803.3万元。全年新增国家自然科学基金项目13项（面上项目4项，青年基金项目

9项),纵向项目(部、省、市)14项,企业合作项目18项。在国内外重要学术期刊发表论文174篇,其中学校认定的T1级学术期刊论文53篇;T2级学术期刊论文64篇,在国内外重要会议发表论文134篇;获国家发明专利授权36项,吴敏教授荣获“湖北省百名专利发明领军人才”荣誉称号;出版著作与教材5部。省部级科研奖励获得新突破。吴涛等获湖北省科技进步奖二等奖;宗小峰等获湖北省自然科学奖三等奖;曹卫华等获湖北省地质局李四光地质科技成果奖一等奖。

学院克服疫情带来的不利影响,加强对外交流与合作,组织或承办大型国内外会议或论坛、邀请国内外知名专家学者作讲座报告、鼓励青年骨干教师出国交流及设立开放基金项目鼓励与国内外高水平研究机构(企业、研究所、高校)及团队展开交流合作等多层次的学术交流活动。2022年,成功主办第六届中国智能地质装备技术发展论坛、第十四届中日信息技术与控制应用国际学术研讨会,2场复杂系统先进控制与智能自动化国际学术研讨会(夏季、秋季);邀请国内外知名专家学者学术报告(讲座)108场;派出教师和研究生共53人次出国(境)访问、讲学、进修、参加国际或双边学术会议交流。9人应邀在国内外大型学术研讨会上作大会(专题)报告15场。2022年,学院积极走出去,赴山东、湖南、重庆、河南等地访企拓岗、与企业开展科研合作交流等,面向国民经济主战场扩展与企业的科技服务和合作。

【加强实验室建设,优化资源配置】

学院大力推进实验室建设。基于学校实验室建设“四横三纵”布局,以面向全校新工科(工训中心)为主旨,完成了学院实验室建设:2021年教育部实验室建设修购专项项目;教三楼电工电子示范中心、大学生电子信息创新基地顺利投入使用;积极开展电工电子基础类综合虚拟仿真实验项目、传感器和嵌入式系统口袋实验室项目的申报;申报了教育部设备类修购专项项目,通过了校内答辩,列入2024年度教育部修购专项项目库;积极响应和认真组织教育部贴息贷款项目的申报,获批17个项目,总金额1250万元,已顺利进入采购流程;积极推进本科专业实验室线上线下相结合的本科实践教育体系方案论证;过程控制实验室获批学校高水平实验室。

学院资源配置和信息化建设稳步推进。2022年,学院根据省重点实验室、教育部工程研究中心建设的要求,面向“双一流”学科重点研究方向:地球科学与资源工程、海洋科学与装备、地质灾害防治等领域的智能化理论、技术与应用,开展了创新实验室的论证和建设工作;进一步优化资源配置,推动了学院建立定位明确、特色鲜明的前沿创新基地,支撑“双一流”学科建设项目、湖北省特色学科群和“人工智能与地球探测”交叉学科方向等建设。完成了智慧学院、信息楼门禁监控系统的设计方案,有力推进了学院各项管理智慧化、信息化建设。

【完善工作机制,做好群团校庆校友工作】

2022年是学校建校70周年,学院按照

学校的总体安排，做好学院的校庆校友工作。学院成立校友工作组，加强校友联系，共计与1000余名校友建立联系，邀请校友参加“云校庆”系列活动，增强了校友的荣誉感和凝聚力。在校庆期间，募集校友捐款36.5万元，设立奖学金两个。

学院进一步加强工会、团委、学生会等群团组织建设，倡导“努力工作、快乐生活”的工作学习理念，持续推动学院“三个人人”文化品牌建设，营造了健康、和谐、团结、向上的文化氛围。完善学院荣誉体系，在全院教职工中形成学习先进、激发干劲的良好氛围。2022年教师节期间，举办了教师节座谈会，对从教满20年和30年的教职工进行了表彰，这也是学院荣誉体系的一部分。完成了学院文化室建设，总结凝练学院成立以来的发展成就和特色，展示了学院发展精神和文化传承。

（撰稿：张晓锋；审稿：朱荆萨）

经济管理学院

【概况】

经济管理学院现设有工商管理系、经济学系、管理科学与工程系、会计系、旅游管理系、金融与贸易系、统计学系7个系和专硕教育中心。拥有资源环境经济研究中心、区域经济与投资环境研究中心、产业经济研究所、经济研究所、旅游发展研究院、管理咨询研究所、电子商务国际合作中心、现代项目管理研究所等8个研究机构。主要研究方向为能源经济、管理系统仿真、资源产业及区域发展、信息管理与信息系统、矿产资源战略与管理。

学院设有工商管理、市场营销、会计学、旅游管理、信息管理与信息系统、工程管理、经济学、国际经济与贸易、统计学9个本科专业，实现了省级以上一流本科专业全覆盖，是学校办学规模最大的学院之一。拥有1个博士后流动站（管理科学与工程），2个一级学科博士点（管理科学与工程、应用经济学），3个一级学科硕士点（管理科学与工程、应用经济学、工商管理），2个湖北省重点学科（管理科学与工程、应用经济学），5个专业硕士学位点（工商管理、会计、资产评估、金融学、应用统计）。

学院现有教职工175人，其中专任教师150人、党政管理和教辅人员25人。专任教师中教授35人、副教授78人，具有博士学位者126人。国家“万人计划”哲学社会科学领军人才1人，国家自然科学基金优秀青年基金项目获得者1人，国家高层次人才特殊支持计划（即“万人计划”）青年拔尖人才1人，教育部新世纪优秀人才1人，首批湖北省青年拔尖人才培养计划1人。

2022年学院有本科生1777人、研究生1749人。据湖北省就业指导中心审核通过的数据显示，截至2022年12月底，本科生就业率为93.09%，升学出国率36.87%；研究生就业率93.65%，升学出国率2.59%。

【党的建设和校园文化建设】

学院党委将学习宣传贯彻党的二十大精神作为首要政治任务，把学习宣传贯彻党的二十大精神与学院党建、思政、教育教学、科学研究等工作一体化融合推进。2022 年，学院党委入选"湖北省高校党建工作标杆学院"建设单位，逐渐形成"五融工作法"党建工作品牌，旅游管理系、经济学系党支部先后入选全国党建工作样板支部培育创建单位并顺利通过验收。学院党委加强顶层设计，紧扣迎接党的二十大胜利召开和学校 70 周年校庆两大主题，以加强党的组织建设推动校园文化建设，通过具有校园特色和时代内涵的党建文化活动的开展，丰富校园文化生活，助力形成全校师生员工共同学习进步的良好氛围。组织学生骨干观看"同上一节形势与政策大课"，加强对学生骨干的思想引领和价值塑造。开展 6 期集中观看 2022 年高校党组织示范微党课并发起热学热议，弘扬主旋律，传播正能量，并通过举办"听党话、跟党走，争当新时代好青年"主题宣讲比赛和"我学二十大、争当追梦人"主题网文比赛，引导学生党员围绕学习党的二十大精神谈体会、谈思考，并结合自身成长经历讲述"新时代十年的伟大变革"，展望"中国式现代化"发展愿景，立志做有理想、敢担当、能吃苦、肯奋斗的新时代好青年。学院深入开展清廉经管建设，征集师生廉洁文化作品，大力弘扬清廉守正、担当实干之风。

学院院本文化更趋完备，将传播学院文化贯穿人才培养全过程，使师生深入了解学院文化，增强归属感；为庆祝建校 70 周年，拍摄学院形象宣传片《卓越你我》，展经管风采，增强师生自豪感；设计制作系列校庆主题文化产品，依托师生喜闻乐见的文创产品传播学院文化，增强师生认同感。工会思想政治引领持续加强，以"能力提升年"为主题引导全体教职工开展各项工作。学院开展丰富多样的文化活动，组织开展"艾草香囊""扎染 T 恤"和"蔬菜采摘"等系列活动庆祝国际劳动妇女节，通过 DIY 手工活动疏解身心压力，增进了职工间的交流与友谊；为职工举办集体生日会，分享工作和生活中的趣事家常；分工会被学校评为先进集体；学院在学校第四届优秀网络文化成果评选中获一等奖 1 项，二等奖 1 项，三等奖 4 项，获评"优秀组织单位"；在"廉洁文化宣传设计大赛"中获二等奖 1 项，三等奖 1 项、优秀奖 7 项，获评"优秀组织单位"；在湖北省教育厅关工委"读懂中国"活动中获"优秀征文奖"1 项。积极开展校庆学院活动，举办院长论坛暨一流专业建设研讨会 1 场，举办"经管论坛"学术讲座 50 余场，"名家论坛"11 场；精心制作学院教师系列专访——经管"云师说"视频，献礼学校 70 周年校庆，通过采访 10 位荣休教师、7 位在职教师，引领全院师生倾听经管故事、感悟经管文化、凝聚经管力量。聚焦特色美育体育文化，举办庆校庆"青春舞者"首届校园舞蹈大赛、"阳光心理，你我同行"趣味运动会、师生运动会、毕业文艺晚会、篮球赛、羽毛球赛等，获校第七届教职工羽毛球混合团体赛亚军。

【学科与专业建设】

学院高度重视学科建设，坚持内涵发展、特色发展，以一流学科孕育一流专业，一流专业支撑一流教学，一流教学成就一流学生。为进一步推进学院学科持续和快速发展，成立应用经济学、管理科学与工程、工商管理3个学科建设咨询委员会，为增强学科主干方向和特色领域的核心竞争力把脉问诊、精准施策。在第五轮学科评估中，学院应用经济学和管理科学与工程两个学科进步显著，实现了档次升级；资产评估专硕专业在水平评估中获得了优良成绩。教师全员开展多种形式的课程思政实践，一门课程获得第二届“智慧树杯”课程思政示范案例教学大赛全国一等奖。进一步推进专业建设的内涵建设，3个本科专业入选国家一流专业建设点，4个本科专业入选省级一流专业建设点，3门课程获得湖北省一流课程，2个项目获评湖北省教学成果一等奖，6个项目入选教育部首期供需对接就业育人项目。教师参与校内外一流专业建设的研讨活动，举办迎校庆经管院长论坛暨一流专业建设研讨会。学院深入推进教育教学改革，不断探索新文科教育教学模式，全面建成现代化的新文科实验室和智慧教室；启动第一期“智慧经管”建设，将教师、学生、教学、科研、成果、双一流建设、党建等多主题的数据统一建模，统一存储，实现一张“大表”存储与管理。积极开展访企拓岗行动，组织师生赴武钢集团、长江云通、融创智谷园区、易能科技公司等一批企业进行走访实践和岗位拓展，与中建深圳装饰有限公司、惠之美生活服务集团、深圳市乐有家控股集团有限公司、申万宏源证券有限公司、长江日报创投基金公司等10余家企业签订合作协议，挂牌成立产学研基地。学院与武汉易能科技股份有限公司、武汉福尔科技有限公司、汉王数据技术有限公司和武汉市森鑫科技有限公司等企业新成立教学实践基地，新增设1项社会类奖学金“锦冠励志奖学金”。

【科学研究与社会服务】

科学研究稳步推进。2022年完成教育部人文社科、国家社科、国家自科等三大基金的申报工作，学术科研成果实现历史性突破，获批国家自科项目重大项目子课题1项，国家自科基金面上、青年项目11项，国家社科基金一般项目3项，国家社科基金后期资助项目4项，教育部人文社科项目5项，合计24项。获第十三届湖北省社会科学优秀成果二等奖3项，获湖北发展研究三等奖1项。获得1个湖北省科研团队。学院获得2022年校级科研管理先进单位。学术交流活动有序开展，组织申报湖北省人文社科奖励并召开人文社科奖励座谈会；开展经济管理学院首届优秀科研成果奖评选；出版《经济管理学院科研成果十年汇编》；承办或主办2022年绿色金融学术年会，2022年中国区域经济学会年会暨新时代区域协调发展与共同富裕学术研讨会，第二十一届武汉电子商务国际会议，2022年(第七届)绿色消费与绿色营销专题研讨会等学术会议；组织第八届全国大学生能源经济学术创意大赛。学院9项咨政建言获得副省级以上领导批示，社会服务职能、智库建设与院企合作不断深化。

【人才引进工作】

引进特任教授1人，专任教师2人，辅导员1人，师资力量不断加强，年龄结构、学历结构持续优化。推进以柔性人才引进海外博士，邀请海内外博士、博士后 18 人参加 2022 年学校国际青年论坛。

【国际学术交流】

国际化合作不断巩固。启动中国地质大学(武汉)与雷恩高等商学院本硕连读联合培养项目，组建了第一届中法经济学班；继续落实与新鲁汶大学交换生项目，推荐学生到新鲁汶大学从事交换生项目；协助学生参加国外大学线上课程、远程实习等；邀请国际教育学院领导和老师到学院宣讲出国留学项目的政策；邀请教师做雅思、托福等语言考试备考讲座。2022 年学院邀请一批海外知名学者进行学术报告与交流研讨，国际交流氛围得到进一步加强。

【人才培养效果】

学院党委制定《经济管理学院"三全育人"综合改革实施方案》，进一步完善具有院本特色的思想政治工作体系。学院课程思政建设取得丰硕成果，形成了体系化的课程思政群，2022 年学院收集了 56 门课程思政优秀案例，启动编撰出版《经管类课程思政案例集》。建立"光谷劳动教育实践基地"，开辟传统劳动教育和园林园艺课程实践教育。获评湖北省暑期"三下乡"社会实践优秀团队和先进个人荣誉各 1 项。学院团学工作获"标兵学生会""标兵研究生会""十佳大学生志愿服务团队""十佳团属新媒体平台"等大满贯荣誉。制定《班主任队伍建设办法》，充分发挥班主任在大学生思想政治教育中的骨干作用。制定实施《全员促就业动员方案》《毕业生就业工作推动计划》，学院 2022 届毕业生年底就业去向落实率达到 93.95%。开展新一轮本科生、研究生人才培养方案修订工作，进一步夯实"三融合""三融三跨"人才培养模式。开展"执笔经生"最美笔记评选，不断浓厚"严"在经管的优良学风，本科生年度平均绩点达 3.58，课程优秀率为 46.85%(较去年上涨 6.24%)。制定实施《学生竞赛分级办法》，获评 A 类竞赛国家一等奖 1 项、二等奖 1 项，省级奖 6 项；获评各类行业性竞赛国家和省部级奖项 40 余项；5 位学生获"互联网+"国赛银奖，10 余位学生获省赛金银奖。MBA 项目获评 2022 年度中国商学院"最佳 MBA 项目 TOP100"奖和 2022 年度商科教育行业特色院校奖。

(撰稿：陈永佳；审稿：杨昌锐)

外国语学院

【概况】

2022 年，外国语学院以习近平新时代中国特色社会主义思想为指导，深入学习贯彻党的十九届六中全会精神和党的二十大精神，切实解决师生"急难愁盼"问题，坚持从严治党，强化廉政纪律。强化政治引领和政治认同，增强与高层次人才及党外代表人士的凝聚力、战斗力、向心力。全年发展党员 35 人，转正党员 45 人。在师生共同参与下，开展本科生红色场馆文化外译、研究生"一带一路"宣讲，打造"红色+专业"党建与育人品牌，成绩显著。获第六届中国青年志愿服务项目大赛银奖、省金奖各 1 项、全国高校思想政治工作优秀案例二等奖 1 项。

学院现设有大学英语教学部、英语系、二外教学部 3 个教学单位；土库曼斯坦研究中心、湖北省高等学校英语语言学习示范中心、实验教学中心、研究生教育中心、外国语言文化研究所 5 个教研平台。现有教职工 100 人，其中专任教师 83 人，含教授 9 人、副教授 41 人，具有博士学位 24 人、硕士学位 57 人，占专任教师总数的 97.59%。另有外籍教师 2 人。硕士生导师 50 人。

学院现有学科体系完备，拥有外国语言文学一级学科硕士学位授权点、翻译(MTI)专业学位硕士授权点，设有英语本科专业。外国语言文学一级学科硕士学位授权点设有外国语言学及应用语言学、英语语言文学、翻译与国际传播、区域国别研究 4 个培养方向；翻译专业学位硕士授权点设有英语笔译、英语口译两个研究领域；本科设有“英语＋工商管理”双学位特色实验班。现有在籍本科生 350 人，研究生 344 人。2022 年招收各类学生 175 人，其中本科生 90 人，硕士研究生 85 人。

学院重视学生英语综合应用能力、创新意识和创新能力的培养。2020 级本科生一次性四级通过率维持较高水平、优秀率创历史新高，2018 级本科生毕业前四级通过率达 93%。第二课堂语言能力拓展活动成绩显著，全校学生共计获得全国三等奖 2 项，湖北省特等奖 6 项、一等奖 24 项、二等奖 94 项、三等奖 145 项。英语专业本科生获得外语类学科竞赛省级及以上奖项 15 人次，获得口笔译、计算机、教师资格证等行业资格证书 14 人次；英语专业研究生在外语类学科竞赛中获得省级及以上奖项 35 人次，获得含 CATTI 笔译、计算机、教师资格证等在内的各类行业资格证书 53 人次，参加学术会议并宣读论文 46 人次，在 SSCI 期刊发表英文论文 3 人次，实现了学院硕士研究生在 ESI 期刊上发表论文的突破。

学院持续打造“红、专、美、创”学生工作品牌，学生工作特色持续彰显。2022 年，外国语言文学硕士毕业生就业率为 100%，翻译硕士毕业生就业率为 98.15%，本科生就业率为 88.51%，学院毕业生就业率为 93.04%。

学院科研成果取得显著突破。购置了 Language Box 智能语音识别系统，助力学院教学和科研工作。获批教育部科技发展中心项目 1 项，教育部中外语言交流合作中心项目 1 项，省级项目 3 项，横向项目 3 项。教师发表学术论文 26 篇，其中 T5 及以上论文 23 篇，T1 论文 3 篇、T2 论文 6 篇、T3 论文 2 篇。大力加强国内外交流与合作，积极举办学术论坛及学术会议，与国内外同仁一道共商语言教育大计，极大地提升了学院在国内外的知名度和影响力。

学院拥有中国地质大学(武汉)教育部出国留学培训与研究中心及其旗下的雅思、上海外语口译考试、国际人才英语考试考点等社会服务基地，服务水平稳步提升，办学资源进一步拓展。学院教师发挥学科优势，积极参与社会服务，承担社会工作，为国家及湖北省经济社会发展、特色行业发展、学校国际化进程提供专业语言服务。

学院扎实做好校庆系列工作。翻译团队为校庆70周年《校庆公告(第1号)》、校庆专题片、《武汉共识:新地学教育倡议》等多个文稿提供英文翻译和审校服务,英文译文登载于 *China Daily*,译文质量获好评。精心组织校庆系列学术活动,承办面向"双碳"目标的能源话语与学术英语教学研讨会暨中国能源外语联盟第三届年会,举办70周年校庆学术月活动系列讲座10场,并围绕校庆主题,组织了学生英文演讲和征文比赛等。

【落实学习教育,坚持实践暖心】

扎实开展学习宣传贯彻落实党的二十大精神。院党委组织党员师生代表集体观看党的二十大开幕式,并召开师生学习座谈会。制定实施方案,系统推进全院师生学习党的二十大精神。充分利用学院党委理论学习中心组、支部主题党日等组织党员干部、师生党员集中学习习近平总书记在党的二十大上的重要讲话精神等。开展"我学二十大 争当筑梦人"主题征文活动,收到征文120余篇。英语系学生结合专业开展二十大报告双语学习。完成"党员干部下基层察民情解民忧暖民心"实践活动。学院党委建立《党员干部下基层察民情解民忧暖民心实践活动问题清单、任务清单和效果清单》,确立班子成员党员干部"我为广大师生办实事"重点项目9项;党员领导干部立足本职工作,深入开展走访调研、关怀慰问、结对帮扶,切实解决师生"急难愁盼"问题。实践活动推进以来,学院党员干部实施相关项目15项,超出原规划任务清单6项,超额完成实践活动。对需长期服务师生的项目,将坚持长抓不懈,保证服务效果与质量。

【坚持从严治党,强化廉政纪律】

加强基层组织建设。严格落实理论学习中心组学习、党委会、党政联席会、主题党日等制度,召开党委会12次、党政联席会19次研究部署工作,落实"结对领航"工作任务。

持续加强思想理论学习。学院领导班子成员全年讲党课15次,教职工党支部书记(委员)讲党课15次,组织干部和教师完成了"中层干部网络培训""暑期教师专题研修"等5个班次的学习,暑期召开"外国语学院班子成员及三级单位负责人工作研讨会"。

落实意识形态工作责任制。与三级单位签订《意识形态安全责任书》《全面从严治党责任书》,加强网站、微信公众号等信息安全排查,建立少数民族学生台账。开展"对标争先"。2人获评校级"优秀共产党员",1人获评校级"优秀党务工作者",1个党支部被评为校级"先进基层党组织"。获组织部2022年度"一院一品"党建品牌项目1项、研究生工作部2022年度研究生党建与思想政治教育品牌项目2项。

坚持"四责协同",强化廉政纪律,坚持"三重一大"决策制度。及时传达学习党风廉政建设和师德师风建设的相关文件及要求,召开党风廉政与师德师风建设专题会议。与三级单位签订《党风廉政建设责任书》,以开展党风廉政建设"宣教月"活动为契机,加强党风廉政建设宣传教育与日常监督，强化风险防控与制度保障。注重典型选树，1名教师荣获校级“最受欢迎教师”，2名教师荣获校级“优秀班主任”。

【拓展学术平台，成果再创佳绩】

针对科研短板，精准发力，政策支持，全员投入。依托ESI团队项目建设，学术论文发表取得显著突破。学术团队建设进一步加强。各团队负责人制订了常规工作计划，定期组织团队活动。科研成果取得显著突破。2022年共发表T5以上论文23篇，比2021年增长了136%，其中T1论文3篇，T2论文6篇，均达到历史新高，ESI论文发表数量和质量逐年攀升。承办面向“双碳”目标的能源话语与学术英语教学研讨会暨中国能源外语联盟第三届年会，提升师生学术能力，凸显校本特色，扩大社会影响。会议以线上线下相结合的方式进行，国内40余所高校的专家学者和研究生共200余人参加“双碳”会议，1000余人通过平台观看会议直播，学院5名教师在大会上做了主旨发言。会议圆满成功，在学校主页、中国社会科学网等多个平台和媒体进行了宣传报道，取得了良好的社会反响。

【铸造学工品牌，特色持续彰显】

“红、专、美、创”学生工作特色持续彰显。“红在外院”，持续推进“专业+红色教育”，“译术行者”志愿服务团队的“译红色文化　传语言力量——红色文化国际译介志愿服务项目”获第六届中国青年志愿服务项目大赛全国银奖、湖北省金奖。“专在外院”，在学生中开展学情调研，多措并举加强学风建设成效显著，严谨务实、优秀卓越的院风学风日益浓厚。“美在外院”，举办中西文化节、“美丽大讲坛”、美育工作坊、寝室文化节等加强校园文化建设，“研究生美育实施路径创新研究——以‘美丽大讲堂’系列美学培训活动为例”被研究生院和组织部作为2022年度研究生党建与思想政治教育品牌重点项目立项支持。“创在外院”，出台《外国语学院科梦(commence)创新创业资助计划实施方案》，开办第一届TikTok海外直播技巧公益培训班。落实《外国语学院促进2022届毕业生充分就业工作方案》，院领导班子带头开展访企拓岗走访10多家用人单位，新增3个实习实训基地，邀请校友线上、线下举办职场分享讲座和专场招聘会，发动全院教职工开展就业帮扶。学院2022届毕业生就业率93.04%。

【持续深化改革，提升育人水平】

进一步深化大学英语课程改革。制定新一轮基础课教学方案，修订大学英语教学大纲，不断加强课程思政。改革课程评测方式，开展大学英语线上测试和阅卷工作，有助于构建高效、准确的形成性评价和终结性评价相结合的课程评价机制。

加强英语专业一流本科专业和一流课程建设。一流课程建设持续发力，不断推动英语本科专业教育理念、教学模式和方法创新。学院首次获批省级“一流专业”，英语专业获批湖北省一流本科专业建设点；新增省级一流课程1门。

加强师资队伍建设。抓好学院青年教师讲课比赛，推荐优秀青年教师参加学校及省级以上教学比赛，促进教学创新能力提升,5位教师(团队)获得外语类教学大赛省级及以上奖项。积极组织教师进行业务能力提升培训,教师培训参与度高。"暑期教师专题研修班"参加率与完成率均为100%,是全校唯一全员培训单位。大学英语写作课程团队获评"外研社2022年暑期高校外语教学研究与教师发展系列研修班优创奖"。组织英语系与二外部16位老师参加教育部高等教育司组织的《理解当代中国》多语种系列教材培训。获批教育部产学合作协同育人项目1项,湖北省教学研究项目1项,校本科教学改革研究项目4项,通识教育选修课项目2项。

【发挥学科优势,承担社会服务】

发挥学科优势积极承担各项社会公共服务。学院教师多次承担各类国际国内大型会议同声传译及交替传译工作。学院翻译团队的师生多次为70周年校庆提供各类材料文稿的翻译和审校服务,时间紧,任务重,翻译团队克服困难保质保量完成各项翻译服务工作,译文登载于*China Daily*,译文质量获好评。先后派出1位教师及4名学生赴保加利亚孔子学院担任中方院长及志愿者。2人先后分别受教育部委派担任驻澳大利亚使馆三秘和驻俄罗斯叶卡捷琳堡总领馆一秘衔领事,为促进对外学术、文化交流作出积极贡献。

有序开展行前培训和语言培训。教育部出国留学培训与研究中心共举办6场"平安留学"讲座,成功举办出国留学人员公派留学第15期外语培训。共举办雅思考试28场,累计服务考生8000余人。组织开展2次上海外语口译证书考试,承办五环集团34名新进员工托业培训班。

资政服务取得突出成绩。学院秦屹等3位民主党派老师荣获参政议政先进个人等荣誉,其撰写的建言献策提案和研究报告等被国家相关部门采纳。秦屹副教授执笔撰写的《构建冷链物流生态闭环,破解农副产品季节性滞销难题》提案被评为十二届省政协优秀提案;调研报告《关于基于"一带一路"沿线中亚国家环境治理短板提升中国-中亚绿色发展合作水平的建议》被民盟中央采用,《关于推进湖北助力中土"一带一路"倡议和"复兴古丝绸之路"战略对接的建议》被湖北省政协采用,《关于推进"一带一路"绿色发展,打造中国-中亚命运共同体的建议》被中共武汉市委采用。

(撰稿:戴薇;审稿:刘世勇)

地理与信息工程学院

【概况】

地理与信息工程学院是由中国地质大学(武汉)和中国科学院地理科学与资源研究所、中国科学院精密测量科学与技术创新研究院共建的学院,由原信息工程学院、原地球科学学院地理科学系、原公共管理学院区域规划系合并组建,2019年12月21日正式揭牌,是学校完善以地球系统科学为特色的学科生态系统的一个重要战略举措。

学院高度重视党建与思想政治工作,始

终以高质量党建引领高质量事业发展。2022年，设有教师党支部5个，学生党支部35个，其中本科生党支部12个、硕士研究生党支部23个、博士研究生党支部1个；教师党支部书记按照“双带头人”标准、学生按照品学兼优标准，选好配强党支部书记。坚持标准，抓好培训培养，不断向党组织输送新鲜血液，全年共发展131名学生党员。

学院现有教职工134人，其中教授（含特任）33人、副教授（含特任）76人。设有地理科学系、测绘遥感系、空间信息系、实验教学中心等三级单位，负责地理科学、地理信息科学、测绘工程、遥感科学与技术、地理空间信息工程等本科专业的建设和教育教学工作。在校本科生1690人，研究生806人。

学院现有测绘科学与技术一级学科博士点，地理学、资源与环境和电子信息专业学位点，以及测绘科学与技术博士后流动站。实行学科建设责任教授负责制，分别组建测绘科学与技术、地理学学科建设工作组，负责学科的规划、建设、动态数据填报、学位点申报、评估组织等工作。

认真落实学校“一流本科行动计划”，推动“三融合”人才培养、主辅修制工作。遥感科学与技术专业完成专业认证现场考查；地理信息科学入选“国家一流专业”建设点、软件工程入选“省级一流专业”建设点。

瞄准国之所需，匹配国家重大战略与需求。建有“国家地理信息系统工程技术研究中心”“地理信息系统软件及其应用教育部工程研究中心”“洞庭湖区生态环境遥感监测湖南省重点实验室”“流域关键带演化湖北省重点实验室”等学术平台。学院聚焦学科学位点建设，积极推进筹建“区域生态过程与环境演变重点实验室”和“长江中游地学科学数据中心。

邀请校友企业进校园招聘，组建“职通车”求职工作室，针对就业困难学生以及“建档立卡学生”开展“一生一策”式帮扶，加强辅导员职业能力培养，提升就业指导成效。建立完善学院用人单位数据库，拓展实习实践基地。2022届毕业生就业率为91%。

学院以美丽湖北、地理智能为依托，打造学术交流平台。承办中国地理学会长江大保护与绿色发展高端论坛、第18届中美碳联盟、第三届中国空间数据智能学术会议、2022年第十三届全国高校地理学联合野外实习，主办第三届地理空间智能系列在线讲座、大地测量学科学术论坛、智慧城市论坛等。《中国地理科学评论》（ISSN：2708-681X）第一届编委会暨“未来地理对话”筹备会由学院承办召开。广泛邀请国内知名专家学者到学院讲座交流，学院学术氛围浓厚。

重要工作及进展

【全面加强党的建设，汇聚办学治院合力】

严格执行新形势党内政治生活制度，落实民主集中制，抓实“两学一做”学习教育常态化。团结带领班子成员认真履行“一岗双责”，严格执行“三重一大”、党委会及党政联席会制度，全年召开党政联席（院务）会和班子会14次，主持召开党委（扩大）会13次，对重要事项进行研究和部署，推动事业科学有序发展。

学院党委认真组织开展学习教育活动。巩固和深化党史学习教育以及“四史”宣传教育成果，弘扬伟大建党精神，系统学习《中共中央关于党的百年奋斗重大成就和历史经验的决议》，推进党的历史和创新理论进教材、进课堂、进头脑。用社会主义核心价值观统一思想、凝聚人心、推动发展。制定党的二十大精神学习实施方案，组建党的二十大精神宣讲队，全面系统推进党的二十大精神的学习宣传，浓厚学习氛围，汇聚干事创业的磅礴力量，踔厉奋发、勇毅前行。学院党委委员、测绘遥感系党支部书记刘福江和博士生归旋入选湖北省教育厅师生巡讲团成员。

学院党委第一时间组织召开党委专题会、工作会，对照整改方案和台账进行有序整改，积极推进重点整改任务整改到位。组织教师党支部书记述职评议考核，指导开展学生党支部书记述职评议。开展党风廉政建设和师德师风建设活动，持续加强科研经费管理教育、考风考纪宣传教育等，坚决落实师德师风考风“一票否决制”。

按照“七个有力”的要求，推进师生党支部规范化建设，着力推进“结对领航——让党旗更光辉”工程、“党徽照我行——支部引领工程”“研究生示范党支部建设工程”。重点推进支部立项和设岗定责工作，党支部立项 34 项、团支部立项 23 项，设岗定责 329 人。认真组织党员民主评议和党内评优，全体学生党员均参加评议考核，优秀率近 30%，合格率约 70%。

完善意识形态领域风险防控体系，加强阵地和教材管理。健全工作体制机制，签订责任书，落实责任制，强化教育，严格执行“一会一报”“一事一报”制度，着力打造“平安地信”，做好应急突发事件处置工作。

【坚决落实上级指示，疫情防控工作有力】

坚决贯彻落实习近平总书记重要指示精神，贯彻落实各级政府和学校统一部署，坚定不移地把疫情防控工作作为一项重大政治任务来抓，以此巩固学院“不忘初心、牢记使命”主题教育成果。

切实发挥学院党委的领导核心作用，及时制定“关于新冠肺炎疫情防控应急处置工作方案”，成立由院党委书记、院长任双组长的应急处置领导小组，统一领导、指挥学院疫情防控工作，坚决执行学校工作安排。统筹推进疫情防控和学院事业发展。巩固现有疫情防控成果，继续精细化、人性化、柔性化做好常态化疫情防控工作，按照上级要求完成了疫苗接种和核酸检测工作。坚持疫情防控日报告、零报告制度，继续加强聚集性活动和发热人员管理，做到应急响应顺畅。扎实开展新时代爱国卫生运动，提高师生卫生与健康防护意识。充分发挥全体学生党员的先锋模范作用，积极推进学生安全稳定“网格化”管理，夯实平安校园的制度基础。抓好在线教学组织与管理工作，积极开展线上授课和线上学习，保证防疫期间教学进度和教学质量，实现“停课不停教、停课不停学”；开展思想引导、心理疏导和学习生活指导，坚定师生打赢疫情防控阻击战的信心和决心。

【以一流专业建设为契机，构建一流本科人才培养体系】

探索"三融合"院本化，推进一流专业建设，培养拔尖创新人才。落实本科专业负责人制度，由徐景田、关庆锋、王伦澈、刘修国等教授分别负责测绘工程、地理信息科学、地理科学、遥感科学与技术等4个一流本科专业点建设，专业建设经费支持教育教学研究、教材建设、课程建设等。以生为本，尊重学生意愿，高质量完成2021级本科生专业分流工作。在学校实验班/基地班人才培养模式改革总结评审中，信息科学实验班排名第4。积极承担李四光学院和未来技术学院人才培养工作，探索新型拔尖创新人才培养模式，2021级5名同学入选学校"李四光计划"，2019级59名学生获推免资格。

不断完善"招生-培养-就业"机制。制作专题宣传片，加大招生宣传力度，学院两个大类招生稳定。围绕一流本科专业建设，对标国内外一流学科专业、工程认证标准和专业国家标准，围绕培养目标定位-能力模块-课程组顶层设计，积极推进本科人才培养方案修订，实现前两学期测绘和地理大类之间打通培养、前三学期大类内部打通培养，持续完善课程体系，优化教学资源配置，目前已经完成国内A＋学科专家评审。及时与用人单位对接，有效推进本科生就业工作，2022届416名本科毕业生就业率91％。

高度重视实践教学，教学实验室建设有成效。完成2022年中央高校改善基本办学条件专项设备购置计划，学院获批总额498万元，上报项目已全部执行，执行经费446.95万元（招标结余经费2023年执行）。按照学校实验室建设的"四横三纵"原则，学院积极推进"信息化测绘综合实验室""自然地理学实验室"两个高标准实验室建设。学院牵头承办第十三届全国高校地理学联合野外实习，36所高校200余名师生参加，选取跨越江汉平原-鄂西山地的10余条经典路线展开野外实践教学，得到兄弟院校师生一致好评；实习期间开启"荆楚地理大讲堂"，邀请国家教学名师汤国安教授等5位老师做客大讲堂，引起热烈反响。

加强创新创业教育，产学研用融合。加强"行业/企业前沿"课程建设，对接主要行业单位，完成7次课程，2019级本科生课程创新创业学分完成认定。获批大学生创新创业训练项目54项，其中国家级13项、省级34项。推动全国高等学校大学生测绘系列竞赛纳入学校竞赛目录统一管理，并承办2022年度"南方测绘杯"全国大学生测绘学科创新创业智能大赛校赛。

建章立制，完善本科人才培养体系。制定《地理与信息工程学院学生课程考核违规的处理建议》《地理与信息工程学院推荐申报"李四光计划"实施办法》《地理与信息工程学院教材资助管理办法》《地理与信息工程学院推荐申报本科教学改革研究项目实施办法》，修订《地理与信息工程学院信息科学实验班实施办法》。调整院教育教学委员会、教学综合评价小组和教材工作小组成员。建立"红线""橙线""绿线"本科教育教学信息分类传导与责任机制。

遥感科学理论课程组获2022年湖北高

校省级优秀基层教学组织。李长安教授牵头申报的成果获省教学成果奖二等奖、曾杰副教授参与申报的成果获省二等奖,郑贵洲和刘修国教授分别牵头的成果获校教学成果奖一等奖,吴北平教授等主编的教材获校教材奖二等奖。张绪冰、岳林蔚、刘福江等副教授新获批教育部产学研协同育人项目3项、省教学研究项目2项,获批校级一般教学研究项目7项。新出版教材《空间统计理论与方法》《旅游地理学》;《数据库课程设计与实操(第二版)》《生态地理学》将由学院支持出版。推荐刘修国教授为教育部高等学校教育专家,推荐王绍强教授等13名同志为本科教育教学评估专家。

【聚焦学院内涵建设,提升育人能力水平】

尝试构建具有院本特色的思政工作体系,把思想政治教育工作贯穿学生成长发展全过程,提升思政工作质量和成效。本科生第三党支部入选学校"样板党支部培育工程",学院团委书记、党支部书记赵晓振面向团委学生会干部,强化党建带团建,年度考核合格;与科研团队对接,设立全球变化、环境遥感、空间规划3个团队党支部,选聘3名青年教师任支部书记。充分发挥"五老"作用,依托"读懂中国"活动平台,先后邀请李长安、盛宏模、吴东华等老同志为学生开办《立德树人我行动:怎样树立坚定的马克思主义信仰》《生态文明我践行——地理人的职责与使命》《百年党史我见证——历史责任》等讲座;举行"迎校庆 听老校长讲地大故事"专题报告会,老校长张锦高教授来院与师生交流。博士毕业生姚瑞获评长江学子,本科生董张驰在话剧《大地之光》中扮演李四光,本科生张越森开讲《思政第一课》。

加强辅导员、班主任、导师和兼职辅导员队伍建设。试点本科生导师制,为辅导学生学习、参加学科竞赛、培养科研素养提供支持。地理科学系面向2022级新生,探索实施"导师制+项目制",建立创新培育师生团队;空间信息系、测绘遥感系面向2022级新生,为创新班每一名学生配备导师。加强学科责任教授、专业负责人思政教育,推进课程思政建设,将思政工作融入学科专业建设、人才引育、科学研究和服务社会等。启动新一轮师生党支部"结对领航"工程,促进师生党支部的有效对接;积极推动研究生导学团队建设,关庆锋教授牵头的导学团队入选学校前20。朱祺琪老师被评为学校十佳班主任,刘福江、明祖涛、陈万旭等老师被评为学校优秀班主任。尝试建立兼职辅导员工作体系,加强大学生思政工作。

成立学院青年教师联谊会,邀请张锦高老校长担任名誉会长,宋小青同志任会长,牵引带动青年教师成长。推动教学组织建设,锐思教学团队等20个教学团队(课程组)备案,与3系1中心形成基层教学组织体系。

【大胆推进,增强科研社会服务能力】

充分发挥学科优势,主动聚焦长江中游区域社会发展和乡村振兴。通过野外观测研究基地建设参与黄冈地区双碳目标、乡村振兴、自然灾害应急管理,实施与国企和上市企业等合作计划,增强测绘地理信息服务高质量发展的能力。加强地理、测绘科技资源科普化工程，提升学院的科普传播能力，刘福江副教授获中国地质学会“第一批精品地学研学课程奖”、武汉市“优秀科普作品奖”。

加强与各行政部门、行业部门的合作，提升我院社会服务能力建设。与中国石化石油物探技术研究院、东珠生态环保集团、华测导航、川谷汇等单位签订战略合作协议；与湖北省规划设计总院、武汉市规划研究院、武汉市自然资源保护利用中心等单位明确战略合作框架协议；协同武汉市规划研究院、武汉市自然资源保护利用中心承办第十六届规划和自然资源信息化实务论坛的“韧性规划　碳治耕地”专题论坛，受到学界、业界和政界的广泛关注。走访武汉市汉阳区、神农架林区、丹江口市、巴东县、秭归县人民政府，咸宁市发展和改革委员会、黄冈市自然资源与规划局和林业局等，开展决策支持服务交流。走访十堰青龙山公园管理局、湖北省国土空间规划研究院、湖北省规划设计总院、湖南省地质调查所、武汉市规划研究院、武汉市自然资源保护利用中心、武汉生态设计研究院、上海华测导航技术股份有限公司、广州南方测绘科技股份有限公司、东珠生态、神旅集团、南水北调中线工程纪念园、太极峡景区、恐龙蛋地质公园等企事业单位，开展社会服务合作。与中国科学院精密测量科学与技术创新研究院、武汉大学测绘学院、遥感信息工程学院、华中师范大学城市与环境科学学院、兰州大学资源环境学院等兄弟院校，开展学科专业建设交流。

【打造学术交流平台，营造良好学院氛围】

承办“第三届中国空间数据智能学术会议(SpatialDI 2022)”，会议邀请李德仁院士、Michael Goodchild 院士(美国艺术与科学院)、Michael Batty 院士(英国皇家学术院)等 6 位世界著名学者作大会主旨报告，设置 3 场前沿讲习班、10 场专题论坛、会议论文快闪和论文海拔长廊等环节，吸引超过 300 人线下参会者和众多线上参会者。主办和承办“第三届地理空间智能(GeoAI 2022)系列在线讲座”，邀请来自中国、美国、英国、德国、澳大利亚等 5 个国家的 11 位学者和企业代表作专题报告，场均观众超过 1500 人。承办“第十八届中美碳联盟(USCCC)年会”，邀请来自中国、美国、加拿大、澳大利亚、日本等 30 多位学者从生态系统碳通量监测、岩溶碳汇、地质碳中和技术、生态系统蒸散发和水分利用效率等不同角度报告全球碳氮水循环领域的研究进展，提出陆地和海洋碳增汇建议措施，为我国提高能源利用效率和减排增汇提供新的发展思路。

校庆期间，学院邀请 30 余位校外知名学者来校讲学，以学术交流的方式庆祝地大 70 周年校庆。王伦澈教授任国际大气环境遥感学会(AERSS)创始理事、第十工作组(辐射与生态)主席，国际地理联合会(IGU)地理学与可持续性青年工作组(YECG-GeoSus)委员，*Frontiers in Environmental Science* 期刊副编辑(Associate Editor)。

积极对接国际前沿合作，董宇婷教授获洪堡基金资助，授予“洪堡学者”称号；孙嘉、唐玉倩、张正加 3 位青年教师完成访学返校;姚尧、周超、彭星、陈旭4位青年教师在外访学。

(撰稿:张振;审稿:许德华)

数学与物理学院

【概况】

数学与物理学院(简称数理学院)由数学与应用数学系、大学数学教学部、信息与计算科学系、物理系、大学物理教学部和物理实验中心等6个系(部、中心)组成,拥有湖北省大学物理实验教学示范中心、湖北省科普教育基地和武汉市科普教育基地,建有应用数学实验室、大学物理实验室、近代物理实验室、物理光学实验室、激光应用技术实验室、计算物理实验室、物理自主学习与开放实验室7个实验室。设有中国地质大学(武汉)数学科学中心、大学生数学建模创新基地、研究生数学建模创新基地和大学生物理实验创新基地。

学院现有数学和物理学2个一级学科,数学与应用数学为国家一流本科专业,物理学专业、信息与计算科学专业为湖北省一流本科专业。现有数学、物理学2个学术硕士学位点,应用统计学、材料与化工2个专业硕士学位点,自设现代数学与控制理论1个二级博士点。

学院现有教职工123人,其中教授25人、副教授59人,讲师18人,博士生导师19人,湖北省教学名师2人,省部级以上高层次人才11人。2022中国高被引学者2人,2022科睿唯安全球高被引科学家1人,湖北省有突出贡献的中青年专家1人,湖北省新世纪人才工程第二层次人才1人,湖北省教学名师2人,湖北省其他人才项目入选者2人,武汉英才产业领军人才1人,武汉英才青年优秀人才1人。

学院在校本科生731人,民族预科96人,硕士研究生336人。2022届本科毕业生193人,硕士毕业生46人,研究生就业率97.83%。2022届毕业生考研录取29人,保研34人,出国读研4人,本科生录研率达32.64%。

2022年是加快实施"十四五"规划的关键一年。这一年,学院党政同心,师生聚力,践行做事文化和成事精神,立足学院办学目标与发展思路,围绕专业建设、学科建设、人才培养和党建思政开展了卓有成效的工作。以习近平新时代中国特色社会主义思想为指导,全面贯彻落实党的十九大和二十大精神,深刻认识"两个确立"的决定性意义,增强"四个意识"、坚定"四个自信"、做到"两个维护",坚持和加强党的全面领导,全面贯彻党的教育方针,落实立德树人根本任务,稳中求进,锐意进取,以"数学特区"和"数学科学中心"建设为重点,推进数学学科和物理学科建设上新水平,推进数学、物理公共基础课程建设上新水平,实现学院各项事业高质量发展,为学校"双一流"建设和建设地球科学领域国际知名研究型大学作出了新贡献。

按照学校干部队伍建设五年规划和"十四五"干部素质能力提升计划,积极推进院、系部中心两级干部队伍建设。较好地落实了学院"十四五"规划，较好落实了学院党政主要负责人重点任务——亮点项目"数学与应用数学专业本科生党支部样板支部创建""数学学科省级奖励和省部级平台建设"。数学学科特区和数学科学中心建设扎实推进，物理实验中心成功申报并被授予武汉市、湖北省科普教育基地。

【党建领航风帆正，凝心聚力促发展】

学院党委深入学习宣传贯彻习近平新时代中国特色社会主义思想和党的二十大精神、习近平总书记重要讲话精神，院班子7名成员均完成讲廉政党课和党的二十大精神党课任务。制作"读懂中国"微视频"地大守望者——张锦高"，在校史馆开馆仪式上播出。

2022年5月，校党委第三巡察组对学院党委开展了巡察"回头看"，11月在反馈巡察"回头看"意见中指出了存在的主要问题。学院党委高度重视反馈意见，院系两级班子成员积极认领巡察回头看中反映的问题，群策群力制定出"回头看"反馈意见整改落实任务台账。推荐1名年轻教师(郭龙)挂职校纪委。

组织开展党员干部下基层察民情解民忧暖民心实践活动，扎实开展每月一次的支部主题党日活动，组织党员下沉社区开展常态化核酸检测工作。全年发展新党员63人、预备党员转正90人，新成立材料与化工专硕党支部。数学与应用数学党支部荣获学校先进基层党组织并作为代表在七一表彰大会上发言，卢成同志荣获优秀共产党员，孙宇涛同志荣获湖北省第三届"最美社区人"之"最美下沉党员"(唯一一人)。"党建+专业服务"视角下的公益科普获得学校"一院一品"党建品牌项目立项建设。

坚持全面从严治党战略方针，永葆自我革命精神，新修订《中共数学与物理学院纪委工作办法》，落实《数理学院廉政风险预警与防范管理工作实施细则》。建立健全了院领导联系支部、联系系部中心的制度，院领导与学院教师谈心谈话全覆盖。

【知数达理思政为先，本科教育硕果丰盈】

深入推进课程思政建设，成功举办全院课程思政交流研讨会，制定《数学与物理学院课程思政建设工作推进方案》。2022年新增3门课程获湖北省一流课程建设。韩艳玲团队的"大学物理"获批湖北省线上一流课程建设，刘安平团队的"数学物理方程"获批湖北省线下一流课程建设，张光勇团队的"纳米晶体生长及型貌演变过程的微观观测虚拟仿真实验"平台获批湖北省虚拟仿真一流课程建设。学院共有6门课程入选省级一流课程，涵盖公共基础课、专业基础课、实验实践课。

在专业建设上，2022年信息与计算科学、物理学专业获批湖北省一流专业建设，学院3个本科专业全部入选国家级和省级一流专业建设点。在人才培养上，李宏伟团队申报的"大数据背景下信息与计算科学专业'三位一体'人才培养模式的研究与实践"获湖北省教学成果二等奖。积极开展并完成了全校公共基础课分层教学方案修订工作，3个本科专业的2023版人才培养方案修订工作顺利推进。

在第二届中国地质大学(武汉)教师教学创新大赛中,吴妍(团队)获得特等奖。2022 年度校青年教师教学竞赛,张腾飞获理科组一等奖,金三梅获得理科组二等奖。在学校 2021 年度的教学表彰中,余绍权教学质量排名连续六年排在全院前 10%。本年度学院教学改革研究项目立项 20 项,其中课程建设项目 2 项,教材建设项目 6 项,重点项目 1 项,一般项目 3 项,学院自设项目 2 项,多位教师积极申报教育部产学合作协同育人项目。组织指导学科竞赛再创佳绩:本科生获全国大学生数学建模竞赛国家二等奖 7 项,湖北省一等奖 21 项,省二等奖、三等奖各 25 项。组织学生参加 2022 年湖北省大学生物理实验竞赛,获一等奖 1 项、二等奖 3 项、三等奖 5 项;组织学生参加 2022 年第八届全国大学生物理实验竞赛,获一等奖 1 项、二等奖 1 项、三等奖 2 项、优秀奖 1 项。

【科研与国际交流两翼齐飞】

2022 年新增基金项目数和经费有较大幅度提升,学院新增国家自然科学基金 11 项,新增浙江省自然科学基金 4 项,新增广东省自然科学基金(面上项目)4 项。2022 年学院教师主持在研国家自然科学基金 30 项,获批 2022 年度武汉市全民科学素质行动计划特色科普教育基地工作项目。新增纵向项目 23 项,纵向项目获批经费 497 万元(到账 303 万元),新增横向项目 9 项,横向项目获批经费 178 万元(到账 137 万元)。2022 年学院教师共发表 SCI 论文(已检索)172 篇,其中数理学院作为第一单位的 SCI 论文 78 篇,其中高被引论文 28 篇,T1 论文 13 篇,T2 论文 33 篇。

学院组织工作专班认真梳理数学和物理学科近十年(2012—2021)教育教学与科研成果,出版《矢志培养复合人才　开拓进取新时代——数学与物理学院学术成果汇编》。

学院 2022 年"数理论坛"学术交流专题系列讲座 62 期,含数学科学中心系列专题讲座 36 场,举办"知名学者学术讲座"3 期。主办了 5 场国内外会议,其中 2 场国际会议。会议主题涉及偏微分方程控制理论、微分方程定性理论、微分方程、孤立子及其研究方法介绍、实际问题驱动的可计算建模和随机模拟等内容。共邀请了中国科学院院士(4 位)、国际数学家大会 45 分钟报告人(2 位)、国家级高层次人才(30 多位)、国家学科评议组成员(15 位)、欧美院士(6 位)、国际 Top 期刊主编(2 位)等资深专家。

【多措并举,扎实推进研究生培养】

2022 年学院继续加强数学和物理学两个学术型硕士点和应用统计、材料与化工(085600)(材料物理方向)两个专业硕士点共 1 个学位点的建设。4 月制定了《数学与物理学院 2022 年博士研究生录取工作方案》,9 月制定了《数学与物理学院 2023 年接收推免生复试和录取工作方案》。材料与化工(085600)(材料物理方向)专业硕士点 2022 年开始招生。2022 年学院新招收博士研究生 8 人,硕士研究生 104 人,其中学术硕士研究生 50 人,专业硕士研究生 54 人,在读研究生达 343 人(其中留学生共计 8 人)。成功录取 20 名推免生,突破学院招收推免生的历史纪录。

学院积极组织研究生课程与精品教材建设的申报与评审工作,制定《数学与物理学院研究生教改项目实施方案(试行)》。

2022 年学院毕业硕士研究生 46 人,均获授硕士学位。6 名毕业生选择在国内知名高校继续读博,2022 年研究生以第一作者发表 SCI 期刊论文 27 篇,重新修订《数学与物理学院研究生国家奖学金实施细则》《数学与物理学院硕士研究生学业奖学金实施细则》《数学与物理学院博士研究生奖助学金实施细则》,并且公开、公平、公正地完成了学院研究生各类奖学金的评审工作。2022 年,学院 1 名博士研究生、4 名硕士研究生获国家奖学金。

【党建思政上台阶,专业志愿服务见实效】

学生工作变中求进。聚焦就业困难学生,建立就业"一对一"帮扶工作机制,联系多家单位推荐优秀毕业生就业。

作为首个以预科班学生为主体成立民族类社团,石榴籽民族文化社在学院领导和老师的支持和指导下,开展了"榜样引领、筑梦未来"预科生先进事迹分享会、"成长与发展"主题班会,举行了"预本一体"篮球赛、足球赛、羽毛球赛和文艺晚会,加强了预科生与本科生交往交流交融。

党建思政上台阶,专业志愿服务见实效。教育学生深入学习贯彻落实党的二十大精神、习近平新时代中国特色社会主义思想,不断提升学生党建质量内涵,压紧压实责任保障。数学与应用数学专业本科生党支部与物理实验中心教工党支部开展结对共建,深入推进"党建+专业志愿服务"体系建设,走进社区、乡村、中小学校传播科学精神,开展科学普及。开展公益科普服务活动 30 余场,累计 2000 余名中小学生参与,科普事迹被《人民日报》《湖北日报》等 10 多家国家级、省级主流媒体报道和转载,入选学校 2022 年度"一院一品"党建品牌项目,荣获 2022 年湖北省"三下乡"暑期社会实践优秀团队、2022 年度武汉市全民科学素质行动计划特色科普教育基地工作项目、武汉市东湖高新区"民生微实事"服务类项目支持。

(撰稿:刘婷;审稿:吴太山)

珠宝学院

【概况】

珠宝学院下设教学行政机构:宝石系、首饰系、实验中心、学院综合办公室;获批建设 2 个国家级一流本科专业:宝石及材料工艺学(国家特色专业)、产品设计(珠宝首饰设计方向);设有 4 个硕士学科方向:宝石学、材料工程、设计学、艺术设计(MFA);设有 1 个博士点:宝石学。有 2 个研究中心:湖北省人文社科重点研究基地"珠宝首饰传承与创新发展研究中心"、湖北省珠宝工程技术研究中心;2 个服务部门:珠宝职业教育中心、中国地质大学珠宝检测中心。

学院现有正式职工 47 人(男 27 人,女 20 人),其中专业教师 39 人,党政管理人员

7人,专业技术人员1人。专业教师中博士生导师7人,教授12人(含特任),副教授17人(含特任),获博士学位31人,硕士学位12人。获得各类相关专业证书的教师36人,占专业教师的97.2%。柔性引进国家级人才1人、聘用客座教授4人,兼职博士生导师2人。

学院党委在校党委的坚强领导下,以习近平新时代中国特色社会主义思想为指导,团结带领教职员工紧紧围绕立德树人根本任务,坚持党的全面领导,以高质量党建推进学院高质量发展,坚持筑梦铸魂响应时代召唤,坚持产教融合培养拔尖人才,坚持科教融合引领和服务产业发展,坚持守正创新建设国际一流,各项事业取得较好成绩。

2022年,珠宝学院招收全日制硕士研究生(包含艺术硕士MFA、留学生)66人、博士研究生10人、本科生120人,毕业全日制硕士研究生(包含艺术硕士MFA、留学生)49人、博士研究生5人、本科生124人。毕业生总体就业落实率为96.05%。全年组织2期入党积极分子培训班、3期发展对象培训班,培养入党积极分子100名、发展对象37名,发展预备党员41名,办理预备党员转正52名,转出党员43名。

2022年,学院教师获批纵向项目16项,合同经费191万元,获批横向项目7项,合同经费149.52万元。依托两个省级科研平台,自筹资金116.7万元支持科研立项,其中教师立项6项,合同经费112万元;学生立项11项,合同经费4.7万元。师生公开发表T4以上级别高水平论文共54篇,获批国家发明专利4项。1件艺术作品被“中国工艺美术馆”收藏;3件作品参加湖北省美术百人作品展。

2022年,本科教学改革研究项目立项2项,学校一流课程申报3门,获批湖北省线上一流课程1门、线下一流课程1门。加强教材建设:出版2本教材,3本教材入选教育部高等学校材料类专业教学指导委员会规划教材,2本教材入选学校2022年实验教材项目立项。

学院努力适应因疫情带来的办学环境变化,增加线上培训,减少线下培训。2022年度学院GIC职业教育培训总人次为1933。其中开办线上培训班8个,培训学员567人;开办线下大学生培训班3个,培训学员66人;国际留学作品及辅导课程6人。

【党的建设全面加强　思想武装强基领航】

学院深入学习贯彻习近平新时代中国特色社会主义思想、党的十九大及二十大精神,扎实开展主题教育,推进党的政治建设具体化经常化。组织参加学习研讨14次,专题报告4次,专题培训14人次,确保党的教育方针和上级决策部署落地见效。按专业本硕博打通调整优化5个学生党支部,选用青年教师担任学生党支部书记,聘请退休老党员担任组织员,党员发展质量、教育管理及基层组织战斗力稳步提升。积极推进创先争优,宝石系党支部获“校先进基层党组织”、在学校样板党支部创建考核中评为优秀。严格落实议事规则,全年召开党委会9次,党政联席会13次,研究议题近百项。修订完善管理制度25项,有效防范权力风险。加强党风廉政宣传教育及师德师风建设，营造学院风清气正的教书育人环境。坚决维护安全稳定，突出学院党委对意识形态的主体责任，强化“三微一端”管理，加强并完善网络信息及实验室安全管理，化解各类安全风险有隐患。学院获评校实验室安全卓越奖“先进个人”。

【教育教学立德树人“三全育人”持续深化】

学院重视班主任、研究生导师、专兼职辅导员、学生党支部等4支学生工作队伍建设，将思想教育贯穿学生日常工作中。贯彻落实《课程思政实施方案》，组织教师学习典型经验，课程思政落地落实在修订的培养方案中。加强课程体系建设，提升课程质量：本科教学改革研究项目立项2项，学校一流课程申报3门，获批湖北省线上一流课程1门、线下一流课程1门。加强教材建设：出版2本教材，3本教材入选教育部高等学校材料类专业教学指导委员会规划教材，2本教材入选学校2022年实验教材项目立项。加强教师执教能力建设：学院青年教师获非地学理工组二等奖1项和辅导员组特等奖1项、7名教师获校级本科生相关优秀奖励。规范研究生培养过程管理，制定5项系列管理制度，确保培养环节规范到位：3位研究生、3位导师获校级硕士研究生相关优秀奖励；11名学生获批实验室开放基金；研究生教学改革获省级教学成果三等奖。多维度提供创新创业平台，多方面拓展就业渠道，与多家珠宝企业建立协同育人机制。大学生创新创业大赛获两项校级二等奖。

【学科建设稳步推进 产学研用深度融合】

学院强化系统谋划，学科专业建设取得新进展：稳步推进珠宝现代产业学院申报建设，承担完成设计学一级学科博士点申报工作。搭建科研平台，推进科研取得显著成效：创优做强科研平台，提出了建设武创院数字制造与艺术创新中心共建方案，协办“中国绿松石文化学术交流会”，成功举办第二届湖北省珠宝工程技术研究中心学术年会，湖北省人文社会科学重点研究基地评估中获得“良好”。大力支持科技创新活动，推荐2个团队项目参与学校知识产权线上监审工作，顺利通过线上答辩，参加学校与湖北省科技厅组织的“联百校转千果”的高效科技成果云推介活动，学校排名第一。开展12场校庆系列讲座及2场学术会议，邀请国内外专家28位，申请科发院资助65 000元。学院自筹资金立项15项，金额100余万元，其中教师4项，学生11项。设置团队项目立项5项，一期投入经费250万元。学院教师获得第六届4D打印技术论坛“优秀报告奖”，两项发明专利获开发许可并转让，先进制造团队承担湖北省揭榜重点项目，主持申报国家重点项目进入答辩环节，参与申报国家重点项目获批。学院科研项目合计16项，科研经费332.52万元，比2021年增长100余万元。

【创新传承文化 艺术成果丰硕】

加大软硬件环境建设力度，改善艺术创作展示平台：自筹资金130万元，建成了珠宝科研大楼一楼GIC艺术馆。在艺术馆举办《“曜熠随象”首饰及宝玉石艺术展》《国家艺术基金2022年度艺术人才培养资助项目结项成果汇报展》等，得到国内知名艺术家宁钢、陈汗青、潘长学、周峰以及省文旅厅领导高度评价。多个不同渠道，对外展示学院艺术创作成果：积极参与武汉市政府举办武汉设计日活动，展出的《"设计引领、技能强国、宝教摇篮、逐梦未来"珠宝作品展》获得参展嘉宾和组织方的高度好评。学院教师主持的国家艺术基金"基于荆楚文化青铜器和绿松石的文创产品创意设计人才培养"项目成果作品《楚简镇纸》《一见钟情首饰》在"九头鸟"文旅创意奖的评选中获得本次文创作品组二等奖，学院教师的艺术作品《一个香水瓶》被中国工艺美术馆收藏。通过系列作品在不同渠道的展呈，得到了社会和同行的认可，提升了知名度和美誉度。

【国际交流持续增强 开放办学影响广泛】

成功举办国际珠宝学术年会：围绕"新时代、新思维、新科技"主题，以线上线下结合的方式成功举办了第三十届武汉国际珠宝学术年会。年会汇聚了海内外珠宝相关学科专家和行业精英，来自美国宝石学院(GIA)、北京启石国际拍卖有限公司、浙江大学等多家国内外科研院所和珠宝机构的知名专家，分宝石学、先进制造、商贸、设计等4个专场进行学术报告，并开展互动交流。共计1.3万余人通过腾讯会议和微博直播线上参与了年会。积极培养国际学生：学院在校培养国际学生10人，其中本科生1人、硕士2人、博士7人。培养的巴基斯坦博士生回国担任学院院长，得到当地主流媒体整版宣传报道。主动开拓提前布局国际合作：学院与澳门金业公会和港宝协签署三方合作备忘录，将开展行业人才培训和宝玉石检测标准国际化工作，共同拓展国际发展空间和机会。同时，积极与"一带一路"共建国家珠宝同行保持联系，洽谈在国际游学、检测服务和职业技能培训等方面的合作。

【提升社会服务能力 担当显现社会责任】

加强社会合作，与多所高校、科研院所、珠宝企业就联合研究和人才培养、出版学术专著和教材、建设艺术馆和创新实践基地等达成共识及合作意向。继续教育蓄势待发，成立了"珠宝职业教育管理委员会"，出台系列文件和管理条例，规范内部管理和工作流程。积极整改，顺利通过教育部检查。扩大工作业务范围，打造珠宝高等教育自学考试加职业资格证书的人才培养模式，助力学院事业发展。适应疫情带来的GIC职业教育办学环境变化，增加线上培训，减少线下培训。珠宝检测服务主动求变，克服珠宝市场最为萧条困难，没有解雇一名员工，坚持开展检测工作，承担起服务社会的责任。2022年完成各级各类司法鉴定近万件，完成省级市级监督抽查110余批次，完成新老客户的维护及投诉建议的后处理工作，完成上交学校836万元。完成教育部对学校珠宝检测中心的换证评审，并顺利通过。办好珠宝教育专业委员会，配合完成学会交办的各项任务；开展调研走访，制定发展战略。

【隆重举办校庆院庆系列活动，弘扬传承学校学院办学精神】

精心组织，周密谋划抓落实：按照学校校庆工作部署，学院多次召开党政联席会，成立工作组，研究制定工作方案，党委统一领导部署推进校庆院庆工作。克服困难，隆重办庆影响强，组织庆祝建院三十周年座谈会，领导及教职工与曾在学院工作过的领导及教职工，通过线上加线下的方式欢聚一堂，共忆往昔峥嵘岁月，共话今朝璀璨珠宝，共绘学院宏图。围绕“新时代　新机遇　新生态”主题，举办珠宝产业经济生态大会暨珠宝校友高端论坛，与珠宝相关的知名企业家、领导、专家、学者代表以及广大校友和学院师生代表等出席活动，就珠宝产业建设和人才培养等话题展开研讨交流，活动通过在线同步推送，累计93.1万余人次线上观看，《中国黄金报》、人民网、凤凰网等主流媒体进行了专题报道。大会发布的《珠宝产业经济生态大会倡议》得到了珠宝业内的普遍认同和良好反响。系统总结，成果丰硕效果显：为弘扬传承学校学院精神，搭建校友交流沟通平台，凝聚校友智慧和力量，学院策划组织专访30位校友代表、企业家、珠宝知名专家、学院老教师，整理汇编成《珠宝人看学院访谈录》图册。动员广大校友、师生提供珍贵资料，回忆背后的故事，整理汇编成《宝教卅年印象》图册，为学院留下了宝贵财富。院长尹作为牵头，编写完成《我国珠宝类人才培养体系的实践与创新》，全面总结了学院办学经验。

（撰稿：叶洪波；审稿：薛保山、尹作为）

公共管理学院

【概况】

2022年，是党的二十大召开之年，是中国地质大学70周年校庆之年，是公共管理学院（简称公管学院）治理能力提升之年。这一年，学院事业发展站在新的历史起点，处于公共管理学科跨越式发展和法学学科脱困的关键时期，在学校党委和行政坚强领导下，在新一届学院党委班子带领、全院师生员工共同努力、社会各界大力支持下，学院各项工作取得长足进步，综合实力和办学水平显著增强，在国内公共管理学界的知名度和影响力不断提升。

公共管理学院兼备管、工、法三大学科门类，以“追求卓越、以质图强”为导向，秉承“人才立院、开放活院、实干兴院、创新强院”的发展思路，以“努力培养兼具中国情怀和国际视野，通晓政治思想、法治理念、管理哲学和管理技能，德才兼备的复合型创新人才”为使命，致力于“卓越公管、开放公管、和谐公管、幸福公管”建设。

学院有教职员工92人，其中教师78人。教师中具有博士学位的教师71人，85%的教师有出国学习经历；有教授（含特任教授）20人、副教授（含特任副教授）44人。有博士研究生导师23人（含外聘）、硕士研究生导师60人（含外聘）。拥有国家“万人计划”哲学社会科学领军人才、文化名家暨“四个一批”人才、国家社科基金重大项目首席专家、自然资源部“首席科学传播专家”、自然资源部高层次科技创新人才工程科技领军人才、湖北省“最美社科人”等优秀高层次人才。

学院设有3个系（公共行政系、土地资源管理系和法学系），2个教育中心（MPA教育中心和J.M教育中心），1个省部级重点实验室（自然资源部法治研究重点实验室）；

有公共事业管理、行政管理、法学、土地资源管理、土地整治工程和应急管理6个本科专业,资源管理特色突出。学院拥有公共管理一级学科博士学位授予权和公共管理博士后科研流动站,具有法学一级学科硕士学位授予权和公共管理(MPA)、法律硕士(J. M)、资源与环境专业学位、自然资源与国土空间规划交叉学科学位授予权。在2022年的第五轮学科评估中,公共管理获得B+,稳中向好;法学学科获得C-,学科排名上升幅度很大,法学于当年入选省级一流本科专业建设点。在"2022软科中国大学排名"专业排名中,土地资源管理、公共事业管理、行政管理分别位居全国第7、第25和第28位,均被评为A类专业;法学专业排名不断提升,在"软科"排名中位列前27%,入选B+专业。

【深入学习贯彻党的二十大精神,促进党建思政业务深度融合】

学院始终坚持以习近平新时代中国特色社会主义思想为指导,用党的二十大精神引领学院发展全局;结合学科特色组建党的二十大精神宣讲队和习近平法治思想讲师团,推动党的二十大精神在学院师生中入脑入心,"学习二十大 奋进新征程"成为师生自觉行动;两个支部被评为校级"先进基层党组织",两名党员获评校级"优秀共产党员";"传承榜样力量 · 走近时代先锋"——具身式人物演绎大赛入选2022年度"一院一品"党建品牌项目;1名学生入选全国青年马克思主义者培养工程高校班;"听党话、跟党走,争当新时代好青年"学习宣传贯彻党的二十大精神主题宣讲大赛一等奖一项、二等奖一项;学院领导带队调研乡村振兴、社会治理、应急管理,积极探索校地合作新模式,开展产教融合创新人才培养和协同科技攻关。

【科学优化学院治理架构,学院治理能力显著增强】

学院顺利完成党委班子换届;组织系领导班子公开选拔,采用现场阐述工作思路、群众现场打分评议等方式,选拔有能力、有信心、有意愿、群众公认且能带领本系学科快速向前发展的老师进入系领导班子;面向新需求,凝练地大优势,搭建新教学组织,推动新专业应急管理和土地整治工程建设融入主流,进展明显;为深度融合本-研-工一体化管理服务育人,改进院直科室设置,制定《本科生导师制实施办法(试行)》,并配套开发导师、团队、班主任、辅导员、教辅人员全链条育人管理和绩效评价系统,在所有本科生中全面实行本科生导师制,最大化发挥全员育人作用;完善人才工作机制,成立人才工作专班,实施精准引才;全面启动有组织科研创新,经充分酝酿,制定学院科研团队建设制度文件。

【狠抓招生培养基础工作,人才培养成效斐然】

结合大类招生改革和新时代人才培养要求,全面系统开展本科生和研究生人才培养方案修订和自然资源与国土空间规划交叉学科培养方案制订,组建7个教学团队和21个基层教学组织,培育一流教学团队,"公共政策学""土地资源学"获批省级一流本科课程;精细化推进招生工作,优化研究生入学考试科目，充分调动研究生导师利用自媒体、微信公众号等途径加强宣传，研究生招生取得明显进步。2022 年推免预报名人数达到 430 人，同比增加近 87%，接收推免生 71 人，接收人数同比增加 77.5%；狠抓培养环节不走样，研究生论文全员教育部平台盲审，着力提升培养质量；举办 MPA 案例大赛、新时代公共治理创新与发展 MPA 论坛、课程建设研讨会，全面提升 MPA 培养质量；学生获第四届全国大学生土地国情调查大赛特等奖及一等奖、第二届全国大学生土地整治与生态修复工程创新设计大赛特等奖、第六届全国土地资源管理专业大学生不动产估价技能大赛一等奖、互联网+"创新创业大赛"青年红色筑梦之旅"赛道湖北省铜奖；教师主持和参与教学成果分别获得湖北省高等学校教学成果奖二等奖和特等奖。

【着眼提升核心竞争力，学科建设逐步上台阶】

学院瞄准学科发展前沿，积极推动学科建设高质量发展，学科发展不平衡、不充分矛盾有了显著改善。第五轮学科评估中公共管理和法学呈现稳中向好，法学入选湖北省级一流本科专业建设点，牵头建设资源环境安全与管理湖北省优势特色学科群，牵头建设"自然资源与国土空间规划"交叉学科硕士、博士学位点，共建"自然灾害与应急管理""碳中和与高质量发展管理"2 个交叉学科硕士、博士学位点。

【外引内培，学院师资队伍建设进展喜人】

面向国家重大战略和学科发展需求，精准引育一流人才，补齐国土空间规划短板，学院全年引进人才 11 名，其中地大学者 7 人、教授 2 人、副教授 6 人(含特任)；新增国家"万人计划"哲学社会科学领军人才 1 人，全国文化名家暨"四个一批"人才 1 人，2 人晋升为教授(含特任)，4 人晋升为副教授(副研究员)，新增博导 5 人。教师获评卓越导学团队、校"十大杰出青年"、校"最受学生欢迎老师"、校"十佳班主任"等。

【主动作为，实验室建设打开崭新局面】

学院积极争取申报，首次获得教育部实验室修购专项建设资金支持；经学校论证和评审，成功申报财政贴息贷款设备购置项目，获批 5 项资助，包括国土资源遥感与空间规划实验室、国土整治工程实验室、数字化智能模拟法庭实验平台、应急管理全过程虚拟仿真实验平台、突发事件场景体验和应急救援平台；"自然资源部法治研究重点实验室"成功获批湖北省科普教育基地，提交三年一度的考核评估材料申报，成功入选中国智库索引(CTTI)；扎实开展下基层察民情解民忧暖民心实践活动，筹措资金开展文科实验室建设，博士生 100%、硕士生 50% 入驻实验室，研究生学习环境有明显改观，有力促进研究生创新能力培养。

【强化有组织创新，科研工作呈现高水平】

启动学院科研团队建设，经同行评审和专家评议，遴选自然资源利用管理、国土空间规划、自然保护地规划、国土空间生态修复与治理、自然生态安全与灾害应急管理、数字政府与公共治理、土地资源保障战略、自然资源权利制度等方面 6 支重点科研团队、3 支特色科研团队、3 支培育科研团队；充分发挥学科优势，智库成果获得中央主要领导人批示，全年多项政策建议被批示采纳；获批国家基金5项，各类基金8项；总合同经费2 529.45万元；在 *Resources, Conservation and Recycling* (IF 13.7)、*Landscape and Urban Planning*、求是网等共计发表论文89篇，其中权威期刊37篇；出版专著7部，教材1部；科研获奖共计12项(省部级科技奖4项)、其他类获奖8项。

【借助校庆东风，学院对外交流合作水平提档升级】

以校庆学术活动为契机，深化与国内外知名高校、机构的学术交流和合作，全年举办各类学术会议48次，邀请同行名家论坛讲座23次，组织"中巴经济走廊"国际学术会议。与湖北省政法委、湖北省应急管理厅、广西自然资源厅、青海核工业地质局、河南自然资源厅、武汉市应急管理局、山西省绛县人民政府、东湖高新技术开发区政务服务和大数据局、中国信息通信科技集团、武汉中地数码科技、北科维拓、中建壹品等机构建立交流联系，并与3所世界知名大学保持紧密合作，走访武大、华科等A类学科高校深入交流。邀请五一劳动奖章获得者黄文娟、校友企业家等分享成功经验、创业经历，形成校友联动良好机制。

【坚持思想引领，学生工作守正创新提质增效】

着眼支部建设标准化、规范化要求，依托专业、科研团队、导学团队建设，全面推行学生党支部纵向设置；依托师生面对面谈心工程、院领导接待日、致公论坛等平台，推进全员育人；学生会连续获评学校标兵学生会，研究生会连续获评优秀研究生会，6个团支部(175191团支部为五四红旗团支部标兵)、5个班级获评学校先进表彰；荣获2022年秋季运动会女子团体第一名、男子团体第一名，军训汇演学院获评"标兵方阵"；最美夕阳红敬老志愿团、学院团委志愿服务银行荣获学校十佳大学生志愿服务团队；学院荣获"挑战杯"专项奖优秀组织单位、学院团委新媒体中心荣获十佳团属新媒体平台、演讲与辩论协会荣获十大标兵社团、法律协会荣获十佳社团。组建9支"三下乡"暑期社会实践团，1支团队获评省级优秀团队，2支团队获评校级一、二等奖。

【春风化雨，院本文化制度建设取得新进展】

在梳理总结学院发展历程的基础上，学院通过广泛调研、学者指点、专题研究、座谈讨论等形式，凝练学院文化，确定"天下为公　善治以管"作为学院院训，进一步引领师生为学院发展共同奋斗。开展学院网站改版、制作学院学科文化墙、师生午餐会、教师节座谈会、教师荣休仪式、公管大讲堂、身边典型榜样事迹宣讲等系列活动，润物无声，春风化雨，构筑公管特色文化；工会工作温暖人心，努力建设"幸福公管"。

(撰稿：李继杰；审稿：张宽裕)

计算机学院

【概况】

计算机学院共有教职工151人，其中专任教师126人，教授(研究员)35人，副教授(副研究员)72人，博士生导师38人、硕士生导师 72 人；欧洲科学院外籍院士 1 人、IEEE Fellow 2 人、“国家杰出青年科学基金”获得者 2 人、入选爱思唯尔中国高被引学者 4 人、科睿唯安（Clarivate Analytics）全球高被引学者 1 人、2021Guide2Research 世界计算机电子领域 top 科学家 1 人、入选国家级人才计划 1 人、国家级青年人才计划 3 人、入选省部级人才计划 9 人、“湖北省杰出青年科学基金”获得者 3 人、湖北省名师 1 人，拥有湖北省创新群体 3 个。

学院设有地学信息工程博士点、计算机科学与技术、信息安全、地学信息工程、软件工程以及电子信息（计算机技术、软件工程领域）硕士点，计算机科学与技术、空间信息与数字技术、信息安全、软件工程、数据科学与大数据技术、智能科学与技术 6 个本科专业和 1 个大数据方向中美国际合作办学本科专业。计算机科学与技术专业、软件工程专业在 2017 年教育部全国学科评估中为 B 档。其中，“计算机科学与技术”“软件工程”“空间信息与数字技术”入选国家级一流本科专业建设点；“信息安全”入选湖北省一流本科专业建设点；“软件工程”入选教育部“卓越计划”、教育部“专业综合改革试点”，获得工程教育专业认证，“信息安全”“空间信息与数字技术”成为湖北省“专业综合改革试点立项”专业“计算机科学与技术”“网络工程”和“空间信息与数字技术”专业入选湖北省高等学校战略性新兴（支柱）产业人才培养计划本科项目。学院现有在校生本科生 1975 人、硕士研究生 651 人、博士研究生 67 人。

学院设有计算机科学与技术系、计算机应用系、信息安全系、软件工程系、大数据系、人工智能系 6 个系，建有地理信息系统国家地方联合工程实验室、自然资源信息管理与数字孪生工程软件教育部工程研究中心、地理信息系统软件及其应用教育部工程研究中心、“智能地学信息处理”湖北省重点实验室、“智慧地质资源环境技术”湖北省工程研究中心、“全空间智能信息处理技术及系统”湖北省中试基地、“地学大数据”湖北省引智创新示范基地等国家及省部级科研平台。是“资源定量评价与信息工程”自然资源部重点实验室、“长江三峡库区地质灾害”教育部研究中心、国家工程实践教育中心、“地理信息系统”国家工程技术研究中心的共建单位。

【党建工作】

学院以习近平新时代中国特色社会主义思想为指导，以校级标杆分党委培育创建为抓手，以“能力提升年”为主题，以庆祝党的二十大胜利召开和校庆 70 年为契机，全面贯彻党的教育方针，认真落实立德树人根本任务，全面推进“双一流”建设。

全力做好疫情防控与安全稳定工作。落实好疫情防控“四方责任”，做到及时调整策略、及时发布信息、及时通知师生、及时联系消杀和及时送上关怀的疫情防控“五个及时”。注重安全教育，落实安全责任。全院师生平安，无违规违纪问题发生。

落实落细全面从严治党主体责任。修订学院党委工作职责，制定学院党委关于在重大问题上把好政治关的规定，明确党委书记分学术委员会副主任身份、分学位委员会委员身份，增强学院党委的政治功能。认真执行“三重一大”集体决策制度，层层签订党风廉政建设责任书和承诺书，把好意识形态关，举办知识竞答、图片展览等党风廉政建设宣传教育月活动。

注重发挥一流党建引领保障作用。创新党委理论学习中心组学习方式，采取与兄弟学院中心组主题联学、到革命遗址和乡村开展实践教育、到兄弟学院调研、邀请学院同行专家来院讲座和党员干部讲党课等方式，联系实际学深悟透。坚持对全院二三级干部、全体教职工、青年师生进行分层分类培训，促进政治素养和业务能力双提升。开展第九届支部书记讲党史活动、学生党支部书记研学论坛和“党建＋创新”项目立项，规范举办研究生开学典礼，隆重举办康立山先生治学思想研讨会等校庆七十周年系列活动。

【师资队伍建设】

加强班子、干部队伍和人才队伍建设。增补副院长 1 名、软件工程系副主任 1 名。对信息安全系和大数据系部分干部进行了调整。对院领导、系室主任和支部书记进行了集中培训，组织党员干部参加学校组织的各类培训与学习。学院新增欧洲科学院外籍院士 1 人、国家杰青 1 人、国家青年拔尖人才 1 人、湖北省百人计划 1 人，湖北省向上向善好青年 1 人，教授 2 人、博士生导师 4 人。受聘武汉市人民政府参事 1 人。

【学科建设】

完成学院“十四五”规划编制工作。修订完善了学院“十四五”事业发展规划，并完成了《计算机科学与技术学科“十四五”建设发展规划》《软件工程学科“十四五”建设发展规划》的编制。

全面推进博士点申报工作。确立软件工程学科为博士点申报方向，组团参加 2022 年计算机教育大会(CCEC)、多次召开软件工程学科专业建设研讨会，初步完成软件工程学科博士点申报书的撰写工作。作为牵头单位，组织修订“电子信息”博士点的申报材料。自主设置“地理空间信息软件工程”二级学科博士点。成功申报增设“地理空间信息软件工程”二级学科博士点，并牵头开展建设。

扎实推进一流学科与平台建设。学校计算机学科进入 ESI 全球机构排名前 2.0‰，取得持续上升。“自然资源信息管理与数字孪生工程软件”教育部工程研究中心成功获批，取得软件工程领域教育部创新平台上的新突破。同时地理信息系统国家地方联合工程实验室和地理信息系统软件及其应用教育部工程研究中心转入学院开展建设，进一步完善了学院的创新平台系列。完成地球大数据支持可持续发展湖北省引才引智示范基地结题验收。依托平台，先后邀请多位国外专家开展科研合作、短期授课、讲座等多种方式的学术交流活动。

【科学研究】

全面梳理学科科研方向。学院以软件工程博士点申报为契机，结合地理空间信息软件工程二级学科博士点建设，围绕软件工程学科前沿问题，以发展先进软件工程技术理论与方法为核心，融合地学交叉构建特色，重点规划凝练了软件工程理论与方法、软件服务工程、智能软件工程技术、地球空间信息领域软件工程等研究方向，强化“空间信息软件工程”特色学科方向建设。各系持续推进科研及社会服务工作方案。

积极开展科研活动。开展院级杰青、优青评选及自然科学基金申报培训工作。成功举办“第十四届数字图像处理国际会议”和“第五届地学大数据国际研讨会”。举办专题论坛4个，软件工程学科研讨会3次。全年新增科研项目93项，新增合同总经费3940万元。获批4项国家自然科学基金，包括杰青基金1项，面上基金2项；获批3项湖北省自然科学基金。获批国家重点研发计划项目课题1项，重点研发计划子课题4项。发表SCI检索论文180篇，其中高被引论文14篇，CCF A类期刊论文15篇；发表CCF会议论文9篇，其中A类会议论文3篇。出版国内外专著2部。全年专利授权数64项，软件专著权7项，12项专利成功转让，转让费18.3万元。出版《计算机学院十年重要项目成果汇编》。获学会和省部级科研奖项9项，两篇论文获国际国内期刊最佳论文奖，T3以上期刊主编和副主编人数4人，国际学术组织任职数13人。

【教育教学】

持续开展一流专业建设。空间信息与数字技术专业、软件工程专业获批国家一流专业建设点。信息安全专业获批省级一流专业建设点。计算机科学与技术、软件工程、网络工程、数据科学与大数据技术专业、智能科学与技术5个专业被2022“软科中国大学专业排名”评为“A”。积极申请计算机科学与技术专业工程教育认证和申报软件工程专业湖北省普通本科高校优秀基层教学组织。

全面加强人才培养工作。初步形成完善的计算机学科教学培养方案。初步拟定了研究生培养方案修订工作方案。成立23个基层教学组织。组织教师参加20余场教学及专业建设研讨会。16门课程完成与华为云平台授课内容的结合，7门课程对标国际、国内知名高校的一流课程进行了建设，建设了8门全英文研究生课程，初步搭建了全英文课程群资源网站，并完成了两门课程的线上课程录制工作。制定学院“十四五”本科教材建设规划。4位老师获得学校教材建设资助。新增校级教学研究项目10项，入选省级一流本科课程1项，1部教材获评湖北省首届网络空间安全优秀教材奖。开展学院教学名师及青年教学名师评选活动，举办课程思政讲课比赛。在首届全国计算机课程思政教学案例设计大赛上，学院教师团队获一等奖1项、二等奖和优秀奖各3项，学院获评优秀组织奖。获得湖北省高等学校教学成果奖特等奖1项、二等奖1项。

持续加强研究生过程培养。调整研究生入学考试为国家统考；推进选拔培养机制改革，用好博士生“申请-考核”政策；试点非全日制硕士的招生培养工作。完善研究生资格审查、中期考核和年度考核制度，严格学位论文的开题报告、预答辩和盲审等各关键环节，要求所有参评国奖的研究生进行学术汇报。学院统一组织硕士生、博士生开题答辩工作。所有毕业论文全部在教育部学位中心开展双盲审。联合中交集团开展非全日制工程博士培养，共录取工程博士3名。

不断完善中美办学项目运行。制定中美合作办学教师教学、学生管理、涉外人员工作等多个制度文件；重新制定培养方案，并报校外专家评审；新建云计算实验室以满足外教直播课上课需求；聘请外国语学院为项目学生开展英语培训，定期与外方一起组织英语水平评估考试。2022年国际班学生参加各类国内外赛事25个，获国际级奖项3项、国家级奖项14项、省级奖项4项、校院级奖项33项。

【学生工作】

进一步推进全员招生、全员就业工作。全院师生联动招生，在湖北省内录取人数较2021年增加46人，最高录取位次同比提升1000位次左右。积极开展访企拓岗工作，走访了东风汽车集团、极狐、中地数码、金山WPS等公司，与小米成立联合工作室，与科大讯飞、腾讯公司等开展“校企协同育人战略”合作洽谈。吴信才教授在学院设立30万元“信息拔尖人才奖学金”。多层次稳就业、帮就业，研究生就业率连续10年100%，2022届本科生就业率90%。

自我管理推动自我发展。持续开展“计科E课堂”活动，学生到课率达到95.73%，优秀率35.73%，不及格率15%，全院不及格学分达30分以上的仅4人。举办华中地区计算机类院校学生骨干峰会，全年开展学生干部培训13场次。学生会获校“标兵学生会”，研究生会获校“标兵研究生会”，一团支部荣获校级五四红旗团支部标兵，一党支部获评学校“优秀先进基层党组织”。

构建创新创业新格局。深入推进“创E之路”特色院本文化活动。修订学科竞赛列表，要求所有学生参加学科竞赛。举办华中地区高校第十七届程序设计邀请赛活动，吸引省内外14所高校的477名本科生参赛。进行CCF对接CSP考试认证。组织全校大学生创新实验计划申报工作，学院1个本科生团队获得学校团队资助项目的第一名，6名学生获得一般项目资助。全年共计201名学生参加国内外创新创业大赛47余项，获省级以上奖项107项，国家级以上奖项60项。

（撰稿：石剑峰；审稿：李国昌）

体育学院

学校体育活动部分

【概况】

2022年，体育学院以习近平新时代中国特色社会主义思想为指导，深入学习贯彻党的二十大精神，坚持和加强党的全面领导，紧紧围绕立德树人根本任务，推进学院治理机制体制改革，提升本科生和研究生教学体系、加强科研平台和科研团队建设，全力培养德智体美劳全面发展的专业人才。

【大学生体质健康测试工作】

2022年圆满完成体测工作，引进一名临时体测工作人员，全年完成16 750名大学生的体测任务，由于疫情反复的影响，今年的体测工作克服了诸多不利的因素，体测中心完善了硬件设施与软件服务的配套，学生通过专用测试软件，基本达到测试时间提前预约、测试成绩及时查询，提高了学生体质健康测试工作效率和成绩达标率。为了保证测试工作的公平公正，不断优化测试仪器数据采集精准度，增加了实验室的监控系统、门禁系统。通过电子显示屏宣传两个校区荧光夜跑、校园乐跑等活动，营造体育锻炼的氛围，提高全校体质健康测试的宣传效果。

【师生群体工作】

克服疫情影响，用赛事充实学生校园业余文化生活。2022年受全国和地区疫情防控形势的影响，在校学生绝大部分时间被封控在校园内，而且有些按惯例举办的校内赛事也因疫情影响而取消，比如：荧光夜跑、12·9长跑。"地大杯"足球赛也延期至下半年。在此不利情况下，体育学院与校工会、学工处、校团委加强合作，利用校内群体赛事来丰富大学生的业余校园文化生活，利用赛前选拔、集训来促进学生经常锻炼身体，确保学生在疫情封校期间，身心得到释放和发展。全年开展"地大杯"系列赛事：足球、篮球、排球、乒乓球、羽毛球、网球、飞盘等，保证了校庆期间校运会的正常进行。创新性举办新生军训联队拔河比赛。两校区之间互动赛事10余场。全年参加校内各项群体赛事的学生人数达到上万人次。规范体育社团和指导老师的管理，发挥体育社团在学校群体活动中的纽带和桥梁作用。学院现有体育学一级学科硕士点和体育硕士专业学位，以及社会体育指导与管理（户外运动方向）本科专业。2022年体育学院共招收研究生54人，本科生50人。

【高水平运动队建设及竞赛获奖情况】

以力争"校长杯"为原则，狠抓高水平运动员的入口和出口管理。受教育部、国家体育总局联合印发的《关于进一步完善和规范高校高水平运动队考试招生工作的指导意见》政策影响和2023年全国学生运动会"校长杯"任务要求，2022年对高水平运动员招生制定专属方案，招收26名高水平运动员，其中一级运动员7人。招生过程零投诉、零违规，队员入校后复测合格率100%。2022年通过保研留校3名优秀高水平运动员。这些工作都为备战2023年全国学生运动会从内外部储备了优质运动人才。

参加省运会，检验队伍竞技水平。由于全国疫情影响，2022年各高水平运动队均未参加全国类赛事。但在参加第16届湖北省运动会高校乙组比赛中，获得金牌4块，银牌10块，铜牌3块。其中在男子篮球、女子100米栏等项目上有历史性突破。

（撰稿：李铭；审稿：庞岚、李元）

体育学院部分

【概况】

体育学院坚持弘扬体育传统与健全人格培养相融合，坚持群众体育与竞技体育相融合,坚持登山运动与地球科学相融合,逐步形成了"追求卓越、勇攀高峰"的校园体育文化、特色鲜明的体育教育体系和登山户外人才培养体系。"地大体育"已经成为学校一张靓丽的名片。

在体育学科建设上,学院坚持以户外运动理论与实践为主要方向,创建了具有地大鲜明特色的"登山户外国内一流,多领域协同发展"的二级学科学位点。学院已经建成昆山、神农架、湛江、黄石等产学研基地以及分布全国的就业实习基地40余家,与中国登山协会、万科、万达、深圳登协等知名企事业单位达成合作协议。此外,与多地政府、行业协会和企业在"政策制定、赛事培训、资源规划、标准制定"等方面进行合作,取得良好的社会效果。

学院现设有公共体育系、体育系2个教学机构以及大学生体质测试中心、群众体育竞赛训练中心、高水平运动管理中心、体育实验教学中心4个职能机构。学院现有教职工54人,专任教师42人,教授10人,副教授16人,其中获博士学位13人,在读博士6人,76.2%的专职教师具有硕士以上学位。学院现有国家体育荣誉奖章获得者1人,国际健将级运动员2人,国家健将级运动员3人,国家级裁判4人。2022年学院引进博士1人,新晋升教授1人、副教授1人、"地大学者"1人、六级职员1人。学院采取"引进高层次人才"和"支持年轻教师在职攻读博士"相结合的方式加强师资队伍建设,一批素质优良、经验丰富的体育教师和教练员队伍为学院发展奠定了坚实的基础。

学院现有体育学一级学科硕士点和体育硕士专业学位,以及社会体育指导与管理(户外运动方向)本科专业。2022年体育学院共招收研究生54人,本科生50人。体育学院在籍学生386人,本科生204人,硕士研究生182人,应征入伍1人,毕业研究生就业率100%,本科毕业生就业率100%,其中升学率35.9%。

【党建和思想政治工作】

按学校党委的要求,完成了学院行政换届工作,召开学院全体党员大会并形成新一届党委;积极发挥班子的模范带头作用,改进班子工作方式方法,加强与各部门的沟通与协调,积极走群众路线,办实事解民忧,保证学院工作的高质量运行;加强后备干部梯队建设,推进干部交流培养,在院行政换届的同时,对三级单位开展干部交流,推进党员干部交流制度化。加强对党员干部的教育与管理,强化院内行政能力建设。

学院党委带领全院师生学习贯彻习近平新时代中国特色社会主义思想,积极学习践行党的二十大精神,坚持立德树人根本任务;带领全体师生巩固和深化党史学习教育和"四史"宣传教育成果,弘扬伟大建党精神;把学习教育焕发出的精气神转化为强大工作动力,开创研究型大学建设征程中体育工作的新局面。深入贯彻《中国共产党普通高等学校基层组织工作条例》,完善党对学院工作全面领导的工作机制;贯彻落实民主集中制,规范执行党政会议议事规则,完善党委会、校政联席会议议题前置把关和决策落实督导联动机制,2022年共计召开学院党委会和党政联席会议 24 次；加强了政治纪律和政治规矩经常性教育，营造了风清气正、干事创业的良好政治生态。

2022 年 5 月，学院学生联合党支部顺利通过教育部第二批“全国党建工作样板支部”验收并授牌。全年学生共 58 人申请入党，培养入党积极分子 40 人，接收预备党员 20 人，预备党员转正 33 人。定期邀请学校专职组织员、学院党建辅导员开展发展党员工作培训，定期召开发展党员材料审核专题会议，抓住重点环节，严格规范程序，建立长效机制，以高标准高质量持续推进学生党建工作。

【教学工作】

强化日常管理，保障本科教学质量提升。组织教师积极申报学校教学改革立项，共有 4 个项目获批校级教学立项，其中有 3 项上报教育厅参加省级教学立项评审；按照学校要求修改完善了学院今年研究生推免工作文件，顺利完成了本科生推免工作；协调疫情期间本科室内教学、游泳项目教学的场地和收费管理工作，目前与学校财务、后保处、本科生院等部门沟通协调，捋顺了游泳教学和训练的收费和管理流程，保障了全校本科生游泳教学和高水平游泳训练的需求；加强本科教学实习实践工作，召开本科教学实习实践大会，按照学校相关部门的要求，精心组织和布置学院教育教学和实习工作，户外综合实习、水上运动综合实习、户外救援实习等工作顺利圆满完成，其中 2 位教师获评优秀实习指导教师；积极推进教学课内外一体化和学院信息化工作，组织团队申报成功 200 万元的贴息贷款项目——智慧体育馆，保障了体测、教学和课外锻炼的一体化，提高了学院信息化水平和管理上台阶；组织体育系教师进行新一轮本科培养方案的修订工作，目前形成了初步方案，准备报学校和相关专家审批。2022 年体育学院社会体育指导与管理专业获批国家一流专业建设点，专业建设步入快速发展阶段。

【学科与科研工作】

推进制度建设，支持科研工作追求卓越。全年学院共获批省部级课题 5 项、发表高水平期刊论文 10 余篇、获授权国家发明专利 2 项，首次荣获 2022 年校科研管理工作先进单位称号；制定出台《关于 2022 年体育学院科研业绩认定的通知（试行）》和《关于体育学院科研奖励的几个重点问题的说明》，完成体育学院科研成果奖励政策修订工作，明确体育学院认定的科研成果必须符合“体育的”和“体育学院的”2 个基本条件；邀请郭海湘教授、石岩教授、黄莉教授、次落队长讲学，改善学院科研氛围；完成体育学科期刊分类标准的编制工作，为科研管理、师资队伍建设、人才培养等工作夯实基础；完成“生态体育旅游研究院”湖北省人文社会科学研究基地申报工作；完成校庆 70 周年体育学院突出科研成果申报工作。在全院师生员工的共同努力下，完成“十四五”规划中对科研工作的多项设计，获批科研项目、发表高水平论文的数量和质量，取得明显进步。

【学生工作】

2022 届毕业生就业去向落实率达

100%。一是坚持实行“三个定期”。学院党委会议、党政联席会议定期研究就业工作，学院领导定期常态化联系学生，学工组老师和毕业班辅导员定期了解学生就业状态和就业过程中的困难，帮助学生梳理、总结、弥补和提高，随时掌握学生就业最新进展。二是坚持生涯咨询不断线。针对考研考公失利、未明确就业方向的同学提供全天候生涯咨询，帮助学生分析自身个体的性格、兴趣、能力、体育专项技能以及职业价值观，结合所面临的就业形势，尽快使其明确职业目标，激发他们的行动力。针对有意愿到基层就业的学生进行重点引导，重点辅导，提升学生的选拔竞争力和岗位能力。鼓励学生发挥专业和身体素质优势，积极引导毕业生参军入伍、报考直招军官和部队文职，服务国防军工领域。三是坚持重点群体就业帮扶。充分发挥学院班子、研究生导师、本科实习和论文指导老师、辅导员、班主任和广大教师的作用，建立就业困难群体帮扶工作台账，精准摸排“基本盘”，凝聚就业工作合力，在原有“一人一档”“一人一策”的基础上进一步强化帮扶责任，积极主动为学生就业献计出力，使帮扶落地见效。

（撰稿：李铭；审稿：庞岚、李元）

艺术与传媒学院

【概况】

2022年是学校建校七十周年，也是党的二十大召开的重要一年。艺术与传媒学院师生在习近平新时代中国特色社会主义思想的指导下，深入学习贯彻党的十九大、十九届历次全会精神和党的二十大精神，落实立德树人根本任务，紧紧围绕学院发展中心任务，以提升学科专业发展水平和提高人才培养质量为目标，扎实推进学科建设、人才培养、科学研究和社会服务等各项工作，学院各项工作取得显著成效。

艺术与传媒学院（简称艺媒学院）现设新闻传播系、音乐系、视觉与媒体设计系、景观学系4个教学单位，1个数字艺术实验教学中心，1个综合办公室；有广播电视学、音乐学、环境设计、视觉传达设计、数字媒体艺术5个本科专业；有新闻传播学、设计学2个一级学科硕士点；1个艺术硕士学位授予点（MFA）；1个环境规划与设计（归属环境科学与工程学）二级学科博士点。其中广播电视学为国家级一流专业，设计学为湖北省重点学科。学院现有教职工82人，其中专任教师70人，党政和教辅人员12人，专任教师中教授5人，副教授36人，具有博士学位的教职工36人，硕士生导师40余人，“地大学者”学科骨干人才2人。

学院拥有完备的实验教学体系、设备先进的室内展演场馆、风景优美的写生采风基地和业内知名企事业单位共建的产学研实习基地等，有力支撑了人才培养质量。目前有总价值达1200多万元的实验教学设备；能容纳650人的专业音乐厅、近千平方米的艺术展厅；在黄山、婺源、庐山、秭归和赤壁建设多个风景优美、交通便捷、食宿安全的写生采风实习基地；与中央电视台、湖北日报传媒集团、湖北电视台、湖北省城市规划设计研究院等单位共建产学研实习基地。2022年,学院共有学生1425人,其中本科生947人,研究生478人。

学院以学科建设为龙头,以人才梯队建设为支撑点,注重学科交叉,着力构建学院特色美育体系,强调人文精神在学科中的渗透,坚持严谨求实的科学态度,重视艺术、传媒与高新科技之间的深度融合,全方位提高办学层次,提升学术科研水平。在学校优势学科的交叉影响下,学院发展速度较快,且形成了自己的特色。

【全面加强党的建设,坚持党建引领发展】

强化党的理论武装,多措并举抓好党的二十大精神学习宣传贯彻落实。制定学院党委理论学习中心组学习制度与年度学习计划,保证每月一次的学习研讨,及时通过党委会、党支部书记会、党政联席会议等多种形式传达部署上级的会议、文件精神和工作任务。2022年共召开党委理论学习中心组学习9次,党委会17次,党政联席会议12次;本年度学院领导干部共讲党课40次,各党支部书记、委员讲党课118次。坚持群众观点,深入基层调查研究,落实院领导联系三级单位、联系基层支部、院领导接待日等制度。加强师德师风建设,全面推进三全育人。大力开展课程思政,音乐系党支部率先举办了首届艺术与传媒学院"课程思政教学展示周",收到良好效果。整合育人资源,充分发挥班主任、校内外导师、校友力量,全方位推进育人工作,抓住重大时间节点和重要主题教育契机,通过实行"服务时长"制度,持续有力推动学生党员理论学习和实践锻炼,共组织志愿服务活动47次,参与人数3000人次。

统筹做好疫情防控、生产安全、政治安全工作,落实安全责任制,学院与各三级单位签订了安全责任书,组织专题培训提高师生的安全意识,确保学院安全稳定的发展环境。加强全面从严治党"四责协同",深入落实党风廉政建设责任制,认真落实"一岗双责",落实意识形态与安全稳定工作责任制,做好统战、群团、民主宗教工作。邀请宁伏龙教授作学术规范与学术诚信专题报告,党委书记上廉政专题党课,与全体教师签订师德师风承诺书,严格坚持"红七条"。2022年召开党风廉政建设专题会议4次,廉政教育相关集中学习6次,承办的廉洁文化宣传设计大赛共征集各类作品240余份,获奖作品在多个网络平台展播,吸引上千人次浏览。

充分利用建校七十华诞教育契机,开展一系列校史、校情、地大精神宣传教育活动。除配合校庆办、宣传部、团委完成校庆工作任务外,广泛开展学术交流与论坛活动,组织师生推出校庆系列文创产品,积极利用校庆元素开展课程思政,结合学科专业特色自主举办首届"美丽中国　宜居地球"湖北省科普微视频创作大赛、"美丽中国　宜居地球艺术作品展"、校庆原创歌曲征集、校庆学术论坛以及20余场校庆主题展演,数百名师生参与活动,上千名观众感受艺媒师生对地大的祝福,引起了强烈反响并被校内外多家媒体报道。

【不断深化教学改革，一流本科建设取得新进展】

学院“双一流”建设工作取得积极进展。学院广播电视学专业入选国家级一流本科专业建设点；积极推荐本科课程参加湖北省一流本科课程遴选，“游戏设计原理”“合唱与指挥1”“新闻采访与写作”3门课程获批入选；张梅珍获省级教学成果奖。组织各专业开展2023版培养方案修订工作。学院教师申报2022年学校本科教学研究改革立项，获批学校教学教改项目6项。

全面统筹疫情和教育教学的关系，保证人才培养质量。加强教学质量监督和基层教学组织建设工作，2022年对美育、视觉传达设计教学团队等4个基层教学组织进行审核备案。组织青年教师参加校第十三届青年教师讲课比赛，陈茹获人文社科组特等奖，朱怡获一等奖。进一步完善学院教学评价体系，修订教师同行评价细则，完成同行评价工作。学院梳理各类课程所蕴含的思想政治教育元素，并将其融入课程教学中去。学院积极组织师生参加各项赛事，申报各类项目，成果丰富。艺媒学生参加2022年大学生创新创业项目申报，最终获批国家级立项1项，省级立项5项，校级立项5项；第14届全国大学生广告艺术大赛，学院学生获得国家级二等奖1项，优秀奖1项；推荐10项学生作品参评“致美”奖学金优秀作品奖；2名教师作品，7名学生作品入围湖北高校第九届美术与设计大展复评。规范运行管理，充分发挥实验教学支撑保障作用，完成学院“智慧黑板及配套”“台式工作站”项目的调研、申报和采购招标等工作。完成3101、1208、1312、1404A共4间教室的教学设备改造工作，为教学工作的正常进行提供了保障。

【持续加强过程管理，全面提升研究生工作质量】

严格招生考试工作，提升生源质量。采取线上模式完成研究生统考、校园开放日、接受推免生、创新人才选拔等一系列招生复试工作。增强保密意识，签订《保密责任书》，筑牢安全防线。

严控研究生过程管理，增强培养质量。学院2022年春秋两个学期共开设研究生课程42门次，选课人数1300余人次，圆满完成研究生教学工作。制定《学院研究生学位论文专项整改方案》，提出了4条整改思路与3条整改原则，并将持续贯彻执行。学院完成了140篇论文送教育部学位与研究生教育评估工作平台进行评审的工作，共有3篇论文获评校优硕士论文。学院上半年共授予132名同学硕士学位，下半年共授予了10位同学学位。今年新增博士生导师、硕士生导师各1人，审核通过硕士招生资格导师4人。

深化国际交流与合作，全面推进国际化建设步伐。学校与意大利萨勒诺音乐学院签署合作协议、学校与西班牙马拉加大学签署合作协议，设计学、新闻传播学和音乐学成为校际合作专业。学校和美国阿尔弗莱德大学、保加利亚大特尔诺沃大学联合举办孔子学院庆典活动。为给学生搭建留学交流平台，艺媒学院协同国际教育学院组织召开大学生国际交流线下宣讲会，邀请珠宝学院老师同学生开展线上出国留学经验分享交流会。

【强化学科特色，稳步推进学科发展】

学科建设稳步推进，设计学和新闻传播学两个一级学科分别进行“十四五”学科专业建设规划，全面梳理2个学科未来5年在学科方向凝练、成果积累、团队打造、平台建设、社会服务等方面的现状，分析优势，查找不足，提出相应对策，为未来5年学科的可持续发展谋篇布局。设计学、音乐学3个学科立足自身实际，设立发展目标，持续推进内涵建设。根据各自学科特点和团队力量，积极参与学校自然资源传媒研究院、生态文明研究院、文科重点实验室、全球资源环境治理与发展研究院(智库)的组建和建设，特别是发挥在科普传播、国际传播、生态环境设计等学科方向的优势和成果，为今后进一步拓展学科交叉研究奠定了较好基础。

2022年学院教师获批省社科基金3项，1项成果获武汉市社科优秀成果奖，横向项目10项，发表T5以上学术论文21篇，其中T2论文2篇，T3论文5篇，T4论文3篇，T5论文11篇，专著、教材5部。全年学院举办学术讲座13场。学院教师参加学术会议、作品展览30余人次。

配合学校70周年庆典，学院开展系列特色学术交流活动。3个学科5个专业在校庆期间分别邀请了本学科专业领域的知名学者交流讲座；根据专业特点开展了艺术展演、科普微视频大赛拍摄校庆专题片等特色活动。设计学、新闻传播学2个一级学科先后自下而上完成3轮论文目录的征求意见，最后修改完善。做好科技论文自查：配合学校完成学院教师近5年来公开发表论文的自查工作，进一步提升教师的学术诚信意识。

【坚持思想引领，落实落细学生工作】

做好“智慧团建”工作。在学校五四评优中，161211团支部等7个团支部获评五四红旗团支部，学院研究生会获评标兵研究生会，郝文竹同学获评十大标兵学生，曾戈晖等43人获评优秀共青团干部，汤皓婷等34人获评优秀共青团员，李一平等6人获评“百名好支书、好班长”；完成全年153人国家助学金审核评定工作；完成国家奖学金、各类英才奖学金等总计72人次的评定工作；完成英才工程结题和立项706项；本研一体推进，开展文体活动。成功举办羽毛球师生邀请赛、毕业师生篮球友谊赛、迎新晚会、广播操比赛、新生杯跳绳比赛、新生杯辩论赛等系列活动；强化宣传教育，增强文化育人实效。公众号“CUG艺媒人”，2022年共发稿297篇，总阅读量为23 095，总粉丝数4891。视频号“CUG艺媒人”2022年发布视频共计35条；研究生公众号“CUG艺术与传媒研究生”共发稿240篇，总阅读量为23 904，总转发量为38，总粉丝数1054；推进第二课堂建设。九里阳光艺术支教团成功入选团中央七彩假期志愿服务示范团队，同时被人民日报党媒信息公共平台、《湖北日报》等报道，学院优秀创新创业团队“难忘号角”参加第六届湖北省青年志愿服务项目大赛，获得湖北省铜奖。

稳固招生与就业质量。完成了2022级艺术类招生宣传工作;2022年学院总体就业率为84.63%。其中毕业本科生229人,就业率80.79%;毕业研究生130人,就业率88.46%。做好创新创业教育。举办艺堂校友讲座21期,邀请优秀校友次仁旦达、王鸿伟等与艺媒学子交流;开设艺媒系列讲座9期。多层次多方位加强心理健康教育。

【不断务实创新,着力构建学院特色美育体系】

依托学科建设和专业发展目标,充分结合学院美育特色,将美育实践与学科建设相结合,在2022年连续举办"南望未来 交响星空""南望有你 且歌且行""笙歌将至 夏花正灿""南望山下 难忘一声"等16场主题为"七秩荣光,逐梦未来"的校庆专场音乐会,数百名师生参与,上千名观众感受艺媒师生对地大的祝福,是来自不同学院不同专业的学生在经过校园美育文化的浸润后交出的圆满答卷,用音乐之美唱响地大之声,以艺术乐章庆祝地大七十华诞。

打造网络主阵地,加强美育宣传丰富美育资源。微信公众号"CUG美育识堂"至2022年已经运营2年多,共发布推文56篇,浏览量达到1.1万,粉丝量834。建立可视化传播工作室,宣传喜闻乐见艺术产品。加强美育课程建设,开齐开足美育课程,统筹推荐公共艺术教育,新闻系、设计系和音乐系教师积极担任通识课教学11门,讲授音乐、传统手工艺与设计等课程;继续派出优秀志愿者前往社区、偏远山区进行支教活动,向山区孩子们传播美育种子。

注重美育与艺术学科融合发展,组建教学团队参加教研会议。2022年依托本科教学研究项目,联合学院3个专业,积极组建学校基层教学组织"美育教学团队";10月和11月,参加由中国教育学会音乐教育分会、四川音乐学院主办的"2022美育与音乐教育学学科发展研讨会"和常州大学主办的第二届全国音乐美育研讨会,发言论文题为《新文科背景下高校大学生的美育现状、问题与对策》,并被评为"2022美育与音乐教育学学科发展研讨会"优秀论文。

(撰稿:李伟娜;审稿:郭秀蓉)

马克思主义学院

【概况】

马克思主义学院是湖北省首批重点马克思主义学院之一。学院现设有习近平新时代中国特色社会主义思想概论、马克思主义基本原理、毛泽东思想和中国特色社会主义理论体系概论、中国近现代史纲要、思想道德与法治、形势与政策、研究生思想政治理论课等7个教研部(室)和思想政治教育系等教学机构,设有湖北省中国特色社会主义理论体系研究中心地大分中心、党的建设与社会治理研究中心、新时代思想政治教育创新发展研究中心等科研平台。建有中国近现代史虚拟仿真实验室以及红安档案馆、英山乌云山村、湖北电信党校及山西临猗县等实践教学基地。

学院具备"学士—硕士—博士"完整的人才培养体系。建有马克思主义理论一级学科博士后科研流动站。现有1个一级学科博士点(马克思主义理论),1个一级学科硕士点(马克思主义理论),1个本科专业(思想政治教育)。其中,马克思主义理论一级学科、思想政治教育二级学科为湖北省重点学科。学院坚持以习近平新时代中国特色社会主义思想研究为主体,以马克思主义基本原理和思想政治教育原理研究为支撑,在红色文化与中共党史党建、生态文明理论与实践、中外思想政治教育比较等研究领域形成了鲜明特色。

学院现有教职工55人,其中专任教师48人,含教授13人,占比27%;副教授15人,占比31%;讲师20人,占比42%。教师中85%以上拥有博士学位,20余人拥有海外留学经历。学院现有博士生导师11人,硕士生导师30人,另有兼职导师28人。国家级人才计划入选者1人,全国思想政治理论课年度影响力人物入选者2人,湖北省宣传文化人才"七个一百"工程入选者1人,"湖北省中青年马克思主义理论家培育计划"入选者17人,"湖北省优秀青年社科人才"入选者1人,学校"地大学者"2人,学校教学名师1人。2022年引进二级教授1人、特任副教授1人,新聘青年教师1人。

2022年学院在校全日制学生350人,其中本科生150人,硕士研究生124人,博士研究生76人。2022届本科生、研究生就业率均为95%。本科生上研率达到60%。在上研的学生中,90%的毕业生进入"985"高校深造,100%的毕业生进入"985""211"知名高校深造。80%的毕业生去向为高校、行政事业单位和国有企业。

【以高质量党建引领高质量发展,推进"大思政课"教育基地建设】

申报入选全国首批"大思政课"实践教学基地。以推进习近平生态文明思想教育和弘扬科学家精神为主要内容,聚焦立德树人根本任务,持续加强思政资源的挖掘与研究,持续健全"一线二红三实"立体教学模式,突出实践导向,推动思政课程和优势特色学科"同轴共转",助力行业特色高校思政课程的价值创新,坚持不懈用习近平新时代中国特色社会主义思想铸魂育人。

【思政课"质"与"量"双提升,实现思政课教学成果奖历史性突破】

开设"习近平新时代中国特色社会主义思想概论"课程,新开"劳动教育""新中国史"思政课,建成对标全国重点马院的"8+5"(8门思政必修课加5门思政选修课)本科思政课课程群。挖掘具有行业特色的校本教学资源并融入思政课教学,组织编写《地大红色故事融入思政课教学设计》两卷本。统筹推进"大中小思政一体化"建设的决策部署,联合附属学校和逸夫博物馆牵头申报湖北省大中小学思政课一体化共同体。品牌思政课程"国土安全"建成完善的课程体系和教学团队,相关课程入选国家安全教育教学视频征集活动并在全国推送展播。"高校思政课一线二红三实立体教学模式探索"获评湖北省教学成果一等奖,实现学院教学成果奖历史性突破。

【学术成果稳步提升,科研项目与成果奖励实现重大突破】

新增教育部哲学社会科学研究重大专

项项目1项,国家社科基金重大招标项目1项,国家社科基金一般项目1项、高校思想政治理论课研究专项项目1项、青年项目1项,湖北省社科基金一般项目(后期资助项目)5项,共青团中央"青少年发展研究"课题1项,吉林财经大学全国中国特色社会主义政治经济学研究中心重点项目1项,湖北省委党建办课题1项,中国社会工作联合会课题1项,企事业单位横向委托项目2项。学院教师全年共发表论文33篇,其中T1期刊论文1篇,T2期刊论文3篇,T3期刊论文2篇。在《中国社会科学报》刊发"学习贯彻党的二十大精神"论文专刊。7篇咨政报告获得省部级领导批示或单位采纳。出版著作7部。《新时代马克思主义理论研究新进展》纳入"马克思主义研究文库",《不忘初心 勇毅前行——马克思主义学院学术成果汇编》纳入"中国地质大学·地学文库丛书"。获得第十三届湖北省优秀社会科学成果奖二等奖1项、三等奖1项,武汉市第十八次社会科学优秀成果奖二等奖1项,第十届张静如党史党建优秀论文奖二等奖1项。实现省部级二等奖新突破。

【多措并举,本硕博人才培养质量显著提升】

生源质量持续改善。本科生生均入学分数在学校文科专业居前列,接收推荐免试研究生12人,同比增长100%;入选"本硕博"一体化培养研究生5人,同比增长150%。思政本科专业获评湖北省一流本科专业。湖北省一流课程思政本科专业课程"社会实践"按建设计划推进,依托红安县档案馆等实践基地开展社会实践,形成一批优秀社会调查报告。全年授予博士学位10人、硕士学位36人、学士学位37人。2篇硕士学位论文被评为校级优秀学位论文,1篇博士学位论文获评校级优秀博士论文(提名奖)。3名博士后顺利出站,5名博士后完成中期考核,新增3名博士后进站。博士后在T5以上学术期刊发表论文10余篇。

【完善"三全育人"体系,学生工作取得实绩】

1个团支部获评学校五四红旗团支部标兵,1个团队获评学校十佳大学生志愿服务团队,1个项目获评学校优秀大学生志愿服务项目,1个班级获评学校先进班集体,1个班级获评学校优秀毕业班级。7个团队获大学生创新创业训练计划项目立项资助。1名同学入选学校"李四光计划"。1个项目获评互联网+创新创业大赛国赛银奖、省赛金奖,1个项目获评"挑战杯"创业计划竞赛省赛二等奖。1名本科生获得湖北省教育厅推荐参加全国高校大学生马克思主义理论学习夏令营。2名学生参加湖北省青马工程学习。1名学生获评学校十大标兵学生,2名研究生、1名本科生获得国家奖学金,1名学生获评学校十佳大学生志愿服务个人。

【深入开展党的二十大精神学习与宣讲,加强湖北省理论热点面对面实践基地建设】

组建"美丽中国讲师团"之党的二十大精神马克思主义学院宣讲队,2名教师宣讲团成员入选省委讲师团、5名教师宣讲团成员推荐至市委讲师团、9名教师宣讲团成员推荐至湖北省"百马行动"宣讲队、1名教师宣讲团成员推荐至省教育厅宣教团,宣讲队成员面向校内外开展各类宣讲活动30余场。发挥学院学科专业特色，引导学院教师开展党的二十大精神阐释工作，学院师生积极在《光明日报》、学习强国等媒体发表理论文章。

【着力打造“红色”系列活动，品牌特色深入人心】

红色之声宣讲活动355场，覆盖总人数达44 089人，团队获中国国际“互联网+”大学生创新创业大赛国赛银奖、湖北省新时代文明实践志愿服务项目大赛金奖，获评校级“一院一品”党建品牌项目。红色之旅社会实践活动，6支团队奔赴全国各地开展调查研究。“红色经典”读书会，116名同学提交学习心得体会。“红色之理”党建论坛学术征文活动，收到62篇相关领域的学术论文。参加中南联盟高校“导航杯”11项实践教育活动，并主办其中的“我们这十年”党史知识竞答大会，获一等奖4个、二等奖4个、三等奖5个。

（撰稿：胡雪黎、徐胜；审稿：汪再奇）

李四光学院

【概况】

李四光学院以中国著名的地质学家、中国科协第一任主席李四光先生名字命名，2012年4月，在教育部、国土资源部共同指导下，中国地质大学（武汉）和中国科学院共同携手成立“C^2科教战略联盟”。同年8月，教育部、中国科学院在京联合签订“科教结合协同育人行动计划”，李四光学院也应运而生。学院由中国地质大学（武汉）与中国科学院大学、中国科学院地质与地球物理研究所、精密测量科学与技术创新研究院、地球化学研究所、广州地球化学研究所、古脊椎动物与古人类研究所、南京地质古生物研究所、地球环境研究所、空天信息创新研究院等单位合作共建。旨在通过整合校内外相关优质教学科研资源，培养独立思考、自主表达、崇尚学术、勇于探索的拔尖创新人才，推进知识发现、技术创新、人才培养的协同发展。

2022是党的二十大召开之年，更是“十四五”规划承上启下之年。李四光学院坚持以习近平新时代中国特色社会主义思想为指导，贯彻落实党的二十大精神，落实立德树人根本任务，深化教育教学综合改革，助力学校“十四五”事业发展实施。根据《学校2022年工作要点》，围绕“能力提升年”主题，结合育人目标，系统总结建院十年来办学经验，并在体制机制改革后进一步完善“科教结合协同育人”模式，开展了一系列扎实有效的工作。

根据《中国地质大学（武汉）关于调整李四光学院建制的通知》（地大发〔2022〕28号），李四光学院由原来挂靠本科生院改为独立的二级机构，负责管理地球科学菁英班，统筹管理基础学科拔尖学生培养计划2.0，负责组织实施高徒计划（含卓越地质师）。同时由谢树成院士兼任李四光学院院长，并配备专职的常务副院长。由此，学院进一步明确了自己在汇聚校内外优秀师资、统筹全校教育教学资源的作用，更好地培养高质量拔尖创新人才的定位,在2022年的各项工作中,抓好课堂与实践教学的主渠道,将课程思政融入日常教学,汇聚校内外优质师资,营造全员育人氛围,不断增强"三全育人"意识,体现"三全育人"实效。全年共开展地球科学导论课五讲,协同育人菁英讲堂三讲,圆满完成4个年级、4个专业、140余人次的三大基地野外实习教学工作。同时以党会团会为主阵地,扎实做好价值引领。

在全体学生中组织开展学习宣传贯彻落实党的二十大精神系列学习活动,切实把思想和行动统一到党的二十大精神上来,把力量凝聚到党的二十大确定的各项任务上来,激励学院青年学子踔厉奋发、勇毅前行。学院结合实际,在全体本科生中深入开展"学习二十大　奋进新征程"主题教育活动。其中包括"听党话、跟党走,争当新时代好青年"征文演讲活动、和本科生院教职工党支部开展"结对领航"参观校史馆活动、持续开展"读原著、学原文、悟原理"读书系列交流活动;通过开展知识竞赛、主题征文、走访红色革命遗迹等活动,加强宣传引导,引领青年学子听党话、感党恩、跟党走。形成以学生党建为龙头、支部引领为特色的思想政治工作模式。全年顺利发展12名学生党员,顺利转正预备党员24名,确定34名入党积极分子,在学生群里中形成广泛向党组织靠拢的政治意识;对标"七个有力",强化学生党支部政治建设和组织领导力建设,探索激发学生党支部创新活力。获评2021—2022年度校级先进基层党组织,在党支部风采大赛中取得优秀奖,党员王浩宇获评校级优秀共产党员。

以党建带团建,开展主题教育,以"活力团支部"评选、"百生讲坛"申报、"青年大学习"学习为团支部建设的有力抓手,以评促建、以学促建,推进习近平新时代中国特色社会主义思想和党的科学理论进支部、进团课、进社团、进网络。完善本科生党团支部与班级"三位一体"融合建设机制,引导青年学子坚定新时代中国特色社会主义理想信念,培育和践行社会主义核心价值观。

开展社会实践,推进"五育并举"。结合《中国地质大学(武汉)加强和改进新时代美育工作实施方案》,制定学院"五育并举"工作方案,强化政治引领,将思政工作融入教育教学和管理服务过程中,促进学生全面发展;深化"学习之路"主题社会实践品牌活动,以学院"李四光宣讲团"为依托,结合世界地球日、李四光先生诞辰纪念日等科普志愿服务和劳动实践活动,打造具有学院特色的科普志愿服务品牌。

【创新拔尖人才培养方式,完善人才培养方案】

改革课程教学方式,提升本科教学质量。以2023版培养方案修订为契机,由院长谢树成院士牵头,组织召开多次李四光学院人才培养研讨会,以国外的"STEM"(即Science、Technology、Engineering、Mathematics)为依据,在2023版的人才培养方案中,通盘考虑拔尖计划2.0基地地质学、地球物理学两个珠峰班"精专"的培养目标以及地球科学菁英班"博雅"的培养特色,将"逻辑学导论""大学语文"等课程作为珠峰班和菁英班学子大一的通识教育课，提升同学们的人文素养；同时邀请校内两个国家重点实验室的优质师资（如巫翔、祁士华老师等），牵头开设地球科学菁英班特色课程“地球物质科学”，从微观-宏观的尺度让菁英班的学子对于地球科学有系统化了解，也增设了李四光学院特有的特色课程，对于个性化人才培养方案的建设取得新突破。

进一步修订完善《地球科学菁英班导师制实施方案》，明确工作目标，细化工作要求，强化导师职责。切实做好“中科院导师双选”和“校内导师双选”工作，2022 年中共完成 57 名学生的导师双选工作，有 135 名学生在导师指导下申报中科院科创项目、大学生创新创业训练项目、大学生自主创新资助计划、社会实践等科创实践项目。

【以科研实训培育优良学风，完善奖励资助体系】

撰写最新版《李四光学院科研实训方案》，以方案为行动纲领，将“每一位学院人必须主持或参与过一项科研项目”落实落细。

以改善素质能力短板为目标，制定提升方案，优化提升路径。优化制度，发挥激励作用。进一步完善《李四光学院学生综合素质测评方案》《李四光学院英才工程实施方案》《李四光学院综合素质提升方案》，激发学生自我提升自我发展的积极性。2022 年全年圆满完成奖励资助工作，共评选出国家奖学金 2 人，国家励志奖学金 10 人，地大英才奖学金 8 人，殷鸿福-金钉子奖学金 1 人，国家助学金 57 人，感恩中国近现代科学家助学金 1 人。其中，殷鸿福-金钉子奖学金作为在校本科生含金量最高的科研类奖项，是学院学子首次摘得这项荣誉，也是对学院人才培养成效的认可。全年累计完成 170 余人次，70 余万元的国家级、校级、院级奖励资助经费发放，奖助学金覆盖率达 70.2%。将班级“月月评”、英语四六级、考研就业奖励、无挂科班级的奖励纳入综合素质提升方案中，不断扩大和完善系统奖励资助体系，加大对学科竞赛、社会实践、学术交流、志愿服务、文体活动、海外研修等方面的支持力度，提升学生综合素质，为学生的成长提供更好的保障。

【丰富育人实践渠道，为“卓越学术”铺路】

2022 年，学院进一步整合校内外优质教学资源，除以往“走进中科院”的实践活动外，增设为期两周的国重平台实践课程，对于大型仪器的使用和操作进行系统化学习，增强科研训练能力。根据疫情防控常态化的现实条件，以线上线下教学相结合的方式打破和中科院各所物理空间的壁垒，打造“中科院名师面对面”云课堂，创新教学形式，发挥协同优势，让更多学生共享优质资源。

进一步修订完善《地球科学菁英班导师制实施方案》，明确工作目标，细化工作要求，强化导师职责。切实做好“中科院导师双选”和“校内导师双选”工作，2022 年中共完成 57 名学生的导师双选工作，有 135 名学生在导师指导下申报中科院科创项目、大学生创新创业训练项目、大学生自主创新资助计划、社会实践等科创实践项目。

2022年中，学院共28人次获得国家级奖项，如:2022全国大学生测绘学科创新创业智能大赛、2022易智瑞杯中国大学生GIS软件开发竞赛、全国大学生英语竞赛等。同时，学院洪宸、薄勇两位学生均发表被SCI检索的高水平论文(T2区)，实现了学院学术科研竞赛、学术论文的大丰收。

【构建拔尖创新人才"选-调-培"联动机制】

建立"招生—培养—就业"联动机制。从制度建设、工作要求等方面将招生就业工作举措落到实处。按照学校招生工作要求，成立学院本科招生工作领导小组，设立招生咨询热线，开放在线咨询平台，切实做好招生咨询服务。修订完善学院招生宣传素材，参加"美丽中国　宜居地球"招生宣讲直播活动。通过指导学生开展"我把地大带回家""给高中母校的一封信""我的大学喜报"等多种实践活动，宣传菁英班育人特色，吸引优质生源。从新生入学教育开始引植入生涯规划和就业指导理念，将高质量就业升学目标贯穿于教育教学全过程。做好就业指导和定向帮扶，引导学生明确发展目标，树立规划意识。通过宣讲就业政策、提供就业信息、讲解就业流程招聘要点等方式，帮助学生树立自信。学院2022届毕业生就业率已达90%(54/60)，其中，出国升学率达65%，有39名学生在国内外高校、研究所等进行深造，就业率达21.6%，有13名学生前往新疆、陕西等地的中国石油西部钻探工程有限公司、中煤航测遥感集团有限责任公司、中建三局安装工程有限公司等行业相关公司以及公务员等岗位就业，在祖国的各个地方建功立业，展现李四光学院学子的精神风貌。

【关注特殊学生群体，筑牢安全稳定防线】

关注"四难"学生群体，完善帮扶体系。针对学业困难、就业困难、家庭经济困难及心理困难的重点学生群体，建立重点关注数据库，由学院老师、学生党员及骨干组成的定向帮扶小组，长期开展帮扶。2022年，学院共有20名需要注意和追踪的同学，学院老师、辅导员通过定期走访宿舍、一对一谈心、线上交流等方式，全年累计完成130余人次的谈心谈话工作。通过新生自传、心理访谈、心理健康与自我成长课程、"成长与发展"主题班团会和心理健康专题讲座等多种方式深入了解学生群里的心理状况，营造心理健康教育良好氛围。在危机干预方面，学院全体辅导员定期参与心理中心的专业培训、危机个案督导会等培训讲座，通过深入了解其他学院的现实案例，不断增强自身的危机干预意识和能力，建立"学生—寝室长—班委—辅导员—学院领导"五级预警防控体系，做到科学识别、实时预警、专业咨询和妥善应对。

在疫情防控仍不能松懈的前提下，2022年中，学院进一步健全疫情防控机制，做好常态化管理。切实做好日常中高风险区的筛选、排查、上报、隔离等工作，日常核酸抽查工作以及健康日报打卡工作。以教学为主线，安全为底线，确保教学工作正常开展，学习生活安全稳定。

【强化工作制度，打造书院制教学环境】

健全学院工作例会制度、工作月报制度、人才培养研讨会制度以及师生交流制度。在2022年中，由院长谢树成牵头，组织多次学院人才培养研讨会、班主任座谈会、人才培养方案研讨会、课程建设研讨会等。如:通过邀请数理学院教学副院长黄刚教授以及李四光学院兼职副院长、班主任、学务指导老师进行座谈会,将李四光学院和珠峰班数理基础的任课老师、课程要求进行充分对接,实现了在师资方面的优化配置。同时首次申请"拔尖创新人才科教融合专项经费",用于珠峰班、地球科学菁英班学生科研训练的智慧科创实验建设,目前已完成东区综合楼B404、B405两间智慧教室的装修部,现已投入使用,大大改善了珠峰班、地球科学菁英班的教学物理空间条件,为书院制办学的建设模式迈出新的一步。

(撰稿:李若萌;审稿:单华生)

未来技术学院

【概况】

2022年,在学校党委和行政的领导下,未来技术学院着力推动人工智能、新一代信息技术与地球科学的深度融合,各项建设工作不断迈进。

学院始终以党建工作为引领,深入学习党的二十大精神,用党的创新理论武装师生头脑,指导中心工作,引导学院师生坚定跟党走,奋进新征程,建功新时代。充分发挥基层党组织和党员作用,开展疫情防控工作,积极参加核酸检测和疫苗接种等党员志愿服务,在抗疫斗争中践行初心使命,用实际行动诠释责任担当。

学生规模持续扩大。自2022级新生开始,未来技术学院首次将"电子信息(未来技术类)"纳入高考招生体系,进入学校本科生招生目录,录取了60名新生。此后,完成了学生遴选工作,5位学生转入学院学习。同时,录取了15名博士研究生和55名硕士研究生,学生总规模达到了193人。

不断探索交叉学科人才培养的新模式。完成本科生培养方案修订工作,责任导师作为学生个性化培养方案的第一责任人,直接负责指导学生的个性化培养方案制订。实施"探索与猜想计划",推动学生由被动式学习向主动式学习转变,营造"鼓励创新、善于创新、勇于创新"的良好氛围。同时,抓好实践环节,开设"产学研协同工业实践"课程,出台《〈产学研协同工业实践〉课程安排指导意见》,对实践目的、实践时间、实践地点、实践方式以及实习管理等方面提出了具体要求。打破学科壁垒,开设"未来技术前沿导论"通识课程,从授课立意、授课形式、授课内容等多方面进行探索和创新,打破了学科壁垒,创新了思维方式,体现高水平、跨学科、强特色的教学理念,让学生了解未来技术学院所覆盖的学科领域和知识体系,掌握未来技术前沿的概念、研究方法、研究领域以及发展动向,熟悉人工智能、新一代信息技术与地球科学交叉融合的未来发展。

完善组织机构,加强导师团队建设。2022年9月,学校党委任命陈鑫同志为未来技术学院常务副院长(正处级)。同时,办公室和学工队伍也得到了充实,夏雪萍、陈红霞、陈思静先后入职。进一步完善和细化了办公室职责分工，为学院各项工作顺利推进提供了组织和队伍保障。2022 年，为充实导师队伍，建设跨学科高水平导师团队，新增 3 位首席科学家及相应的 3 支导师团队。学院导师团队达到 16 支，导师人数达到 89 人的规模。

办学条件不断完善。2022 年 9 月，启动了新院区装修改造工作。与浙江中控技术股份有限公司（简称“中控技术”）开展联合共建，多次举行实验室建设会议，商讨基础实验室建设方案。联合共建取得实质性进展，中控技术捐赠 1000 万元的设备用于共同建设智能化技术实验室和工业互联网实验室。为助力学院人才培养，中控技术还捐赠 50 万元设立“智能地球探测奖学金”，用于奖励在智能地质装备领域取得优异成绩的学生。

学风建设不断加强。以党的二十大召开和建校 70 周年华诞为契机，扎实开展系列思想政治教育活动，努力营造“时时有育人、处处可育人”的思政育人环境。建立学业预警机制，细化学生学业管理。2022 年，首届学生平均学分绩点达到 3.27 的水平，80％学生的学分绩点在 3.0 以上，20 名学生入选学校“本-硕-博”贯通培养计划。组织学生积极参加各项学科竞赛和社会实践活动，获得各级各类奖项 76 人次，其中获得全国大学生英语竞赛一等奖 1 项，获得省部级奖项 10 人次，充分展示了未来技术学院的良好精神风貌。

【“未来技术前沿导论”开讲】

“未来技术前沿导论”是未来技术学院大一新生的入门必修课程。该课程旨在让学生了解未来技术学院覆盖的学科领域和知识体系，掌握未来技术前沿的概念、研究方法、研究领域及发展动向，熟悉人工智能、新一代信息技术与地球科学交叉融合的未来发展。课程自 2022 年 3 月开始，分为 8 讲共计 16 学时，王焰新院士讲授“环境水科学前沿导论”，谢树成院士讲授“深时生物与环境演化前沿导论”。“未来技术前沿导论”还包括“人工智能前沿导论”“海洋气候与碳循环前沿导论”“清洁地质能源勘探前沿导论”“未来技术与遥感”“海洋资源开发信息融合与智能化发展”和“陆地表层监测前沿导论”等主题课程，分别由国家级人才计划入选者未来技术学院吴敏教授、海洋学院孙军教授、资源学院蒋恕教授、计算机学院王力哲教授和工程学院宁伏龙教授以及地理与信息工程学院王绍强教授讲授。

【共建未来技术学院启动仪式举行】

2022 年 10 月 28 日，在七十周年校庆即将到来之际，学校与浙江中控技术股份有限公司共建未来技术学院启动仪式暨实验室揭牌典礼举行。中控技术创始人褚健，中控技术董事长崔山、总裁助理石莹，学校党委书记黄晓玫、副校长王华、未来技术学院院长吴敏，学校相关管理与服务机构负责人，相关学院负责人、专家学者、师生代表，以及来自各校企合作的企业代表参加启动仪式。未来技术学院常务副院长陈鑫主持启动仪式。褚健、崔山、石莹、黄晓玫、王华、吴敏为智能化技术实验室和工业互联网技术实验室揭牌。中控技术向学校捐赠价值千万元的先进设备，合作共建智能化技术实验室和工业互联网实验室。

【“智能地球探测奖学金”设立】

2022年10月28日，在学校与浙江中控技术股份有限公司共建未来技术学院启动仪式暨实验室揭牌典礼上，宣布设立“智能地球探测奖学金”。该奖学金首批受赠款为60万元，其中中控技术捐赠50万元，北京六合伟业科技股份有限公司、陕西太合智能钻探有限公司、武汉岩联工程技术有限公司、安百拓建筑矿山设备有限公司、江苏和信石油机械有限公司各捐赠2万元。

“智能地球探测奖学金”主要奖励在智能地质装备领域取得优异成绩的学生。奖励名额和金额根据学生研究成果设定，每年评选一次，奖励10～15名本科生，奖励金额在人民币3000～5000元之间，奖励2～3名研究生，奖励金额在人民币5000～8000元之间。

【首轮“探索与猜想计划”立项】

“探索与猜想计划”项目是未来技术学院二年级及以上学生的必修环节。该计划贯穿大学期间的课程学习，强调以科学研究为驱动，推动学生由被动式学习向主动式学习转变。导师团队针对每位学生，从项目的选题、立项、实施到成果总结和结题提供全程指导，营造未来技术学院“鼓励创新、善于创新、勇于创新”的良好氛围。

经学院组织、导师牵头、学生自由组合申报，共有62人申报了16个自主命题科研项目。项目选题遵循“交叉性、创新性、前沿性”的原则，体现人工智能、新一代信息技术与地球科学交叉融合的特色，重点聚焦未来地球探测和未来生态健康这两个交叉创新方向，瞄准“卡脖子”技术而开展实施。学院经过初审、反馈交流和专家评审，最终确定了16个立项课题，学院将按照每人2万元的标准资助学生开展课题研究。

【未来技术学院维修工程启动】

根据学校的安排，将双创中心三楼的1355平方米面积划拨给未来技术学院作为办院场地。经过前期的设计、招标等准备工作，未来技术学院办院空间维修工程于2022年9月启动。该工程包括智能化技术实验室、工业互联网实验室、学生实训中心、学术交流中心和院行政办公室等5个功能区的维修。

（撰稿：张晓锋；审稿：朱荆萨）

教育研究院

【概况】

2022年，教育研究院以习近平新时代中国特色社会主义思想为指导，深入学习贯彻党的二十大精神，贯彻落实新时代党的建设总要求和新时代党的组织路线。在学校党委行政的正确领导下，全院上下紧紧围绕学校中心工作，聚焦“能力提升”主题，抢抓机遇、实现突破，献礼学校70周年校庆。

教育研究院下设教育学系、心理学系、高等教育研究所、发展与教育心理研究所、综合办公室等三级机构。教育学学科拥有教育学、教育经济与管理专业两个专业；心理学学科根植于大学生心理健康教育实践，与武汉市精神卫生中心达成战略合作协议。学院拥有湖北省高校人文社科重点研究基地“大学生发展与创新教育研究中心”“湖北省创新人才与创新发展研究中心”“湖北省人才评价中心地大测评基地”“心理科学与健康研究中心”“湖北省高校心理健康教育示范中心”“湖北省级研究生工作站”等教学、科研创新平台。教育部政策法规司与学校合作共建“高校治理研究中心”，挂靠教育研究院。

学院有教职工 23 人，其中专任教师 18 人，包括教授 4 人，副教授 12 人，讲师 2 人，博士生导师 3 人，享受国务院政府特殊津贴专家 1 人，兼职导师 46 人。全日制在读研究生 201 人，其中教育学专业 62 人、教育经济与管理专业 60 人、心理学专业 79 人。截至 2022 年 12 月 31 日，学院 2022 届毕业生初步就业率为 91.38%。

【聚焦政治引领，持续推进全面从严治党】

提升党建工作能力。学院党总支部以习近平新时代中国特色社会主义思想为指导，深入学习贯彻落实党的十九大、二十大精神。为提升学习成效，创新学习形式，组织系列人文素质讲座，帮助提升教育研究院师生的综合素质。多举措筑牢基层组织建设，增强党组织的凝聚力和号召力。主动向先进榜样学习，专题调研学校“全国党建工作标杆院系”和“全国党建工作样板支部”培育创建工作，借鉴经验，凝心聚力，提升基层党建工作能力和水平，推进党建和业务双融合、双促进，以高质量的党建保障学院改革发展。总结凝练谋划发展路径，以党支部书记述职评议、支部主题党日、学院教职工会议等场合为契机，对工作中存在的问题进行了梳理，提出了整改措施，提炼党支部工作的特色。2022 年，抓实党员干部下基层察民情解民忧暖民心实践活动，院领导深入到教职工、学生中，了解诉求，立足工作实际查找问题清单 5 条，立查立改。1 名党员获评校级“优秀共产党员”。

学生思政工作有新突破。深入开展主题教育活动，聚焦“迎七十校庆”“庆祝中国共产主义青年团成立 100 周年大会”“新时代的伟大成就”“清廉地大”“学习习近平总书记给山东省地矿局第六地质大队全体地质工作者的重要回信精神”“喜迎党的二十大”以及“学习宣传贯彻党的二十大精神”等主题采用线上线下、校内校外相融通的学习方式，教育和引导学生学思践悟。共开展主题党日 24 次、主题团日 40 次、组织生活会 8 次、专题讲座 6 次。不断加强研究生党团建设，党员发展程序规范。2022 年共发展党员 19 名，转正党员 8 人，转入党员 24 人，转出 46 人，完成 7 名入党积极分子确定，确定发展对象 32 人。学生党组织和党员充分发挥作用。认真学习贯彻党的二十大精神，努力做党的二十大精神学习的引领者、传播的先行者、贯彻的践行者。教育学专业研究生党支部荣获校级学生“先进基层党组织”，1 名研究生党员获评校级学生“优秀共产党员”。2021 级教育学与教经管专业团支部在学校“五月的鲜花”五四评优活动获得学校“五四红旗团支部标兵”荣誉称号。

【提升内部治理能力，推动学院高质量建设】

加强学院精细化管理和制度化建设，学院领导班子补齐配强，为推动学院工作夯实基础。2022年完成学院“十四五”事业发展规划。学院梳理面对的机遇与挑战，理清发展思路，明确学院定位，以习近平新时代中国特色社会主义思想为指导，坚持“人与自然和谐发展”的价值观，以促进人的全面健康发展为首要任务，对标国际前沿，充分借鉴先进经验，按照“小而精、有特色、国际化”的要求开展建设，加强校本研究和自然教育研究，提升教育研究院服务学校、社会和国家的职能和水平，争做政府部门的高水平智库、学校发展的好参谋、学科新秀，为建设教育强国、地球学科高水平大学、乡村振兴等作出新的贡献。

【“五育并举”融合育人，落实立德树人根本任务】

深入开展优良学风创建，大力营造学术卓越的氛围。学院以“严在地大”作为质量建设标准，多措并举在学生中强化校风学风建设。以制度建设和管理规范为依据，督促学生养成良好学习习惯，弘扬优良校风学风。主动设置议题，围绕创新人才培养、教育评价改革、研究生师生关系等内容或自由选题，全年开设4期学术沙龙；研究生共发表各类学术论文12篇；1人获批中国科协2022年度研究生科普能力提升项目，71人次参加学院2022年科技论文报告会，11个团队参加学院2022年暑期“三下乡”社会实践报告会，13名同学参加学院2022年寒假社会调查报告会。2位同学获校级科报会特等奖、1位同学获校级一等奖、3位同学获校级二等奖、15位同学获校级三等奖。

聚焦学生核心素养，加强学生日常管理。完成2022年心理健康普查，动态健全研究生心理健康数据库。对需要特别关注的学生，学院党总支副书记、研究生导师、兼职辅导员及时、有针对性地谈心谈话，适时适度通过家校合作的方式深入探究问题成因，结合学生实际情况采取有针对性的辅导帮扶措施。学院在抓好德育工作的基础上，美育体育工作坚持以文化人，以体育人。以提高研究生审美和人文素养为抓手，广泛开展主题鲜明、积极向上、参与性强、寓教于乐的文化艺术活动。稳步提升学生就业质量，在坚持以往先进工作经验的基础上，落实就业工作一把手责任制，制定《教育研究院毕业生就业工作促进办法》(教研院〔2022〕17号)，定期召开领导班子会议和全体教师会议讨论研判研究生就业形势，院领导开展访企拓岗活动，院领导亲自认领就业困难学生促就业，形成了全员关心就业的浓厚氛围。

【整合学科资源，提升科研能力和水平】

科研成果产出丰硕。学院在国家自然科学基金项目、国家社科基金项目、湖北省教育科学规划重点项目申报中有新进展。全年新增各类项目20余项，新增科研经费100万元(表1)。师生在各类学术期刊上发表论文、专著出版方面成果显著(表2、表3)。学院专兼职导师参与的教学研究项目、出版著作等成果分别获得省级特等奖和一等奖、湖北省及武汉市优秀科普作品奖、“第五届全国高校网络教育优秀作品推选展示”工作案例类优秀奖等荣誉。

表1　2022年教育研究院新增代表性科研项目

序号	项目名称	负责人	项目来源	资助经费/万元
1	童年期创伤经历对抑郁症青少年的自传记忆的影响及机制	黄满霞	国家自然科学基金项目	30
2	新时代行业特色大学高质量转型发展战略与实施策略研究	储祖旺	国家社科基金项目	20
3	赴海外留学生思想政治教育	刘旭	湖北省科学规划重点项目	0.5
4	高校治理研究	黄晓玫	中央其他部门社科专门项目	10
5	聚焦学科特色，涵养卓越品格，着力构建新时代文脉相传的校园景观文化育人体系	储祖旺	2022年高校思想政治工作精品项目	10
6	“十四五”我国高等学校财务治理体系研究	杨从印	中国教育会计学会项目	2
7	高校大先生时代内涵及引领作用发挥研究	钟苹	教育部社科司项目	2
8	新时代高校优秀年轻干部教育培养常态化工作机制研究	黄晓玫	湖北省科研项目	8
9	关于如何将科教人才优势转化为创新发展优势的对策研究	罗林波	武汉市科研项目	8
10	武汉高校“翻转课堂”平台建设现状与需求研究	刘隽颖	武汉拓新信息技术有限公司	3

表2　2022年度教育研究院师生论文成果一览表

序号	论文名称	作者	发表刊物名称
1	The role of sex in intimate relationships: An exploration based on Martin Buber's intersubjective theory	张巍	*Frontiers in Psychology*
2	What Ratio of Warmth to Competence is Ideal for Likable Friends?	宋静静	*ARCHIVES OF SEXUAL BEHAVIOR*
3	融合教育理念下英国高校残障大学生学业支持服务的现状、特点及启示	蒋洪池、龚琬晶	中国特殊教育

续表

序号	论文名称	作者	发表刊物名称
4	我国大学学科评价研究：历程、热点及反思	蒋洪池、张洁	中国地质大学学报(社会科学版)
5	Perceptions of Faculty Leadership in University Governance: A Case Study	蒋洪池等	*Chinese Education & Society*
6	“四个聚焦”构建课程思政生态圈	许峰	中国教育报
7	中国高等教育研究活跃作者的群体特征分析	侯志军，田家玮	复旦教育论坛
8	我国高校跨学科研究现状、热点与趋势分析——基于 CiteSpace 的可视化分析	陈彪，徐娜	中国高校科技
9	Online psychosocial interventions for improving mental health in people during the COVID-19 pandemic: A systematic review and meta-analysis	叶芷妤，李闻天	*Journal of Affective Disorder*
10	Understanding MMPI-2 response structure between schizophrenia and healthy individuals	叶芷妤，Yu Cheng Hsu	*Frontiers in Psychiatry*
11	The Relationship between Gender Self-stereotyping and Life Satisfaction: The Mediation Role of Relational Self-esteem and Personal Self-esteem	李俊男，宋静静	*Frontiers in Psychology*
12	Self-focused or other-focused: The influence of acknowledgment type on subsequent donation desires	冯文婷，沈先运	*Frontiers in Psychology*
13	拟人化沟通对企业国际化的影响机制研究——基于印象形成连续模型理论	冯文婷，沈先运	南开管理评论
14	The Influence of Social Crowding on Consumers′ Preference for Green Products	冯文婷，王利佳	*Frontiers in Psychology*
15	The Influence of Social Exclusion Types on Individuals' Willingness to Word-of-Mouth Recommendation	冯文婷，王利佳	*Frontiers in Psychology*
16	Prevalence and correlates of post-traumatic stress disorder and its symptomatology in tornado-affected rural residents	武泰民，杨琴	*frontiers in Psychiatry*

续表

序号	论文名称	作者	发表刊物名称
17	The Relationship between Gender Self-stereotyping and Life Satisfaction: The Mediation Role of Relational Self-esteem and Personal Self-esteem	刘燕芬，宋静静	*Frontiers in Psychology*
18	A meta-analysis of co-occurrence of Non-suicidal self-injury and Suicide attempt: Implications for clinical intervention and future diagnosis	叶芷妤，李闻天	*Frontiers in Psychiatry*
19	青少年手机成瘾干预研究进展	徐楚楚，黄海	中国学校卫生
20	大道之说——论海德格尔晚期的语言思想	孙洁	四川师范大学学报(社会科学版)
21	中学生儿童期逆境与自杀风险的关系	刘梦婷，周春燕	神经损伤与功能重建
22	博弈论视角下西部地区高校教育资源共享的困境分析与化解策略	陈翠荣，占玲玉	西藏大学学报(社会科学版) CSSCI
23	美国学生事务管理者专业胜任力评估研究	唐金桃，储祖旺	学校党建与思想教育
24	澳大利亚新南威尔士州“学校数字化战略”：内容、特点及启示	王佳琪，杨从印	中国教育信息化
25	Italian Research Assessment VQR: Framework, Achievements and Controversies	王晓悟	*Proceedings of the 7th International Conference on Distance Education and Learning*
26	Appraisal of Influencing Factors Model Outlook: A Case of Chinese College Students	王晓悟	*The Fifth International Conference on Social Science, Public Health and Education*
27	THE INFLUENCE OF IMPROVING THE ABILITY OF IDEOLOGICAL AND POLITICAL EDUCATION IN COLLEGES AND UNIVERSITIES ON STUDENTS PSYCHOLOGICAL COGNITIVE ABILITY UNDER THE ENVIRONMENT OF NEW MEDIA	任凯歌，张宏	*Psychiatria Danubina*

续表

序号	论文名称	作者	发表刊物名称
28	Research on Ideological and Political Construction of Physical Education Curriculum from the Perspective of Dissipative Structure Theory	胡梦蝶，庞岚	*Proceedings of the 4th International Seminar on Education Research and Social Science*（ISERSS 2021）
29	基于校友反馈的高校研究生培养质量满意度研究	刘冰倩，李门楼	高教论坛
30	来华留学思想文化教育的实践与创新	许峰，刘小舟	神州学人
31	高校内部审计信息化建设研究	刘琴，刘晓华，杨从印	教育财会研究
32	高校财务治理研究：现状、问题及展望	杨从印，王佳琪	会计之友
33	基于ASEB栅格分析的高校博物馆研学旅行优化研究——以A大学博物馆为例	相博文	科学教育与博物馆
34	高校博物馆研学旅行的发展历程、现实境况与优化策略	相博文	自然科学博物馆研究

表3　专著、教材成果一览表

序号	专著、教材名称	作者	出版社
1	新时代高校教育管理实务	侯志军	中国地质大学出版社

平台建设质量稳步提升。经学校研究，成立高校治理研究中心，由教育部政策法规司与学校合作共建，挂靠教育研究院。中心主要聚焦高等教育法治与高校治理现代化，以高等教育治理领域的相关公共政策、法律法规及其实施和评估为研究对象，开展相关理论和实践研究。2022年5月27日，召开高校治理研究中心建设研讨会，来自学校各职能部门及学院、华中师范大学的专家学者共同探讨中心的建设思路和工作计划。大学生发展与创新教育研究中心建设十周年成果丰富。十年来，中心共发表高水平学术论文300余篇，出版50部高水平的著作，多项成果获得省部级以上奖励、厅局级以上政府部门采纳或领导批示。中心培养了大量优秀毕业生，大批在校生获得了众多荣誉。2022年5月14日，中心召开新时代大学生发展与创新教育研究学术研讨会，省内专家

学者共聚，谋划中心未来高质量建设发展。同年，大学生发展与创新教育研究中心顺利通过了湖北省高校人文社科重点研究基地评估，获评“合格”等级。

【助力乡村振兴，提升社会合作与服务能力】

与校团委合作，对24届西部计划志愿者10人举办学校心理健康教育专题培训；与云南省楚雄市团委、龙江中学签订合作协议，建立了第一个学院教学研究实践基地；针对西部志愿者成立心理支持中心，并对50多名楚雄市西部志愿者进行了摸底调研，向当地团市委提交了调研报告；组织11个团队分别赴湖北巴东、湖北荆州、河南信阳等地开展暑期“三下乡”社会实践活动，其中联合湖北省巴东县长岭初级中学开展第二届“心动力”乡村学校振兴夏令营，共有5名教师、15人研究生、本科生和130多名青少年参与，入选团中央2023年“七彩假期”志愿服务示范团队。“心动力”和“兴火相传”两支暑期社会实践团均获2022年湖北省大学生暑期“三下乡”社会实践活动优秀团队，相关活动被中国教育网、今日头条、《恩施日报》、信阳电视台、《信阳晚报》、学校新闻网及校内相关网站和微信公众号报道，教育研究院荣获“优秀组织单位”称号，两位老师被评为“优秀指导老师”。

【举全院师生之力，做好学校七十周年校庆各项工作】

以七十周年校庆为契机，营造学院和谐氛围，激发奋斗意志，展示学院成就。通过挖掘校史文献、学术活动、文体活动和产学研合作等育人元素，增强学院师生爱校荣校、爱院荣院之情。组织研究生通过整理史料、采访老同志等方式参与高元贵院长办学治校历史和高等教育思想的资料收集和整理工作，举办学习高元贵院长教育思想座谈会，研讨宣讲高元贵老院长的教育思想。在学校校庆相关活动中展现教育研究院学子风采。多名研究生参加学校校庆学术、文艺活动，展现学院的青春力量。1名研究生被选为70周年校庆大会上4名献词学生代表之一，1名研究生成为70周年校庆重要活动——“中外大学校长论坛”宣读新地学教育武汉倡议四名师生代表之一，1名研究生在70周年校庆文艺晚会上担纲唯一钢琴伴奏，1名研究生参与了舞蹈、舞台剧演出，2名研究生承担校庆文艺晚会舞台监制、校庆志愿者考核组组长等大型活动相关负责人工作。

（撰稿：童宇、陈彪；审稿：徐绍红、柯佑祥）

Nianjian

财务与资产管理

财务工作

【概况】

2022年末，学校的总资产为654 132.06万元，比年初增加32 307.40万元，增长5.20%；各项负债总额为216 254.66万元，比年初增加87 839.06万元，增长68.40%；年末净资产为437 847.40万元，比年初减少55 531.67万元，减少11.26%。资产负债率为33.06%，比年初增长12.41%。

资产变动情况。本年资产的变动主要表现为流动资产、非流动资产均增加，受托代理资产减少，整体表现为增加。主要原因：一是预付账款58 714.20万元，比年初增加29 241.27万元，增长99.21%，主要为双一流建设投入及财政贴息购置设备，预付设备费增加27 834.01万元，预付科研保证金增加1 818.02万元。二是在建工程18 956.62万元，比年初增加12 595.76万元，增长198.02%，主要为新校区及老校区基本建设项目，以及印刷厂楼群改造、珠宝楼维修、改善基本办学条件专项资金支持的雨污分流、学生宿舍维修改造等维修工程发生支出，尚未转入固定资产的购置设备增加6 414.21万元。三是受托代理资产4 497.92万元，比年初减少4 007.72万元，减少47.12%。受托代理资产包括受托代理的银行存款和受托代理资产的借款，减少的主要原因为受托代理的银行存款减少。

负债变动情况。本年负债的变动主要表现为预收账款、其他应付款、预提费用、长期借款增加，受托代理负债等减少，整体表现为增加。主要原因：一是预收账款97 996.69万元，比年初增加22 109.40万元，增长29.13%，本年科研支出少于收到的科研经费，导致尚未确认收入的预收科研经费增加。二是其他应付款60 136.97万元，比年初增加18 934.68万元，增长41.33%，主要为未确定用途的银行来款增加17 527.16万元。三是长期借款50 000.00

万元,为本年度新增借款,学校按照财政贴息贷款政策,向中国银行和中国工商银行借入5亿元用于购置科研仪器设备。四是受托代理负债4 497.92万元,比年初减少4 007.72万元,减少47.12%。主要为委托代理的团费、协会会费、一卡通存款等减少。

净资产变动情况。本年年末净资产变动主要为累计盈余减少55 531.67万元,减少11.26%,主要原因是,学校资金需求较大,本年度费用发生额高于收入发生额,本年盈余为负数,转入累计盈余后,累计盈余减少。

收入预算执行情况。2022年,学校实际取得收入313 265.65万元,比2021年增加42 297.88万元,增长15.61%,主要为债务预算收入增加5亿元,比教育部批复学校收入总预算增加21 629.40万元,收入预算完成107.42%。

一般公共预算拨款和政府性基金预算拨款收入100%完成。事业收入比本年预算收入增加6 104.08万元,收入预算完成106.06%,主要是由于本年度科研事业收入增加5 218.30万元。经营收入本年预算收入1 000.00万元,决算数为0,主要是因为本年度独立核算的后勤保障单位的收入按政府会计制度要求以净收支并入其他收入中。其他收入比本年预算收入增加16 525.32万元,收入完成率133.67%,主要是本年度增加债务预算收入50 000.00万元。

支出预算执行情况。2022年学校实际总支出334 224.50万元,与2021年相比,增加了6 574.45万元,增长2.01%,对个人和家庭的补助、资本性支出增幅明显,工资福利支出、商品和服务支出以及基本建设支出减少,比教育部批复学校支出总预算减少8 803.21万元,支出预算完成97.43%。

基本支出人员经费支出比本年预算支出减少31 732.99万元,支出完成率83.30%,主要是因为年初预算包含了机关事业单位养老保险改革需补缴的学校往年应交未交的养老保险和职业年金,本年度该项工作尚未确定,未形成相关支出。基本支出公用经费支出比本年预算支出增加36 039.71万元,支出完成率165.43%,主要是因为财政贴息贷款购置设备增加了公用经费支出。项目支出比本年预算支出减少12 109.93万元,支出完成率87.50%,主要是因为年初预算自筹基建包含了新校区和老校区基本建设相关的支出,本年度基建项目前期手续正在推进中,未形成相关支出。经营支出本年预算支出1 000.00万元,决算数为0,主要是因为本年度独立核算的后勤保障单位的支出按政府会计制度要求以净收支并入其他收入中。

【重要工作进展及成果】

坚持全面发力,扎实推进资源管理改革落地见效。一是稳步推进绩效分配改革。以"目标管理、绩效考核、增收奖励、兼顾公平"为原则,启动学校《收入管理分配办法》研究修订工作,建立以激励为导向的动态分配机制,进一步规范收入管理,拓展创收渠道,提升汇集资源能力。二是积极推动预算管理改革。积极贯彻国家深化预算制度改革和预算管理一体化工作要求，启动学校《预算管理办法》研究修订工作，建立健全全面规范透明、标准科学、约束有力的预算制度，切实保障学校事业持续健康发展。三是进一步深化国有资产管理改革。积极落实党中央、国务院关于加强国有资产监督管理的决策部署和政策法规，启动学校《国有资产管理办法》研究修订工作，进一步完善国有资产管理制度。

狠抓收入落实，全力保障学校事业发展需求。一是进一步完善资金筹措机制。为最大限度开辟财源，全面开展创收增效工作，研究起草了《关于加强增收节支的意见》。二是积极开展各类资金筹措工作。中央方面，向教育部财务司报送《关于争取经费支持缓解资金困难的报告》，反映学校教育事业快速发展对资金的迫切需求，争取教育部在学校“双一流”建设、养老保险改革、生均拨款等方面加大支持力度；认真做好教育部专家组改善基本办学条件专项、“双一流”引导专项等资金的评审工作，2022年学校改善基本办学条件专项的审减率为5%，在武汉同类高校中最低。地方方面，向湖北省财政厅报送《关于湖北省支持部属高校“双一流”建设专项资金的报告》，汇报学校“双一流”工作建设成效和学校资金困难，拨付“双一流”建设资金(2022年1000万元已到账)。银行方面，积极与中国银行、中国工商银行就设备更新改造财政贴息贷款项目进行多轮磋商，顺利完成两家银行贷款资金的提款手续，首批贷款资金5亿元已于12月放款成功。

强化预算管理，全面提升学校资金使用效益。一是全力推进预算管理一体化改革。2022年，财政部、教育部全力推动预算管理一体化改革，对学校预算规范化、标准化、精细化管理提出更高的要求。学校克服困难努力推进，最终顺利通过新系统完成2023年部门“一上”预算申报工作等。二是切实加强预算精细化管理。按照“必须、节约、高效”的目标，编全编细编实预算。推行“零基预算”管理。进一步盘活存量资金和沉淀资金，有效提高资金使用效益。2022年共收回预算结余6121万元。三是努力提高资金执行率。认真贯彻执行“周提醒、月报告、季通报、年奖惩”的工作方针，截至12月31日，学校财政资金总执行率99.82%，其中基本支出执行率100.00%，项目支出执行率99.24%。

健全长效机制，进一步提升财经风险防控能力。一是扎实开展审计整改工作，学校经济责任审计整改工作已取得决定性进展，33个问题截至目前只有2个问题因历史原因未整改到位。二是持续推进内部控制建设，严格按照教育部通知要求，及时完成了学校内控报告编报工作，及时发现内部控制建设工作中存在的问题。学校统筹谋划内控与信息化建设，通过信息技术手段固化内控建设成果，实现财务报销由“人控”到“机控”的转变，不断提升内控建设信息化水平。三是定期开展货币资金预警分析。随着学校各方面的资金需求明显旺盛，正面临存款逐年减少、非财政拨款结余为负的资金流动风险。从3月开始，学校每月编制《货币资金分析报告》,做好资金安全风险防范,进一步规避财务风险。

夯实管理基础,进一步提升服务保障能力。一是夯实管理基础。加强对暂付款的清理和支出领域风险控制,有效发挥会计审核监督职能。加快基建项目竣工财务决算(老校区2个、新校区9个),积极妥善处置后勤各中心资产账实不符问题。较好地完成设备更新改造贷款财政贴息项目落实落地。二是大力提升信息化服务能力。启用新的预算与绩效管理系统,完善和升级现有管理系统,完善网上移动审批系统、会计凭证影像化系统,极大提升师生办事效率。2022年,启动差旅平台建设和会计数据标准化试点工作。三是进一步提升精细化服务水平。学校财经工作首次实施"专人对口服务",即面向全校各学院和管理服务机构实行"专人对口服务"工作机制,通过线上和线下相结合的方式联系对口服务单位。

【相关附表】

收入情况。2022年学校总收入313 265.65万元,具体构成如表1所示。

支出情况。2022年学校总支出334 224.50万元,具体构成如表2所示。

净资产情况。2022年末,学校净资产437 877.40万元,比年初减少55 531.67万元,减少11.26%,具体变动如表3所示。

表1　2022年收入构成表

项目	金额/万元	比重
收入总计	313 265.65	100%
一、财政补助收入	140 772.73	44.94%
二、事业收入	106 884.29	34.12%
三、债务预算收入	50 000.00	15.96%
四、非同级财政拨款预算收入	5 483.06	1.75%
五、其他收入	10 125.57	3.23%

表2　2022年支出构成表

项目	金额/万元	比重
支出合计	334 224.50	100%
一、基本支出	249 422.32	74.63%
人员经费	158 303.11	47.36%
公用经费	91 119.21	27.26%
二、项目支出	84 802.18	25.37%
其中:基本建设类项目	3 362.00	1.01%

表 3　2022 年净资产变动情况

项目	年初余额/万元	年末余额/万元	变动额/万元	变动率
净资产合计	493 409.06	437 877.40	−55 531.67	−11.26%
累计盈余	493 319.06	437 787.40	−55 531.67	−11.26%
专用基金	90.00	90.00	0.00	0.00%
职工福利基金	0.00	0.00	0.00	0.00%
学生奖助基金	0.00	0.00	0.00	0.00%
其他专用基金	90.00	90.00	0.00	0.00%

（撰稿：杜碧威、彭佳；审稿：杨从印、刘晓华）

国有资产管理

【概况】

2022 年末，学校资产总计账面数 651 279.02 万元（已扣除固定资产累计折旧 247 364.04 万元），其中流动资产 140 501.27 万元，占 21.57%；固定资产净值 422 337.33 万元，占 64.85%；在建工程 18 479.92 万元，占 2.84%；长期投资 22 638.32 万元，占 3.48%；无形资产 42 824.25 万元，占 6.57%；受托代理资产 4 497.92 万元，占 0.69%（表 1、表 2）。

表 1　国有资产来源构成情况

序号	项目	金额/万元	备注
资产总计		651 279.02	已扣除固定资产累计折旧金额
一	负债	214 346.75	含预收账款 97 996.69 万元、长期借款 50 000 万元
二	净资产	436 932.27	

表 2　国有资产明细构成情况

序号	项目	金额/万元	备注
资产总计		651 279.02	
1	流动资产	140 501.27	
2	固定资产	422 337.33	已扣除累计折旧
3	在建工程	18 479.92	
4	无形资产	42 824.25	土地使用权
5	对外投资	22 638.32	
6	受托代理资产	4 497.92	

学校土地资产面积总计 1 480,591.49 平方米,账面价值 42 824.25 万元。

学校新增固定资产 34 277.22 万元(账面原值)。其中,新增房屋及构筑物7 667.91 万元,占 22.37%;新增设备24 031.66 万元,占 70.11%;新增文物和陈列品 174.31 万元,占 0.51%;新增图书档案 1 065.34 万元,占 3.11%;新增家具和用具 1 309.44 万元,占 3.82%;新增特种动植物 28.57 万元,占 0.08%。全年处置固定资产账面原值共计 7 279.61 万元(表 3)。

表 3　固定资产明细构成情况

固定资产类别	期末账面数			
	数量	原值/万元	净值/万元	占比
合计	—	669 701.37	422 337.33	—
一、房屋及构筑物	—	403 120.08	311 121.83	73.67%
其中:房屋(平方米)	1 496 198.05	338 432.53	277 601.76	65.73%
二、设备	153 895	227 409.20	80 862.54	19.15%
其中:1.车辆	28	901.93	22.87	0.01%
2.单价 100 万元(含)以上(不含车辆)	154	39 403.34	23 245.03	5.5%
三、文物和陈列品	2 346	1 323.09	1 323.09	0.31%
四、图书档案	2 348 769	18 542.62	18 542.62	4.39%
五、家具和用具	163 125	175 418.89	8 722.76	2.06%
六、特种动植物	3699	1 764.5	1 764.5	0.42%

【重要工作进展及成果】

加强制度建设。以学校内控制度建设为契机,不断完善以《中国地质大学(武汉)国有资产管理暂行办法(修订)》为基础的国有资产管理制度体系,2022 年修订《知识产权管理办法》《科技成果转化管理办法》《水电管理办法(试行)》等制度,制定《校名、校标、校徽、校誉管理暂行办法》,进一步完善了学校国有资产监管制度体系。

规范过程管理。以落实教育部房屋出租出借和资产处置管理规定为契机,通过价格评估、公开招标、校务会集体决议和向教育部报批报备等程序,规范房屋出租出借、资产处置等过程管理程序。

强化基础管理。一是认真开展新增资产配置预算申报工作,按照资产功能、数量与单位职能相匹配,资产存量与增量相结合,厉行勤俭节约、讲求绩效和绿色环保的原则及上级主管部门要求编制学校资产配置预算,把好资产管理"入口"关。二是认真查找发现资产管理工作中存在的堵点、难点和薄弱环节,并针对性对症下药,解决问题,提高资产管理效率。

(撰稿:高为、黄玲;审稿:杨从印、彭磊)

经营性资产管理

【概况】

2022年，资产公司持续推进科技成果转化，创新驱动发展，持续提升所属企业规范化管理，为全面推进学校“双一流”建设积极作出贡献。

【国有资产管理】

严格按照教育部文件及学校要求，高质量完成体制改革收尾工作。建立长效管理机制，加强对保留企业的监管，促进企业健康快速发展。2022年完成注销2家，启动退出程序2家，启动注销程序1家，新成立1家。截至2022年12月底，学校所属企业16家，其中，一级独资企业1家，二级独资企业2家，二级参股企业12家，三级控股企业1家，股权资产18 876万元。

【宝谷创新创业中心】

宝谷创新创业中心是洪山区人民政府与学校“十三五”全面战略合作重点项目之一，依托洪山区政府和校内外相关部门协助，高标准完成工程主体建设及验收，引进专业物业公司对项目进行服务升级。积极推进招商工作，实现商业体6500平方米签约成功和办公体4500平方米企业顺利入驻，引进了近30家具有竞争优势的校属和校友高科技企业，促进产教融合发展。严格贯彻落实上级文件精神，执行疫情租金减免政策，切实减轻了承租公司经营负担。

【科技成果转化】

认真贯彻落实国家、学校和地方政府关于科技工作系列部署，聚焦教学科研主业，培育优势企业。2022年通过科技成果转化创办山东雷泽生物科技有限责任公司，成果转化作价入股金额1000万元，启动中地大(宜兴)功能材料与环境研究院有限公司、湖北省生态环保产业技术研究院有限公司筹建工作。

【社会服务】

学校和武汉地质资源环境工业技术研究院有限公司(简称资环工研院公司)联合组建的湖北省氢能技术创新中心和湖北省氢能制造业创新中心，都已具备国家级氢能制造业创新中心和国家级氢能动力产品质量检验检测中心申报条件，其中，湖北省氢能制造业创新中心已完成国家级中心项目答辩。

资环工研院公司推进氢能产业商业化进程，格罗夫氢能汽车有限公司相继与鄂尔多斯市人民政府和东胜区签署合作落地协议，内蒙古中极氢能车辆制造公司正式成立。4月，“鄂尔多斯·中国氢谷”产业生态基地项目建设正式启动；7月，格罗夫中极氢能首批5两49吨氢燃料重卡订单，进行高原地区商业化示范投运；11月，十堰市人民政府与武汉格罗夫氢能汽车有限公司正式签订投资合作框架协议，打造格罗夫中极氢能商用车中重卡全球总部基地。

武汉中地数码科技有限公司整合多方资源，地理信息系统国家地方联合工程实验室挂牌，MapGIS10.6新品发布会成功举行。

聚焦高校知识产权运营，中部知光公司建设的国家知识产权运营高校运营(武汉)试点平台通过验收评，湖北省首例专利开放许可在武汉市专利开放许可试点工作推进会上成功签约。

公司建立以企业为主体、产教融合为主要内容的学校产业技术创新体系，发挥企业资源优势，为地方经济建设服务。

(撰稿：董平；审稿：鲁元)

审计工作

【概况】

2022年，审计处聚焦审计主责主业，践行审计高质量发展，为防范学校经济风险、强化内控管理、提升治理效能、提高资金使用效益、保障学校经济活动健康运行发挥了积极的作用。

【制度建设】

为合理控制建设投资，规范建设工程管理审计，促进提高资金使用效益和管理绩效，确保学校建设目标顺利实施，在充分调研和广泛征求意见的基础上，修订了《中国地质大学(武汉)建设工程管理审计办法》，进一步构建完善内控制度体系，提升审计工作质量，保障审计部门监督职能的充分发挥。

【领导干部经济责任审计和异地机构财务收支审计】

全年完成了工程学院、原人事处、原博物馆等12个单位的经济责任审计，审计项目数量达到历史新高，审计总金额达67 799万元，共提出审计建议142条，均被审计单位采纳，进一步促进学校治理效能提升。对深圳研究院财务收支情况进行了审计，审计金额达3062万元。全面梳理单位的经费收入、支出及财务管理等情况，有效促进单位遵守国家财经法规，加强规范管理，保障单位的持续健康运行和发展。

【专项审计和经济责任审计回访】

首次启动学校预算执行与决算情况专项审计工作，重点关注总体及关键项目的预算执行进度，了解学校总体收入筹集及分配情况，突出绩效监督评价新导向，依法依规对学校预算执行与决算情况进行审计监督、评价和建议。全年完成对附属学校、机电学院、环境学院等12个审计项目的审计整改回访。优化审计整改回访形式，灵活采用集中汇报和深入被审计单位实地查看整改情况两种方式相结合，对审计查出问题逐条编制问题清单、责任清单、整改清单，逐项对账销号，督促落实整改措施。

【建设工程项目结算审计】

全年完成结算审计项目89项，送审金额约40 530万元，审定金额约36 304万元，审减金额约4226万元，平均审减率10.43%。针对工程项目变更签证不完善、结算审计资料提供不及时、施工单位虚报工程量等共性问题提出整改建议61条，积极发挥审计监督效能。

【建设工程招标与跟踪审计】

全年完成工程量清单和招标控制价编制审核16项，审核总金额约10 650万元；开展各类合同审核项目共 73 项，涉及合同金额约 43 880 万元；实施跟踪审计项目 4 项，涉及合同金额 27 598 万元；审核跟踪审计项目进度款 13 项，减少支付约 1383 万元；开展竣工财务决算项目共 11 项，已完成决算审计金额约 13 760 万元。加强招标文件审核工作，提出审计建议，提高工程量准确度，为施工阶段造价控制打下良好基础。不断强化对审计实施过程的监督管理效果，确保跟踪审计工作的落细落实。

【科研项目和银行对账单审计(签)】

进一步优化科研审签以及相关事项网上办事流程，主动对接学校“一站式”服务办事大厅。全年共完成了 4 个科研项目结题财务验收审计委托，50 个科研项目的结题审签工作，助力科研项目顺利结题，充分发挥审计在服务学校教学科研中的积极作用。完成了 2021 年第四季度和 2022 年前 3 个季度学校银行账户的审签工作，认真核对银行对账单和银行存款余额调节表数据，督促及时处理对账差异，防范学校资金风险，监督资金安全。

(撰稿：吕雅峥；审稿：李宇凯、韩静)

采购与招标管理

【概况】

2022 年采购与招标管理工作立足于学校 70 年办学新起点，围绕学校“能力提升年”要求，在落实采购政策、优化采购流程、提升风险防控和专业服务能力方面成效显著。

【重要工作进展及成果】

全年采购完成情况。2022 年共完成学校统一采购项目 336 项，包括货物 246 项、工程 23 项、服务 67 项，总采购金额达 10.53 亿元，其中政府采购金额 6.78 亿元，含货物类 5.91 亿元、工程类 0.60 亿元、服务类 0.27亿元。

夯实管理基础。一是不断加强采购制度建设。认真落实国家政府采购法律法规和政策要求，充分听取校内用户单位意见，不断完善学校采购制度建设。召开归口管理部门工作座谈会，专题讨论分散采购制度建设，督促归口管理部门制定分散采购制度，规范分散采购行为。二是积极强化宣传与采购过程管理。落实政府采购对需求管理的要求，将采购关口前移，重点对接采购大户，上门进行采购政策宣传，指导采购计划和采购需求的编制。在采购过程中，加强与归口管理部门和采购用户单位的沟通，在采购公告、采购文件、开标评标等重点环节加强监控。三是进一步加强对采购代理机构的管理。平时注重对代理机构提出明确要求，全年有针对性地去有关代理机构开评标现场进行巡查，根据各代理机构的表现，及时提出有关意见和建议，对部分代理机构进行约谈，确保代理机构服务质量，切实维护学校权益。

推进重点项目。一是紧紧围绕“七秩荣光、逐梦未来”70 周年主题校庆，积极主动协调，及时推进校史文献图书出版、校徽校标制作、校庆晚会导演团队选择、校庆大会场地布置、长江源科考保障服务等项目采购。

二是积极紧盯重大和特殊项目,及时推动南望山校区教师周转公寓项目、财政贴息贷款项目和其他重大项目招标,推进未来城校区合同节水项目、南望山校区供水管网 DMA 分区项目二期建设和南望山校区湖北省节水标杆高校创建等特殊项目招标,确保各项目顺利推进并取得良好效果。2022 年,完成财政贴息贷款项目 158 项,采购金额 5.81 亿元。

加强信息化建设。一是进一步推进网上办事,全年各单位使用采购管理信息系统全流程线上申报采购项目 3942 项,减少老师跑腿,极大地方便了广大教职员工。二是进一步完善采购信息公开,全年发布公告信息 1002 条,其中各归口管理部门自行发布的分散采购公告就有 104 条,确保了采购信息及时、完整、准确发布,实现采购和招标信息的全流程公开透明。

做好疫情防控。一是积极协调组织,落实学校下达的防疫物资采购任务,“不推辞、不拖延、不敷衍”,全年防疫物资采购 9 批次合计 52 项,数量 110 万只(个/台/瓶/包),采购资金合计 45.9 万元,为学校疫情防控提供了坚实的物质基础。二是按照学校疫情防控部署,及时上传下达学校疫情防控各项要求,确保学校政令畅通,进一步压实校内开评标环节疫情防控责任,确保采购与招标中疫情防控工作扎实到位。

强化采购服务。一是积极上门走访采购大户和重点项目用户,宣传采购与招标政策,明确采购流程和采购时限,提醒容易出错的采购环节和廉政风险防范事项,并对怎样缩短采购周期提出合理建议。二是积极调整优化采购代理机构,加强对采购代理机构的管理,督促代理机构切实履职尽责,规范评标过程,切实维护学校权益。三是严格采购程序,加强采购前、采购文件编制与发布、评标与定标、质疑与投诉处理等各个环节的管理和把关,确保招标工作顺利推进。四是对服务类项目实施个性化管理,会同采购代理机构和用户单位,针对不同的服务项目,采用不同的采购方案,尽最大努力,满足不同服务类型的不同需求,提高采购效益。

(撰稿:姜忠保;审稿:杨从印、胡军华)

Nianjian

办学支撑体系建设与保障服务

教学实验室建设

【概况】

2022年，学校持续优化教学实验室建设和管理，着力打造具有地大特色的教学实验平台。按照“总体规划、分步实施、重点突破、整体推进”的原则，推出“一线三化”实验室现代化管理工程I期建设，以实验室安全为主线，以构建“标准化、信息化、智能化”的实验室与设备管理体系为抓手，深入推进实验室、大型仪器、实验队伍三方面的改革，开创实验室与设备管理事业的高标准管理、高水平运行、高质量发展的新局面。

现学校共有本科教学实验中心24个，教学实验室445个，总实验面积91 963平方米；仪器设备台件数为76 331件，金额为152 949.32万元，其中10万元(含)以上的台件数为1989件，金额为80 862.51万元；本年度增加的科学仪器设备台件数为6837件，金额为24 296.69万元，减少的科学仪器设备台件数为4956件，金额为4 462.62万元。

【教学实验室建设】

探索构建“四横四纵”教学实验室建设体系。开展全校教学实验室普查及认定工作，建立教学实验室基础资源数据库，通过试点改革，建设完成首批21个高标准教学实验室的建设。启动教学实验室物联网建设(一期)项目建设，对地球科学学院等4个试点学院110间教学实验分室进行物联网基终端标准化配备。统筹推进实验教学示范中心、虚拟仿真实验教学中心、虚拟仿真实验教学项目资源建设，学校3门虚拟仿真实验教学课程入选第二批国家级一流本科课程，4门入选省级一流本科课程。

学校实行教学实验室建设项目制管理，严格按照立项、审批、执行、验收、绩效评估的程序进行。2022年学校完成公共实验室建设项目12项共计561.6万元；学院实验室建设项目5项共计140万元；完成中央高校改善基本办学条件设备购置类项目共计3214万元,包含13个子项目,分别为:①地下水与环境教学实验室设备购置249万元;②自动化专业实验教学平台建设82万元;③机器人与智能制造实验教学平台建设4.2万元;④机械工程训练中心建设68.8万元;⑤地理信息类综合实验教学平台建设(一期)498万元;⑥石油与天然气工程专业实验教学平台建设443万元;⑦土木工程类综合实验教学平台建设434万元;⑧云计算平台及人工智能实验室建设(一期)246万元;⑨教学实验平台建设(一期)266万元;⑩国土利用工程实验中心建设142万元;⑪机械工程训练中心建设(二期)256万元;⑫地质学本科教学实验室现代化升级改造(一期)290万元;⑬电信与通信专业实验室建设(一期)235万元。通过多渠道经费投入,2022年建成21个高标准教学实验室。

【实验技术研究】

实验技术研究项目有所创新,申报范围新增实验室管理类和基础资源调查专项类项目,有效调动实验室管理队伍激发协同管理服务效能。学校实验技术研究实行项目制管理,严格按照立项、审批、执行、验收、入库的流程进行。2022年实验技术研究立项54项。其中,小型仪器研制项目立项12项;实验教材出版项目立项19项;实验室管理研究项目立项11项;基础资源调查立项12项。

【实验室开放管理】

2022年学校大力推进教学实验室的开放,组织评审确定教学实验室开放基金资助项目237项,其中包含4项创新实验团队项目。

(撰稿:何卫华、张敏、鲁群志;审稿:杨茜、王耀峰)

附表 1　2022 年中国地质大学(武汉)教学实验室基本情况表

学校代码	实验教学中心/个	实验室房屋使用面积/平方米	仪器设备				教学任务						
			台件	金额/万元	其中精密贵重仪器		教学实验		人时数				
					台件	金额/万元	项目数	时数	合计	博士研究生	硕士研究生	本科生	专科生
10491	24	91 963	76 331	152 949.32	296	43 638.61	2430	41 043	4 450 112	8	79 706	4 370 398	0

附表 2　2022 年中国地质大学(武汉)教学实验室建设项目一览表

年份	合计/万元	全校公共实验室建设项目		中央高校改善基本办学条件设备专项		学院实验室建设项目	
		项目数/个	批复金额/万元	项目数/个	批复金额/万元	项目数/个	批复金额/万元
2022	3 915.6	12	561.6	13	3214	5	140

实习基地建设

【概况】

2022年,实习实践基地与运输服务中心坚持以"服务教学、服务科研、服务师生"为导向,围绕全年工作要点,履行工作职责,圆满完成暑期野外实习、重大会议等服务保障工作,重点盘活实习实践基地资源,为人才培养注入新动力。按照"先解决基础保障、再提升服务品质"原则,完成巴东科教基地建设并投入运行,为师生开展实践教学工作提供了有力支撑。受疫情影响,今年地质野外实习全部在秭归进行,基地克服困难,举全体人员力量,历时3个多月,圆满完成了实习任务,精心保障全国高校地理学联合野外实习接待任务,受到了学校领导和师生的好评。持续改善秭归、周口店科教基地基础设施,推动科教基地之间资源联通共享,有效节约经费支出20万元。重点打造品牌建设,秭归科教基地入选全国首批"大思政课"实践教学基地、"湖北省第二批中小学生研学实践营地""第一批宜昌市中小学生研学实践营地"。

【秭归科教基地】

秭归科教基地纳入"互联网+明厨亮灶"智慧监管平台,升级改造了售卖窗口,新增了水吧服务窗口;设立垃圾分类回收站,进一步助力低碳校园建设;果林滴灌系统小范围自主试验、安装成功,将在减少人工操作的同时大大提高灌溉效率;实验大楼后方闲置多年的15亩荒地开始规划建设,建成后将成为集研学、休闲娱乐于一体的多功能区域。

以秭归科教基地为试点,中心在暑假野外教学实习期间推出多项便于师生学习生活的信息化建设举措,包含食堂订餐小程序、宿舍报修小程序及车辆调度管理系统,优化了后勤服务保障模式,架起师生需求与后勤服务的信息化桥梁。

深入落实"三全育人"综合改革,将校外实践基地打造为育人阵地。暑期实习期间秭归科教基地多次开展劳动教育户外课程与学生宿舍室内卫生评比活动,使学生在不断吸收专业知识的同时,耳濡目染地树立尊重劳动、崇尚劳动的思想,促进学生各方面能力素质均衡发展。

2022年,秭归科教基地入选全国首批"大思政课"实践教学基地,入选湖北省第二批中小学生研学实践营地、第一批宜昌市中小学生研学实践营地。

秭归科教基地全年共接待6634人。其中校内实习2090人,武汉大学、长江大学、中南财经政法大学、中南民族大学等高校实习1854人,会议培训1693人,研学542人,零星接待455人。

【巴东科教基地】

巴东科教基地于2021年12月竣工交付,在近半年时间内,中心以"总体安排、阶段落实"为思路,按时完成水电气网设施设备,课桌椅、多媒体教学设备、空调、热水器、床铺衣柜、洗衣机、餐厨灶具等保障师生教学生活必备设施的筹备和进场安装;对基地外围环境进行了初步绿化改善；改造部分存在安全隐患的公共区域，设置警示标志与防护装置；安装户外运动设施，为师生实习之余的文娱生活提供环境；制作了一批室内外标识标牌、宣传栏、文化墙等，推进校园文化环境建设；从兄弟单位调剂旧空调、厨具、文件柜、户外桌椅、垃圾箱等设施设备到基地翻新使用，节约了大量经费。群策群力、苦干实干，2022 年 6 月底，巴东科教基地按时投入使用，开始接待实习师生。

开站后，根据暑期实习师生反馈的意见，巴东基地在楼梯侧方修建了无障碍坡道，方便师生搬运行李；教学楼二楼走廊阳台进行封闭式改造，减少风雨对室内环境的侵袭，尽最大努力满足教师和学生需求。

巴东科教基地全年共接待 953 人。其中校内实习 343 人，湖北民族大学、湖北科技学院等院校实习 115 人，会议培训 195 人，零星接待 300 人。

【周口店科教基地】

周口店科教基地对 2021 年度站内老树砍伐后遗留的树根进行挖掘清理，重新植绿，栽种红枫、银杏等乔木 20 余棵。

对树根清理及栽种树木时开挖的外围地砖以及坍陷变形的路面重新进行铺设，粉刷脱落破损墙面 800 余平方米，水电设施维修 30 余处，清淤、疏通房顶堵塞排水管道，更换破损瓦片并进行加固，维护站内房屋安全、水电设施正常运转。

因为疫情，校内实习安排到秭归与巴东科教基地，周口店科教基地无校内实习接待。

【秦皇岛科教基地】

由于疫情原因，校内实习安排到秭归与巴东科教基地，秦皇岛科教基地无校内实习接待。

（撰稿：张君、吴雪宁；审稿：徐岩）

设备管理

【概况】

2022 年，学校设备采购总额为 23 071.36 万元。其中完成招标采购项目 75 个，合同金额 11 355.76 万元，涉及国外进口设备项目 19 个，金额 4 466.25 万元；国内设备项目 56 个，采购金额 6 889.51 万元。完成非招标设备采购合同 1335 份（含部分材料采购），金额 11 715.60 万元，其中国内采购合同 1278 份，金额 10 201.77 万元；进口采购合同 57 份，金额 1 513.83 万元。

【设备政府采购】

政府采购方面，全年共采购央采目录内设备 451 台/套，总金额 213 万元。

【贴息贷款设备采购】

2022 年底，学校使用贴息贷款专项经费完成 153 个设备采购招标项目，中标总金额 54 799.40 万元。其中国内供货项目 91 个，进口供货项目 62 个，既有国内供货又有进口供货项目 7 个。

【大型仪器设备管理】

持续推进大型仪器全生命周期管理工作，并于 7 月完成学校大型仪器平台集中申购论证系统升级，从源头把控大型仪器设备的论证关，以 2022 年学校设备更新改造贷款财政贴息项目为契机，在工作组审核阶段完成 786 台设备共计 12 亿元的设备论证的填报工作，在专家审核阶段完成了 209 台设备共计 5.3 亿元的设备论证的填报工作，最终获取“TX＋”的唯一身份码，为全生命周期管理奠定重要论证的基础，保证购置大型仪器设备的先进性、科学性和适用性。

完成申报 2023 年 50 万元以上通用设备及 100 万元以上专用设备常规填报 73 台(套)，金额约 20 960 万元，贴息项目补报 97 台(套)，金额约 43 548 万元；截质 12 月 13 日，全年除贴息贷款项目集中论证外，共组织完成大型仪器论证设备 24 台(套)，预算金额约 5000 万元；共组织完成大型仪器验收设备 23 台(套)，设备入库金额约 3200 万元。

2022 年 7 月，科技部、财政部会同有关部门，委托国家科技基础条件平台中心，组织开展了中央级高等学校和科研院所等单位科研设施与仪器开放共享评价考核工作。学校与科技部网络平台对接的仪器有 169 台(套)仪器，平均运行机时 1 395.99 小时/年，对外服务平均机时 437.32 小时/年；本年度共有 25 个部门 346 家单位参加评价考核，学校首次在湖北参评高校中排名第一。同时与湖北省大型科学仪器协作共用网入网对接的有 96 台(套)仪器，在 2022 年度湖北省科学仪器设备协作共用平台考核中获得优秀。完成教育部 SJ3 表数据填报工作。

【防疫物资发放管理】

不断规范领发手续和入库登记工作，每日更新库存信息，每月汇总接收和领用明细，及时向学校疫情防控领导小组提交物资采购需求，切实做好防疫物资管理与发放工作。2022 年全年累计发放防疫物资品类 30 余项，口罩 87.752 万只(含 57.57 万只校庆定制口罩)、酒精 14 754 升、84 消毒液 4965 升、免洗凝胶及洗手液 0.928 5 万瓶、消毒湿巾 1.1675 万包等。

(撰稿：杜琳、常虹、牛玉光；审稿：田永常、王耀峰)

网络与信息化建设

【概况】

2022 年，信息化工作办公室一方面坚持主动运维，尽最大努力将大部分故障排除在师生发现之前、将安全漏洞堵塞在问题暴露之前，将协调沟通和技术支持送到部门面前；另一方面坚持主动服务理念和素养培训，坚持“以师生为中心，以数据为基础，以服务为核心，以管理为根本”，进一步推进“数据集中、服务集聚、应用集成”，66 个系统数据实现了全量汇聚，新增网上办事服务 56 项和电子签章应用 11 项，智慧教室实现了互联互通，数据驾驶舱建立了 6 个专题的数据服务，开展了“三查一行动”网络安全专项治理，牵头组织学期开学前的教室教学设施大检查，邀请了多位网络安全和信息化专家开展信息化素养及安全知识培训，顺利完成党的二十大、学校 70 周年校庆等重要时期的网络与安全保障任务，一人获“校级优秀共产党员”、一人获机关党委“优秀党务工作者”称号。为学校数字化转型、疫情防控、校园安全、正常的教学/科研秩序提供了有力支撑和保障。

【信息化制度建设】

在学校“十四五”发展规划信息化建设专项《信息化建设和管理服务能力提升行动计划》的基础上，进一步凝练以“以师生为中心，以数据为基础，以服务为核心，以管理为根本”的信息化建设理念，完善智慧校园体系架构，从“一个底座、两个大厅、三个门户、四个中心”的单纯应用技术架构，走向围绕“六个智慧”，构建一门（一体化融合门户）、两网（互联网、物联网）、三库（数字资产库、教学资源库、校园知识库）、四端（大屏、PC、手机、PAD）、五场景（线上线下服务大厅、数字驾驶舱、IOC运营中心、一体化教学平台、科研创新服务平台）、X应用（各类业务系统）的多维度体系架构，凸显围绕人才培养模式下，信息化走向深水区后，师生—数据—服务—管理之间全方位赋能的关系变化，建设目标和建设内容更加清晰。

“双线协同、两办联动、主事会商、定期调度”的信息化工作机制不断强化，“1＋1＋N”（主事单位＋信息化部门＋相关单位）的信息化建设责任机制持续探索，多部门工作协调越来越顺畅，信息化技术方案的综合研讨成为常态，数据集中、服务集聚、应用集成的理念越来越多地得到大家的认同，信息化的主动性和积极性大幅提高。

2022年学校发布6个校级管理办法：《网络安全和信息化工作管理办法（试行）》（地大校办发〔2022〕53号）、《网络安全事件应急预案（试行）》（地大校办发〔2022〕55号）、《信息系统建设与运行管理办法（试行）》（地大校办发〔2022〕54号）、《网站建设运行管理办法（试行）》（地大校办发〔2022〕66号）、《电子印章管理办法（试行）》（地大校办发〔2022〕57号）、《校园网络设施建设与管理办法（试行）》地大校办发〔2022〕49号）。

信息化办内部制度和文件起草修订18个：《信息化工作办公室“三重一大”决策制度实施细则》《信息化工作办公室主任办公会议议事规则》《信息化工作办公室劳动纪律管理规定》《信息化工作办公室信息报送与信息发布管理规定》《信息化工作办公室办公设备、低值易耗用品采购管理制度》《信息化工作办公室业务工作例会管理暂行办法》《信息化工作办公室印章管理规定》《信息化工作办公室档案归档及档案管理办法》《信息化工作办公室办消防安全管理规定（试行）》《信息化工作办公室聘用人员聘用和管理实施办法》《信息化工作办公室网络安全监测和预警通报管理制度》《信息化项目分散采购实施细则》《信息化项目管理实施细则》《校园网域名与IP地址管理办法》《校园网络建设管理实施细则》《关于成立网络信息安全工作专班的通知》《信息化办假期应急预案》《信息化办成立贴息采购工作小组的通知》。

【基础设施建设】

2022年利用中央改善高校基本办学条件专项经费2300余万元，开展南望山校区老旧网络改造、南望山校区教学办公楼室内无线网络增补、网络安全改善、核心网升级改造、高性能计算公共服务平台、数据灾备中心建设、数据中心机房综合运维监管中心建设等项目，提升了学校信息化基础设施的服务支撑能力，有助于全面推进学校管理与教学信息化进程，提升科研能力。

努力补充基础设施的不足，提高信息化设施保障能力。2022 年地大云平台新增 CPU 计算节点 11 台，共计物理服务器 41 台，CPU 总核数 1372 核，物理内存总量 14.72TB。建立两校区数据灾备系统，教学云盘系统，实现了两校区机房的一体化运行监管。对 7 栋办公楼宇和 12 栋学生宿舍楼宇老旧网络进行了升级改造，增加了办公区域无线覆盖密度。加强了校园网络和系统数据整体安全。

2022 年校园网出口总带宽 13Gbps，较上一年增长 2Gbps(其中教育网扩容 1Gbps，电信网扩容 1Gbps)。结合“三查一行动”网络专项治理工作，加强了两校区数据中心的安全防护，学校主动安全防御体系基本建成，整体网络安全防护能力大幅提高，全年网络运行安全稳定，无重大网络事故。

【信息化建设】

以“以师生为中心，以数据为基础，以服务为核心，以管理为根本”的信息化建设理念进一步凝练，完善了“一门、两网、三库、四端、五场景、X 应用”的多维度智慧校园体系架构，建设目标和建设内容更加清晰。完成了学校信息系统的清查和登记备案，学校信息化已建设系统共计 243 个，其中 2022 年新建系统 27 个，包括智慧教学互通平台、信息门户、数据治理平台、学生宿舍管理系统、线下办事大厅综合管理平台、地大云盘等系统。

2022 年，联合本科生院、研究生院和后勤保障部，整合教务管理、教学管理、智慧教室三大平台，升级教室的智能化管理功能，打通教务、教学、教室平台壁垒，274 间教室实现课堂的远程听课、远程巡考，30 间教室实现直播、点播、录播、督导巡课。建立课程中心，构建教师的教学空间、学生的学习空间，打造教、考、管、评、资为一体的智慧教学环境。按照“一门户、一平台、一个库”的建设思路，通过微服务平台不断提升供给侧服务能力，增强学校业务部门管理水平。配合学生就业指导处创建毕业生数字纪念册，涵盖本科生及研究生学习、生活 12 个主题 28 个数据项；协同校团委，在“志汇纪”志愿者服务平台的基础上，进一步建设了第二课堂、迎新工作、社团管理、美育工作、科技创新、宣传工作、评奖评优、思想引领等 8 个方面 20 项微应用，总使用量超过 17 万次。此外，为国际教育学院搭建访学项目交流服务 3 项；为组织统战部搭建人员查询数据库 9 项；为高等研究院搭建日常巡检及课程培训项目 7 项。为给学校疫情防控及应急响应提供有效的信息化支撑，建立了学生校园出入预约管理系统，实现两校区学生进出校园预约、审批一体化管理，全年学生预约报备 53 万次；针对学生离校返乡需求，24 小时紧急上线学生离校申请和送站预约服务，一周内接受离校申请和送站服务超过 22 000 余次；此外，还开发并提供核酸检测、学生宿舍与社区人员网格化管理查询服务。以上工作得到了相关部门和学校师生的充分肯定。

2022年数据同步平台实现了对18个业务部门的27个业务系统的数据进行同步；数据治理与资产管理平台已连接18个部门的69个业务系统，完成57个业务系统数据建模和对应标准数仓建设，为10个业务部门的44个系统提供数据共享服务；对一站式服务大厅进行不断改造优化，入驻办事服务185项，新增业务56项；使用网上办事服务5265人，服务使用19 397人次；自助服务提供41个电子签章应用，新增11个，自助服务使用271 087人次。师生使用满意率达98%以上。站群共有179个网站运行，新建网站17个；1131位老师开通了个人主页，新增211人；学校主页2022年总访问次数853万次，月平均超过71万次。

2022年校园卡用户总计64 867人，相比2021年增加5760人。自助圈存246 213次，其中微信和网站圈存155 751次，手机APP圈存13 736次，圈存机圈存76 726次；人工充值10 457次；消费总次数1 550.1万次。

【网络安全】

2022年我校总体网络安全情况良好，未发生重大网络安全事件，但依然存在安全隐患。全年共处理网络安全通报事件156起，其中教育系统网络安全工作管理平台安全监测预警子系统通报事件53起，教育行业网络安全平台通报事件23起，湖北省等保通报办公室通报事件5起，学生上报事件1起，学校自查事件74起。坚持一日三巡全年365天24小时无间断值守，重要时期7×24小时网络安全保障任务累计158天。获评学校"2022年落实网络安全"三查一行动"优秀组织单位"。

全年完成信息系统和网站漏洞扫描任务249次，复检158次，共下发系统整改通知书1088份。发布网络安全运行月报12期。按计划推进网络安全等级保护工作，2022年新增备案系统1个，完成7个系统的测评整改工作，学校现有网络安全等级保护三级系统3个，二级系统11个。配合教育部各类专项检查工作1次，面向师生开展"网络安全专题宣传活动(国家网络安全教育日、国家网络安全宣传周)"2次，采用展板宣传、网站宣传、线下网络攻防大赛等多种手段开展网络安全宣传工作。

【网络运行维护】

2022年校园网出口带宽从12G扩展到21G，其中联通5G，电信6G，教育网10G。校园宽带联通网出口流量平均2.52Gbps，峰值为6.1Gbps；电信网出口流量平均1.04Gbps，峰值为4.96Gbps；教育网出口流量平均3.31Gbps，峰值为13.62Gbps。两校区互联上行(至南望山校区)带宽935Mbps，两校区互联下行(至未来城校区)带宽4.45Gbps。学校出口带宽持续高位运行。

坚持主动服务响应机制，开展一日三巡，主动发现问题、解决问题，涉及全域性、区域性的重大问题90%以上都被及时发现和提前解决。全年共计处理各类网络服务事件3759起，其中响应支持类服务3441起、应急响应类事件82起、调研评估类事件

206起和优化改进类服务30起。全年为校内相关单位提供技术支持达50余次。全年提供视频会议及重大活动保障工作共计320余次:其中各类业务专项网络保障200余次,涉及70周年校庆、核酸检测、迎新、考试、招生录取、学术会议、重要活动、交流、行政会议、培训等,各类视频会议保障120余次。在2022年秋季开学前夕,信息化工作办公室组织后勤保障部、未来城校区管理办、本科生院、研究生院等单位共同对全校的327间教室进行了逐一检查,测试了每间教室的有线网络、无线网络、多媒体设备、远程教学软件等可用情况,对碰到的问题进行了限期整改,用户无线网络体验感大幅提升。

【高性能计算】

高性能计算平台共有计算节点116个,CPU核数5922个,内存总量29.96TB,存储容量1142TB,可用存储空间989TB。目前注册用户253个,全年提交作业23 194个,较上一年度环比增加1.42%。已经完成作业172 459个;用户排队时间平均为11.12小时,较上一年环比增加0.98小时。全年资源利用率为64.14%。用户体验得到一定程度的改善。

(撰稿:闫飞;审稿:吴春明)

图书文献工作

【概况】

本年度共入藏各类图书13 279种36 397册,其中南望山校区20 079册,未来城校区16 318册。接收各界人士捐书5589册,接收纸质硕博毕业论文1416本,订购中文期刊429种,接收现刊5263册。2022年底馆藏图书达182万余册,其中中文图书达163万余册,外文图书6万余册,过刊12万余册;可用数据库113个,其中中文数据库50个,外文数据库63个。全年开通试用数据库16个。

南望山校区全年开馆336天,101万余人次入馆,未来城校区全年开馆344天,130万余人次入馆。全年合计借阅图书61 753册次,归还图书66 298册次,其中自助借阅比例97.48%,自助归还比例97.46%。共计完成查新报告368份,代查代检4463人次,ESI高被引论文和热点论文分析报告6份。本校硕博论文传递52人次,共151篇,湖北省科技信息共享服务平台共传递文献132次。不断加强学生信息素养教育的覆盖面与影响力,全年开设16个班次的文献信息素养课程,总计1820人上课。

【机构知识库建设】

完成了机构知识库知识资源提交采集、知识组织与利用、知识审计、用户管理、权限管理、知识库运行配置管理、开放接口等子系统的建设,并实现与中国地质大学统一身份认证系统的对接。全年更新机构数据5000余条,回溯机构成果148 356条,包括期刊论文、会议论文、学位论文、专利、科技成果、报纸等多种文献类型,其中本地全文数据量50 130条。

【学科情报服务】

全年共发布6期《学科发展动态分析简报》、完成各类学科分析报告12份，其中包括：为环境学院提供学科全景分析报告和环境地质学发展态势数据及教材词云图各1份；为《地质科技通报》创刊40周年提供知识图谱及可视化分析报告1份；撰写学校农业科学、生物&生物化学以及微生物学科发展态势分析报告共3份；完成基于ESI的学校学科分析报告、整体发展分析报告、京汉两地ESI学科发文比较、学校ESI学科机构贡献度、学科竞争力分析等报告共5份；完成中国大陆高校地球科学领域全球表现，以及地矿油高校国际合作论文对标分析报告各1份。

【知识产权服务】

成功获批高校国家知识产权信息服务中心，成为全国第四批高校国家知识产权信息服务中心的入选高校。成功申报湖北省知识产权局“2022年度专利信息公共服务基础资源建设项目”，自主建设“土壤生态修复专题库”，开展“专利助力科研创新”系列讲座累计6场次。完成《中国地质大学（武汉）专利申请简报》《全国地学类高校专利申请对比报告》《湖北省双一流高校专利对比分析报告》等3份专利分析报告。成功申请到国家知识产权局知识产权数据资源使用权限。举办2022年知识产权科普宣传活动。完成《湖北省国家高校知识产权信息服务中心调研报告》《知识产权信息服务中心建设方案》。完成向国家知识产权局、湖北省知识产权局报送学校知识产权信息服务的优秀案例、数据库及平台建设等工作。

【阅读推广】

举办了以“书香七秩南望　阅读通达未来”为主题的第六届书香文化节，以倡导地大学子“爱读书、多读书、读好书”为目标，开展了37项活动，表彰了十大借阅之星、十大跑馆达人，开展了殷鸿福院士与学子谈读书等线下读书分享交流活动4场，举办了2021年度畅销书展和院士主题书展等2场主题展览。全年书香文化节活动共吸引了9400余名师生参加，浓厚了书香校园氛围

【育人功能】

两校区图书馆所有阅览室全面实行全周无差别开放，提供早7：30—晚10：30的7×15小时服务，最大限度地满足师生借阅和学习需求。设计制作了包括二十四节气、各类节日纪念日等宣传海报共计47幅，在两校区的宣传屏幕上播放。在南望山图书馆一楼开辟了大约70平方米的空间，精心打造了“南望教师驿站”，供教师们静心研究、备课、开展微型研讨使用。完成了未来图书馆窗帘的安装工作，提升未来图书馆使用的舒适度。完成朱训书屋的选址、装修、布局及图书上架和揭牌工作，丰富了未来图书馆的文化馆藏。艺术与传媒学院梁耀梅同学设计的《与书香为伴》作品入选首届全民阅读大会“书香满中国”公益海报展。

（撰稿：梁胜男、刘安璐；审稿：张峰、明厚利、刘先国）

〔附录〕

附录 1　2022 年度经费馆藏情况

经费情况/万元				图书流通情况	阅览室情况	纸质馆藏总量/万册				年入藏总量/册
						178.3				
年度经费总计	其中			流通量/册数	阅览人次/万人次	图书/万册		期刊/万册		
	书刊费	设备费	其他			中文	外文	中文	外文	
1444	1400	0	44	61 753	231	163.3	6.4	8.33	4.28	36 397

期刊工作

【概况】

2022年期刊社7本期刊全年出刊48期，共刊出论文1093篇。期刊所获荣誉和奖励有8项，包括《地球科学》、*Journal of Earth Science* 双双入选“中国国际影响力优秀学术期刊”；《地球科学》荣获“2022年度中国高校百佳科技期刊”“湖北省科技期刊楚天卓越行动计划重点项目”；*Journal of Earth Science*、《地质科技通报》双双荣获“湖北省科技期刊楚天卓越行动计划梯队项目”；*Journal of Earth Science* 荣获“2022年度中国高校优秀科技期刊”；《宝石和宝石学杂志(中英文)》被列入中国大百科全书玉文化卷近现代分卷的推荐书刊专栏。

期刊社教职工获得省级、协会等个人荣誉3项，包括王军鹏荣获“2022年度科技期刊卓越行动计划选育高水平办刊人才子项目——优秀审稿人”；单超荣获“2022年度科技期刊卓越行动计划选育高水平办刊人才子项目——优秀编辑”；《宝石和宝石学杂志(中英文)》黄艺兰成为中国矿物岩石地球化学学会永久会员。

据美国JCR报告，*Journal of Earth Science* 2022年的影响因子为2.433，影响因子学科排名为128/202，居于Q3区，总被引频次上升至2218次。据《2022中国学术期刊影响因子年报(自科版)》《地球科学》《地质科技通报》《安全与环境工程》《工程地球物理学报》4个期刊的复合影响因子、复合总被引、即年指标等主要引证指标都有所上升。

【服务学科建设】

Journal of Earth Science 出版了119篇文章，校内文章占比约为25.2%；《地球科学》出版了307篇文章，校内文章占比约为35.5%；《中国地质大学学报(社会科学版)》出版了74篇文章，校内文章占比约为16.2%；《地质科技通报》出版了216篇文章，校内文章占比约为30.0%；《安全与环境工程》出版了180篇文章，校内文章占比约为37.0%；《工程地球物理学报》出版了110篇文章，校内文章占比约为8.2%；《宝石和宝石学杂志(中英文)》出版了87篇文章，校内文章占比约为44.8%。

【办刊能力建设】

加强编委会建设，成立青年编委会。为充分发挥青年学者的积极性，《地球科学》和《地质科技通报》均于2022年1月成立了第一届青年编委会。这既为青年学者搭建了施展才华的平台，又为期刊发展注入了新活力。

成功举办系列线上论坛，提高期刊的学术影响力。为克服新冠肺炎疫情下外出宣传和线下交流困难，《地球科学》编辑部发起并成功举办了“《地球科学》青年学者线上系列论坛”，共13个专题。论坛邀请两刊发文的国内外知名青年学者对其研究工作及进展进行精彩分享，通过腾讯会议进行直播，并在蔻享学术平台、《地球科学》视频号和地学之家进行同步转播，单场参会人数最高达

2000 多人，该论坛已经成为学者们交流的又一个重要平台。

7 本期刊成功出版了“中国地质大 70 周年校庆专刊”。《地球科学》刊发了“地球科学领域 70 个科学问题”，得到了学习强国、《长江日报》、极目新闻、战略性关键金属科普平台、地大资勘、地学之家等媒体平台的广泛关注和转发，在学界引起了强烈反响。

期刊社于 2022 年 5 月 6 日举办了“着力提升编辑队伍素质　持续推动期刊高质量发展”讲座，于 2022 年 9 月 25 日举办了“高水平学术期刊建设与发展”名家论坛。与会专家不仅传授了建设高质量期刊的政策理论和办刊经验，拓宽了期刊编辑的视野，也为学校期刊的高质量发展和一流学科建设提供了真知灼见和宝贵建议。

践行一线规则，编辑部深入学院、走近师生，了解师生的所思所想，广泛听取意见，根据不同专业构建以 QQ 群、微信群为主的社群，在社群中做圈层化互动，包括推送专业群体相关的最新研究成果、专家报告、基金项目的申报以及相关就业信息等，通过共享和互利，拉近与学者之间的距离，提升期刊的服务能力。

寻求合作，吸引外资。《工程地球物理学报》加强与长江水利委员会长江设计集团合作，发挥其水利勘测规划设计单位的优势，挖掘办刊资源，吸引优质稿源。与长江地球物理探测有限公司达成合作办刊意向，该公司承诺从 2023 年起每年资助办刊经费 15 万元，3 年共 45 万元。

（撰稿：谢晓红；审稿：王淑华）

出版工作

【概况】

2022 年，全年组织申报选题 358 种，同比增加 24%；出版图书 394 种，同比增加 15%；获得奖励（资助）25 项（其中国家级 2 项、省部级 15 项），奖励（资助）金额 126 万元；成功获批网络出版许可证；在教育部组织的社会效益考核中，得分 95.4 分，评价等级为优秀；全年经济收入 2565 万元，同比增长 26%，实现利润 292 万元，同比增长 11%；国有资产和职工收入实现五连升，实现了社会效益和经济效益的双丰收。

【服务学校】

2022 年出版社与资源学院、公共管理学院、地理与信息工程学院 3 个单位签订了教材建设框架协议，主导或协调了资源学院、材化学院、工程学院系列化教材的体例、内容、风格的统筹工作，全年出版各类校内教材 41 种，同比增长 200%。策划出版了包括校史文献丛书、地学文库丛书、地大智库丛书和地学科普丛书的学校 70 周年校庆系列图书 23 种，比 60 周年增加了 130%；与校庆办共同完成了 70 周年校庆吉祥物等文创作品的设计开发；代表学校与湖北省新华书店合作打造中国地质大学（武汉）倍阅 · 未来城书店，该书店于 11 月 3 日在校庆前如期揭牌运行。

【完善管理制度】

进一步健全管理制度。修订了《出版社

有限责任公司章程》《出版社岗位聘任、考核、分配管理办法》《出版社图书质量检查规定》，制定了《出版社阅评工作实施办法》《社内教材出版资助管理办法》《出版社非图书类文化产品（服务）经营管理办法（试行）》。

【业务开展】

2022 年签订出版合同 230 余份，合同经费超过 2000 万元；完成首期 4 项作品的立项资助，打造了院士牵头挂帅的地下水与环境漫谈丛书科普作品；4 种图书入选 2021 年自然资源部优秀科普图书，8 种图书入选 2021 年湖北省优秀科普作品，4 种图书入选 2021 年武汉市优秀科普作品。

搭建数字藏品平台并首次在高校中推出吉祥物数字藏品，承接第三届中国空间数据库智能学术会议等 3 场高端学术会议。全年非图书类文化产品（服务）实现销售收入 280 万元，同比增加了 338%。

【图书销售】

建立“片区＋教材销售”营销模式，启动中国地质大学出版社抖音公众号直播图书业务；做好农家书屋和年度中小学馆配项目申报，拓展馆配市场，签订 4 种图书租赁合同和年度农家书屋租赁合同，新增 3 家馆配现款客户；全年实现销售收入 531 万元，同比增长 4.7%。南极科学考察科普丛书之“天涯海角”和“别样人生”两种书入选馆配国家目录。

【品牌建设】

2022 年获得出版项目奖励（或资助）25 项（其中国家级 2 项、省部级 15 项），3 项国家出版基金项目以 2 个“优秀”、1 个“良好”的考评成绩顺利通过结项验收；顺利完成了教育部、中宣部、省委宣传部抽检，以及申报湖北省学术公益基金、湖北省出版政府奖、湖北省学术基金项目结项质检工作，全年外检图书全部合格；向滇西应用技术大学珠宝学院捐赠图书 1330 册、码洋 50 000 元；赞助学校第二次大学生长江源科考并获评“突出贡献集体”，参与学校世界地球日宣传活动暨“宜居地球”科普大讲堂启动仪式、世界读书日阅读推广活动启动仪式。

（撰稿：易帆；审稿：江广长、蒋海龙）

〔**附录**〕

附录 1　出版社图书获奖信息一览表

序号	书名	申报单位联系人	项目名称
1	中国黄河中上游流域自然资源图集	段勇	2022 年度国家出版基金资助项目
2	长江经济带环境地质和生态修复	唐然坤	2022 年度国家出版基金资助项目

续表

序号	书名	申报单位联系人	项目名称
3	“雪龙”啊,你慢些游——南极科学考察科普丛书之“南极探秘”	张旭	2022年农家书屋重点出版物推荐目录
4	“雪龙”啊,你慢些游——南极科学考察科普丛书之“别样人生”	张旭	2022年农家书屋重点出版物推荐目录
5	边看边想——黄冈大别山地质公园博物馆背后的故事	舒立霞	2021年武汉市优秀科普作品
6	中小学科普研学实践系列丛书	舒立霞	2021年武汉市优秀科普作品
7	登山基础知识	韦有福	2021年武汉市优秀科普作品
8	叶子妈妈讲科学故事科普丛书	李应争	2021年武汉市优秀科普作品
9	探索地球演化奥秘科普系列丛书(4册)	唐然坤	2021年湖北省优秀科普作品
10	玩转世界地质公园科普丛书	舒立霞	2021年湖北省优秀科普作品
11	大山里的长尾龙系列科普图书	彭琳	2021年湖北省优秀科普作品
12	至暗历劫——显生宙五次生物大灭绝	张林	2021年湖北省优秀科普作品
13	千姿百态的翼龙世界——翼龙科普知识百问	胡珞兰	2021年湖北省优秀科普作品
14	五峰地质遗迹	谢媛华	2021年湖北省优秀科普作品
15	漫游矿物世界	张林 马严	2021年湖北省优秀科普作品
16	中小学科普研学实践系列丛书	舒立霞	2021年湖北省优秀科普作品
17	长江经济带生态地质和环境修复	唐然坤	2022年湖北省主题出版重点选题和重点精品图书
18	武汉市多要素城市地质调查研究丛书	舒立霞	2022年度湖北省公益学术著作出版专项资金资助
19	漫游矿物世界	马严	中国地质学会第三届科普产品奖
20	深海探宝之采集技术与装备	张旻玥	中国太平洋学会国家级优秀海洋图书
21	建筑识图与构造	桂文婷 蒋海龙 张大新	四川省“十四五”首批职业教育精品在线开放课程

续表

序号	书名	申报单位联系人	项目名称
22	建筑装饰工程施工	聂玲勇 蒋修能 蒋海龙 张大新	四川省“十四五”首批职业教育精品在线开放课程
23	建筑材料与检测(第2版)	桂文婷 蒋海龙 张大新	福建省省级职业教育精品在线开放课程
24	电商网站建设技术项目实践	吴明霞 蒋海龙 张大新	“十四五”首批职业教育河南省规划教材
25	建筑施工测量与实训	张大新 王丽	河北省职业教育数字教学资源建设项目

附录2　出版社个人获得荣誉信息一览表

序号	荣誉名称	获奖级别	获奖人员
1	2021—2022年度校级优秀共产党员	校级	范明
2	湖北省出版发行营销银案奖	协会级	张玉洁

附录3　出版社论文发表情况

序号	论文题目	发表期刊	论文作者
1	GIS环境下洪水易发性制图的探索性回归建模(英文版)	Scientfic Reports	王凤林等
2	科技创新视域下出版企业科普工作机制探析	中国编辑	李国昌　周豪
3	互联网时代下编辑出版工作的现代化创新策略	传播力研究	张旻玥
4	科技类学术专著编辑加工的共性问题研究	视界观	张旻玥
5	“互联网+”背景下新时期高校教材建设发展浅析	教育现代化	唐然坤　毕克成 王凤林
6	轨道交通类图书编辑研究	中国地市报人	杜筱娜　李嘉琪
7	专业出版——小众、高定价图书如何突围	湖北发行协会通讯	张玉洁　张琰

档案(校史)工作

【概况】

2022年,切实履行“为党管档、为国守史、为民服务”使命,充分发挥“存凭留史、资教育人”和文化育人功能,全力推进校史馆建设,提升档案服务利用水平。

【工作成果】

2022年,修订《涉密基础测绘成果申领及使用审批管理规定》《关于由请国家非公开性成果地质的审批管理规定》《馆藏涉密测绘成果与涉密地质资料借阅利用管理规定》等10项规章制度和工作流程,重新整理编制了《档案安全工作相关制度汇编》。

2022年,完成新增档案(包括资料)3863卷(盒)、29 309件,全年累计整理入库综合档案1979盒、18 972件,收集整理党史学习教育档案19盒、3234页。

【工作成效】

建成“一站式”档案服务利用大厅。全年线上办理业务2966项,其中学历学位翻译362项、成绩英文翻译49项、中文成绩办理1425项、学历学位证书认证176项、学籍档案材料办理445项、新生录取名册452项、毕业分配派遣名册31项、研究生论文答辩评议书26项。线下借阅综合类档案87人次,借阅财务档案50人次;办理教学类档案526人次,办理中英文翻译55人次,办理专利转出38件。办理教育部学位中心认证616人次,湖北省教育厅就业指导中心认证57人次。查阅地质资料280人次,打印地图70份;办理涉密资料申领审批8人次。

【完善学生档案管理】

对学生档案业务类型和流程进行梳理、整合,完成2022届毕业生学籍异动、毕业材料归档8218件,转寄毕业生档案7727件。接洽用人单位政审、配合学院学生党支部及团支部查阅提取党员等工作,全年完成党员材料交接入库2564件。

【档案信息化建设】

2022年一是对档案管理系统进行了7次安全系统补丁升级,完成系统网址安全认证工作。二是完成档案数据库的维护和查漏补缺工作,完成档案数据的不定期更新和多重介质备份工作。对之前教学档案中信息录入缺失的学号进行补录,共补录19 446名学生信息。三是继续推进档案数字化加工与信息采编工作,全年完成综合档案数字化扫描44.8万页、学生档案数字化扫描19.7万页。四是对接信息化工作办公室(本科生院)2018级本科生4524人次成绩信息(30 6374门课成绩)。五是完成档案电子数据的挂接上传工作,完成综合档案的电子数据整理及600G电子文件上传。

【校史馆如期开馆】

2022年11月5日,校史馆开馆仪式隆重举行。党委书记黄晓玫、校长王焰新院士以及原校长殷鸿福院士、原党委书记郝翔、原校长张锦高共同为校史馆开馆暨70周年校史展揭幕。自开馆以来,校史馆接待省委组织部、省科技厅、省教育厅、武汉市兄弟高校、湖北校友会校友代表以及校内师生等

5000余人次入馆参观。

【史料征集整理编研工作成果】

2022年征集史料10 000余件，整理史料8000余件，整理口述史料65人。线上管理系统填充校史史料27 102条数据。完成7884册珍贵地学古籍整理；完成129种古籍印鉴仿真复制，70余本损毁严重珍贵古籍的修复。参与完成《百年党史中的地大红色故事》《中国地质大学大事记（1952—2022）》《中国地质大学简史（1952—2022）》编修工作。

（撰稿：朱蕾、高放、刘欣；审稿：刘治国）

〔附录〕

附录1　2022年档案馆馆藏情况

指标名称	计量单位	数量
1. 纸质档案	/	/
全宗	个	1
案卷	卷	66 187
以件为保管单位档案	件	74 824
总排架长度	米	5634
2. 电子档案	GB	521.8
3. 其他载体档案	/	/
照片档案	张	10 456
录音磁带、录像磁带、影片档案	盘	178
4. 其他馆藏资料	/	/
纸质资料	册	120 549
电子资料	GB	2
5. 馆藏档案数字化	GB	3720

博物馆工作

【概况】

2022年博物馆不断创新高质量科普活动，围绕校庆70周年举办主题展览拓展社会服务功能，着力推进地学特色鲜明的国家二级博物馆建设工作。

【加强建设优质景区】

按照《旅游景区质量等级的划分与评定》（GB/T 17775—2003）国家标准和相关细则，对场馆内外环境及设施进行完善和修缮，顺利通过国家AAAA景区复核工作。

2022年志愿者提供专业讲解近300次，解答各类信息咨询1000余次。志愿者讲解员李虹佳在教育部组织的第九届全国科普讲解大赛中荣获二等奖，陈致远荣获自然资源科普讲解比赛优秀奖，张欣芮荣获武汉市科普讲解比赛优秀奖。场馆环境改善和工作人员素质的提升，给游客提供了更为舒适安全的参观环境。

【持续丰富馆藏品类】

以采集、征集、社会捐赠等方式加强馆藏资源建设。校友捐赠9批次12件标本，征集石铁陨石标本1件。陈列品类资产69套(件)，金额1 747 070元。

【校庆主题展览】

70周年校庆策划了“晶彩地球　矿物世界——世界矿物精品展”“行星与地球展”和“七秩难忘——校友捐赠藏品展”校庆主题展览。11月4日，湖北省文化和旅游厅副厅长陈祖刚、湖北省科协副主席朱志斌等为三大展览揭幕。校庆期间来现场参观的校友、校内师生万余人。

【科普工作成效显著】

2022年，博物馆入选“2021—2025年全国科普教育基地第一批认定名单”，第三次入选全国科普教育基地。“中国地质大学逸夫博物馆+宜昌秭归实习基地”入选全国首批“大思政课”实践教学基地。入选“科创筑梦助力双减科普行动试点单位”。

推出的《漫游矿物世界》荣获中国地质学会第三届科普产品奖；《号角——长江流域地质过程及资源环境研究计划》科普微视频荣获了首届“美丽中国　宜居地球”湖北省科普微视频创作大赛特等奖。

(撰稿：彭磊；审稿：邢作云、刘先国)

校园规划与基本建设

【概况】

2022年，校园规划与基建工作坚持科学谋划、综合施策，全年共实施各类基建、维修项目共计464项。其中：基建项目4项，续建项目2项、新建项目2项；维修项目460项，中央高校改善基本办学条件专项维修项目11项、二级单位自筹资金维修改造项目54项、学校日常公共维修项目395项。年度资金总执行金额为11 355万元。其中，基建项目2962万元，维修项目8393万元。

【高效推进“十四五”项目建设】

严格按照学校“十四五”规划，积极谋划前期工作。南区青年教师周转公寓报规报建程序基本完成，获得中央预算内投资专项补贴3629万元；新校区二期地块已获“建设用地批件”，土地性质转为国有建设用地，耕地占用税(金额851.82万元)免征及报税手续已完成；南望山校区学生宿舍(51栋)建设方案及可研初稿已编制完成，已办理初步选址意见函。

【科学谋划绿色校园建设】

在校园基础设施建设方面，校园雨污分流三期、校园基础设施维修改造(五期)、校庆维修专项等已交付使用。对持续推进校园及周边环境治理，优化校园环境，保障和改善民生意义重大，为建设“宜居宜学”、人与自然和谐统一的绿色节约生态型大学校园奠定了良好的基础。

【全力做好日常维修服务】

巴东科教基地维修改造，教学科研用房一期(教三楼、文华楼、信工楼、珠宝楼)、教学科研用房维修(二期)公共卫生间维修，西区54、57栋学生宿舍维修改造等均已交付使用。北四楼及北区图书馆正在进行内部装饰装修及设备安装，施工现场克服疫情影响，争取按照规定节点完工；秭归产学研基地维修项目已进场施工；学生宿舍维修(三期)、校医院维修、国家重点实验室及纳米楼维修、艺术传媒楼维修正在进行施工图设计。一系列维修改造工作的高效推进，进一步改善了师生的生活、教学、办公条件，为保证学校教学科研工作及师生员工生活的正常运转奠定了良好的基础。

【提高资金执行效率】

在资金计划申报方面，严格按照教育部要求编报2022年度学校基本建设投资建议计划和调整计划(“一上”“二上”)及2023年建议计划(“一上”)。2022年，学校基建投资年初计划项目共31项，年度投资计划总额42 360万元，年末按实际执行情况调整投资计划为12 009万元。2023年，学校拟安排基建投资建议计划项目29项，基建投资建议计划总额为38 450万元。

在专项申报评审方面，严格按照规定时间节点精心组织2023年中央高校改善基本办学条件专项申报，并根据评审结果更新完善“十四五”“校园大修项目库”。2022年，通过教育部专项评审的2023年度大型修缮项目共6项，评审金额7 633.46万元。其中，房屋修缮类申报预算资金5 041.17万元，基础设施类申报预算资金2 592.29万元。

【持续提升基建管理水平】

完善内控制度体系建设。在制度建设方面，以固化实操程序、细化权责分工为目标，修订了《校园规划与基建处内务管理规范》《校园规划与基建处业务操作规程》，汇编了《廉政防控手册及学校制度汇编》。16项内务操作规范、25项业务操作规程、28项校内相关制度汇编贯穿了项目管理从决策、施工、结算付款、竣工移交的全过程，以工作制度化推动业务规范化，实现管理流程的优化与再造，持续推进内部管理提质增效，在推进廉政风险防控、提升管理效能等方面发挥了积极作用。牵头拟定《维修改造管理办法》初稿，进一步规范学校维修改造项目管理工作，提高资金使用效益。

狠抓质量安全管理。积极响应学校加强安全稳定工作的要求，加强对施工、监理、设计和勘察工作状态的管理，进一步严格落实质量终身责任制，从源头抓起，全过程推进，积极调动项目参建各方的工作主动性，用各方工作质量保证工程质量，多管齐下，实现了建设项目工程质量的整体受控。坚持每周一次例行检查、每月一次全面巡检。通过一系列安全管理举措，全年在建工程项目安全、有序推进，实现了安全生产零事故。

严控工程造价管理。高度重视图纸会审、清单编制、招标答疑、清标、签证审核等关键环节，通过事前事中事后全过程管理，建立工程资金管理台账，使工程造价始终处于可控状态。全年负责项目前期的清单及控制价编制工作，在结算内审方面，校园规划与基建处完成宝谷创新创业中心、雨污分流（三期）、校园基础设施维修改造（五期）等5万元以上工程项目结算内审40余项，审计金额18 264万元，审减金额390万元，审减率2.13%。审核5万元以下零星维修项目366项，审计金额510万元，审减金额32万元，审减率6.09%。

强化建材品质管理。全程参与项目方案讨论、清单审核、主材拦标价审查、常用品牌推荐等相关工作，施工过程中努力做好各项目建材的认质认样、询价定价，及时完成各种材料（设备）的进场验收把关，坚决杜绝假、冒、伪、劣、低、次产品用于工程实体。通过电话、网络、询价平台、建材市场走访、建材厂商考察等多形式、多渠道认质认价，严把建材质量关，保证学校利益不受损害，确保项目工程质量。

严格规范档案管理。通过不断规范工程档案资料的收集、整理和归档工作，确保档案管理制度化、规范化、科学化。督促施工单位按要求提交完整竣工资料，并按规范完成工程档案的整理归档工作；做好处内及相关职能部门借阅、查阅基建工程档案资料的管理工作，坚决避免资料遗失情况发生；重视基建工程的痕迹管理，保证工程项目管理资料、会议和事务管理资料、廉洁廉政备查资料完整可查。

（撰稿：闫艳艳；审稿：王耀峰）

〔附录〕

附表1　2022年基建项目建设情况

序号	项目名称	计划金额/万元	项目进展	执行金额/万元
基建项目				
1	宝谷创新创业中心	9600	取得竣工验收备案表	892
2	海工构筑物稳定性实验室	245	已竣工验收	121.75
3	印刷厂楼群维修改造	5500	已竣工验收	1 948.785
4	南望山校区教师周转公寓	21 013	已完成招标，正在办理工程规划许可证	0

附表 2　2022 年专项资金项目建设情况

序号	项目名称	计划金额/万元	项目进展	执行金额/万元
维修项目				
1	未来城幼儿园装修	698	正在进行收尾	303.28
2	东三门改造	129	已竣工验收	63
3	一站式服务大厅-南望厅	120	正在进行收尾施工	64.781 6
4	校园雨污分流改造(三期)	2447	结算审计完成	2 486.26
5	校园基础设施维修改造(五期)	203	结算审计完成	163.74
6	秭归产学研基地维修	26.72	正在进场施工	283.27
7	校医院维修	26.56	方案设计	9.79
8	学生宿舍维修改造(二期)	1 352.88	正在收尾	1 497.18
9	教学科研用房维修改造(二期)	966.05	北四楼正在收尾	599.24
10	巴东科教基地维修改造	492.24	结算审计完成	492.24
11	教学科研用房维修改造(一期)	1 285.55	剩珠宝楼维修项目正在结算审计	1 268.28
12	学校批复的维修项目	900	共 403 项	
13	二级单位自筹资金维修项目	1593	共 54 项	

【新校区建设工作】

2022 年是新校区建设收官阶段的关键一年，在学校党委、行政的正确领导下、在相关单位的支持配合下，新校区建设指挥部领导班子团结、带领全体员工，聚焦圆满收官的总目标、按照综合统筹的总基调、贯彻重心转移的总要求，主动作为，真抓实干，团结拼搏，奋力攻坚，继续保持稳中有进、进中向好的工作态势。与此同时，指挥部全面开展政府联合验收、房屋竣工备案、产权证办理、资产入库转固、工程档案归档、项目竣工结算等建设收尾工作，如期完成年度各项任务。

项目验收。2022 年，指挥部办理完成了学生活动中心等 8 个单体建筑的消防验收、公共教学楼一等 6 个单体建筑的竣工验收规划条件核实证明、学二食堂等 16 个单体建筑的建设工程联合验收合格意见书、教学服务中心等 16 个单体建筑的竣工备案表、科教楼四等 16 个单体建筑的不动产权证书。至此，新校区单体建筑项目联合验收手续全部办理完成(二标不动产权证申请资料已提交至相关部门，因疫情影响目前无法获得审批)(表 1)。

表 1　新校区建设项目竣工验收及不动产权办理进展

项目名称	建设项目联合验收							竣工备案	不动产权证
	单项验收						联合验收合格证		
	规划验收	消防验收	质量验收	档案验收	园林验收	人防验收			
一组团(5 栋)	√	√	√	√		—	√	√	√
二组团(5 栋)	√	√	√	√		—	√	√	√
三组团(4 栋)	√	√	√	√		—	√	√	√
四组团(2 栋)	√	√	√	√		—	√	√	√
五组团博后公寓	√	√	√	√		—	√	√	√
学一食堂	√	√	√	√		—	√	√	√
学二食堂	√	√	√	√		—	√	√	√
教工活动中心	√	√	√	√		—	√	√	√
教学服务中心	√	√	√	√		甩项	√	√	◎
公共教学楼一	√	√	√	√		甩项	√	√	◎
公共教学楼二	√	√	√	√	整体验收	甩项	√	√	◎
科教楼一	√	√	√	√		甩项	√	√	◎
科教楼二	√	√	√	√		甩项	√	√	◎
科教楼三	√	√	√	√		甩项	√	√	◎
学生活动中心	√	√	√	√		—	√	√	√
科教楼四	√	√	√	√		—	√	√	√
科教楼五	√	√	√	√		—	√	√	√
科教楼八	√	√	√	√		—	√	√	√
图书馆	√	√	√	√		—	√	√	√
体育馆	√	√	√	√		—	√	√	√
科教楼六	√	√	√	√		—	√	√	√
科教楼七	√	√	√	√		—	√	√	√

备注:"√"表示已完成,"◎"表示正在办理,"—"表示无此项。

工程档案。2022 年,指挥部完成科教楼七等 23 栋单体建筑项目的档案审查工作并入库至城建档案馆。此外,完成 247 项项目的档案的著录工作(包含 11 个总包工程项目)，整理、汇总档案1100余卷，涉及汇编文件5500余件。至此，累计收集、组卷、排序、编码、修整、装订并完成著录项目447项，1778余卷，汇编文件8216余件。基本完成新校区具备收录条件的所有工程资料归档任务(表2)。

表2　新校区工程档案整理情况汇总表

序号	类别	明细	总数	完成著录项目	著录资料卷数	著录文件数	工作完成率
1	服务类项目	设计	78	78	152	1026	100%
2		造价咨询	52	52	152	645	100%
3		可研、检测、监理	116	111	94	563	96%
4	货物类项目		80	80	320	1271	100%
5	工程类项目		126	126	1060	4711	100%
合计			452	447	1778	8216	99%

资产转固。2022年，指挥部完成校前核心科教区建设项目高压细水雾泵组、未来城校区建设历程展板、校园数据中心、教学铃声系统、图书馆公共广播系统等项目的资产转固工作，转固金额2431万元。至此，累计完成资产转固237 232万元，资产转固率99.2%(表3)。

项目结算。2022年，指挥部完成单体建筑项目竣工结算2项、各类专项工程项目竣工结算12项(表4)。

项目建设。2022年，指挥部完成了学生活动中心团委活动室装修工程、体育馆消防救援窗工程、科教楼八保密室改造工程等8个项目的建设任务(表5)。

表3　新校区资产转固情况汇总表　　单位:元

项目名称	账务系统总投资	财务系统已转固
基础设施及配套工程	341 879 422.76	356 634 557.32
科教楼一	88 337 338.80	87 612 788.08
科教楼二	88 065 930.01	87 512 217.00
科教楼三	87 565 474.45	87 273 962.63
教学服务中心	113 706 030.06	127 300 097.20
学生宿舍一组团	130 753 534.84	129 591 610.84
公共教学楼二	109 969 595.09	108 950 467.86
公共教学楼一	106 548 671.83	105 525 229.83

续表

项目名称	账务系统总投资	财务系统已转固
学生宿舍三组团	114 612 445.66	113 635 491.66
学二食堂	31 219 838.48	30 947 089.88
学一食堂	43 492 708.83	43 078 100.88
图书馆	194 023 837.14	192 777 304.14
学生宿舍二组团	130 446 879.47	129 314 327.47
学生活动中心	71 756 747.66	71 052 990.38
科教楼四	111 547 158.34	110 919 088.34
科教楼五	98 078 988.26	97 379 059.50
体育馆	142 717 807.90	118 573 873.68
科教楼八	125 336 591.85	124 502 432.60
学生宿舍四组团	42 325 330.45	42 034 686.85
学生宿舍五组团	52 862 156.63	52 610 464.48
教工活动中心	26 835 939.58	26 606 461.08
博士后公寓	27 421 273.32	27 267 157.82
科教楼七	63 745 334.45	63 360 212.45
科教楼六	48 265 997.64	37 858 599.27
合计	2 391 515 033.50	2 372 318 271.24
资产转固率	99.20%	

表4　2022年新校区项目竣工结算情况汇总表 单位:万元

序号	项目名称	合同金额	送审金额	审定金额	审减金额
1	科教楼六	6 364.15	6 649.78	5 977.19	672.59
2	科教楼七	10 530.27	10 485.15	9 469.04	1 016.11
3	材化高层次人才团队实验室	44.98	47.52	43.44	4.08
4	校园数据中心	2 600.69	2 426.71	2 299.07	127.64
5	科教楼二、三实验室消防优化	310.00	328.90	285.46	43.44
6	室内外栏板(杆)及零星工程	27.97	30.14	28.61	1.53
7	消防救援窗部位铝格栅开洞口及恢复	22.12	26.10	25.96	0.14
8	校前科教区消防广播线管安装	28.90	19.40	16.93	2.47

续表

序号	项目名称	合同金额	送审金额	审定金额	审减金额
9	材化学院工艺陶瓷实验室改造	28.90	29.02	27.70	1.32
10	学生活动中心团委活动室装修	37.55	32.02	30.62	1.40
11	智慧能源管理系统	222.53	213.79	199.06	14.73
12	学生宿舍一组团	12 656.43	647.12	337.48	309.64
13	科教楼三地下夹层通风排水优化	29.60	31.32	29.42	1.90
14	保密室改造工程	29.20	29.98	28.28	1.70
合计		32 933.29	20 996.95	18 798.26	2 198.69

表 5　2022 年新校区专项工程建设情况汇总表

序号	项目名称	验收时间
1	新校区智慧能源管理系统建设项目	2022-01-06
2	新校区科教楼二、三实验室消防优化工程	2022-01-23
3	体育馆消防救援窗工程	2022-03-11
4	材化学院工艺陶瓷实验室改造工程	2022-04-23
5	新校区室内外栏板(杆)及其他零星工程	2022-05-06
6	学生活动中心团委活动室装修工程	2022-06-22
7	新校区科教楼八保密室改造工程	2022-08-10
8	新校区科教楼三地下夹层通风排水优化工程	2022-09-23

资金执行。2022 年,指挥部按合同约定办理基建资金审批、支付 70 余次,完成项目建设投资 5 455.66 万元(表 6),包含中央预算内基建投资 3362 万元,汉口校区土地置换拨返专项资金 2 072.66 万元,中央高校改善基本办学条件专项资金 21 万元(学校预算调整),国家专项资金执行率达 100%。

表 6　2022 年新校区资金执行情况汇总表　　单位:万元

序号	项目名称	国拨	汉口校区土地置换收入拨返专项	中央高校改善基本办学条件专项	自筹	小计
1	科教楼一	0	29.14	0	117.47	146.61
2	科教楼二	0	57.33	0	102.12	159.45
3	科教楼三	0	31.81	0	100.81	132.62

续表

序号	项目名称	国拨	汉口校区土地置换收入拨返专项	中央高校改善基本办学条件专项	自筹	小计
4	教学服务中心	0	950.48	0	143.64	1 094.12
5	学生宿舍一组团	0	341.41	0	113.98	455.39
6	公共教学楼二	0	26.84	0	127.77	154.61
7	公共教学楼一	0	30.93	0	126.91	157.84
8	学生宿舍三组团	0	4.74	0	95.34	100.08
9	学二食堂	0	4.27	0	23.67	27.94
10	学一食堂	0	6.46	0	35.81	42.27
11	图书馆	0	3.23	0	124.32	127.55
12	学生宿舍二组团	0	16.23	0	98.08	114.30
13	学生活动中心	0	43.51	0	35.47	78.98
14	科教楼四	0	22.78	0	65.96	88.74
15	科教楼五	0	43.63	0	55.64	99.27
16	体育馆	2300	40.05	0	110.13	2 450.18
17	科教楼八	0	29.67	0	77.45	107.12
18	学生宿舍四组团	0	4.10	0	24.97	29.06
19	学生宿舍五组团	0	5.10	0	20.07	25.17
20	教工活动中心	0	5.15	0	19.91	25.05
21	博士后公寓	0	3.08	0	12.33	15.41
22	科教楼七	0	70.74	0	0	70.74
23	科教楼六	1062	19.54	0	−19.97	1 061.57
24	基础设施及配套	0	122.17	21	−1 611.88	−1 468.71
25	非基建列支	0	160.30	0	0	160.30
26	合计	3362	2 072.66	21	0	5 455.66

说明：根据决算需要对项目进行了调账处理，导致表中部分金额为负数。

（撰稿：游金彪；审稿：李鹏翔）

附图:2022年新校区照片

未来城校区运行管理

2022年,未来城校区认真贯彻学校党委、行政的统筹安排和决策部署,始终围绕学校事业发展目标和未来城校区工作实际,坚定执行“两区一体、学脉延展、人文相承”的基本原则,以“真诚服务·共创未来”为宗旨,以“能力提升·温暖师生”为抓手,坚决落实立德树人根本任务,认真履行综合协调、资源管理、服务保障和属地联络等职责任务,不断推进未来城校区“标准化、信息化、人性化、生态型、智慧型、友好型”的“三化三型”校园建设。

【疫情防控工作精准到位】

坚持将保障师生生命健康作为首要任务,按照属地政府和学校的疫情防控要求,严格落实校门管控、隔离点管理、流行病调查、发热送医、核酸检测和环境消杀的各项工作任务。

严格落实校门管控和环境消杀工作。按照学校疫情防控工作要求,全年组织力量完成个人健康码、行程码和核酸检测证明的核验工作66万余人次;配合东湖高新疫情防控指挥部查验省(市)域外返校师生流调基础信息5300余人次;完成公共区域涉疫点位消杀近30 000次,防疫重点区域累计消杀面积超过60万平方米。

积极开展核酸检测和发热送医工作。积极联系东湖高新属地政府和左岭社区卫生服务中心,为未来城校区提供核酸检测和疫苗接种的免费服务;全年组织核酸检测150余场,参与人数85万人次,为学校节约疫情防控经费数百万元;协助党委组织部共招募核酸检测志愿者1260余人次;配置专人专车24小时值班备勤,协助学校及时将发热师生送医送诊或集中隔离,全年出车670余趟,接送师生1470人次。

全面实施流调排查和隔离点管理工作。按照属地要求,组建专项工作小组,全年流调排查涉疫人员4800余人次,发现密接重点人员113人,应急处置13次;加强校内隔离点建设与管理,全年接收临时留观人员1697人次,安排配送餐食15 200余份,按照院感要求“定期清理、每日消杀”,实现了未来城校区疫情防控全流程闭环管理链条。

【管理制度体系逐步完善】

按照“三定”工作要求,结合工作职责,重新梳理部门职责边界,按照13个管理岗位控制数,优化设置综合内控、管理运行6个科室,对接后勤保卫、基建维修、资产管理、组织宣传等校内部门,承担未来城校区属地协调、资产接收、校区秩序、运行保障、商贸运营、能源节能、维修维护、疫情防控、校园文化和党建共同体等工作的落实落地,确保未来城校区建管衔接和属地融合工作顺利开展。

积极破解岗位编制紧缺对履职尽责成效产生的影响和制约,转换工作思路,创新工作举措,以市场化运营为基础,以购买专业服务为途径,积极引入社会资源补充管理力量;在前期公开招标引入物业、餐饮、场馆、商贸、快递等社会服务的基础上，增加校园安防、能源运维、中央空调、电梯维护、固话维保等10余家设施设备和运维服务专业团队，形成“全年·全天候·全覆盖”的校园运行维护体系；未来城校区“精干管理机构＋专业运维团队＋大物业统筹保障”的管理运行机制日臻成熟。

量化指标体系，完善运维考核方式。通过管理制度考核、师生评审、服务监督平台、师生见面会等意见渠道，综合评定服务质量和效果；专业程度较高的项目，积极联系属地市场监管、特种设备检测、水电燃气管理、消防应急等单位，确保未来城校区食品卫生、商品质量、公共设施、能源设备等项目的安全。

【资产使用绩效持续提高】

坚持将国有资产转固入库作为未来城校区建管衔接的核心工作抓细抓实，在相关职能部门支持下，历经三年时间，清查盘点未来城校区在库资产39 949台(件)，账面原值总计人民币23.69亿元，较之于2021年底，学校新增固定资产价值人民币2.1亿元，未来城校区国有资产转固入库工作基本完成。

根据学校整体部署，协同后勤保障部开展未来城校区公共用房信息的测算统计。未来城校区现有教学科研公共用房1739间，套内面积合计7.9万平方米，已分配各入驻单位使用的教学科研公共用房(套内)面积约5.8万平方米，使用率达到77.4%；未来城校区商贸服务用房41间，建筑面积合计0.55万平方米，由校区管理办统一规划和管理，三年共回收资产使用费近千万元，收入全额上缴学校。

依托未来城校区能源综合监控平台，分楼栋开展供电质量、用电情况和荷载安全性分析，为推行二级单位水电定额实施方案奠定数据基础；开展中央空调智能控制系统、校园中水回收利用系统等新型节能方式的研究，为学校创建绿色生态环保校园做好理论和方法储备。2022年7月，未来城校区图书馆升格二星级绿色环保建筑并取得绿色建筑运行标识；11月，未来城校区顺利通过专家评审取得湖北省首家“节水标杆高校”荣誉称号。

【服务保障工作提质增效】

教学优先，精心保障。全年完成教学保障任务22 100课时；完成硕士研究生入学考试、大学英语四六级考试和校内课程考试等考务保障任务2192场，完成就业路演宣讲、双选会等服务保障工作100余场，处理各类教学突发事件1430起，实现工作“零差错”、教学“零事故”。

宿舍管理，温暖如家。全年共完成19栋宿舍楼、万名学生满负荷运行保障工作；按时完成2700余名学生退宿和450余间宿舍清理工作，完成3500名新生的搬迁迎新工作；指导宿管人员通过定期走访、联网建群、个性关爱等方式，营造温暖如家的宿舍氛围；学生自发赠送锦旗和感谢信13件，对宿管工作的认可度达95%。

群防群治，守护平安。充分利用和协同线下安保人员和线上安防信息两股力量，实行“以常规巡检巡查为基础，以随机重点检查为补充，以互联网＋监控平台为技术支撑的综合安全监控模式，处理突发紧急事件20余起，挽回师生财产损失13万余元；利用信息化手段加强校门管控，全年劝阻无关车辆和人员入校1.3万余次；联系公安机关开展消防安全与反电信诈骗宣传教育活动，与师生面对面签署《防诈骗告知书》4000余份，有效防范社会治安风险隐患入侵校园。

综合保障、专业高效。全年协助相关单位完成重要会议、文体活动等30余场；加强博后楼、员工公寓等基础条件建设，解决应急条件下服务保障人员的需求；全年对强弱电井、空调、锅炉、电梯等852间设备间及设施设备开展日常巡查15 000余次；接收和处理应急维修10 645项，维修满意率93.54%。

有序竞争，学校获益。充分利用市场机制，在餐饮、商贸、通勤等服务领域，有序引导校内外多个服务保障主体、多种服务保障资源开展竞争，并将市场竞争形成的红利让度于学校、让度于师生。未来城校区餐饮项目在做好服务保障同时，每年向学校缴纳价格平抑基金60余万元；通勤项目结合师生需求，优化设置多种服务班次，每年累计发车2.2万余趟，安全行驶总里程超过27万千米；商贸及游泳馆项目在学校统一管理下，全年累计上缴协作及收益270余万元。

打造倾听师生意见的线上线下双平台。设立24小时线上服务监督平台全天候接收信息，全年收集整改师生意见建议和批评投诉500余条；申请近十项常规业务纳入信息门户；系统梳理师生反映的共性问题编写日常疑难问题工作手册；走访学院、深入师生，将学校的关心关爱和职能部门解决问题的诚意传递给师生，让师生切实提升认同感、满足感和幸福感。

【校庆庆典与文化建设】

校庆氛围营造。一是在正心楼外墙和校区北大门两侧分别建成“中国地质大学·CUG”和“美丽中国·宜居地球”灯箱，将校训元素嵌入图书馆西侧绿化区，彰显校园文化。二是在党委宣传部的支持下，完成未来城校区院士长廊建设；设置“校史发展时钟”校庆主题摆件和吉祥物“酷格”，烘托校园喜庆气氛。三是精心设计和建设校景文化卷轴、“I ♡ CUG”灯饰和环镜湖亮化工程等，在通勤车辆张贴祝贺校庆横幅，联络社会资源捐赠“逐梦”主题雕塑，增设主题雕塑等文化标志。四是优化校园环境提档升级。分层次修整中心花坛、中轴线花坛的草木，增加牡丹园、粉黛丛、迎客松等观赏植物。五是组织“七秩同庆·筑梦前行”校地联合书画展；开展劳动教育实践活动；增设公共区域休闲座椅，修缮学生露天剧场，让全体师生共享学校发展。

校庆庆典保障任务圆满完成。2022年11月7日学校建校70周年庆典大会在未来城校区隆重召开。未来城校区管理办公室组建了校庆专项保障工作小组，按照学校统筹安排和整体部署，制定了《70周年校庆庆典大会未来城校区工作实施方案》，协助校庆工作办公室、学校办公室、党委宣传部等单位，全力做好综合协调、会务组织、场地布置、宾客接待、秩序维护、水电保障、环境消杀、交通管理、疫情防控和应急处置等各项工作。

持续推进校区文化建设。“未来城校区”公众号全年发布推文50余篇，单篇平均浏览量超过1500人次，关注总量跨越式增长达到9000+，成为未来城校区最具影响力的宣传平台之一；“未来之声”传媒社以服务未来城校区师生、发出未来城校区声音为宗旨，发布了《以笔达意校庆专题活动》《年度关键词》《听，未来城的声音》《未来青年说》等一系列高品质宣传精品，荣膺学校2022年度“新锐学生社团”荣誉称号；联合学生创业团队设计未来城校区楼宇形象漫画、明信片、纪念章、易事袋等文创产品，契合时令订制未来城版雪糕、校庆版绿豆糕等特色食品；精心制作未来城校区宣传片《我在未来等你》，荣获学校第四届优秀网络文化成果三等奖。

（撰稿：姜力维、姜珊；审稿：张玮）

房产管理

【概况】

2022年，以“优化保障体系，深化公共资源管理改革”为首要任务，坚持稳中奋进、好中加快的工作总基调，主动适应新常态，全力构建学校房产管理新发展格局。

2022年学校校舍总建筑面积1 417 569平方米，占地面积1 475 345平方米，容积率0.96。其中教学科研及辅助用房建筑面积513 386平方米，行政办公用房建筑面积61 023平方米，生活用房建筑面积499 669平方米，教工住宅建筑面积120 463平方米，其他用房建筑面积223 024平方米。

强化顶层设计，优化信息化建设，着力实现高质量发展。充分调研，结合学校实际，拟定《周转房管理办法（修订）》；基于“成本核算、有偿使用、定额补贴”原则拟定《公用房定额管理办法（草稿）》；推动房产可视化和房产管理系统建设应用。

加强民生保障，维护安全稳定，打造宜居生活环境。妥善落实岱家山庄相关工作，推进购岱家山庄教职工校内住房腾退，持续开展岱家山庄选房，协助做好房屋备案及权属证明领取事宜；改善教职员工居住条件，更换校内住房楼道破旧窗户、老旧水电表计，推进博士后公寓3号楼可视化门禁系统安装。

统筹配置资源，夯基础强管理，全力落实重点工作。为缓解教职工住房紧张，经梳理信息，为部分符合分配条件且需求迫切的教职工分配周转房；按照学校规划要求，协调12个单位腾退公用房共65间，为6个单位分配26间公用房；实现全校出租出借公用房统一归口管理；全年周转房维修约1500户次；周转房房租收入约1490万元。

【修订《周转房管理办法》】

经充分调研，结合学校实际，已拟定《周转房管理办法（修订）》，修订办法聚焦周转房管理良性流动困难、退出机制不完善等难点痛点问题，在租赁对象范围、建立租金动态调节机制、细化管理措施等主要方面进行修订，以期实现“需要时有房源，无需时立即退”的管理模式。目前已向部分职能部门、学院和房产管理委员会委员征求意见，修改完善后将按照相关程序提请学校审议。

【推动房产可视化和房产管理系统建设应用】

基于校园一张图的房产可视化功能已基本实现。一是按照公用房使用现状修改提供 36 栋楼的 CAD 图纸，做好图形准备；二是完成可视化功能与房产管理系统的对接同步，做好数据准备；三是形成可视化房产系统新的需求报告，做好持续更新，完善功能准备。

进一步完善房产管理系统功能。完成服务器迁移，实现了服务器的扩容和云端管理；与数据中心对接，实现了单位信息、人员信息的更新与同步；更新完善全校房屋信息。

【更换家属区楼道破旧窗户】

为消除楼栋破旧窗户给教职工日常出行带来的安全隐患，经后勤保障部牵头多番协调沟通，制定维修方案，自筹经费在暑假期间对楼道所有破旧窗户进行统一更换。据统计，涉及 18 栋楼 51 单元，总共更换了 273 樘窗户。其间，以短信方式提前告知教职工施工时长及注意事项，提醒教职工做好准备并予以配合。此暖心工程有效改善教职工居住环境，得到了教职工的广泛好评。

【完成北区西侧聘用工宿舍维修改造】

为消除北区西侧聘用工宿舍安全隐患、改善聘用员工居住条件，后勤保障部自筹经费对其进行维修改造，除宿舍墙体、屋面等基本修补外，还在房间内增设厨房，在公共盥洗室引入智能热水淋浴系统等，该工程于 2022 年 7 月底完工。

【实现全校出租出借公用房归口管理】

为加强国有资产出租出借管理，规范管理行为，后勤保障部联合财务与资产管理部多次与工会、体育学院、珠宝学院、博物馆沟通协调，于 2022 年 4 月收回分散管理的出租出借公用房 6 间、使用面积合计约 1616 ㎡，实现了真正意义上出租出借公用房统一归口管理。

（撰稿：吕璐；审稿：徐岩）

后勤保障

【概况】

2022 年，后勤保障部坚持以习近平新时代中国特色社会主义思想为指导，学习宣传贯彻党的二十大精神，加强党建思政与后勤事业发展双融双促，在学校党委、行政的正确领导下，以“能力提升年”为主题，以“标准引领、质量提升、效益双赢”为工作主线，踔厉奋发、勇毅前行，不断提高服务保障能力，较好地完成了各项工作任务。

坚持和加强党的全面领导，以高质量党建思政工作引领保障后勤事业高质量发展。巩固和深化党史学习教育和“四史”宣传教育成果，制订年度学习计划和《深入学习宣传贯彻落实党的二十大精神实施方案》，推进党的历史和创新理论入脑入心。扎实开展党员干部下基层察民情解民忧暖民心系列实践活动，着力解决师生关注的急难愁盼问题 20 余项。修订《后勤保障部重要领域和关键环节主责单位廉政风险点及防控措施一览表》。深化巡视整改，推进全面从严治党。筑牢安全生产底线，维护后勤环境安全稳定。做好党群工团工作，召开了后勤保障部第三届职工代表大会第五次会议。深化人事制度改革，增设中心主任助理岗位，开展2022年新进管理与技术人员招聘工作，拟定《后勤保障部专业技术岗位实施方案》。制定《后勤保障部2022年培训方案》，落实分级分类培训。

深化“三全育人”综合改革，推进后勤文化体系建设。发挥劳动教育课堂教学主渠道作用，完成146名大一新生“新时代大学生劳动教育”课程教学。举办特色劳动实践活动30余次，建立南望山校区伙食管理委员会，设立学生执勤岗位，利用暑期实习期在科教基地开展多种劳动教育活动。出台《后勤文化体系建设规划方案》，制定《后勤保障部关于加强宣传报道工作的实施方案》，增设南望后勤微信公众号，4件作品荣获学校第四届网络文化成果优秀作品，后勤形象宣传力度显著提高。制作花鸟物种图鉴《地大花鸟集》，向广大师生展示校园生态多样性。

优化公共资源配置体系，推动资源配置集约增效。完善公共房产管理制度。对少数房产实行“定额配置、有偿使用”试点，加强了公用房绩效管理。建立“一院一册”的房产管理信息库，完成房产可视化信息系统建设。推动二级单位水电管理方式由“统收统支”逐步向“有偿使用”转变，积极推进水电定额管理改革。强化固定资产管理。落实公务用车制度改革相关规定，规范公务用车管理。盘活实习实践基地资源，完成巴东科教基地建设并投入运行，持续改善秭归、周口店科教基地基础设施。秭归科教基入选全国首批“大思政课”实践教学基地、“湖北省第二批中小学生研学实践营地”“第一批宜昌市中小学生研学实践营地”。

推进质量标准和服务满意度双向提升，提高后勤综合治理效能。深入贯彻执行ISO9001质量管理体系标准，建立贯标工作长效管理机制。建立多维服务质量监督体系，师生满意度较2021年有较大提高。落实目标管理责任制度，深化预算绩效管理改革。科学制定各单位2022年目标管理责任书，严格执行《后勤保障部对中心班子季度考核方案》，加强目标考核动态监管。实施全过程预算管理，每季度完成各中心《财务分析报告》《收支预算执行进度报告》。出台《后勤保障部大额资金使用实施细则》，修订《后勤保障部采购实施细则》，规范优化采购流程，提升资金使用效益。加快推进后勤信息化建设，提高数据治理工作成效。

做好70周年校庆保障服务，建设生态型美丽校园。完善节水管理制度，打造校园节水十大亮点工程，强化节水宣传教育，学校获评全省首家“节水标杆高校”。改建并运营震旦园教工餐厅，改善食堂基础办伙条件，深化4D管理改革，改善了师生就餐环境和质量。强化环境综合治理，营造喜悦校庆氛围。制作“70周年校庆特别套餐”，在两校区举办“七秩食光　情系地大”庆生活动。做好校庆70周年会务服务、运输服务、水电供应各项保障服务工作。推进"一站式"学生社区综合管理模式建设,持续改善学生住宿环境。改善教职员工居住条件,优化校园商业空间布局,完善校园民生保障服务体系。提高社区综合治理水平,营造和谐稳定社区氛围。

【坚持和加强党的全面领导】

深入学习宣传贯彻落实党的二十大精神,组织内容丰富的专题学习教育活动。后勤党委理论学习中心组组织学习党的二十大精神专题党课7次,党风廉政专题党课2次。切实担负主体责任,抓好基层党组织建设。解决"一站式"学生社区建设、教工餐厅服务完善、经营用房基础设施维修等师生关切问题20余项,打通服务师生的"最后一百米"。落实学校党委第三巡察组对后勤党委巡察政治任务,研究制定95项整改措施,整改完成率98.9%。完善突发事件应急处置、安全隐患定期排查与专项整治工作机制,落实整改不合格项109次,实现安全生产"零事故"。以网络安全保障为基础,清查后勤31个发布系统,开展20个信息系统安全自查与对查,荣获学校网络安全专项治理"优秀单位"。

【深化"三全育人"综合改革】

拓展多元化劳动育人载体。参与学校劳动教育必修课课程体系建设。加强校内部门联动,协同推进"大思政课"与劳动教育的有机融合。举办结对共建、"绿色未来,你我共建""爱国卫生运动"等特色劳动实践活动30余次。利用暑期实习期在科教基地开展多种劳动教育活动,基地成为学校劳动教育的"大课堂"。培育"以文化建设体系为抓手,以先进典型为引领"的后勤文化氛围。大力宣传后勤文化体系内涵,推广后勤训言、标识标牌和吉祥物。结合贯标工作、"优质服务月"等活动,将"诚信　友善　敬业　奉献"的部训内化为后勤员工的行动自觉,贯穿服务保障全过程。

【持续优化公共资源配置方式】

完善公共房产管理制度,进一步修订《周转房管理办法》,出台《南望山校区出租出借公用房管理实施细则(试行)》。推动水电管理改革,出台《中国地质大学(武汉)水电管理办法(试行)》。落实后勤水电定额成本管理。完成10kV中心配电室无人值守改造,实现校园配电室智慧化管理全覆盖。对弘毅堂、大学生活动中心等重要用电场所实施双电源改造,全年完成水电设施工程改造项目109项,改善了水电基础设施。强化固定资产管理,完善固定资产信息平台服务功能,资产调剂量较2021年提高49.63%,持续加强资产清查工作。规范公务用车管理,选定社会车辆租赁企业,辅助保障公务出行活动。完成学校第二次大学生长江源科考实践活动运输保障任务,历时20天,行驶22 880公里。

【提高后勤综合治理效能】

出台《后勤保障部贯标工作管理办法(试行)》。对后勤质量管理体系运行进行全覆盖"回头看",落实整改68处内审不符合项,通过了质量管理体系外审并获得了认证。建立多维服务质量监督体系,处理落实1247条"后勤服务监督"的投诉建议、咨询与表扬，师生满意度较去年有较大提高。加快推进后勤信息化建设。完成学生宿舍管理系统及人脸识别门禁“一期”项目建设。完成南望山、未来城两校区11所食堂《“互联网+明厨亮灶”建设方案》并落实项目建设资金。完成97间标准化考场设备更换改造。建设商业门面从业人员管理系统，更新地大社区居民管理信息库，实现全校人员数据全集管理。实施后勤合同签订、资金收支全流程闭环管理。

【加快打造宜居宜学美丽校园】

学校以96分高分通过节水标杆项目验收，成为全省首家“节水标杆高校”。年人均用水量由90吨降至52吨，非常规水利用能力由5万吨/年提升至13万吨/年。推进校园景观文化涵养工程，栽种大型景观树40余棵，补种800余棵牡丹、芍药，改善牡丹园、荷韵塘景观。完成学二食堂天然气管道安装工程、西苑餐厅及未来城学一食堂“明厨亮灶”工程建设。维修改造54栋、57栋学生公寓，更新60栋836套家具，维修新生房1428间，开展学生公寓40栋楼废线清理，更换178台洗衣机，完成北区综合楼3401位课桌椅的更换，改善学生生活、学习环境。多措并举推进购岱家山庄教职工校内住房腾退，分配调整周转房50套。全年周转房维修1500户次，更换18栋住宅楼公共楼道窗户、237套周转房水电计量表计。完成123个经营性用房的招标工作，提升校园商业服务水平。

【科学有力抓好疫情精准化防控】

严格执行疫情“零报告”和“日报告”制度，做好师生生活物资保障，学生宿舍管理服务，楼宇及快递点、公共区域环境消杀，社区人员风险排查等工作。全年处理联防联控信息排查、流调88 500余条，排查管理各类重点人员2144人，上门单采核酸6500余次。11月至12月，对校内扩面核酸异常的混管人员进行临时管控，完成追阳任务1320余人次。全年服务保障校内集中隔离观察点1030人次，配送防疫工作者、隔离人员盒饭近10万份。充分发动广大党员、志愿者4967人次下沉社区开展疫情防控工作，服务时长18 389小时。虽然经历疫情防控复杂多变的形势，但扎实有效的疫情防控与服务保障工作获得了师生居民的一致好评。

（撰稿：王茁；审稿：徐岩）

医疗保障

【概况】

学校医疗保障工作主要依托校医院开展。校医院承担4万余名师生员工和社区居民的常见多发病防治、社区居民儿童计划免疫、突发公共卫生事件、灾害事故紧急医疗救援等工作。校医院每年组织新生、毕业生、教职工、妇科体检工作，同时负责野外实习站医疗保障及学校各种大型活动、会议的医疗服务工作。校医院设有内、外、妇、儿、五官、中医、康复、检验、药剂、公共卫生、护理等10余个科室，病床40张，各种仪器60余台套。医院现有正高级职称6人，副高级职称13人，中级职称38人，初级职称25人，行政管理人员3人。

【健康教育】

2022年,积极开展健康教育,提升师生健康意识。积极主动在新生中开展心肺复苏等卫生应急知识教育,在本科生中开设72学时的"大学生健康知识""常见病的预防与院前急救"健康教育选修课程,受益学生达1440人。以校庆70周年为契机,联合学工处、团委、工会、老干处等部门普及急救知识、传染病防治、中医养生等健康知识教育宣传10次,受益人群达5242人次。全年发放健康宣传等资料17种,共计16 000份,更新健康教育专栏28次。开展咨询义诊活动11次,孕产妇中医宣教、产后恢复评估及健康指导201人次。微信平台向教职工、学生推送组织制作《防疫——校医院特别提醒》等疾病预防知识28期,扩大健康教育受众范围,提升师生健康意识。

【服务保障】

坚持加强"一院三地"服务管理,服务师生健康。截至2022年11月,医院全年共计接诊94 853人次,其中南望山校区78 677人次,未来城校区13 239人次,汉口校区2937人次。供应药品及耗材600余种,共计940余万元,抢救急诊重症病人30余例,开展心电图检查2006人次、长程心电图及血压监测150人次,B超检查3169人次,TCD检查62例,C13幽门螺杆菌检查165例,肺功能检查37例,放射影像检查9468人次,出具高质量检验报告13 170份。静脉输液2809人次,门诊换药6548人次,外科门诊手术410例。为重大活动提供医疗服务230余天,服务达2万余人次。基础医疗服务能力、服务效率不断提高,有力保障和服务教学科研、满足师生健康需求。

【社区卫生服务】

持续做好家庭医生签约服务,加强重点人群健康服务、健康管理。截至2022年底,完成高血压随访2728人次,糖尿病随访984人次,开展中医体质辨识456人次。完成65岁以上人员体检及健康管理804人次,对29 215名社区居民进行定期随访、提供医疗服务。传染病网络直报、监控和登记34例,报告及时率、准确率和完整率均为100%;开展肺结核密切接触者症状调查、胸片筛查及PPD试验205人;加强对辖区23例严重精神障碍患者管理,开展线索筛查核实、家属护理教育达202人次。为辖区0~6岁儿童新建档、建卡、建薄583人,建证率达100%。累计一类、二类疫苗接种4663剂次。建立疑似预防接种异常反应制度,监测登记率达100%。开展艾滋病病毒(HIV)抗体快速检测工作,全年进行HIV快检702人次。完成0~3岁婴幼儿体检699人次,黄疸筛查50人次,先心筛查50人次,新生儿上门访视31人次,儿童中医随访174人次。完成妇检1672人次,孕产妇新建册40人,孕期随访181人次。联合相关部门开展校园饮食卫生安全协查,保证师生饮食安全。为推进秋冬季呼吸道传染病防控,免费为在校教职工开展流感疫苗接种工作300余人次。完成45~60岁人群免费肠癌筛查190人次,全年完成健康体检12 543人次,门诊体检1738人次,心脑血管疾病一体化防治筛查2000

余人次，为“健康地大”作贡献。

【疫情防控】

疫情防控事关师生身体健康和生命安全，关乎学校和社会和谐稳定。医院认真贯彻落实习近平总书记重要指示精神和党中央决策部署，按照各项疫情常态化防控工作要求，组织开展全校师生新冠疫苗接种 7 次，累计接种 19 525 人次。先后为居家隔离、封控小区、返汉人员、缓冲区及全校师生等 8 类人群，370 余次开展核酸检测，累计服务 210 万余人次；为落实对混管阳性人员全链条追踪，确保重点人群精准及时管控到位，组织“追阳”应急处置队伍，开展追阳任务 20 余次，分别进行抗原、鼻、咽拭子筛查，累计采集 500 余人次，切实将各项疫情防控要求落在实处。医院安排专人通过各种渠道全力采购、调配师生疾病治疗所需药品及应急防控物资。按照临床工作需要和防护要求合理使用，既满足了师生疾病治疗需求，也保证了医务人员安全，避免了紧缺医疗资源的浪费。同时，医院定期开展疫情防控自查，进一步规范预检分诊、门急诊及发热诊室诊疗流程及患者就诊路线，降低来院就诊人员感染风险，确保了整体防控流程的最优化。一年来，医院发热门诊累计接诊患者约 1629 人次，其中南望山校区累计转诊新冠疑似症状患者 1200 余人，未来城校区 429 人次。

【显著成效】

2022 年，未来城校区综合门诊部顺利通过上级卫健部门验收。医院第二党支部获评学校先进党支部。秦荧璐获校“优秀共产党员”称号，王海花被评为校“优秀党务工作者”，雷晓庆被评为校“十大杰出青年”，唐林静、张云枝被评为未来城校区建设工作“先进个人”，王苗被授予“洪山区优秀护士”称号，赵伟燕获评“洪山区优秀护理管理者”，贾云、唐霞获评院“优秀党务工作者”，黄虹、孟沙沙、马慧敏、张剑、高洁等收到患者感谢信。

（撰稿：唐霞、徐祝心、雷晓庆；审稿：王海花、何晓玲）

社区建设

【概况】

地大社区隶属武汉市洪山区关山街道为主体的高校型社区，受中国地质大学（武汉）和武汉市洪山区关山街道办事处的双重管理，在街道办事处的指导下，地大社区在 2022 年圆满完成社区居民的各类社会保障与民政服务工作。社区在职员工 12 人，所辖面积 1.1 平方千米（110 公顷），共有 3 个小区（南望山庄小区、喻家山庄小区、东区家属区），住宅楼 63 栋，住宅面积 30 余万平方米，现有居民 3232 户，居民人口 9003 人，在校学生 32 670 人。社区内设有一站式综合服务大厅及居家养老服务中心、党员活动室、法律咨询室、文体活动室、计生服务站、市民学校、国际化社区文化交流服务中心等多种类型活动室，满足居民的文化和娱乐生活需求。

地大社区党总支严格落实全面从严治

党，将监督责任牢牢放在心上、扛在肩上、抓在手上，充分发挥基层党组织核心作用，优化党员干部队伍，抓好基层组织党建工作。积极落实党组书记从严治党主体责任和党组成员“一岗双责”制度，把党员凝聚在一线，不断把党组织建设得更加坚强有力。在全体社区人员的共同努力下，地大社区国际化社区创建提质升级中期评估顺利通过，党总支获得2022年度“优秀社区党组织”荣誉称号。

【严格落实各项疫情防控措施】

疫情期间，地大社区不间断进行重点人员信息排查，配合流调坚持做到应送尽送，全年处理“联防联控”平台电话排查、流调中高风险区域来（返）汉、专项排查等88 500余条；排查管理境外返汉来汉、国内重点地区返汉来汉、密接、次密接、各类重点人员共2144人，上门单采6500余次；组织共建单位、下沉党员、志愿者协助社区开展宣传、排查、疫苗接种、门岗值守等疫情防控工作，共计1772名党员下沉到社区，服务纪实填报4967人次，服务时长18 389小时；4月至5月方家村疫情，对校内密接人员居住区域实施楼栋管控，此波疫情共隔离人员783人；11月开始，对校内扩面核酸异常的混管人员进行临时管控，完成紧急追阳任务1320余人次。经过社区不懈努力，确保了广大师生员工、社区居民的生命健康和校园的安全稳定。

【国际化社区提质升级】

地大社区以“校区　社区”共建为切入点，围绕宜居环境、生活配套、健身娱乐、便民服务等方面，努力打造“开放包容、多元融合、和谐美好”的具有武汉特色、地大特色的国际化社区。在已创建的基础上，进一步完善活动场所、标语标牌、文化墙、宣传栏等硬件设施建设。8月中旬，“地大国际化社区文化交流中心活动室”投入使用，双语形象宣传牌和“清廉文化宣传长廊”同时在办公区域上墙；建立汉语、书法、剪纸、中华美食等中国特色文化交流常态化机制，联合国际教育学院开展了中国传统文化节日“端午安康”、“钢铁侠”国际志愿服务队环境整治等系列活动。通过整合社区资源，提升社区治理体系和治理能力现代化水平。

【顺利完成南望山庄第五届业主委员会换届选举】

自5月启动南望山庄第五届业主委员会换届选举工作以来，地大社区严格执行《关于加强对业主委员会组建和履职管理的通知》（武社建〔2015〕2号文件）的要求，按照关山街党工委相关工作安排，成立了业主委员会换届小组，及时公布《南望山庄小区第五届业主委员会选举办法》（草案）和候选人报名公告。7月8日，地大社区召开南望山庄小区第五届业委会换届选举业主大会，并组织社区全体工作人员、下沉党员、南望山庄小区楼栋长开展“南望山庄小区第五届业委会换届选举”上门入户投票工作。7月11日，南望山庄小区第五届业委会换届选举经过公开唱票、计票，第五届业委会委员顺利选举完成，南望山庄小区全体业主的利益得到保障。

【稳步推进老旧小区改造、二次供水改造工程】

武汉市老旧小区改造工作实施以来，为改善居民的生活环境，提高居民的生活质量，地大社区通过数次申请、多方不懈努力，成功将地大东区家属区申报列入2023年洪山区老旧小区改造计划。2022年的主要工作是在前期开展《老旧小区改造居民意愿调查》，6月7日组织召开“老旧小区改造”协调会，与学校房管科、第三方入户调查人员就《老旧小区改造居民意愿调查》工作进行商讨协调。为广泛征询小区业主意见，了解改造意愿，6月13日，地大社区组织第三方人员入户开始调查工作，为下一步确定社区改造项目提供了有力的参考和依据。

南望山庄、喻家山庄2月份成功纳入武汉市二次供水改造工程，8月1日南望山庄、10月8日喻家山庄施工方正式入场开工，通过多次召开三方联动会议，加强与物业、业委会、施工方沟通交流，妥善解决了施工当中存在的问题与矛盾。

9月，启动南望山庄小区大门改造，通过征求各方意见，年底顺利完工。

【加强社区网格管理信息化建设】

为提高应急反应能力，提升科学防控、精准防控水平，11月底，完成南望山校区家属楼栋居民信息的校准、核对工作(其中不包含东、西、北区物业、饮食、保卫部等单位的员工宿舍)。12月底，经过多方协调，社区人员管理平台顺利打开，平台内的人员信息得到了更新。同时，居民门禁系统录入工作纳入社区工作范围，使地大社区对居民信息的掌握更加精准，对信息平台的更新更加及时。

(撰稿：张周望；审稿：徐岩)

基础教育

【概况】

学校基础教育主要由幼儿园、小学、初中组成，由附属学校统一管理。2022年，附属学校共有在校生2110人，57个教学班。其中：幼教部有16个教学班，在园幼儿516人；中小学部有41个教学班，在校学生1594人。附属学校共有在编教师77人(含人事代理26人、非事业编制7人)。其中，中学职工35人，小学职工24人，幼儿职工18人。在编教师中，有国家级优秀教师1人，省级骨干教师1人，武汉市学科带头人2人。洪山区名师1人，洪山区学科带头人12名，中学高级教师24名。劳务派遣教师76人。

2022年附属学校荣获洪山区教育教学质量立功单位，荣获中国地质大学(武汉)工会工作先进集体，顺利通过武汉市《义务教育学校管理标准》达标校评估验收。

【党建工作】

党总支时刻把思想和行动统一在党的二十大精神上，增强“四个意识”、坚定“四个自信”、做到“两个维护”，勇于担当作为，旗帜鲜明讲政治，不忘初心，牢记使命，用习近平新时代中国特色社会主义思想武装头脑、指导实践。高效开展支部主题活动、师生队团活动，着力打通师生思想政治工作中存在的盲区、断点。全年发展刘毅、杨爱芳和胡金芙3名教师党员。孟宪玲被评为大学优秀共产党员。

12月100多名党员教师开展暖心家访，通过线上、线下相结合方式，针对身心障碍、单亲家庭、家庭困难、务工随迁、心理行为异常等学生家庭开展家访活动，争取为家访学生办理一件实事小事，点亮学生微心愿。

挖掘课堂思政育人要素，全力推动“大中小幼思政一体化”为目标的教育改革，赋能学生发展。11月3日地大附属学校举办中小幼思政一体化教育专题研讨会，武汉市教育学会王勇秘书长和大学赖旭龙副校长参加。30多名教师撰写了中小幼思政一体化教育研讨论文。

10月20日，附属学校党总支张瑞生书记一行4人，远赴竹山县秦古镇秦古小学，捐赠图书、教师送教。程吟老师展示语文课“古人谈读书”，陈向莲老师展示一节精彩数学课。

奋进新征程，永远跟党走。5月27日，附属学校音乐团课活动，精选《五四爱国之歌》《我们走在大路上》《光荣啊，中国共青团》等歌曲，以歌叙史，以史串歌，以文艺的力量带领团员青年从中感悟共青团的百年奋进历程，引导团员青年厚植爱党、爱国、爱社会主义的情感。

七秩荣光，勇毅前行——弘扬雷锋精神，踔厉奋发共赴未来主题团会活动。在中国地质大学迎来70周年华诞之际，地大校友龙凡将军给母校捐赠了一座雷锋雕像。11月6日，雷锋雕像揭幕仪式在中国地质大学附属学校隆重举行，中国地质大学校长助理蒋少涌教授参加，并作重要讲话。

【教师队伍建设】

制定了《“十四五”附属学校教师队伍发展规划》，规范适合附属学校改革和发展的教师队伍进人标准。全年招聘非事业编中学教师2人，小学部劳务派遣教师8名，幼教部教师4名，为附校高质量发展提供强有力的师资保障。

在洪山区首届“洪烛杯”中小学班主任基本功比赛上，孙茜、陈雅琴分获区二等奖和三等奖。詹云获湖北省精品课征集比赛二等奖，常振阳获省级三等奖；刘媛作品被中国教育技术会评为“示范教学成果”；在湖北省信息素养提升实践活动评选中，常振阳获湖北省二等奖，陈雅琴、吕霞、万阳芳获省三等奖。黄晓莉、肖星、蒋君、张莉、钟声、潘林萍等17名教师被评为区级教学常规先进个人。李嘉欣、李昀怿、陈向莲作业双减经验上传武汉市教育云专栏。

在“墨舞洪山”第二届洪山区师生书法作品比赛中，程吟、裴裕婷、唐利民、刘祎纯获区一等奖，石小芬获区二等奖。皮淑芳在“创新杯”活动中，获区二等奖；李若男、饶曼获区幼儿教师游戏案例评比二等奖；邓橙获区优秀班主任称号；殷子一在《智力》中发表论文《浅谈以绘本为载体的幼儿园主题探究活动的开展》；刘丹荣获洪山区学科带头人称号；丁媛参加了洪山区教科院组织的下园常规指导工作，指导效果明显。

学校获大学运动会教工男子团体第二名、女子团体第三名。学生在各级各类比赛中获奖723次。艺术组老师排练节目《想把我唱给你听》参加省总工会“南望山之恋”活动表演。管颖荣获第二届 IUCDC 国际舞蹈大赛少儿原创舞蹈铜奖。

【教育教学】

磨砺在人，成竹在教。学校根据疫情发展情况，及时调整《线上教学工作方案》《学生线上学习行为规范》，发放《告九年级家长和学生的一封信》《地大附校线上学习操作指南》，指导学生线上学习，引导学生、家长特殊时期同心备考。

沥血研讨，品尝研味。教研组坚持每周“线上沙龙”教研会，每周定时召开会议，通过交流，及时解决线上教学中的困惑，分享线上教学经验。

湖北省教育规划课题《传统文化背景下中小学生语文核心素养提升途径研究》继续推进；李燕申报武汉市长江保护专项课题；陈悦参加申报武汉市规划课题；唐利民、李昀怿、管颖、程吟、方海兵、刘媛、孟祥羽等老师参加洪山区第二届个人微课题申报活动。为了引导教师在教学中运用批判性思维教育，中国地质大学（武汉）刘芳副教授莅临我校，进行《语文教学与批判性思维教育》专题讲座。

不倦常规，夯实常态。积极稳妥进行年度教师岗位聘任，继续实行师徒结对“青蓝工程”，进行线上作业展示活动，完成校刊《真美风》二期编辑、定稿工作。11 月 5 日—6 日举办“云端牵手，真美同行”的线上家长课堂活动。三至九年级 50 多名学生参加武汉市国际楚才作文写作大会展示活动。在《中华文学》组织的校园文学集体征稿活动中，我校 11 名学生的稿件被采用。在中小学生中开展“我爱我的祖国”线上朗诵比赛，35 名学生分别获奖。在武汉市外办推荐参加的日本大分市中小学学生环保画展中，我校获得特等奖 1 项，一等奖 1 项。

课后双减，增减双收。修订《中国地质大学附属学校五项管理规定方案》，制定了五项管理和双减实施细则，完成区教育局双减工作专项督查。8 月，学校制定课后服务实施方案，下发《致家长一封信》和《作业布置情况问卷调查表》。课后服务内容实行“1＋X”，以教师辅导学生完成作业为主，适当发展学生个性特长。

【德育工作】

红色基因，赓续未来。4 月 1 日，少先队员代表开展张国旗雕像清明祭扫活动。地大环境学院国旗班 2019 级学生边舟悦为同学们讲解张国旗的事迹。4 月 15 日，附属学校邀请参加过抗美援朝战争的王惠村奶奶为少先队员们讲述革命故事，开展“继承革命传统、弘扬抗美援朝精神”的少先队活动课。

宜居地球，少年做起。4 月 21 日，世界地球日活动，附校合唱队演唱自创的《为爱保护地球》歌曲，听院士讲座，体验科普实验、环保涂鸦，在地大“告白”地球。5 月 18 日，防灾减灾日活动，五（2）班学生快板说防灾，小品表演展自救，防灾演练学自护，防灾减灾我知晓。5 月 26 日，青少年物理科普日，小学生走进高校物理演示实验室，探索奇妙的物理世界；9 月 26 日，“红领巾小创客”参观海洋生态模拟实验室。

开笔启智，真美起航。9 月 13 日，一年级新生入学“开笔礼”仪式。以此激励同学们珍惜读书机会、勤奋学习、尊师孝亲传承我国的传统美德。

争章活动，激励进步。9月，我校第三轮“红领巾奖章”争章活动，开创性地为每位队员发放争章存折，得到省少工委领导的多次赞誉。通过定章、争章、颁章、护章的过程，阶梯式体现激励教育。

时代新人，复兴大任。5月30日，六一儿童节和党的二十大即将来临之际，举行“喜迎二十大　争做好队员”第一批新队员入队仪式。9月13日，中国少年先锋队附属学校第三次代表大会隆重召开。

【幼教工作】

素养落地，师德要求党性化。支部每学期制定政治理论学习计划，坚持每月组织一次主题党日活动，让师德要求党性化。畅谈“观看二十大直播、聆听总书记报告”的感受和体会，把广大党员切实把思想和行动统一到党中央的决策部署上来。严格执行新党章规定的党员标准，做好党员发展工作，吸收了殷子一、马寒露两名同志为发展对象。

5月，幼儿园开展“传承五四精神，奋斗心向党”纪念五四运动活动。在疫情封控期间，党支部和工会关心教职工生活、健康状况。通过微信、电话等方式细致开展心理、人文关怀工作，让每位教职工感受到了阳光和温暖。

党员带头签订《师德师风承诺书》，自我反思自身存在的问题，鼓励教师坚定职业信念和职业操守，学习党史，牢记使命，做一名幼儿喜欢、家长满意、社会好评的人民教师。

成长有痕，活动体验项目化。加强对骨干教师和后备骨干教师的培养和锻炼，坚持做好我园的传帮带工作。根据主题探究活动的设计意图、幼儿的年龄特点和发展需要，创设与主题相应的教育环境，提供丰富且具有可操作性的游戏材料，并以年级组为单位组织教师相互观摩、研讨各个班级环境的利用、区域游戏指导的教研活动，不断优化教师的指导策略。9月16日幼儿园“十四五”课题《以绘本为载体幼儿园戏剧活动的实践研究》顺利开题。

梯级推进，疫情防控常态化。重视幼儿的身体健康，完善各项防控预案。严格执行常态化校园封闭式管理，小中大班按年龄错峰入园、离园，设立家长下沉服务岗，坚持落实行政值日制度和巡查制度。落实和优化“三案九制”方案，进一步健全缺勤幼儿和传染病登记管理台账，制定详细的安全整治措施和校园安全责任书。加强食品安全检查，加强水电、天然气操作安全培训。加强对于食品的送货、保管、卫生工作的管理，加强卫生保健的开展和落实，做到多病同防，全年无传染病爆发和意外伤害发生。

协力筹备，翘首新园新文化。为保证未来城幼儿园2023年3月如期开园，积极开展各项筹备工作，校园文化建设、教育教学准备工作有序进行。2月附属学校任命袁海霞为未来城幼儿园执行园长，刘丹为教学园长，全面推进未来城幼儿园开园筹备工作。11月启动预报名，通过公众号、微信群等多种渠道进行宣传，吸引幼儿登记报名。

（撰稿：陈文雄；审稿：张瑞生）

Nianjian

机构与干部

学校领导班子成员

党　委　书　记:黄晓玫

校长、党委副书记:王焰新

党 委 副 书 记:王焰新　成金华(兼纪委书记—2022.07)　唐辉明(—2022.11)
王林清　唐忠阳(兼纪委书记 2022.07—)　王　甫(2022.11—)

副　　校　　长:赖旭龙(—2022.11)　王　华　刘　杰　刘勇胜
周爱国(—2022.03)　李建威(2022.11—)　王力哲(2022.11—)

党　委　常　委:黄晓玫　王焰新　成金华(—2022.07)　唐辉明(—2022.11)
赖旭龙(—2022.11)　王　华　王林清　刘　杰　刘勇胜
周爱国(—2022.03)　王　甫(2022.11—)　李建威(2022.11—)
王力哲(2022.11—)　储祖旺

校　长　助　理:蒋少涌

中共中国地质大学(武汉)第十二届委员会委员名单

(按姓氏笔画排序)

马　腾(—2022.12)　王力哲(2022.11—)　王　华　王　甫　王林清　王焰新
成金华　刘　杰　刘勇胜　李建威　张　玮　张宏飞　周爱国　胡圣虹

胡祥云　殷坤龙　唐忠阳(2022.07—)　唐辉明(—2022.11)　唐　勤　黄晓玫
蒋少涌　喻芒清　傅安洲　储祖旺　赖旭龙(—2022.11)　解习农

中共中国地质大学(武汉)纪律检查委员会委员名单

(按姓氏笔画排序)

王　芳(女)　成金华　李宇凯　杨从印　余　敬(女)　张吉军　陈文武(女)
高　芸(女)　唐　勤(女,2021.07—)　陶继东(—2022.11)　黄　菊(女)　隋　红(女)

中共中国地质大学(武汉)纪律检查委员会书记、副书记名单

书　记:成金华(—2022.07)　唐忠阳(2022.07—)
副书记:唐　勤(2021.07—)

中国地质大学(武汉)学术委员会委员名单

主任委员:童金南
副主任委员:(按姓氏笔画排序)
王　华　李建威　刘勇胜　吴　敏　胡守庚
委　　员:(按姓氏笔画排序)
丁华锋　马　瑞　马　腾　王力哲　王占岐　王国灿　文国军　甘义群
宁伏龙　成金华　关庆锋　孙　军　严春杰　李　超　杨明星　吴　亮
沈传波　张宏飞　张奇华　张峻峰　张梅珍　陈　鑫　罗银河　周建伟
周爱国　於世为　郑建平　赵军红　赵来时　胡圣虹　胡兆初　胡祥云
夏　帆　夏庆霖　高翔莲　郭上江　曹卫华　章军锋　董　范　蒋少涌
程　胜　焦玉勇　储祖旺　谢树成　赖旭龙　蔡之华　熊　熊

教学科研机构中层干部

学院	职务	姓名
地球科学学院	党委书记	周　刚
	院长	章军锋
	副院长	吴元保　朱宗敏　赵军红　罗根明
	党委副书记	章军锋　赵得爱
资源学院	党委书记	高复阳
	院长	李建威
	副院长	赵葵东　严德天　朱红涛　沈传波
	党委副书记	李建威　谭文伦
材料与化学学院	党委书记	黄　菊
	院长	夏　帆(—2022.06)　胡兆初(2022.06—)
	副院长	公衍生　田熙科(—2022.02)　李国岗　周　炜 周成冈(2022.02—)　杨华明(兼)
	党委副书记	夏　帆(—2022.06)　胡兆初(2022.06—)　余江涛
环境学院	党委书记	李素矿
	院长	史建波
	副院长	孙自永　柴　波　谢先军
	党委副书记	史建波　王海锋
工程学院	党委书记	李红丽
	院长	焦玉勇
	副院长	王亮清　倪晓阳　窦　斌 罗学东(—2022.02)　章广成(2022.02—)
	党委副书记	焦玉勇　高晓东
地球物理与空间信息学院	党委书记	马彦周
	院长	熊　熊
	副院长	顾汉明　罗银河　吴　柯　蔡红柱
	党委副书记	熊　熊　黄金波

续表

学　院	职　务	姓　名
海洋学院	党委书记	成　军
	院长	孙　军
	副院长	姜　涛　陈　刚　孙启良　宫　勋
	党委副书记	钟　苹
机械与电子信息学院	党委书记	瞿祥华
	院长	丁华锋
	副院长	李　波　文国军　罗　杰　黄田野
	党委副书记	于晓舟
自动化学院	党委书记	董浩斌
	院长	曹卫华
	副院长	陈　鑫　宗小峰　熊永华　陈略峰
	信息技术教学实验中心主任	熊永华
	党委副书记	曹卫华　何建新(—2022.03)　王向东(2022.03—)
经济管理学院	党委书记	杨昌锐
	院长	杨树旺
	副院长	肖建忠　於世为　郭　锐　程　胜　王广民
	MBA教育中心主任	杨树旺(兼)
	MBA教育中心副主任	郭　锐(兼)
	MPcc教育中心主任	杨树旺(兼)
	MPcc教育中心副主任	郭　锐(兼)
	党委副书记	杨树旺　李少杰
外国语学院	党委书记	刘世勇
	院长	张峻峰
	副院长	杨红燕　张伶俐　周宏图
	教育部出国留学培训与研究中心副主任	孙来麟(正处级)
	党委副书记	张峻峰　胡文勤

续表

学　院	职　务	姓　名
地理与信息工程学院	党委书记	许德华
	院长	王绍强
	副院长	关庆锋　王伦澈　潘雄(—2022.04) 徐景田(2022.04—)　宋小青(2022.04—) 陈能成(兼)
	党委副书记	王绍强　武彦斌
数学与物理学院	党委书记	吴太山
	院长	郭上江
	副院长	张光勇　黄　刚　张保成　魏周超
	党委副书记	郭上江　徐　超
珠宝学院	党委书记	薛保山
	院长	尹作为
	副院长	郝　亮　周琦深　张荣红　陈全莉
	党委副书记	尹作为　陈汉英
艺术与传媒学院	党委书记	郭秀蓉
	院长	桂宇晖(—2022.07)
	副院长	张梅珍　杨　喆　袁　玥　彭　静
	党委副书记	桂宇晖(—2022.07)　边建华
公共管理学院	党委书记	张宽裕
	院长	胡守庚
	副院长	才惠莲　龚　健　王　忠 李世祥(2022.01—)　朱江洪(2022.01—)
	MPA教育中心副主任	王　忠
	党委副书记	胡守庚　刘国华(—2022.03)　龚　丽(—2022.03)
计算机学院	党委书记	李国昌
	院长	王力哲(—2022.12)　张洪艳(2022.12—)
	副院长	刘　刚　张冬梅(—2022.12)　胡成玉　陈云亮 曾德泽(2022.12—)
	党委副书记	王力哲(—2022.12)　张洪艳(2022.12—)　傅　苑

续表

学　院	职　务	姓　名
马克思主义学院	党委书记	汪再奇
	院长	阮一帆
	副院长	陈　军　孙文沛　李海金　邬海峰(兼)
	党委副书记	阮一帆　徐　胜
体育学院	党委书记	庞　岚
	院长	李　元
	副院长	杨　汉(—2022.04)　刘良辉 李　伦(2022.04—)　游茂林(2022.04—)
	党委副书记	李　元　朱　军
教育研究院	党总支部书记	徐绍红(兼)
	院长	柯佑祥
	副院长	蒋洪池　刘陈陵(2022.05—)
	党总支部副书记	陈　彪(兼)
碳中和碳达峰创新发展研究院(成立于2022年6月,原机构名称为“碳中和创新发展研究院”,2022年9月更名)	院长	王焰新(兼 2022.09—)
	执行院长	刘　珩(2022.09—)
	副院长	张　祎(2022.09—) 侯建湘(兼 2022.09—)
李四光学院(2022年7月设置为独立二级机构)	常务副院长	单华生(2022.09—)
	副院长	张建和(兼)　罗银河(兼)　朱宗敏(兼) 刘修国(兼—2022.12)　宋小青(兼 2022.12—)
未来技术学院(成立于2021年10月)	常务副院长	陈　鑫(2022.09—)
滨海研究院(成立于2022年9月)		

管理与服务机构中层干部

部门	职务	姓名
学校办公室（党委办公室、校长办公室、保密委员会办公室、综合改革与政策法规办公室、维护稳定工作办公室、督查督办工作办公室）	主任	侯志军
	综合改革与政策法规办公室主任兼保密委员会办公室主任	陶继东
	督查督办工作办公室主任	侯志军（兼）
	学校办公室副主任	陶继东（兼） 尚东光（—2022.09） 汪再奇（—2022.02） 李周波（2022.02—） 邓云涛 单红峰 王 芳（兼） 姜明敏（2022.09—） 夏云娇（校内挂职 2022.05—）
	保密办公室副主任	王 芳
党委组织部（党委党校、机关党委）、党委统战部	组织部部长（兼机关党委书记、兼党委党校常务副校长）	陈文武
	统战部部长	陈文武
	正处级专职组织员	梁本哲 刘国华
	组织部副部长	梁本哲（—2022.02） 冷再心 孙 莉（兼） 何建新（2022.02—） 龙 涛（兼）
	机关党委副书记（兼党委党校副校长）	孙 莉
	统战部副部长	曾 希 蒋怀柳（兼）
	副处级专职组织员	徐家忠 林小艳
	党委党校校长	黄晓玫（兼）
党委宣传部	部长	储祖旺
	副部长	陈华文 魏海勇 吴仁喜 王猛猛（校内挂职 2022.05—）
	学校新闻发言人	储祖旺（兼）

续表

部　门	职　务	姓　名
纪委办公室(监察处、党委巡察办公室、监督检查室)	纪委办主任兼巡察办主任、监察处处长	唐　勤
	纪委办公室副主任	陈　慧　郭　龙(校内挂职 2022.05—)
	监察处副处长	晋　曦
	监督检查室主任	陈　慧(兼)
	巡察办公室副主任	高艳丽
本科生院(党委学生工作部、党委武装部、李四光学院)	院长	王　华(兼)
	常务副院长	周建伟
	学生工作部部长	邬海峰
	副院长	邬海峰(兼)　张建和　王　莹　肖梦琼　苏洪涛 蒋怀柳　朱　继　杨　飞(校内挂职—2022.11) 孟　霞(校内挂职 2022.05—)
	学生工作部副部长	蒋怀柳(兼)　朱　继(兼)
	党委武装部部长	邬海峰(兼)
研究生院(党委研究生工作部)	院长	赖旭龙(兼)
	常务副院长	王力哲
	研工部部长	王　甫
	研究生院副院长	王　甫(兼)　成中梅　王　蕾　洪　军　刘　珩 郭明晶(校内挂职—2022.11)
	研工部副部长	李江敏(校内挂职—2022.12)
学生就业指导处	处长	严　嘉
	副处长	沈　波　陈华清(校内挂职 2022.05—)
科学技术发展院(先进技术研究院,地球科学科普研究与创作中心、学术委员会)	院长兼先进技术研究院院长	刘勇胜(兼)
	常务副院长	胡祥云
	副院长	郭海湘　黄祥嘉　吴春明　单华生 段平忠(兼 2022.01—) 严　森(校内挂职—2022.05) 伏海蛟(校内挂职 2022.05—)

续表

部　门	职　务	姓　名
科学技术发展院(先进技术研究院,地球科学科普研究与创作中心、学术委员会)	先进技术研究院常务副院长	李　晖
	先进技术研究院副院长	杜　胜(校内挂职 2022.05—)
	学术委员会副主任	段平忠
	地球科学科普研究与创作中心主任	胡祥云(兼)
	地球科学科普研究与创作中心常务副主任	单华生(兼)
	地球科学科普研究与创作中心副主任	邢作云(兼)　胡　肖(兼)　吴春明(兼)
发展规划与学科建设处	处长	徐绍红
	副处长	陈　彪　周延菲　许　瑞(校内挂职 2022.05—)
人力资源部(党委教师工作部、党委人才工作办公室)	部长兼党委教师工作部部长、人才办主任	夏　帆
	人力资源部副部长	张晓红　路金阁　刘治国(兼)　龙　涛 徐　枫(校内挂职 2022.05—)
	教师工作部副部长	刘治国　梁本哲(兼—2022.02) 冷再心(兼 2022.02—)　魏海勇(兼)
	人才办副主任	张晓红(兼)　路金阁(兼)　龙　涛(兼)
财务与资产管理部(国有资产监督管理委员会办公室、国有经营性资产监督管理委员会办公室、采购与招标管理中心)	部长	杨从印
	国资办主任、经资办主任	杨从印(兼)
	副部长	马晓霞　刘晓华　彭　磊　胡军华　齐世学
实验室与设备管理处	处长	马　腾
	副处长	杨　茜　田永常　陈卫明(校内挂职 2022.05—)

续表

部　门	职　务	姓　名
国际合作处（港澳台事务办公室、国际教育学院、孔子学院工作办公室、丝绸之路学院、中约合作办学办公室）	处长兼院长	甘义群
	副处长	范　铭
	港澳台事务办公室主任	甘义群（兼）
	国际教育学院副院长	许　峰　范陆薇
	丝绸之路学院院长	王焰新（兼）
	丝绸之路学院执行院长	甘义群（兼）
校友与社会合作处（深圳研究院、浙江研究院）	处长	陈华荣
	副处长	胡　肖　袁　江　张延平　王强（兼） 朱祺琪（校内挂职 2022.05—）
	浙江研究院院长	田熙科
	浙江研究院副院长	王肖戈
	深圳研究院副院长	王　强
校园规划与基建处	处长	王耀峰
	副处长	呙青松（—2022.07）　宋中华 陈　胜（2022.09—） 陈保国（校内挂职—2022.12）
信息化工作办公室	主任	吕国斌
	副主任	李振华　李　琪　黄玉金（校内挂职 2022.05—）
审计处	处长	李宇凯
	副处长	曹桂华　韩　静　孙雅静
离退休工作处、离退休工作党委	书记	李门楼
	处长	蔡楚元
	副书记	张信军
	副处长	张志毅　刘华荣（校内挂职 2022.05—）
安全保卫部	部长	代清风
	副部长	郭敬印　彭冠军
后勤保障部、后勤党委	书记	徐　岩
	部长	王文起
	副部长	卢　杰　刘清华　傅艾平　林　芸　贺亚锋

续表

部　门	职　务	姓　名
未来城校区管理办公室	主任	张　玮
	副主任	马红祥　罗勋鹤　高莹莹
资源环境科技创新基地暨新校区建设指挥部	指挥长	刘　杰(兼)
	副指挥长	李鹏翔(正处级)
	总工程师	钱同辉(正处级)
	建设部主任	陈　胜
校庆工作办公室	主任	储祖旺(兼)
	常务副主任	吴堂高(正处级)
	副主任	张建华　陈　茹(校内挂职 2022.05—)
工　会	工会主席	王林清(兼)
	常务副主席兼常务副主任	喻芒清
	副主席	杨世清
团　委	书记	朱荆萨
	副书记	吴　迪　郭小玉　周克清(校内挂职—2022.06) 吴文兵(校内挂职 2022.05—)
远程与继续教育学院(自然资源管理学院)、远程与继续教育学院党总支部	院长	隋明成
	远程与继续教育学院党总支部书记	隋明成
	副院长	刘雪梅　王　兴　刘东杰 王永桂(校内挂职 2022.05—)
	自然资源管理学院院长	隋明成(兼)
	自然资源管理学院副院长	刘雪梅(兼)　王　兴(兼)　刘东杰(兼)
高等研究院(地质过程与矿产资源国家重点实验室、生物地质与环境地质国家重点实验室、国家地理信息系统工程技术研究中心、教育部	院长	周爱国(兼—2022.05)　刘勇胜(兼 2022.05—)
	党委书记	赵来时
	常务副院长兼地质调查研究院院长	胡圣虹
	副院长	刘　征　吕占峰　翁华强　龚松林　李正汉 侯建湘　郑　祺　胡　波 娄筱叮(校内挂职 2022.05—)

续表

部门	职务	姓名
长江三峡库区地质灾害研究中心、地质调查研究院、紧缺战略矿产资源协同创新中心、地质探测与评估教育部重点实验室、沉积盆地与能源资源重点实验室(筹)、纳米矿物材料及应用教育部工程研究中心)、高等研究院党委	副书记	高翠欣
	地质过程与矿产资源国家重点实验室办公室主任	翁华强(兼)
	生物地质与环境地质国家重点实验室副主任、办公室主任	刘　征(兼)
	国家地理信息系统工程技术研究中心主任	陈能成(正处级)
	国家地理信息系统工程技术研究中心专职副主任	郑　祺(兼)
	教育部长江三峡库区地质灾害研究中心办公室主任	龚松林(兼)
	地质调查研究院副院长	吕占峰(兼)
	紧缺战略矿产资源协同创新中心专职行政副主任、地质探测与评估教育部重点实验室专职行政副主任	李正汉(兼)
	地质探测与评估教育部重点实验室副主任	李　晖(兼)　焦玉勇(兼)　王力哲(兼)
	沉积盆地与能源资源重点实验室(筹)专职行政副主任	侯建湘(兼)
	纳米矿物材料及应用教育部工程研究中心主任	杨华明(正处级)
	纳米矿物材料及应用教育部工程研究中心专职副主任	胡　波(兼)
	紧缺战略矿产资源协同创新中心主任、地质探测与评估教育部重点实验室主任	蒋少涌(兼)

续表

部门	职务	姓名
图书档案与文博部、图书档案与文博党委	图书档案与文博党总支部书记/党委书记	帅　斌
	图书档案与文博部部长	刘先国
	图书档案与文博部副部长	张　峰　明厚利　邢作云 朱　丹(—2022.06)　刘治国(2022.06—)
出版社、出版社党总支部	社长兼书记、总编辑	毕克成
	副社长	江广长
期刊社、期刊社党总支部	社长兼书记	王淑华
	副社长	王开明
武汉中地大资产经营有限公司、武汉中地大资产经营有限公司党总支部	书记兼董事长	鲁　元
	总经理	孙劲松(副处级)
	副总经理	张本敏　程　伟
医院、医院党总支部	书记	王海花
	院长	何晓玲
	副院长	杜鹏辉　杨漫沩(—2022.05) 魏从兵(2022.05—)
附属学校、附属学校党总支部	校长	黎义波(副处)
	书记	张瑞生(副处)

学校外派挂职中层干部

	职　务	姓　名
外派挂职干部	美国阿尔弗莱德大学孔子学院中方院长	彭　涛(—2022.08)
	武汉工程科技学院党委书记、教育督导专员	高　芸
	驻欧盟使团教育文化处(一等秘书)	张基得
	驻叶卡捷琳堡总领馆领事(一等秘书)	孙来麟(2022.10—)
	竹山县副县长、湖北省竹山县扶贫工作队队长(省直驻农村工作队队长)	李　杰
	中央教育工作领导小组秘书组秘书局副处长	李周波(—2022.01) 朱　丹(2022.06—)
	教育部办公厅督查处	尚东光(借调 2022.06—)

(撰稿:郭倩;审稿:冷再心)

Nianjian

2022年学校发布规范性文件

序号	文号	文件名	发文日期
1	地大党发〔2022〕5 号	中共中国地质大学(武汉)委员会网络意识形态工作责任制实施办法	2022 年 1 月 23 日
2	地大党发〔2022〕19 号	中国地质大学(武汉)关心下一代工作委员会工作规程	2022 年 4 月 13 日
3	地大党发〔2022〕27 号	中国地质大学(武汉)开展法治宣传教育的第八个五年规划(2021—2025 年)	2022 年 5 月 9 日
4	地大党发〔2022〕30 号	中国地质大学(武汉)干部队伍建设“十四五”规划	2022 年 6 月 7 日
5	地大党发〔2022〕34 号	中国地质大学(武汉)加强巡察干部队伍建设的意见	22022 年 6 月 1 日
6	地大党发〔2022〕35 号	中国地质大学(武汉)党员干部下基层察民情解民忧　暖民心实践活动实施方案	2022 年 6 月 17 日
7	地大党发〔2022〕36 号	中国地质大学(武汉)“十四五”人才培养能力提升行动计划	2022 年 7 月 1 日
8		中国地质大学(武汉)“十四五”创新能力提升行动计划	
9		中国地质大学(武汉)“十四五”开放办学与社会服务能力提升行动计划	
10		中国地质大学(武汉)“十四五”信息化建设与管理服务能力提升行动计划	
11		中国地质大学(武汉)“十四五”卓越文化建设行动计划	
12		中国地质大学(武汉)“十四五”基础条件建设与保障能力提升行动计划	
13		中国地质大学(武汉)“十四五”国际化办学能力提升行动计划	

续表

序号	文号	文件名	发文日期
14	地大党发〔2022〕40号	中国地质大学(武汉)全面加强安全治理 深化平安地大建设的意见	22022年7月4日
15	地大党发〔2022〕43号	中国地质大学(武汉)舆情应对处置工作实施办法	2022年7月13日
16	地大党发〔2022〕46号	中国地质大学(武汉)党费收缴、使用和管理规定	2022年8月20日
17	地大党发〔2022〕50号	中国地质大学(武汉)迎接党的二十大维稳安保工作方案	2022年9月9日
18	地大党发〔2022〕60号	中国地质大学(武汉)发展党员和党员教育管理工作实施办法	2022年10月22日
19	地大党发〔2022〕62号	中国地质大学(武汉)发展规划管理办法(试行)	2022年10月26日
20	地大党发〔2022〕63号	中国地质大学(武汉)学习宣传贯彻落实党的二十大精神实施方案	2022年11月16日
21	地大党发〔2022〕64号	中国地质大学(武汉)学习贯彻党的二十大精神宣讲方案	2022年11月29日
22	地大党发〔2022〕65号	中国地质大学(武汉)规范性文件管理规定	2022年12月12日
23	地大党发〔2022〕66号	中国地质大学(武汉)“一站式”学生社区建设工作方案	2022年12月16日
24	地大发〔2022〕17号	中国地质大学(武汉)进一步加强学生就业工作的意见	2022年4月22日
25	地大发〔2022〕25号	中国地质大学(武汉)突出贡献奖励实施办法(2022年修订)	2022年7月8日
26	地大发〔2022〕31号	中国地质大学(武汉)聘任制学术院长(副院长)管理暂行办法	2022年9月26日
27	地大发〔2022〕42号	中国地质大学(武汉)校名、校标、校徽、校誉管理暂行办法	2022年12月18日
28	地大学校办发〔2022〕2号	中国地质大学(武汉)接受社会捐赠管理办法(修订)	2022年3月26日
29	地大学校办发〔2022〕3号	中国地质大学(武汉)教职工重大疾病互助基金管理办法	2022年3月24日
30	地大学校办发〔2022〕5号	中国地质大学(武汉)2022年干部素质能力提升计划	2022年4月2日
31	地大学校办发〔2022〕12号	中国地质大学(武汉)科技创新基地管理办法	2022年5月26日
32	地大学校办发〔2022〕16号	中国地质大学(武汉)科技成果转化管理办法(修订)	2022年5月28日
33	地大学校办发〔2022〕17号	中国地质大学(武汉)知识产权管理办法(修订)	2022年6月6日

续表

序号	文号	文件名	发文日期
34	地大学校办发〔2022〕19 号	中国地质大学(武汉)国防科研岗位设置及聘用实施方案(修订版)	2022 年 6 月 17 日
35	地大学校办发〔2022〕20 号	中国地质大学(武汉)国防科研项目管理办法	2022 年 6 月 17 日
36	地大学校办发〔2022〕21 号	中国地质大学(武汉)国防资质管理办法	2022 年 6 月 17 日
37	地大学校办发〔2022〕29 号	中国地质大学(武汉)视频监控系统安全管理规定	2022 年 7 月 21 日
38	地大学校办发〔2022〕30 号	中国地质大学(武汉)大额资金使用管理办法	2022 年 7 月 22 日
39	地大学校办发〔2022〕32 号	中国地质大学(武汉)纵向科研经费管理办法(修订)	2022 年 7 月 22 日
40	地大学校办发〔2022〕33 号	中国地质大学(武汉)国家自然科学基金资助项目资金管理办法	2022 年 7 月 22 日
41	地大学校办发〔2022〕34 号	中国地质大学(武汉)人文社科基金项目资金管理办法	2022 年 7 月 20 日
42	地大学校办发〔2022〕35 号	中国地质大学(武汉)横向科研经费管理办法(修订)	2022 年 7 月 25 日
43	地大学校办发〔2022〕36 号	中国地质大学(武汉)科研项目经费“包干制”管理办法(暂行)	2022 年 7 月 25 日
44	地大学校办发〔2022〕38 号	中国地质大学(武汉)2022 年党风廉政建设宣传教育月活动方案	2022 年 9 月 13 日
45	地大学校办发〔2022〕39 号	中国地质大学(武汉)非学历教育管理办法	2022 年 7 月 10 日
46	地大学校办发〔2022〕40 号	中国地质大学(武汉)2023 届本科毕业生推荐免试攻读研究生工作方案	2022 年 9 月 13 日
47	地大学校办发〔2022〕41 号	中国地质大学(武汉)科技资质管理办法	2022 年 9 月 25 日
48	地大学校办发〔2022〕44 号	中国地质大学(武汉)水电管理办法(试行)	2022 年 9 月 29 日
49	地大学校办发〔2022〕46 号	中国地质大学(武汉)实验项目安全风险评估管理办法(试行)	2022 年 9 月 30 日
50	地大学校办发〔2022〕49 号	中国地质大学(武汉)校园网络设施建设与管理办法(试行)	2022 年 10 月 9 日
51	地大学校办发〔2022〕50 号	中国地质大学(武汉)专职辅导员聘期考核实施办法	2022 年 10 月 19 日
52	地大学校办发〔2022〕51 号	中国地质大学(武汉)设备更新改造贷款财政贴息项目管理办法(试行)	2022 年 10 月 19 日
53	地大学校办发〔2022〕52 号	中国地质大学(武汉)学生纪律处分办法(修订)	2022 年 11 月 9 日

续表

序号	文号	文件名	发文日期
54	地大学校办发〔2022〕53 号	中国地质大学(武汉)网络安全和信息化工作管理办法	2022 年 11 月 8 日
55	地大学校办发〔2022〕54 号	中国地质大学(武汉)信息系统建设与运行管理办法	2022 年 11 月 12 日
56	地大学校办发〔2022〕55 号	中国地质大学(武汉)网络安全事件应急预案	2022 年 11 月 12 日
57	地大学校办发〔2022〕56 号	中国地质大学(武汉)网站建设运行管理办法	2022 年 11 月 14 日
58	地大学校办发〔2022〕57 号	中国地质大学(武汉)电子印章管理办法	2022 年 11 月 14 日
59	地大学校办发〔2022〕65 号	中国地质大学(武汉)全面加强新时代劳动教育实施方案	2022 年 12 月 30 日
60	地大学校办发〔2022〕66 号	中国地质大学(武汉)网站建设运行管理办法	2022 年 12 月 20 日

Nianjian

表彰与奖励

2022届先进毕业班和优秀毕业生名单

地大学校办发〔2022〕22号

一、先进毕业班(共计31个)

地球科学学院(1个):x11184班

资源学院(2个):021181班　025181班

材料与化学学院(2个):031181班　030181班

环境学院(2个):042181班　045181-2班

工程学院(3个):053181班　051184班　052181班

地球物理与空间信息学院(1个):061184班

海洋学院(1个):241181班

机械与电子信息学院(2个):071183班　072185班

自动化学院(1个):231183班

经济管理学院(3个):084182班　080181班　085181班

外国语学院(1个):092181班

地理与信息工程学院(3个):113182班　114183班　117181班

数学与物理学院(1个):121181班

珠宝学院(1个):142182班

公共管理学院(1个):173181班

计算机学院(2个):191181班　195182班

艺术与传媒学院(2个):164181班　169182班

马克思主义学院(1个):181181班

李四光学院(1个):201181班

二、优秀毕业生(共计832名,其中本科生483名,研究生349名)

地球科学学院(共计43人)

本科生(17人)

蔡雨田　陈　婷　高　健　管宗儒　韩佳旭　胡楚玉　李　欢　李征宇　罗贵月
马瑞虎　四那白珍　宋　建　覃森萍　张佳妮　彭宇洋　李　絮　陈思慧

研究生(26人)

曹国雄　陈家驹　陈　坤　陈　丽　郭宴华　黄奕鸣　梁　晓　刘　铖　刘金良
刘一诺　龙新鹏　卢桂梅　吕美霞　孟　琦　王浩博　王显红　谢沛伶　许　喆
杨宗璘　张岗岚　张一鸣　赵晨蕾　王昱莘　舒文超　裴宏业　毛一杰

资源学院(共计44人)

本科生(22人)

鲍旭辉　陈展鹏　杜文静　郭腾达　贾呈伟　康永生　李东晓　李　响　刘承毅
刘金昊　罗志翔　聂思嘉　王安赐　王益鹏　王玉成　徐华欣　殷智泉　余旭庭
张　昊　周翼宏　朱万里　尹燕梁

研究生(22人)

赵卫升　陈　鹏　佘晓慧　朱　冲　移亚龙　蒋　扬　杨　瑞　李跃国　马　恒
何颂俊　潘学文　张　彪　林海涛　张靖宇　周子强　万松林　高嘉辰　加奥启
陈绍聪　郑　何　倪　伟　刘晓阳

材料与化学学院(共计43人)

本科生(30人)

黎仪劭　薛浩坤　朱一来　邱沛萌　靖佳欣　刁晨欣　杨美青　王　俊　宋方方
郭　玥　吴孟颖　傅美茜　陈　明　郭　柱　唐志伟　曾思涵　史明明　黄金平
汪溢偲　刘建阳　李明哲　黄睿琦　石正粤　胡　奥　莫良羽　田　格　史皓丹
纪明聪　潘巧烟　蔡雁琪

研究生(13人)

王佳丽　潘琦卉　程　果　韩　聪　李茂森　杨　刚　潘国宏　游茂盛　肖远强
徐旭东　肖雅姿　梁　天　杨聚梁

环境学院(共计50人)

本科生(25人)

林宇航　张　宇　陈　雨　胡治翔　尹晨微　杨　曦　徐溪清　张乐相　冯炳辉
陈一帆　段　翔　程毅康　贺沁文　曾为一　李宜伦　王玥璇子　刘　想　周家恒
彭茂央宗　周　越　高宗昊　薛晴文　田靖龙　刘傲　吴亚君

研究生(25人)

常美玉　陈　君　程本爱　邓妙旋　丁永辉　都正良　付鹏宇　李春风　彭赛楠
钱　成　施　雯　宋　昀　孙立群　索南看卓　王　禹　向　利　谢晓雯　许　安
严　沁　张泽轩　张晨光　赵恩民　赵慧慧　郑威莉　周　婷

工程学院(共计85人)

本科生(52人)

张　一　吴洪涛　牛志明　杨　熙　陈　杰　赖禧涵　王培瑞　李海云　邹　航
李开洋　胡　菲　桑英杰　王宗瑞　钟　超　蒋荣明　颜盼林　余永强　张显伟
黄永齐　敖　艺　吴世铭　胡　涛　陈心仪　吕玉娇　姚绮雯　蔡　琳　杨宇哲
卿　贤　王淑芹　马　超　李栋梁　刘宇佳　何远航　景开波　张　朝　张　泽
丁　源　卢一鸣　龚　杰　韩宝旭　魏德谦　吕　萌　傅雨雷　倪雪颖　欧阳扬
陈恒卓　董红丽　刘金龙　黄德崴　冉译文　徐思恩　孙　愉

研究生(33人)

王　强　李振华　李　恒　焦广宇　肖岸峰　尤明龙　张江辉　李庆刚　陈　杰
何邹俊　寇俊辉　陈　星　庄佩佩　杨紫健　张　晨　刘志辉　贾明浩　甘　杰
李晓坤　黄　元　陈　影　任天贺　王俊豪　刘真意　孟　朕　张杰豪　邓楚星
陈　锐　宁奕冰　申培武　吴爽爽　宋佳航　夏　鹏

地球物理与空间信息学院(共计30人)

本科生(17人)

侯泽坤　严新婷　冯亚军　牛新月　马宇龙　林加伟　潘可悦　汪　超　王韬智
李方舒　赵婉冬　李华洋　王子豪　柳亚成　黄晶晶　付祉祥　李允淇

研究生(13 人)

邓小峰　康迪楠　付争妍　高　筱　郭峻竹　侯树孟　刘慧泽　汪　振　王　河
许国森　朱亚戈　夏宇轩　谢锦赟

海洋学院(共计 10 人)

本科生(5 人)

姜　正　徐　波　陈益茂　叶嘉林　唐炜炜

研究生(5 人)

陈科一　吴　畏　谢　薇　刘成立　肖鸿议

机械与电子信息学院(共计 67 人)

本科生(51 人)

唐岩嵩　高　源　韩宁登　廖宇航　余华通　王曦粤　赵玉贞　卢　阳　叶　斌
刘千一　黄芷欣　秦寒冰　周　龙　高　昂　商　宁　曾　鹏　刘益诚　张　青
魏力夫　吴一萍　邢　浩　付晨轩　赵海鲁　曹林葳　田辰煜　刘睿萌　何　凡
李孔严　唐義茜　曹辉凡　赵皓楠　张应吉　杜映慧　李　珊　张　雪　远非凡
沈璐涵　谭雪芹　施　雨　孙庆冉　王叶梓　沈　恬　侯　尧　布阿西·热合曼
何晨意　刘梦琦　熊子豪　常赛雅　钟　瑜　邓海潮　杨　晴

研究生(16 人)

肖　蕾　王　晨　张俊仓　程伟鹏　徐景喆　杨　迪　危红康　杨秀晴　董玖旺
黄凯伦　苏　鹏　吴奕德　周　清　李梦芹　谭淞元　张港顺

自动化学院(共计 34 人)

本科生(22 人)

单梦丽　贾长逸　王辰轩　殷　乐　赵桂瑜　李梦迪　周静怡　杨文星　程世界
肖子恺　江　旭　钱子渊　黄　原　张　晨　陈　琦　林　雨　张家齐　王少奇
黄小华　武　涛　明焕焕　覃　丽

研究生(12 人)

王　锐　陈　澳　陈　铭　陈　响　丁呈祥　贾茹茹　王宽林　吴保晗　尹　航
张超超　周小雪　王晓斌

经济管理学院(共计 89 人)

本科生(48 人)

陈舒雅　陈　星　戴心雨　邓恬音　刁永鑫　董诗慧　段伟航　冯玫婷　扶皓阳
郭渫渫　胡　仪　简浩俊　金子琦　靳玉洁　李柯依　李世越　李宜璋　廖　琪
刘　琦　刘思彤　刘宇泰　陆中力　罗浩书　罗　苗　牛虹莹　彭光琴　钱雅婷
任一飞　孙　辉　王洁彬　王思蕲　吴鑫宜　徐闻谦　杨　诏　尧卓睿　原毅璨
张博彦　张　爽　郑雯琪　朱晶磊　黄　蝶　黄　杰　简国慧　王嘉慧　祝诗佳
王子鑫　刘亚旭　郭润晗

研究生(41 人)

彭昕杰　卢廷帅　王琳琳　江　芬　谭　琪　阮芳丽　曹茜琳　王晓博　谭文博
管园苹　韦　唯　栾雅慧　库锐玲　郑英杰　张　可　姜筱禹　罗静丹　孟癸霖
马若楠　王樱学　曹　菁　董丽霞　高菲儿　冯世佳　曲迅成　孙乾皓　胡　鑫
纪雅星　秦力涵　林　琪　崔宏亮　岳晓晨　苏中瑞　周　恒　喇瑞萍　陈　玥
姚子叶　叶天伊　李继超　檀一帆　杨柳青

外国语学院(共计 16 人)

本科生(9 人)

邓好雨　廖荣万　周诗阅　唐莉青　吴妮蔓　李末零　殷梦溪　金艳君　张乙乙

研究生(7 人)

董丹霖　刘铁燕　张建敏　郝师硕　贾园园　李　妍　魏晨曦

地理与信息工程学院(共计 75 人)

本科生(49 人)

谢天奕　符　鑫　窦瑾童　倪保龙　金子鑫　宋旭光　魏　林　李曾帅　范泽奇
王　晨　房雪婷　徐佳宜　胡　勇　李文臣　朱安洋　宋徐卓　韩梦姣　翟广然
刘　山　陈方纪元　卢一鹏　钟　艺　李庞胤　张华祖　孙振辉　郑成龙　巫雨洋
邵嘉鹏　易沐容　邵乐迪　覃卫文　李林龙　杨若曦　潘丽娟　刘芳溶　程　涛
戴　娇　韦晓珍　朱　淋　凌婉娴　张效通　苏春银　韩佳琦　刘子琦　秦思伟
周浩男　韩文康　张　冲　梁维之

研究生(26 人)

戴　鑫　易修平　方鹤锦　郭　新　陈妍伶　张文韬　马丝雨　张家伟　李文凯
李　冉　王丹钰　张一帆　李双江　王　斌　何　南　郑　鹏　蔡德成　张丛珊
张子琛　张庆藩　杨家乐　焦晨晨　周兆玺　姚　瑞　牛自耕　翟雅倩

数学与物理学院(共计 27 人)

本科生(22 人)

黄柱富　卜宇茜　李昊泽　李亚宁　梁庭辉　高天宇　刘凯迪　刘梦娟　莫凤秀
陶　航　王　清　张孟斐　张　茜　张　姿　赵双倩　赵译炜　朱　奇　刘宗德
岳海涛　曾令威　刘睿天　李明玉

研究生(5 人)

陈　丽　和　琨　黄　锐　柯昌成　徐志宏

珠宝学院(共计 19 人)

本科生(13 人)

邓子旭　江　雪　田雅丽　万　欣　汪真伊　杨丁华　杨慕涵　张骏钰莹　郑栩洁
张婧然　李子龙　张恩惠　范嘉禾

研究生(6 人)

王亚委　何　琰　陈　志　孔静露　徐婧竞　王彬俨

公共管理学院(共计 47 人)

本科生(20 人)

宋文恬　朱嘉敏　张少卿　涂文雨　刘　星　路　康　胡宝灵　索云龙　李冰瑶
陈芳丹　王昕娆　韦仕莉　尹明辉　齐坤伟　张龙飞　陈泽贤　段义红　骆子健
徐　坤　蔡明玺

研究生(27 人)

刚　毅　纪梦婷　严梦婷　李院院　杨　洋　辛越阳　张祖禹　郑丽霞　姚　姗
张裕明　唐江月　陈　袁　王　颖　王　歌　孔德明　朱爱琳　刘　鑫　汤千悦
李文伟　吴　思　余　娟　尚　将　周　淋　梁加乐　雷宏玥　雷　敬　潘香君

计算机学院(共计 55 人)

本科生(39 人)

刘昭阳　苗春玲　王梦娇　王泽清　冷明辉　李　娇　孙学勇　王　晨　雷思奇
徐蕴辉　王文荣　杨星浩　刘　青　苗宜霖　姚子隆　冯世元　胡颖玥　李　庆
黄　翠　王玮琦　张沛豪　汪帮传　李　豪　林泽泰　李玥瑶　罗宇轩　魏　来
冯雨桦　穆永恒　杨博帆　程俊杰　黄佳凯　沈　鹏　邓雅雯　蒋健君　张　萍
陈健楠　王　艳　曾喜龙

研究生(16 人)

黄晓辉　张明昭　吴志明　李　珊　张文钧　朱安东　魏　铭　李胜龙　周　浩
简敏勇　朱　越　张新宇　谭　超　水智源　胡秋波　刘　韬

体育学院(共计 9 人)

本科生(4 人)

杨一鸣　邓　悦　张　亮　庞伟强

研究生(5 人)

范　友　卢睿明　程嘉宁　雷　波　崔倩如

艺术与传媒学院(共计 40 人)

本科生(25 人)

高布迎春　何丽娜　陈欣媛　陈钰莹　胡新月　李健一　汪楚妍　苏　洁　徐世炀
闫玥霖　张　娇　张轩瑞　郑文心　李　楠　邵梓妍　石晨欣　孙　懿　王晓艺
杨政清　张　玥　曹　燕　顾彬清　李羿钟　谭羽菲　李昌臻

研究生(15 人)

陈鹏鹏　程　诺　黄天佑　黄志炜　季宗元　李　静　李盛方　刘婧雅　沈　甜
万　泉　王思钰　吴邦柱　吴茹霞　张金瑞　商鹏程

马克思主义学院(共计 9 人)

本科生(4 人)

杨佳钰　刘王飞　李梦婕　蔡安禧

研究生(5 人)

孙　峥　柳　健　李智超　杜先芸　王竞婧

李四光学院(共计 7 人)

本科生(7 人)

王浩宇　高伟斌　王则灵　姚华鑫　胡　玮　刘梦华　宋杨奇

教育研究院(共计 6 人)

研究生(6 人)

田家玮　徐瑗苹　张　薇　付兴兴　李盼盼　韩丁晓

高等研究院(共计 19 人)

研究生(19 人)

易林立　欧国雄　夏　露　韩　晨　刘君浩　张凯锋　牛晓旭　刘羽初　黄显鑫
时长志　杨虎成　李　典　李思德　李金明　杨　赛　胡博靖　李俊奇　赵　倩
周　媛

国际教育学院(共计 8 人)

本科生(2 人)

ANCILLA DELAI

BADER HAZA HAMDAN ALSARHAN

研究生(6 人)

ALVIN K. MULASHANI

SINONMATOHOU DAMIEN TIANDO

TIKHOMIROVA ANNA

CHOWDHURY MOHAMMAD ABIR SHAHID

NAFOUANTI MOUIGNI BARAKA

VICTOR IKECHUKWU VINCENT

2021—2022学年度本科生奖学金、先进集体和优秀个人名单

地大学校办发〔2022〕64号

一、"国家奖学金"获奖学生名单（157人）

地球科学学院

张　典　门溪川　梁馨心　任　阔　申晓然

资源学院

吕骏腾　简佩洋　方　豪　刘　甜　江嘉怡　鲁　豫　谢　添

材料与化学学院

易莉勇　谈　秀　陶星辰　熊欣悦　孙启培　储迎宇　高方宇　张婷婷　梅语馨

环境学院

许　涵　华祎梓　王韵涵　袁岭迤　李　翔　张彤彤　余诗慧　吴宇童

工程学院

吴浩然　马雅婷　付宇强　韩艺冰　刘思琪　刘　畅　宋梦洁　马义望　李昊阳
刘美辰　毛　梅　海　波　甄　钰　代昱波　岳莉娅　任天浩

地球物理与空间信息学院

闫行健　李家铭　朱芙瑶　毛月荷　刘志洋　孙亦馨

海洋学院

刘　楠　周鑫祎

机械与电子信息学院

郑文浩　李　骏　周昊冉　夏高祥　蔡佳骏　林　杰　朱静文　燕庆龙　刘　燕
王正阳　王　柯　陆何雨　孙昱恒　徐永坤　周　勇　汤国庆

自动化学院

张宇一　刘学文　叶　洋　陈梓炫　侯雅馨　吴紫城　许瑞奇　廖志豪　孙子誉

经济管理学院

李政辉　周均花　陈　黎　周心怡　刘亚鹏　余欣芸　何美玲　杨梦婷　谢重阳
蔡丽云　石瑾怡　刘胤彤　雷梦媛　耿恩宇　谢馨仪

外国语学院

高宇慧　楚文心　卢玉娇

地理与信息工程学院

卓星语　沈妙心　周远卓　倪宸睿　范佳薇　田益瑗　范孟辉　冯旭宇　王松海
赵传成　祝翰林

数学与物理学院

闫雨歆　孔凯文　姚　冰　王艺萤　张雪岩　曾诗柔

珠宝学院

袁嘉婧　瞿新月　莫绮璇　万璐璐

公共管理学院

樊益绮　包琳欣　徐　扬　唐凤兰　王　婕　陈潞镓　李焕正　刘慧彤

计算机学院

付欣宇　龚仕元　黄舒涵　王晶鑫　吴妍妍　朱瑞东　陈子阳　陈雨桐　吴奕志
李辰星　朱轩宇　谭以宁　李铂浩　石绣文　许纹赫　郭嘉乐　李卓颖　李江沐

体育学院

徐　旺　王靖韬

艺术与传媒学院

吴秉谦　杨茂澜　蔡　伟　杨舒涵　张莉敏　刘淼聪　黄欣怡　李梦圆

马克思主义学院

左　睿

李四光学院

林雯洁　张悦童

未来技术学院

朱欣睿

二、"国家励志奖学金"获奖学生名单（566 人）

地球科学学院

刘　壊　李诗伟　吴秀静　申伏云　杨　僚　方　岩　孙永芳　冯祖炜　秦鹏举
高海军　葛朝霞　陈之越　喻　蝶　张诚玉　王玉婷　韩欣瑶　孙建昊　张佳和
林艳婷　张明亮　资　豪　季　佳　黄　洋　许佳静

资源学院

郑玉龙　魏思佳　李龙鹏　黄瑶曼　王亚梅　李爱霞　符亦飞　曾佳慧　其日娜
何苇绮　高　原　苏腾飞　裴紫杞　黄程欣然　刘文萍　左有敏　刘晖鹏　赵　旭
江子润　高旭东　李演晨　卢碧娴　高亚仙　赵自立　胡　强　董　洋　王　婷
周佳伟　胡　佳　严治磊　曹献宁　田正军　曹芷萱　程骏德　刘　丽

材料与化学学院

李　怡　张　涵　王泽慧　田思雨　陈心润　李昊坤　黄　洁　程　倩　赵云娜
白云芳　栗婷婷　刘慧如　向荣华　赵文佳　江蔺韬　牛若婕　马佳琪　张静濛
窦慧敏　周雨琪　李泽众　谭羽彤　孙佳宝　娄　婷　王丽欣　薛玉容　赖娅楠
孙鸿轩　孙　杰　肖菲萍　陈惠琳　邓哲贤　蒋培源　甘宇飞　冯程浩　姚佳琪
许路嘉　吴婷芳　陈　润　田　蕊　程　爽

环境学院

何子琦　吴　怡　马　浩　陈鹏飞　侯佳怡　张晓宇　马凡凡　贾　松　周蝴蝶
李可欣　李冰雨　朱文琪　武荣昌　吕　楠　朱逸飞　陈茈萱　柴家颖　张登霞
王　怀　赖天诺

工程学院

张云龙　孔　政　张佩琦　高堂哲　王善成　蒋银龙　宋坤明　杨丰源　范　鑫
王振平　李思涵　邹欣辑　胡培铭　邢振新　荆俊楠　何华罗　史瑞鹏　童　浩
台　硕　苏正清　王锦波　许　杨　徐静波　易　洲　杨乙飞　劳祖合　寇启花
向延康　白　杨　黄婷婷　张大宇　刘　傲　冉哲楠　刘　昊　马　飞　何于璐
潘永峰　李　杰　欧润华　何裕龙　魏　超　周嘉乐　周星晨　周佳慧　王晓涛
刘宇航　魏　栓　姚振宇　郑　璇　李　浩　白欣悦　赵雯婕　张航盛　张　静
陈　茜　夏益文　陈佳豪　黄骏奎　李文智　张民勋　黄灵慧　马　静　周航靖
周朕子　徐才校　刘梦娟　王海涛　李梦然　周佳瑜　王雅馨　朱震宇　田　超
王鑫燚　吴亚欣

地球物理与空间信息学院

王歆瑶　陈浩岩　刘芯宇　赵紫东　毕宏刚　陈良宇　王亚达　刘　泽　朱明涛
方　铭　贾欣源　张婉彤　李俊斌　孙晨昊　魏茂盛　李　想　陆佳欣　马　正
杨启帆　叶　享　王昱博　刘　爽

海洋学院

赵　旭　李雨晨

机械与电子信息学院

石俊杰　陈小龙　崔述武　张人山　王茂森　张　欣　张家辉　李锦添　乔荻清
马儒生　宋坤坤　黄　睿　姜嵩浩　程方亮　张永琪　何　政　夏春秋　王　煜
程　宇　侯宇凡　阳晨彤　张树堂　汪文静　肖鸿鹏　李炳煜　谷　乐　吴珂莹
范剑飞　徐子超　徐静雯　裴婧汝　刘思颖　丁　伟　王正东　邓　杰　王廷柱
叶　坤　常文静　柴静雯　陈巧兰　秦启儿　陈方科　章　珊　刘　杠　张晓童
禹　博　李运通　庞亚文　鲁文博　尹嘉伟　冯　彬　余　泮　申　恺　余豪杰
张　夏　刘家威　钟颖凯　汤　广　刘　洋　邢健博　邱嘉伟　任丙川　卫　闯
杨　鹏　冯玉玺　王艳红　刘海鹏　刘林鑫

自动化学院

王珺璟　王思远　刘　洋　王豪鹏　李梦昕　何盛全　张云耀　张　淼　杜中明
李志成　李　想　宋紫琴　施　静　王愉杰

经济管理学院

王琛凤　方俊婷　周慧敏　牛吉彬　刘光杰　黄　颖　吴晓丽　唐睿智　胡　钰
曾莹稼　王　雪　朱　恒　李钰霖　周紫瑄　尹艳悦　胡施思　李传文　张佳妮
贾文春　赵成祥　叶美莲　张茗姝　何梅丽　林　硕　陈可舒　赵芳琪　雷　蕾
章可怡　贺　婷　叶菁林　宋　蒿　熊俊风　朱珍玉　李银燕　许　诗　吴炎来
贾心雨　梁梦珂　裴晶怡　乐怡珺　王思怡　李子寒　程　浩　丁一鸣　何金玲
李凌玉

外国语学院

鞠冉冉　危　薇　陈晓红　郭　爱　任红霖

地理与信息工程学院

曹逸宇　胡宇飞　魏梦婷　徐宝智　孟子腾　欧阳远坤　翁　方　何祖航　张睿茜
肖怡炫　刘慧凡　俞　慧　宫程宇　郭佳硕　李子琪　陈　毅　郭佩欣　郑文龙
赵燊鑫　鲁明蕾　赵经生　林英宗　尚霆锋　马　旭　曹　彬　王海涛　周广翔
吕雨龙　段文豪　疏旭东　叶　铃　李毅超　王鹤源　何　军　徐苏琪　罗正生
邓青杨　章　婕　李思宇　沈冽勇　陈祥瑞　杨敏洁　甘淏铚　任斐然　杨明斯
徐　琳　肖婉莹　陈文慧

数学与物理学院

王　佩　胡　榕　陆雨成　陈　玉　蒋洪涛　席寒冰　薛旭飞　郭启鹤　王双莹
徐海燕　周思婕　许晓颖　陈润涵　吴思敏　张书珍　张丽娜

珠宝学院

李诗怡　张博雅　刘可心　武嘉欣　张琬宜　王唯嘉　侯超馨　王欣悦　项晨梦

公共管理学院

卢芷怡　邱宇莹　潘雅婷　邱诺曦　李锦腾　吴美伊　黄继青　钟　婷　行高冰
戴思雨　费世梦　张雪雨　李　义　李　琳　韩子蕙　白雨婷　卢家宝　谢　媛
王　蕾　乔娅琳　刘豪富　郑　权　李晓琴　方明月

计算机学院

陈柯帆　梅佳欣　胡文常　张　韬　张灵冉　施立豪　蓝锡林　刘志鑫　吴志鹏

白文涵　许　鹏　赵文鹏　易尚儒　樊嘉昊　彭胤伦　梁子仪　付志豪　董　瑞
吉木达戈　王诗敏　王成林　田　振　朱俊泽　陈锦文　章子萱　刘祯慧　陈凯文
陈婉铃　朱　畅　吴昊宸　郭绪浩　夏宇豪　其木格　靳博原　张文然　熊　猛
陈英科　任庆达　乔晓晓　邓　虎　霍奥林　张搏扬　郭程展　屈霜恒　吴　翔
潘鹤文　管仁祥　申琪琦　饶骁扬　段　苗　徐梦雪　苏　驰　代子玉　唐德成
李苗苗　张　乙　赵昊楠　张　琦　杨书睿　李俊俨　刘凡宇　王德良　黄可欣
胡婧涵　董均坚　王浩宇　万晶晶　叶子钰　姜冰欣　石　玲　叶　蓓　刘永欣

体育学院

位鹏鹏　韩裕鹏　李春香　冉腾越　徐泽意　邓云轩

艺术与传媒学院

高　尚　刘冰玉　王艺伟　马凝珂　蔡育超　王　越　邓语晨　郑承红　王　甜
王婷婷　李怡静　黄洁明　杨洁欣　陈炳伊　曹　颖　刘艺婷　魏含冰　施金颖
杨小茹　万安靖雪　谢艳　黄　馨　史爱君　宋海安

马克思主义学院

庞仁洪　侯玲玲　田雅菲　谭思懿

李四光学院

刘逸然　李佳铖　安军伟　梁馨之　雷云开　朱晓迪　卢泉羽　邵知章　王晓雅
杨延晨

未来技术学院

李晨瑞　张紫萌

三、“中国地质大学英才奖学金”获奖学生名单(655人)

(一)校长奖学金(180人)

地球科学学院

王子贝　童　岩　孙　涛　李建伟　彭建伟　黄　蓉

资源学院

陈宇琪　吴佳桁　柯　达　文　强　罗　隆　何　柳　郭家赫　王鹤鸣

材料与化学学院

游鑫榆　尤郁郁　周浩哲　赵梓浩　乔　宇　刘泽倩　孟　莹　李家豪　陈晓蕊　吕庭雅

环境学院

徐皓杰　覃晓琳　党婧萱　季玉轩　边舟悦　李秋汶　李姝贤　孟思羽　李　喆　彭锦蓉

工程学院

何思睿　杨占森　谷钰坤　王舒敏　杨　杰　胡睿扬　苏雯洁　姚　婧　黄慧静　郭云青　巩祥林　李泽涵　陈　城　沈　丹　赵康苗　黄齐俊　孔德伟　欧阳梁子

地球物理与空间信息学院

肖皓文　王舜杰　仲　朔　李昕云　孟凡宇　伍　雯　蔡锌帆

海洋学院

郭　睿　魏泽群　陈子睿

机械与电子信息学院

苏绮淇　高玉磊　刘　强　周明杨　李昌婧　史展天　杨新琪　刘　鑫　吴丁一　赵睿思　梁浩越　杨晓清　邹其峰　吴丽婷　曾浩然　黄　陈　蔡丁辉　李芊凝

自动化学院

舒　俊　陈　聃　王新宇　吴　哲　宋京岳　骆良桐　陈奕衡　汪　胜　安昊哲　成柏霏　万宇溪

经济管理学院

许月迪　魏振坤　余　锐　张芳源　侯森雨　张运睿　杨艺恬　张钰佳　张馨蕾　陈高同　邱　亚　王一丹　蔡　绮　陈锦晗　谢　苗　王　敏　刘佳瑜

外国语学院

金唯一　刘采柔　廖山美

地理与信息工程学院

肖婷敏　林美潞　智文泓　刘璟彤　王之恒　徐庆斗　雷东虎　陈　静　吕祎婧
周俊凯　李昊然　黄诗颖　尉　锐

数学与物理学院

郭心蕊　常贺瑞　黄　帆　崔婉莹　江　倩　李成强　闫凌晗

珠宝学院

刘颖洁　陈欣怡　黄滢嘉　王嘉欣　朱莞蓉

公共管理学院

应嘉禾　俞泽欣　贾博雅　陈　苗　罗名凯　訾一寒　温家琦　于馨媛　邱文哲

计算机学院

程亚男　朱子恒　王　哲　李浩然　刘佳豪　许梓薇　徐率航　何景明　方知雨
金圣杰　马　睿　洪　爽　桂子铭　杨林霈　司子猷　杨钰琪　琚　川　孔令欣
杨青霖　陈俊逸

体育学院

武华亮　刘泽正

艺术与传媒学院

李知宜　杨　森　毛子琪　曹　欣　范小荷　杨贝涵　刘旸　林芷莹　罗　熙

马克思主义学院

刘　青

李四光学院

汪文昌　陈书勳

未来技术学院

丁家钰

(二)院士奖学金(150 人)

地球科学学院

柳加俊　王万喆　刘亦婷　熊家俊　王林坤

资源学院

刘天宇　陈渟怡　刘　彤　廖欣悦　侯　轶　吴思琪　汪健民

材料与化学学院

刘星辰　许依玲　亢恒越　肖怡婷　李传福　唐浩渺　蒋尤祺　陆炜祺　尹　舸

环境学院

许诗滢　谭健基　刘铭颖　孙文锦　邓　睿　王宇鑫　苑亦菲　王　倩

工程学院

朱继晨　张　龙　王鹏鹏　徐　亮　张　秒　熊承志　黄斯藤　李新纪元　蔡志蓝
赵胜南　崔晨昊　田　送　张峰瑜　李嘉怡　王音智

地球物理与空间信息学院

张　恒　李宇轩　苏天泽　赵　为　刘志洋

海洋学院

贺　泷　施皓程

机械与电子信息学院

刘名琦　过雨旸　罗榆清　郭昊林　纪佳骏　宋德浩　姚佳奇　李佳鑫　吴懿轩
潘　信　宋鹏武　何永鑫　张　峰　陈楷夫　戴瑞铭

自动化学院

郭思雨　高志毅　刘虹良　冯　恂　陈涵毅　王　棋　张　川　李卓函　李志成

经济管理学院

李　乔　樊之熠　闫博浩　郭志刚　郭思琪　郑　毅　潘彦锟　刘瑾沂　苏海滨
周晓洁　张佳瑶　刘晨曦　马歆怡　宋璧呈

外国语学院

张子文　李智媛　刘奕钦

地理与信息工程学院

彭韵凝　赵华晨　魏　萌　徐佳丹　周佳怡　马楚瑞　邓濯缨　周芷君　沈哲宇
陈泓嘉

数学与物理学院

刘思涵　郑贵文　田雪雯　李星兵　米虹锦　王树青

珠宝学院

胡贺文　张宇璇　张文曦　马恺璐

公共管理学院

黄文俊　宋代伊　罗嘉媛　孙嘉良　杨紫涵　江桂英　胡学淅

计算机学院

朱佳睿　茼宇飞　郭延铎　余　磊　许婧涵　鲁鹏宇　赵晨曦　岑佳歆　张永成
祝馨平　刘剑峰　秦浩然　张　桐饶　杰　石俊杰　苏毓泽　王堉丞

体育学院

徐元昊　马云琴

艺术与传媒学院

李虹佳　卢宣竹　汤　雨　冷清秋　罗羽淇　汪林钦　杨璐颖　彭　颖

马克思主义学院

尚天钰

李四光学院

周博为　周逸恒

未来技术学院

赵李朗

（三）创新奖学金（26 人）

工程学院

周睿智

地球物理与空间信息学院

罗万鑫　孟一帆

机械与电子信息学院

刘奕龙　郑斌　赵庆庆　马　龙　陈荣浩　范泽涵　张苇笛　何　森

自动化学院

李　霖　蒋彭涛　谢佳骏

经济管理学院

付雪洁　宋承硕　张钰茹　雷雨濛　罗景兮　冯凯丽　蔡琰凯　邹琳灿　李嘉欣　宋思梦

李四光学院

洪　宸

未来技术学院

徐梦晴

（四）自强之星奖学金（24 人）

地球科学学院

王晶晶　刘诗睿　唐明景

资源学院

苑重阳

材料与化学学院

杨正鹏

环境学院

李梓涵　张昕源

工程学院

杨文韬　刘隆婧　黄　科　李沛霖

自动化学院

杨玉龙　杨定洋　赵豪杰　汪昱臣

地理与信息工程学院

匡怡然

数学与物理学院

杨　璐　张煜琢

公共管理学院

乌丽盼

计算机学院

延笑宇　刘亿超

体育学院

桑梦阳

艺术与传媒学院

陈　幸　章建阳

（五）学习进步奖学金（83 人）

地球科学学院

陈日水　张艺飞

资源学院

梁思疑　曾俊茗

材料与化学学院

涂诗描　高子成　毛　艺　余嘉仪　赵健锋　吴　冰　吴　涛　李晨翔　李梓睿

环境学院

解茂凤　刘韵婷　赵楚瑄　刘嘉怡

工程学院

余宙骄子　王驰骏　潘少宇　葛家男　王逸美　隋景玉　饶诗禹　金格生　饶永腾　阿依多斯·托雷西　苏雨凡

地球物理与空间信息学院

樊诗雯　李　佩　华罗泽　黄　河　朱师锐　马祎程　林之恒　严梓榛

海洋学院

孔令博　梁泽辉

机械与电子信息学院

王泽坤　张开翔　宋孟桓　黄杜杜　朱文宇　田淑铭

自动化学院

齐　璇　郭轩卓　王雪峰

经济管理学院

杨　静

外国语学院

刘晓萌

地理与信息工程学院

胡静雯　黄　坤　何　杰　孙　艺　王志坤　贾仕玮　肖佳怡　董星柯　白若谦

数学与物理学院

谭敬梅　莫冰毅　付欣如

珠宝学院

刘惜缘

计算机学院

李婉雪　张凯楠　张再筵　梁苑琪　刘孟真　李宇豪　赵智鑫　谢凯健　王家美
唐柽林　刘亚坤　张一帆　钟彩萍　王　晖　周　引

体育学院

陆璐琪

艺术与传媒学院

杨梦琪　韩诗薇　梁晓艳

李四光学院

夏　庆　郭皓阳

(六)社会实践奖学金(31人)

地球科学学院

戴　群　罗清洵

资源学院

李　冉

材料与化学学院

计云艳

环境学院

杜泽平　赵峻卿　孟秋含　李述亦

工程学院

米　蔚　王　文　陈金泽

地球物理与空间信息学院

黄润鑫

经济管理学院

彭欣茹　张思邈

外国语学院

李彦瑾

地理与信息工程学院

汪　鑫　陈思柳

数学与物理学院

刘慧琳　孙嘉谊

珠宝学院

孙册简　曾　骞

公共管理学院

王绅云　彭心力　高　硕

计算机学院

冯唐钊　罗　艳　赵嘉庆

艺术与传媒学院

罗易函　王欣一

马克思主义学院

陈子怡　田一茜

(七)服务之星奖学金(89 人)

地球科学学院

吴喆涛　刘国涛　杨佳树

资源学院

张行凯　王宪国　傅炳臻　畅晨然　明　萌　陈文强

材料与化学学院

余　风　黄令仪　彭若晴　孙梦宇　吴思宇　袁龙昭

环境学院

胡誉文　冯　曦　徐　鑫　杜泽鑫　吴　冰

工程学院

向　斌　黄心蔚　杨　锴　郭志豪　李云杨　史靖韬　王思贤　梁佳钰

海洋学院

吕汉东　黄嘉铭

机械与电子信息学院

颜莹莹　陈浩文　王　硕　杨晨浩　杨曜先　邢佳宁　吉奕宣　倪文程　胡飞扬
赵方炜　钟　裕　贾丰玮

自动化学院

陈力子　高　尚　陈佩文

经济与管理学院

李廷璐　李雷艺颖　彭鑫颖　王艳如　怀晓露　谢寒琪　肖玙蝶　廖诗清　王锘然
李　娅

外国语学院

秦　瑶　葛静喜　谢　怡　项　静

地理与信息工程学院

黄佳佳　眭艺钟　王　楠　万依林　吕培鑫　李婧璇

数学与物理学院

干练欣　王张佳　乔　颖

珠宝学院

刘雨佳　韦嘉瑜　蒋宇萌

公共管理学院

周佳贺　罗朝冰　范瀞予　李梦瑶　蒋子萱　刘栗凤　姚　瑶

计算机学院

周汝霖　杨定一　郭鹏顺　黄　添　龙　勇　涂云鹏　盛　越　周　愈

艺术与传媒学院

马一含　蒋雨晴

李四光学院

粟　延

(八)艺术之星奖学金(24 人)

地球科学学院

王一璇

资源学院

刘　越

环境学院

岳彦博

工程学院

薛良瑞　陈明轩

机械与电子信息学院

尚新奥　朱心禹　叶　涵

自动化学院

赵旋玉

经济管理学院

吴恺文　宋琪琳　罗　新　陈长泰　孙　瑜

地理与信息工程学院

董张驰　朱清桐

珠宝学院

孙睿琪

计算机学院

高　妍　徐嘉隆　李天屹

艺术与传媒学院

马　雪　徐璐珈　杨心之　马鸿瑜

(九)体育之星奖学金(18人)

资源学院

沈守森

工程学院

陈宇轩

机械与电子信息学院

马雪微

自动化学院

王镜贻　刘师晨

经济管理学院

索玉棠

地理与信息工程学院

赫英豪

数学与物理学院

唐纯一

珠宝学院

贾淑瑶

公共管理学院

董建骕　李俊纬　张钊宁　李　莹

计算机学院

朱　萌　郭伊水　李雨桐

体育学院

赵君上

艺术与传媒学院

拉毛卓玛

（十）文学之星奖学金(1人)

艺术与传媒学院

雷诗语

（十一）少数民族学生奖学金(24人)

资源学院

吾木提汗·赛肯

工程学院

田袁勋　丁宇轩　苏倩倩

机械与电子信息学院

廖　漩　艾麦提·艾萨　潘静芸　刘力华

自动化学院

吴浩然

经济管理学院

朱天羽　胡丽布尔·阿吾斯别克　玛伊热·伊德日斯　何沁翰

地理与信息工程学院

苏丽亚·热依木江

公共管理学院

加娜尔古丽·托合塔亨　覃子丹　古丽米拉·叶尔江　奴尔西瓦克·努尔巴合提
古　媛　娜杂开提·米吉提　比拉力·托合提

计算机学院

阿尔叶可·沙尔山别克　何岩峰　吕静波

(十二)创业之星奖学金(5人)

工程学院

李　疆　翟丹阳

海洋学院

施皓程

计算机学院

刘雨杨

环境学院

程毅康(毕业生)

四、本科生社会奖学金获奖学生名单(157人)

(一)殷鸿福与金钉子奖学金(1人)

李四光学院:洪　宸

(二)冯景兰奖学金(1人)

资源学院:李浩然

(三)杨遵仪奖学金(1人)

地球科学学院:栗千贺

(四)锐鸣校友奖学金(20人)

地球科学学院:何智浚　时泽龙　王雨淳　占诗冉　孙家淮　吕　涛　雷雯媛
谢袁杨辉　顾　铱　王语奇

资源学院:郭哲恒

工程学院:张启航
地球物理与空间信息学院:赵林轩
机械与电子信息学院:武远正
自动化学院:高志毅
经济管理学院:梁艾西
地理与信息工程学院:王立增
计算机学院:龚子瑄
艺术与传媒学院:郝文竹
马克思主义学院:耿学栋

(五)刘光文奖学金(1人)

环境学院:林宇航

(六)感恩中国近代科学家奖学金(12人)

地球科学学院:申晓然
材料与化学学院:尹 舸
环境学院:姚 瑶
工程学院:赵雯婕
机械与电子信息学院:郑文浩
自动化学院:郑一楠
经济管理学院:王文静
公共管理学院:谢泽宇
计算机学院:史 阳
体育学院:徐元昊
艺术与传媒学院:宋佳宁
马克思主义学院:何彦贴

(七)1988届地质-地化系校友奖学金(5人)

地球科学学院:孙继尧 周来童 林 雨 蔡芳森 孙佳瑞

(八)赵鹏大奖学金(1人)

资源学院:刘斐凡

(九)天图奖学金(10人)

资源学院:陈渟怡　刘晖鹏　张　陈　安东琦　李　彬　蔡卓程　张庆腾　林昕婷
聂思嘉　李玉钊

(十)同心奖学金(40人)

环境学院:刘继轩　于保江　高　迎　蔡文君　蔡子延　韦彩红　王君浩　刘　念
李　程　段舒赛　李仲丹　邹　阳　贾改虹　韩雪婷　杨　蕊　姜　帆
陈娇玲　莫茜栩　谢雅琴　赵梦菲　于　萍　黄盼盼　付子岩　梁海燕
李清清　鲁生婷　宋嘉琦　梁纤纤　冯雪岚　刘撼霆　张雨菲

材料与化学学院:田　斌

工程学院:赵天宇　张文腾

地球物理与空间信息学院:刘　潇

海洋学院:乔龙进

机械与电子信息学院:张鑫成

经济管理学院:李肖珂　玛迪娜·也尔肯别克

计算机学院:吉木达戈

(十一)水科学之星奖学金(10人)

环境学院:郭怡帆　金玉洁　潘天硕　谢　蕊　魏宗恒　余平平　马娴哲　江哲林
刘姝畅　万希哲

(十二)宇驰奖学金(9人)

1. 宇驰全面发展之星

环境学院:王雨婷　柴江琦　高天靓　仝元熙　谢子轩

2. 宇驰勤工助学之星

环境学院:李雅如　李应保

3. 宇驰国际交流之星

环境学院:隆啸秋　甘宇昊

(十三)82级水文创新奖学金(5人)

环境学院:张东明　刘子涵

工程学院:苗宇芃　李　冉　陈　豆

(十四)054072班校友奖学金(5人)

工程学院:祝浩然　周　易　徐茂岩　徐一帆　杨晓林

(十五)占志斌校友特等奖学金(3人)

工程学院:易应民　章　源　翟丹阳

(十六)占志斌校友励志奖学金(3人)

工程学院:陈源龙　晁润奇　邓盈盈

(十七)中力岩土创新奖学金(13人)

工程学院:牟　旭　宣向阳　赵倬婧　包雅婷　段凯悦　郑朝文　程　函　梁绍文
郑文凯　张如阳　游志刚　谢哲涵　李昭洋

(十八)梓亮奖学金(5人)

工程学院:余思琴　鄢新民　连颖华　邓传杰　陈泽鑫

(十九)钻探薪火奖学金(4人)

工程学院:张宇欣　袁楷峻　王泸锋　胡钟怡

(二十)072941班优秀本科生奖学金(5人)

机械与电子信息学院:雷长江　刘　安　刘超凡　唐　婷　刘薛峰

(二十一)数理校友奖学金(3人)

数学与物理学院:熊科刚　冯乾钢　郭子俊

五、优秀国际学生获奖学生名单(6人)

(一)预科生(3人)

NKEON DANY LHO BRULIV
CHEN QIU ELVIS ENRIQUE
CHEN CRUZ STEPHANIE KIRSTIE

(二)本科生(3人)

WINNE CHEN
MONGMRASA MARMA MANU
DUONG PHUONG THAO

六、校级先进班集体、校级先进班集体标兵名单(97个)

(一)校级先进班集体标兵(20个)

地球科学学院:010192班
资源学院:020191班
环境学院:045201班

工程学院:050201 班
机械与电子信息学院:072192 班　075194 班
自动化学院:231205 班　231194 班
经济管理学院:086201 班　08S217 班
外国语学院:091201 班
地理与信息工程学院:117202 班　115192 班
珠宝学院:141201 班
公共管理学院:172201 班　173191 班
计算机学院:191201 班　194202 班
艺术与传媒学院:161211 班
李四光学院:201192 班

(二)校级先进班集体标兵单项奖(10 个)

学风建设单项:
材料与化学学院 031193 班
机械与电子信息学院 07D211 班
文化建设单项:
艺术与传媒学院 161202 班
计算机学院 111211 班
文艺体育单项:
地理与信息工程学院 114202 班
工程学院 05D214 班
社会服务单项:
机械与电子信息学院 07J215 班
数学与物理学院 123191 班
劳动教育单项:
经济管理学院 08S211 班
海洋学院 241201 班

(三)校级先进班集体(67 个)

地球科学学院

x11194 班　010201 班　x11192 班

资源学院

020201 班　020211 班　021206 班　022211 班

材料与化学学院

033202 班　031205 班　030201 班　031215 班　033211 班

环境学院

041201 班　042201 班　04H213 班　04H214 班　046211 班

工程学院

05T215 班　051202 班　053191 班　052203 班　05D213 班　05A211 班

地球物理与空间信息学院

061203 班　064202 班　06D213 班

机械与电子信息学院

071201 班　074201 班　072201 班　07D212 班　07D216 班　07J211 班

自动化学院

231192 班　23Z212 班　231201 班

经济管理学院

086202 班　08G211 班　08J213 班　08S212 班　080201 班　088201 班

外国语学院

091213 班

地理与信息工程学院

11C211 班　11C213 班　11D211 班　113201 班

数学与物理学院

122212 班　121201 班

珠宝学院

141193 班　141211 班

公共管理学院

175192 班　175202 班　178211 班

计算机学院

19G211 班　111213 班　191203 班　111202 班　111203 班　192191 班　194192 班

体育学院

131212 班

艺术与传媒学院

161201 班　161212 班　16s211 班　16s212 班

马克思主义学院

181211 班

未来技术学院

220212 班

“五月的鲜花”2021 年度五四评优活动先进集体和先进个人

地大学校办发〔2022〕24 号

一、五四红旗团支部标兵(10 个)

经济管理学院:085191 团支部

公共管理学院:175191 团支部

珠宝学院:141201 团支部

环境学院:“张国旗班”团支部

外国语学院:091193 团支部

地球科学学院:010192 团支部

教育研究院:教育学与教经管专业 2021 级团支部

机械与电子信息学院:071191 团支部

马克思主义学院:2021 级马克思主义理论硕士班团支部

计算机学院:191191 团支部

二、五四红旗团支部(122 个,含五四红旗团支部标兵)

地球科学学院(5 个)

010192 团支部　x11184 团支部　010212 团支部

2020 级地球表层系统科学系研究生团支部

2020 级古生物学与地层学系研究生团支部

资源学院(6 个)

022201 团支部　021192 团支部　021194 团支部　020191 团支部

2021 级资源信息工程系研究生团支部

2021 级资源系二班研究生团支部

材料与化学学院(7 个)

1202004 团支部　1202005 团支部　031193 团支部　034192 团支部　031202 团支部

033202 团支部　031213 团支部

环境学院(9 个)

“张国旗班”团支部　042191 团支部　042193 团支部　041202 团支部　04H217 团支部
2021 级专硕六班团支部　2021 级学硕二班团支部
2021 级专硕五班团支部　2021 级专硕四班团支部

工程学院(12 个)

051201 团支部　05D214 团支部　050201 团支部　052203 团支部　05D213 团支部
05T215 团支部　05T212 团支部　05T216 团支部
21 硕安全 1 班团支部　21 硕土力系团支部
21 硕地空 2 班团支部　21 硕地空 1 班团支部

地球物理与空间信息学院(5 个)

061203 团支部　1042103 团支部　064192 团支部　06D217 团支部　1042002 团支部

海洋学院(2 个)

24H202 团支部　20 级研究生团支部

机械与电子信息学院(10 个)

071191 团支部　072192 团支部　075194 团支部　07D201 团支部　07D204 团支部
07J205 团支部　07D211 团支部　07J215 团支部　2020-3 团支部　2020-5 团支部

自动化学院(7 个)

231193 团支部　23z211 团支部　231201 团支部　231205 团支部　231192 团支部
21 级专硕四班团支部　博士团支部

经济管理学院(10 个)

084192 团支部　085191 团支部　083191 团支部　08S207 团支部　08S205 团支部
08S206 团支部　08S211 团支部　08S217 团支部
2021 级工商管理学硕班团支部　2020 级学硕经济班团支部

外国语学院(3 个)

091193 团支部　091202 团支部　2020 翻硕 1 班团支部

地理与信息工程学院(9 个)

2020 级硕 1 团支部　2020 级硕 2 团支部　2021 级硕 1 团支部　114193 团支部　113192 团支部　11C205 团支部　11D203 团支部　11C215 团支部　11D211 团支部

数学与物理学院(4 个)

121201 团支部　12S214 团支部　122201 团支部　2020 级应用统计团支部

珠宝学院(3 个)

141212 团支部　141201 团支部　研究生 2021 级设计专业团支部

公共管理学院(6 个)

175191 团支部　17G201 团支部　17G211 团支部　178211 团支部　研法硕 20 级第一团支部　研公管专业 21 级团支部

计算机学院(8 个)

111203 团支部　191201 团支部　191191 团支部　194182 团支部　191193 团支部　19C211 团支部　19C217 团支部　2021 级专硕第三团支部

体育学院(2 个)

131192 团支部　2020 级硕士团支部

艺术与传媒学院(7 个)

161211 团支部　161191 团支部　161201 团支部　16S214 团支部　161202 团支部　2020 级新闻传播学团支部　2021 级交互设计 2 班团支部

马克思主义学院(2 个)

2021 级马克思主义理论硕士班团支部　181211 团支部

李四光学院(1 个)

201192 团支部

高等研究院(2 个)

生环国重 2021 级硕士研究生团支部　三峡中心 2021 级硕士研究生团支部

教育研究院(1 个)

教育学与教经管专业 2021 级团支部

附属学校(1 个)

地大附属学校九(4)班团支部

三、标兵学生会(5 个)

公共管理学院
机械与电子信息学院
计算机学院
经济管理学院
环境学院

四、标兵研究生会(6 个)

公共管理学院
环境学院
经济管理学院
艺术与传媒学院
资源学院
计算机学院

五、十大标兵社团(10 个)

逸夫科普讲解队　书画协会
夏心续梦公益社团　明德风·爱心助学团
地球科学俱乐部　演讲与辩论协会
子衿汉服社　啦啦操协会
大学生龙狮团　侏罗纪电子制作协会

六、十大杰出青年,授予青年五四奖章(10 人)

向敬伟　李蔚然　杨　明　余尚蔚　张伟军　沈　俊　宗小峰　陈　思　雷晓庆
龚文平

七、十大标兵学生，授予青年五四奖章(10人)

方知雨　陈雨蛟　胡楚玉　秦寒冰　王玥璇子　魏振坤　杨慕涵　郝文竹　徐华欣　王文韬

八、优秀研究生标兵，授予青年五四奖章(10人)

钱煜奇　张　欢　毕乐宇　苟启洋　徐景喆　时长志　王　斌　张越鹏　韩　鹏　许卓思

九、优秀共青团干部(793人，研究生授予“优秀研究生干部”称号)

地球科学学院(34人)

本科生(20人)

李纪爽　王雨淳　储添翼　孙家淮　秦鹏举　杨　帆　刘亦婷　胡思锐　门溪川　周嘉若　张艺飞　刘丹娜　彭建伟　刘国涛　谢袁杨辉　戴　群　宁新竹　王子贝　赵一帆　陈　镇

研究生(14人)

王汝成　况志伟　黄亚飞　李文元　朱玉晴　柯宇铮　温俊伟　何　妍　郑怡欣　陶国栋　毋雅京　刘同辉　蒋佳利　张　贺

资源学院(42人)

本科生(27人)

余静远　鲁　豫　罗　鑫　徐振宇　畅晨然　黄俊伟　安冬琦　王雪蛟　曹芷萱　庄文龙　郭家赫　肖舒逸　周　正　梁智钦　其日娜　胡　佳　胡　銮　柯　达　苏士琅　黄瑶曼　何　柳　吴佳桁　王艺群　卢碧娴　黄程欣然　方心云　刘斐凡

研究生(15人)

聂　锋　杨　梦　张滨鑫　左廷娜　张启扬　廖敏惠　幸　鑫　伍　亮　彭婧琪　王　双　张铭轩　张晨光　张　毅　吕心笛　赵　晴

材料与化学学院(43人)

本科生(30人)

刘泽倩　门再荣　储迎宇　李国正　黄晓聪　雷　彤　贺东亭　吴昊屿　郭文兵　郝芳仪　李雅茜　孙梦宇　翁欣雨　李传福　肖菲萍　李乃竹　龚亨天　高宇杰

张诗雨　袁龙昭　李家豪　胡锦英　何　博　高方宇　马晨格　赵云娜　邓哲贤
李　想　刘泽炎　魏瑞宇
研究生(13 人)
杨　磊　吴桂秋　斛志福　徐宇豪　饶文锦　匡诸君　谭晓玲　李　松　王　晗
许　超　张实繁　张　涛　朱子琪

环境学院(52 人)
本科生(29 人)
余诗慧　李松蔓　吴　冰　艾丽亚　吴宇童　马梓烨　周欣雅　赖天诺　杜泽鑫
田力文　张雨菲　逄雪妍　依　娅　李佳怡　孟秋含　季玉轩　卢逸凡　谢　蕊
王　倩　赵楚瑄　刘子涵　边舟悦　黎曙毓　韦彩红　王韵涵　马晨晰　覃晓琳
徐皓杰　王嘉硕
研究生(23 人)
谢国苹　张　泽　李　鑫　李晨希　叶　骞　凡亚铃　卢秀颖　胡依宁　孙师格
夏锦萱　蔡婷婷　张安广　邓晓宇　马蒙蒙　薛伟广　闫玉清　刘精灵　王懿洁
肖　竞　洪　瑾　郑珍珍　宁君娜　付　婕

工程学院(74 人)
本科生(51 人)
李垚鑫　张恒瑜　赵天宇　杨晶颖　毕航波　宋梦洁　白雪峰　梁宇涛　陈虎军
沈　丹　蒋佳利　刘子铭　刘　畅　王　文　李新纪元　付宇强　吴浩然　向延康
杨占森　韩艺冰　甄　钰　黄慧静　赵思雨　孙世嘉　吴　凡　杨　杰　王舒敏
翟丹阳　李孝丰　包雅婷　张如阳　张峰瑜　谢正峰　杨林杰　廖茀铭　刘思琪
张　秒　徐才校　朱林露　黄骏奎　苏雨凡　张昌伟　胡睿扬　李骥丹　潘　杨
赵康苗　王音智　杨文恺　王　杰　王泽宇　何思睿
研究生(23 人)
张　友　张佳乐　张　旭　裴康辉　陈志伟　贾彦平　韩辰锴　谢欣玥　李　珂
高嘉宝　庄佩佩　谷一啸　梁昌明　冯慧茹　牛岱松　宋运龙　沈雪豪　李　海
胡小悦　谢洋义　马文超　马义全　吴　诗

地球物理与空间信息学院(32 人)
本科生(20 人)
王　腾　李　松　张菁玲　田立宇　孟　欣　孙亦馨　买鸿轩　肖皓文　侯燕燕

毛月荷　旷华游　孟凡宇　孙晨昊　孙义飞　仲　朔　鲁昀暄　王林康　牛新月
韩雪菲　任永康

研究生(12人)

李　瑜　李同舟　周思彤　梁　媛　张　傲　王彤彤　王青叶　吴　双　蔺玉浩
金西正　侯俊韬　高　筱

海洋学院(9人)

本科生(7人)

陈　缤　梁泽辉　吕汉东　乔　丹　魏泽群　文康靖　周鑫祎

研究生(2人)

孟嘉馨　唐子轶

机械与电子信息学院(60人)

本科生(47人)

邓清晨　郑文浩　何梓芊　崔豪宇　郑　斌　苏绮淇　李一帆　史展天　尚新奥
杨晨浩　梁浩越　丁　莹　谭宇欣　宋鹏武　罗子昂　燕庆龙　李　骏　刘　强
王　硕　范璐迪　周明杨　王天旭　耿子薇　吴丁一　李炳煜　汪文静　邹　婷
王立新　蔡佳骏　邹其峰　杨曜先　郭晓豫　邢佳宁　王正阳　王晨辉　禹　博
吉奕宣　倪文程　吴修远　孙昱恒　胡飞扬　李南都　杨良彪　邱嘉伟　徐东升
王盈盈　汤国庆

研究生(13人)

邓畅畅　闫樨霖　王逸豪　范朋沅　李紫婷　蔡　丹　谭婧焜　吴尹靓　赵昺琛
王国燕　刘金润　胡刘磊　金　天

自动化学院(43人)

本科生(29人)

程世界　刘　洋　叶　洋　杨　帆　李嘉璐　朱泽栋　范豪辉　陈力子　何雨欣
陶梓兴　李晨希　骆良桐　宋京岳　张威威　蒋浩洋　吴　哲　王义博　陈涵毅
陈永鑫　马海书　邓博文　张圆伟　于玥瑄　高　尚　杨力勇　安昊哲　黄杰民
於忠阳　丁家钰

研究生(14 人)

龚　鑫　段文浩　吴楷文　郑　彪　肖　肖　李　宁　陈文虎　郭琳炜　贺　江
王鸿璋　闫晴晴　姚梦阳　赵庆璞　王紫蔓

经济管理学院(61 人)

本科生(47 人)

陆中力　王琛凤　李政辉　马　锐　付雪洁　王子钰　曾莹稼　张芳源　余晶晶
周欣然　徐辰阳　黄燚龙　梁艾西　宋琪琳　陈诗仪　张运睿　朱天羽　刘煜希
赵成祥　欧阳航　郑　选　闫博浩　王艳如　严紫嘉　谢琨淮　孙亚萱　张梅梅
潘彦锟　宋思梦　蔡丽云　任逸霏　郑咏杰　张馨蕾　宋文韬　丁艳楠　杜佳文
杨　静　陈怡玟　吴瑾琪　杨天悦　叶奕辰　程　浩　张育硕　孙冰倩　朱文慧
王弘晨　韩　月

研究生(14 人)

张　可　陈梦阁　王一钒　戴晨阳　张祖萌　宁屹立　刘　璇　李子晴　冯　雨
李　坤　黄　民　高丽娟　周子妍　聂欣欣

外国语学院(19 人)

本科生(13 人)

谢怡欣　卢玉娇　钟子晗　金唯一　黄珍妮　刘　悦　丁诗艺　马千千　刘采柔
竺新月　张君虹　项　静　谢　怡

研究生(6 人)

李秋玲　杜熙熙　赵润东　冯　月　蔡李欣　马　可

地理与信息工程学院(56 人)

本科生(35 人)

刘九溥　崔　恒　熊靖羽　俞　慧　冯子怡　何晨曦　王禹熹　田济生　张星怡
黄中宇　徐佳丹　尚霆锋　于睿涵　朱　昱　杨伟昕　许　睿　王　岚　王泽堃
王炜绮　殷鹏成　王晶莹　吕雨龙　雷宇琦　冯旭宇　潘霏霏　周芷君　袁思雅
马楚瑞　王　楠　鲁明蕾　段　炼　赵燊鑫　王松海　张祈然　李思宇

研究生(21 人)

程　莹　郭琰琪　宋　珍　皮鹏程　李　雄　陈桂兴　马欣悦　朱灿明　崔铁伦
王佳宁　谭琪雅　杨丽帆　赖梦缘　陈天然　江俊池　杨天宇　薛露露　王子叶
姜　浩　陈　颖　徐惠孝

数学与物理学院(25 人)

本科生(20 人)

洪剑飞　米虹锦　王艺萤　许晓颖　李文涛　常贺瑞　谭倩倩　王张佳　胡　榕
王　佩　王宇帆　景琳惠　郑贵文　向　婷　麦思颖　李成强　林子轩　王　欣
李肇雯　李星兵

研究生(5 人)

田宇鹏　方琮淇　张鸿宾　杨　雨　潘润超

珠宝学院(20 人)

本科生(15 人)

张　启　陈欣怡　张楚婷　武嘉欣　黄滢嘉　刘雨佳　曾倩倩　朱莞蓉　胡贺文
张博雅　孟昱璇　刘　可　马恺璐　侯超馨　侯子贝

研究生(5 人)

董亮洁　关恒睿　刘亮钰　刘太巧　陈超洋

公共管理学院(36 人)

本科生(24 人)

陈雅培　陈　兴　葛　誉　刘慧彤　谢泽宇　杨紫涵　李翊政　徐心悦　梅　可
兰卡斯满　朱永娣　张芸静　李梦瑶　袁涔闻　肖　扬　胡东哲　胡雅琳　杨　菁
李锦腾　韩子蕙　俞泽欣　毛新乐　李佳慧　白若琳

研究生(12 人)

刘悦文　谢孟君　边永捷　温姝菀　赵雪燕　吴　迪　殷瑞敏　邓雨菲　袁　满
武　慧　廖鑫鑫　涂思欢

计算机学院(55 人)

本科生(47 人)

杜慧琳　刘凯悦　朱佳睿　蓝锡林　梁子仪　叶继伟　赵晨曦　潘子怡　王子震
张　喆　陈英科　韩慧芯　吴　翔　李铂浩　管仁祥　徐梦雪　桂子铭　白骏飞
代子玉　温芷萱　李卓颖　赵匀菲　石俊杰　李江沐　赵俊答　章子萱　陈雨桐
谭以宁　琚　川　陈俊逸　郭洋利　金圣杰　杨参军　苏毓泽　张　程　陈　露
许凯怡　李浩然　霍奥林　赵文鹏　王梦娇　延笑宇　吴奕志　饶骁扬　陈怡佳
汪帮传　石　玲

研究生（8 人）

廖孟伟　潘卓阳　涂　旭　张甜甜　尤运宁　徐　成　叶佩雯　李祥瑞

体育学院（8 人）

本科生（6 人）

梁玉佳　张乃方　万合培　周　怡　刘泽正　桑梦阳

研究生（2 人）

李晟维　潘　鸿

艺术与传媒学院（43 人）

本科生（31 人）

吴禹翰　黄洁明　杜俊彦　曹　颖　徐文玉　王一骄　王恩泽　姜芊芊　赵纯蔚
保　悦　赵书楠　杨贝涵　马一含　蔡　伟　张雅馨　张莉敏　杨　柠　李怡静
卢宣竹　阳　帆　蒋　绚　毛子琪　杨　森　王　越　邓语晨　杨舒涵　刘迎鑫
曹　欣　黄欣怡　林　函　罗　熙

研究生（12 人）

曾戈晖　池典雅　丁泽伟　李夏飞　李莹洁　刘诗言　史汶佩　孙子迪　王紫玲
张玄烨　罗智霖　刘佳雨

马克思主义学院（7 人）

本科生（3 人）

左　睿　黄晓月　胡小青

研究生（4 人）

廖林雄　赵姗姗　蒋　静　晋曼钰

李四光学院（6 人）

赵千里　粟　延　林雯洁　杨延晨　梁馨之　朱晓迪

高等研究院（14 人）

陈佳鑫　金晟玉　周　晋　江　园　何　盈　李晓哲　陈志逸　李全可　魏月华
杨　帆　易林立　张　欢　陈　璐　张妍婷

教育研究院(5 人)

李静妍　李盼盼　汪钰婷　刘亚洁　欧阳靖雯

校级团属学生组织(42 人)

黄可唯　姜高程　李碧莹　区歌阳　周佳贺　高腾飞　黄润林　于　婷　刘　丹
何裕锦　张　贺　陈雨蛟　熊修远　彭少琪　都成宇　王可一　张嘉欣　孟　莹
孙　杰　何彦贴　郭经熤　刘　颖　过雨旸　刘容睿　柳彦廷　陈宇琪　李彦瑾
王心怡　安德鹏　鲁芸彤　周　曼　周　晴　蒋子萱　王子涵　原蕙瑜　罗名凯
李　喆　陆炜祺　郭昕彤　黄玉婷　孟一帆　章智源

后勤团工委(2 人)

杨钦祎　王　茁

机关团工委(3 人)

张　川　游　萌　排孜丽亚·艾尼完

附属学校(2 人)

何弦曲　马宇翔

十、优秀共青团员(817 人,研究生授予"优秀研究生"称号)

地球科学学院(34 人)

本科生(18 人)

侯　晏　何智浚　李昌雄　冯祖炜　陈之越　王　鹏　余湞桢　方　岩　陈致远
顾　铱　雷雯媛　王一璇　林艳婷　梁馨心　余敏君　李诗伟　王晶晶　谢彧晗

研究生(16 人)

梅铧方　张夏辉　侯梦阳　卢贤志　刘　洋　符　景　张　静　苏　岳　夏　元
吕会莉　罗　磊　周锦涛　汪　浪　王闻涛　黄尔丹　黄　晨

资源学院(41 人)

本科生(23 人)

李龙鹏　刘文萍　王亚梅　文　强　王　婷　曹献宁　昕　婷　宋金燕　刘雨欣
汪　轩　廖欣悦　李爱霞　罗　隆　李明晓　刘哲文　靳鑫洲　曾佳慧　马铭泽

张庆腾　张行凯　高亚仙　方　豪　刘　彤

研究生(18人)

程茂策　杨五星　张震杰　宋文睿　罗　涛　尹博俊　胡　闯　赵陆挺
古再丽努尔·艾尔肯　高　淇　谢卫东　宁耀玲　郑　何　彭宇滤　汪伟民
刘翔宇　杨雅煜　胡　月

材料与化学学院(43人)

本科生(29人)

王月辉　徐　钦　周雨琪　赵梦楠　王　斐　白云芳　陈　婷　丁远哲　庞雨婷
蒋才睿　刘珺涵　杨诗伟　曾盈盈　姜金澍　赵梓浩　彭若晴　王丽欣　李怡翰
吴婷芳　杨慧莉　赵旖暄　杨玥琳　伏婉祎　陆子成　许依玲　赖娅楠　张旻宇
许翰奇　聂荣哲

研究生(14人)

许　鹤　包文欣　赵浩明　张海驿　崔小丽　何华威　刘　静　陈　铭　刘志研
罗小来　汪　然　皮万乐　蒋文莲　冯　力

环境学院(55人)

本科生(28人)

李姝贤　李述亦　张昕源　张钰晨　张登霞　肖　东　王　怀　单　钰　朱逸飞
马娴哲　李成坤　孙文锦　金玉洁　刘晨曦　刘　洋　邹　阳　李秋汶　张子蔚
段舒赛　卢鹏宇　黄田心　彭章頔　张晓宇　柴江琦　陈　云　姚　瑶　贾　松
鲁凌霄

研究生(27人)

黄　茜　陈雪杨　陈宝连　郭　庆　赵仕琳　贾旭东　谭皓月　谢金林　薛　晨
王群芳　田静静　章朝煜　李可唯　李　勇　欧阳子煜　李　璐　朱奕洁　彭雨晴
张思晗　徐羽辉　孙静宇　姜曹键　孟　越　张　瑾　伍燕梅　刘玉姣　周　余

工程学院(75人)

本科生(50人)

邹启俊　苏雯洁　李　冉　高子茜　孙奥鸿　刘海涛　宋坤明　许　杨　刘　成
覃湘琳　邓小明　王善成　陈　旭　郭云青　陶俪瑾　江佳文　魏　凯　姚　婧
肖　娴　余宙骄子　于　深　李文智　苗宇芃　李至哲　邢振新　江露露　胡　爽

陈文钰 马雅婷 熊 伟 杨乙飞 劳祖合 王晨漉 谷钰坤 杨丰源 李加滨
白欣悦 邬依念 刘东岩 林文博 李 杰 赵倬婧 范 鑫 王思贤 孔 政
徐良宇 周星宇 熊锦龙 刘蜀徽 魏思伟

研究生(25 人)

方 熠 孙文昌 孔繁盛 曹华彰 秦天戈 程 超 李晓岩 王 迪 唐 琦
欧阳九发 许 劲 郑颖琇 李 婉 刘盼盼 彭赵亮 栗志斌 李晓坤 李 培
李 婷 田小宽 周政文 张依杰 胡九月 刘金辉 张欣仪

地球物理与空间信息学院(30 人)

本科生(18 人)

李少楠 蔡锌帆 赵 为 龚承培 张逸舟 刘思雨 孟一帆 赵康安 李家铭
李子腾 陈良宇 赵林轩 闫行健 李俊斌 王亚洲 阳太阳 单闻博 习柳刚

研究生(12 人)

潘 健 王 晨 杨 玥 谢金凤 赵泽阳 康雪倩 李 俊 罗江南 罗卓然
王 日 张齐钰 许国森

海洋学院(12 人)

本科生(6 人)

操时逸 李雨晨 罗 婧 施皓程 王锦怡 郭 睿

研究生(6 人)

陈 静 望 畅 肖鸿议 黄 菲 张力夫 张 祺

机械与电子信息学院(62 人)

本科生(47 人)

武远正 石俊杰 龙 鑫 张 欣 黄玥玥 何 政 侯宇凡 李佳鑫 宋坤坤
赵睿思 吴懿轩 王正东 由 佳 叶 坤 魏雪姚 陈巧兰 李锦添 周昊冉
陈 聪 黄 俊 李昌婧 赵怡欣 朱一锋 唐 婷 杨新琪 高嘉伟 谷 乐
徐子超 黄孜骜 朱静文 刘思颖 刘 燕 王文浩 陈楷夫 王 柯 吴昊哲
庞亚文 李运通 张文菲 冯 彬 戴瑞铭 耿贺伟 朱嘉奕 郑子祺 余豪杰
杨 鹏 王艳红

研究生(15 人)

杜 萌 金羽昂 黄 晶 尹俊林 黎 杰 赵益红 白银帅 龙家荣 门晓坛
黎亚妮 祁靖烨 何 珺 李 丹 曾世锋 周生波

自动化学院(45 人)

本科生(32 人)

王辰轩　许　航　郑晓龙　张奕驰　段钰森　黄　杰　郑一楠　罗　澍　王泽毅
唐　玥　郭思雨　李云龙　程婷婷　查奕枫　章铭涵　张皓彦　杜嘉怡　王银哲
李梦昕　孙金元　尚依纯　王新宇　孙子誉　孙德科　杜中明　陈思敏　董　帅
陈佩文　宋紫琴　成柏霏　陈其康　朱欣睿

研究生(13 人)

文浩贤　孙凌志　王　伟　余艾莲　吕紫溶　陈　响　宋　昆　刘博文　张祥祥
周　丹　成诗辉　程　鑫　高宇峰

经济管理学院(72 人)

本科生(50 人)

周慧敏　李　晗　刘彤彤　余　锐　李　乔　郑泽楷　李　清　栾晓珺　唐睿智
周均花　彭鑫颖　张曼茹　朱　恒　曹晓逸　吴恺文　侯森雨　杨孟思　刘亚鹏
王　雨　叶美莲　杨艺恬　潘晓娜　陈可舒　何美玲　童　话　池淑婷　贲雅雯
安深军　李静怡　肖玙蝶　朱　敏　朱珍玉　刘蓉桦　吴军锦　周晓洁　黄志豪
陈高同　石瑾怡　张博文　蔡　绮　常丹睿　刘胤彤　刘　晨　陈锦晗　雷梦媛
耿恩宇　谢馨仪　万学微　李若萱　牛嘉琛

研究生(22 人)

王晓博　李继超　赵彦琼　岳晓晨　李　嘉　闫琦琳　张宝玉　刘　轩　徐　维
陈　颖　李依晗　赖印强　李子腾　帅正华　管彦钰　张　雨　唐　瑞　国煜欢
何欣宇　周之逸　谢诗卉　牛金叶

外国语学院(17 人)

本科生(10 人)

鞠冉冉　王文韬　杨雪颖　张　珽　刘晓萌　陈晓红　郭　爱　宋　芳　李若愚
钱雨晨

研究生(7 人)

李　喆　潘自欣　魏思思　何家雯　邓　维　王紫璇　彭　璟

地理与信息工程学院(61 人)

本科生(37 人)

祁婧娇　王立增　房晗祯　陈紫琳　陈　卓　杨　婕　陈子浩　张宗闯　王　宁

倪宸睿　段文豪　邓濯缨　周佳怡　彭韵凝　黄嘉雯　叶　铃　刘璟彤　吴晨辉
眭艺钟　李东升　鲍澜华　魏　萌　匡怡然　赵传成　杨敏洁　陈祥瑞　甘淏柽
徐　琳　卓星语　曹逸宇　刘航甫　项思雨　沈妙心　陈启语　胡宇飞　周远卓
孟子腾

研究生(24 人)

李　卉　刘航语　张嘉文　王　睿　李天琪　汪友军　戴薇薇　周　蜜　张雅新
王　聪　王志鹏　李向媛　宋　林　林冰钰　张彩莲　师兆伦　张梅琳　吉宸佳
李双越　陈　军　贺　蓉　冉龙莉　黄子涵　杨　雪

数学与物理学院(29 人)

本科生(22 人)

肖佳慧　闫雨歆　孙嘉谊　葛维佳　李佳颖　王树青　孔凯文　干练欣　杨飞鹤
杨　雷　邱　茹　柳江燕　周文奇　乃吾克然江·阿优甫　向光宇　潘嘉豪
江　倩　陈虹羽　田雪雯　乔成财　白湘楠　张煜琢

研究生(7 人)

庞紫娟　虞雯霞　王彦辉　陈　卓　李玉曦　刘煜淳　李兆辰

珠宝学院(18 人)

本科生(13 人)

姚若文　卢艺源　张琬宜　雷金嘉　张欣然　张懿佳　杨玉爽　骆彦方　赵天豪
莫绮璇　贾淑瑶　瞿新月　孙长恒

研究生(5 人)

杜兆阳　黄赵颖　田姝裕　胡　巧　秦煜晶

公共管理学院(40 人)

本科生(25 人)

覃耀萱　杨　光　邱文哲　宋京辉　黄　盟　张宸玮　庹维笑　聂子萌　冉启林
姚玉川　王英格　孟思家　白令海　谢　媛　罗嘉媛　邱宇莹　卢芷怡　李　翔
翟一帆　邱孝伟　乔娅琳　包琳欣　冯园园　姚　瑶　沈姝然

研究生(15 人)

石文玉　李晓铮　方逸凡　程小丽　张一帆　刘梦茹　马伟伟　付文杰　王萍萍
李世清　文颖慧　高　等　吴　思　孙　璐　游　丽

计算机学院(70 人)

本科生(53 人)

石绣文 刘宇阳 李嘉欣 张凸凹 柯 天 龚子瑄 沈义凡 刘志鑫 施立豪
张婉怡 靳博原 吴妍妍 王德良 庄思萍 杨钰琪 段 苗 蒋廷恺 刘博宁
陈子阳 彭胤斌 范子略 张文然 张永成 田 振 孔令欣 曹世杰 朱轩宇
刘明阳 庄榕凯 孙雨樾 徐诗怡 王诗敏 王玮琦 赵起萌 乔晓晓 李国立
靖泽文 祝馨平 程鑫墙 邹梦珍 胡秋雨 朱新宇 白文涵 樊嘉昊 沈牧言
张宇坤 陈婉铃 李 想 刘 妍 张秋立 肖腾涛 许 鹏 史科理

研究生(17 人)

罗 聪 任丽娟 唐杰辰 李霏霏 王小凤 张 骞 李 瑞 高 行 刘子瑜
崔祥森 顾伟超 简敏勇 吴志明 陆许瑶 魏 铭 谭 超 王浩屹

体育学院(8 人)

本科生(4 人)

杨一鸣 杨欣欣 康令令 王靖韬

研究生(4 人)

张 迪 袁诗婧 王慧敏 龙成露

艺术与传媒学院(34 人)

本科生(24 人)

汤皓婷 马凝珂 林钰滢 张潇月 陈艺舟 武 涵 高 尚 宋佳宁 李 阳
刘思琪 熊崇伶 王 甜 蔡育超 孔琳琳 陆致远 吴秉谦 刘玮佳 杨茂澜
赵佳桐 郭嘉鑫 陈 幸 张冬萌 李梦圆 钟诗情

研究生(10 人)

黄 茜 李昕怡 卢柯含 彭俊辰 王雪蓉 肖淋译 徐 昕 张敏瑞 赵梦霄
郑梦婕

马克思主义学院(8 人)

本科生(4 人)

张雨冰 张篮天 赵晨希 田雅菲

研究生(4 人)

蒋林丽 冯雪艳 王 露 李亚静

李四光学院(7人)

张小龙　袁　则　李钛航　刘振邦　杨宇宸　魏博阳　李兆匡

高等研究院(21人)

崔钰琮　李　跃　卢星月　罗　杉　潘慧文　宋雨薇　张余茜　张子燕　薛江凯
殷保国　冯彦同　彭禹杰　王　帅　何雨健　胡永良　卢成睿　马鸿发　王旭阳
李　梅　刘羽初　王思佳

教育研究院(6人)

罗　微　付兴兴　刘燕芬　相博文　朱　欣　胡箫吟

校级团属学生组织(27人)

李凌玉　赵康亭　王诗雅　汪冰玉　刘冰玉　褚乾年　王笑笑　刘禹贺　龚仕元
刘奕亮　陈　旭　李柏渊　徐静怡　萨木哈尔·赛力克　徐子晴　蔡维萍　陈　璐
王苏齐　李清怡　侯玲玲　李晓琴　刘茜文　吴禹娇　董雪薇　张骏菲　麦思颖
文　捷

后勤团工委(1人)

周佼颖

附属学校(1人)

赵嘉欣

十一、百名好支书/好班长(99人)

地球科学学院(4人)

彭宇洋　王语奇　韩欣瑶　郝明芳

资源学院(5人)

符亦飞　陈　丹　林凯腾　韩键润　陈添裕

材料与化学学院(6人)

李一凡　黄令仪　刘泽倩　马晨格　甘宇飞　吴思宇

环境学院(6人)

彭锦蓉　邓　睿　许　涵　陈鹏飞　华祎梓　徐思怡

工程学院(9人)

刘　昊　李泽涵　黄齐俊　王　蒙　姚振宇　秦　博　谢卓雅　芦文浩　欧阳梁子

地球物理与空间信息学院(4人)

刘海斌　王舜杰　郑　浩　马宇龙

海洋学院(1人)

乔龙进

机械与电子信息学院(9人)

贾　延　王廷柱　丁驰洋　陈浩文　刘　鑫　章　珊　王若琪　曾浩然　赵　鑫

自动化学院(5人)

殷　乐　张宇一　刘学文　张文菡　刘健健

经济管理学院(9人)

周心怡　余欣芸　彭少琪　李思怡　裴珈悦　尹艳悦　郭倩男　谢寒琪　孙士毅

外国语学院(3人)

葛静喜　危　薇　张家豪

地理与信息工程学院(7人)

王鹤源　蔡豪爽　刘传龙　郭佳硕　田益瑗　黄诗颖　肖婷敏

数学与物理学院(4人)

董雪薇　张丽娜　郭子俊　黄　帆

珠宝学院(3人)

崔绮轩　刘颖洁　王嘉欣

公共管理学院(5 人)

范欣竹　刘京洋　李焕正　段佳文　张雪雨

计算机学院(9 人)

杨思洁　张灵冉　吴志鹏　朱国强　涂云鹏　胡婧涵　方知雨　雷孟奇　李　娇

体育学院(1 人)

邓云轩

艺术与传媒学院(6 人)

柴沈露　李一平　高恬泽惠　李虹佳　冷清秋　刘　旸

马克思主义学院(1 人)

尚天钰

李四光学院(1 人)

程思源

附属学校(1 人)

段美亚

十二、"挑战杯"专项奖

(一)优秀组织单位(10 个)

地球科学学院资源学院材料与化学学院

工程学院

机械与电子信息学院

外国语学院

公共管理学院

计算机学院

马克思主义学院

自动化学院

(二)优秀指导老师(23人)

姚夏晶　冯　迪　高　幸　龚一鸣　纵瑞文　李程俊　王　勇　高翔莲　阮一帆
陈　军　沈传波　葛　翔　段　平　葛　文　岳　奎　李海金　卓成刚　刘国华
刘振焘　陈略峰　王家豪　陈卫明　程　卓

(三)优秀团队(13个)

外国语学院

红色路上的外语人——湖北红色景点英译现状调研

获奖情况:“挑战杯”全国大学生课外学术科技作品竞赛红色专项赛道全国一等奖

获奖团队:田昊宇　殷梦溪　方旖旎　卢小维　蔡　琪　周凤洁　文嘉妮　王文韬　鞠冉冉　刘博文

指导老师:姚夏晶　冯　迪　高　幸

地球科学学院

志留纪早期盔甲鱼类的起源与辐射演化

获奖情况:“挑战杯”全国大学生课外学术科技作品竞赛传统赛道全国二等奖、湖北省“挑战杯”大学生课外学术科技作品竞赛省赛一等奖

获奖团队:刘一龙　黄烈斌

指导老师:龚一鸣　纵瑞文

计算机学院

利用基于投射算子的遗传算法求解旅行商问题

获奖情况:“挑战杯”全国大学生课外学术科技作品竞赛传统赛道全国三等奖、湖北省“挑战杯”大学生课外学术科技作品竞赛省赛一等奖

获奖团队:姚孔轩　孙伟祥　崔永川　何陆骐　邵奕凯　刘哲伟

指导老师:李程俊　王　勇

马克思主义学院

大学生党史入脑入心教育状况研究——基于武汉市七所部属高校的调研

获奖情况:“挑战杯”全国大学生课外学术科技作品竞赛传统赛道全国三等奖、湖北省“挑战杯”大学生课外学术科技作品竞赛省赛一等奖

获奖团队:庞仁洪　叶碧琳　尚天钰　张篮天

指导老师:高翔莲　陈　军

马克思主义学院

大学生总体国家安全观教育:现状、问题与对策——基于11所在汉高校的调研

获奖情况:“挑战杯”全国大学生课外学术科技作品竞赛传统赛道全国三等奖、湖北省“挑战杯”大学生课外学术科技作品竞赛省赛一等奖

获奖团队:姚乃文　李梦婕　戴诗雅　赵舒雅　赵雪渊

指导老师:阮一帆

资源学院

碳中和背景下地热研究热点与前沿——基于知识图谱视角

获奖情况:“挑战杯”全国大学生课外学术科技作品竞赛传统赛道全国三等奖、湖北省“挑战杯”大学生课外学术科技作品竞赛省赛二等奖

获奖团队:万晓帆　张　昊

指导老师:沈传波　葛　翔

马克思主义学院

“绿水青山”再扬乡村善治之帆——基层社会矛盾调处化解的“安吉答卷”

获奖情况:湖北省“挑战杯”大学生课外学术科技作品竞赛省赛一等奖

获奖团队:蔡安禧　邹倩茹　鲁勇超　陈子怡　邓安琪　索云龙　周紫阳　韦仕莉

指导老师:岳　奎

材料与化学学院

基于固体废弃物改性开发绿色建筑材料

获奖情况:湖北省“挑战杯”大学生课外学术科技作品竞赛省赛二等奖

获奖团队:李茂森　覃铃玲　李婉淋　江金萍　刘珺涵

指导老师:段　平　葛　文

马克思主义学院

持续巩固脱贫成果:返贫风险与稳定脱贫长效机制构建研究——以疫情背景下湖北省四个村庄为例

获奖情况:湖北省“挑战杯”大学生课外学术科技作品竞赛省赛二等奖

获奖团队:胡伟民　张珊珊　吴思远　李梦婕　秦祎阳　权昊楠　黄珞珈

指导老师:李海金　陈　军

公共管理学院

公共卫生事件中流调信息保护研究——基于疫情期间返乡大学生的实证分析

获奖情况:湖北省“挑战杯”大学生课外学术科技作品竞赛省赛二等奖

获奖团队:张可欣　李嘉怡　罗羽淇　焦　颖　卢景懿　黄斯藤　张京航

指导老师:卓成刚　刘国华

自动化学院

影音智能定位云台

获奖情况:湖北省“挑战杯”大学生课外学术科技作品竞赛省赛二等奖

获奖团队:金浩然　朱颖欣　李诚宇　陈兰波　吕　筑　曾翔宇

指导老师:刘振泰　陈略峰

机械与电子信息学院

Polar码高性能信道译码器及其图像传输仿真软件

获奖情况:湖北省“挑战杯”大学生课外学术科技作品竞赛省赛二等奖

获奖团队:沈立人　蔡炜文　谢靖愉　班保旭　郑文浩　王正东

指导老师:王家豪

工程学院

基于深度学习及云计算的地空一体工地安全监测系统

获奖情况:湖北省“挑战杯”大学生课外学术科技作品竞赛省赛二等奖

获奖团队:凌小宝　刘哲伟　张健强　朱辰越　聂钇合　肖子恺　郭延瑞　王子鑫

指导老师:陈卫明　程　卓

（四）优秀工作者（10人）

滕笑丽　刘明辉　唐　伟　文　新　杜　育　李海涵　李姝慧　李欢欢　姚　晟
黄兰华

十三、百生讲坛专项奖

（一）活力团支部（2个）

环境学院“张国旗班”团支部
海洋学院海洋科学专业2019级团支部

（二）优秀主讲人（1人）

许卓思

（三）优秀微团课（1人）

徐　媛

十四、大学生志愿服务专项奖

（一）十佳大学生志愿服务团队（10个）

经济管理学院志愿者工作部
马克思主义学院青马力行志愿服务团队
公共管理学院团委志愿服务银行
明德工程·志愿者协会
地球科学学院志愿者协会
夏心续梦公益社团
山中花儿爱心助学团
逸夫科普讲解队

"国旗卫士"专业志愿服务团队
最美夕阳红敬老志愿团

(二)优秀大学生志愿服务项目(5 个)

"红色之声"志愿理论宣讲
地学之光科普志愿团队
"1+N"高校社区共建志愿服务社会实践育人基地模式探索
用心搭建筑梦课堂,青春助力教育扶贫
明德风周末志愿家教

(三)优秀大学生志愿服务指导老师(5 人)

姚 晟　黄志炜　霍少孟　丁钰峰　高晓东

(四)十佳大学生志愿服务个人(10 人)

张雯迪　陈鹏飞　武园伊　张嘉欣　侯玲玲　包雅婷　陈欣媛　刘煜希　谢 媛
周 晴

十五、美育工作专项奖

(一)话剧《大地之光》排演突出贡献奖(21 人)

毛梓艺　吴恺文　白文卓　程之同　孟景宣　唐浩然　丁 宁　董兆泽　黄 帆
黄锴枞　廖山美　刘凌斐　刘馨玙　刘 玉　鲁钰洁　罗 新　潘天乐　熊丹临
张 启　张雯婧　彭书凡

(二)"五月的鲜花"全国大中学生文艺汇演突出贡献奖(22 人)

王悦涵　张柯卿　李佳燕　陶汪伟　蒋振宇　张笑语　苏晓瑜　胡雨蝶　霍雨佳
李沛竹　尹玺雯　许杰昌　李子龙　杨慕涵　马 雪　曲晨昊　邓子欣　蔡智全
任 开　戴 翔　麦迪娜·艾尼　姆叶萨尔·吾斯曼江

(三)"五月的鲜花"全国大中学生文艺汇演优秀指导老师(3人)

蔡智全　任　开　戴　翔

(四)艺术展演突出贡献奖(40人)

李雨龙　王玮琦　吴　琰　张世豪　毛富生　穆　雨　巨凯亮　殷浩林　王李俊
丁　毅　王禧玥　陈雪莲　楚　磊　谢兆嘉　周琳皓　张一凡　徐子康　李乔石
黄明仁　李　方　方启东　李耿浩　董　乐　许经纬　张　宇　肖　可　沈晶娟
尹浩安　刘祥龙　葛雨奇　齐一凡　林烨坤　刘铭颖　唐泽涛　张祎楠　黄振洪
李家铭　吴禹娇　徐嘉隆　扎西罗布

(五)优秀文艺骨干(50人)

张凌蕴　郑朝文　都晋雯　肖子睿　王思达　丁升荣　易澜修　杨谨旭　朱清桐
郑秋萍　刘悦竹　杨心之　葛依玲　黄骏奎　倪英博　周　坤　沈　玥　翟方瑜
赵武修　李茹涵　袁嘉婧　付连盟　方俊琪　铁子佳　田姝裕　王　样　李欣茹
董张驰　张鑫成　邬广博　李天屹　陈长泰　宋　赢　王柯懿　蒋郁婧　韦婉怡
吴隆曼　陈威帆　王　婕　张　艳　刘　慧　赖天诺　匡琳靖　张　莹　何　倩
陈乐杭　赵旋玉　童　婷　孙睿琪　祖丽艾吉尔·吐尔干江

十六、社团工作专项奖

(一)社团精品项目优秀指导老师(10人)

赵得爱　罗文旭　丁钰峰　高晓东　宋海军　李姝慧　汪晓玥　陈凤英　胡　凯
赵　娟

(二)优秀社团骨干(33人)

陈冬晴　陈惠琳　程嘉宁　高　吉　高堂哲　葛静喜　郭廷瑞　何海月　胡宝灵
怀晓露　黄文俊　荆雨彤　鞠长江　李　欣　刘雨婷　刘子源　孟思羽　彭欣茹

屈丹妮　孙　艺　孙孝元　王文睿　武晓煜　易　洲　银邦媛　应嘉禾　曾　骞
张悦童　赵旭阳　赵业博　郑怡琳　周士磊　周占翔

十七、团属新媒体专项奖

(一)十佳团属新媒体平台(10 个)

经济管理学院:CUG 经管新生代
计算机学院:CSer 在地大
环境学院:地大环境小水滴
地球科学学院:地球科学学院
资源学院:资源人
公共管理学院:南望公管人
数学与物理学院:CUGi 数理
艺术与传媒学院:CUG 艺媒人
材料与化学学院:地大材化人
地理与信息工程学院:地理信工学院

(二)十佳团属新媒体达人(10 人)

校团委宣传部暨第四纪全媒体中心:章建阳
环境学院:李佳怡
艺术与传媒学院:张　璇
机械与电子信息学院:刘宇峰
公共管理学院:王雨竹
材料与化学学院:甘宇飞
校研究生会:冯　月
地球科学学院:顾　铱
经济管理学院:谢琨淮
资源学院:罗　鑫

(三)团属新媒体平台优秀指导教师(10 人)

经济管理学院:徐天宜
计算机学院:王太茂
环境学院:耿　婧
地球科学学院:黄志炜
资源学院:刘明辉
公共管理学院:王青涛
数学与物理学院:黄恬恬
艺术与传媒学院:曾戈晖
材料与化学学院:侯亚飞
地理与信息工程学院:李天琪

十八、“我读党史”专项奖

“指南针”讲师团优秀讲师(6 人)

孔少飞　杜　育　李姝慧　李欢欢　范　友　努尔夏提·居勒提

2021—2022年度先进基层党组织、优秀共产党员和优秀党务工作者

地大党发〔2022〕38号

一、教职工

(一)先进基层党组织(20个)

地球科学学院党委
资源学院党委
材料与化学学院材料系第一党支部
环境学院环境科学与工程系党支部
工程学院院直属党支部
地球物理与空间信息学院应用地球物理系党支部
海洋学院海洋科学系党支部
经济管理学院金融与贸易系党支部
数学与物理学院数学与应用数学系党支部
珠宝学院宝石系教工党支部
公共管理学院土地资源管理系党支部
计算机学院软件工程系党支部
体育学院公共体育系党支部
马克思主义学院思想政治理论课第一党支部
地质过程与矿产资源国家重点实验室教工党支部
组织统战党支部
纪检监察党支部
档案校史党支部
医院第二党支部
离退休工作处党支部

(二)优秀共产党员(40人)

地球科学学院党委:马昌前

资源学院党委:吴立群

材料与化学学院党委:侯亚飞

环境学院党委:李　平

工程学院党委:龚文平　杨冠青

地球物理与空间信息学院党委:师学明

海洋学院党委:姜　涛

机械与电子信息学院党委:郭红想

自动化学院党委:宗小峰

经济管理学院党委:朱　镇

外国语学院党委:张伶俐

地理与信息工程学院党委:徐景田

数学与物理学院党委:卢　成

珠宝学院党委:汤凡渺

公共管理学院党委:张宽裕

计算机学院党委:阎继宁

体育学院党委:李　伦

艺术与传媒学院党委:李待宾

马克思主义学院党委:孙文沛

机关党委:魏海勇　黄　蕾　张　磊　王艳波　龙　涛

远程与继续教育学院党总支:刘晓平

高等研究院党委:陈能成

教育研究院党总支:陈　彪

期刊社党总支:肖　骏

后勤党委:王　福

资产公司党总支:郝义国

图书档案与文博党委:刘安璐

医院党总支:秦荧潞

出版社党总支:范　明

附属学校党总支:孟宪玲
离退休工作党委:曾佐勋　盛宏模　史元盛　叶　青
外派挂职、借调:田　昆

(三)优秀党务工作者(19 人)

地球科学学院党委:赵得爱
资源学院党委:梅红波
材料与化学学院党委:马　睿
工程学院党委:陈　婵
海洋学院党委:钟　苹
自动化学院党委:黄兰华
经济管理学院党委:李少杰
外国语学院党委:胡文勤
珠宝学院党委:周琦深
体育学院党委:胡　凯
马克思主义学院党委:姚　晟
机关党委:冷再心　陈　慧　李　晖
资产公司党总支:鲁　元
图书档案与文博党委:彭磊
医院党总支:王海花
离退休工作党委:张信军
外派挂职、借调:孟国强

二、学生

(一)先进基层党组织(30 个)

地球科学学院地质学国家基地班本科生党支部
地球科学学院生物与环境演化研究生党支部
资源学院固体卓越班本科生党支部
资源学院石油工程系 2020 级研究生党支部
材料与化学学院化学系本科生第二党支部

环境学院张国旗班党支部
环境学院水文专业大学生党支部
工程学院地质工程实验班本科生党支部
工程学院勘查技术与工程专业本科生党支部
地球物理与空间信息学院地探专业硕士研究生纵向党支部
海洋学院海洋科学系研究生党支部
机械与电子信息学院机械专业第二本科生党支部
自动化学院控制科学与工程博士生第一党支部
自动化学院自动化专业大学生第二党支部
经济管理学院工程管理专业本科生党支部
经济管理学院营销旅管专业本科生党支部
外国语学院2020级研究生第一党支部
地理与信息工程学院2020级研究生第五党支部
地理与信息工程学院本科生第三党支部
数学与物理学院数学与应用数学专业本科生党支部
珠宝学院宝石系研究生第二党支部
公共管理学院土地资源管理专业博士研究生党支部
计算机学院本科生计算机科学与技术专业第二党支部
体育学院学生第二党支部
艺术与传媒学院设计学研究生党支部
马克思主义学院青马筑梦党支部
李四光学院本科生党支部
教育研究院教育学专业研究生党支部
高等研究院2019级GIS工程中心学生党支部
高等研究院地矿国重实验室博士研究生党支部

（二）优秀共产党员（30人）

地球科学学院党委：胡楚玉　马佳怡
资源学院党委：王海进　尹燕梁
材料与化学学院党委：王一川
环境学院党委：徐皓杰　陈鹏飞

工程学院党委:寇桓嘉　刘宇佳

地球物理与空间信息学院党委:柳亚成

海洋学院党委:徐　波

机械与电子信息学院党委:柯　俊

自动化学院党委:毕乐宇　赵桂瑜

经济管理学院党委:荣金玉　郑雯琪

外国语学院党委:唐元楠

地理与信息工程学院党委:武亚明　俞　慧

数学与物理学院党委:卜宇茜

珠宝学院党委:谢雅亿

公共管理学院党委:张雪雨

计算机学院党委:王玥玮

体育学院党委:冯晓雨

艺术与传媒学院党委:池典雅

马克思主义学院党委:李梦婕

李四光学院党委:王浩宇

教育研究院党总支:相博文

高等研究院党委:时长志　魏月华

未来城校区建设工作突出贡献集体、先进集体、先进个人

地大发〔2022〕40号

一、突出贡献集体（1个）

新校区建设指挥部

二、先进集体（16个）

材料与化学学院
环境学院
经济管理学院
地理与信息工程学院
计算机学院
地质过程与矿产资源国家重点实验室
生物地质与环境地质国家重点实验室
国家地理信息系统工程技术研究中心
学校办公室
纪委办公室（监察处）
财务与资产管理部
实验室与设备管理处
信息化工作办公室
审计处
后勤保障部
未来城校区管理办公室

三、先进个人（105人，按姓氏笔画为序）

于荣萍　王　芳　王　莉　王　晨　王　渊　王一波　王长虹　王权于　王伦澈
王建胜　王俊芳　王雪雪　王群星　公衍生　邓　斌　邓云涛　左麦枝　石剑峰
帅　斌　吕　璐　吕雅峥　朱　军　向东文　刘　杰　刘　泽　刘　筱　刘文贵
刘世斌　刘东杰　刘厚德　刘清华　闫艳艳　汤良孝　许德华　李　琪　李小辉

李振华　李晓杰　李晓晔　李鹏翔　杨　叶　杨　帆　杨　超　杨世清　杨国娟
杨树旺　肖建忠　肖维帅　吴　优　吴　迪　吴红进　邱　鑫　余　伟　沈永林
宋中华　张　峰　张　锐　张　睿　张云枝　张玉贤　张纫兰　张建华　陈　胜
陈云亮　陈永佳　范　成　尚东光　明厚利　罗建华　罗勋鹤　周　琛　周　森
周文凤　周佼颖　郑茂腾　单华生　赵来时　胡丹青　胡兰兰　姜力维　姜忠保
晋　曦　钱同辉　倪　倩　翁华强　高　盼　高复阳　高莹莹　高晓东　郭　倩
郭小玉　唐　伟　唐林静　曹国宏　常　虹　隋明成　彭　佳　韩　静　程翰超
傅　苑　曾　珍　曾思红　游金彪　黎　燕　潘欢迎

Nianjian

院士、高层次人才计划入选者

中国科学院院士(14 人)

赵鹏大　殷鸿福　於崇文　翟裕生　李曙光　金振民　莫宣学　王成善　郝　芳
王焰新　成秋明　谢树成　邓　军　孙友宏

国家、省部级高层次人才计划入选者

国家杰出青年科学基金获得者 28 人

蒋少涌(2000)　李小凡(2000)　郝　芳(2001)　童金南(2003)　王焰新(2004)
郑建平(2004)　吴　敏(2004)　成秋明(2005)　谢树成(2005)　余家国(2006)
刘勇胜(2011)　何　勇(2011)　杨华明(2012)　李建威(2013)　章军锋(2014)
夏　帆(2015)　吴元保(2016)　胡兆初(2017)　李　超(2018)　王力哲(2019)
赵军红(2020)　袁松虎(2020)　赵军红(2020)　史建波(2020)　张仲石(2021)
巫　翔(2022)　宁伏龙(2022)　李　军(2022)

国家优秀青年科学基金获得者 33 人

胡兆初(2013)　黄春菊(2013)　赵葵东(2014)　蒋宏忱(2014)　丁华锋(2014)
左仁广(2015)　袁松虎(2015)　郑　勇(2015)　罗银河(2016)　宋海军(2016)

曹淑云(2017) 汪在聪(2017) 娄筱叮(2017) 马　瑞(2017) 蔡建超(2017)
朱振利(2018) 赵新福(2018) 朱宗敏(2018) 於世为(2018) 宗克清(2019)
王　墩(2019) 李长冬(2019) 文　章(2020) 李建慧(2020) 张传科(2020)
杨江海(2021) 李　辉(2021) 张伟军(2021) 刘　双(2021) 刘成利(2022)
董燕妮(2022) 王全荣(2022) 孙启良(2022)

国家“百千万人才工程”入选者 8 人

郝　芳(2004) 王　琪(2004) 吴　敏(2004) 郑有业(2006) 谢树成(2009)
郑建平(2014) 李建威(2014) 焦玉勇(2017)

教育部“新世纪优秀人才支持计划”入选者 29 人

谢树成(2004) 刘勇胜(2005) 李建威(2005) 蒋国盛(2005) 吴元保(2006)
成建梅(2006) 成金华(2006) 晏鄂川(2007) 马　腾(2007) 刘修国(2007)
吕万军(2008) 王红梅(2008) 余　敬(2008) 何卫红(2009) 刘　慧(2009)
胡兆初(2010) 赵军红(2010) 黄春菊(2011) 李　超(2011) 章军锋(2011)
於世为(2012) 蒋良孝(2012) 蒋宏忱(2012) 宁伏龙(2013) 朱振利(2013)
左仁广(2013) 郭海湘(2013) 付丽华(2013) 袁松虎(2013)

湖北省“高端人才引领培养计划”入选者 1 人

谢树成(2012)

湖北省“新世纪高层次人才工程”入选者

第一层次(4 人)

王焰新(2002) 童金南(2005) 刘勇胜(2011) 谢　忠(2012)

第二层次(22 人)

吴信才(2002) 唐辉明(2002) 张宏飞(2002) 童金南(2002) 解习农(2002)
谢树成(2002) 成金华(2002) 王　华(2002) 张克信(2002) 郑建平(2002)
谢　忠(2002) 陈　刚(2002) 冯庆来(2005) 龚一鸣(2005) 章军锋(2011)
赵军红(2011) 刘修国(2011) 李　超(2011) 谢淑云(2011) 胡新丽(2012)
宁伏龙(2012) 沈传波(2015)

Nianjian

2022年学校十大新闻

1. 学习贯彻党的二十大精神，凝聚奋进新时代的强大力量

学校党委制定实施方案，围绕学习宣讲、研究阐释、贯彻落实等方面，开展系列主题教育，把党的政治优势转化为学校改革发展优势，切实将党的二十大决策部署落实到办学治校全过程各方面。坚持和加强党的全面领导，补充4位校领导班子成员，优化学校领导班子结构，提升校领导班子办学治校能力。第一时间组织收听收看，校院两级领导先学领学，开展多轮党员骨干热议，成立美丽中国讲师团，坚持把学习贯彻党的二十大精神与落实立德树人根本任务、加快“双一流”建设、落实“十四五”规划、深化改革提升治理能力等统筹推进。研究制定落实党的二十大精神“战略谋划调研报告”及具体举措，召开科技、人才与国际化工作会议，全面推动教育、科技、人才三位一体发展，加快推动建设地球科学领域世界一流大学。

2. 举办70周年校庆活动，推动学校高质量发展

七秩荣光创伟业，逐梦未来谱新篇。11月7日上午，庆祝中国地质大学建校70周年大会在未来城校区体育馆隆重举行。11月5日发布“地球科学领域70个科学问题”，11月6日举办中外大学校长论坛，发布《武汉共识：新地学教育倡议》，促进人与自然和谐共生。陈刚教授父子携手登顶珠峰开展科学测量，《攀登》雕塑落成剪彩。李忠荣校友捐赠1800余万元，校史馆建成开馆，举行学习高元贵院长教育思想座谈会，出版23种校庆系列图书，发布校庆吉祥物CUGer，赓续学校血脉、传承地大精神。海内外媒体、新华社、《人民日报》、中央电视台、《光明日报》《中国教育报》《中国社会科学报》等中央及省市媒体报道学校办学成就与办学经验，学校社会声誉和影响力显著提升。

3. 学校党委入选“全国党建工作示范高校”培育创建单位

学校党委坚持以政治建设为统领，推动

党建思政与事业发展深度融合,入选"全国党建工作示范高校"培育创建单位,2个党支部入选"全国党建工作样板支部",1个学院入选"全省党建工作标杆院系",2个支部入选"全省党建工作样板支部"。5月组织承办湖北省高校党建工作现场推进会,11月组织承办湖北高校"全国党建工作样板支部"工作交流研讨会,12月召开党建"双创"工作经验交流会,着力增强党组织政治功能和组织力。抓实基层党组织建设,加强干部选育管用一体化建设,扎实开展党员干部下基层察民情解民忧暖民心实践活动,持续推进清廉地大建设,不断健全高质量党建工作体系。1人获"湖北省优秀政协委员"称号,1人获评湖北省第三届"最美下沉党员"。

4. 强化战略管理,扎实推进"双一流"建设

学校坚持学科特色型大学建设定位,贯彻新发展理念,以人才培养为主线一体推进学科布局、科技创新、师资队伍建设和开放办学。制定学校发展规划管理办法,编制7个专项规划,统筹推进"十四五"规划、"双一流"建设和深化改革,不断健全高质量发展格局。地质学、地质资源与地质工程再次入选"双一流"建设名单并继续位居A+,新增1个A-学科,新增2个B+学科,17个学科有进步,学科结构得到明显改善。学校首次进入ESI农业科学领域全球机构排名前1%,ESI前1%学科数量增加到8个。加强交叉学科学位点建设,着力健全学科分层发展体系,强化对接需求,梳理学科专业布局,以高水平学科引领带动学校高质量发展。

5. 扎实推进有组织科研创新,科研科普工作取得新进展

坚持四个面向,加强科技创新的体系化布局,学校基础研究引领科技创新的源头作用不断提升。牵头立项国家重点研发计划项目5项,获批国家自然科学基金240项,科研项目合同经费达9.5亿元,实到经费6.88亿元。谢树成院士牵头项目获国家自然科学基金重大项目资助,於世为教授获管理科学部重大项目课题,焦玉勇教授获批国家重大科研仪器研制项目。长兴"金钉子"入选全球首批地质遗产地名录,两项成果入选2021年度中国古生物学十大进展。23项科技成果获2021年湖北省科学技术奖,10项成果获湖北省人文社科优秀成果奖。入选第四批高校国家知识产权信息服务中心,专利转化1260余万元,比去年同期增长5倍。《安全与环境工程》入选《科技期刊世界影响力指数报告(2021)》。国家野外站、逸夫博物馆入选全国科普教育基地,五单位获批"湖北省科普教育基地",1人获评2022年湖北省十佳科普达人、武汉"最美科技工作者"。

6. 坚持人才优先发展战略,为学校高质量发展提供强大动能

学校编制"十四五"人力资源总体规划,扎实推进"三定"工作和绩效评价改革,加强教师思政和师德师风建设,不断激发创新动能和人才活力。5月举行第八届国际青年学者地大论坛,发挥"与地大 共芳华"人才磁场效应。新增国家级领军人才6人,国家级青年人才16人,新增省部级人才计划入选者17人。王焰新院士当选中国环境科学学会副理事长，成秋明院士获国际应用地球化学协会最高奖——AAG金奖；王力哲教授、蒂姆·科斯基教授当选欧洲科学院外籍院士；王力哲教授入选国际光学工程学会会士，郑建平教授入选中国地质学会首批会士；宋海军教授荣获第十七届“中国青年科技奖特别奖”；殷坤龙教授获湖北省第四届“楚天园丁奖”，娄筱叮教授获评“湖北青年五四奖章”，沈传波教授获评“湖北师德先进个人”。

7. 全面提高人才自主培养质量，着力造就拔尖创新人才

推动李四光学院、未来技术学院独立建制运行，强化本科生院、研究生院内部职能整合，召开拔尖创新人才培养研讨会，修订新一轮本科人才和研究生培养方案，不断深化“三融合”一流本科人才培养模式改革，建设“三融三跨”高质量研究生教育。10个专业入选国家级一流本科专业建设点，13个专业入选省级一流本科专业建设点；3个虚拟教研室入选教育部虚拟教研室建设试点；4个教学组织获批省级优秀基层教学组织，25门课程获批2022年省级一流本科课程。学校入围中组部牵头的工程硕博士培养改革专项试点高校并启动招生，入选国家级职业教育“双师型”教师培训基地，获批湖北省高校心理健康教育示范中心。“5G＋生态文明教育示范建设”项目入选国家“5G＋智慧教育”应用试点项目。

8. 健全思政工作体系，学子校友在各类舞台大放异彩

学校入选全国首批“大思政课”实践教学基地，创新“导学思政”模式，加强“一站式”学生社区建设，“全程贯通、空间联通、队伍互通、内容打通、评价融通”的“三全育人”工作格局初见成效。开展第二次大学生长江源科考活动，创排原创科普剧《守望》，在长江源村挂牌“大学生乡村振兴学校实践基地”，引领大学生积极投身长江大保护行动。学子在第八届“互联网＋”大赛国赛中获3银6铜，首夺国际遗传工程机器大赛全球金奖，在第六届全国大学生地质技能竞赛中斩获4项一等奖，在其他各类全国及国际大赛中获奖100余项。任阔、钱煜奇、毕乐宇获评“中国大学生自强之星”，钱煜奇获“李四光优秀博士研究生奖”。地大学子连续九年登上央视舞台。

9. 坚持“开放办学”，社会服务和国际交流工作迈上新台阶

10月，学校先后召开服务国家能源资源战略能力提升专题会、深度参与新一轮找矿突破战略行动推进会，奋力书写“英雄地质队员”新篇章。走访100余家重点领域单位开展“访企拓岗行动”，8个项目入选教育部首期供需对接就业育人立项名单，建立常态互动的校友联络机制，实现内地31个省（区、市）校友组织全覆盖。与云南省、宜兴市等地方政府签约开展对口帮扶或联合共建，与广州南沙共建滨海研究院；实施“名企合作计划”，与17家央企和上市公司签署合作协议。不断优化“援派干部＋科研团队”帮扶模式，多措并举助力湖北竹山县、云南施甸县乡村振兴，持续帮扶滇西大珠宝学院建设。与30多所国外高校机构签订合作协议，获批新青年全球胜任力人才培养计划立项,加强"一带一路"国际地学教育培训中心建设。

10.统筹疫情防控和事业发展,持续推进治理能力现代化

紧抓"能力提升年"契机,坚定不移围绕"结构、机制、保障"深化改革,扎实推进更高水平开放,更深层次改革,更高质量创新。全面推进依法治校,完成学校章程修订工作,健全教职工荣誉体系,完善现代大学治理体系。统筹发展安全与民生保障,成立学校安全治理委员会,持续做好常态化疫情防控工作,筑牢战"疫"坚实屏障和安全稳定局面。加强信息化建设和数据治理,OA二期和网上厅投入运行,推进师生"一站式"服务大厅建设。民生实事重点工程稳步推进,倍阅·未来城书店、"朱训书屋"揭牌;获评全省首家"节水标杆高校";校园基础设施提档升级,完成南望山校区雨污分流、学生宿舍改造、未来城幼儿园装修等工程,宝谷创新创业中心、巴东科教基地正式投入使用。

(撰稿:王俊芳;审稿:吴仁喜、魏海勇、储祖旺)

Nianjian

2022年大事记

一月

5日　学校与湖南华菱涟源钢铁有限公司共建的中国地质大学(武汉)校外实践教育基地、研究生联合培养基地和产业技术创新中心揭牌仪式在湖南娄底涟钢举行。

7日　学校召开党史学习教育总结会议,在校校领导、全体中层正职干部、各民主党派人士代表、教师党支部书记代表、学生党支部书记代表、离退休教职工代表、党史学习教育领导小组办公室人员等参会。校长王焰新主持会议。党委书记黄晓玫作学校党史学习教育总结报告。黄晓玫指出,学校党委扎实开展党史学习教育主题活动,完成了《中国地质大学(武汉)关于深入推进党史学习教育 开展庆祝中国共产党成立100周年系列活动的实施方案》部署的66项工作任务,党员干部师生经历了深刻的政治教育、思想淬炼、精神洗礼,党组织的创造力、凝聚力、战斗力大大提升,有力促进了党建思政与学校事业发展深度融合,学校各项事业发展取得新进展。她强调,要不断巩固拓展党史学习教育成果,推动党史学习教育常态化机制建设,持续推动学校高质量发展。

7日　中共湖北省委组织部发布《关于全省第二十一届党员教育电视片观摩交流活动获奖情况的通报》,学校4部党员教育电视片获表彰。

7日　学校与武汉市精神卫生中心合作建设的湖北省级研究生工作站挂牌仪式暨心理健康与交叉学科学术交流会举行。副校长赖旭龙、武汉市精神卫生中心院长李毅参加仪式并为工作站揭牌。

7日　王力哲当选国际光学工程学会会士。

7日　中国非金属矿工业协会致函学校,由纳米矿物材料及应用教育部工程研究中心牵头、联合材料与化学学院等单位申报的“中国非金属矿行业矿物功能材料重点实验室”获得认定并授牌。该实验室是中国非金属矿行业首个重点实验室。

10日　陈华文完成的绘本《英雄之城：武汉战“疫”图记》由中国少年儿童出版社出版，并被列为“中国共产党人精神谱系”主题出版物推荐书单。

10日　由共青团中央、农业农村部联合举办的首届“全国乡村振兴青年先锋”评选结果揭晓，机械与电子信息学院2011届校友钟贤当选。

17日　中国大学MOOC网发布2021年度课程榜单，王国念主持的“英语语音”慕课在外语学科中位列第三。

19日—22日，政协湖北省第十二届委员会第五次会议召开，邓宏兵获评“湖北省优秀政协委员”。

27日　工业和信息化部、教育部联合公示2021年“5G＋智慧教育”应用试点项目入围名单，学校牵头申报的“5G＋生态文明教育示范建设”项目入选，为湖北省高校唯一入选项目。

本月　由沈俊、喻建新、冯庆来、谢树成以及中国科学院南京古生物研究所组成的科研团队，在三叠纪—侏罗纪之交陆地生态系统古环境研究上取得新进展，相关成果在《自然·通讯》杂志上发表。

二月

2日—4日　以“迎接冰雪之约　奔向美好未来”为主题的北京冬奥会火炬传递在北京、延庆、张家口3个赛区进行，校友李久林、陈波参加本次火炬传递。李久林担任第104棒火炬手，陈波担任第35棒火炬手。

2日　王凯平发布个人演奏全新专辑《巴赫大提琴组曲全集——中提琴无伴奏版》。

7日　中国科学技术协会发布《关于2021—2025年全国科普教育基地第一批认定名单的公示》，学校湖北巴东地质灾害国家野外科学观测研究站、逸夫博物馆入选。

9日　《辽宁日报》、光明网等媒体专题报道经济管理学院2013届校友齐怀远志愿服务三届冬奥会的事迹。

14日　教育部公布第二轮“双一流”建设高校及建设学科名单，学校地质学、地质资源与地质工程2个一级学科再次入选。

15日　教育部办公厅公布首批虚拟教研室建设试点名单，由龚一鸣、唐辉明、王焰新分别牵头组建的地球生物学课程虚拟教研室、地质工程专业虚拟教研室、环境工程专业(地质环境方向)虚拟教研室入选。

22日　教育部思想政治工作司、中央网信办网络社会工作局公布第五届全国大学生网络文化节和全国高校网络教育优秀作品推选展示活动入选名单，学校师生获5项奖励。

23日　教育部思想政治工作司公布2022年高校思想政治工作培育建设项目入选名单，学校申报的“聚焦学科特色　涵养卓越品格　着力构建新时代文脉相传的校园景观文化育人体系”入选“2022年高校思想政治工作精品项目”，王林清申报的“高校生态德育理论与实践”入选“2022年高校思想政治工作研究文库”。

24日　胡文勤被聘为“湖北青年创业导师”。

三月

1日　学校秭归产学研基地入选“湖北省第二批中小学生研学实践营地”。

3日　学校获批“湖北省高校心理健康教育示范中心”。

3日　岩矿分析专业1982届校友李忠荣与龙岩市永翠慈善基金会捐赠200万元，用于校史馆建设。

3日　2021年度湖北省高校新闻奖评选结果揭晓，学校新闻作品获一等奖8项、二等奖6项、三等奖3项。

7日　2022年度国家出版基金资助项目评审揭晓，学校出版社申报的《中国黄河中上游流域自然资源图集》《长江经济带环境地质和生态修复》入选。

9日　教育部免去周爱国中国地质大学(武汉)党委常委、副校长职务。

10日　谢树成团队研究成果《古生物脂类对不同古气候因子的重建和示踪》、童金南团队研究成果《古—中生代之交大气二氧化碳浓度升高与陆地生态系统扰动》，入选2021年度“中国古生物学十大进展”。

10日　教育部办公厅公布第三批全国党建工作示范高校、标杆院系、样板支部培育创建单位名单，学校党委入选“全国党建工作示范高校”培育创建单位，环境学院“张国旗班”党支部、工程学院勘察与基础工程系党支部入选“全国党建工作样板支部”培育创建单位。

14日　石油工程专业2020届校友王军获中央电视台举办的“2022中国诗词大会”季军。

15日　殷鸿福院士捐赠50万元，注入“金钉子奖学金”。至此，“金钉子奖学金”总金额超过110万元。

24日　由窦斌主讲，胡祥云、祁士华、李永涛、郑君、马火林等讲授的“地热工程学”慕课登陆中宣部“学习强国”平台，面向全社会开放。

24日　由李江敏团队主讲的课程“文化遗产与自然遗产”第一集在武汉教育电视台《科学讲堂》栏目播出。

26日　由王焰新院士担任项目负责人的国家重点研发计划变革性技术关键科学问题专项“劣质地下水改良的原位调控理论与技术研究”项目启动会暨实施方案论证会在学校召开。

31日　张荣红主持的项目“基于荆楚文化青铜器和绿松石的文创产品创意设计人才培养”获国家艺术基金2022年度立项资助。

四月

3日　王力哲获2022年国际地球科学与遥感学会（IEEE GRSS）区域领导奖(Regional Leader Award)。

6日　《人民政协报》报道对全国政协委员、中国科学院院士、校长王焰新的访谈《“双一流”建设:要与新时代人才强国战略“无缝对接”》。

9日　首届中非文明对话大会举行。国

际学生联合会主席、学校非洲贝宁籍博士生大明代表在华非洲青年作题为《文明传承与青年责任》的报告。

9日—10日　中国环境科学学会第九次全国会员代表大会举行,王焰新院士当选第九届理事会副理事长。

11日　由湖北省委宣传部组织评选的"荆楚楷模"2022年1月至2月上榜人物名单揭晓,李长安入选。

12日　全国高校思想政治工作优秀案例征集活动评选结果公布,学校报送的3个辅导员工作案例分获二等奖、三等奖和优秀奖。

18日　娄筱叮获2022年"湖北青年五四奖章"。

25日　逸夫博物馆入选由中国科协青少年科技中心、中国青少年科技辅导员协会联合启动的"科创筑梦助力双减科普行动试点单位"。

28日　1987届校友王贵玲、1992届校友阳国运、1994届校友孙红林、2005届校友黄文娟获2022年"全国五一劳动奖章"。

30日　陈刚父子成功登上海拔8 848.86米的珠穆朗玛峰,为校庆70周年献礼。

五月

3日　2012届地质工程专业研究生校友王杜江、2018级运动训练学研究生王懿律获"中国青年五四奖章"。

4日　"巅峰使命2022"珠峰科考13名科考登山队员全部登顶。担任登顶科考小组组长的是学校2016届校友德庆欧珠。

5日　学校党委研究决定:副校长刘勇胜兼任高等研究院院长。

10日　材料与化学学院2011届校友刘攀飞被中央宣传部、人力资源和社会保障部评为"2021年最美基层高校毕业生"。

12日　学校党委研究决定:李四光学院独立建制;同意通过关于完善未来技术学院建制与运行模式的报告;同意组建碳中和创新发展研究院。

13日　湖北省高校党建工作现场推进会在未来城校区举行。中共湖北省委教育工作委员会专职副书记、省教育厅党组成员张幸平以及湖北省80多所高校的党委组织部部长、院系党组织书记等参会。

14日—15日　在第二届湖北省高校教师教学创新大赛上,谢淑云团队获正高组二等奖,冯迪团队获中级及以下组二等奖,学校获"优秀组织奖"。

15日　第十二届市场调查与分析大赛全国总决赛成绩揭晓,学校代表队获一等奖1项、三等奖3项。

19日　《攀登》雕塑落成剪彩仪式在南望山校区北区攀登广场举行。

20日　学校"第八届国际青年学者地大论坛"举行。本次论坛主题为"云览未来"。

20日　在第六届全国大学生地质技能大赛上,学校代表队获一等奖4项、二等奖2项,刘嵘、任利民获"优秀指导教师奖",学校获"优秀组织奖"。

21日　由学校承办的"海亮杯"2021—2022学年全国中学生地球科学奥林匹克竞

赛决赛暨第一届全国中学校长论坛在线上举行。

30日　学校召开下基层察民情解民忧暖民心实践活动动员大会，在校校领导、党委常委、校长助理，各管理与服务机构主要负责人，各二级党组织书记、副书记参会。党委书记黄晓玫传达全省教育系统党员干部下基层察民情解民忧暖民心实践活动的动员部署会精神并作动员讲话，要求在开展实践活动的过程中突出学校特色，与创建"全国党建工作示范高校"、"十四五"规划和新一轮"双一流"建设、深化改革、70周年校庆等重要任务结合起来，推进巡视、审计和校内巡察问题整改，促进教代会提案办理，推动学校事业高质量发展。

本月　湖北省委人才办、省人社厅公布2022年"院士专家企业行"名单，王焰新院士等11名教授专家入选。

六月

2日　徐世球入选武汉市2022年度"最美科技工作者"。

2日　学校与广州南沙经济技术开发区签署协议，共建"广州南沙地大滨海研究院"。

6日　湖北省知识产权局党组书记、局长周德文一行来校，调研知识产权工作及国家知识产权运营公共服务平台高校运营(武汉)试点平台建设情况。

6日　资源勘查课程虚拟教研室入选教育部第二批虚拟教研室建设试点名单。

7日　教育部办公厅公布2021年度国家级和省级一流本科专业建设点名单，学校10个专业入选国家级一流本科专业建设点，13个专业入选省级一流本科专业建设点。至此，学校共有国家级专业建设点34个，省级专业建设点17个，占全校本科专业的74%。

8日　共青团中央授予资源学院2010届校友欧阳永棚2022年"全国向上向善好青年"称号。

12日　地球化学动力学家、矿床地球化学家、地质教育家、中国科学院院士、中国地质大学教授於崇文在北京逝世，享年98岁。

15日　2012届海洋地质专业博士毕业生唐勇连任联合国大陆架界限委员会委员，任期为2023年至2028年。

15日　湖北省副省长肖菊华、省政府副秘书长丁辉、省教育厅副厅长周启红、省发改委副主任任守同发、省科技厅副厅长杜耘一行到未来城校区考察调研。

15日　共青团湖北省委公布2022年"湖北向上向善好青年"名单，龚文平、李欢欢入选。

17日　王力哲、蒂姆·科斯基当选新一届欧洲科学院外籍院士。

18日　学校宁夏校友会成立。

18日　由国家留学基金管理委员会主办、学校与湖北教育国际交流协会外国留学生教育管理专业委员会承办的"感知中国：全国来华留学生博士论坛暨丝路博士论坛"举行。

25日　学校23项科技成果获2021年

湖北省科学技术奖,其中作为第一完成单位获奖 19 项、作为参与单位获奖 4 项。

28 日　以陈先锋为组长的教育部检查组一行 5 人来校开展实验室安全现场检查。

28 日　由学校主办的"中国—挪威海洋大学联盟学术研讨会"以线上线下相结合的方式举行,副校长赖旭龙致辞,3000 余人通过网络平台参加会议。

29 日　陈中强团队联合英国布里斯托大学、美国南加州大学,以及赵来时团队等国内外合作者开展的关于海洋生物复苏的研究成果在线发表在《科学·进展》上。

29 日　学校与中国人民解放军中部战区总医院签署战略合作协议。协议约定,双方将联合培养高水平学生、进行高水平科技创新和加强医疗合作。

本月　教育部高等教育司发布 2022 年高等教育中外教材比较研究项目立项名单,吴元保主持的"地球化学中外教材比较研究"项目入选"一般项目"。

本月　向敬伟、李蔚然、杨明、余尚蔚、张伟军、沈俊、宗小峰、陈思、雷晓庆、龚文平等 10 人,获评学校第十五届"十大杰出青年"。

七月

2 日　湖北省经济和信息化厅副厅长郭涛一行前往学校位于光谷葛店科技园内的葛店试验厂调研。

2 日　教育部学生司副司长吴爱华等来校调研"宏志助航计划"和 2022 届毕业生就业工作。

4 日　学校巴东科教基地正式投入使用。

9 日—16 日　学校举办第二期中层干部素质能力提升研讨班。40 余名中层干部前往全国干部教育培训浙江大学基地开展为期一周的学习。

10 日—17 日　学校举办第一期科级干部培训班。76 名管理干部前往全国干部教育培训浙江大学基地开展为期一周的学习。

11 日　中国地质调查局自然资源综合调查指挥中心 2022 年分析测试培训(基础班)在未来城校区开班。

13 日　学校第二次大学生长江源科考出征仪式举行,由 17 名青年学生和 19 名老师组成的科考队奔赴长江源头开展为期 10 天的科学考察。

17 日　由湖北省教育工委、省教育厅主办,学校湖北省高校辅导员培训基地承办的 2022 年湖北省新任辅导员试岗履职培训班在南望山校区开班。

17 日　中国地质大学美国校友会成立。

21 日　"庆祝香港回归祖国 25 周年"霍英东教育基金会第 18 届高等院校青年科学奖及教育教学奖颁奖活动举行,宋海军获青年科学奖二等奖。

23 日　党委书记黄晓玫、副校长王华,青海格尔木市副市长李玉芳等,在长江源村党群服务中心参加"中国地质大学(武汉)大学生乡村振兴学校实践基地"挂牌仪式。

27 日　国家教育行政学院党委书记、常务副院长侯慧君一行 6 人来校调研。

27 日　陈华文主导创作的彩色绘本《攀

登者》完成，人民网、中国新闻网、中国日报网、光明网等媒体予以报道。

27日　云南省委常委、昆明市委书记刘洪建一行到武汉地质资源环境工业技术研究院调研。

29日　第十三届全国高校地理学联合野外实习在学校开幕。

29日　中国地质大学山西校友会成立。

29日　教育部办公厅等八部门公布首批“大思政课”实践教学基地名单，“中国地质大学(武汉)逸夫博物馆＋宜昌秭归实习基地”入选。

29日—30日　在第八届中国国际“互联网＋”大学生创新创业大赛湖北省复赛决赛上，学校参赛团队获9金2银4铜，金奖获奖数位列湖北省高校第三。

30日　在校庆倒计时100天之际，学校70周年校庆吉祥物——酷格(英文名：CUGer)正式发布。

本月　《科技期刊世界影响力指数(WJCI)报告(2021)》发布，《安全与环境工程》在全球54种安全科学技术、灾害及其防治学科期刊中排名38位，位列Q3区；在全球74种环境工程学期刊中排名61位，位列Q4区。

本月　学校中标“湖北省第一次全国自然灾害综合风险普查综合评估与区划项目”，项目总经费996.8万元。该项目由吕新彪、李世祥牵头，地质调查研究院、公共管理学院、地理与信息工程学院部分教师作为技术骨干参与。

八月

5日　工业和信息化部、国家药品监督管理局公布人工智能医疗器械创新任务揭榜单位评审结果，由学校联合武汉大学等单位申报的“消化道内窥镜影像辅助诊断软件”(内镜精灵)项目，揭榜挂帅医疗智能辅助诊断产品方向课题，为湖北省唯一入选项目。

5日—7日　由ACM SIGSPATIAL中国分会和ACM SIGMOD中国分会主办、学校承办的“第三届中国空间数据智能学术会议”在武汉召开。

9日　第十三届全国高校地理学联合野外实习闭幕式在学校秭归产学研基地举行。

10日　国家知识产权局党组成员、副局长卢鹏起，国家知识产权局运用促进司副司长彭文，湖北省知识产权局党组书记、局长周德文一行到中部知光技术转移有限公司，调研学校知识产权运营市场化平台暨国家知识产权运营公共服务平台高校运营(武汉)试点平台建设情况。

12日　校长王焰新、党委副书记王林清、副校长刘勇胜一行赴武汉东湖新技术开发区管理委员会，与武汉东湖新技术开发区管理委员会主任张勇强、副主任黄峰、总经济师陈华奋等就共建中国地质大学国际创新创业基地进行洽商交流。

15日—20日　党委书记黄晓玫、校长王焰新、副校长刘勇胜率学校办公室、党委宣传部、本科生院、科学技术发展院、校友与社会合作处、地理与信息工程学院、地质调查研究院等单位负责人赴京开展访企拓岗活动,走访看望在京部分校友。黄晓玫一行先后走访了北京城建集团、中国铁建股份有限公司、中国铝业集团有限公司、中国煤炭科工集团有限公司、航天宏图信息技术股份有限公司、莱伯泰科科技有限公司等企业,围绕人才培养、学生实习就业、科研平台建设、科技成果转化、青年人才双向挂职锻炼等会商校企合作。

17 日　校领导黄晓玫、王焰新、刘勇胜一行走访中国地质调查局,与自然资源部党组成员、中国地质调查局局长钟自然,中国地质调查局党组成员、副局长李金发,全国政协常委、中国地质调查局副局长李朋德等,就进一步深化战略合作、推进地学人才培养和学科发展等进行交流。

17 日　党委书记黄晓玫、校长王焰新先后向自然资源部党组书记、部长王广华,生态环境部党组书记、副部长孙金龙,生态环境部部长黄润秋,教育部党组书记、部长怀进鹏等汇报学校事业发展情况以及 70 周年校庆工作安排等。王广华、孙金龙、黄润秋、怀进鹏等部领导表示,将一如既往地支持学校发展,勉励学校为国家高等教育事业和经济社会发展作出新的更大贡献。

18 日　学校与中国海洋石油集团有限公司在京签署战略合作协议。党委书记黄晓玫、校长王焰新与中国海洋石油集团有限公司党组副书记、总经理李勇座谈交流。副校长刘勇胜、中国海洋石油集团有限公司副总经理周心怀代表双方签署协议。协议约定,双方将在人才培养、科学研究、技术创新等方面开展全面合作,建立长期、稳定的全面战略合作伙伴关系,为保障国家能源安全作出贡献。

19 日　校领导黄晓玫、王焰新、刘勇胜一行赴北京大学,与北京大学党委书记郝平,党委常委、副校长张平文等围绕地球科学国际前沿、国家重大需求以及校际合作等进行交流。

22 日　中国地质学会第十八届青年地质科技奖评选结果揭晓,文章获“银锤奖”。

24 日　学校举行干部教师大会。校长王焰新宣读中共教育部党组关于唐忠阳、成金华职务任免的通知:唐忠阳任中共中国地质大学(武汉)委员会委员、常委、副书记、纪律检查委员会书记;免去成金华中共中国地质大学(武汉)委员会副书记、常委、纪律检查委员会书记职务。

24 日—26 日　湖北省第八届高校青年教师教学竞赛在中南财经政法大学举行。陈思、马强分获工科组、理科组一等奖,张地珂获外语组二等奖。

27 日　广西校友会成立 15 周年纪念大会暨乡村振兴高峰论坛在南宁举行。副校长刘杰和广西校友会会长陈海共同为“广西校友之家”揭牌。

30 日　全国“人民满意的公务员”和“人民满意的公务员集体”表彰大会在京举行。2005 届法学专业校友、现任浙江省宁波市鄞州区人民法院邱隘人民法庭副庭长黄文娟,2010 届行政管理专业校友、现任吉林省委办公厅一处处长郭俊荣获全国“人民满意的公务员”称号；2001 届行政管理专业校友、现任教育部学生服务与素质发展中心副主任唐小平所在的教育部高校学生司毕业生就业处荣获全国“人民满意的公务员集体”称号。

31 日　湖北省科学技术协会第十次代表大会在武汉召开。学校科学技术协会获评“湖北省科协系统先进集体”，许南茜获评“湖北省科协系统先进工作者”。

本月　学校 227 个项目获 2022 年国家自然科学基金集中受理期资助，获直接资助经费 13 032 万元，获批数量和经费总额创历史新高。其中，何卫红、黄春菊、苏现波、余家国、熊熊、余涛获批重点项目，胡祥云获批国际（地区）合作与交流重点项目，巫翔、宁伏龙、李军获批国家杰出青年科学基金项目，王全荣、刘成利、董燕妮、孙启良获批国家优秀青年科学基金项目。

九月

14 日　学校与广州海洋地质调查局举行联合研究院开学仪式。副校长赖旭龙和广州海洋地质调查局局长叶建良共同为联合研究院揭牌。广州海洋地质调查局党委书记、副局长严兴华主持仪式。

15 日　学校与法国雷恩高等商学院举行线上合作会谈签约仪式，校长王焰新与雷恩高等商学院校长托马斯·伯乐签署合作协议，共建经济学（中法班）本硕联合培养项目。

17 日　学校湖北校友会第四次会员代表大会暨“碳达峰　碳中和”论坛在武汉举行。校党委书记黄晓玫，校长、校友会会长王焰新院士，副校长刘杰，各地校友会代表参加会议。

18 日　由学校马克思主义学院韩美群教授担任首席专家的 2021 年度国家社科基金重大招标项目“习近平总书记关于‘四个自信’重要论述研究”开题报告会，以线下线上相结合的方式举行。

19 日—22 日　学校和国际水文地质学家协会中国国家委员会联合主办的第 49 届国际水文地质大会在武汉顺利召开。大会聚焦“地下水可持续性与消除贫困”主题，旨在分享地下水科学领域的新进展，探讨水文地质学科前沿科学问题，共同推动国际水文地质学理论与技术创新，促进全球地下水资源的可持续利用与保护。

20 日　武汉市政协党组副书记、副主席彭浩一行来校调研。

20 日　湖北省文旅厅党组书记、厅长李述永，厅一级巡视员段天玲一行来校调研。

23 日—24 日　第五届中国智能地质装备技术发展论坛在学校召开。论坛汇集国内科研院所、设备制造和工程应用单位的专家学者和工程师们，在人工智能和绿色制造的理念下，共同交流高端先进地质装备与仪器的最新研发成果以及在相关工程领域的应用经验，推动地质装备产学研用深度合作及先进技术成果快速转化，拓展本领域的国际合作与交流，共同促进高端先进地质装备技术与产业的稳健发展。

24 日　湖北巴东地质灾害国家野外科学观测研究站第一届学术委员会会议在学

校工程楼召开。崔鹏院士、彭建兵院士、张人禾院士、杨树锋院士、胡瑞忠院士等专家通过线上线下相结合的方式参加会议，共同为野外站建设发展建言献策。湖北省科技厅二级调研员刘利华，校党委副书记、国家野外站站长唐辉明以及相关单位负责人参加会议。

24日—25日　学校承办的高校地学类专业实践教学改革及创新人才培养研讨会在学校秭归产学研基地召开。大会由教育部高等学校地质学类专业教学指导委员会和教育部高等学校地质类专业教学指导委员主办，聚焦“地学类专业实践教学综合改革和人才培养质量提升”主题，围绕野外实习基地建设、实践教学体系构建、野外实践教学的课程思政、野外地质路线开发与保护等内容进行研讨。

25日　外国语学院副教授唐慧君荣获“外教社杯”全国高校外语教学大赛三等奖。

25日　在第十七届中国研究生电子设计竞赛中，学校自动化学院5支研究生参赛队伍入围全国总决赛，斩获全国一等奖2项、全国三等奖3项，王广君教授、陈鑫教授获全国总决赛优秀指导教师称号，学校获得全国优秀组织奖。

28日　“信才奖学金”捐赠仪式在计算机学院举行，校党委副书记、纪委书记唐忠阳，相关单位负责人，教师代表参加捐赠仪式。“信息拔尖人才奖学金”(简称“信才奖学金”)由国家高层次人才、MapGIS创始人、GIS工程中心首席科学家吴信才教授捐赠30万元设立，用于奖励空间信息技术领域的拔尖学生。

29日　第十六届“西门子杯”中国智能制造挑战赛(简称“CIMC”)全国总决赛落下帷幕，学校自动化学院的2支本科生参赛队伍获全国一等奖1项、全国二等奖1项，宗小峰教授、何王勇教授获“CIMC全国优秀指导老师”称号。

本月　中国地质学会公布了2021年度地质类工程专业优秀本科毕业设计名单，全国共评选出16篇优秀本科毕业设计，学校毕业生瞿茹、胡慧聪、洛桑卓嘎、见仙阁等的4篇毕业设计获奖。

本月　湖北省科技期刊楚天卓越行动计划项目评审结果揭晓，学校主办的期刊《地球科学》获湖北省楚天重点期刊立项资助，*Journal of Earth Science* 和《地质科技通报》获湖北省楚天梯队期刊立项资助。

本月　学校工程学院殷坤龙教授荣获湖北省第四届“楚天园丁奖”。

本月　学校“武汉市深部零碳能源资源技术创新中心”获批武汉市首批技术创新中心，首批获批授牌的技术创新中心共五家。

本月　湖北省科学技术协会发布2022年度湖北省十佳科普达人名单，学校徐世球教授获此殊荣。

本月　湖北省委教育工委公布了全省高校基层党建示范创建名单，共遴选产生60个院系党组织、100个党支部分别作为全省高校党建工作标杆院系、样板支部培育创建单位。学校经济管理学院党委入选“全省高校党建工作标杆院系”培育创建单位，高等研究院湖北巴东地质灾害国家野外科学观测研究站党支部、自动化学院控制科学与工程博士生第一党支部入选“全省高校党建工作样板党支部”培育创建单位。

本月　第十三届湖北省社会科学优秀成果奖获奖名单和湖北省发展研究奖(2020—2021年)获奖名单公布，学校共获得一等奖1项、二等奖4项、三等奖5项。

十月

5日　学校召开党委理论学习中心组学习会议，专题学习习近平总书记给山东省地矿局第六地质大队全体地质工作者回信精神。

5日　滇西应用技术大学校长袁希平一行来校调研，交流对口帮扶工作。

6日　第二届国际中巴经济走廊会议在学校举行。副校长赖旭龙教授，中巴经济走廊研究中心、公共管理学院教师代表，以及来自中国、巴基斯坦、澳大利亚等国家的百余名专家学者线上线下参加会议。

7日　高山奖学金捐赠仪式举行，高山院士研究团队再次向教育发展基金会下设的高山奖学金捐赠20万元，奖励材料与化学学院优秀研究生。

12日　全国政协常委、湖北省政协副主席郭跃进一行来校调研。省政协教科卫体委员会主任陶慧芬、专职副主任曾小平等陪同调研。

13日　学校服务国家能源资源战略能力提升专题会举行。中国地调局资源评价部副主任、二级巡视员陈丛林在线作题为《新一轮找矿突破战略行动总体思路与工作部署》的专题报告。全体在校校领导、中层正职干部、学术委员会委员和高层次人才代表参加会议。

14日　学校召开“大思政课”建设研讨会，研讨充分调动全社会力量和资源，建设“大课堂”、搭建“大平台”、建好“大师资”、培养“大先生”、拓展“大格局”。

14日　湖北省政协副主席张柏青带领中南建筑设计院专家来学校工程学院座谈交流。

14日—15日　为庆祝大特尔诺沃大学孔子学院(简称“大特大学孔子学院”)建院十周年，第九届“中国与中东欧政治、经济、文化关系”国际学术研讨会在保加利亚故都大特尔诺沃市召开。大特大学孔子学院保方院长伊丝克拉·曼多娃主持会议，大特尔诺沃大学校长赫里斯托·邦卓洛夫致开幕词。中国驻保加利亚大使馆、保加利亚共和国总统致贺信，校长王焰新院士以视频方式表示祝贺。

16日　学校举行党委理论学习中心组学习扩大会议、学习贯彻党的二十大精神师生座谈会，学习宣传贯彻习近平总书记在党的二十大开幕会上代表十九届中央委员会所作的工作报告。

18日　湖北省地质局党委书记、局长胡道银一行来校调研座谈，副局长李华、总工程师杨明银陪同。

25日　学校召开深度参与新一轮找矿突破战略行动推进会。深入学习贯彻习近平总书记给山东省地矿局第六地质大队全体地质工作者重要回信精神,围绕新一轮找矿突破战略,进行多学科交叉融合专题探讨,讨论实施方案,为保障国家能源资源安全贡献力量。

26 日　国际地质科学联合会(IUGS)公布全球第一批地质遗产地名录,学校参与并做出突出贡献的浙江长兴"金钉子"地质剖面等 7 个中国地质遗迹入选。当日,在浙江省长兴举行中国入选的 7 个地质遗产地的发布会,中科院院士殷鸿福、谢树成,副校长刘勇胜等参加发布会。

27 日—29 日　学校主办的第六届中国智能地质装备技术发展论坛在武汉举行。

28 日　学校第二次大学生长江源科考总结表彰会在南望山校区举行,学校对本次科考作出突出贡献的 10 个先进集体和 18 位先进个人进行表彰。

28 日　学校与浙江中控技术股份有限公司共建未来技术学院启动仪式暨实验室揭牌典礼举行。

28 日　国际遗传工程机器大赛(iGEM)在法国巴黎落下帷幕,学校学生团队"CUG—China"首次参赛并斩获金奖。

28 日　中国科学院院士、学校地质过程与矿产资源国家重点实验室主任成秋明获国际应用地球化学协会最高奖——AAG 金奖(AAG Gold Medal)。

28 日—30 日　学校承办的第十八届中美碳联盟(USCCC)年会线上举行。

29 日—30 日　学校承办的"面向'双碳'目标的能源话语与学术英语教学研讨会暨中国能源外语联盟第三届年会"在校召开。

30 日　学校举办"70 周年校庆青年学术论坛"。

本月　欧洲核子中心国际高能核物理合作组(ALICE)正式批准学校加入。学校成为国内第 7 个加入 ALICE 合作组的单位,并与华中师范大学形成"ALICE—Wuhan"研究集群。

本月　郑建平教授入选中国地质学会首批会士。

本月　龚文平教授荣获 2022 年国际工程地质与环境协会理查德·沃尔特斯奖(IAEG Richard Wolters Prize Runner-Up)第二名。

本月　中国地质学会公布第十一届黄汲清青年地质科学技术奖评选结果,校友王庆飞、朱恒华,同获黄汲清青年地质科学技术奖——野外地质工作者奖。

本月　中国地质学会工程地质专业委员会发布第六届"谷德振青年奖"获奖者名单。学校湖北巴东地质灾害国家野外科学观测研究站副站长刘清秉,校友黄勇、孙淼军分别凭借申报成果《工程岩土体多尺度失稳演化机理与灾变防控》《极复杂高原艰险山区天空地综合勘察关键技术及应用》《海洋工程地质勘察关键技术与重大装备研究》获得该奖项。

本月　工程学院院长焦玉勇教授主持申报的国家重大科研仪器研制项目(自由申请类)"开采扰动地层深部空区随钻内窥系统研制"获批立项。

十一月

1日，施修春、陈博基金捐赠仪式在校举行。施修春与夫人陈博女士决定捐赠人民币70万元，用于购买学校公共用车，便于两校区师生通行和实习实践使用。

1日　七秩荣光　逐梦未来——“中国梦　地大梦　我的梦”优秀摄影作品展在南望山校区校史馆北侧开展。

2日　学校校史馆建设项目竣工验收。

3日　“朱训书屋”在学校未来图书馆揭牌。

3日　倍阅·未来城书店揭牌暨“匠心筑梦　书香地大”读书活动启动。

4日　为庆祝学校建校70周年暨博物馆迁汉开放40周年，70周年校庆特别展览——世界矿物精品展、行星与地球展、校友捐赠藏品展揭幕仪式在逸夫博物馆举行。

5日　学校校史馆举行开馆仪式。

5日　副校长赖旭龙、刘勇胜共同发布“地球科学领域70个科学问题”。该系列问题涉及深地深时深海深空、宜居地球、战略性矿产、地质灾害、地学大数据、双碳等多个与“绿色发展，人与自然和谐共生”息息相关的地球科学前沿领域。

5日　上海申昙新材料科技集团有限公司董事长马广伟校友捐赠200万元设立“申昙新材料”奖助学金。

5日　学校举行未来城校区建设工作总结暨表彰大会。

5日　学校主办的煤—油—铀成因联系：盆地能源矿产学术研讨会召开。

6日　学校70周年校庆系列活动——“中外大学校长论坛”通过线上线下结合的方式举行。本次论坛的主题是“宜居地球：研究型大学的使命与挑战”，探讨宜居地球的重大挑战、研究型大学教育的使命担当、人与自然的和谐共生。论坛由南京大学常务副校长谈哲敏院士主持，20余万人次在线参加论坛。论坛共同发布《武汉共识：新地学教育倡议》。

6日　校友龙凡将军向学校捐赠一尊雷锋雕像，雕像揭幕仪式在附属学校举行。

7日　庆祝中国地质大学建校70周年大会在未来城校区体育馆隆重举行。教育部党组成员、副部长孙尧视频致辞。湖北省政府党组成员、副省长、中国工程院院士邵新宇，武汉大学校长、中国科学院院士窦贤康，华中科技大学校长、中国工程院院士尤政，武汉市委常委、武汉经济技术开发区党工委书记、汉南区委书记刘子清，武汉市委常委、东湖新技术开发区党工委书记刘洁，武汉市人民政府党组成员、副市长王清华，两院院士孙和平、杨春和、殷鸿福、金振民、谢树成，国家部委和省市区有关单位领导，兄弟高校领导，合作单位领导，校友代表，学校老领导，全体校领导，党委常委，校长助理以及干部师生代表、媒体朋友等出席大会。党委书记黄晓玫主持大会。

8日　学习高元贵院长教育思想座谈会以线上线下结合的方式举行。

8日　珠宝产业经济生态大会暨珠宝校友高端论坛在珠宝学院多功能厅以线上线

下结合的方式举办。

9日　“重温地大经典　共庆七十华诞”院士书展暨“七秩耕耘　薪火相传”院士经典著作师生共读分享会在南望山校区图书馆揭幕。70位院士500余本著作，献礼地大70华诞。

12日　2022世界青年科学家峰会开幕式暨第十七届中国青年科技奖颁奖仪式举行，宋海军教授荣获中国青年科技奖特别奖。

17日　学校在南望山校区举行湖北省科普教育基地授牌仪式暨第十二期“寻找李四光·卓越地质师培育工程”开幕式，湖北省科协党组书记、副主席周德文，副主席朱志斌，校长王焰新院士参加。

18日　武汉市节水办主任龚琼、武汉大学邵东国教授等一行8人来校评审、验收湖北省节水标杆高校创建实施项目。经评审，学校以高分通过验收，成为全省首家“节水标杆高校”。

19日　云南省施甸县委书记周耀泉率团来校，交流对接乡村振兴与定点帮扶工作，并召开定点帮扶工作座谈会。副校长刘杰，部分校友企业代表和相关人员参加座谈。

19日　2022中国绿色金融学术年会在学校召开。会议由中国金融学会绿色金融专业委员会指导，中国环境科学学会绿色金融分会和学校主办。湖北省政协副主席王红玲，副校长刘勇胜，湖北永业行评估咨询有限公司党委书记、董事长潘世炳及相关人员参加会议。

19日　地理与信息工程学院祁婧娇、何悦溪、郭佩欣、王之恒4位本科生组队在第十四届全国高校GIS技能大赛中获特等奖，晁怡副教授、姚世红副教授获评“优秀指导教师”。

20日　湖北高校“全国党建工作样板支部”工作交流研讨会在学校南望山校区举行，会议的主题是“学习贯彻党的二十大精神　传承红色基因铸魂育人”。

23日　数学与物理学院辅导员孙宇涛获评湖北省第三届“最美下沉党员”。

26日　公共管理学院“江城乡影队”和“三生万物队”两支参赛队伍获评“国地杯”第四届全国大学生土地国情调查大赛最受欢迎团队，并分别获大赛特等奖和一等奖，学校获大赛优秀组织奖。

本月　据科睿唯安集团《基本科学指标》(简称ESI)2022年11月最新数据显示，中国地质大学首次进入ESI农业科学领域全球机构排名前1%。

本月　学校发布了中国地质大学校庆系列丛书。校庆系列丛书共有“校史文献丛书”“地学文库丛书”“地大智库丛书”和“地学科普丛书”4个系列，共23种。

本月　以“七秩同庆　筑梦前行”为主题的书画展，在未来城校区未来图书馆东侧大厅举行。

本月　《逐梦》雕塑落成揭幕仪式在未来城校区学一食堂广场举行。

本月　“中国地质大学70周年校庆MPA论坛——新时代公共治理创新与发展”举行，总结交流MPA办学经验，促进

MPA 教育发展水平。

本月　科技部办公厅、财政部办公厅发布了 2022 年中央级高校和科研院所等单位重大科研基础设施和大型科研仪器开放共享评价考核结果，全国 345 家单位参加评价考核，学校首次在湖北参评高校中排名第一，实现新突破。

本月　学校生物地质与环境地质国家重点实验室、构造与油气资源教育部重点实验室、自然资源部法治研究重点实验室、资源学院矿产资源实验教学中心以及数理学院物理实验中心，获批 2022—2026 年度第二批“湖北省科普教育基地”。

本月　学校承办的第五届地学大数据国际研讨会以线上形式举办。会议共设置 1 个主会场和 16 个分会场，来自美国大学大气研究管理(UCAR) Unidata 中心、德国航空航天中心、北京大学等海内外的 100 多名专家学者，围绕“空间地球大数据与时空智能”主题进行学术报告。

本月　学校主办的油气前沿与碳中和学术研讨会以线下线上相结合的方式召开。

本月　学校学生在“速度杯”首届全国地理分析模型开发与应用竞赛中获奖，地理与信息工程学院 4 名学生在应用组获奖，其中王志鹏获一等奖，张万琪获二等奖，杨天宇获三等奖，彭叶林获优胜奖。

本月　国家自然科学基金委员会公布了 2022 年国家自然科学基金重大项目资助名单，由谢树成院士牵头、学校联合北京大学、中国科学院地质和地球物理研究所等单位联合申报的“地质微生物与地球重大环境转型”项目获重大项目资助，谢树成院士、罗根明教授分别主持该重大项目课题。另，於世为教授获管理科学部重大项目课题。

十二月

2 日　湖北省教科文卫体系统第五届职工创业创新比赛获奖名单公布，学校宋恒力副教授团队项目、李勇波副教授团队项目、王永桂副教授团队项目、丁华锋教授团队项目荣获优秀创新奖，校工会获得优秀组织奖。

3 日　学校召开生态文明法治建设暨人才培养研讨会。

8 日—9 日　学校召开 2022 年科技、人才与国际化工作会议。会议围绕“同心戮力，健全新型举校体制，推动学科高质量发展，为建设地球科学领域国际知名研究型大学而努力奋斗”主题，旨在贯彻落实党的二十大关于教育、科技和人才工作决策部署，推动学校“双一流”建设、“十四五”事业发展规划及深化改革任务落实。教育部科学技术与信息化司司长雷朝滋，自然资源部科技发展司司长姚华军，湖北省科学技术厅副厅长杜耘等参加会议。

13 日　学校线上召开 2023 年国家社科基金申报动员大会暨 2022 年度社科科研管理先进表彰大会。

14 日　学校在第四届湖北省高校图书馆“馆员风采”大赛中获得多项奖励，图书馆获得“最佳组织奖”。在素养展示环节，由李富强、卓英、黄坚、苏怡嘉、赵婉婉、唐恩浩共同演绎的作品《祖国颂歌》获一等奖；在线上答题环节，胡爱琴获一等奖，张峰获二等奖，赵立军获三等奖；在征文比赛环节，徐燕的作品《在书海里逐梦》和王甜甜的作品《图档文博历改革　栉风沐雨奔前程》分别获二等奖，宋妍的作品《人间至味是书香》获三等奖。

15 日　自然资源部党组成员，中国地质调查局局长、党组书记李金发来校调研。中国地质调查局资源评价部主任邱海峻、科技外事部副主任马永正，武汉地质调查中心党委书记、副主任郭兴华等随行。

21 日　逸夫博物馆志愿者讲解员、艺术与传媒学院学生李虹佳在第九届全国科普讲解大赛中获得二等奖和最具人气奖。

23 日　湖北省科技厅在武汉组织召开区域生态过程与环境演变湖北省重点实验室建设论证会议，学校申建的区域生态过程与环境演变湖北省重点实验室通过专家论证。

30 日　学校在南望山校区教学综合楼举行干部教师大会。王甫同志任中共中国地质大学(武汉)委员会常委、副书记，李建威、王力哲同志任中共中国地质大学(武汉)委员会常委、副校长。免去唐辉明同志中共中国地质大学(武汉)委员会副书记、常委、委员，赖旭龙同志中共中国地质大学(武汉)委员会常委、委员、副校长职务。

本月　资源学院沈传波教授获评 2022 年度“湖北师德先进个人”。

本月　中国科学技术协会公布“喜迎二十大　奋进新征程”中国科协十年优秀工作案例(2012—2022)入选名单，学校“演绎科学大师人生　弘扬科学大师精神”系列活动入选“弘扬科学家精神”主题优秀工作案例。

本月　湖北省教育厅公布 2022 年度省级一流本科课程认定结果，学校 25 门课程获批省级一流本科课程。其中，“秭归工程地质野外教学实践”等 4 门课程入选省级线上一流课程，“晶体光学及光性矿物学”等 7 门课程入选省级线上线下混合式一流课程，“石油勘探构造分析”等 9 门课程入选省级线下一流课程，“海上钻井平台火灾扑救与应急逃生虚拟仿真实验”等 4 门课程入选省级虚拟仿真实验教学一流课程，“合唱与指挥 1”入选省级社会实践一流课程。

本月　湖北省教育厅公布 2022 年湖北高校省级优秀基层组织名单，学校构造地质学课程组、石油及天然气地质学课程组、材料物理与性能课程组、遥感科学理论课程组等 4 个基层教学组织，荣获 2022 年湖北省高等学校“省级优秀基层教学组织”荣誉称号。

本月　国际教育学院殷思琴老师申报的“基于《国际中文教育中文水平等级标准》的科技汉语立体化教材研发”项目获批教育部中外语言交流合作中心教学资源建设重点项目。

本月　教育部办公厅发布国家级职业教育“双师型”教师培训基地名单，由学校牵头申报的资源环境与安全大类(资源勘查类)“双师型”教师培训基地入选。

本月　王璐、李国庆、罗明明、吴文兵、刘恩涛、朱祺琪、龚健、石剑峰、陈茹、李蔚然获评学校 2022 年度“十佳班主任”，59 人获评“优秀班主任”。

本月　学校入选第四批高校国家知识产权信息服务中心。

本月　学校计算机学院 6 个思政案例在首届全国高校计算机课程思政教学案例大赛中获奖，学校获优秀组织奖。

本月　学校自然资源部法治研究重点实验室、珠宝首饰传承与创新发展研究中心入选 CTTI 来源智库。学校《大数据驱动的新冠肺炎疫情防控对策研究》《国际碳中和示范区引领构建绿色新发展格局政策研究》分获 CTTI2022 年度智库优秀成果一等奖、二等奖。

本月　学校荣获中国科学技术协会 2022 年全国科普日活动优秀组织单位。

（撰稿：丁继国、邓云涛；审稿：张玮）

Nianjian

2022年媒体地大

一、纸质媒体、网络类

媒体名称	文章名称	作者	日期
极目新闻	留学生成为志愿者,高校与社区资源共享打造"地球村"	张吉晴	1月6日
楚天都市报	武汉今年创建25个国际化社区　社区宛如"地球村"　老外在汉"不见外"	吴　汉	1月6日
武汉晚报	武汉高校教师百幅画稿记录武汉战疫　其中20幅被中国国家博物馆收藏	谭　芳　陈晓彤	1月7日
中国教育新闻网	武汉高校教师出版《英雄之城:武汉战"疫"图记》	魏海勇　董鲁皖龙	1月11日
文汇网	手绘百幅画稿弘扬伟大抗疫精神　武汉高校教师出版《英雄之城:武汉战"疫"图记》	钱忠军　魏海勇	1月11日
湖北日报	人民立场是社会主义文艺的根本立场	陈华文	1月11日
人民日报	让中华文化绽放出新的时代光彩	徐　佳	1月17日
楚天都市报	汤加火山喷发可能影响全球气候	余文超	1月19日
光明日报	三叠纪—侏罗纪之交陆地生态系统为何骤变——我科学家证实火山活动是主要诱因	苏　雁　夏　静	1月19日

续表

媒体名称	文章名称	作者	日期
中国科学报	火山喷发后地球如何自我调节	沈春蕾	1月19日
芜湖日报	中国地质大学(武汉)机电学院参访考察鸠江区	赵丹丹	1月27日
湖北日报	在汉留学生的“美味小年”	何宇欣	1月27日
河北新闻网	精彩冬奥·志愿风采丨返乡大学生志愿者常贺瑞:做好志愿服务　回馈“常回常新”的家乡	赵荣昊	2月15日
大学生	见“龙”在馆	徐　燕	2月23日
湖北日报	留学生沉醉中国传统文化	张　鸿	2月25日
湖北日报	湖北两项目入围国家“5G+智慧教育”试点	肖丽琼	2月25日
武汉科技报	武汉两项目入围　提高互动教学服务	任　文	2月25日
中国出版传媒商报	《英雄之城:武汉战“疫”图记》:抗疫精神的艺术呈现	丁振国	2月25日
内蒙古日报	用科技手段“浇灌”盐碱地上新希望	阿妮尔	2月25日
光明日报	全国政协委员、中国科学院院士、中国地质大学(武汉)校长王焰新:为培养碳中和人才贡献一份力量	张　锐　夏　静　魏海勇	2月28日
光明日报客户端	中国地质大学(武汉):培养地球科学特色一流本科人才	夏　静	2月28日
北京日报	百幅钢笔画　英雄之城绘英雄	陈华文	3月1日
中国科学报	殷鸿福金钉子奖学金再获捐 50 万元	荆淮侨	3月2日
科学网	两会·提案　王焰新委员:以“亩产论英雄”推进土地利用	冯丽妃	3月4日
人民政协网	全国政协委员王焰新:建设碳中和校园,培养碳中和人才	张　锐　夏　静　魏海勇	3月4日
中国新闻网	全国政协委员王焰新:建议高校推动碳中和校园建设	张　芹	3月4日
中国教育报	两会关注丨如何精准“施工”奔向世界一流——代表委员热议新一轮“双一流”建设	董鲁皖龙　高　众	3月5日

续表

媒体名称	文章名称	作者	日期
中国教育报	两会关注│如何精准“施工”奔向世界一流——代表委员热议新一轮“双一流”建设	董鲁皖龙　高　众	3月5日
湖北日报网	全国政协委员王焰新：以“亩产论英雄”，推进土地节约集约利用	许　旷	3月6日
经济日报新闻客户端	全国政协委员王焰新：建议高校大力培育创新型碳中和人才	柳　洁	3月6日
保山日报	千里帮扶不负卿——中国地质大学(武汉)科技帮扶助力施甸乡村振兴	杨丽娟	3月7日
长江日报客户端	全国政协委员王焰新：把高校校园打造成一座“碳中和生活实验室”	史　伟	3月7日
中国教育报	为中华民族伟大复兴提供人才支撑	董鲁皖龙　刘　琴　张　欣	3月7日
湖北日报	科技强省“四梁八柱”初步搭建	许旷	3月7日
中国科学报	王焰新委员：高校发展应“有所为有所不为”	冯丽妃	3月7日
中国教育报	凝心聚力促公平　笃实奋进提质量——两会内外热议政府工作报告	董鲁皖龙	3月7日
湖北日报	全国政协委员、中国科学院院士、中国地质大学(武汉)校长王焰新——提升高等教育国际化水平　建强国际科技合作平台	许　旷	3月7日
科学网	童金南委员：建议中学“地理”课改为“地球”课	冯丽妃	3月8日
科学网	童金南委员：建议设立老年科学研究基金	冯丽妃	3月8日
湖北日报全媒体	全国政协委员童金南：建议设立老年科学基金	冯丽妃	3月8日
光明日报	“双一流”，高等教育高质量发展新引擎	邓　晖	3月9日
中国社会科学报	扎根中国实践沃土建言献策	明海英　班晓悦　孙美娟	3月9日
湖北日报	巾帼心向党　建功新时代	张　鸿	3月9日
中国矿业报	聚焦两会　全国政协委员童金南：将中学“地理”课改为“地球”课	冯丽妃	3月9日
科学网	高考新政的“得”与“失”	童金南	3月10日

续表

媒体名称	文章名称	作者	日期
中国黄金报	让矿产资源开发与环境保护“冤家”变“亲家”——访全国政协委员，中国科学院院士、中国地质大学（武汉）校长王焰新	王 萧	3 月 10 日
新华社客户端	多举措激发活力　碳市场未来可期	向家莹　王　璐　于　瑶　田中全	3 月 11 日
中国社会科学报	童金南委员：建议将中学“地理”课改为“地球”课	明海英	3 月 11 日
中国教育报	这五年，他们为教育献智献策——写在全国政协十三届五次会议闭幕之际	焦以璇　董鲁皖龙	3 月 11 日
中国教育报	借力数字化推动教育蝶变——两会代表委员热议加快推进教育信息化	董鲁皖龙　张　东　施剑松　张赟芳	3 月 11 日
中国科学报	未来“双一流”建设要“强特色、跨学科”	王焰新	3 月 11 日
农民日报	全国政协委员，中国科学院院士、中国地质大学（武汉）校长王焰新：推进土地节约集约利用	乐明凯	3 月 11 日
人民政协报	第二轮“双一流”建设要“闯三关”	王焰新	3 月 11 日
中国社会科学报	倡导设立“老年科学研究基金”	明海英	3 月 11 日
中国黄金报	云对话：黄金·未来·高质量	许　勇　马春红　王　蓓	3 月 11 日
中国黄金报	两会云对话　童金南：矿山修复不是简单地种花植树	许　勇　马春红　王　蓓	3 月 11 日
武汉晚报	与石为伴　她在地大修化石女博士生每日与相隔亿年的古生物对话	陈静茹　胡　胜	3 月 14 日
中国矿业报	擦亮地学科普名片——中国地质大学（武汉）逸夫博物馆建设全国科普教育基地纪事	徐　燕	3 月 16 日
湖北日报客户端	地大两项成果入选 2021 年度中国古生物学十大进展	张　歆	3 月 17 日
湖北日报客户端	地大 7 名留学生以刀代笔篆刻“中国精神”	曹　雯	3 月 17 日

续表

媒体名称	文章名称	作者	日期
中国自然资源报	全国两会议案提案关注生态保护修复　让家园更绿更美	赵　婧	3月17日
长江日报	20年前创立“金钉子奖学金”　院士殷鸿福生日当天再捐50万元	谭　芳	3月21日
中国自然资源报	地大（武汉）两项成果获评2021年度中国古生物学十大进展	马丽敏　庞伟红	3月24日
中国自然资源报	“引进来”“走出去”　打造地学科普新高地——中国地质大学逸夫博物馆全国科普教育基地建设纪实	徐　燕　陈　晶　刘安璐　隋吉祥	3月28日
湖北日报	地大科研团队建成全球首个“超级观测站”有助人类破解地震前兆的密码	张　歆	3月30日
长江日报	神舟飞船返回地球大气层只需4秒就能跟踪到　武汉GIS企业独门技术为载人航天、探月工程保驾护航	朱佳琦	3月30日
人民政协报	“双一流建设”：要与新时代人才强国战略“无缝对接”——全国政协委员王焰新访谈	张惠娟	4月6日
湖北日报	地质大学逸夫博物馆入选全国科普教育基地	张　鸿　徐　燕　隋吉祥	4月8日
湖北日报	地大团队发现最古老造山带型榴辉岩　为现代板块构造启动于25亿年前提供关键证据	张　歆	4月11日
湖北日报	美籍教授来华13年　率团队风餐露宿从岩石中破解地球的奥秘	张　歆	4月11日
楚天都市报	走进武汉高校　和博物馆来场奇遇	国　倩　肖　杨　李碗容　邹　浩　狄　鑫　王　媛　张　屏	4月12日
长江日报	今年1—2月“荆楚楷模”揭晓　武汉两个先进典型上榜	谭德磊	4月13日
科学网	长3米，中国最大早三叠世鱼龙重现天日	冯丽妃　庞伟红　任纪澄	4月13日
武汉晚报	地大团队发现2.5亿年前鱼龙化石长达3米，憨态可掬、游泳能力强	陈晓彤	4月13日

续表

媒体名称	文章名称	作者	日期
湖北日报	地大团队发现最大早三叠世鱼龙化石长达 3 米，约与恐龙生活同时期	张　歆	4 月 14 日
新华社客户端	长达 3 米、外形憨萌，科研团队发现新鱼龙化石	李　伟	4 月 14 日
CHINA DAILY	Marine reptile fossil found in China a new species	刘　坤	4 月 14 日
中国科学报	长 3 米中国最大早三叠世鱼龙重见天日	冯丽妃　崔雪芹	4 月 15 日
新华网	湖北一高校研究表明：生命或在地球形成后 3 亿年就开始出现	连　迅　庞伟红	4 月 18 日
中国科学报	至少提前 3 亿年　地球生命起源自 37.5 亿年前	冯丽妃　程晓龙	4 月 18 日
武汉科技报	长达 3 米、外形憨萌、游泳能力强　2.5 亿年前化石添丁“鱼龙家族”	李　伟	4 月 18 日
湖北日报	地大团队在沉积岩中发现远古生命痕迹　地球生命起源时间　至少提前 3 亿年	张　歆　程晓龙 肖　展　庞伟红	4 月 19 日
中国矿业报	中国地质大学（武汉）团队发现我国最大早三叠世鱼龙化石长达 3 米，约与恐龙生活同时期	庞伟红　任纪澄	4 月 19 日
科技日报	2.5 亿年前的粗壮百色鱼龙形似海豚且可能是高级掠食者	李　伟	4 月 21 日
中国自然资源报	世界地球日活动在各地	徐　燕　李富强	4 月 29 日
武汉科技报	中国地质大学（武汉）举行第 53 个世界地球日主题宣传周活动　院士校长开讲“宜居地球”	徐　燕　隋吉祥 陈　晶　刘安璐	4 月 30 日
武汉科技报	王焰新：“我从小就有一个科普梦”	盛　甜　肖　凯	4 月 30 日
长江云 APP	点赞！中国地质大学（武汉）教授陈刚父子携手登顶珠峰	吴宝洪　魏海勇	4 月 30 日
长江云 APP	登上地球之巅！地大教授陈刚父子成功登顶珠峰	吴宝洪	4 月 30 日
中国新闻网	武汉一对父子携手登顶珠峰	王俊芳　魏海勇	5 月 1 日

续表

媒体名称	文章名称	作者	日期
武汉科技报	世界读书日活动,87 岁殷鸿福院士寄语　享受阅读　让智慧照亮人生	盛　甜　肖　凯 徐　燕　刘安璐	5 月 2 日
长江日报	大学生一年借书 500 本自称“杂食动物”	陈晓彤　谭　芳　周　劼	5 月 2 日
长江日报	地大父子登顶珠峰	张　琳	5 月 5 日
楚天都市报	三尺讲台育桃李地球之巅量山河　地大博导携手儿子成功登顶珠峰	肖　杨　魏海勇 庞伟红　王俊芳	5 月 5 日
武汉晚报	18 岁首次站上“世界之巅”　他已第五次登顶珠峰　科考小组组长是地大校友	陈晓彤　王俊芳	5 月 5 日
长江日报	武汉校友担任科考小组组长	陈晓彤　王俊芳	5 月 5 日
CHINA DAILY	Father, son conquer Qomolangma together	Liu Kun Zheng Caixiong	5 月 5 日
湖北日报	地大古生物学者揭秘——早期角龙如何换牙	张　歆　陈华文　程晓龙	5 月 6 日
湖北日报	成功登顶珠峰的 13 位科考队员里,有位地大校友……	文　新　王俊芳	5 月 6 日
长江日报大武汉客户端	恐龙一生换几次牙？最古老角龙换牙的“秘密”都在这里	陈晓彤　程晓龙　陈华文	5 月 6 日
人民日报	科技工作者坚守一线　潜心科研　创新攻关　脚步不停	余建斌　吴月辉　窦瀚洋 强郁文　宋星光	5 月 6 日
光明日报客户端	地大古生物学者揭秘最古老角龙的换牙方式	张　锐　陈华文　程晓龙	5 月 7 日
中国青年报	比恐龙岁数大　长 3 米的鱼龙“王者”现身	朱娟娟　庞伟红	5 月 9 日
湖北日报	地大古生物学者揭秘——恐龙何以“牙好胃口好”	张　歆　陈华文　程晓龙	5 月 9 日
长江日报	地大学者揭开恐龙“800 颗牙”进化之谜　角龙为充分咀嚼植物齿数增多换牙不停	陈晓彤　程晓龙　陈华文	5 月 11 日
光明日报	地大《攀登》雕塑:勉励师生不断攀登自然界、科学和人生的高峰	夏　静　吴卉仙	5 月 19 日

续表

媒体名称	文章名称	作者	日期
中新网湖北	武汉一高校发起全球校友登山活动	马芙蓉　魏海勇	5月19日
长江日报大武汉客户端	地大这座新雕塑，向勇攀高峰的他们致敬！	陈晓彤　王俊芳　王　诲	5月19日
湖北日报	地大学子传承攀登精神	张　鸿　屠傲凌　张玉贤	5月19日
极目新闻	民族团结共奋进！地大民族文化交流展演异彩纷呈	肖　扬　程晓龙　排孜丽亚	5月20日
极目新闻	一路追光！母亲骑电动三轮车载着儿子地大求学	肖　扬　王　硕 朱师锐　聂子萌	5月20日
湖北日报	8所高校师生相聚地大　民族文化交流展演异彩纷呈	程晓龙　排孜丽亚	5月20日
新华社	恐龙如何换牙？古生物学者来揭秘	李　伟　程晓龙 杨淼斐　王俊芳	5月23日
长江日报	不会演讲的馆长不是好科普人　“球球爷爷”：他是一座行走的博物馆	周　劼　陈晓彤	5月24日
武汉晚报	他是“话痨”科普达人，他是“表演型”科学家　“球球爷爷”：一座行走的博物馆	周　劼　陈晓彤	5月24日
中国社会科学网	以视觉艺术形式呈现攀登精神	明海英　王俊芳　王　诲	5月24日
长江日报大武汉	人类是否对水循环造成了干扰？武汉高中生与院士对话“地下水与环境”	郭丽霞　韩　琪	5月24日
湖北日报	湖北省内15所高校主持人角逐“金话筒”	高　雅　程晓龙	5月24日
求是网	推进高水平实现藏粮于地	胡守庚	5月25日
长江日报大武汉客户端	这位“球球爷爷”脱口秀式科普霸王龙知识，模仿单田芳惟妙惟肖	陈静茹　熊　丽　寇　鹏	5月25日
长江日报大武汉客户端	小学生走进高校物理演示实验室，探索奇妙的物理世界	李子云	5月26日
极目新闻	海市蜃楼、电磁炮……地大教授给小学生上实验课	肖　杨　魏海勇 魏周超　王俊芳	5月27日
长江日报	大学教授带小学生体验物理“魔法”	陈晓彤　王俊芳	5月27日

续表

媒体名称	文章名称	作者	日期
湖北日报	中外大学生竞技珠宝首饰设计	张　鸿　汤凡渺　杨俊峰	5 月 27 日
长江日报大武汉客户端	哪吒的风火轮怎样转动，如何赢得滑梯比赛……大学教授带小学生体验物理“魔法”	王俊芳	5 月 27 日
人民日报海外版	“云端科普”接地气	李嘉宝	5 月 30 日
极目新闻	“超越意料！一场神奇材料的盛宴在地大上演”	肖　杨　侯亚飞　李桂娇	5 月 30 日
保山日报	杨家社区开展庆“六一”关爱行动	席志波	6 月 1 日
武汉晚报	姐弟读研与地大卖炕饺父母团圆	尹勤兵	6 月 2 日
长江日报	父母在大学食堂卖炕饺子　儿女先后考取该校硕士生	尹勤兵	6 月 2 日
宜兴日报	总投资 108 亿元！丁蜀镇 11 只重点项目“云签约”	李　震	6 月 2 日
南沙新区报	培养高层次海洋人才	谢子亮　麦芷铭　刘　洋	6 月 7 日
河南工人报	青春绽放地质之光	马　敏　程新波	6 月 10 日
光明日报	於崇文院士逝世	光明日报	6 月 14 日
湖北日报	无偿献血　纪念毕业	张　鸿　张玉贤	6 月 14 日
大武汉视频号	首批“00 后”都毕业了！他们要致谢谁	汪　洋　陈晓彤　胡义华 周　劼　寇　鹏	6 月 15 日
极目新闻	这群大学生用献血纪念毕业	肖　杨　魏海勇　张玉贤	6 月 15 日
科技日报	中国地质大学（武汉）：让学风在山野实践中传承	都　芃	6 月 16 日
湖北日报	肖菊华赴地大调研强调瞄准战略需求优化提升科研实力	张　歆	6 月 17 日
湖北日报客户端	“先行区”擘画荆楚“六新”蓝图	杨宏斌	6 月 20 日
人民政协报	让更多“千里马”奔腾于新时代	王焰新	6 月 22 日

续表

媒体名称	文章名称	作者	日期
中国新闻网湖北	武汉一高校推出“记忆邮局” 珍藏美好回忆	马芙蓉 徐 燕 王俊芳	6月23日
长江日报大武汉客户端	“不躺平,不佛系,不摆烂”,地大校长王焰新致辞妙语频出	陈晓彤 王小寅 魏海勇 王俊芳	6月23日
长江云 APP	我们毕业了|“00后”毕业典礼有点炫	吴宝洪 刘庆志	6月23日
湖北日报	毕业典礼上,写封信给10年后的自己	张 歆 王俊芳 张玉贤 易修平	6月24日
光明日报客户端	中国地质大学(武汉)举行2022年毕业典礼暨学位授予仪式	张 锐 夏 静 庞伟红 王俊芳 张玉贤	6月24日
湖北日报	地大两教授当选欧洲科学院外籍院士	张 歆 魏海勇 王俊芳	6月25日
光明日报客户端	原创科普剧《守望》公演 讲述地质人与长江的故事	张 锐 吴 迪 穆 雨	6月28日
中国教育报	访企拓岗开启毕业生就业直通车	董鲁皖龙	6月28日
长江日报	“国家需要,就是我们的研究方向”	周 劼 陈晓彤 魏海勇 王俊芳	6月29日
鄂东晚报	“蕲艾男孩”扼住了命运的咽喉	王 帆 陈金辉 张志斌 王 辉 杨 强	6月29日
长江日报大武汉客户端	地大与中部战区总医院签署战略合作协议,强强联合培养高层次人才	陈晓彤 王小寅 王俊芳	6月29日
极目新闻	地大与中部战区总医院签署战略合作协议,共同培养研究生	肖 杨 任晓琳 刘 丹 王 韵 王俊芳	6月30日
湖北日报	地大与中部战区总医院签约 探索医学地质学新领域	张 歆 王俊芳 左小超	7月1日
新华社客户端	这次大灭绝后 小小蠕虫“牺牲”自己成就海洋繁荣	李 伟 金 地	7月1日

续表

媒体名称	文章名称	作者	日期
长江日报大武汉客户端	2.5 亿年前的生物大灭绝后,是小小蠕虫策动了海洋生命复苏	姜雅奇　徐　莉	7 月 1 日
长江日报	武汉团队让实验损耗从毫克到微克	陈晓彤　王俊芳	7 月 3 日
中国环境报	湖北环保设施开放有看头	喻　妙　陈　果	7 月 4 日
科技日报	新技术实现月壤粒度和矿物组成同时测定	吴纯新　王俊芳	7 月 6 日
科技日报	我科研团队揭示 2.52 亿年前生态大危机　后海洋生物复苏之谜	吴纯新　程晓龙	7 月 6 日
中新社	科研人员测定嫦娥五号月壤成分　揭示月球玄武岩起源	马芙蓉　王俊芳	7 月 8 日
湖北日报	地大研发月壤测量技术	张　歆　王俊芳	7 月 9 日
中国教育报	“三融合”培养地球科学一流人才	董鲁皖龙　魏海勇	7 月 9 日
CHINA DAILY	Experts find way to make better use of lunar samples	刘　坤	7 月 9 日
人民日报	攻坚,“透视”地下油藏(科技自立自强・青年科学家)	吴月辉	7 月 13 日
长江云 APP	时隔 20 年,地大师生开展第二次长江源科考	吴宝洪　王俊芳　高　雅	7 月 13 日
湖北日报	时隔 20 年　36 名师生组团　地大再次启动大学生长江源科考	张　歆　魏海勇　王俊芳	7 月 14 日
湖北日报	地大再次启动大学生长江源科考	张　歆　魏海勇　王俊芳	7 月 14 日
光明日报	科普图书,让我们与博物馆距离更近	于　淼　马姗姗	7 月 14 日
极目新闻	时隔 20 年,地大师生开展第二次长江源科考	肖　杨　刘　丹　王俊芳　程晓龙	7 月 14 日
光明日报客户端	中国地质大学(武汉):以“长江源科考实践”践行传播“长江大保护”理念	夏　静　张　锐　王俊芳　程晓龙　吴卉仙	7 月 14 日
科技日报	时隔 20 年,地大再启长江源科考	吴纯新　王俊芳　程晓龙	7 月 14 日
科学网	给长江源“摸脉”,他们再度出征	温才妃　王俊芳　程晓龙	7 月 14 日

续表

媒体名称	文章名称	作者	日期
中新网湖北	中国地大(武汉)36 名师生将再赴长江源头开展科考	马芙蓉　王俊芳	7 月 14 日
长江日报大武汉客户端	再次出征！地大师生深入青藏高原科考长江源	陈晓彤　王小寅　王俊芳	7 月 14 日
湖北日报	“全国青少年高校科学营地大分营开营”	张　鸿　徐　燕　殷　茵	7 月 14 日
武汉电视台新闻综合频道	时隔 20 年　地大师生开展第二次长江源科考	康婧怡　邓　哲 王俊芳　高　雅	7 月 15 日
中国教育新闻网	中国地质大学(武汉)师生开展第二次长江源科考	程　墨　尚紫荆 王俊芳　程晓龙	7 月 15 日
科技日报	大灭绝后海洋生态系统复苏　软躯体生物功不可没	吴纯新　程晓龙	7 月 18 日
新华社	可可西里发现罕见“红山脉”	王　涥　张　龙　陈　杰	7 月 19 日
科技日报	可可西里发现罕见“红山脉”	张　龙	7 月 20 日
中国科学报	科考队在可可西里考察罕见“红山脉”	张　龙	7 月 21 日
恩施日报	激发成长“心动力”	徐　妍　李双玲	7 月 23 日
新华社	青春闪耀长江源	张　龙　王　涥	7 月 25 日
人民日报海外版	可可西里发现罕见“红山脉”	王　涥　张　龙　陈　杰	7 月 25 日
柴达木日报	中国地质大学(武汉)大学生乡村振兴学校实践基地在格尔木揭牌	赵　倩　杨学超	7 月 28 日
潍坊日报	奎文区:开启校地合作新篇章	于　菲	7 月 28 日
湖北日报	长江源科考队在格拉丹东山峰冰川成功钻取冰心	张　鸿	7 月 28 日
格尔木日报	中国地质大学(武汉)大学生乡村振兴学校实践基地在我市揭牌	赵　倩　杨学超	7 月 29 日
光明日报客户端	地大师生创作绘本《攀登者》　致敬无畏的攀登精神	张　锐　吴仁喜　王俊芳	7 月 29 日

续表

媒体名称	文章名称	作者	日期
人民政协报	共画生物多样性美好未来——全国政协“新时代生物多样性保护工作”专题视察综述	吕　巍	7 月 29 日
中国教育新闻网	中国地大(武汉)研究团队破解世界首例古代老虎基因之谜	程　墨　陈华文	7 月 29 日
新华网	地大师生创作绘本《攀登者》	吴仁喜　王俊芳	7 月 30 日
神州学人	做行业高峰的“攀登者”——高水平行业特色型大学高质量发展探索	贾文颖	8 月 1 日
中国教育新闻网	中国地大(武汉)师生创作绘本《攀登者》	程　墨　吴仁喜　王俊芳	8 月 1 日
新华社	找到现代老虎“远房亲戚”	李　伟	8 月 2 日
中国青年报	德庆欧珠的五次珠峰登顶	梁　璇	8 月 2 日
湖北日报	地大团队发现已灭绝的老虎支系	张　歆　陈华文	8 月 3 日
中国自然资源报	2022 年青少年高校科学营湖北营中国地质大学(武汉)分营开营	徐　燕　殷　茵	8 月 3 日
中国科学报	中国地质大学(武汉)等探秘消失的大安虎	温才妃　陈华文	8 月 3 日
山西经济日报	在第三届五台地学研讨会上 24 位国内外院士专家学者研讨地热能产业发展课题	王佳丽	8 月 3 日
安徽日报	找到现代老虎“远房亲戚”	陈华文	8 月 9 日
中国自然资源报	地大(武汉)科研团队实现月壤粒度和矿物组成同时测定	王俊芳	8 月 10 日
长江日报	不负殷殷期望　新时代青年奋力跑出好成绩	胡冬冬　许魏巍 李永刚　任　勇	8 月 10 日
中国矿业报	攀登者	陈华文　刘雅文　唐钰君	8 月 10 日
长江日报	新鲜！中国东北丛林还生活着另一种“东北虎”	汪　洋　陈华文	8 月 15 日

续表

媒体名称	文章名称	作者	日期
湖北日报	高原上行走的“青春课堂”	张　歆　陈文婷 郭小玉　魏海勇	8月16日
光明日报客户端	中国地质大学(武汉):长江源科考实践,上好长江保护“思政课”	张　锐　陈文婷 郭小玉　魏海勇	8月17日
中国铁道建筑报	庄尚标会见中国地质大学(武汉)领导一行	邹　静　彭　睿	8月19日
中国科学报	给长江源“摸脉”,他们更看重“育人”	温才妃	8月23日
楚天都市报	这些博物馆请一键收藏	戎　钰　实习生　沈紫欣	8月26日
武汉科技报	地大专家团队入驻科创工作站	肖　凯　魏　辰	8月29日
长江日报	科技成果“纸变钱”只用了4个多月	刘克取　沈世旻	8月30日
中国科技网	我是科研助理丨刘羽初:甲虫生物科研“小萌新”	吴纯新　王俊芳	8月31日
湖北日报	地质大学暖心举措迎新生	张　鸿　张玉贤　屠傲凌	9月2日
大武汉客户端	学校提供单间宿舍,父母陪读,为身患重症的他设立特色服务	陈静茹　高文举 熊　丽　蔡敏莉	9月2日
光明日报公众号	31岁研究生新生报到,秉承父志学同一专业	张　锐　夏　静	9月2日
新华社微信公众号	时隔21年！高校新生报到,一张特殊的“父子合影”令人泪目	张　锐　夏　静	9月3日
人民日报微信公众号	时隔21年！高校新生报到,一张特殊的“父子合影”令人泪目	张　锐　夏　静	9月3日
湖北日报	一束鲜花,献给已逝父亲的雕像	张　歆　陈华文	9月3日
长江日报	父亲牺牲21年后　儿子成了父亲校友	陈晓彤　陈华文　王俊芳	9月3日
长江日报公众号	办好入学手续,他赶到校内一尊雕像前,看望久违的“父亲”	陈晓彤　陈华文　王俊芳	9月3日
湖北日报	想要活成一束光温暖更多人　“蕲艾男孩”迈入大学生涯	张　歆　王俊芳	9月4日

续表

媒体名称	文章名称	作者	日期
楚天都市报	这张特殊的“父子合影”令人动容	肖　杨　陈华文 王俊芳　刘　丹	9 月 4 日
楚天都市报	31 年后，我终于追上您的脚步	肖　杨　陈华文 王俊芳　刘　丹	9 月 4 日
武汉晚报	21 年后，他考上父亲母校“找回”父亲	陈华文　王俊芳	9 月 5 日
长江云 APP	地大英雄校友张国旗儿子正式加入“张国旗班”	吴宝洪　魏海勇	9 月 5 日
长江云 APP	我们开学啦|一张特殊的“父子合影”	吴宝洪　宛　宇	9 月 6 日
科技日报	嫦娥四号最新成果：月壤可作月球基地隔热材料	唐　芳	9 月 8 日
湖北日报	磨砺意志　锻炼体魄	张　鸿　张玉贤　屠傲凌	9 月 12 日
长江日报大武汉客户端	武汉大学生原创科普话剧，助力长江大保护	陈晓彤　李欣茹　王鹏展	9 月 15 日
湖北日报	看首饰宝石的万千可能　“曜熠随象——首饰及宝玉石艺术展”开幕	张　歆　王俊芳　赵婧萱	9 月 16 日
湖北日报	一国家社科基金重大项目在汉开题	张　歆　魏海勇	9 月 18 日
中国青年报客户端	20 岁这个夏天去溯源问江，“长江大保护”在路上|思政第一课	张彦武	9 月 19 日
光明日报客户端	“四个自信”与马克思主义中国化新飞跃学术研讨会在武汉召开	张　锐　夏　静	9 月 19 日
人民网	全国多所高校举办活动纪念九一八事变 91 周年	何　淼　郑晓娟　袁蓓蕾	9 月 19 日
中国新闻网	中国恐龙蛋研究揭示恐龙灭绝新机制	孙自法　隋致远	9 月 20 日
长江日报	泥巴早已“写”下江湖“日记”　学者用硅藻揭秘武汉湖泊变迁	郭可滢　蔡燕秋　赵慧娟	9 月 20 日
中国矿业报	接过英雄父亲的接力棒	陈华文　王俊芳	9 月 20 日
中国科学报	“一块磷石膏”为何引发千万元“悬赏”	李思辉　丘剑山	9 月 21 日
中国科学报	我国恐龙蛋研究揭示恐龙灭绝新机制	崔雪芹	9 月 21 日

续表

媒体名称	文章名称	作者	日期
长江日报	“如果不去当兵，我可能会后悔一辈子” 保送读研的他报名参军	陈其雄 闫 晗	9月21日
湖北日报	地大宁伏龙团队与可燃冰“较劲”20年——绞尽脑汁捕捉“冰中之火”	张 歆 王俊芳	9月23日
极目新闻	地大举行开学典礼，校长王焰新院士寄语学子：不畏将来，在挑战中跨越	肖 杨 王俊芳 张玉贤 赵婧萱 孙彦钦	9月23日
中国新闻网湖北	中国地质大学(武汉)校长寄语新生：锤炼本领 迎接挑战	王俊芳 张玉贤 赵婧萱 孙彦钦	9月23日
长江日报大武汉客户端	追随爷爷和爸爸的步伐，她也考入了中国地质大学	汪 洋 王俊芳 张玉贤 赵婧萱 孙彦钦	9月23日
光明日报	中国地质大学(武汉)马克思主义学院：积极推动大数据与高校思政教育创新融合	马翔飞	9月23日
三峡日报	秭归一地入选“大思政课”实践教学基地	胡兴军	9月23日
长江日报大武汉客户端	地大校长王焰新寄语新生：争做敏而好学的“求知达人”	汪 洋 王俊芳 张玉贤 赵婧萱 孙彦钦	9月23日
湖北日报	仅因小行星撞击地球所致？ 地大等单位研究发现，恐龙灭绝可能还另有原因	张 歆 王俊芳 陈华文	9月26日
长江云 APP	校园“中国红” 青春迎国庆	吴宝洪 徐天睿 黄冈台 谷城台	9月27日
长江日报	爱上飞盘 你也可以飞起来	朱文秀	9月29日
湖北日报	加强核心技术公关 打造核心技术创新标杆	文 俊	9月30日
湖北日报	我国科学家研究提出恐龙灭绝新说——“多样性降低＋小行星撞击地球”	张 歆 王俊芳 陈华文	9月30日
极目新闻	第二届国际中巴经济走廊会议在汉召开 关注中巴能源合作与减贫	肖 杨 王俊芳 孙彦钦	10月8日

续表

媒体名称	文章名称	作者	日期
长江日报	英雄城纪——新时代武汉十年奋斗路	谭　芳　吴　曈　秦　憬　李慧紫　江梦晴　李玉莹　常少华　樊友寒　冯　雪　余　睿　刘克取　李　皖　郑汝可　胡雪璇	10月8日
长江日报	女大学生陈晨从北坡登顶珠峰	谭　芳	10月8日
长江日报	“开发固热能，中国能崛起”	刘克取	10月8日
中国新闻网	中外科学家借助大数据揭示地球大气氧化过程	马芙蓉　陈国雄	10月9日
中国矿业报	扎根祖国大地　办人民满意大学	陈华文　刘妍慧	10月10日
长江日报	《勘探队员之歌》伴随地大人“上天入地下海登极”	陈晓彤　周　劼　魏海勇　王　海　何　逗	10月13日
武汉晚报	地大校长与新进学子同唱《勘探队员之歌》	陈晓彤　周　劼　魏海勇　王　海　何　逗	10月13日
长江日报大武汉客户端	中国地质大学校长谈校歌：传唱70年，激励一代代师生“为国找矿”	陈晓彤　周　劼　魏海勇　王　海	10月13日
长江日报大武汉客户端	“跟着校长唱校歌”引发师生校友广泛共鸣：“这是刻在地大人心里的歌”	陈晓彤　魏海勇	10月13日
长江日报公众号	火了70年！这首歌院士校长带头唱	陈晓彤　周　劼　魏海勇　王　海　何　逗	10月14日
湖北日报客户端	高校如何服务国家能源发展战略？地大举办专题会研讨	张　歆　赵婧萱　王俊芳	10月15日
长江日报	中国地质大学(武汉)：奋进70年初心不改	魏海勇　刘妍慧	10月15日

续表

媒体名称	文章名称	作者	日期
湖北日报	地大师生收看二十大开幕盛况	张　鸿　魏海勇　张玉贤	10月16日
湖北日报	地大师生热议党的二十大报告	张　歆　魏海勇	10月16日
长江日报	打开事业发展新天地　开辟发展新领域新赛道	李　佳　吴　曈　谭　芳　高　萌　李　慧　柳　青　余小小　李　江　刘维华　宋志辉　蒋朝常　魏海勇　王俊芳　邹　辞　范雄飞　郑汝可	10月17日
长江日报大武汉客户端	立志做有理想敢担当　能吃苦肯奋斗的新时代好青年	魏海勇	10月17日
湖北日报	地质大学师生学习讨论二十大报告	张　鸿　屠傲凌	10月17日
长江云 APP	湖北教育新闻丨振奋！中国地质大学(武汉)师生认真学习党的二十大报告	董先满　魏海勇　张　浩	10月17日
湖北日报	开设应急管理特色专业　服务社会大众	张　鸿　屠傲凌	10月20日
中国矿业报	把握时代脉搏　掌握历史主动　为构建新发展格局贡献地矿力量	汪再奇　阮一帆　傅安洲	10月24日
光明日报	锻造“博士后力量”服务高质量发展	邓　晖　王心宇	10月24日
CHINA DAILY	Waning biodiversity may have role in dinosaur extinction	刘　坤	10月25日
中国科学报	上天入地下海登极：中国地质大学(武汉)的时代贡献	第3版　大学观察	10月25日
十堰日报	中国地质大学(武汉)附属学校倾情帮扶秦古镇教育	刘　震　李远林	10月27日
湖北日报	地大与浙江中控共建未来技术学院	张　歆　王俊芳	10月28日
中国矿业报	《山河作证》再现地质报国豪情	李德重	10月28日
长江日报大武汉客户端	地大获赠千万设备打造智能实验室，致力培养智能地球探测人才	陈晓彤　王俊芳	10月28日
中国网	中国地质大学(武汉)：写好“上天入地下海登极”时代篇章	王向东　丁继国　程晓龙	10月30日

续表

媒体名称	文章名称	作者	日期
中国日报网	中国地质大学(武汉)： 发挥学科特色优势　服务生态文明建设	中国日报湖北记者站	10月31日
光明日报	青年心声	赵秋丽　李志臣　张　胜　李　慧　夏　静　张　锐　王斯敏　魏海勇　陈　鑫	10月31日
光明日报客户端	百幅画稿《山河作证》　再现地质报国豪情	张　锐　屠傲凌　张玉贤	10月31日
武汉学习平台	中国地质大学(武汉)：培养建设地球美好未来的一流人才	魏海勇　王　诲　王　莹　刘　珩	10月31日
中国自然资源报	七十年，在地质报国的征途上	王　瑜　陈华文　高　雅	10月31日
党政理论网	“忆峥嵘岁月，赓续科研精神”	吴仁喜　张地珂　赵得爱	10月31日
湖北日报	长兴“金钉子”剖面入选全球首批地质遗产地	张　歆　程晓龙　王俊芳	11月1日
光明日报	中国地质大学(武汉)：科技创新扮靓美丽中国	夏　静　张　锐　魏海勇　徐　燕	11月1日
长江云 APP	中国地质大学(武汉)：推进党建思政与学校发展深度融合	李周波　许小康　熊　程	11月1日
中国教育新闻网	中国地质大学(武汉)以龙狮为媒将中华传统文化带到了世界各地	李小伟	11月1日
湖北日报	“球球爷爷”徐世球的科普经	陈　熹	11月1日
长江云 APP	七秩荣光，让地质报国精神薪火相传	许小康　王俊芳　刘　睿　滕笑丽	11月1日
人民日报客户端	开拓进取七十载，建设“双一流”高校——写在中国地质大学(武汉)建校七十周年之际	中国经济长江号客户端	11月3日
中国地质大学武汉	中国地质大学校歌《勘探队员之歌》MV 发布！	王俊芳　魏海勇　吴仁喜	11月3日

续表

媒体名称	文章名称	作者	日期
长江云 APP	地大倍阅书店开业 “湖北速度”领跑全国高校书店建设热潮	吴宝洪 姜正会 李小涵	11月3日
楚天都市报	打造书香校园！中国地质大学(武汉)一天两书屋揭牌	肖 杨 丁 榕 雷龚鸣 程晓龙	11月4日
科技日报	中国地质大学(武汉)：把追求学术卓越写进祖国山河	吴纯新 魏海勇 曹南燕	11月4日
湖北日报	把科研创新镌刻在祖国大地	魏海勇 徐 燕	11月4日
人民日报客户端	中国地质大学(武汉)：发挥学科特色优势 服务生态文明建设	中国经济长江号客户端	11月4日
长江云 APP	湖北教育新闻|中国地质大学(武汉)70周年校庆文艺晚会即将震撼来袭！	董先满	11月4日
湖北省人民政府门户网站	中国地质大学(武汉)：争做自然资源事业的时代先锋	刘 曲 陈华文 高 雅 傅 苑	11月4日
长江云 APP	二十大精神进基层|荆楚大地掀起学习贯彻二十大精神热潮	徐天睿 吴宝洪 刘佳颖 王 丹 阴志维 章 珩 张 龙	11月4日
武汉教视	中国地质大学(武汉)学习贯彻党的二十大精神	陶 娟 刘保哲 江丹	11月4日
极目新闻	“四方印”亮相！地大(武汉)校史馆开馆	肖 杨 魏海勇 王俊芳 孙彦钦	11月5日
光明日报客户端	中国地质大学(武汉)校史馆开馆	夏 静 程 晓	11月5日
中国教育报	中国地质大学(武汉)：把初心镌刻在山川大地上	程 墨 尚紫荆 魏海勇 王俊芳	11月5日
长江日报大武汉客户端	地大校史馆“四方印”落成	陈晓彤 魏海勇 王俊芳 孙彦钦	11月5日

续表

媒体名称	文章名称	作者	日期
湖北日报	中国地质大学(武汉)校史馆精彩开馆	张　歆　魏海勇　王俊芳	11月5日
新华网	中国地质大学(武汉)校史馆落成	中国日报湖北记者站	11月6日
光明日报客户端	中外大学校长共议研究型大学的使命与挑战	夏静　孙博文　罗文旭	11月6日
光明日报客户端	中国地质大学(武汉):努力探索创新型碳中和校园建设之路	张锐　夏静　魏海勇	11月6日
武汉学习平台	中国地质大学(武汉):传承攀登精神,勇做时代的攀登者	魏海勇　王俊芳　孙彦钦　赵婧萱	11月6日
中国新闻网	中外学者共倡新地学教育　促人与自然和谐共生	马芙蓉　徐绍红　熊思沂	11月6日
武汉新闻广播	中外大学校长论坛在汉举办	张　昀　魏海勇　孙博文　罗文旭　张愫恒　赵文静　王俊芳　赵婧萱　江玲　罗金刚	11月6日
一点资讯湖北	中国地质大学(武汉):《武汉共识:新地学教育倡议》发布	11月6日	
长江云APP	献礼七十周年校庆——地大校史馆落成开馆!	万力源　魏海勇　李晓璇	11月6日
CHINA DAILY	Wuhan forum discusses geosciences changes in education	Liu Kun Chen Meiling	11月6日
武汉科技报	推进地学科普　建设宜居地球	盛　甜　肖　凯　徐　燕	11月7日
武汉科技报	“世界矿物精品展”惊艳亮相	盛　甜　徐　燕　唐晓玲　葛文靓	11月7日
新华网湖北	七秩荣光　逐梦未来　中国地质大学(武汉)建校70周年大会隆重举行	张　鸿　魏海勇　张玉贤　赵婧萱	11月7日
半月谈	这所大学,坚持把论文写在祖国大地上!	李　伟	11月7日

续表

媒体名称	文章名称	作者	日期
光明日报客户端	中国地质大学(武汉):七秩攀登　步履不辍	夏静　魏海勇　赵婧萱	11 月 7 日
长江日报	上天入地下海登极　书写豪迈气概	陈晓彤　周　劼 魏海勇　王俊芳	11 月 7 日
长江日报大武汉客户端	中国地质大学为国找矿 70 年,上天入地下海登极	魏海勇　王俊芳	11 月 7 日
“中国日报网”	《武汉共识:新地学教育倡议》　中国地质大学(武汉)发布	中国日报湖北记者站	11 月 7 日
极目新闻客户端	中国地质大学(武汉):立足国家战略　创新培养找矿人才	楚天发布客户端	11 月 7 日
中国青年网	中国地质大学(武汉)发布《武汉共识:新地学教育倡议》	王　赫　徐绍红　熊思沂 王俊芳　赵婧萱　江　玲	11 月 7 日
湖北之声	中国地质大学(武汉)举办建校 70 周年庆祝大会	王宇　魏海勇　王俊芳	11 月 7 日
中央广电总台国际在线	中国地质大学牵头发布《武汉共识:新地学教育倡议》	徐绍红　熊思沂	11 月 7 日
中国教育报客户端	中国地质大学(武汉)庆祝七十华诞	程　墨　尚紫荆　魏海勇	11 月 7 日
湖北日报	地大联合国内外高校发布《武汉共识:新地学教育倡议》	张　歆　熊思沂　王俊芳	11 月 7 日
湖北日报	七秩荣光　逐梦未来　中国地质大学(武汉)建校 70 周年大会隆重举行	张　鸿　魏海勇 张玉贤　赵婧萱	11 月 7 日
极目新闻	上天入地下海登极,庆祝中国地质大学建校 70 周年大会隆重举行	肖　杨　张　渊 张玉贤　赵婧萱	11 月 7 日
科技日报	中国地质大学(武汉)庆祝建校 70 周年	吴纯新　王俊芳　张玉贤	11 月 7 日
湖北发布	中国地质大学,生日快乐!	曾　晗	11 月 7 日
湖北日报	地大庆祝建校 70 周年	张　鸿　魏海勇 张玉贤　赵婧萱	11 月 8 日

续表

媒体名称	文章名称	作者	日期
湖北日报	学习贯彻党的二十大精神湖北省委宣讲团首场报告会在武汉市举行	谢慧敏	11月8日
中国矿业报	《武汉共识:新地学教育倡议》发布	李德重　徐绍红　熊思沂	11月8日
中国青年报	唤醒沉睡的高山　让它们献出无尽的宝藏	雷　宇　陈华文　高恬泽惠	11月8日
武汉晚报	老校友与青葱少年合唱《勘探队员之歌》	陈晓彤　王俊芳　许小康	11月8日
长江日报大武汉客户端	中国地质大学建校70周年　加快建设地球科学领域世界一流大学	王俊芳　许小康	11月8日
CHINA DAILY	CUG celebrates its 70th anniversary	刘　坤	11月8日
长江云APP	湖北教育新闻|庆祝中国地质大学建校70周年大会举行	董先满　程晓龙 江　玲　张　浩	11月8日
中国农网	中国地质大学:加快建设地球科学领域世界一流大学	乐明凯　吴仁喜等	11月8日
湖北日报	学习贯彻党的二十大精神湖北省委宣讲团首场报告会在武汉市举行	谢慧敏	11月8日
中国农网	《武汉共识:新地学教育倡议》——携手行动　促进人与自然和谐共生	乐明凯	11月8日
中国自然资源报	中国地质大学(武汉)校史馆开馆	王俊芳　魏海勇	11月9日
长江日报大武汉客户端	3位院士畅言共建生命长江　不吃野生鱼　保护地下水	黄亚婷　李　琳	11月9日
武汉学习平台	风华七秩　鼎新未来——写在中国地质大学(武汉)70周年校庆之际	张　浩　王　海	11月9日
中国科学报	中国地质大学喜迎七十华诞	李思辉　魏海勇	11月9日
光明日报客户端	在汉高校党建结对共筑"红色朋友圈"	夏　静　陈俊男 严丽莎　程　晓	11月10日
华西都市报	虎化石新发现:找到现代老虎"远房亲戚"	李　伟	11月10日
光明日报客户端	在汉高校党建结对　共筑"红色朋友圈"	夏　静　陈俊男 严丽莎　程　晓	11月10日

续表

媒体名称	文章名称	作者	日期
保山日报	施甸县连摘两块“国字号”金字招牌	杨　磊　杨丽娟　瞿柯楠　段茸茸　吴　丹	11月11日
中国社会科学报	为全球可持续发展贡献高校力量	明海英	11月11日
湖北日报	中国地质大学迎来70周年校庆	张　歆　王俊芳　孙彦钦	11月14日
武汉科技报	重温院士著作　感悟科学家精神	盛　甜　徐　燕　刘安璐　梁胜男　赵婧萱	11月14日
武汉科技报	中国地质大学建校70周年校庆特别展览开展	盛　甜　肖　凯　徐　燕	11月14日
中国社会科学网—中国社会科学报	激励一代代“地大”人铭记历史荣光	明海英　魏海勇　孙彦钦	11月14日
长江日报	学习贯彻党的二十大精神湖北省委宣讲团武汉报告会暨市委理论学习中心组集体(扩大)学习举行	刘林德　黄　琪	11月14日
中国黄金报	坚定信心,行业未来可期	蒋子清	11月15日
21世纪经济报道	中国绿色产业发展现状探究:“东强西弱　南强北弱”各省份发展不均衡	陈红霞　田舒琪　冯晶琳	11月18日
党员生活	让青春在火热实践中绽放绚丽之花！湖北向全省高校党支部发出联合倡议	祝　璇　张博伦　魏海勇　王俊芳	11月20日
长江日报大武汉客户端	以英雄楷模命名的全国高校样板党支部有16个,5个在武汉	陈晓彤　魏海勇　王俊芳	11月20日
光明日报	湖北高校党支部再现群星风采	张　锐　程　晓　魏海勇	11月21日
武汉科技报	湖北绿色产业迎来重大机遇	任　文　陈映琦　刘　炼　肖　凯　安明山	11月21日
武汉科技报	在高水平科技自立自强中发挥作用	任　文　陈映琦	11月21日

续表

媒体名称	文章名称	作者	日期
长江日报	以英模命名全国高校党支部逾三成在武汉	陈晓彤　魏海勇　王俊芳	11月21日
武汉科技报	王焰新：发展武汉绿色氢能产业	任　文　陈映琦	11月21日
光明日报	增强中华文明传播力影响力	韩美群	11月21日
湖北日报	确保师生　安全出行	张　鸿　张　涛　周志锋	11月22日
长江日报	把学习成果转化为干事创业的动力	施　政　谢　苗　刘一颖	11月22日
湖北日报	湖北应打造“数碳”万亿新产业集群	胡　弦	11月22日
中国青年报	小新川村“院坝会”有了新目标	朱娟娟　雷　宇	11月23日
人民邮电报	加速碳中和与数字经济深度融合	吴可晴　刘亚廷　杨子怡 李　玥　赵乐瑄　张松延	11月23日
光明日报	以法治守护黄河安澜	裴晓桃　胡中华	11月23日
中国教育报	校园文化景观彰显大学精神	陈华文	11月25日
中央广电总台国际在线	【武汉：感受不凡】跟随泰国小姐姐　发现武汉的“破圈之势”	高钰姗	11月26日
长江日报	开辟马克思主义中国化时代化新境界	钟磬如　赵淑涵	11月27日
武汉科技报	院士齐聚江城论“智融”	陈秋爽　张宇驰	11月28日
武汉科技报少年科普周刊	播撒科学种子　传承创新基因	甘雨晴　陈映琦	11月29日
湖北日报客户端	学习贯彻党的二十大精神　省委宣讲团走进武汉工程大学	田佩雯　陈　思　王　媛	12月1日
湖北日报	学习贯彻党的二十大精神　湖北省委宣讲团走进武汉职业技术学院	张　歆　桂琪玉　喻长春	12月2日
云南日报	王宁王予波在腾冲与两院院士座谈	杨　猛　左　超	12月2日
党政理论网	中国地质大学(武汉)机电学院：探索“党建＋科技创新”模式获成效	陶安东	12月5日
人民日报海外版	大学校园看文化景观	陈华文	12月7日

续表

媒体名称	文章名称	作者	日期
湖北日报	二十大精神宣讲	张　鸿　屠傲凌	12 月 10 日
中国矿业报	一部“活”的地质教科书——记中国地质大学逸夫博物馆“校友捐赠藏品展”	徐　燕　李富强 隋吉祥　刘安璐	12 月 13 日
中国自然资源报	“云上科学营”探索矿物奥秘	徐　燕　隋吉祥　韦仕莉	12 月 14 日
大学生	馆藏中探矿	徐　燕	12 月 14 日
武汉科技报	永葆地质报国情怀	徐　燕　李富强 隋吉祥　刘安璐	12 月 19 日

二、电视媒体

媒体名称	视频名称	日期
湖北教育电视台	中国地质大学(武汉)2 个学科入围“双一流”	3 月 2 日
湖北教育电视台	中国地质大学(武汉)2 个学科入围“双一流”	3 月 8 日
中央电视台《新闻联播》	全国政协委员王焰新:为了“美丽中国　宜居地球”	3 月 8 日
中央电视台《东方时空》	矿物奇石、恐龙化石齐聚一堂　这所高校博物馆太震撼了!	4 月 18 日
中央电视台《新闻联播》	“荆楚楷模”2022 年 1 月—2 月上榜人物李长安教授	4 月 21 日
中央电视台科教频道《人物·故事》栏目	中国地质大学　逸夫博物馆获评 2021—2025 年度第一批全国科普教育基地	4 月 22 日
中国青年报客户端	殷鸿福	4 月 28 日
微言教育	世界读书日、第六届书香文化节暨“书香飘过七十年”校庆主题阅读推广活动圆满举行	4 月 28 日
微言教育	第 53 个世界地球日暨“宜居地球”科普大讲堂启动活动圆满举行	4 月 28 日
中国教育电视台	征服世界之巅“陈刚教授父子登顶珠峰”座谈会圆满收官	5 月 20 日

续表

媒体名称	视频名称	日期
中国教育电视台	湖北教育新闻|传承攀登精神！中国地质大学(武汉)再添标志性文化景观	5月21日
21世纪经济报道	湖北教育新闻|勇攀高峰！中国地质大学(武汉)闪耀登山界	5月21日
湖北电视台综合频道、长江云	“胸怀天下　勇攀高峰”地大攀登雕塑落成	5月27日
湖北电视台教育频道《荆楚聚焦》	20岁登顶珠峰！他说:这只是新起点	5月27日
武汉教育电视台	我们毕业了|“00后”毕业典礼有点炫	6月23日
湖北电视台教育频道、长江云	今天我们毕业了:秉承地大荣光　赢得更大光荣	6月23日
湖北电视台综合频道、长江云	湖北教育新闻|奔山赴海再启程！中国地质大学(武汉)举办2022年毕业典礼	6月24日
学习强国	湖北教育新闻|新闻特写:我在武汉的1460天	7月1日
湖北电视台教育频道、长江云	顶“天”立“地”！校园中的他们勇担时代使命|大美校园·人文之美	7月9日
湖北电视台教育频道《荆楚聚焦》	湖北教育新闻|时隔20年　地大师生开展第二次长江源科考	7月14日
湖北电视台教育频道《荆楚聚焦》	第二次大学生长江源科考出征仪式圆满举行	7月15日
极目新闻	湖北教育新闻|中国地质大学(武汉)党委书记黄晓玫一行赴竹山调研指导乡村振兴工作	7月21日
湖北电视台教育频道《荆楚聚焦》	湖北教育新闻|国家教育行政学院党委书记侯慧君一行到中国地质大学(武汉)调研	7月29日
湖北电视台教育频道、长江云	大学生们的暑假,别样精彩	8月15日
湖北电视台教育频道、长江云	湖北教育新闻|开学VLOG:同学你好,需要帮忙吗?	9月2日
长江日报、大武汉客户端	特殊的新生:37年后　他和英雄父亲成校友	9月3日
湖北卫视、长江云	地质大学新生周俊章:爸妈背我上大学	9月4日
武汉广播电视台	父母背我上大学　周俊章:相信希望　就可以拥有生命的方向	9月14日
央视新闻客户端	父母背着他上大学,他却说:相信希望,就能拥有生命的方向	9月14日
中央电视台《东方时空》	周俊章:相信希望　就可以拥有生命的方向	9月15日

续表

媒体名称	视频名称	日期
湖北卫视	20 岁这个夏天去溯源问江，“长江大保护”在路上|思政第一课	9 月 19 日
湖北电视台综合频道、长江云	独特的军训汇报演出　祝福地大 70 周年华诞	9 月 23 日
湖北电视台教育频道、长江云	【喜迎二十大】踔厉奋发　喜迎盛会向未来	9 月 24 日
湖北电视台教育频道、长江云	共护一江水万里长江焕发新活力	9 月 24 日
湖北电视台教育频道、长江云	校园“中国红　青春迎国庆”	9 月 27 日
湖北电视台教育频道《荆楚聚焦》	火了 70 年！这首歌院士校长带头唱、王焰新院士为啥爱教学生唱这首老电影的主题曲	10 月 14 日
湖北电视台教育频道、长江云	湖北教育新闻|振奋！中国地质大学（武汉）师生认真学习党的二十大报告	10 月 17 日
湖北电视台教育频道、长江云	首席气候官·湖北双碳局丨专访中国科学院院士、中国地质大学（武汉）校长王焰新：武汉应发挥科教优势　做好“双碳”顶层设计和系统布局	10 月 19 日
湖北电视台教育频道、长江云	书写新时代教育新篇章　二十大报告引发教育系统热烈反响	10 月 20 日
湖北卫视、长江云	湖北教育新闻|中国地质大学（武汉）70 周年校庆文艺晚会即将震撼来袭！	11 月 4 日
武汉广播电视台	中国地质大学（武汉）：为党育人　为国育才	11 月 5 日
湖北电视台教育频道《荆楚聚焦》	地大校史馆开馆	11 月 6 日
湖北日报客户端	中外大学校长齐聚地大：发布“武汉共识”	11 月 7 日
湖北电视台教育频道、长江云	中国地质大学（武汉）：立足国家战略　创新培养找矿人才	11 月 7 日
湖北电视台教育频道、长江云	湖北教育新闻|庆祝中国地质大学建校 70 周年大会举行	11 月 8 日
湖北电视台教育频道《荆楚聚焦》	中国地质大学建校 70 周年大会圆满举行	11 月 8 日
湖北电视台教育频道《荆楚聚焦》	风华七秩　鼎新未来——写在中国地质大学（武汉）70　周年校庆之际	11 月 9 日
湖北电视台教育频道《荆楚聚焦》	以篆刻之美　扬中国传统文化	11 月 18 日

续表

媒体名称	视频名称	日期
湖北电视台教育频道《荆楚聚焦》	湖北教育新闻|湖北高校“全国党建工作样板支部”工作交流研讨会在中国地质大学（武汉）举行	11 月 21 日
湖北电视台教育频道《荆楚聚焦》	我省有 5 个以英模名字命名的高校样板党支部	11 月 22 日
湖北之声	湖北高校“全国党建工作样板支部”工作交流研讨会圆满举行	11 月 24 日
湖北电视台教育频道《荆楚聚焦》	武汉：护航返乡路　温暖学子心	12 月 8 日

（撰稿：王俊芳、张浩；审稿：侯志军）

Nianjian

2022年教育部网站登载学校信息目录

序号	信息标题	刊登时间
1	中国地质大学(武汉)建机制、重培养、搭平台 持续深化创新创业教育改革	2022 年 1 月 10 日
2	中国地质大学(武汉)持续深化教师评价改革	2022 年 2 月 28 日
3	如何精准"施工"奔向世界一流——代表委员热议新一轮"双一流"建设	2022 年 3 月 5 日
4	为中华民族伟大复兴提供人才支撑	2022 年 3 月 7 日
5	听,公平质量的旋律高昂——两会内外热议五年来政府工作报告提出的教育主要任务	2022 年 3 月 10 日
6	这五年,他们为教育献智献策——写在全国政协十三届五次会议闭幕之际	2022 年 3 月 11 日
7	用实际行动回答好中国之问、世界之问、人民之问、时代之问——全国高校师生热议习近平总书记在中国人民大学考察时的重要讲话	2022 年 4 月 27 日
8	中国地质大学(武汉)"四个强化"统筹做好毕业生就业工作	2022 年 5 月 6 日
9	激扬青春梦 奋进新征程——党的二十大报告在青年学生中引发热烈反响	2022 年 10 月 21 日
10	不同颜色的瞳孔聚焦中国——国际学生热议二十大报告	2022 年 10 月 21 日
11	增强自主创新能力 服务国家战略全局——高校书记校长畅谈"坚持创新在我国现代化建设全局中的核心地位"	2022 年 10 月 22 日
12	中国地质大学(武汉)发挥特色优势 积极做好科普工作	2022 年 10 月 28 日

(学校办公室)

中国地质大学校歌

电影《年青的一代》主题歌《勘探队之歌》

1=C $\frac{4}{4}$

热情、舒畅地

佟志贤 词
晓 河 曲

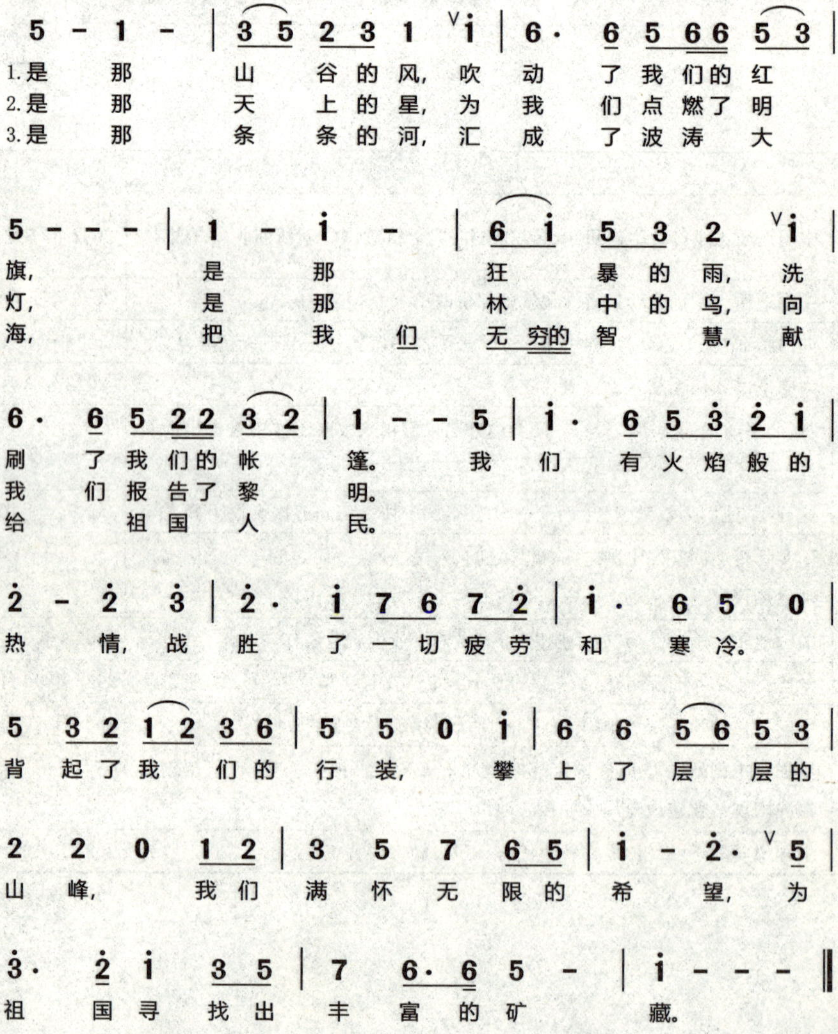